U0260301

作者简介

马秋刚，中德联合培养动物营养学博士，中国农业大学动物科学技术学院教授、博士研究生导师，动物营养与饲料科学系主任，德国 Hohenheim 大学客座博士研究生导师。教育部新世纪优秀人才，中国产学研合作创新先进个人。现为国家蛋鸡产业技术体系岗位科学家，中国畜牧兽医学会动物营养学分会理事，北京畜牧兽医学会常务理事兼副秘书长，中国畜牧业协会驴业分会理事，*Journal of Animal Physiology and Animal Nutrition* 编委。

成果先后获国家科技进步奖二等奖 1 次，省部级奖一等奖 1 次、二等奖 3 次、三等奖 2 次，其他奖项 8 次。其中，“益生制剂及其增效技术研究与应用”获 2007 年度国家科技进步奖二等奖；“霉菌毒素生物降解机理及饲料污染控制技术”获 2015 年度中华农业科技进步奖一等奖；“饲料主要霉菌毒素生物降解剂的创制与应用”先后获 2017 年度北京市科技进步奖二等奖，2017 年度中国产学研合作创新成果奖一等奖，2018 年度全国商业科技进步奖一等奖，2018 年度中国发明创业成果奖一等奖；两项专利成果分别获得 2015 年度和 2019 年度中国专利优秀奖；“猪优质高效养殖关键技术研究与应用”获 2014—2015 年度福建省农业科技奖一等奖；“乳仔猪营养生理及饲料配制技术和产业化”获 2005 年度北京市科技进步奖二等奖；“蛋鸡全阶段可利用必需氨基酸需要及理想蛋白模式”获 2004 年度北京市科技进步奖二等奖等。授权国家发明专利 15 项，发表科研论文 260 余篇。主编和参编著作 9 部，获得国家级精品教材 1 次，省部级优秀科技图书奖 1 次。

作者简介

计成，博士，中国农业大学动物科学技术学院动物科学技术学院教授。中国畜牧兽医学会动物营养学分会常务理事，《动物营养学报》主编，*Journal of Animal Science and Biotechnology*、*Journal of Integrative Agriculture*、《中国畜牧杂志》等编委。享受国务院政府特殊津贴专家，国家人事部“百千万”人才工程第一、二次人选，农业农村部“神农计划”专家，北京市科技经济创新标兵。

长期从事霉菌毒素生物降解和饲料添加剂开发。主持科研课题80余项，获国家科技进步奖二等奖2次，省部级科技进步奖一等奖2次、二等奖3次、三等奖3次，中国专利优秀奖2次，其他奖项8次。其中，“益生制剂及其增效技术研究与应用”获2007年度国家科技进步奖二等奖；“以可利用氨基酸指标配制蛋鸡平衡日粮的研究与应用”获1995年度国家科技进步奖二等奖；“霉菌毒素生物降解机理及饲料污染控制技术”获2015年度中华农业科技进步奖一等奖；“饲料主要霉菌毒素生物降解剂的创制与应用”先后获2017年度北京市科技进步奖二等奖，2017年度中国产学研合作创新成果奖一等奖，2018年度全国商业科技进步奖一等奖，2018年度中国发明创业成果奖一等奖；两项专利成果分别获得2015年度和2019年度中国专利优秀奖；“猪优质高效养殖关键技术研究与应用”获2014—2015年度福建省农业科技奖一等奖；“乳仔猪营养生理及饲料配制技术和产业化”获2005年度北京市科技进步奖二等奖；“蛋鸡全阶段可利用必需氨基酸需要及理想蛋白模式”获2004年度北京市科技进步奖二等奖。授权发明专利16项，发表论文300余篇。主编专著5部，担任副主编4部，参编11部，荣获国家级精品教材1次，省部级优秀科技图书奖1次。

作者简介

赵丽红，博士，中国农业大学动物科学技术学院副教授、博士研究生导师，美国北卡罗来纳州立大学博士后、访问学者，动物营养学国家重点实验室成员，国家蛋鸡产业技术体系成员，中国毒理学饲料毒物学学会会员，中国畜牧兽医学会动物营养学分会会员。《动物营养学报》、《中国畜牧杂志》、*Journal of Hazardous Materials*、*Journal of Agricultural and Food Chemistry*、*Frontiers in Microbiology* 等审稿专家。曾获大北农青年学者奖、第二届中国畜牧兽医学会动物营养学分会青年学者讲坛优秀奖。长期从事霉菌毒素生物降解与饲料食品安全相关研究。主持国家自然科学基金 3 项，北京市自然科学基金 1 项，高等学校博士学科点专项科研基金 1 项，大北农青年学者研究计划项目 1 项，“十三五”重点研发计划项目子课题主持 1 项。获授权国家发明专利 9 项，中国专利优秀奖 2 项。发表 SCI 论文 40 篇，中文核心期刊论文 63 篇。科研成果“饲料主要霉菌毒素生物降解剂的创制与应用”获北京市科学技术进步奖二等奖、中国产学研合作创新成果奖一等奖、全国商业科技进步奖一等奖、中国发明创业成果奖一等奖；“霉菌毒素生物降解机理及饲料污染控制技术”获中华农业科技奖一等奖。目前培养硕士研究生 7 名，博士研究生 2 名。

内容简介

全世界谷物粮食受霉菌毒素污染非常严重，霉菌毒素不但引起动物肝肾脏病变、肠毒综合征、繁殖障碍等疾病，给饲料工业和畜牧业造成巨大经济损失，而且毒素及其代谢产物在肉、蛋、奶中残留，严重威胁食品安全和人的健康。因此，了解霉菌的生长和产毒规律、谷物粮食霉菌毒素污染情况、毒素的种类及毒理作用机制、霉菌毒素的解毒脱毒方法和技术原理，对有效预防动物霉菌毒素中毒症，降低毒素对动物和人的危害，提高食品安全有非常重要的意义。本书立足畜牧产业快速发展和产品质量安全的需求，全方位、多角度地介绍了饲料霉菌毒素污染和防控技术。具体介绍了霉菌生长繁殖与产毒规律，霉菌毒素的种类和毒理作用机制，动物霉菌毒素中毒的典型症状，饲料霉菌毒素的物理、化学脱毒方法和生物降解方法的技术原理与应用，饲料霉菌毒素的检测方法，饲料霉菌毒素毒性效应的评估等内容；重点介绍了霉菌毒素对动物的毒理作用和生物降解技术原理及其在饲料霉菌毒素脱毒中的应用。本书是对霉菌毒素研究领域已有知识的归纳，对近年来霉菌毒素污染控制技术的系统梳理，对霉菌毒素生物降解技术最新研究进展的总结汇报。希望本书的出版能为饲料霉菌毒素的生物消减提供技术支持，为动物健康养殖和食品安全提供技术保障。

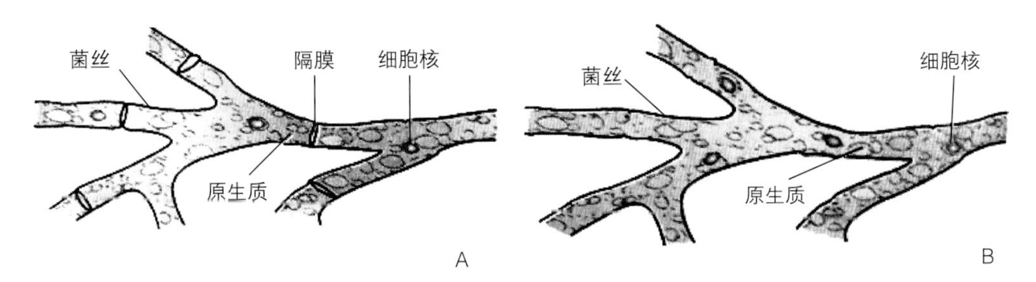

彩图 1-1 霉菌的营养菌丝

A. 有隔菌丝 B. 无隔菌丝

（资料来源：赵斌等，2011）

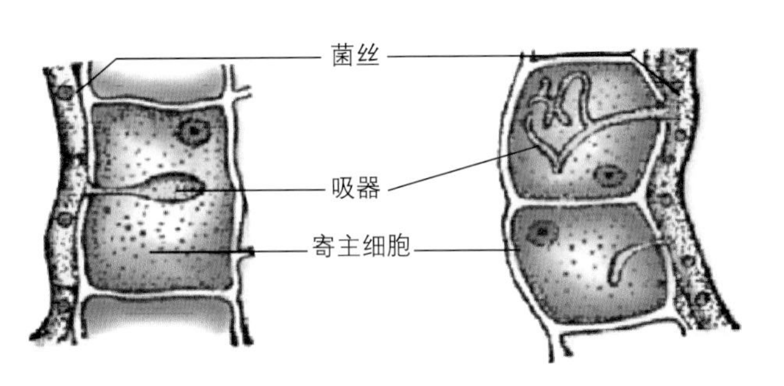

彩图 1-2 寄生霉菌的吸器

（资料来源：杨文博和李明春，2010）

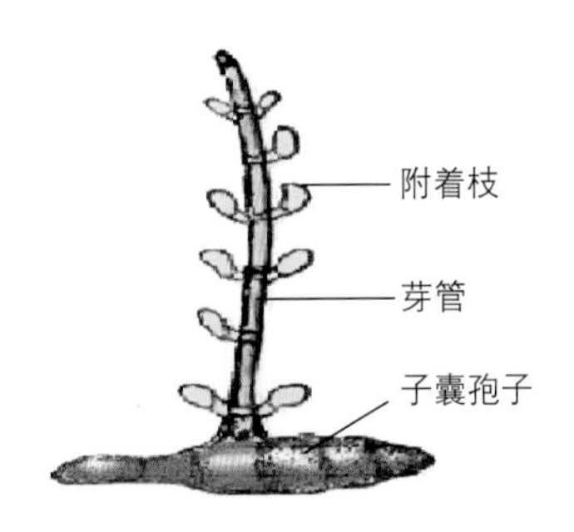

彩图 1-3 附着枝

（资料来源：邱立友和王明道，2011）

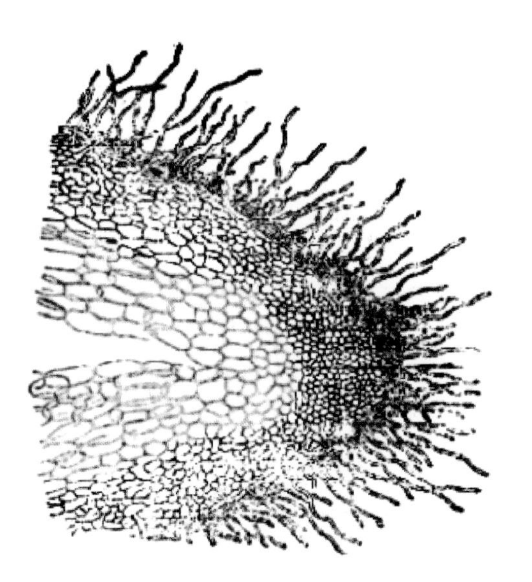

彩图 1-4 菌 索

（资料来源：邱立友和王明道，2011）

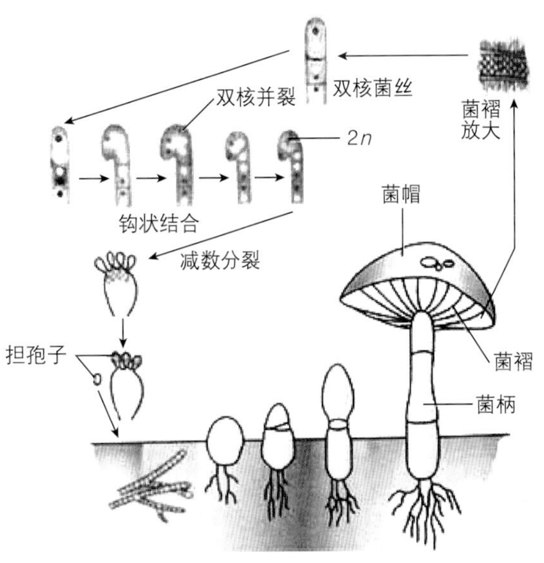

彩图 1-5 担子和担孢子的发育过程

（资料来源：赵斌等，2011）

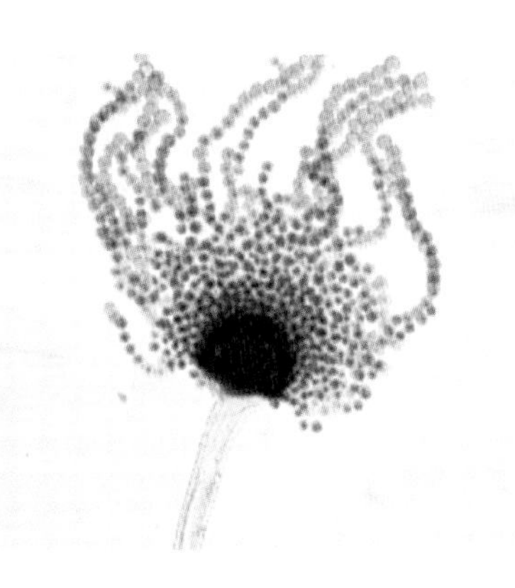

彩图 3－1　黄曲霉孢子

（资料来源：Hedayati 等，2007）

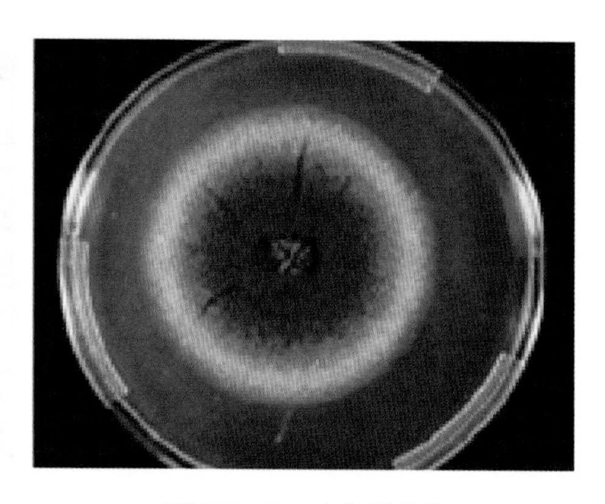

彩图 3－2　黄曲霉菌落

（资料来源：Munkvold 等，1999）

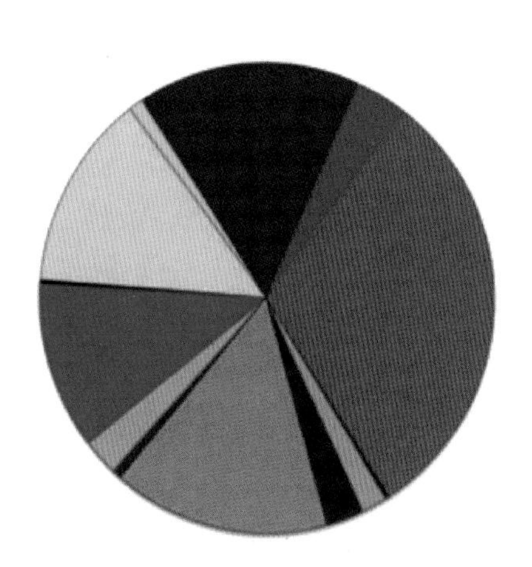

水解酶活性：13.6%
电子载体活性：1.0%
核苷酸结合功能：15.9%
核酸结合功能：3.8%
催化活性：30.4%
受体活性：0.3%
结构分子活性：1.8%
转运蛋白活性：2.7%
结合体功能：15.4%
抗氧化活性：0.7%
激酶活性：2.6%
转移酶活性：11.6%
酶调节活性：0.2%

彩图 3－3　黄曲霉菌丝体蛋白分子功能

（资料来源：Pachanova 等，2013）

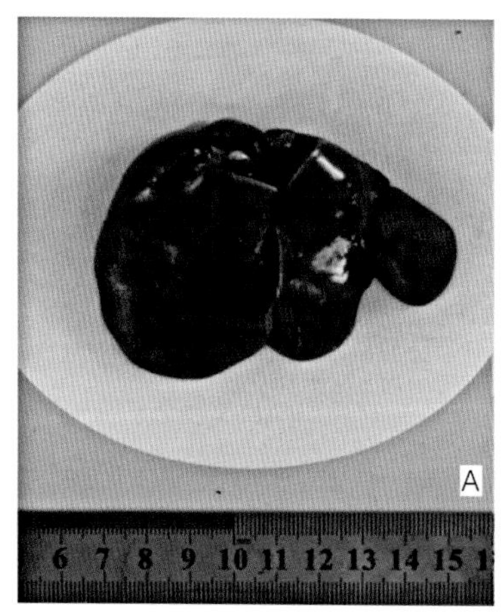

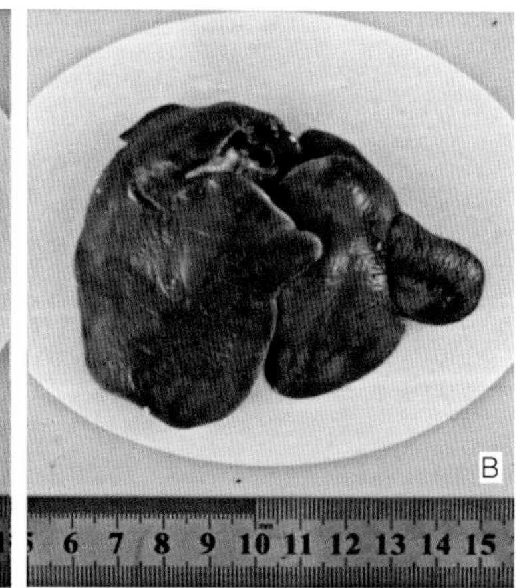

彩图 3－4　黄曲霉毒素引起肉鸡肝脏颜色变化情况

A. 采食不含毒素的肉鸡的肝脏　B. 采食 AFB_1 肉鸡的肝脏

（资料来源：范彧，2015）

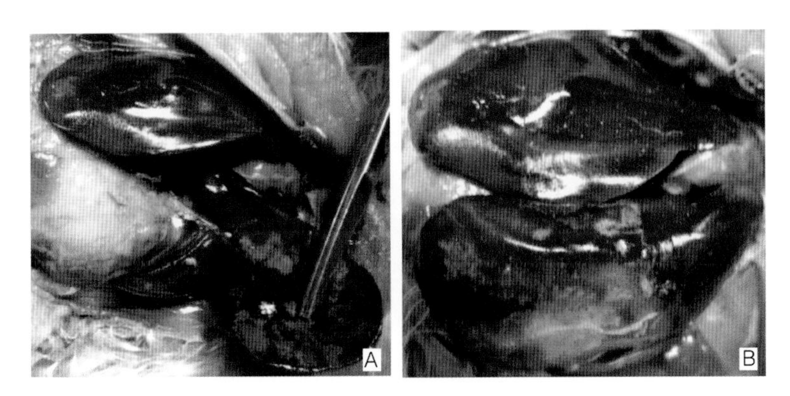

彩图3-5　采食黄曲霉毒素的肉鸡其肝脏发生癌变的情况（A和B）
（资料来源：范彧，2015）

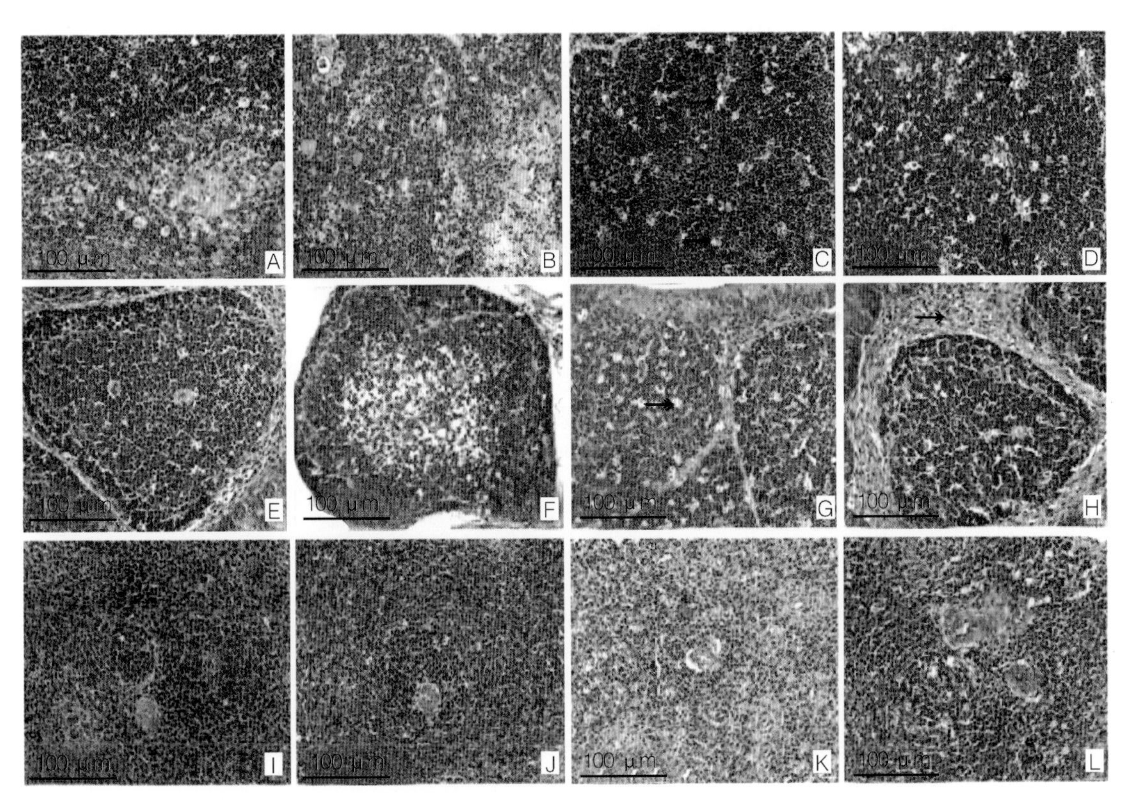

彩图3-6　21日龄雏鸡胸腺、法氏囊和脾病理组织学变化（HE染色400×）

A. 对照组胸腺　B. AFB_1 组胸腺髓质区淤血　C. AFB_1 组胸腺皮质区出现少量空洞及细胞核碎片（→）
D. AFB_1 组胸腺皮质区出现大量空洞及细胞核碎片（→）　E. 对照组雏鸡的法氏囊
F. AFB_1 组法氏囊淋巴滤泡髓质区细胞排列稀疏　G. AFB_1 组法氏囊大量空洞及细胞核碎片（→）
H. AFB_1 组法氏囊间质结缔组织增生　I. 对照组脾　J. AFB_1 Ⅲ组脾红髓区淤血
K. AFB_1 组脾动脉周围淋巴鞘淋巴细胞减少　L. AFB_1 组脾动脉周围淋巴鞘形成空洞
（资料来源：于正强等，2015）

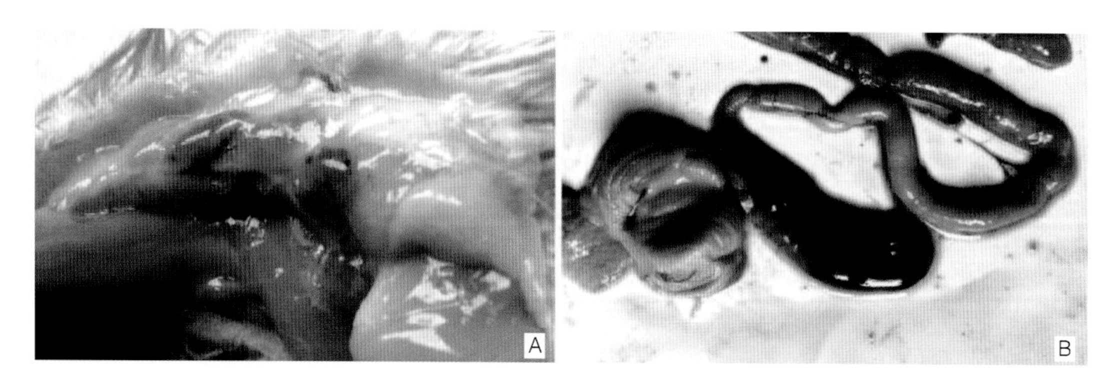

彩图 3－7　采食含黄曲霉毒素和内毒素饲粮肉鸡胸腺和十二指肠出血

A. 黄曲霉毒素和内毒素导致鸡胸腺出血

B. 黄曲霉毒素和内毒素导致鸡十二指肠出血

（资料来源：王鹏飞，2016）

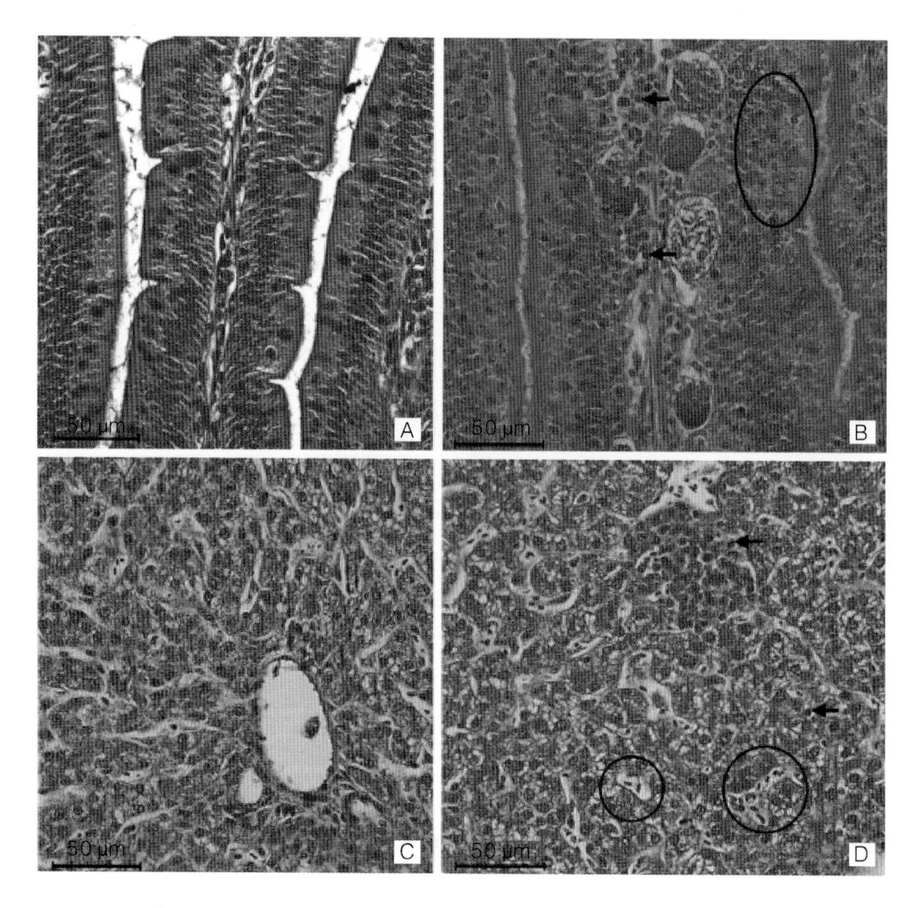

彩图 3－8　含黄曲霉毒素的饲粮对肉鸡空肠和肝脏组织的影响

A. 正常组空肠　B. 黄曲霉毒素组空肠

C. 正常组肝脏　D. 黄曲霉毒素组肝脏

（资料来源：Kraieski 等，2017）

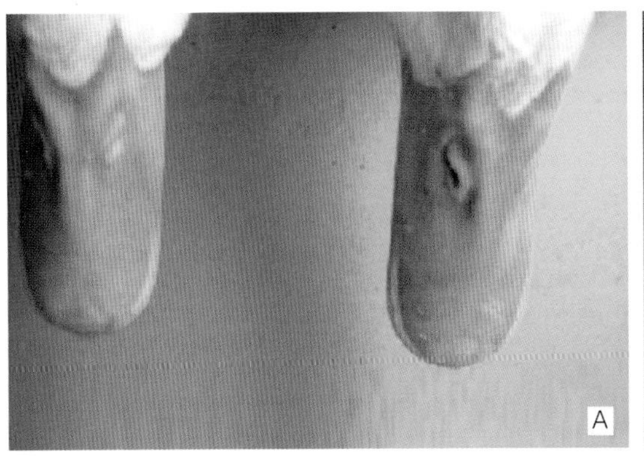

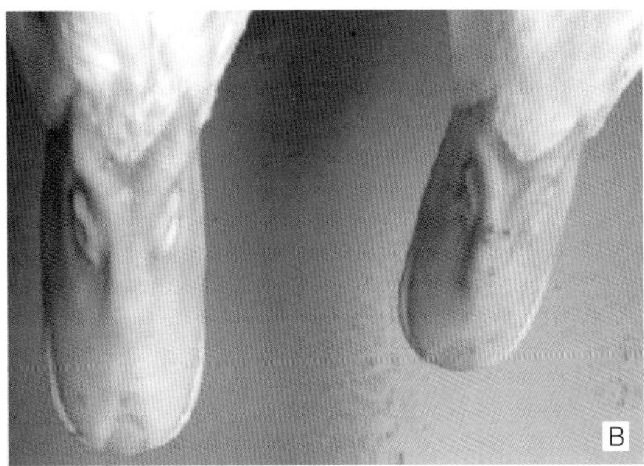

彩图 3-9　黄曲霉毒素中毒的鸭鸭喙脱色

A. 正常鸭喙　B. 黄曲霉毒素中毒鸭喙

（资料来源：万晓莉，2013）

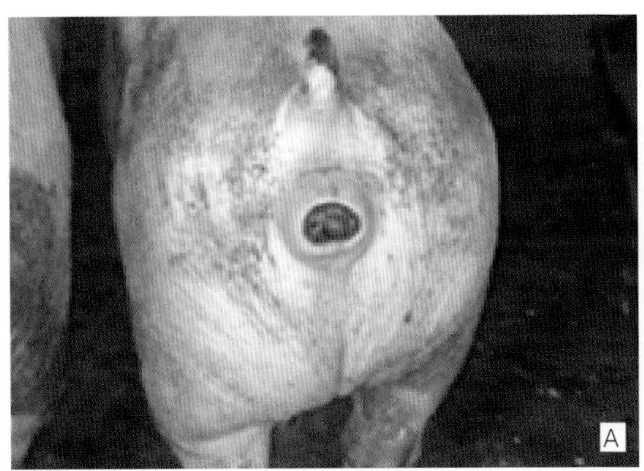

彩图 4-1　玉米赤霉烯酮引起的母猪外阴红肿、阴道和直肠脱垂

A. 轻度症状　B. 重度症状

（资料来源：雷元培，2014）

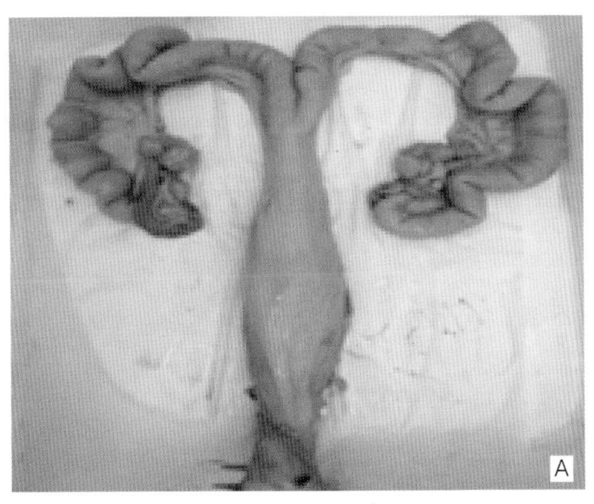

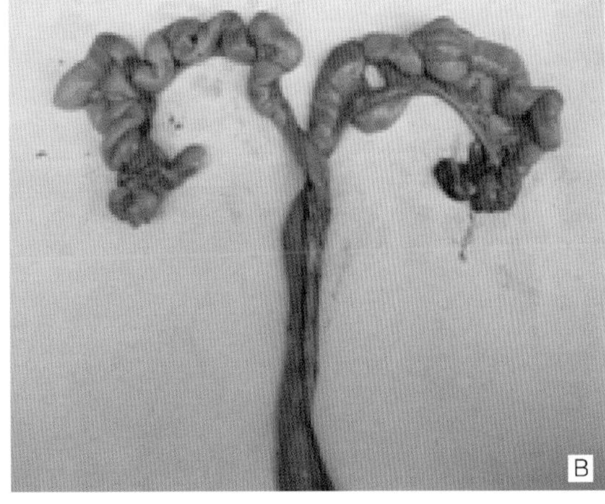

彩图 4-2　玉米赤霉烯酮对母猪子宫的影响

A. 肿大的子宫　B. 正常的子宫

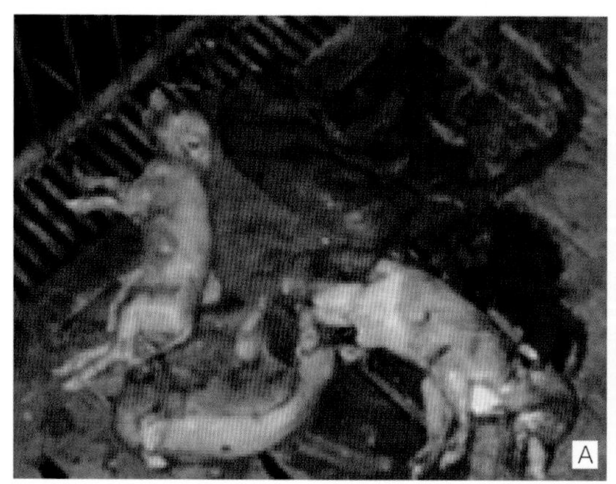

彩图4-3　母猪采食玉米赤霉烯酮污染饲粮导致胚胎死亡及仔猪“八”字腿

A. 胚胎死亡　B. 仔猪“八”字腿

（资料来源：计成，2007）

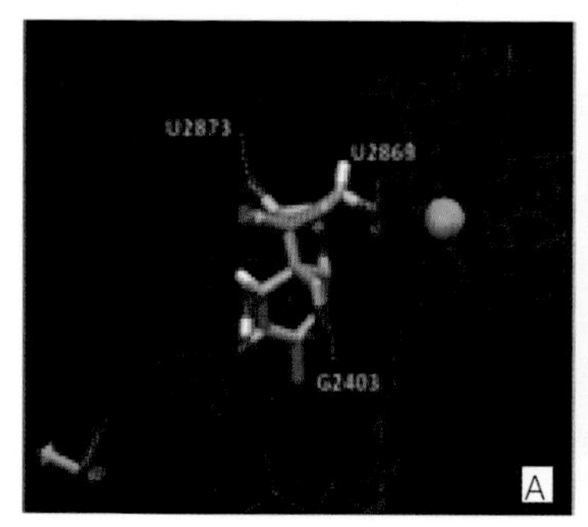

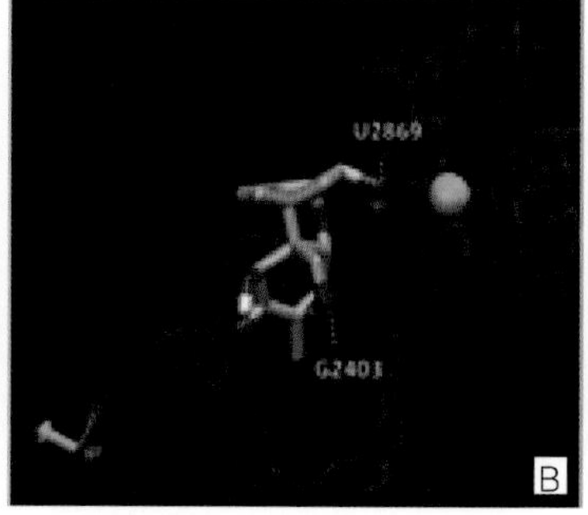

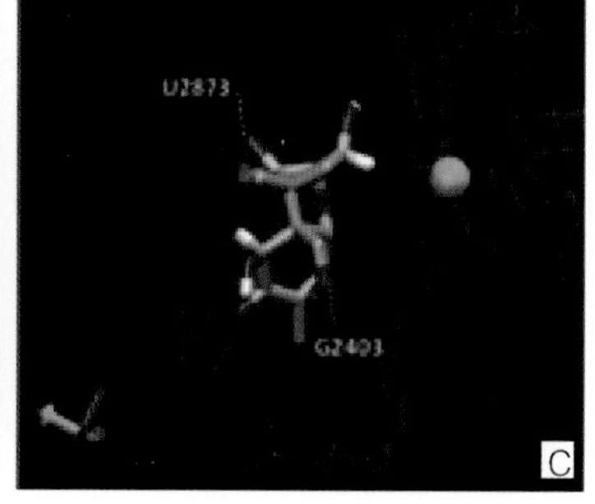

彩图5-1　酵母核糖体60s肽酰转移酶中心亚基结合位点和DON、DOM-1及3-epi-DON的互作

（资料来源：Pierron等，2016）

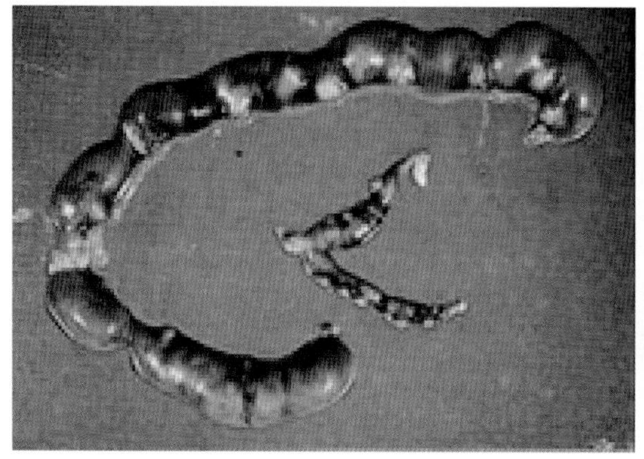

彩图5-2　呕吐毒素引起的仔猪消化道坏死和出血

（资料来源：Cemlyn Martin，2003）

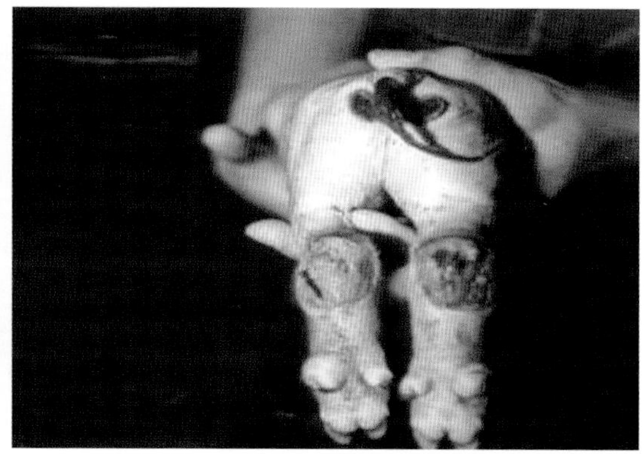

彩图5-3　呕吐毒素引起的仔猪尾巴坏死

（资料来源：Cemlyn Martin，2003）

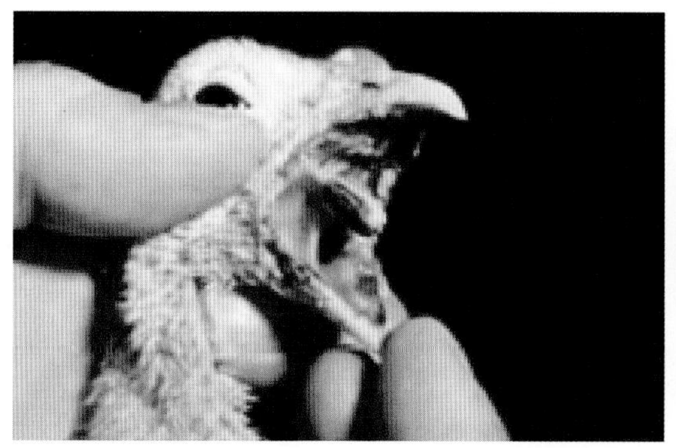

彩图 5-4　F_2 毒素引起的火鸡口腔黏膜溃疡

（资料来源：John，2003）

彩图 5-5　F_2 毒素引起鸡肌胃溃疡、糜烂

（资料来源：John，2003）

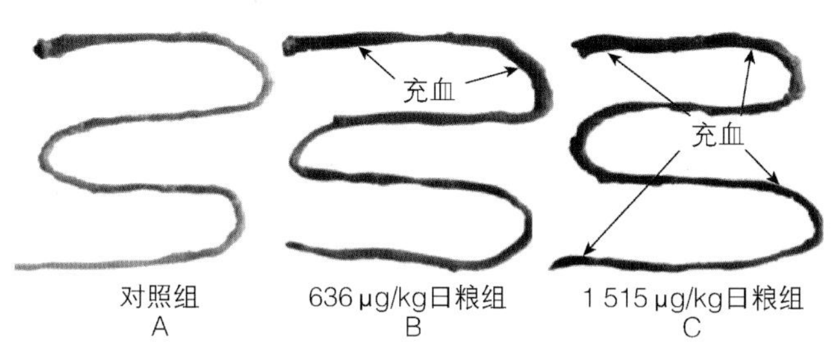

彩图 5-6　不同剂量的呕吐毒素导致青年草鱼肠道出血

（资料来源：Huang 等，2018）

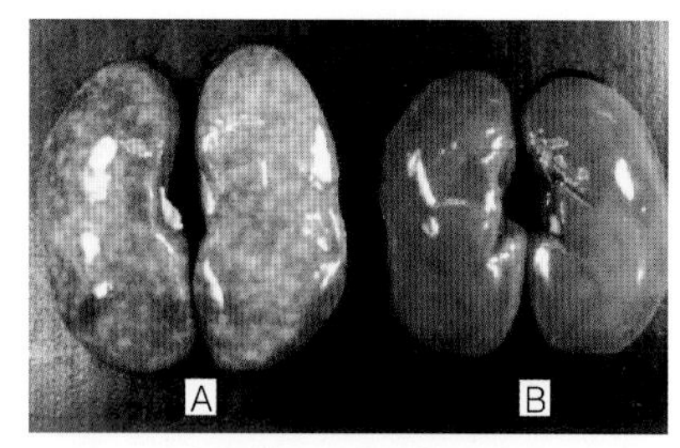

彩图 6-1　赭曲霉毒素导致猪肾脏肿大病变

A. 病变的肾脏　B. 正常肾脏

（资料来源：Stoev，2015）

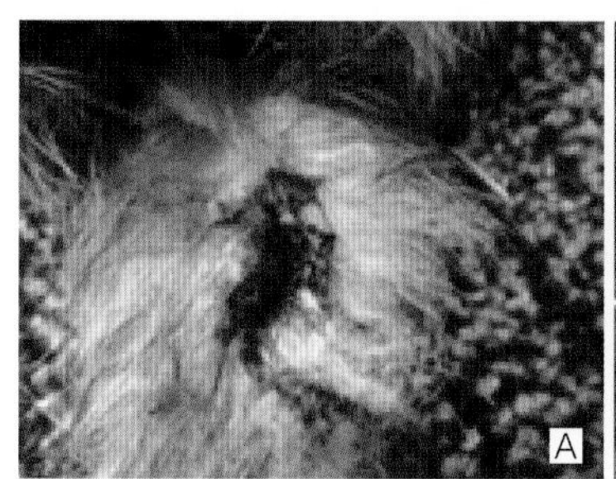

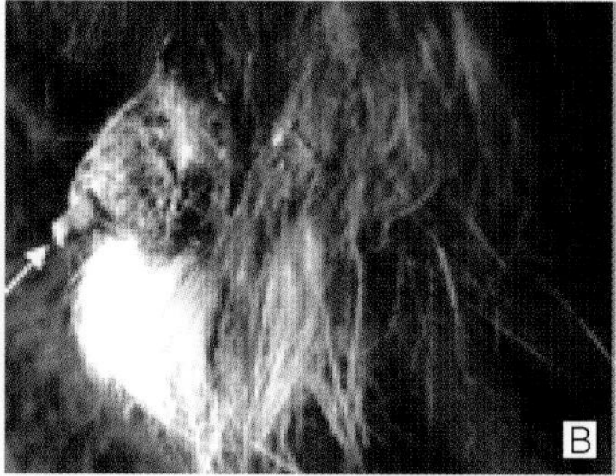

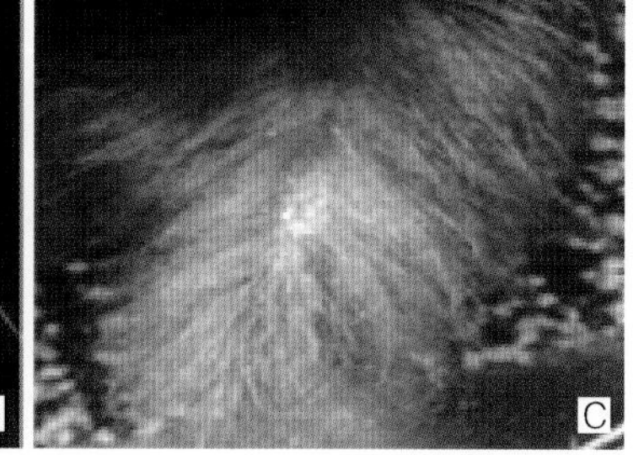

彩图 8-1　麦角生物碱使兔尾部血肿、尾巴坏死及尾部毛脱落

A. 尾部血肿　B. 尾巴坏死　C. 尾部毛脱落

（资料来源：Korn 等，2014）

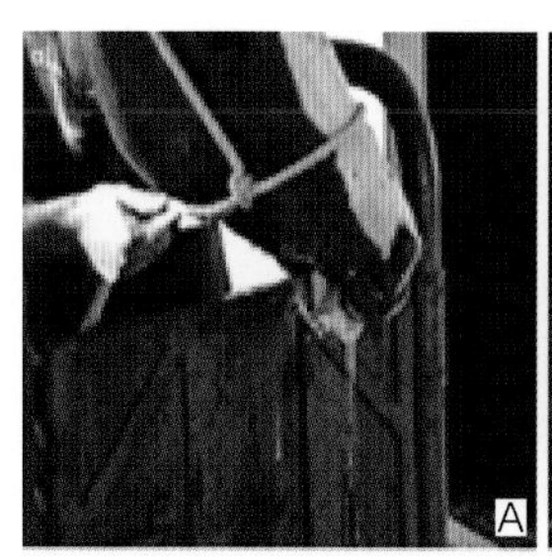

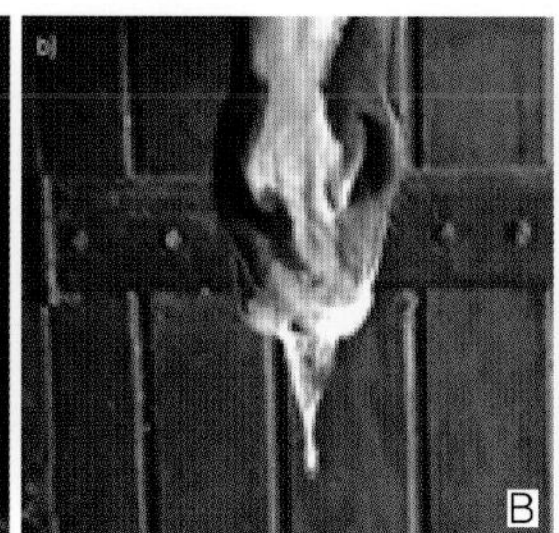

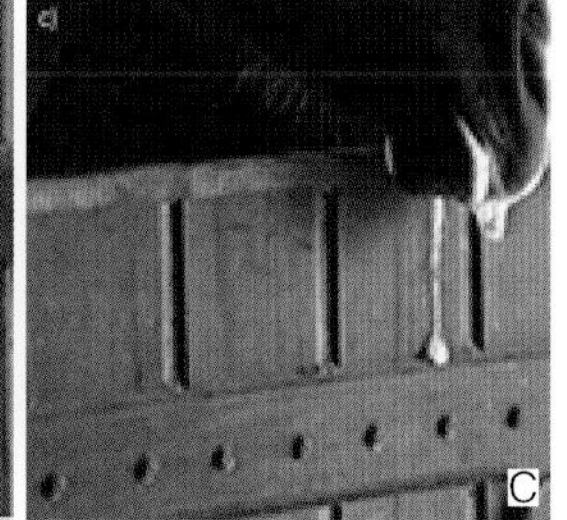

彩图 8-2　马采食被根霉菌胺污染的饲粮后大量流涎症状

（资料来源：Borges 等，2012）

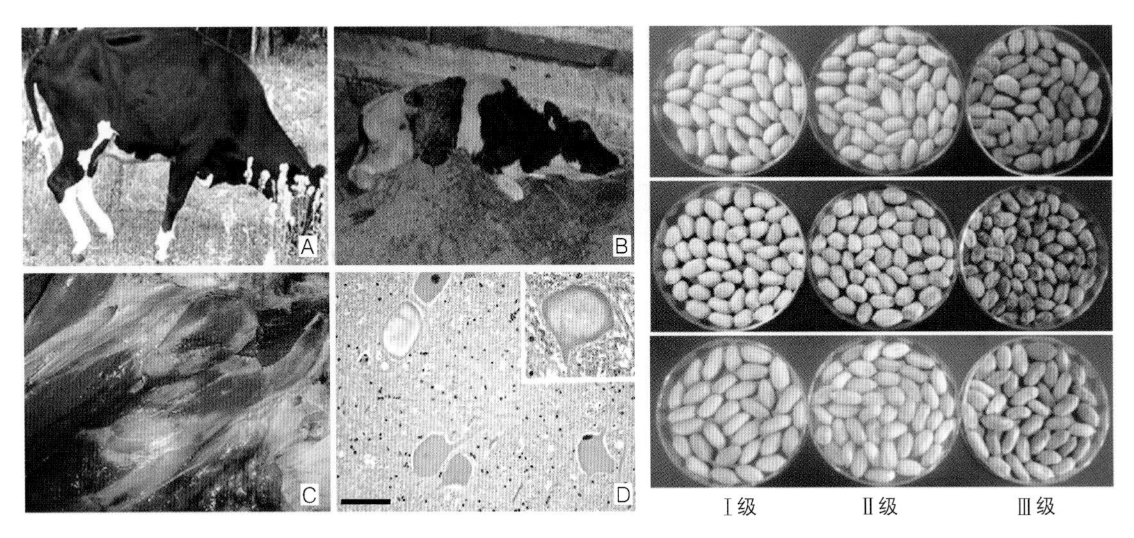

彩图 8-3　牛展青霉素中毒症

A. 运动无力；B. 卧地不起；

C. 肌肉苍白、变性与坏死；D. 神经元细胞肿胀与染色质溶解

（资料来源：Riet-Correa 等，2013）

彩图 9-1　依据种皮颜色及平滑度对花生进行分级

（资料来源：李雅丽等，2013）

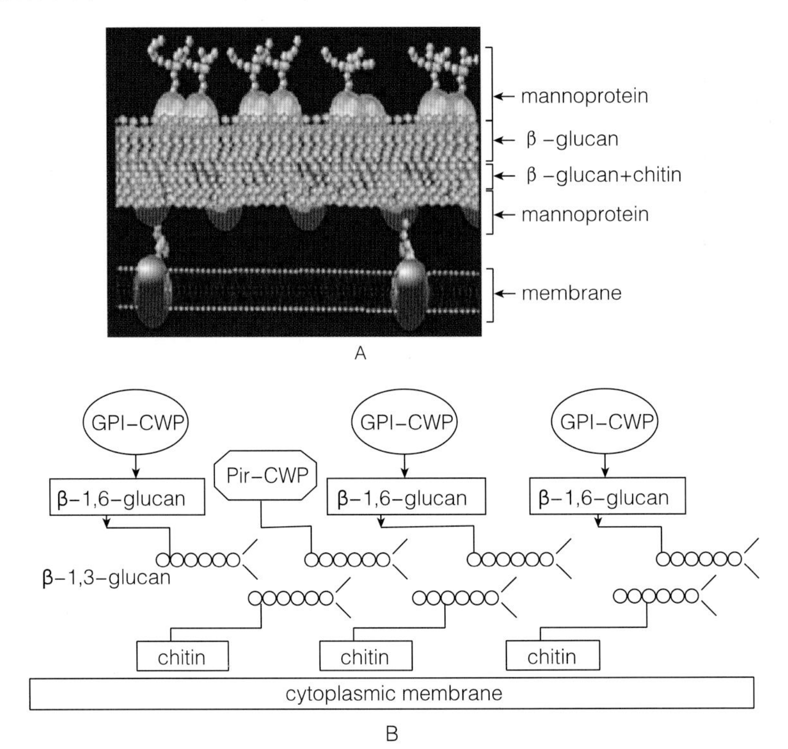

彩图 11-1　酵母菌

A. 细胞壁结构　B. 分子模型

注：mannoprotein，甘露糖蛋白；β-glucan，β-葡聚糖；β-glucan+chitin，β-葡聚糖+几丁质；membrane，原生质膜；GPI-CWP，GPI 细胞壁蛋白；Pir-CWP，Pir 细胞壁蛋白；β-(1,6)-glucan，β-(1,6)-葡聚糖；β-(1,3)-glucan，β-(1,3)-葡聚糖；chitin，几丁质；cytoplasmic membrane，原生质膜。

（资料来源：骆莹，2016）

“十三五”国家重点图书出版规划项目
当代动物营养与饲料科学精品专著

饲料霉菌毒素污染控制与生物降解技术

马秋刚　计　成　赵丽红◎主编

中国农业出版社
北　京

丛书编委会

杨在宾（教　授，山东农业大学动物科技学院动物医学院）
李光玉（研究员，中国农业科学院特产研究所）
李军国（研究员，中国农业科学院饲料研究所）
李胜利（教　授，中国农业大学动物科学技术学院）
李爱科（研究员，国家粮食和物资储备局科学研究院粮食品质营养研究所）
吴　德（教　授，四川农业大学动物营养研究所）
呙于明（教　授，中国农业大学动物科学技术学院）
佟建明（研究员，中国农业科学院北京畜牧兽医研究所）
汪以真（教　授，浙江大学动物科学学院）
张日俊（教　授，中国农业大学动物科学技术学院）
张宏福（研究员，中国农业科学院北京畜牧兽医研究所）
陈代文（教　授，四川农业大学动物营养研究所）
林　海（教　授，山东农业大学动物科技学院动物医学院）
罗　军（教　授，西北农林科技大学动物科技学院）
罗绪刚（研究员，中国农业科学院北京畜牧兽医研究所）
周志刚（研究员，中国农业科学院饲料研究所）
单安山（教　授，东北农业大学动物科学技术学院）
孟庆翔（教　授，中国农业大学动物科学技术学院）
侯水生（研究员，中国农业科学院北京畜牧兽医研究所）
侯永清（教　授，武汉轻工大学动物科学与营养工程学院）
姚军虎（教　授，西北农林科技大学动物科技学院）
秦贵信（教　授，吉林农业大学动物科学技术学院）
高秀华（研究员，中国农业科学院饲料研究所）
曹兵海（教　授，中国农业大学动物科学技术学院）
彭　健（教　授，华中农业大学动物科学技术学院动物医学院）
蒋宗勇（研究员，广东省农业科学院动物科学研究所）
蔡辉益（研究员，中国农业科学院饲料研究所）
谭支良（研究员，中国科学院亚热带农业生态研究所）
谯仕彦（教　授，中国农业大学动物科学技术学院）
薛　敏（研究员，中国农业科学院饲料研究所）
瞿明仁（教　授，江西农业大学动物科学技术学院）

审稿专家

卢德勋（研究员，内蒙古自治区农牧业科学院动物营养研究所）
计　成（教　授，中国农业大学动物科学技术学院）
杨振海（局　长，农业农村部畜牧兽医局）

本书编写人员

主　　编　马秋刚　计　成　赵丽红

副 主 编　张建云

编写人员（以姓氏笔画为序）

马珊珊　马秋刚　计　成　戎晓平　刘　明　刘文彬
关　舒　李　艳　李美玲　李笑樱　张　勇　张丽元
张建云　范　彧　周建川　郑　瑞　郑文革　赵丽红
贾　如　徐　洁　高　欣　郭永鹏　雷元培　鲍英慧
霍学婷

丛书序

经过近40年的发展，我国畜牧业取得了举世瞩目的成就，不仅是我国农业领域中集约化程度较高的产业，更成为国民经济的基础性产业之一。我国畜牧业现代化进程的飞速发展得益于畜牧科技事业的巨大进步，畜牧科技的发展已成为我国畜牧业进一步发展的强大推动力。作为畜牧科学体系中的重要学科，动物营养和饲料科学也取得了突出的成绩，为推动我国畜牧业现代化进程做出了历史性的重要贡献。

畜牧业的传统养殖理念重点放在不断提高家畜生产性能上，现在情况发生了重大变化：对畜牧业的要求不仅是要能满足日益增长的畜产品消费数量的要求，而且对畜产品的品质和安全提出了越来越严格的要求；畜禽养殖从业者越来越认识到养殖效益和动物健康之间相互密切的关系。畜牧业中抗生素的大量使用、饲料原料重金属超标、饲料霉变等问题，使一些有毒有害物质蓄积于畜产品内，直接危害人类健康。这些情况集中到一点，即畜牧业的传统养殖理念必须彻底改变，这是实现我国畜牧业现代化首先要解决的一个最根本的问题。否则，就会出现一系列的问题，如畜牧业的可持续发展受到阻碍、饲料中的非法添加屡禁不止、“人畜争粮”矛盾凸显、食品安全问题受到质疑。

我国最大的国情就是在相当长的时期内处于社会主义初级阶段，我国养殖业生产方式由粗放型向集约化型的根本转变是一个相当长的历史过程。从这样的国情出发，发展我国动物营养学理论和技术，既具有中国特色，对制定我国养殖业长期发展战略有指导性意义；同时也对世界养殖业，特别是对发展中国家养殖业发展具有示范性意义。因此，我们必须清醒地意识到，作为畜牧业发展中的重要学科——动物营养学正处在一个关键的历史发展时期。这一发展趋势绝不是动物营养学理论和技术体系的局部性创新，而是一个涉及动物营养学整体学科思维方式、研究范围和内容，乃至研究方法和技术手段更新的全局性战略转变。在此期间，养殖业内部不同程度的集约化水平长期存在。这就要求动物营养学理论不仅能适应高度集约化的养殖业，而且也要能适应中等或初级集约化水平长期存在的需求。近年来，我国学者在动物营养和饲料科学方面作了大量研究，取得了丰硕成果，这些研究成果对我国畜牧业的产业化发展有重要实践价值。

“十三五”饲料工业的持续健康发展，事关动物性“菜篮子”食品的有效供给和质量安全，事关养殖业绿色发展和竞争力提升。从生产发展看，饲料工业是联结种植业和养殖业的中轴产业，而饲料产品又占养殖产品成本的70%。当前，我国粮食库存压力很大，大力发展饲料工业，既是国家粮食去库存的重要渠道，也是实现降低生产成本、提高养殖效益的现实选择。从质量安全看，随着人口的增加和消费的提升，城乡居民对保障“舌尖上的安全”提出了新的更高的要求。饲料作为动物产品质量安全的源头和基础，要保障其安全放心，必须从饲料产业链条的每一个环节抓起，特别是在提质增效和保障质量安全方面，把科技进步放在更加突出的位置，支撑安全发展。从绿色发展看，当前我国畜牧业已走过了追求数量和保障质量的阶段，开始迈入绿色可持续发展的新阶段。畜牧业发展决不能“穿新鞋走老路”，继续高投入、高消耗、高污染，而应在源头上控制投入、减量增效，在过程中实施清洁生产、循环利用，在产品上保障绿色安全、引领消费；推介饲料资源高效利用、精准配方、氮磷和矿物元素源头减排、抗菌药物减量使用、微生物发酵等先进技术，促进形成畜牧业绿色发展新局面。

动物营养与饲料科学的理论与技术在保障国家粮食安全、保障食品安全、保障动物健康、提高动物生产水平、改善畜产品质量、降低生产成本、保护生态环境及推动饲料工业发展等方面具有不可替代的重要作用。当代动物营养与饲料科学精品专著，是我国动物营养和饲料科技界首次推出的大型理论研究与实际应用相结合的科技类应用型专著丛书，对于传播现代动物营养与饲料科学的创新成果、推动畜牧业的绿色发展有重要理论和现实指导意义。

李德发

2018.9.26

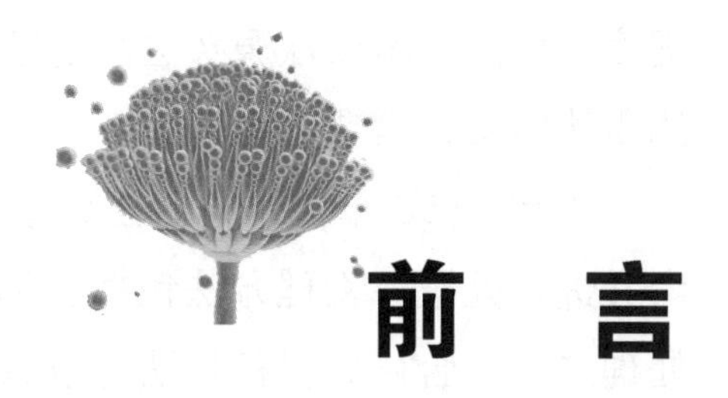

前 言

霉菌毒素是霉菌在生长过程中产生的有毒次生代谢产物。危害性较大的霉菌毒素包括黄曲霉毒素、玉米赤霉烯酮、单端孢霉烯族毒素（含呕吐毒素和T-2毒素等）、赭曲霉毒素及烟曲霉毒素等。据联合国粮农组织（FAO）估计，全世界每年有25%的谷物受到霉菌毒素的污染，每年超过5 000万t不能食用，直接损失超过1 400亿美元。《中国粮食发展报告》指出，我国谷物霉菌毒素阳性率90%以上，霉变造成产后损失高达2 100万t（占粮食总产量4.2%），直接损失为180亿～240亿元/年，间接损失超过1 000亿元/年。霉菌毒素污染普遍性和严重程度远远超过世界平均水平，且呈逐年上升趋势。

由于习惯上将不符合食用标准的原料转为饲料饲喂动物，因此霉菌毒素对饲料安全的影响远高于其对食品安全的直接影响。近年来，我国饲料中霉菌毒素阳性率大于95%，黄曲霉毒素、玉米赤霉烯酮、单端孢霉烯族毒素是最主要饲料霉菌毒素，超标率大于10%。动物一旦摄食含有霉菌毒素的饲料将会造成霉菌毒素中毒症。低剂量的毒素造成动物生产性能和免疫机能下降，引起动物肝肾脏病变、肠毒综合征、腺胃肌胃炎、繁殖障碍等疾病，高剂量的毒素则引起动物急性死亡。霉菌毒素在肉、蛋、奶中残留，还会引发动物源性食品安全问题。因此，有效控制和解决霉菌毒素对粮食和饲料的污染，对改善动物生产性能和提高人类食品安全有非常重要的意义。

实际上，谷物等原料在田间就会被霉菌污染，在运输、加工、储存过程中如果环境温度、湿度适合，霉菌会继续生长，毒素含量会继续增加。联合国粮农组织（FAO）于1995年建议将危害分析与关键控制点系统应用于粮食霉菌毒素管理，通过加强作物生长、成熟、收获和储存等各个环节的控制来最大限度地减少食品和饲料中的霉菌毒素。通过严格控制原料的含水量及使用优质防霉剂（丙酸及其盐类）可以减少储存过程中霉变的发生概率和严重程度。但是，难以从源头去除霉菌毒素，对于已经被污染的谷物粮食中存在的霉菌毒素，需要脱毒处理。

20 世纪 50 年代，科研工作者就尝试用物理、化学方法对饲料中的霉菌毒素进行处理。物理方法包括合格原料稀释法、研磨法、密度筛选法、高温处理法等。合格原料稀释法可以减轻动物的中毒症状，但使毒素的污染范围加大，威胁到更多动物的健康和畜禽产品的安全；研磨、密度筛选等方法的生产效率较低、能耗较大；高温处理法，不但破坏饲料的营养价值而且对大部分毒素不起作用。化学方法主要有碱处理、氧化处理、化学物质降解等方法。碱处理、氧化处理导致饲料的感官品质变差，饲料的营养价值大幅度降低，且化学品的残留问题无法有效而经济地解决。传统的物理和化学方法去除霉菌毒素存在效果不稳定、营养成分损失大、饲料适口性差，难以规模化生产等缺点，较难广泛用于生产实践。

20 世纪 90 年代初，人们发现某些矿物质对霉菌毒素有很好的吸附效果。常用作吸附霉菌毒素的矿物质主要有硅藻土、蒙脱石、膨润土、黏土等；另外一些酵母细胞壁提取物、酯化甘露聚糖等有机分子对霉菌毒素也有吸附作用。在饲粮中添加霉菌毒素吸附剂属于物理去毒，这种方法有其应用上的弊端。比如：吸附剂只对黄曲霉毒素有效果，对其他毒素效果差或者无效；吸附剂没有特异性，在吸附霉菌毒素的同时还吸附饲料中的小分子有机化合物如维生素和微量元素；吸附剂和霉菌毒素结合形成的复合体在胃肠道环境中不稳定，毒素可在胃或小肠末端释放，导致毒素局部聚集，使胃肠黏膜受到损伤，进而影响营养物质的吸收和利用。

霉菌在地球上广泛存在，虽然毒素性质稳定，但并未因毒素的积累而造成灾害，故推断自然界本身存在可降解霉菌毒素的物质。霉菌毒素生物降解指微生物及其代谢产生的酶与毒素作用，使毒素分子化学结构改变，生成无毒或低毒降解产物的过程。21 世纪初，有越来越多研究报道某些真菌（少根根霉、茎点霉、白腐真菌、假蜜环菌等）和细菌（分枝杆菌、假单胞菌、芽孢杆菌、德沃斯氏菌等）能够降解黄曲霉毒素、玉米赤霉烯酮和呕吐毒素，并进一步证实起降解作用的活性物质是微生物所产的酶。由于霉菌毒素的毒性与其分子结构中相应的毒性基团有关，因此只有将毒素分子结构中的毒性基团彻底破坏或消除并使之生成无毒或低毒的代谢产物，才能从真正意义上解除毒素对动物和人的危害。

中国农业大学动物营养学国家重点实验室马秋刚、计成、赵丽红、张建云及多名从事相关研究的博士和硕士研究生，经过十多年的潜心研发和不懈努力，筛选得到25株黄曲霉毒素降解菌、5株玉米赤霉烯酮降解菌、2株单端孢霉烯族毒素降解菌；针对三类毒素分别从中优选公认安全性好、降解毒素活性高、益生作用强、抗逆性强的枯草芽孢杆菌亚种（*Bacillus subtilis*）ANSB060、ANSB01G和ANSB471，并鉴定出降解产物的结构，揭示了主要霉菌毒素生物降解途径，验证了降解菌及降解产物的安全性，解决了降解产物不清、安全性存疑的问题；创制出同时高效降解饲料中黄曲霉毒素、玉米赤霉烯酮和单端孢霉烯族毒素的微生态型降解剂，开展了动物安全性和有效性评价试验（小鼠/大鼠、鸡、鸭、猪、牛、鱼等），获批饲料添加剂生产许可证2个、出口许可证1个、批准文号12个，年推广量已经超过3 000 t，推广到29省市2 500多家饲料养殖企业，出口到东南亚国家，获得巨大的经济和社会效益。对赭曲霉毒素和展青霉素高效降解菌的筛选，以及霉菌毒素降解酶基因克隆和高效表达工作也取得了阶段性突破。中国农学会组织，印遇龙院士、南志标院士和李德发院士等领衔专家组对本技术成果给予高度评价，评价结论："总体技术水平达到国际领先水平。"科研成果先后荣获中华农业科技进步奖一等奖、北京市科技进步二等奖、中国产学研创新成果奖一等奖、中国专利优秀奖、全国商业科技进步奖一等奖、中国发明创业成果奖一等奖等。经过十多年的科研探索，课题组已经逐渐形成完整的饲料霉菌毒素生物降解技术体系，该技术既实现了对陈化粮、霉变饲料的无害化高值化处理，又保障了食品安全。

本书的编写主要包括霉菌生长、繁殖与产毒规律，霉菌毒素污染概况，霉菌毒素毒理作用及动物中毒症，饲料霉菌毒素的传统脱毒技术原理与方法，饲料霉菌毒素生物降解技术原理与方法，饲料霉菌毒素检测技术，霉菌毒素脱毒效果评价方法，饲料霉菌毒素毒性效应的评估等部分，是对长期以来霉菌毒素研究领域已有知识的归纳整理，对近年来霉菌毒素污染控制技术的系统梳理，对霉菌毒素生物降解技术方面的最新进展的总结汇报。本书出版将为动物健康养殖和食品安全提供技术保障。

编 者

2019年12月

目 录

07 第七章 烟曲霉毒素（伏马毒素）毒理作用及动物和人中毒症

08 第八章 其他霉菌毒素毒理作用及动物和人中毒症

第三篇 饲料霉菌毒素传统脱毒技术

14 第十四章 玉米赤霉烯酮生物降解技术

15 第十五章 单端孢霉烯族毒素生物降解技术

16 第十六章 赭曲霉毒素生物降解技术

17 第十七章 烟曲霉毒素生物降解技术

18 第十八章 其他霉菌毒素生物降解技术

19 第十九章 霉菌毒素降解菌的发酵生产

第五篇　饲料霉菌毒素检测技术

25 第二十五章　赭曲霉毒素测定原理及方法

26 第二十六章　烟曲霉毒素测定原理及方法

27 第二十七章　其他毒素测定原理及方法

第六篇 霉菌毒素脱毒剂效果评价方法

28 第二十八章 吸附剂对霉菌毒素和营养物质吸附的评价方法

29 第二十九章 降解菌及降解酶对霉菌毒素降解效果的评价方法

第七篇 饲料霉菌毒素毒性效应的评估

01

第一篇　霉菌与霉菌毒素污染

第一章 霉菌生长、繁殖与产毒规律

第一节 霉菌分类及其菌落特征

自然界中霉菌无处不在，霉菌孢子普遍存在于土壤和腐烂植物中，并通过空气、水及昆虫等传播，一旦接触到适宜的生长条件，如破裂的种子就会迅速定植并萌发，导致种子发生霉变。

一、霉菌的定义

霉菌（molds）属于真菌，是形成分枝菌丝的真菌的统称，意为“发霉的真菌”。霉菌不是分类学上的名称，在分类上属于真菌门的各个亚门。通常将在基质上生成棉絮状、绒毛状或蜘蛛网状菌丝体的真菌都称为霉菌。

二、霉菌的分类

从分类学角度来看，霉菌属于藻状菌纲、子囊菌纲、担子菌纲及半知菌类。

霉菌按其生活习性分为田间霉菌和仓储霉菌 2 种。田间霉菌属野外菌株，通常指交链孢霉属（*Alternaria* spp.）、麦角菌属（*Claviceps* spp.）、镰刀菌属（*Fusarium* spp.）、芽枝霉属（*Phycomycetes* spp.）和黑孢霉属（*Sarcocysae* spp.）等的真菌，极易感染未采收前的谷物，更易在阴冷潮湿的条件中生长，在低温环境中也会繁殖。仓储霉菌主要为青霉属（*Penicillium* spp.）和曲霉属（*Aspergillus* spp.）的真菌，容易感染收获后贮存中的种子，但是有些仓储霉菌也可感染田间生长作物或收获后晾晒在场上的作物。

三、霉菌菌落的特征

（一）菌落特征

霉菌的细胞呈丝状，在固体培养基上有营养菌丝和气生菌丝的分化。气生菌丝间没有毛细管水，其菌落与细菌、酵母菌的菌落有很大差异，与放线菌的菌落接近。霉菌菌丝较粗且长，大量交织，导致霉菌菌落形态较大，一般比细菌和放线菌菌落大几倍到十几倍。有些霉菌，如根霉（*Rhizopus* spp.）、毛霉（*Mucor* spp.）等生长速度很快，菌丝在固体培养基表面蔓延，以致菌落没有固定大小。也有一些种类的霉菌，如青霉（*Penicillum* spp.）、曲霉（*Aspergillus* spp.）等，生长有一定的局限性。

霉菌菌落质地比放线菌疏松，外观干燥，不透明，呈现或松或紧的绒毛状（如黄曲霉和产黄青霉菌落）、棉絮状（如毛霉菌落）或蜘蛛网状（如黑根霉菌落）。菌落与培养基连接紧密，不易挑取。菌落正反面的颜色及边缘与中心的颜色常常不一致，这是因为气生菌丝分化出的子实体和孢子的颜色比固体基质内营养菌丝的颜色更深。因此，与菌落边缘尚未分化的气生菌丝相比，菌落中央与边缘往往有明显的颜色差异，中央为孢子穗的颜色，边缘为不育菌丝的颜色。同一种霉菌菌落，在不同成分的培养基上形成的菌落特征可能有变化，但在固定的培养基上形成的菌落，其大小、形状、颜色等却相对稳定。为此，菌落特征为鉴定霉菌的重要依据之一。

（二）液体培养特征

液体培养基中培养的霉菌，在进行通气搅拌或振荡培养时，菌丝体会相互缠绕，紧密扭结，菌丝呈球形，均匀地附着在发酵液中且不会长得过密，发酵液较稀薄，有利于发酵的进行。在液体培养基中静止培养时，菌丝在培养液表面生长，在液面上形成菌膜，培养液不浑浊，可据此检查培养物是否被细菌污染。

四、常见霉菌

霉菌的种类很多，迄今发现的霉菌有 5 100 属 45 000 种。常见的霉菌有毛霉属、根霉属、曲霉属、青霉属、木霉属、脉孢菌属、交链孢霉属、镰刀菌属等。

（一）毛霉属

毛霉属（*Mucor* spp.）种类较多，在自然界中分布广泛，土壤、粪便、禾草和空气中都有毛霉孢子存在。毛霉属霉菌在高温、高湿及通风不良的条件下生长良好。毛霉生长迅速，菌丝体发达，呈棉絮状，由许多分枝的菌丝构成（图 1－1）。菌丝无隔膜，有多个细胞核，以孢囊孢子进行无性繁殖，有性繁殖则产生接合孢子。

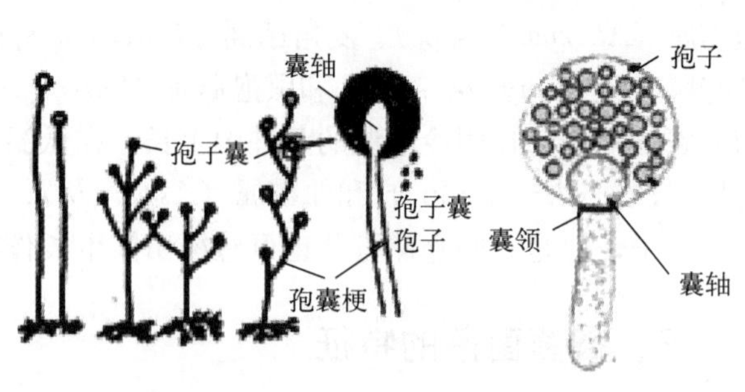

图 1－1　毛霉的形态
（资料来源：王宜磊等，2014）

毛霉是工业上重要的功能性微生物之一，其淀粉酶活力很强，可将淀粉转化为糖，在酿酒工业上多用作淀粉质原料的糖化菌。另外，毛霉还能产生蛋白酶，有分解大豆蛋白质的能力，多用于制作豆腐乳和豆豉。常见的毛霉有高大毛霉（*M. mucedo*）、总状毛霉（*M. racemosus*）和鲁氏毛霉（*M. rouxianus*）等。

（二）根霉属

根霉属（*Rhizopus* spp.）在自然界分布很广泛，存在于空气、土壤及各种器皿表面，并常见于淀粉质食品上，引起馒头、面包、甘薯等发霉变质，或造成瓜果蔬菜腐烂。根霉属与毛霉属有很多相似特征，其主要区别在于根霉有假根和匍匐菌丝（图1-2）。根霉有发达的菌丝，菌丝体呈白色或其他颜色。营养菌丝产生匍匐枝，匍匐枝的节间形成特有的假根，假根起固定和吸收养料作用，这是根霉的一个重要特征。

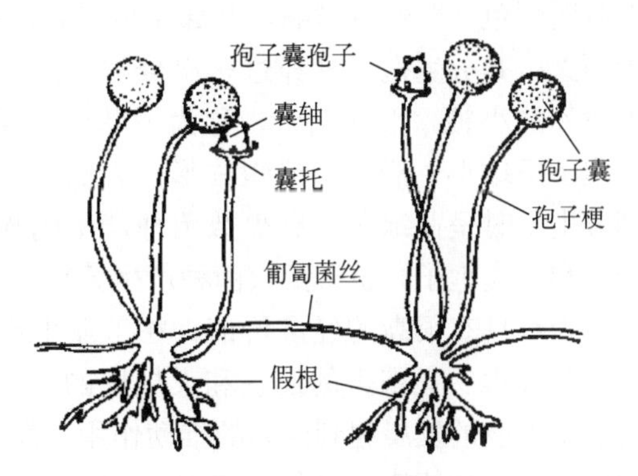

图1-2　根霉的形态
（资料来源：车振明，2011）

根霉在生命活动过程中可以产生淀粉酶、糖化酶，常用作发酵饲料的菌种，是工业上常用的生产菌种。我国最早利用根霉糖化淀粉生产酒精。近年来根霉在甾体激素转化，延胡索酸、乳酸等有机酸的生产中被广泛利用。常见的根霉主要有黑根霉（*R. nigricans*）、华根霉（*R. chinensis*）和米根霉（*R. oryzae*）等。

（三）曲霉属

曲霉属（*Aspergillus* spp.）广泛分布于谷物、空气、土壤和各种有机物质上。也有些曲霉能产生对人体有害的霉菌毒素，如黄曲霉毒素 B_1，有的则能引起水果、蔬菜、粮食霉变腐败。曲霉菌丝有隔膜和足细胞，属多细胞霉菌。无性繁殖产生分生孢子，孢子呈绿、黄、橙、褐、黑等颜色。分生孢子梗直接由营养菌丝产生，其顶端膨大成为顶囊，顶囊一般呈球形（图1-3）。分生孢子梗基部有一足细胞，通过它与营养菌丝相连。曲霉中分生孢子梗的长度，顶囊的形状，小梗着生是单轮还是双轮，分生孢子的形状、大小、表面结构及颜色等，都是鉴定曲霉属菌种的依据。曲霉属中，只有少数种能进行有性繁殖，产生子囊孢子。

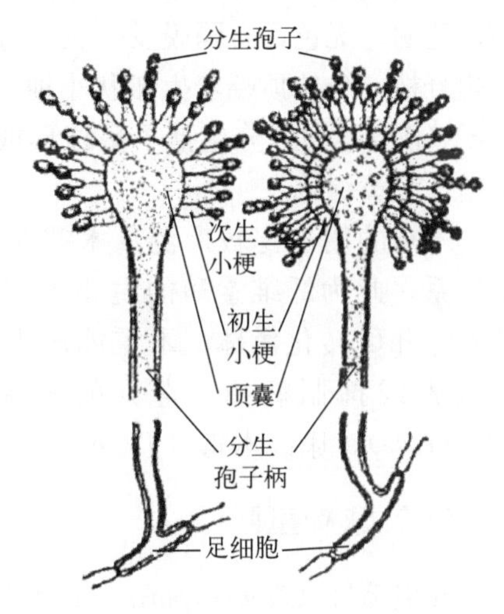

图1-3　曲霉的形态
（资料来源：黄秀梨，1998）

曲霉是发酵工业和食品加工业的重要菌种。2 000多年前，我国就已经利用各种曲霉菌制酱，曲霉也是酿酒、制醋曲的主要菌种。现代工业利用曲霉生产淀粉酶、蛋白酶、果胶酶等各种酶制剂和柠檬酸、葡萄糖酸、五倍子酸等有机酸。常见的曲霉菌种有黄曲霉（*A. flavus*）、黑曲霉（*A. niger*）和米曲霉（*A. oryzae*）。

（四）青霉属

青霉属（*Penicillum*）广泛分布于空气、土壤和各种物品上，常生长在腐烂的柑橘皮上，呈青绿色。青霉十分接近曲霉，许多是常见的有害菌，其危害程度不亚于曲霉。青霉也是实验室常见的污染菌。青霉属多细胞，营养菌丝体为无色、淡色或具有鲜明颜色。菌丝有横隔，基部无足细胞，顶端不膨大，无顶囊，其分生孢子梗经过多次分枝，产生几轮对称或不对称的小梗，形如扫帚，称为帚状体（图1-4）。分生孢子呈球形、椭圆形或短柱形，表面光滑或粗糙，大部分生长时呈蓝绿色。有少数菌种产生闭囊壳，内形成子囊和子囊孢子，也有少数菌种产生菌核。

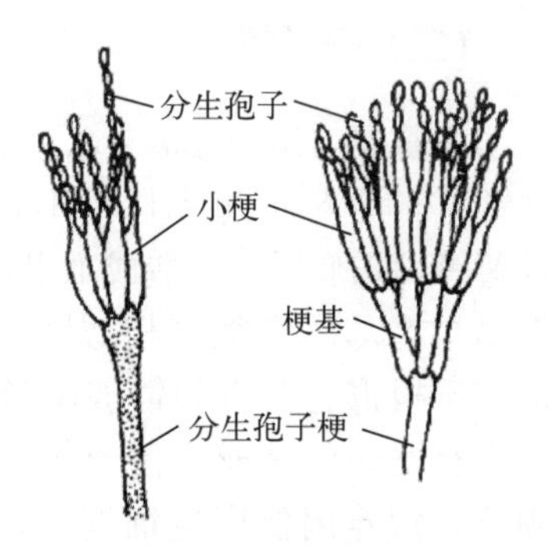

图1-4 青霉的形态
（资料来源：周德庆，2002）

青霉具有很高的经济价值，在工业生产上主要用于生产青霉素。青霉素的发现和大规模的生产、应用，对抗生素工业的发展起到巨大的推动作用。发酵青霉素的菌丝废料含有丰富的蛋白质、矿物质和B族维生素，可作为畜禽的饲料。此外，青霉还可用以生产葡萄糖氧化酶或葡萄糖酸、柠檬酸和抗坏血酸，可用作霉腐试验菌。常见的青霉菌种有产黄青霉（*P. chrysogenum*）、灰绿青霉（*P. glaucum*）、点青霉（*P. notatum*）等。

（五）木霉属

木霉属（*Trichoderma* spp.）为半知菌，分布较广泛，常存在于朽木、枯枝落叶、植物残体、土壤、有机肥和空气中。栽培蘑菇中有时会污染木霉。木霉的菌落生长迅速，呈棉絮状或致密丛束状，由白色逐渐变成绿色。产孢区常排列成同心轮纹。菌丝透明、无色，有隔膜及分枝。分生孢子梗呈对生或互生分枝，分枝顶端着生瓶状小梗，小梗生出多个分生孢子（图1-5）。分生孢子呈球形或椭圆形，壁光滑或粗糙，呈黄绿色。

木霉的用途比较广泛。木霉含有活性很强的纤维素酶系，此为纤维素酶的主要生产菌。木霉能合成核黄素，并可转化甾体。木霉能产生多种抗菌物质，防治病害或抑制病原。常见的木霉菌种有绿色木霉（*T. viride*）、康氏木霉（*T. koningii*）等。

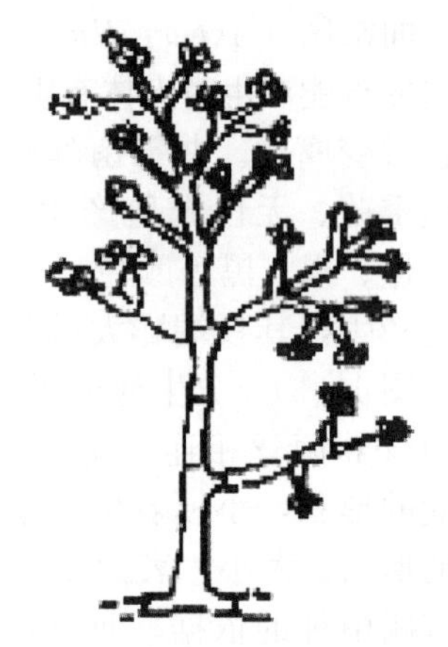
图1-5 木霉的形态
（资料来源：邱立友和王明道，2011）

（六）脉孢菌属

脉孢菌属（*Neurospora* spp.）因其子囊孢子表面有纵形花纹，犹如叶脉而得名，又称链孢霉（图1-6）。脉孢菌属具有疏松网状的长菌丝，有隔膜、分枝。分生孢子梗直接从菌丝上长出，梗顶端形成分生孢子，多为卵圆形，呈橘黄色或粉红色。因常生在面包等淀粉性食物上，故脉孢菌属又俗称红色面包霉。脉孢菌的有性繁殖过程产生子囊和子囊孢子，属异宗配合。一株菌丝体形成子囊壳原，另一株菌丝体的菌丝与子囊壳原的菌丝结合，两株菌丝中的核在共同的细胞质中混杂存在，反复分裂，形成很多核；2个异宗的核配对，形成很多二倍体核，每个结合的核包在一个子囊内；子囊里的二倍体核经2次分裂形成4个单倍体核；再经一次分裂，则成为8个单倍体核，围绕每个核发育成1个子囊孢子，每个子囊中有8个子囊孢子。一般情况下，脉孢菌很少进行有性繁殖。

脉孢菌是研究遗传学的好材料。因为其子囊孢子在子囊内呈单向排列，表现出有规律的遗传组合。如果用2种菌杂交形成的子囊孢子分别培养，则可研究遗传性状的分离及组合情况。此外，菌体内含有丰富的蛋白质、维生素 B_{12} 等，部分用于发酵工业。最常见的菌种有粗糙脉孢菌（*N. crassa*）、好食脉孢菌（*N. sitophila*）等。

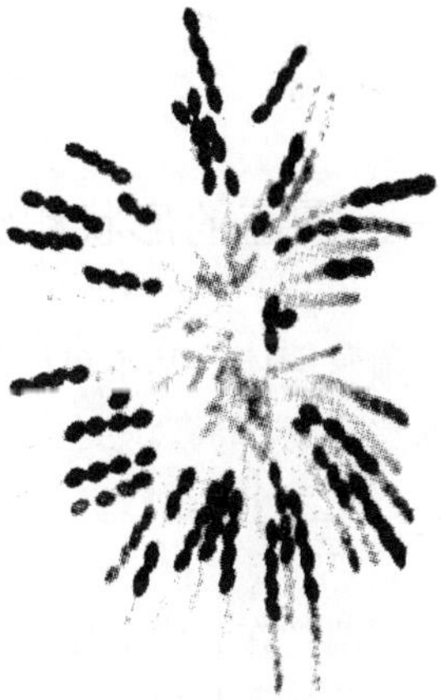

图1-6　脉孢霉的子囊孢子
（资料来源：王宜磊等，2014）

（七）交链孢霉属

交链孢霉属（*Alternaria* spp.）是空气、土壤、工业材料上常见的腐生菌，有的也是栽培植物的寄生菌，常可在植物的种子、叶子和枯草上见到（图1-7）。交链孢霉属菌丝色暗至黑色，有隔膜，以分生孢子进行无性繁殖。分生孢子梗较短，单生或丛生，大多数不分枝。分生孢子呈倒棒状或纺锤状，顶端延长成喙状，多细胞，有壁砖状分隔。分生孢子常数个成链，多呈褐色。

图1-7　交链孢霉的形态
（资料来源：路福平，2005）

交链孢霉属中的一些菌种可用于生产蛋白酶，有些种则可用于甾族化合物转化。交链孢霉产生的交链孢霉毒素，有交链孢霉酚、交链孢霉烯、交链孢霉甲基醚及细偶氮酸。

（八）镰刀菌属

镰刀菌属（*Fusarium* spp.）又称镰孢霉属或者镰孢菌属，属于无性真菌类，有性时期为子囊菌门，有性态镰刀菌多为赤霉属（图1-8）。

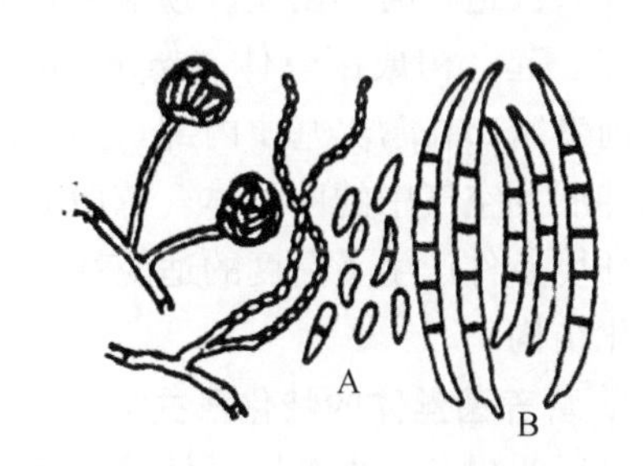

图1-8　串珠镰刀菌的形态
A. 小型分生孢子　B. 大型分生孢子
（资料来源：车振明，2011）

镰刀菌属广泛分布于土壤和动植物有机体内，不仅存在于温带和热带地区的土壤中，甚至在严寒的北极和炎热的沙漠中也能分离到。镰刀菌能产生被称作赤霉素的植物激素，可使农作物增产；同时，还能侵染多种作物，引起小麦、水稻、玉米等赤霉病。镰刀菌可产生毒素，污染粮食和饲料，对人和动物产生毒害作用。

第二节　霉菌生长和繁殖

一、霉菌的形状和结构

霉菌营养体的基本单位是菌丝。霉菌由孢子萌发出芽，然后长出芽管，继而长出管状的菌丝（hyphae）。

（一）菌丝

霉菌菌丝在光学显微镜下呈管状，直径为 3～10 μm，与酵母菌细胞类似，比细菌或放线菌菌丝大几倍至几十倍。幼龄菌丝无色透明，老龄菌丝常呈各种色泽。菌丝由坚硬的含几丁质的细胞壁包被，内有大量细胞器。菌丝较老的部位有大量液泡，并与较幼嫩的区域以横隔分开。根据菌丝有无隔膜，可将菌丝分为有隔菌丝（彩图 1-1A）和无隔菌丝（彩图 1-1B）。

1. 有隔菌丝　有隔菌丝是高等霉菌，如青霉属（*Penicillium* spp.）、曲霉属（*Aspergillus* spp.）、木霉属（*Trichoderma* spp.）等所具有的一种菌丝类型。

菌丝内有隔膜，被隔膜隔开的每一段有隔菌丝，就是一个细胞。整个菌丝体由多个细胞组成，每个细胞内含 1 到多个细胞核，隔膜中央有 1 个或多个小孔，细胞间的细胞质和营养物质可通过小孔自由流通和交换。每个细胞功能相同。随着菌丝的伸长，顶端细胞随之分裂，细胞数目不断增加。如果菌丝断裂或菌丝中有 1 个细胞死亡，则小孔立即封闭，避免活细胞内的营养物质外流或死细胞的降解产物流入，保证活细胞的正常生命活动。

2. 无隔菌丝　无隔菌丝是低等霉菌，如毛霉属（*Mucor*）、根霉属（*Rhizopus*）等所具有的菌丝类型。菌丝内无隔膜，整个菌丝为长管状单细胞，细胞质内含多个细胞核。菌丝生长过程表现为菌丝伸长、细胞质增加和细胞核分裂。

（二）菌丝体

在条件适合时，菌丝以顶端伸长方式向前生长，并产生许多分枝，分枝的菌丝相互交织在一起，构成菌丝体（mycelium）。菌丝体有 2 种类型：营养菌丝体和气生菌丝体。前者密布在营养基质内部，主要进行营养物质和水分的吸收，又称基内菌丝体；后者是伸展到空气中的菌丝体。霉菌的营养菌丝体和气生菌丝体在长期进化过程中，对所处的环境条件产生了高度的适应性，形成了各种与环境相适宜，但形态与功能各不相同的特化结构。

1. 营养菌丝体的特化形式

（1）假根　是根霉属等低等霉菌的匍匐菌丝与营养基质接触部位分化形成的根状结构（图 1-9），有固着和吸收养料的功能。

（2）吸器　由寄生性霉菌，如锈菌目、白粉菌目和霜霉目等所产生，是一种只在宿主细胞间隙蔓延的营养菌丝上分化出来的短枝，侵入细胞内形成指状、球状或丝状的结构（彩图 1-2），用以吸取宿主细胞内的养料。

（3）菌核　是霉菌发育到一定阶段，菌丝分化并密集缠绕形成坚硬的团状结构（图1-10）。菌核是一种休眠体，可抵抗不良的环境条件。在适宜条件下，菌核能重新萌发。其外层是拟薄壁组织，表皮细胞壁厚、颜色深且较坚硬；内层是疏松组织。许多菌核是著名的药材，如茯苓、麦角等。

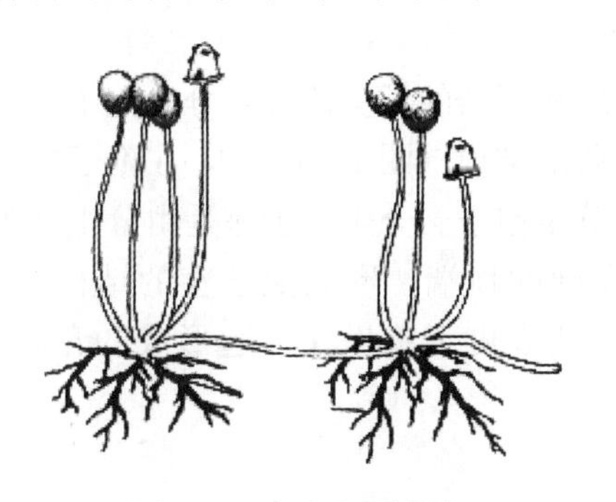

图1-9　匍匐根霉假根

（资料来源：王伟东和洪坚平，2015）

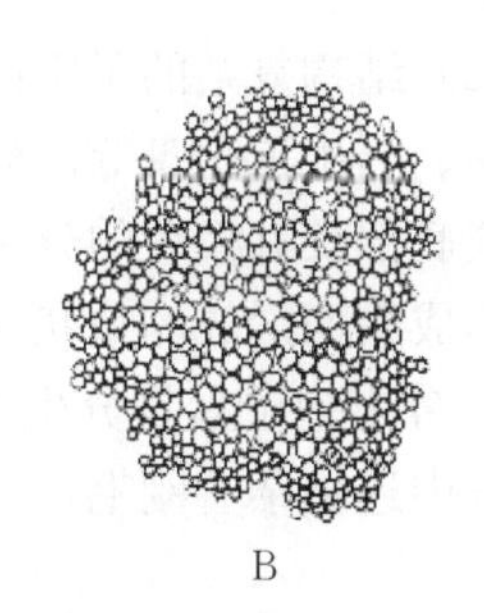

图1-10　麦角菌的菌核

A. 菌核　B. 横切

（资料来源：邱立友和王明道，2011）

（4）菌环和菌网　某些捕食性霉菌的菌丝呈环状，用于捕捉线虫、草履虫等小型生物，这种环状菌丝称为菌环（图1-11A）。菌网由菌丝形成的网眼组成（图1-11B和图1-11C）。

（5）附着胞　许多植物寄生霉菌在其芽管或老菌丝顶端发生膨大，并分泌黏性物，牢固地黏附在宿主的表面，这一结构就是附着胞（图1-12）。附着胞上形成纤细的针状感染菌丝，以侵入宿主的角质层而吸取营养。

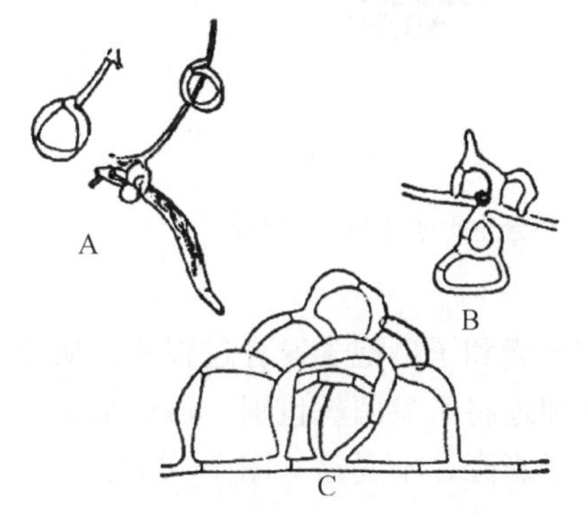

图1-11　霉菌菌丝的几种变态结构

A. 菌环　B. 简单菌网　C. 复杂菌网

（资料来源：邱立友和王明道，2011）

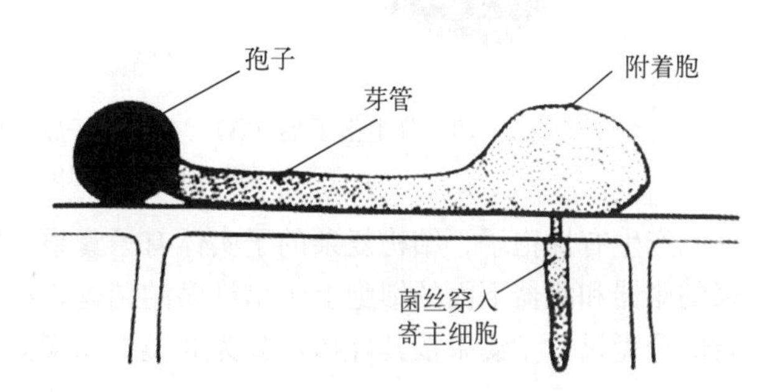

图1-12　寄生霉菌的附着胞

（资料来源：王宜磊等，2014）

（6）匍匐丝　毛霉目霉菌形成的具有延伸功能的匍匐状菌丝，称为匍匐丝。

（7）附着枝　若干寄生霉菌由菌丝细胞生出1～2个细胞的短枝，将菌丝附着于宿主上，这种特殊的结构就是附着枝（彩图1-3）。

（8）菌索　有些高等霉菌菌体平行排列组成长条状的绳索，称为菌索（彩图1-4）。菌索具有促进霉菌迅速运输物质、促进菌体蔓延和抵御不良环境的作用，在不适宜的条件下，一般处于休眠状态。

2. 气生菌丝体的特化形式 气生菌丝体主要特化为能产生孢子的各种形状不同的构造，称为子实体。

（1）结构简单的子实体 可以产生无性孢子。结构简单的子实体有：曲霉属或青霉属等的分生孢子头，根霉属或毛霉属等的孢子囊，产生有性孢子的简单子实体如担子菌的担子。

（2）结构复杂的子实体 产生无性孢子。结构复杂的子实体有：分生孢子器、分生孢子座、分生孢子盘等。分生孢子器呈球形或瓶形结构（图 1－13A），在孢子器的内壁表面或底部长有极短的分生孢子梗，梗上产生分生孢子。分生孢子座是由分生孢子梗紧密聚集成簇而形成的垫状结构，分生孢子长在梗的顶端，形成孢子座的结构（图 1－13B）。分生孢子盘是分生孢子梗在寄主角质层或表皮下簇生在一起形成的盘状结构，有时其中还夹杂着刚毛（图 1－13C）。

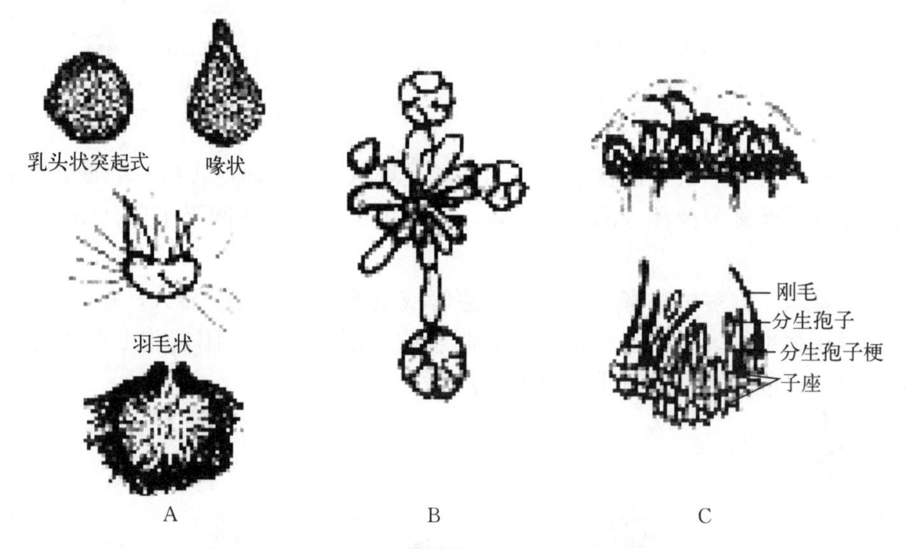

图 1－13 分生孢子器（A）、分生孢子座（B）和分生孢子盘（C）结构

（资料来源：周德庆，2002）

产生有性孢子、结构复杂的子实体有子囊果。在子囊和子囊孢子发育过程中，从原来的雄器和雌器下面的细胞上生出许多的菌丝，有规律地将产囊菌丝包围，形成结构复杂的子囊果。子囊果按其外形可分为 3 类：闭囊壳、子囊壳、子囊盘（图 1－14）。

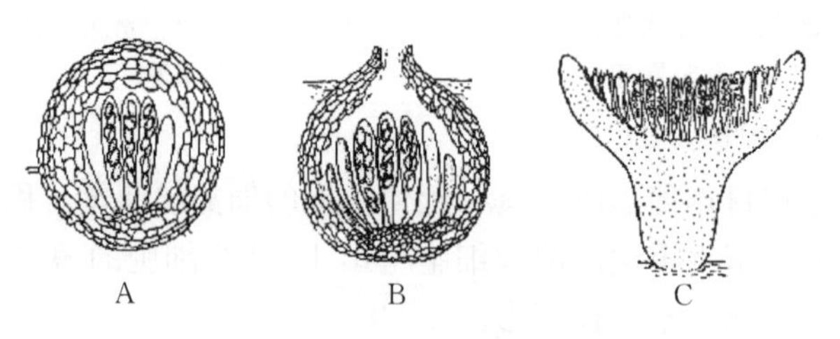

图 1－14 子囊果的切面

A. 闭囊壳 B. 子囊壳 C. 子囊盘

（资料来源：邱立友和王明道，2011）

二、霉菌的细胞结构

霉菌丝状细胞的结构由细胞壁、细胞膜、细胞质、细胞核及各类细胞器组成（图1－15）。

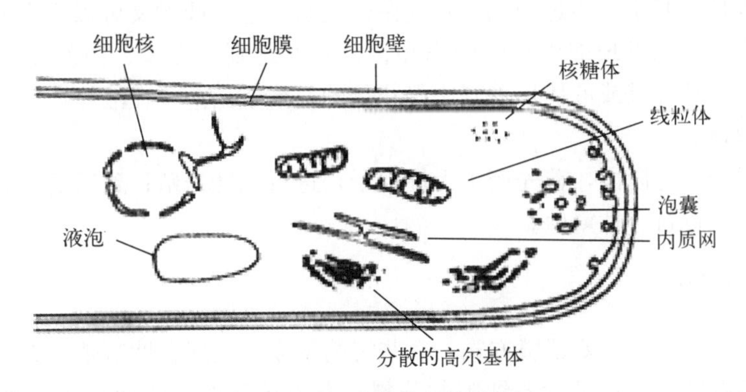

图1－15　霉菌的细胞结构
（资料来源：王宜磊等，2014）

1. 细胞壁　霉菌细胞壁厚100～250 nm，约占细胞干重的30%。除少数低等、水生霉菌细胞壁含纤维素外，大部分霉菌细胞壁主要以几丁质为主。霉菌的几丁质不同于动物几丁质，称为真菌几丁质，是由数百个N－乙酰葡萄糖胺分子以β－1，4－糖苷键连接而成的多聚体。纤维素和几丁质分别构成低等和高等霉菌细胞壁的网状结构——微纤丝，微纤丝使霉菌细胞壁具有坚韧的机械性能。无定型物质是真菌细胞壁的另一类组成成分，主要由蛋白质、葡聚糖和甘露聚糖构成，其填充于上述纤维状物质构成的网外或网内，以充实细胞壁的结构。

2. 细胞膜　与其他生物膜一样，霉菌的细胞膜是典型的单位膜结构，其外层为糖类，中间层为磷脂，内层为蛋白质。与其他生物膜的主要区别为构成膜的磷脂和蛋白质种类不同。霉菌细胞膜向内凹陷可形成特殊的膜折叠结构——质膜体。

3. 细胞质　霉菌细胞质是细胞新陈代谢活动的重要场所，主要成分与其他真核生物相似，为由蛋白质、核糖核酸、类脂质和盐类组成的黏稠、透明、流动的胶体溶液，也称为细胞基质或细胞溶胶。在细胞质中存在着细胞核、液泡、线粒体、内质网、核糖体、膜边体等细胞器。

4. 细胞核　与其他真菌相似，霉菌细胞核由双层的核膜包围，核膜上有许多核孔，核内有一核仁。霉菌细胞核较小，直径为2～3 μm，能穿过菌丝隔膜上的小孔，在菌丝中快速移动。但也有些霉菌的细胞核较大，如蛙粪霉（*Basidiobolus ranarum*）的核直径约为25 μm，木蹄层孔菌（*Fomes fomentarius*）的核直径约为20 μm。核内有染色体、核质和核仁。染色体在细胞分裂间期以染色质状态存在，主要由DNA和蛋白质组成。霉菌核膜在核的分裂中一直存在，这有别于其他高等生物。

三、霉菌的繁殖

霉菌的繁殖能力强，而且繁殖方式多样，除了菌丝片段可直接发育成新的菌丝体外，还可通过产生各种无性孢子和有性孢子进行无性繁殖和有性繁殖。

（一）菌丝片段

菌丝的生长是顶端生长，即菌丝的前端为幼龄菌丝，位于后面的为老龄菌丝。菌丝片段被接种到培养基中，通过顶端生长使菌丝延长，这条菌丝又可以产生分支菌丝。营养丰富则分支多、菌丝顶端生长的距离短；营养贫乏则分支少、菌丝顶端生长的距离长。菌丝在固体培养基或液体培养基中静止培养时形成菌落，在液体培养基中振荡培养时则形成菌丝球。

菌丝生长到一定阶段，首先产生无性孢子，进行无性繁殖；到后期在同一菌丝体上产生有性孢子，进行有性繁殖。

（二）无性繁殖

无性繁殖是霉菌的主要繁殖方式，有些霉菌至今未发现有性繁殖。无性繁殖是指不经过两性细胞的结合，只是营养细胞的分裂或营养菌丝的分化而形成同种新个体的过程。无性繁殖产生的孢子称为无性孢子（图 1－16），其主要有以下几种类型。

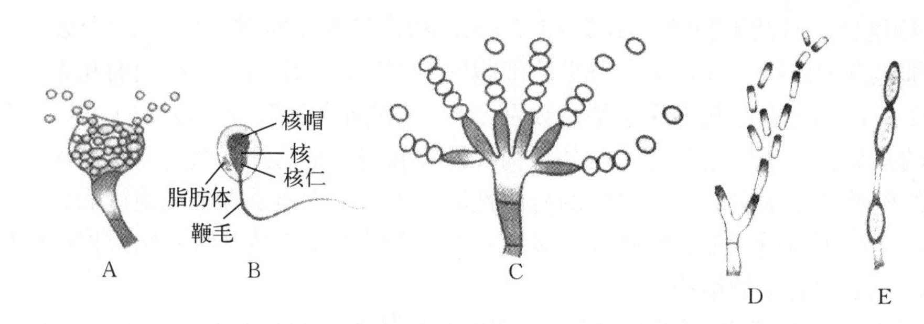

图 1－16　无性孢子的主要类型

A. 孢囊孢子　B. 游动孢子　C. 分生孢子　D. 节孢子　E. 厚垣孢子

（资料来源：赵斌等，2011）

1. 孢囊孢子　孢囊孢子是一种内生孢子，即生长在孢子囊内的孢子。在孢子形成时，气生菌丝或孢囊梗顶端膨大，并在下方生出横隔与菌丝分开而形成孢子囊。孢子囊逐渐长大，然后在囊中形成许多核。每一个核外包以原生质并产生细胞壁，形成孢囊孢子，如接合菌亚门的根霉、毛霉、犁头霉等。孢子囊下方特化的菌丝叫孢囊梗，孢囊梗伸入孢子囊内的部分，称为囊轴。孢子囊成熟后破裂，散出孢囊孢子。孢囊孢子遇适宜环境发芽，形成新个体。

2. 分生孢子　分生孢子是霉菌中普遍存在的一类无性孢子，属于外生孢子。在菌丝顶端或分生孢子梗上，以不同方式形成单个或成簇的孢子，称为分生孢子，其大小、形状、颜色及着生情况多样。例如，曲霉具有明显分化的分生孢子梗，顶端膨大形成顶囊，顶囊表面着生一排或两排辐射状小梗，小梗顶端着生球形分生孢子，末端形成分生孢子链。青霉的分生孢子梗顶端不膨大，但可多次分枝成帚状。分枝顶端着生小梗，小梗上形成一串分生孢子。

3. 节孢子　节孢子又称粉孢子或裂孢子，由菌丝断裂而成。生长到一定阶段时，菌丝上会出现许多横隔，从隔处顺次断裂，产生形态为短柱状、筒状或两端呈钝圆形的节孢子，如白地霉。

4. 厚垣孢子　厚垣孢子因具有较厚的外壁，又称厚壁孢子，是一种外生孢子，由菌丝顶端或中间的个别细胞膨大，原生质浓缩、变圆，细胞壁变厚而形成的休眠孢子。厚垣孢子呈圆形、纺锤形或长方形，是霉菌度过不良环境的一种休眠细胞。菌丝体死亡后，厚垣孢子仍然存活，一旦环境条件适宜，就能迅速萌发成菌丝体，如总状毛霉。

5. 游动孢子　游动孢子产生于菌丝膨大而成的游动孢子囊内，呈圆形、洋梨形或肾形，具一根或两根能运动的鞭毛，如水生霉菌。

（三）有性繁殖

经过两个性细胞（或菌丝）结合形成新个体的过程，称为有性繁殖。霉菌的有性繁殖是通过两个可亲和细胞或器官结合，产生单倍体或多倍体进行世代交替而完成的繁殖过程。霉菌有性繁殖主要通过产生有性孢子进行（图 1－17），有性孢子的形成可分为质配、核配和减数分裂 3 个阶段。霉菌的有性繁殖不及无性繁殖普遍，仅发生于特定条件下，且一般培养基上不常出现。有性繁殖方式因菌种不同而异，霉菌常见的有性孢子有以下几种类型。

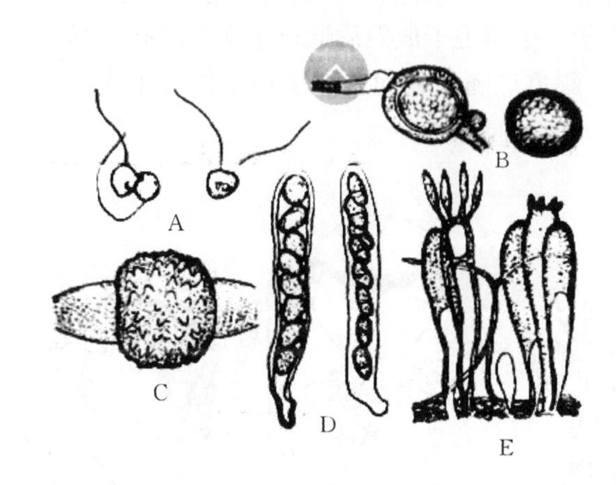

图 1－17　霉菌的有性孢子

A. 合子　B. 卵孢子　C. 接合孢子　D. 子囊及子囊孢子　E. 担子及担子孢子

（资料来源：杨民和，2010）

1. 卵孢子　是由形状不同的异形配子囊结合发育而成的有性孢子。菌丝分化成两个大小不同的配子囊，小配子囊称为雄器，大配子囊称为藏卵器，藏卵器内有一个或数个卵球。当雄器与藏卵器配合时，雄器中细胞质和细胞核通过受精管而进入藏卵器与卵球结合，形成双倍体的卵孢子（图 1－18）。卵孢子的数量一般取决于卵球的数量，水霉即以该种方式繁殖。

2. 接合孢子　由形态相同或略有不同的配子囊接合而成。2 个相邻的菌丝相遇，各向对方生出极短的侧枝，称为原配子囊。原配子囊接触后，顶端各自膨大并产生横隔，形成配子囊。然后相接触的 2 个配子囊之间的横隔消失，发生质配与核配，同时外部形成厚壁，即为接合孢子（图 1－19），如匍枝根霉、大毛霉。

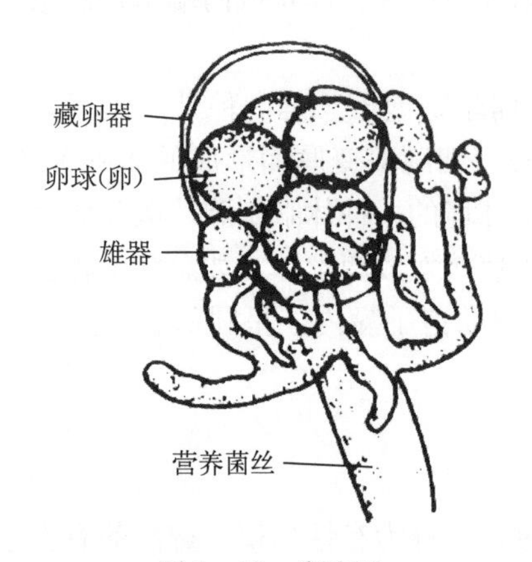

图 1-18　卵孢子
（资料来源：王宜磊等，2011）

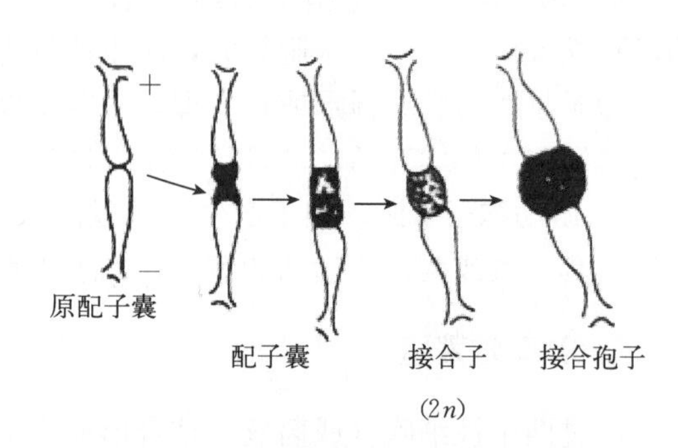

图 1-19　接合孢子及其形成过程
（资料来源：王宜磊等，2011）

3. 子囊孢子　子囊是含有一定数量子囊孢子的袋状结构，子囊孢子形成于子囊中。同一菌丝或相邻的 2 个菌丝上的 2 个大小和形状不同的性细胞接触并互相缠绕，经过受精作用后形成分枝的菌丝，称为产囊丝。产囊丝经过减数分裂，产生子囊，每个子囊通常含有 2～8 个子囊孢子。子囊孢子成熟后通过子囊上的孔口释放出来（图 1-20）。子囊孢子的形状、大小、颜色等随菌种而异，多用来作为子囊菌的分类依据，如麦氏白粉菌。

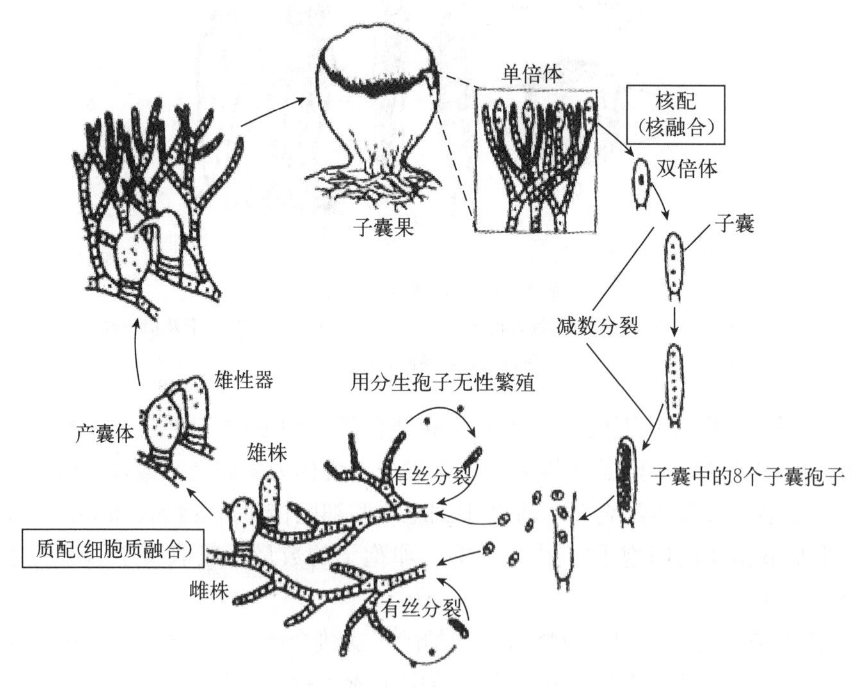

图 1-20　子囊菌的生活史
（资料来源：车振明，2011）

4. 担子孢子　是担子菌产生的有性孢子。担子菌一般不形成特殊的性器官，直接由可亲和的2条菌丝相结合形成双核菌丝，双核菌丝顶端细胞膨大称为担子。担子内2个不同性别的核配合后形成1个二倍体细胞核，经减数分裂后形成4个单倍体核。同时在担子的顶端产生4个小梗，小梗顶端稍膨大，4个单倍体子核分别进入4个小梗内，此后每个单倍体子核发育成1个孢子，即担子孢子（彩图1-5），如担子菌门。

四、霉菌的生活史

霉菌从一种孢子开始，经过一定的生长繁殖，又产生同一种孢子，这一循环称为霉菌的生活史（图1-21）。

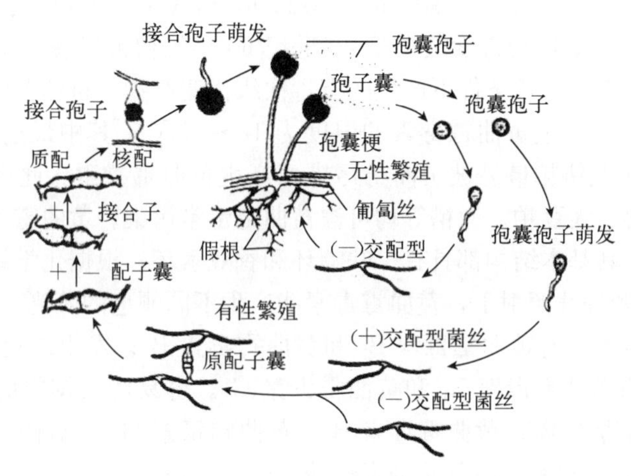

图1-21　黑根霉的生活史
（资料来源：林稚兰和罗大珍，2011）

霉菌较典型的繁殖过程包括无性繁殖阶段和有性繁殖阶段，两者交替进行。霉菌的菌丝体产生无性孢子，无性孢子萌发产生新的菌丝体，如此反复多次，此为生活史中的无性繁殖阶段。当菌丝生长繁殖一定时间后，在一定条件下，进行有性繁殖，即从菌丝体上分化出特殊的性器官，或2条异性菌丝体进行异宗结合，经过质配、核配和减数分裂，产生有性孢子，这类孢子萌发产生新的菌丝体。这就是霉菌生活史的一个循环周期。

第三节　霉菌毒素

一、霉菌毒素的概念

在温度和水分适宜的条件下，霉菌几乎能够侵染所有的农作物，并产生次级代谢产物——霉菌毒素。霉菌毒素是霉菌进入生长末期，细胞不再分裂，初生代谢物质，如蛋白质、类脂、碳水化合物、核酸等累积到一定程度后，通过一系列复杂的生物合成途径而产生的一类有毒的次级代谢物质。

二、霉菌毒素的种类

目前，霉菌毒素普遍按产生毒素的霉菌名称来命名与分类。霉菌种类繁多，但并非所有的霉菌均能产生霉菌毒素，能产生霉菌毒素的只限于少数的产毒菌株。产毒菌种与所产的霉菌毒素之间无严格的专一性，一种菌种可以产生几种不同的霉菌毒素，而同一种霉菌毒素也可由几种霉菌产生。饲料中可以产生霉菌毒素的霉菌主要有四类，分别是曲霉属、青霉属、镰孢霉菌属和麦角菌属。目前，已知的霉菌毒素有300多种，其中对畜禽危害较大的霉菌毒素主要包括黄曲霉毒素（aflatoxin，AF）、玉米赤霉烯酮（zearalenone，ZEN）、单端孢霉烯族毒素［包括呕吐毒素（deoxynivalenol，DON）、T－2毒素（T－2 toxin）等］、烟曲霉毒素（fumonisins，FUM）、赭曲霉毒素（ochratoxin，OT），麦角毒素，桔青毒素等。

1. 黄曲霉毒素 黄曲霉毒素最早于20世纪60年代初被发现，是曲霉属中的黄曲霉和寄生曲霉在适宜的生长条件下产生的有毒次级代谢产物。自然界中，黄曲霉生长时对条件的要求不高，产生黄曲霉毒素的温度为12～41℃，其中最适宜的温度为25～32℃。玉米、花生及饼粕最易被黄曲霉污染而产生黄曲霉毒素。此外，麦类、糠麸类饲料、高粱、甘薯、大豆粕、酒糟等均可被黄曲霉毒素污染。黄曲霉毒素是一类化学结构相似的化合物，其基本结构都具有二呋喃环和香豆素环，根据化学结构的不同，衍生物有20多种。在紫外线照射下，黄曲霉毒素能产生不同颜色的荧光，发出蓝色（blue）荧光的称为B族毒素，有黄曲霉毒素B_1和黄曲霉毒素B_2；发出绿色（green）荧光的称为G族毒素，有黄曲霉毒素G_1和黄曲霉毒素G_2。容易污染饲料的黄曲霉毒素主要有4种，即黄曲霉毒素B_1、黄曲霉毒素B_2、黄曲霉毒素G_1和黄曲霉毒素G_2。其中，黄曲霉毒素B_1的毒性最强，是氰化钾毒性的100倍，是砒霜毒性的68倍。

2. 玉米赤霉烯酮 玉米赤霉烯酮，又称F－2毒素，是由禾谷镰刀菌等菌种产生的有毒代谢产物。玉米赤霉烯酮是一种二羟基苯甲酸类植物雌激素化合物，外观为白色晶体，分子式为$C_{18}H_{22}O_5$，相对分子质量为318。玉米赤霉烯酮最初是从有赤霉病的玉米中分离出来的，共有15种以上衍生物。玉米赤霉烯酮主要污染玉米，其次是大麦、小麦、燕麦、高粱和干草，在啤酒、大豆及其制品、花生和木薯中也可检出。玉米赤霉烯酮具有类雌激素作用，其毒性为雌激素的1/10，可与子宫内雌激素受体不可逆地结合，影响母畜的生殖系统，严重的可导致母畜流产、产死胎和产木乃伊胎。玉米赤霉烯酮的耐热性较强，110℃下处理1 h才被完全破坏。不溶于水，但可溶于乙醚、氯仿、苯、二氯甲烷、乙酸乙酯、甲醇、乙醇等有机溶剂，也可溶于碱性溶液，其甲醇溶液在紫外光下呈明亮的绿蓝色荧光。

3. 呕吐毒素 呕吐毒素也称为脱氧雪腐镰刀菌烯醇，属单端孢霉烯族化合物。呕吐毒素主要由禾谷镰刀菌、尖孢镰刀菌、串珠镰刀菌、粉红镰刀菌、雪腐镰刀菌等产生，由于其可以引起动物呕吐，故名为呕吐毒素。呕吐毒素为无色针状结晶，化学名称为3α，7α，15－三羟基－12，13－环氧单端孢霉－9烯－8酮，分子式为$C_{15}H_{20}O_6$，相对分子质量为296.3。易溶于水、乙醇等溶剂，化学性质稳定，有较强的热抵抗力，121℃加热25 min仅有少量被破坏。酸性环境不影响其毒力。呕吐毒素的产毒菌株适宜在阴凉、潮湿的气候条件下生长，广泛存在于玉米、小麦、大麦和燕麦中。水分含量超过22%的谷物感染镰刀菌后，在较短时间内即可检测到一定量的呕吐毒素。

4. T-2 毒素 T-2 毒素是单端孢霉烯族毒素中毒性最强的一种，主要由三线镰刀菌、拟枝孢镰刀菌、梨孢镰刀菌等十多种镰刀菌产生。T-2 毒素是一种倍半萜烯化合物，外观为白色针状结晶，分子式为 $C_{24}H_{34}O_9$，相对分子质量为 466.51，熔点为151～152 ℃。T-2 毒素难溶于水，不溶于己烷，易溶于甲醇、乙酸、氯仿及脂肪。T-2 毒素热稳定性强，室温下放置 6～7 年或 200 ℃加热 1～2 h 毒力仍无减弱；而在碱性条件下，如次氯酸钠可使其失去毒性。

5. 烟曲霉毒素 烟曲霉毒素又称伏马毒素、伏马菌素或腐马素，是主要由串珠状镰刀菌和多育镰刀菌产生的一种常见于玉米中的水溶性霉菌毒素。烟曲霉毒素为白色针状结晶。目前已鉴定出 15 种不同结构的烟曲霉毒素，它们是一组结构相似的双酯类化合物，由丙烷基 1，2，3-三羧酸和 2-氨基-12，16-二甲基多羟二十烷构成。其中，烟曲霉毒素 B_1（fumonisins B_1，FB_1）最为常见，占饲料中烟曲霉毒素总含量的 75%左右，其次是烟曲霉毒素 B_2（fumonisins B_2，FB_2）和烟曲霉毒素 B_3（fumonisins B_3，FB_3）。烟曲霉毒素易溶于水、甲醇及乙腈溶液。

6. 赭曲霉毒素 赭曲霉毒素是异香豆素的一系列衍生物，由曲霉和青霉菌产生，包括赭曲霉毒素 A、赭曲霉毒素 B、赭曲霉毒素 C 等共 7 种结构类似的化合物，其中以赭曲霉毒素 A 的毒性最大。赭曲霉毒素为无色结晶体，分子式为 $C_{20}H_{18}ClNO_6$，相对分子质量为 403，溶于极性溶剂和稀碳酸氢钠溶液，微溶于水，在紫外光下呈绿色荧光。

7. 麦角毒素 麦角毒素是麦角菌侵袭谷物作物产生的菌核。麦角菌侵入谷物后，在其子房中生长，形成比正常种子大、质地坚硬、呈紫黑色的角状菌核，故称麦角。菌核是麦角菌的休眠体，在潮湿和气候温暖的季节，容易滋生麦角菌。麦角成分复杂，除含脂肪、蛋白质、糖、矿物质及色素外，主要含有一类具有药理学活性并能引起人兽中毒的生物碱，即麦角碱。其中常见的有麦角胺、麦角克碱、麦角新碱。麦角碱为白色结晶，与酸反应生成盐。受热不稳定，见光易分解，在紫外灯下发蓝色荧光。能与对二甲氨基甲醛发生特异性反应，生成蓝色溶液，常以此特性作为比色分析的指示反应。

8. 桔青霉素 桔青霉素主要是由桔青霉、鲜绿青霉、纠缠青霉、扩展青霉、白曲霉、亮白曲霉、土曲霉等真菌产生的一种有毒次生代谢产物。其中，桔青霉为常见的桔青霉素产生菌。当桔青霉感染稻谷时，其黄色的代谢产物渗入大米胚乳中，引起黄色病变，这类米被称为“泰国黄变米”。桔青霉素为黄色结晶体，分子式为 $C_{13}H_{14}O_5$，相对分子质量为 250，熔点为 178～179 ℃，紫外光下呈黄色荧光。桔青霉素易溶于酸性和碱性溶液，也溶于氯仿、乙醚等大部分有机溶剂，微溶于水。

以上几种霉菌毒素及其他霉菌毒素的详细介绍见本书第三至八章。

三、隐蔽型霉菌毒素

植物为了减少霉菌毒素对自身正常代谢功能的影响，会对积蓄在体内的霉菌毒素进行糖苷化、硫基化、酰基化等化学修饰，生成亲水性的共轭型霉菌毒素，然后将其运送到液泡中贮存或是结合在植物细胞壁上。现行的霉菌毒素提取方法不能有效提取这些共轭型霉菌毒素，导致对谷物和饲料中霉菌毒素真实污染水平的检测结果偏低，因此把这一类共轭型霉菌毒素称之为隐蔽型霉菌毒素，同时把以单体形式存在于植物体中的霉菌毒素称为游离型霉菌毒素。

同其他异源物质一样，霉菌毒素可以被植物解毒系统代谢，通过转化和结合作用形成隐蔽型霉菌毒素。植物可吸收并通过疏水组织运输霉菌毒素到地上部分，植物种子在水通道蛋白的参与下吸收霉菌毒素，并通过蒸腾作用将霉菌毒素运输到叶部，也可以将霉菌毒素积累到植物内皮层。霉菌毒素在植物体内的代谢过程分成 3 个阶段（图 1-22）。第一阶段（一相代谢）是在细胞色素 P450、酰胺酶、酯酶等的催化作用下，毒素分子通过氧化、乙酰化、脱氢、水解等形成衍生型毒素，其毒性可能在毒素原型的基础上被提高；第二阶段（二相代谢）是在糖基转移酶（glycosyltransferases，GTs）和谷胱甘肽巯基转移酶（GSH-S-transferease，GST）等的催化作用下，毒素分子上的活性基团（羟基、巯基、氨基等）与葡萄糖、谷胱甘肽、氨基酸等结合，形成共轭型霉菌毒素，其亲水性增加，生物活性改变；第三阶段（三相代谢）是霉菌毒素区域化隔离，如将霉菌毒素迁移到植物细胞液泡中，或者是结合到细胞壁上，从而最大限度地减少霉菌毒素对植物细胞正常功能的影响。

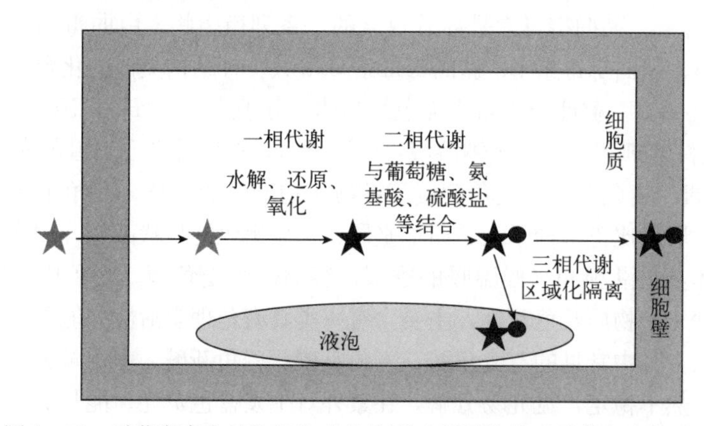

图 1-22　霉菌毒素在植物细胞中的代谢过程及隐蔽型霉菌毒素的形成

迄今为止，研究人员已经发现了 30 多种隐蔽型霉菌毒素。隐蔽型霉菌毒素在动物肠道消化酶和微生物作用下会解离出毒素单体，从而发挥毒性作用。过去偶有报道动物在摄入低于中毒剂量霉菌毒素污染饲料后发生霉菌毒素中毒现象，这可能和饲料中隐蔽型毒素和游离型毒素毒性积加效应有关。

（一）隐蔽型单端孢霉烯族毒素

1984 年，Young 等发现用含 DON 的面粉制作的酵母发酵食品在 1 年后 DON 含量高于面粉原料，研究人员根据这些试验结果提出 DON 的葡萄糖化反应假设。1991 年，Savard 首次化学合成了 DON 的葡萄糖和脂肪酸共轭衍生物，随后 Sewald 等（1992）从 DON 处理的玉米细胞悬液中分离到脱氧雪腐镰刀菌烯醇-3-葡萄糖苷（deoxynivalenol-3-glucoside，DON-3-G）。Berthiller 等（2005）首次在自然霉变小麦和玉米样品中检测到 DON-3-G，同年 Lemmens 等（2005）从拟南芥中鉴别到能够催化 DON 为 DON-3-G 的葡萄糖基转移酶。DON 的糖基化衍生物 DON-3-G 在被禾谷镰刀菌感染的小麦、燕麦、大麦及其加工副产品麦芽、啤酒糟中广泛存在。糖基化是指在糖基转移酶的作用下以糖基供体和受体为底物，通过形成糖苷键将糖基供体转移到受体上的过程。糖基供体以 UDP-葡萄糖最为常见，糖基受体既可以是蛋白质、脂质等生物大分子，也可以是其他小分子化合物。糖基化修饰可改变受体分子结构，从而影响其生物学功能，在动植物和微生物的代谢过程中发挥重要作用。

另外，谷物中还发现了 DON 的寡糖共轭衍生物，包括 DON-3-二葡萄糖苷（DON-3-diglucoside，DON-3-di-G）、DON-3-三葡萄糖苷（DON-3-triglucoside，DON-3-tri-G）和 DON-3-四葡萄糖苷（DON-3-tetraglucoside，DON-3-tetra-G）（Zachariasova 等，2012）。采用稳定同位素标记（stable isotope labeling，SIL）和液相色谱串联高分辨质谱（liquid chromatogram-high resolution mass spectrometry，LC-HRMS）技术，研究人员在小麦中发现了 8 种新的共轭型 DON，其中 3 种被证实分别为 DON-谷胱甘肽（DON-glutathione，DON-GSH）及其代谢产物 DON-硫-半胱氨酸（DON-S-cysteine，DON-S-Cys）和 DON-硫-半胱氨酸-甘氨酸（DON-S-cysteine-glycine，DON-S-Cys-Gly），另外 5 种共轭型 DON 结构有待进一步证实。DON 转化成 DON-GSH 这一过程同样存在于大麦中。Gardiner 等（2010）发现，DON 能够诱导大麦谷胱甘肽巯基转移酶和半胱氨酸合成酶基因表达上调。半胱氨酸是合成谷胱甘肽（glutathione，GSH）的前体，谷胱甘肽-S-转移酶（glutathione-S-transferase，GST）负责催化 DON 和 GSH 共轭形成 DON-GSH。另外，他们还发现 DON 可以上调 ABC 转运体基因的表达，ABC 转运体能够促进 DON-GSH 向细胞液泡中转移。

此外，Warth 等（2015）在经 DON 处理过的小麦中检测到 DON-3-硫酸盐（DON-3-sulfate，DON-3-S）和 DON-15-硫酸盐（DON-15-sulfate，DON-15-S），同时在接种禾谷镰刀菌的小麦中检测到 DON-3-S。体外试验表明，DON 硫酸盐衍生物对小麦核糖体蛋白合成抑制的作用远低于 DON。因此，DON 硫酸盐化也是植物体内 DON 解毒过程的一部分，不过目前尚不清楚 DON 转化成 DON-硫酸盐是否和小麦赤霉病抗性存在关联。

近年的研究表明，真菌也能够将游离态的 DON 转化成结合态的 DON。Tran 和 Smith（2014）报道，烟草赤星病菌（*Alternaria alternate*）和小孢根霉须状变种（*Rhizopus microsporus* var. *rhizopodiformis*）在含有 DON 的马铃薯葡萄糖琼脂培养基和以自然霉变玉米为基质的培养基中，能够将游离态的 DON 转化成结合态的 DON；在对三氟甲基水杨酸（trifluoromethyl salicylic acid，TFMSA）的作用下，结合态的 DON 能够水解释放出 DON 单体。

目前，已经在玉米、小麦、燕麦、大麦等谷物中发现了糖苷化隐蔽型 T-2 毒素和 HT-2 毒素，T-2 毒素-葡萄糖苷（T2-glucoside，T2-G）和 HT-2 毒素-葡萄糖苷（HT2-glucoside，HT2-G）；另外，在被 T-2 毒素和 HT-2 毒素污染的谷物制作的面包中也检测到了 T-2 毒素和 HT-2 毒素的糖苷化衍生物，其中糖苷配体包括单葡萄糖苷、二葡萄糖苷和三葡萄糖苷。Meng-Reiterer 等（2016）在研究燕麦 T-2 毒素和 HT-2 毒素的生物转化过程中发现了 16 种 HT-2 毒素和 17 种 T-2 毒素衍生物，其中 HT2-3-G 是 T-2 毒素和 HT-2 毒素在燕麦中的主要代谢产物。糖基化修饰是 A 型单端孢霉烯族毒素在植物体内的重要转化过程，研究人员还在自然感染和人工感染镰刀菌的小麦中检测到了糖苷化镰刀菌酮 X（fusarenon-X-glucoside，FUSX-G）

和糖苷化雪腐镰刀菌烯醇（nivalenol-glucoside，NIV-G），其占镰刀菌酮X和雪腐镰刀菌烯醇含量的15%以上。不仅如此，还在玉米粉基质中发现了新茄镰刀菌醇和蛇形菌素的糖苷化衍生物。

（二）隐蔽型玉米赤霉烯酮

在感染玉米赤霉烯酮禾谷镰刀菌的植物体内，ZEN能够被转化生成一系列ZEN糖基化衍生物，其中主要形式为玉米赤霉烯酮-14-葡萄糖苷（zearalenone-14-glucoside，ZEN-14-G）。Berthiller等（2007）从拟南芥中鉴定到了17种ZEN代谢产物，包括ZEN一相代谢产物α-玉米赤霉烯醇（α-zearalenol，α-ZEL）、β-玉米赤霉烯醇（β-zearalenol，β-ZEL），以及其糖基化衍生物玉米赤霉烯醇-14-葡萄糖苷（zearalenol-14-glucoside，ZEL-14-G）；此外，还发现了ZEN硫酸盐衍生物玉米赤霉烯酮-14-硫酸酯（zearalenone-14-sulfate，ZEN-14-S）。

ZEN-14-S最早被发现存在于接种禾谷镰刀菌的大米培养基中，此外少根根霉（*Rhizopus arrhizus*）也能将ZEN转化成ZEN-14-S。在被ZEN污染的大豆、玉米、小麦等谷物及其制品中往往能同时检出ZEN-14-S，在大豆中ZEN-14-S和ZEN的含量最高能达到200%。

Kovalsky等（2014）研究发现，大麦UDP-糖基转移酶（HvUGT14077）除能够将ZEN转化成ZEN-14-G外，还能够将其转化成一种新的葡萄糖苷衍生物ZEN-16-G，将*HvUGT14077*基因在酿酒酵母中异源表达，体外试验进一步证实HvUGT14077能够将ZEN转化成ZEN-14-G和ZEN-16-G。他们还发现，经ZEN处理过的大麦根部ZEN-16-G含量是ZEN-14-G的16～18倍；此外，在小麦和二穗短柄草细胞培养液中同样能检测到ZEN转化形成ZEN-16-G。不过到目前为止，尚未见ZEN-16-G天然存在于谷物和食品中的报道。

（三）其他隐蔽型霉菌毒素

FB_1经碱处理后，脱去碳骨架上14号位和15号位上的丙三羧酸（tricarballylic acid，TCA）侧链，可生成水解烟曲霉毒素B_1（hydrolysed fumonisin B_1，HFB_1）。另外，一些细菌分泌的羧酸酯酶也能够水解FB_1生成HFB_1，在相同条件下FB_2和FB_3脱去TCA侧链分别形成HFB_2和HFB_3。HFB_1是FB_1的隐蔽型，在细菌分泌的氨基转移酶的催化作用下，HFB_1 2号位碳原子上的氨基转移到丙酮酸上生成2-酮-水解烟曲霉毒素B_1（2-keto-hydrolysed fumonisin B_1，2-keto-HFB_1）。在未经碱处理的玉米罐头中，研究人员同样检测到了HFB_1。此外，在玉米中还发现了只脱去1个TCA侧链的部分水解烟曲霉毒素B_1（partial hydrolysed fumonisin B_1，$PHFB_1$）。

FB_1上游离的羟基能够和亚油酸（linoleic acid，LA），油酸（oleic acid，OA）和棕榈酸（palmitic acid，PA）发生酯化反应生成3对酯化烟曲霉毒素B_1（esterified fumonisin B_1，EFB_1）异构体，分别为EFB_1LA和iso-EFB_1LA、EFB_1OA和iso-EFB_1OA，以及EFB_1PA和iso-EFB_1PA。然而，烟曲霉毒素B_1酯化反应只见于玉米基质中。此外，FB_1上的TCA侧链能够和蛋白质、多糖等结合，形成结合态FB_1；但是FB_1上的TCA侧链与蛋白质和多糖间的结合方式并非形成共价键，而是一种物理性的结合，这些结合态 FB_1 结构及结合方式还有待进一步证实。

Bittner 等（2013）研究发现，咖啡烘焙过程中赭曲霉毒素 A（ochratoxin A，OTA）的脱除率可以高达 90%；除生成 OTA 旋光异构体和 OTA 脱羧产物外，高温条件下 OTA 14 号位碳原子上的游离羧基可以和多糖发生酯化反应，生成 OTA 糖酯衍生物。目前尚不清楚常温条件下 OTA 能否在植物体内和其他基质发生反应生成结合态 OTA。

第四节　影响霉菌产毒的因素

一、霉菌生长和繁殖的适宜条件

（一）水分活度

水分活度（water activity，WA）能反应饲料平衡状态下自由水的多少，进而推知饲料的稳定性和微生物繁殖的可能性。WA 越接近于 1，霉菌越易生长繁殖；WA 在 0.7 以下时，霉菌的生长繁殖受到抑制；WA 值为 0.65 时，只有少数霉菌可以生长，该部分霉菌被称为干性霉菌；WA 在 0.64 以下，任何霉菌均不能生长。霉菌发芽后，菌丝生长所需的 WA 值高于霉菌孢子发芽的最低 WA 值。例如，灰绿曲霉孢子发芽最低 WA 值为 0.73～0.75，而菌丝生长所需的 WA 值在 0.85 以上，生长速度最快的适宜 WA 值为 0.93～0.97。

（二）温度

温度是影响霉菌生长的最重要因素之一，其对霉菌的影响主要表现为：①随着温度的上升，细胞的生长速度加快；②机体的重要组成成分，如蛋白质和核酸等都对温度较敏感，随着温度的升高可能遭受不可逆的破坏。虽然霉菌的可生长温度范围较宽，但每种霉菌都有最适宜的生长温度、最高生长温度和最低生长温度。例如，黄曲霉的最低生长温度是 6～8 ℃，最高生长温度是 44～46 ℃，最适生长温度为 37 ℃左右。当低于最低生长温度时，霉菌生长完全停止，但仍能存活，一旦遇到合适的生活环境仍能继续生长；高于最高生长温度时，霉菌不能生长而且会死亡，不同种类的霉菌其最适生长温度不一样。大多数霉菌生长最适宜的温度为 25～30 ℃，如青霉属的菌种其适宜的生长温度是 20～25 ℃，曲霉属的菌种在 30 ℃左右生长最好。

（三）pH

环境 pH 可引起细胞膜电荷的变化，从而影响代谢过程中酶的活性，影响霉菌对营养物质的吸收，改变营养物质的可给性和有害物质的毒性。介质的 pH 不仅影响微生物的生长，甚至影响微生物的形态。高浓度的氢离子（H^+）可引起菌体表面蛋白质和核酸水解，并破坏酶的活性。各种微生物都有其最适宜的 pH 及适应范围。强酸强碱通常对微生物有致死作用。霉菌适宜 pH 为 5.5～6.2。

（四）基质

霉菌在不同的基质中生长情况不同，在营养丰富的基质中，生长的可能性大，天然基质通常比人工培养基更利于霉菌生长。

1. 碳源 凡能提供霉菌所需碳元素的营养物质都称为碳源，碳源是构成菌体成分的重要物质。霉菌可利用的碳源分为有机碳源和无机碳源两大类，淀粉是大多数霉腐微生物的碳源，因此淀粉类物质容易霉变。

2. 氮源 凡能提供霉菌所需氮元素的营养物质都称为氮源。氮元素是构成微生物细胞蛋白质、核酸等的主要营养物质。与碳源物质相似，氮源物质可分为有机氮源和无机氮源。

3. 生长因子 是一类对霉菌正常代谢必不可少且不能用简单的碳源物质或氮源物质自行合成的有机物。除了维生素外，生长因子还包括一些脂肪酸、植物激素及一些挥发性的物质等。

4. 无机盐 是微生物生命活动不可缺少的营养物质，其主要功能是构成菌体的成分，作为辅酶或酶的组成部分维持酶的活性，调节细胞渗透压、氢离子浓度、氧化还原电位等。无机元素包括常量元素和微量元素两类。常量元素主要有钙、磷、镁、硫、钾等；微量元素主要有铜、铁、锌、锰、钴、钼、硼等。

（五）氧气

几乎全部的霉菌都是以氧为呼吸链的最终电子受体，最后与氢离子结合成水。在呼吸链的电子传递过程中，释放出大量能量，供细胞维持生长和合成反应使用。为使霉菌正常生长，必须不断补充新鲜空气。当空气缺乏时，不仅会影响霉菌生长速度，而且还会改变菌丝体和孢子产生的色素。

二、影响霉菌毒素产生的因素

（一）霉菌种类

不同种类的霉菌其生长繁殖的速度和产毒的能力千差万别，如赭曲霉、鲜绿青霉和圆弧青霉均是产生赭曲霉毒素的霉菌。在寒冷的气候条件下，鲜绿青霉是主要产毒霉菌，大约50%的鲜绿青霉菌株产毒；而在温暖的气候条件下，有28%～50%的赭曲霉是产毒菌株。

（二）水分

饲料水分含量和放置环境的相对湿度是影响霉菌繁殖与产毒的关键因素。饲料中的含水量为17%～18%时最适宜霉菌繁殖与产毒。霉菌种类不同，其产毒所需的最适宜水分含量也有差异，如赭曲霉为16%以上，黄曲霉与多种青霉为17%，其他霉菌为20%以上。

（三）温度

贮存环境的温度对霉菌的繁殖与霉菌毒素的产生有重要影响，大多数霉菌繁殖的适宜温度为25～30 ℃，在0 ℃以下或30 ℃以上产毒能力减弱或丧失。产毒温度一般略低于最适生长温度，如黄曲霉的最适生长温度为37 ℃左右，而其适宜的产毒温度为 28～32 ℃。

(四) 基质

霉菌在天然培养基中比在人工合成的培养基中产毒量高，而且不同的霉菌生长所需要的基质也不尽相同。例如，玉米、花生及其饼粕最易被黄曲霉毒素污染，黄曲霉毒素检出率高；小麦以镰刀菌及其毒素污染为主。此外，基质中的各种营养因子对霉菌的生长和霉菌毒素的产生均有影响。例如，碳水化合物、蛋白质含量高的基质较适于黄曲霉毒素的产生，1%～3%的食盐对黄曲霉毒素的产生有促进作用。不仅如此，基质中的各种微量元素对毒素的生成也有一定的影响。

参考文献

车振明，2011. 微生物学 [M]. 北京：科学出版社.

黄秀梨，1998. 微生物学 [M]. 北京：高等教育出版社.

计成，2007. 霉菌毒素与饲料食品安全 [M]. 北京：化学工业出版社.

林稚兰，罗大珍，2011. 微生物学 [M]. 北京：北京大学出版社.

路福平，2005. 微生物学 [M]. 北京：中国轻工业出版社.

邱立友，王明道，2011. 微生物学 [M]. 北京：化学工业出版社.

王伟东，洪坚平，2015. 微生物学 [M]. 北京：中国农业大学出版社.

王宜磊，方尚玲，刘杰，2014. 微生物学 [M]. 武汉：华中科技大学出版社.

邢来君，李明春，1999. 普通真菌学 [M]. 北京：高等教育出版社.

杨民和，2010. 微生物学 [M]. 北京：科学出版社.

杨文博，李明春，2010. 微生物学 [M]. 北京：高等教育出版社.

赵斌，陈雯莉，何绍江，2011. 微生物学 [M]. 北京：高等教育出版社.

周德庆，2002. 微生物学教程 [M]. 2 版. 北京：高等教育出版社.

Berthiller F，Krska R，Dall'Asta C，et al，2005. Etermination of DON-3-glucoside in artificially and naturally contaminated wheat with LC-MS/MS [J]. Mycotoxin Research，3：205-208.

Berthiller F，Lemmens M，Werner U，et al，2007. Short review：metabolism of the Fusarium mycotoxins deoxynivalenol and zearalenone in plants [J]. Mycotoxin Research，2：68-72.

Bittner A，Cramer B，Humpf H U，2013. Matrix binding of ochratoxin A during roasting [J]. Journal of Agricultural and Food Chemistry，61：12737-12743.

Gardiner S A，Boddu J，Berthiller F，et al，2010. Transcriptome analysis of the barley-deoxynivalenol interaction：evidence for a role of glutathione in deoxynivalenol detoxification [J]. Molecular Plant-Microbe Interactions，23：962-976.

Lemmens M，Scholz U，Berthiller F，et al，2005. The ability to detoxify the mycotoxin deoxynivalenol colocalizes with a major quantitative trait locus for fusarium head blight resistance in wheat [J]. Molecular Plant-Microbe Interactions，18：1318-1324.

Meng-Reiterer J，Bueschl C，Rechthaler J，et al，2016. Metabolism of HT-2 toxin and T-2 toxin in oats [J]. Toxins，8：364.

Pierron A，Mimoun S，Murate L S，et al，2016. Intestinal toxicity of the masked mycotoxin deoxynivalenol-3-beta-D-glucoside [J]. Archives of Toxicology，90：2037-2046.

Kovalsky P M P, Schweiger W, Hametner C, et al, 2014. Zearalenone - 16 - o - glucoside: a new masked mycotoxin [J]. Journal of Agricultural and Food Chemistry, 62: 1181 - 1189.

Savard M E, 1991. Deoxynivalenol fatty acid and glucoside conjugates [J]. Journal of Agricultural and Food Chemistry, 39: 570 - 574.

Sewald N, von Gleissenthall J L, Schuster M, et al, 1992. Structure elucidation of a plant metabolite of 4 - desoxynivalenol [J]. Tetrahedron: Asymmetry, 3: 953 - 960.

Tran S T, Smith T K, 2014. Conjugation of deoxynivalenol by alternaria alternata (54028NRRL), rhizopus microsporus var. *Rhizopodiformis* (54029NRRL) and *Aspergillus oryzae* (5509NRRL). Mycotoxin Research, 30: 47 - 53.

Warth B, Fruhmann P, Wiesenberger G, et al, 2015. Deoxynivalenol - sulfates: identification and quantification of novel conjugated (masked) mycotoxins in wheat [J]. Analytical and Bioanalytical Chemistry, 407: 1033 - 1039.

Young J C, Fulcher R G, Hayhoe J H, et al, 1984. Effects of milling and baking on deoxynivalenol (vomitoxin) content of eastern candian wheats [J]. Journal of Agricultural and Food Chemistry, 32: 659 - 664.

Zachariasova M, Vaclavikova M, Lacina O, et al, 2012. Deoxynivalenol oligoglycosides: new "masked" fusarium toxins occurring in malt, beer, and breadstuff [J]. Journal of Agricultural and Food Chemistry, 60: 9280 - 9291.

第二章 霉菌毒素污染概况

第一节　霉菌毒素的污染途径

一、霉菌的田间传播途径

霉菌广泛存在于土壤、水、空气等自然环境中，植物为霉菌的良好宿主。霉菌通过雨水、灌溉水和空气等途径进行传播，与田间作物接触，当数量及条件适宜时，便开始大量繁殖。孢子囊成熟后，霉菌孢子不仅在气流中进行田块之间的远距离传播，而且还通过雨水飞溅、甲虫爬行、农具移动等方式进行近距离传播。

二、植物生长过程中霉菌的生长与产毒

霉菌在田间传播，很容易使植物在生长过程中受到田间霉菌的感染，特别是镰刀菌属霉菌。田间霉菌的最适生长温度为5～25℃，在低温环境中也能繁殖，阴冷潮湿的天气更利于其生长。热带和亚热带地区，农作物在收获前更易感染霉菌，尤其是黄曲霉菌。高温和干旱能促进霉菌的生长和霉菌毒素的产生。黄曲霉菌侵染和产生毒素的最适温度为20～30℃，在此温度条件下，如果作物遭遇干旱、胁迫导致籽粒含水量下降至17%左右时，霉菌最易生长并持续产毒。霉菌在侵染的植物上产生霉菌毒素，作物生长过程中发生的这种毒素污染称为收获前霉菌毒素污染。黄曲霉毒素可以在高温、干旱的条件下污染生长期的农作物。日本研究者对7个地区的玉米和小麦进行调查发现，玉米和小麦在生长期容易感染镰刀菌，镰刀菌生长时产生呕吐毒素，因此生长期的玉米和小麦常被呕吐毒素污染（Megumi和Takashi，2010）。

三、植物性产品干燥过程中霉菌的生长与产毒

作物收割后，植物的茎叶通常会带有一些霉菌。虽然在干燥的过程中，霉菌会不同程度地受到破坏，然而霉菌孢子以休眠的方式抵抗干燥、高温等不利环境，一旦条件适合，便可迅速复苏生长。

我国大部分地区，包括玉米在内的很多农作物收获后的干燥以晾干和烘干为主。晾

干，这种依靠太阳热能的干燥方式，一方面干燥过程耗时长，另一方面如果遇到不利的天气条件，农作物脱水不及时更容易滋生霉菌。因此，饲料作物收获以后应迅速进行干燥，降低水分至安全水分以下，如稻谷的水分应控制在13%以下、玉米在12.5%以下、花生在8%以下。

四、植物性产品加工过程中霉菌的生长与产毒

霉菌生长和毒素的产生不仅发生在植物的生长过程中，也发生在贮存、加工及运输过程中。植物性产品在加工过程中，很可能接触到加工系统中存留的陈旧植物产品，而陈旧植物产品往往严重霉变，这极大地增加了霉菌和霉菌毒素产生的可能性。

谷物粉碎过程中温度会逐步升高，如不予以控制，当温度上升到51 ℃以上时，就会使谷物中的水分发生转移，从而促使霉菌生长。调质过程会在饲料中以蒸汽形式引入3%～5%的水分，如果制粒后冷却不彻底，就容易滋生霉菌。有高温处理的加工过程，虽可杀灭大多数霉菌，但霉菌毒素的化学性质比较稳定，加工过程毒性通常不会受到破坏，如黄曲霉毒素 B_1 加热到280 ℃才能完全被破坏。

五、植物性产品贮存过程中霉菌的生长与产毒

霉菌及霉菌毒素的污染通常是一个具有连锁效应的过程，开始于田间，随后在收获、干燥和贮存过程中逐步增加。我国粮食贮存期普遍较长，贮存过程中粮仓内湿热的空气流动会影响局部水分的变化，粮食就可能发生霉变。贮存霉菌主要是指原料或饲料在贮存过程中生长的霉菌，以曲霉属为主。该属霉菌最适生长温度为25～30 ℃，相对湿度为80%～90%。例如，黄曲霉菌的生长温度为26～28 ℃时，温度越高，黄曲霉菌生长速度就越快。贮存时间越长，产生的黄曲霉毒素就越多。研究表明，贮存霉菌在贮存物的水分含量大于14%时可产生霉菌毒素。

六、植物性食品霉变导致人霉菌毒素中毒的危害性分析

霉菌污染谷物或植物性食品后，可引起食物霉烂变质，伴随霉变过程产生霉菌毒素，人摄入含有霉菌毒素的食物后产生中毒现象，称为霉菌毒素中毒，如黄曲霉毒素中毒和玉米赤霉烯酮中毒。人类霉菌毒素中毒主要为少量长期食入含有霉菌毒素的食物引起的慢性中毒，其中黄曲霉毒素中毒是常见的毒素。

黄曲霉毒素（aflatoxin，AF）是一种毒性很强的物质，进入人体后主要对肝脏产生影响。肝脏是人体的主要解毒器官，负责分解转化有毒物质，但其解毒有一定的限度。当体内毒素含量多到肝脏无法分解时，多余的毒素就会在肝脏中蓄积，从而破坏肝细胞。因此，长期食用被黄曲霉毒素污染的食物易发生肝癌。早在1993年，国际癌症研究中心（International Agency for Research on Cancer，IARC）就将黄曲霉毒素划定为人类的Ⅰ类致癌物。除致畸和致突变毒性外，黄曲霉毒素 B_1（aflatoxin B_1，AFB_1）还具有肝脏毒性，引起中毒性肝炎、水肿和免疫抑制等病理损害。印度曾发生因食用黄曲霉毒素污染的玉米而导致100多人死亡的急性中毒事件。

七、植物性饲料霉变导致动物霉菌毒素中毒的危害性分析

霉菌毒素通过饲料进入动物体内，危害动物的生长、生产和繁殖性能。动物摄入高剂量的霉菌毒素会引起急性中毒；而长期食用含有低剂量霉菌毒素的饲料则导致慢性中毒，临床表现为生产性能降低、免疫抑制、组织器官受损等。现代生产实践发生最多的、最容易忽略的便是慢性中毒。

黄曲霉毒素由黄曲霉和寄生曲霉产生，是一种危害较大、最为常见的霉菌毒素。黄曲霉毒素以动物肝脏为主要靶器官，长期摄入含有黄曲霉毒素的饲料可导致动物发生脂肪肝、肝小叶性坏死。所有动物均对黄曲霉毒素敏感，但不同动物的敏感程度差异较大。家禽是对黄曲霉毒素较为敏感的动物，其中毒表现为采食量下降、抗病能力降低和肝损伤等。猪对黄曲霉毒素的敏感程度虽不如禽类，但肝损伤却比家禽严重。给母猪饲喂黄曲霉毒素污染的饲料，毒素会通过母乳传播而造成仔猪生长速度迟缓，甚至死亡。

玉米赤霉烯酮由禾谷镰刀菌产生，具有类雌激素样作用。猪是对玉米赤霉烯酮较敏感的动物，其能引起猪性早熟、卵巢萎缩、返情等生殖机能异常现象，可造成后备母猪或小母猪假发情、阴道脱垂或脱肛，怀孕母猪流产和死胎，初生仔猪出现“八”字腿及外阴部肿胀。

呕吐毒素属于单端孢霉烯族化合物，主要由禾谷镰刀菌、尖孢镰刀菌、串珠镰刀菌等镰刀菌产生。猪对呕吐毒素最为敏感，中毒症状主要有呕吐、食欲降低或拒食及胃肠道损伤。另外，呕吐毒素还是很强的免疫抑制剂，在猪体内可以抑制蛋白质的合成，对皮肤、黏膜及免疫器官均可产生影响，能降低机体抵抗力。

T-2毒素由念珠球菌属产生，可以直接造成皮肤和黏膜损伤。T-2毒素对猪的危害主要表现为消化不良、食欲不振、生长停滞、皮肤及黏膜坏死、呕吐及免疫抑制等。禽T-2毒素中毒后，表现为食欲下降甚至废绝、口腔溃疡、运动失调及免疫力降低等。

赭曲霉毒素由赭曲霉菌等产生，分为A、B 2种类型。赭曲霉毒素A的毒性较大，主要侵害猪的肾脏和肝脏。猪中毒的主要症状表现为精神沉郁、食欲减退、生长迟缓、消化功能紊乱、肠炎、腹泻、饮水量增加、多尿等；妊娠母猪子宫黏膜出血，易导致流产；病理变化以肾脏为主，可见肾脏肥大，肾实质坏死，肾间质纤维化。

烟曲霉毒素主要由串珠镰刀菌产生，常出现于玉米产区。在烟曲霉毒素家族中，烟曲霉毒素B_1、烟曲霉毒素B_2和烟曲霉毒素B_3是最常见的，其中烟曲霉毒素B_1占75%。烟曲霉毒素导致过多的体液涌入肺组织，引起肺水肿；同时也危害肝脏，导致黄疸及其他组织出现黄色病变。在肉鸡饲粮中分别添加125 mg/kg和274 mg/kg的纯化烟曲霉毒素，结果显示肉鸡生产性能下降，并出现神经症状（Javed等，1993）。

八、植物来源的垫料霉变导致动物霉菌毒素中毒的危害性分析

地面养鸡会用到垫料，垫料常用的材料有稻壳、花生壳、麦秸、木屑等。在温暖潮湿的季节，垫料极易滋生霉菌。家禽在采食饲料的过程中，往往会采食垫料或者掉在垫料上的饲料，从而导致鸡只霉菌感染或霉菌毒素中毒。解剖中毒鸡只可见肺、腹膜、心脏和肝脏呈白色或浅黄色，有弹性的霉菌结节和组织坏死，严重的可见黑绿色霉菌斑。

九、霉菌毒素在动物体内代谢转化及其在动物源性食品中的蓄积

动物接触霉菌毒素的主要途径为经口摄入。经口进入动物体内的霉菌毒素主要有3个去向：一是经过消化道后直接排出体外；二是经肠道吸收后，进入体循环进行代谢或沉积；三是通过肠肝循环进行毒素重吸收。

黄曲霉毒素进入动物体内很容易被胃肠道吸收，约有50%的AFB_1在十二指肠被吸收，未被吸收的AFB_1通过粪便直接排出体外，而不对机体造成损害。被吸收的AFB_1经门静脉进入肝脏，代谢转化为AFM_1、AFP_1、AFQ_1和黄曲霉毒素醇，前三者无活性直接通过尿液排出体外或与尿苷二磷酸葡萄糖醛酸转移酶（uridine diphosphate glucuronyl transferases，UDPGT）结合，通过粪便排出体外。黄曲霉毒素醇又可以被氧化为AFB_1。AFM_1与AFB_1可被细胞色素P450酶活化，与细胞大分子（DNA或蛋白质）结合形成AFM_1-8，9-环氧化物及AFB_1-8，9-环氧化物。在谷胱甘肽S-转移酶（glutathione-S-transferase，GST）的作用下，一部分AFB_1-8，9-环氧化物与谷胱甘肽结合，以AFB_1-硫醇尿酸形式经尿排出体外；另一部分与蛋白质结合形成AFB_1-白蛋白加合物而残留于血液中，进而与DNA结合形成AFB_1-N^7-鸟嘌呤加合物，引起*P53*肿瘤抑制基因突变。AFB_1进入动物体后，可在肝脏、肾脏、血液、乳汁及鸡蛋中残留，其中在肝组织中的残留量最多，含量为其他器官组织的5～15倍。

玉米赤霉烯酮进入动物体内后，可由胃肠道持续吸收，且肠肝循环延长了玉米赤霉烯酮在胃肠道的滞留时间。给猪投喂10 g/kg（以体重计）的玉米赤霉烯酮后，其吸收率可达80%～85%，且30 min后血清玉米赤霉烯酮水平达到最高。被吸收的玉米赤霉烯酮主要在肝脏和小肠进行代谢转化。玉米赤霉烯酮在体内有2条主要代谢途径：一种是被还原成α-玉米赤霉烯醇或β-玉米赤霉烯醇；另一种途径是在UDPGT的催化作用下，玉米赤霉烯酮及其代谢产物与葡萄糖醛酸形成共轭化合物，最后经尿液和胆汁排出体外，对于泌乳期的动物还可以经由乳汁排出。动物长期摄入玉米赤霉烯酮会在肝脏和肌肉中残留。Zollner等（2002）报道，猪体内ZEN残留的主要形式为α-ZEN。

呕吐毒素主要在胃肠道被吸收。猪采食被呕吐毒素污染的饲料后，呕吐毒素在小肠近端部位被快速吸收。猪对呕吐毒素吸收迅速，投饲30 min后就可达到血浆峰浓度（Hedam和Pettersson，1997）。呕吐毒素在猪体内的半衰期为3.9 h，代谢迅速，存在组织短暂分布，但蓄积量很少（Prelusky和Trenholm，1991）。呕吐毒素大部分以游离形式经尿液排出体外，只有少部分是以结合形式经粪便排出。在动物粪便中，呕吐毒素的代谢物主要为去环氧化合物（de-epoxy-deoxynivalend，DOM-1）。动物消化系统中的一些细菌能催化呕吐毒素及其他单端孢霉烯族毒素的环氧基团形成去环氧化合物（DOM-1），使其毒性降低。呕吐毒素的去环氧化主要发生在大肠。

十、动物源性食品中霉菌毒素残留对人的危害性分析

动物采食霉菌毒素污染的饲料除生产性能受到严重影响外，霉菌毒素及其代谢物还在畜禽体内各组织器官残留，影响动物源性食品安全，给人类健康带来安全隐患。

AFB_1具有肝毒、致畸和致突变作用，可引起中毒性肝炎、出血、水肿、免疫抑制

等病理性生理损害，被划定为人类Ⅰ类致癌物。残留在动物组织或产品中的黄曲霉毒素可通过食物链进入人体，损伤人体肝脏及多种器官。黄曲霉毒素进入动物体内后，迅速由胃肠道吸收，经门静脉进入肝脏，在摄食0.5～1 h后肝内毒素水平达到最高。世界卫生组织（World Health Organization，WHO）规定，食品中AFB_1最高允许含量为15 μg/kg，我国食品中AFB_1的限量标准为5～20 μg/kg，新鲜猪组织、乳及乳制品中AFB_1的残留量不得超过0.5 μg/kg，欧盟则规定不得超过0.05 μg/kg。

摄入动物体内的玉米赤霉烯酮主要在肝脏、肾脏中代谢，其自身代谢产物玉米赤霉烯醇和玉米赤醇都具有雌激素类物质的生物活性。因此，进入人体后会引起性激素机能紊乱，影响第二性征的正常发育，并具有潜在的致癌性。玉米赤霉烯酮及其代谢产物在子宫、乳房、肝脏和肌肉中有较高水平的表达。食品添加剂联合专家委员会（Joint FAO/WHO Expert Committee on Food Additives，JECFA）公布了玉米赤霉烯酮的最大摄入量为每人每天40 μg/kg（以体重计）。

赭曲霉毒素被国际癌症研究中心列为"B级人类致癌物"。赭曲霉毒素污染动物饲料后会沉积到动物源性食品中，如肾脏和血液。当受赭曲霉毒素污染的动物源性食品进入人体后，会对人体造成危害。赭曲霉毒素具有肾毒性、肝毒性、免疫毒性及神经毒性。人类流行病学研究发现，赭曲霉毒素可能与巴尔干地方性肾病、尿道肿瘤的发生有关。乳腺也是赭曲霉毒素的潜在靶目标，赭曲霉毒素增加了乳腺纤维腺瘤的发病率。JECFA暂定人每周赭曲霉毒素的最大摄入量为100 ng/kg（以体重计）。

第二节 霉菌毒素对农产品及其加工产品的污染概况

一、粮食中霉菌毒素污染概况

据联合国粮农组织（Food and Agriculture Organization of the United Nations，FAO）报道，全球每年大约有25%的农作物不同程度地受到霉菌毒素的污染，约有2%的农作物因污染严重而失去饲用价值。孙武长等（2005）调查3个地区的新陈玉米、新陈小麦和新陈水稻霉菌毒素的污染情况，结果发现霉菌污染率为100%、霉菌毒素污染率为56.5%～94.4%。程传民等（2014）对608个样品进行了霉菌毒素污染的情况调查，结果发现小麦类样品受呕吐毒素的污染最严重，受玉米赤霉烯酮污染程度较轻，T-2毒素和赭曲霉毒素A全年未检出超标样品，污染程度最轻。

Qiu等（2016）收集了90份小麦样品，经检测发现超过97%的小麦样品受到了呕吐毒素的污染。其中，先前轮作大米水稻的耕地种植的小麦，其样品中的呕吐毒素含量为884.37 μg/kg；先前轮作玉米的耕地种植的小麦，其样品中的呕吐毒素含量为235.78 μg/kg。在玉米-小麦轮作的耕地上种植的小麦，其样品易感染玉米赤霉烯酮（约占45%）。Schollenberger等（2005）收集并检测了德国101份小麦样品发现，呕吐毒素检出率为92%，含量范围为15～690 μg/kg。

二、蔬菜中霉菌毒素污染概况

蔬菜在采摘后的贮存和运输过程中，极易受到各种病原菌的侵染而发生腐烂，在腐烂部位及其周围健康组织中通常会产生大量的霉菌毒素，对人类和动物健康造成潜在的威胁。交镰孢霉属广泛分布于土壤和空气中，是蔬菜中常见的霉菌之一，可引起蔬菜的腐败变质，番茄及其加工制品极易受到该类霉菌的污染。黄玲等（2011）从番茄生长的土壤和果实中检测出了黄曲霉和木贼镰孢霉，但目前尚未对其所产毒素进行检测。

三、水果中霉菌毒素污染概况

展青霉素是一种世界范围内的水果污染物，易侵染水果及水果制品。扩展青霉是引起苹果、梨等水果腐烂变质，且产生展青霉素的主要菌种。Maria 等（2009）抽样分析西班牙不同超市苹果汁样品发现，展青霉素污染范围为 0.7～18.7 μg/L，平均含量和中位含量分别为 19.4 μg/L 和 4.8 μg/L，其中 11%的样品中展青霉素超出了欧洲的最高限量水平 50 μg/L。

交链孢霉属霉菌具有腐生和寄生特性，同时具有很强的致病性，既可以在田间通过水果的自然孔口侵入，也可以在水果采摘后的贮存和运输过程中通过伤口或相互接触而侵入。Magnani 等（2007）调查橘皮样品中的交链孢霉甲基醚含量发现，其阳性检出率为 75%。

葡萄是受赭曲霉毒素污染最为严重的水果种类，食品法典委员会（Codex Alimentarius Commission，CAC）认为，葡萄及其制品中赭曲霉毒素含量仅次于谷物及其制品，对人类具有很大的威胁。Serra 等（2004）对葡萄牙 11 个葡萄园的酿酒葡萄进行了抽检，在 3 个葡萄园中检测出了赭曲霉毒素 A，其含量范围为 0.035～0.061 μg/kg。此外，葡萄汁和葡萄干中也存在赭曲霉毒素，含量分别为 1.16～2.32 μg/kg 和 40 μg/kg，高于鲜葡萄（Varga 和 Kozakiewicz，2006）。

四、干果中霉菌毒素污染概况

干果类食品营养丰富，容易受到霉菌污染，其中危害最大的是黄曲霉引发的霉变。2008—2012 年，被欧盟食品和饲料类快速预警系统通报的食品中，受污染最多的种类是坚果和种子类，共通报 2 836 起，占所有通报信息的 17.1%。通报显示，坚果及其制品和种子极易被黄曲霉毒素污染，其数量往往是其他通报食品的数倍。2010 年我国坚果类产品被欧盟食品和饲料类快速预警系统通报次数最多，有 94 批次；其中，因黄曲霉毒素超标的有 90 批次，占 95.7%。2014 年天津出入境检验检疫局查处的一批 18 t 出口无壳南瓜籽仁，其黄曲霉毒素严重超标。调查发现，我国 8 省（自治区、直辖市）的核桃及松子样品的黄曲霉毒素检出率为 64.58%和 16.67%（王君和刘秀梅，2006）。

五、油脂、酒类和饮料类霉菌毒素污染概况

近年来研究人员对食用油霉菌毒素污染情况进行了大量调查发现，食用油整体情况较好，个别受 AFB_1 污染。陆晶晶等（2014）报道，食用植物油 AFB_1 含量的检出率为 19.4%；其中，玉米油和花生油的 AFB_1 含量相对较高，分别为 2.36 μg/kg 和

3.67 μg/kg。殷国英等（2017）抽取市售的菜籽油、大豆油、花生油、玉米油、葵花籽油、调和油等植物油样品共246份，进行 AFB_1 含量检测，结果显示 AFB_1 的总体污染水平不高，但花生油的检出率和超标率较高，尤其是散装花生油受 AFB_1 污染最严重。

由于葡萄赭曲霉毒素A的存在，因此葡萄酒中易检出赭曲霉毒素。欧洲调查结果显示，葡萄酒中赭曲霉毒素浓度与产地纬度有关，纬度越低、浓度越高，而且红葡萄酒比白葡萄酒更易受到污染，可能是酿造工艺不同所致。澳大利亚、西班牙、法国等许多国家均在葡萄酒中检测到了赭曲霉毒素的存在。地中海地区的红葡萄酒中赭曲霉毒素污染更为严重，Remiro等（2013）在99%的地中海葡萄酒样品中都检测出了赭曲霉毒素。

生产啤酒的主要原料有大麦、小麦、燕麦和高粱等，因此啤酒受霉菌毒素的污染普遍存在，但污染水平相对较低。巴西工业啤酒中没有检测到呕吐毒素，在114个样品中，有49%的样品检测出了伏马毒素，含量范围为201.7～1 568.62 μg/L，平均值为367.47 μg/L。纯麦芽啤酒可被呕吐毒素污染，含量范围为127～501 μg/L，平均值为221 μg/L（谢文娟和陆健，2017）。

果树的管理和果汁的制造过程对果汁霉菌毒素污染有很大影响。用腐烂苹果为原料生产出的苹果汁会含有棒曲霉毒素，如苹果腐烂达7%～8%时，其果汁中棒曲霉毒素的含量可达40 μg/L以上（丁辰，2000）。调查显示，欧洲市场上135份苹果制品中棒曲霉毒素的检出率为34.8%，含量范围为1.58～55.41 μg/kg（Spadaro，2007）。在抽样的甜酒、葡萄酒、葡萄汁等不同样品中，葡萄汁中赭曲霉毒素含量较高，为1.16～2.32 μg/kg（Varga和Kozakiewicz，2006）。

六、其他植物来源食品中霉菌毒素污染概况

一些植物来源的食品、原料中或许就存在霉菌毒素，这样植物自身含有的霉菌毒素就残留在食品中。2013年国家质检总局质量监督抽查情况通报显示，杭州某厂家的老奶奶炒货花生米中 AFB_1 含量是标准值的2.8倍。施敬文等（2013）调查8类共89份香辛料受黄曲霉毒素的污染情况，结果表明34%的样品中黄曲霉毒素的含量大于5 μg/kg，16%的样品中黄曲霉毒素的含量大于10 μg/kg。

第三节　霉菌毒素在饲料中的污染概况

一、能量饲料中霉菌毒素污染概况

玉米、小麦等谷物在田间、收获、贮存和加工等诸多环节均可受到霉菌污染。玉米容易受到玉米赤霉烯酮和呕吐毒素污染，小麦和麸皮容易受到呕吐毒素污染。2015年NEOGEN公司报告，在收集到的样品中，美国所有重要类别的小麦都受到了呕吐毒素污染，且大麦中也检测到了呕吐毒素。2016年，鄂苏皖与河南省中南部新小麦呕吐毒素、秋玉米黄曲霉毒素含量偏高，东北秋玉米受呕吐毒素污染有增加趋势。

二、蛋白质饲料中霉菌毒素污染概况

不同品种的饲料原料受霉菌毒素污染的情况不同，蛋白质饲料主要受 AFB_1、呕吐毒素、玉米赤霉烯酮和 T-2 毒素污染。对国内豆粕、花生粕、菜籽粕及棉粕进行霉菌毒素污染情况分析发现，饼粕类尤其是花生粕主要受 AFB_1 污染，只有东北地区出现呕吐毒素超标，超标率为 2.53%；样品中玉米赤霉烯酮、赭曲霉毒素和 T-2 毒素 3 种毒素都未出现超标现象，污染程度较轻。单一饼粕类样品中，棉粕和花生粕受 AFB_1 污染最为严重，且同一个饼粕类样品同时存在多种霉菌毒素（程传民等，2015）。

三、青绿饲料中霉菌毒素污染概况

牧草富含各种营养物质，在为家畜提供养分的同时，也能成为微生物的天然培养基。收割后的牧草干燥不彻底，加之打捆或晾晒时遭雨淋，牧草极易发霉变质，感染霉菌毒素。牧草中可检测到黄曲霉毒素、玉米赤霉烯酮、烟曲霉毒素和呕吐毒素等多种霉菌毒素，其中烟曲霉毒素、呕吐毒素的含量较高。李卫娟等（2017）对包括苜蓿、黑麦草、苕子等牧草霉菌毒素的污染状况分析发现，AFB_1 和玉米赤霉烯酮均无检出；烟曲霉毒素含量大于 500 μg/kg 的检出率为 100%，含量大于 1 000 μg/kg 的检出率为 9.52%，呕吐毒素含量大于 200 μg/kg 的检出率为 80.95%，但其含量均小于 500 μg/kg。

四、青贮饲料中霉菌毒素污染概况

青贮饲料霉菌污染主要来自秸秆的田间污染和青贮饲料取用过程中的污染。青贮玉米中常见的霉菌是娄地青霉菌，青贮牧草中常见的霉菌是烟曲霉菌和红曲霉菌。随着开窖时间的延长，青贮玉米被霉菌毒素污染的风险越来越大，可能最终导致全混合饲粮（total mixed rations，TMR）霉菌毒素含量上升。研究发现，苜蓿青贮过程中从青贮开始，呕吐毒素第 2 天增长至 418.57 μg/kg，玉米赤霉烯酮到第 3 天增长至 94.37 μg/kg，黄曲霉毒素到第 5 天增长至 11.34 μg/kg（马燕和孙国君，2016）。

五、粗饲料中霉菌毒素污染概况

牧草、秸秆等一些粗饲料也会不同程度地受到霉菌毒素污染，镰刀菌是玉米秸秆的主要污染菌种之一。山东省羊饲料中玉米秸秆的玉米赤霉烯酮检出率高达 70%，且被检样品均超出限量标准；呕吐毒素的检出率为 80%，超标率为 75%；部分麦秸和甘薯秧中呕吐毒素也出现超标现象（朱风华等，2014）。王金勇等（2013）报道，宁夏苜蓿干草（包括进口苜蓿和国产苜蓿）部分出现黄曲霉毒素超标，含量最高达 202 μg/kg；玉米赤霉烯酮含量为 50～500 μg/kg，最高达 2 664 μg/kg。李卫娟等（2017）对云南省反刍动物用饲草料调查发现，牧草、秸秆中未检出 AFB_1 和玉米赤霉烯酮，但不同程度地检出了伏马毒素和呕吐毒素。

第四节 霉菌毒素对畜产品及其加工制品的污染概况

一、肉及肉制品中霉菌毒素污染概况

肉及肉制品中的霉菌毒素多是由动物采食含有霉菌毒素的饲料而残留到组织中所致。黄曲霉毒素被动物摄入后，迅速由胃肠道吸收，经门静脉进入肝脏，在摄食后的0.5～1 h内，肝内毒素浓度达到最高水平。动物饲粮中AFB_1含量超过20 ng/g时，便可在肝脏等内脏及畜产品中残留。AFB_1和赭曲霉毒素在动物体内的代谢速度较慢，肉中的检出率较高；而单端孢霉烯族毒素的代谢速度快，肉中基本没有残留。芦春莲等（2013）给350 kg左右肥牛饲喂AFB_1含量为13.58 μg/kg的饲粮后，牛肌肉中黄曲霉毒素的残留量为0.03 μg/kg，远低于肝脏中的残留量。无论饲粮中赭曲霉毒素含量有多少，其均会转移到动物源性食品中，特别是肾脏，赭曲霉毒素在组织内的残留量依次为肾脏＞肝脏＞肌肉＞脂肪（Jorgensen和Petersen，2002）。玉米赤霉烯酮在不同动物的蓄积部位有所不同，猪主要蓄积在肝脏，鸡主要蓄积在肝脏和肌肉，牛则主要蓄积在肝脏和胆汁。给猪连续饲喂4周玉米赤霉烯酮含量为40 mg/kg的饲粮，其肝脏中玉米赤霉烯酮的含量为78～128 μg/kg（James和Smith，1982）。给仔鸡连续饲喂8 d玉米赤霉烯酮含量为100 mg/kg的饲粮，其肌肉中玉米赤霉烯酮含量为59～103 μg/kg，肝脏中玉米赤霉烯酮含量达681 μg/kg（Mirocha等，1982）。

某些肉制品（如腌火腿）中也有霉菌毒素残留。李磊等（2008）在40份腊肉制品中发现9份受到赭曲霉毒素污染，平均含量为0.28 μg/kg。王芳（2013）也检测到2种香肠样品中含有桔青霉素，其含量分别为8.2 μg/kg和13.6 μg/kg。

国外许多学者也对肉制品中的霉菌及霉菌毒素进行了调研。挪威学者从161个挪威干腌肉制品中分离得到包括青霉菌在内的4种真菌（Asefa等，2009）。Bogs等（2006）从腌肉及肉品成熟车间中分离得到62株青霉菌，其中有11株菌对特定PCR反应呈阳性，且有赭曲霉毒素检出。90个克罗地亚香肠样品中，有68.88%的样品霉菌毒素检出为阳性，其中AFB_1和赭曲霉毒素检出的最大浓度分别为3.0 μg/kg和7.83 μg/kg（Markov等，2013）。

二、蛋及蛋制品中霉菌毒素污染概况

进入家禽体内的霉菌毒素及其代谢产物同样可以转移到蛋中。Trucksess等（1983）研究发现，母鸡饲料受黄曲霉毒素污染后，鸡蛋中可检测到AFB_1和AFM_1，去除污染饲料7 d后仅有少量毒素存在于蛋中。Oliveira等（2000）报道，蛋鸡饲粮中AFB_1含量分别为0 μg/kg、100 μg/kg、300 μg/kg和500 μg/kg时，500 μg/kg处理组蛋中检测出了AFB_1残留，平均含量为0.10 μg/kg。为防止蛋中AFB_1残留量过高，自1974年起欧洲限定产蛋鸡饲粮中AFB_1的上限为20 μg/kg。Niemiec等（1994）报道，蛋鸡饲粮中赭曲霉毒素浓度为5 mg/kg时，饲喂第3天在鸡蛋中发现OTA残留，第21天蛋中

OTA 残留量达到 7.40 ng/g，停止饲喂含 OTA 的饲粮 5 d 后，蛋中 OTA 残留即消失。Hassan 等（2012）报道，随着饲喂时间和毒素（OTA 和 AFB_1）添加量的增加，鸡蛋中 OTA 和 AFB_1 的残留量逐渐增加，分别在饲喂后的第 3 天和第 5 天，在鸡蛋中检测出 OTA 和 AFB_1；在停止饲喂的第 5 天和第 6 天，2 种毒素在鸡蛋中的残留完全消失。

镰刀菌毒素属于亲脂性化合物，蛋黄中富含脂肪，因此蛋黄中检测到此类毒素的含量通常比蛋清中的高。在比利时农户家鸡蛋样品中检出的呕吐毒素含量范围为 2.6～17.9 ng/g，而 WHO 和 FAO 评估的人体对呕吐毒素的最大耐受量每天为 1 μg/kg。说明通过食用鸡蛋这一途径，呕吐毒素对人体造成的影响不足 1%（Tangni 等，2009）。

三、乳及乳制品中霉菌毒素污染概况

哺乳动物的乳及乳制品也存在霉菌毒素污染风险，其中 AFB_1 和赭曲霉毒素风险最高。哺乳动物摄入被 AFB_1 污染的食品或饲料后，在体内肝微粒体单氧化酶的催化作用下，末端呋喃环 C-10 被羟基化转化为毒性较低的 AFM_1。AFM_1 就是通常所说的“乳毒素”，是 AFB_1 脱毒后的产物，其毒性比 AFB_1 小一个数量级。尽管如此，AFM_1 对人和动物的健康依然存在极大威胁。当奶牛摄入浓度为 1～10 μg/mg 的 AFB_1 时，其体内的瘤胃微生物只能降解不到 10%的 AFB_1，其余 90%的 AFB_1 可在肝脏中经羟基化生成 AFM_1。产生的 AFM_1 在体内不仅可以与葡萄糖酸结合，也可通过循环系统代谢到尿和乳中（Kuilman 等，2000）。人类和奶牛摄入 AFB_1 后，乳汁中 AFM_1 的转化率为 0.3%～0.6%（Galvano 等，2001）。Guo 等（2019）报道，给荷斯坦奶牛饲喂含 AFB_1 饲料（63 μg/kg）第 1 天后，乳中即可检出 AFM_1；饲喂第 4 天，乳中的 AFM_1 含量达到峰值（0.68 μg/L）；但停喂 4 d 后乳中的 AFM_1 消失。

玉米赤霉烯酮在瘤胃内被微生物降解产生的代谢产物主要有 α-玉米赤霉烯醇（α-ZOL）、β-玉米赤霉烯醇（β-ZOL）、α-玉米赤霉醇（α-ZAL）、β-玉米赤霉醇（β-ZAL）及玉米赤霉酮（ZAN）。ZAL 在牛体内的转化率具有剂量效应，转化到牛奶中的效率也很低。奶牛连续 21 d 摄入 544.5 mg/d 的玉米赤霉烯酮后，乳中可检出 ZEN 和 α-ZEL，转化率为 0.06%。

瘤胃微生物可将赭曲霉毒素转化成为低毒的赭曲霉毒素 α（OTα），并且只有当牛体摄入的赭曲霉毒素含量达到 1.66 mg/kg（以体重计）时，乳中才可检测到赭曲霉毒素及其代谢产物 OTα（Prelusky 等，1987）。

由于瘤胃微生物对呕吐毒素、T-2 毒素具有较强的降解作用，因此反刍动物对这 2 种毒素的耐受性较强。当奶牛摄入 1.9 mg/kg（以体重计）的呕吐毒素时，只有不到 1%的呕吐毒素被机体吸收；当添加量增加到 2 933～5 867 μg/kg（以体重计）时，有 27 ng/mL 的 DOM-1 在牛奶中被检测出来（Cote 等，1986），而饲粮中 T-2 毒素到牛奶中的转化率也只有 0.05%～2.00%（Cavret 和 Lecoeur，2006）。因此，呕吐毒素与 T-2 毒素在牛奶中检出的情况较少。

姜英辉等（2011）调查了 265 份婴幼儿配方奶粉，有 3 份检出黄曲霉毒素，其中 1 份奶粉 AFM_1 含量为 0.57 μg/kg，超过国家卫生标准；其余 2 份分别检出 AFM_1 和 AFB_1，均超过欧盟 2005 年的限量标准。

第五节 隐蔽型霉菌毒素在谷物和饲料中的污染概况

霉菌毒素是畜禽饲料安全和人类食品安全的重要风险因子，对谷物和饲粮中霉菌毒素污染调研对于评估消费者霉菌毒素膳食暴露风险和制定霉菌毒素限量标准有重要参考意义，已受到各国政府部门和科研机构的高度重视。隐蔽型霉菌毒素往往和霉菌毒素原型同时存在于粮食和食品中。过去国内外对于霉菌毒素的监测主要集中在原型毒素，以至于低估了霉菌毒素的真实污染水平。近年来隐蔽型霉菌毒素检测方法的不断完善，推动了谷物和粮食中隐蔽型霉菌毒素发生规律的研究。

一、隐蔽型单端孢霉烯族毒素在谷物和饲料中的污染概况

DON－3－G是最早报道的隐蔽型霉菌毒素，在目前国内外发表的谷物和饲粮中隐蔽型霉菌毒素污染调研报告中，有关DON－3－G的信息最多（表2－1）。DON－3－G往往和DON原型、DON乙酰衍生型3－A－DON和15－A－DON同时存在于小麦、大麦、燕麦及其加工副产品（如麦芽和啤酒）中。值得注意的是，有部分调研报告将3－A-DON和15－A－DON当作隐蔽型DON，但由于常规的DON提取和检测方法获得的总DON含量包括这2种乙酰衍生型DON，因此这2种化合物不属于隐蔽型霉菌毒素范畴。Malachova等（2011）对2010年捷克市场上的116份谷物制品进行分析发现，DON－3－G的污染率为80%，含量范围5～72 μg/kg。其中，17份精白面粉样品中有14份DON－3－G阳性，DON－3－G平均含量为15 μg/kg；36份小麦和黑麦制成的混合面粉制品中DON－3－G阳性样品有28份，DON－3－G平均含量为19 μg/kg；7份早餐麦片样品中6份有DON－3－G阳性，DON－3－G平均含量为35 μg/kg。李凤琴等（2010）对我国2007—2008年7个省份的446份玉米和小麦样品检测发现，DON－3－G含量分别为34.6 μg/kg和21.4 μg/kg，随后他们检测了2008—2011年来自24个省份的小麦和小麦制品，结果发现2008年小麦籽粒中DON－3－G平均含量为52 μg/kg，小麦粉中DON－3－G平均含量为11 μg/kg，小麦制品中DON－3－G平均含量在2009年、2010年和2011年分别为235 μg/kg、53 μg/kg和87 μg/kg。2008年小麦籽粒中DON－3－G和DON含量比值为33%，小麦粉中DON－3－G和DON含量比值为10%，小麦制品中DON－3－G和DON含量比值在2009年、2010年和2011年分别达到22%、9%和14%。大量的研究数据表明，在DON和DON－3－G谷物阳性样品中，DON－3－G和DON的平均比值为20%，很少有DON－3－G和DON含量比值超过30%的谷物样品；但在啤酒中DON－3－G含量往往高于DON，在部分啤酒样品中DON－3－G含量甚至能够达到DON的3倍。Varga等（2013）调查了来自38个国家的374份啤酒样品发现，93%的啤酒样品中含有DON－3－G，75%的啤酒样品中含有DON，所有样品均未检出3－A－DON，阳性样品中DON－3－G的平均含量为6.9 μg/kg，DON的平均含量为8.4 μg/kg，DON－3－G和DON含量比值范围为11%～125%，平均为56%。其他形式隐蔽型呕吐毒素，如DON－3－S、DON－GSH等最近

几年才被鉴定出来，目前在国内外有关谷物和饲料中呕吐毒素污染调研报告中尚未涉及这些新的隐蔽型呕吐毒素。

表 2-1 部分国家和地区谷物及其制品中 DON-3-G 的污染情况

样品名称	样品数量（个）	国家或地区	年份	最大值（μg/kg）	平均值（μg/kg）
大麦	65	比利时	2012	—	390
面包	52	比利时	2010—2011	425	34
面包	36	比利时	2010—2011	103	21
玉米	288	比利时	2011	1 100	37
玉米片	61	比利时	2010—2011	63	13
小麦	93	比利时	2012	—	250
面粉	22	捷克	2010	72	15
面粉	36	捷克	2010	41	19
面粉	17	捷克	2010	30	15
小麦	192	捷克	2011	21	31
小麦	17	捷克	2010	30	—
玉米	204	中国	2007—2008	—	21
玉米籽粒	203	中国	2008	499	66
玉米籽粒	20	中国	2009	93	23
玉米籽粒	60	中国	2010	495	73
玉米制品	384	中国	2009	844	76
玉米制品	155	中国	2010	128	26
玉米制品	141	中国	2012	39	11
小麦面粉	30	中国	2008	39	—
小麦籽粒	162	中国	2008	238	—
小麦制品	291	中国	2009	235	—
小麦制品	125	中国	2010	53	—
小麦制品	89	中国	2011	87	—
小麦	192	中国	2007—2008	—	35
小麦	88	美国	2008	2	—
小麦	140	美国	2009	4	—
小麦	356	美国	2010	3	—
小麦	54	塞尔维亚	2007	46	—
小麦	54	塞尔维亚	2007	83	—
小麦啤酒	46	欧盟	2011	28	11.5
啤酒	217	欧盟	2011	81	6.7
黑啤酒	47	欧盟	2011	26	6.9
小麦	23	欧盟	2006	1 070	393
玉米	54	欧盟	2006	763	141

注：“—”表示没有报道。

资料来源：Varga 等（2013）。

A 型单端孢霉烯族毒素 T－2 和 HT－2 是欧洲地区谷物尤其是燕麦及其加工产品中检出率最高的霉菌毒素之一，与此同时还伴随 T2－G 和 HT2－G 的污染。由于缺乏 T2－G 和 HT2－G 标准品，因此不能对 T2－G 和 HT2－G 进行定量测定。在面粉加工成面包过程中 HT2－G 含量减少，相反面包中 T2－G 含量相比于面粉原料有所升高。

二、隐蔽型玉米赤霉烯酮在谷物和饲料中的污染概况

在谷物和饲粮中经常检出的隐蔽型玉米赤霉烯酮，包括 ZEN－14－G、αZEL－14－G、βZEL－14－G 及 ZEN－14－S。对来自英国和澳大利亚的 84 份谷物制品检测发现，ZEN－14－S 在小麦粉、全麦面包、玉米粉、饼干、小麦麦片、麦麸等 10 种谷物制品中均有检出，在麸皮中含量最高，达到 6.2 μg/kg（Vendl 等，2010）；不过在这 84 份样品中，均未检出 ZEN－14－G、αZEL－14－G 和 βZEL－14－G。在另外一份镰刀菌毒素污染调研报告中，对 30 份玉米、小麦、大麦、玉米片和面包等谷物制品分析发现，ZEN 的检出率为 80％，ZEN－14－G、ZEN－14－S 和 βZEL－14－G 的检出率分别达到 30％、20％和 13％，αZEL－14－G 在这 30 份样品中均未检出；其中一份玉米样品中同时检出了 ZEN、ZEN－14－G、ZEN－14－S 和 βZEL－14－G，含量分别达到 59 μg/kg、274 μg/kg、51 μg/kg 和 92 μg/kg。对比利时市场上出售的富含纤维的面包抽样检测发现，ZEN－14－G、ZEN－14－S、αZEL－14－G 和 βZEL－14－G 的检出率分别达到 29％、8％、10％和 19％；在面包糠样品中，ZEN－14－S、ZEN－14－G、αZEL－14－G 和 βZEL－14－G 的检出率分别为 6％、6％、3％和 6％（de Boevre 等，2012）。

谷物和饲粮中霉菌毒素污染受多方面因素的影响，自然条件下，真菌对谷物的感染和霉菌毒素的产生受气候因素的影响最大。结合大量的区域性霉菌毒素污染调研数据，科学家可以根据作物生长时的天气条件对收获的谷物霉菌毒素污染情况进行预警。国际贸易使得谷物和饲料产品流动性加大，因此还需要政府部门和企业加大对霉菌毒素污染的监控力度。霉菌毒素在植物体内的代谢过程复杂，谷物中隐蔽型霉菌毒素和毒素原型含量及比例对于评估受污染谷物对人和动物健康的潜在危害尤其重要。虽然目前的研究均表明，隐蔽型毒素毒性相比于毒素原型而言有很大程度的下降，但是在消化道微生物的作用下部分隐蔽型毒素可能解离出原型毒素，因此增加了人和动物霉菌毒素的暴露风险。FAO/WHO 食品添加剂专家委员会指出，如果研究确定 DON－3－G 被动物摄入后在其消化道能够水解释放出 DON，那么在制定每天 DON 最大允许摄入量时应该包含 DON－3－G。与此同时，中国已经将 DON－3－Glc 和 DON 的乙酰化衍生物添加到国家食品污染物监督网中。

参考文献

程传民，柏凡，李云，等，2014. 2013 年小麦类饲料原料中霉菌毒素污染情况调查［J］. 粮食与饲料工业（9）：41－46.

程传民，柏凡，李云，等，2015. 2013 年饼粕类饲料原料中霉菌毒素污染情况调查［J］. 饲料研究（4）：1－7.

丁辰，2000. 苹果浓缩汁加工季节中棒曲霉素含量变化［J］. 中国果菜（4）：22.
黄玲，蒋刚强，王帅，等，2011. 新疆番茄生长及其果实加工过程中霉菌污染的监测［J］. 新疆农业科学，48（8）：1458－1464.
姜英辉，雷质文，马维兴，等，2011. 婴幼儿食品微生物及微生物毒素调查分析［J］. 检验检疫学刊，21（2）：5－10.
李凤琴，于钏钏，邵兵，等，2010. 2007—2008 年中国谷物中隐蔽型脱氧雪腐镰刀菌烯醇及多组分真菌毒素污染状况［J］. 中华预防医学杂志，45（1）：57－63.
李磊，赖心田，张毅杰，等，2008. 用免疫学方法调查分析腊肉制品赭曲霉毒素 A 及其风险评估［J］. 中国卫生检验杂志，18（8）：1605－1606.
李卫娟，洪琼花，高新，等，2017. 云南省反刍动物用饲草料霉菌毒素污染情况初报［J］. 中国草食动物科学，37（2）：20－23.
芦春莲，崔捷，曹玉凤，等，2013. 霉菌毒素降解酶对肉牛生长性能及毒素组织残留的影响［J］. 畜牧与兽医，45（11）：60－62.
陆晶晶，苏亮，杨大进，2014. 部分省市食用植物油中黄曲霉毒素 B_1 的调查分析［J］. 中国卫生工程学，13（1）：34－35.
马燕，孙国君，2016. 苜蓿青贮过程中霉菌毒素含量变化初探［J］. 饲料研究（1）：1－3.
施敬文，韩伟，顾鸣，2003. 香辛料中多种生物毒素的污染状况调查［J］. 中国卫生检验杂志，13（5）：589－592.
孙武长，刘桂华，杨红，等，2005. 粮食中真菌及真菌毒素污染调查［J］. 中国公共卫生，21（12）：1532.
王芳，2013. 食品中桔霉素的检测、降解特性及其控制技术研究［D］. 杭州：浙江工商大学.
王金勇，刘颖莉，关舒，2013. 2012 年中国饲料和原料霉菌毒素检测报告［J］. 中国畜牧杂志，49（4）：29－34.
王君，刘秀梅，2006. 部分市售食品中总黄曲霉毒素污染的检测结果［J］. 中国预防医学杂志，40（1）：33－37.
谢文娟，陆健，2017. 来自巴西的工业啤酒的霉菌毒素分析：伏马毒素 B_1 和脱氧雪腐镰刀菌烯醇对啤酒质量的影响［J］. 中外酒业·啤酒科技（19）：61－65.
殷国英，刘思超，廖灵灵，2017. 植物油中黄曲霉毒素 B_1 的污染状况调查分析［J］. 预防医学情报杂志，33（6）：593－596.
朱风华，王利华，林英庭，2014. 山东省常用羊饲料霉菌毒素污染状况调查［J］. 中国畜牧杂志，5（10）：7－11.
Asefa D T，Gjerde R O，Sidhu M S，et al，2009. Moulds contaminants on Norwegian dry－cured meat products［J］. International Journal of Food Microbiology，128（3）：435－439.
Bogs C，Battilani P，Geisen R，2006. Development of a molecular detection and differentiation system for ochratoxin A producing *Penicillium* species and its application to analyse the occurrence of Penicillium nordicum in cured meats［J］. International Journal of Food Microbiology，107（1）：39－47.
Cavret S，Lecoeur S，2006. Fusariotox in transfer in animal［J］. Food and Chemical Toxicology，44（3）：444－453.
Cote L M，Dahlem A M，Yoshizawa T，et al，1986. Excretion of deoxynivalenol and its metabolite in milk，urine，and feces of lactating dairy cows［J］. Journal of Dairy Science，69（9）：2416－2423.
de Boevre M，di Mavungu，Diana J，et al，2012. Natural occurrence of mycotoxins and their masked forms in food and feed products［J］. World Mycotoxin Journal，5：207－219.

Galvano F, Galofaro V, Angelis A, et al, 2001. Survey of the occurrence of aflatoxin M_1 in dairy products marketed in Italy: second year of observation [J]. Food Additives and Contaminants, 18 (7): 644 - 646.

Guo Y P, Zhang Y, Wei C, et al, 2019. Efficacy of *Bacillus subtilis* ANSB060 biodegradation product for the reduction of the milk aflatoxin M_1 content of dairy cows exposed to aflatoxin B_1 [J]. Toxins, 11: 161.

Hassan Z U, Khan M Z, Khan A, et al, 2012. Effect of individual and combined administration of ochratoxin A and aflatoxin B_1 in tissues and eggs of White Leghorn breeder hens [J]. Journal of the Science of Food and Agriculture, 92 (7): 1540 - 1544.

Hedam R, Pettersson H, 1997. Transformation of nivalenol by gastrointestinal microbes [J]. Arch Tierernahr, 50: 321 - 329.

James L J, Smith T K, 1982. Effect of dietary alfalfa on zearalenone toxicity and metabolism in rats and swine [J]. Journal of Animal Science, 55: 110 - 118.

Javed T, Bennett G A, Richard J L, et al, 1993. Morality in broiler chicks on feed amended with *Fusarium proliferatum* culture material or with purified fumonisin B_1 and monilifomin [J]. Mycopathologia, 123: 171 - 184.

Jorgensen K, Petersen A, 2002. Content of ochratoxin A in paired kidney and meat samples from healthy Danish slaughter pigs [J]. Food Additives and Contaminants, 19 (6): 562 - 567.

Kuilman M E M, Maas R F M, Fink - Grem - Mels J, 2000. Cytochrome p450 - mediated metabolism and cytotoxicity of aflatoxin B_1 in bovine hepatocytes [J]. Toxicology *in Vitro*, 14 (4): 321 - 327.

Magnani R F, de Souza G D, Rodrigues F E, 2007. Analysis of alternariol and alternariol monomethyl ether on flavedo and albedo tissues of tangerine (*Citrus reticulate*) with symptoms of Alternaria brown spot [J]. Agricultural Food Chemistry, 55 (13): 4980 - 4986.

Malachova A, Dzuman Z, Veprikova Z, et al, 2011. Deoxynivalenol, deoxynivalenol - 3 - glucoside, and enniatins: the major mycotoxins found in cereal - based products on the czech market [J]. Journal of Agricultural and Food Chemistry, 59: 12990 - 12997.

Markov K, Pleadin J, Bevardi M, et al, 2013. Natural occurrence of aflatoxin B_1, ochratoxin A and citrinin in Croatian fermented meat products [J]. Food Control, 34 (2): 312 - 317.

Maria M A, Susana A, Elena G P, et al, 2009. Occurence of patulin and its dietary intake through cider consumption by the Spanish population [J]. Food Chemistry, 113 (2): 420 - 423.

Megumi Y, Takashi N, 2010. Deoxynivalend and nivalenol accumulation in wheat infected with fusarium graminearum during grain development [J]. Phytopathology, 100 (8): 763 - 773.

Mirocha C J, Robison T S, Pawlosky R J, et al, 1982. Distribution and residue determination fo [^{3}H] ZENralenone in broilers [J]. Toxicology and Applied Pharmacology, 66: 77 - 87.

Niemiec J, Borzemska W, Golinski P, et al, 1994. The effect of ochratoxin A on egg quality, development of embryos and the level of toxin in eggs and tissues of hens and chicks [J]. Journal of Animal and Feed Sciences, 3 (4): 309 - 316.

Oliveira C A, Kobashigawa E, Reis T, et al, 2000. Aflatoxin B_1 residues in eggs of laying hens fed a dietcontaining different levels of the mycotoxin [J]. Food Additives and Contaminants, 17: 459 - 462.

Prelusky D B, Trenholm H L, 1991. Non - accumulation of residues in pigs consuming deoxynivalenol - contaminated diets [J]. Journal of Food Science, 57: 801 - 802.

Prelusky D B, Veira D M, Trenholm H L, et al, 1987. Metabolic fate and elimination in milk, urine and bile of deoxynivalenol following administration to lactating sheep [J]. Journal of Environmental Science and Health (Part B), 22 (2): 125 - 148.

Qiu J B, Dong F, Yu M Z, et al, 2016. Effect of preceding crop on Fusarium species and mycotoxin contamination of wheat grains [J]. Journal of the Science of Food and Agriculture, 96 (13): 4536 - 4541.

Remiro R, Irigoyen A, González - Penas E, et al, 2013. Levels of ochratoxins in Mediterranean red wines [J]. Food Control, 32: 63 - 68.

Schollenberger M, Drochner W, Rüfle M, et al, 2005. Trichothecene toxins in different groups of conventional and organic bread of the German market [J]. Journal of Food Composition and Analysis, 18: 69 - 78.

Serra R, Mendonca C, Abrunhosa L, et al, 2004. Determination of ochratoxin A in wine grapes: comparison of extraction procedures and method validation [J]. Analytica Chimica Acta, 513: 41 - 47.

Spadaro D, Ciavorella A, Frati S, et al, 2007. Incidence and level of patulin contamination in pure and mixed apple juices marketed in Italy [J]. Food Control, 8 (9): 1098 - 1102.

Tangni E k, Waegeneers N, van Overmeire I, et al, 2009. Mycotoxin analyses in some home produced eggs in belgium reveal small contribution to the total daily intake [J]. Science of the Total Environment, 407 (15): 4411 - 4418.

Trucksess M W, Stoloff L, Young K, 1983. Aflaoxicol and aflatoxin B_1 and M_1 in eggs and tissues of laying hens consuming aflatoxin contaminated feed [J]. Poultry Science, 62: 2176 - 2182.

Varga E, Malachova A, Schwartz H, et al, 2013. Survey of deoxynivalenol and its conjugates deoxynivalenol - 3 - glucoside and 3 - acetyl-deoxynivalenol in 374 beer samples [J]. Food Additives and Contaminants (Part A), 30: 137 - 146.

Varga J, Kozakiewicz Z, 2006. Ochratoxin A in grapes and grape - derived products [J]. Trends in Food Science and Technology, 17 (2): 72 - 81.

Vendl O, Crews C, MacDonald S, et al, 2010. Simultaneous determination of deoxynivalenol, zearalenone, and their major masked metabolites in cereal - based food by LC - MS - MS [J]. Food Additives and Contaminants (Part A), 27: 1148 - 1152.

Zóllner P, Jodlbauer J, Kleinova M, et al, 2002. Concentration levels of zearalenone and its metabolites in urine, muscle tissue, and liver samples of pigs fed with mycotoxin - contaminated oats [J]. Journal of Agricultural and Food Chemistry, 50: 2494 - 2501.

02

第二篇　霉菌毒素毒理作用及动物和人中毒症

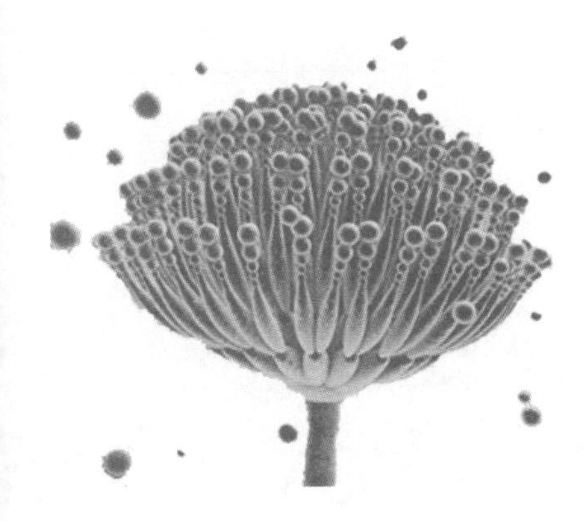

第三章 黄曲霉毒素毒理作用及动物和人中毒症

第一节 黄曲霉毒素概述

黄曲霉毒素（aflatoxin，AF）首次发现于1960年，当时英国东南部地区仅几个月的时间相继死亡了10多万只火鸡，造成了巨大的经济损失。解剖发现，火鸡肝脏出血、肾脏肿胀，由于死因不明，因此被称为“火鸡X病”（Nesbitt等，1962）。后来，研究人员认为事故的起因可能是这些火鸡食用了从巴西进口的霉变花生粕。随后，研究人员从这些原料中分离出产毒菌株黄曲霉，并用氯仿萃取出造成火鸡死亡的荧光代谢物质，将其命名为黄曲霉毒素，这个名称是取曲霉菌 *Aspergillus* 的第一个字母和黄曲霉 *flavus* 的前3个字母而得来（Allcroft等，1961）。自此以后，黄曲霉毒素就得到了科学家们的特别关注，对其研究也是所有霉菌毒素中最深入、最广泛的。

黄曲霉毒素在自然界广泛存在，是一类主要由黄曲霉（*Aspergillus flavus*）、寄生曲霉（*A. parasiticus*）和黑曲霉（*A. niger*）等霉菌产生的有毒次级代谢产物。其他一些曲霉，如青霉（*Penicillium commune*）、毛霉（*Mucor racemosus*）、镰孢霉（*Fusarium*）、根霉（*Rhizopus*）、链霉（*Actinobacteria*）等也能产生黄曲霉毒素。值得注意的是，这些产毒菌株只有在适合的环境条件下才会产生黄曲霉毒素。

一、黄曲霉毒素的理化性质

黄曲霉毒素是毒性最强且分布范围最广的霉菌毒素，其具有高诱变性和强致癌性，被世界卫生组织认定为IA级危险物。

1. 化学性质 黄曲霉毒素无色无味。微溶于水，易溶于油脂和氯仿、甲醇、乙醇等有机溶剂，但不溶于己烷、乙醚和石油醚。黄曲霉毒素具有耐热性，一般的蒸煮过程很难将其破坏，250 ℃以上高温才会将其裂解。黄曲霉毒素在强酸性溶液中可少量分解；在中性溶液中较稳定；在强碱性溶液中能迅速分解，但此反应是可逆的，即在酸性条件下又可复原（Liu等，2011）。由于过氧化氢、次氯酸钠、氯等氧化剂均可破坏黄曲霉毒素结构，因此可使用此类氧化剂对被黄曲霉毒素污染的器皿进行消毒。低浓度的黄曲霉毒素在紫外线照射条件下也会有一定程度的降解。黄曲霉毒素在紫外线照射下会发出荧光，根据所发荧光颜色的不同，可将其分为B族（blue，发蓝色荧光）和G族（green，发绿色荧光）两大类。

2. 分子结构 黄曲霉毒素属于二呋喃氧杂萘邻酮的衍生物，其结构中含有1个二呋喃环和1个氧杂萘邻酮（香豆素）环，其中前者是它的毒性基团，后者是它的致癌性基团。目前，人们已发现 AFB_1、AFB_2、AFG_1、AFG_2、AFB_{2a}、AFG_{2a}、AFM_1、AFM_2、AFP_1、AFQ_1、AFH_1 等20余种衍生物，相对分子质量范围为312～346。几种常见的黄曲霉毒素结构式见图3-1，其中，二呋喃环末端有双键的毒性较强，其毒性大小顺序为 AFB_1>AFM_1>AFG_1>AFB_2>AFG_2>AFM_2。

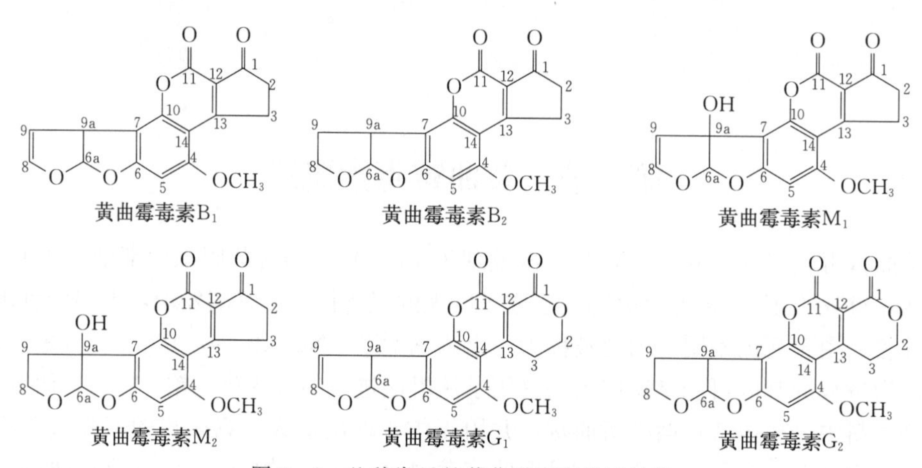

图3-1　几种常见的黄曲霉毒素分子结构

（资料来源：Hussein和Brasel，2001；Mishra和Das，2005）

3. 毒性 AFB_1 的毒性和致癌性最强，其毒性是氰化钾毒性的100倍，是二甲基亚硝胺毒性的75倍，是砒霜毒性的68倍，能引起动物急性中毒后死亡。黄曲霉毒素既有很强的急性毒性，也有明显的慢性毒性。慢性毒性主要表现为动物出现生长障碍，肝脏出现亚急性或慢性损伤。

二、黄曲霉毒素的污染概况和限量标准

（一）黄曲霉毒素的污染概况

霉菌具有极强的繁殖能力，在自然界中分布极其广泛。作物在收获前到贮存期间的各个阶段都可能被霉菌污染。霉菌毒素污染问题日趋严重，不同的霉菌毒素之间存在相互作用关系。全球不同的地区、季节都对谷物中霉菌的生长有影响。因此，了解不同年份、季节、地区、纬度、气候及植物生长过程中霉菌毒素污染的规律，对于更好地控制霉菌毒素的污染具有重要意义。

黄曲霉毒素普遍存在于花生、玉米、棉籽、豆类、小麦等粮食作物中。曲霉菌的生长和黄曲霉毒素的产生受很多因素影响，如地域气候、作物的基因类型、土壤类型、温度、湿度、基质水分含量等。寄生曲霉生长的最低温度为6～8℃，最高温度为44～46℃，适宜温度为25～35℃。黄曲霉在12～34℃温度范围内都可产生黄曲霉毒素，

当温度达到 36 ℃时则产毒受到抑制，在 28～30 ℃温度范围内产毒量最大。我国谷物粮食黄曲霉毒素污染情况分布呈现一定的季节性和区域性。2009—2014 年，Ding 等（2015）在长江生态区的 6 个省、122 县收集了 2 983 个花生样品，以调查花生中霉菌毒素的污染情况。结果发现，2009—2014 年花生 AFB_1 污染率分别为 32.45%、29.56%、44.71%、22.49%、31.85%和 17.27%，平均含量分别为 3 μg/kg、5 μg/kg、7 μg/kg、7 μg/kg、11 μg/kg 和 9 μg/kg，其中，以 2013 年的污染率和毒素含量最高，这与收割前的气候条件和温度等有密切关系。韩春卉等（2015）采集山东省临沂地区收获前 1 个月、收获贮存后 1 个月及 3 个月的花生样品，检测不同时期 AF 的污染情况，发现收割前、贮存 1 个月和 3 个月时花生黄曲霉毒素的污染率不同，分别为 28.9%、25.2%和 14.0%。范彧等（2012）调研发现，北京地区玉米、麸皮、饼粕类和干酒糟及其可溶物（distillers dried grains with soluble，DDGS）中，AFB_1 的检出率分别达到 45.8%、52.2%、40.9%和 86.5%。饼粕类和 DDGS 超标率高；其中，DDGS 中 AFB_1 的平均含量为 87.15 μg/kg，远远超过玉米中 AFB_1 的平均含量（5.48 μg/kg），这可能与玉米加工成 DDGS 的过程中黄曲霉毒素被浓缩后含量升高有关。

不同饲料原料受黄曲霉毒素污染的状况不同，可能与不同饲料原料中淀粉和水分含量不同有关。玉米作为能量饲料其淀粉含量高，可以为霉菌的生长提供所需要的碳水化合物，因此玉米及其加工副产品 DDGS 中霉菌毒素含量较高。另外，花生粕和棉粕属于花生和棉籽经压榨提炼后的剩余产品，花生和棉籽在田间生长时容易受到黄曲霉毒素的污染，经过压榨后黄曲霉毒素得到浓缩，因此一些杂粕中黄曲霉毒素含量普遍较高。青贮饲料容易受到黄曲霉毒素的污染，这主要是因为青贮饲料含水量和含糖量都较高，一旦密封不严，就非常容易发生霉变，进而产生更多的霉菌毒素。因此，应该重点监测玉米及其附属产品、饼粕类和青贮饲料中黄曲霉毒素的污染情况。

黄曲霉毒素污染是一个动态的过程，在谷物的生长、收获、干燥、加工、贮存和运输过程中都有可能发生。黄曲霉毒素是仓储性毒素，其产毒菌株黄曲霉菌的生长、产毒与环境气候条件密切相关。黄曲霉是一种栖息在土壤中通过无性孢子繁殖的霉菌，其分生孢子头疏松，呈放射状，继而变为疏松柱形（彩图 3-1）。菌落（彩图 3-2）生长速度较快，最初为黄色，后变为黄绿色，成熟后呈褐色。Rodriguesand 和 Naehrer（2012）发现，饲料原料本身的含水量是决定在贮存过程中毒素变化的主要因素，原料含水量越高，越有利于毒素的产生，因此原料在贮存时应尽量干燥。同时为了保证原料在贮存时毒素含量不增加，应该将原料保存在低于 20 ℃的环境中，并尽快用完。

（二）黄曲霉毒素的限量标准

世界卫生组织报道，黄曲霉毒素含量在 3～50 μg/kg 时为低毒，50～100 μg/kg 时为中毒，100～1 000 μg/kg 时为高毒，1 000 μg/kg 以上为极毒。鉴于黄曲霉毒素是一种危害严重的食品和饲料污染物，全球大部分国家和地区都对食品和饲料中黄曲霉毒素进行了安全限量规定。1995 年 WHO 规定，食品中 AFB_1 最高允许浓度为 15 μg/kg，婴儿食品中不得检出。1999 年，欧盟国家规定了更加严格的 AFB_1 限量标准，要求人生活消费品中 AFB_1 的含量不能超过 2 μg/kg，总量（$AFB_1+AFB_2+AFG_1+AFG_2$）不能超过 4 μg/kg，牛奶和奶制品中 AFM_1 的含量不能超过 0.05 μg/kg。我国对食品中黄曲霉毒素含量也有严格规定，如乳制品中黄曲霉毒素最高允许量为0.5 μg/kg。世界各国对饲料原料及配合饲料中黄曲霉毒素的最大允许量都有明确的规定。表3-1列出了美国、欧盟和我国饲料原料及配合饲料中黄曲霉毒素的最高限量标准。

表3-1 饲料原料及配合饲料中黄曲霉毒素最高限量标准

国家或地区	饲料类型	最高限量（μg/kg）
美国	棉粕（肉牛、猪、鸡）	300
	玉米和花生产品（育肥牛）	300
	玉米和花生产品（育肥猪）	200
	玉米和花生产品（种牛、种猪、成年鸡）	100
	动物性饲料和饲料原料（未成年动物，棉粕除外）	20
	动物性饲料和饲料原料（产乳动物和其他种类动物）	20
欧盟	饲料原料	20
	全价饲料（产乳动物）	5
	全价饲料（犊牛和羔羊）	10
	全价饲料（牛、绵羊和山羊）	20
	全价饲料（猪和家禽，幼畜除外）	20
	其他全价饲料	10
	补充饲料（牛、绵羊和山羊，产乳动物、犊牛和羔羊除外）	20
	补充饲料（猪和家禽，幼畜除外）	20
	其他补充饲料	5
中国（GB 13078—2017）	玉米加工产品、花生饼（粕）	50
	植物油脂（玉米油和花生油除外）	10
	玉米油、花生油	20
	其他植物性饲料原料	30
	仔猪、雏禽浓缩饲料	10
	肉用仔鸭后期、生长鸭、产蛋鸭浓缩饲料	15
	其他浓缩饲料	20
	犊牛、羔羊精饲料补充料	20
	泌乳期精饲料补充料	10
	其他精饲料补充料	30
	仔猪、雏禽配合饲料	10
	肉用仔鸭后期、生长鸭、产蛋鸭配合饲料	15
	其他配合饲料	20

第二节 黄曲霉毒素毒理作用

一、黄曲霉毒素的生物合成与代谢

黄曲霉毒素具有高毒性和致癌性，通过食物链威胁人类健康。遗传因素、生物因素和非生物因素共同影响黄曲霉毒素的形成，目前已经对黄曲霉毒素生物合成基因的功能、基因调控和吸收代谢信号转导、产毒素霉菌与环境介质的相互作用进行了深入研究。

（一）黄曲霉毒素的生物合成

1. 生物合成遗传基础　黄曲霉基因组大小为 36.8 Mb，与米曲霉基因组大小（37.2 Mb）相似，有 99.5%的同源性。黄曲霉基因组中含有 56 个次级代谢基因簇，有超过 1.2 万个编码基因，它们能调控产生丰富的次级代谢产物，如黄曲霉毒素和环匹阿尼酸（cyclopiazonic acid，CPA）。此外，黄曲霉线粒体基因组测序也已完成，其大小为29 kb，含有 17 个蛋白质编码基因，涉及 ATP 合成、氧化、磷酸化等功能（Joardar 等，2012）。到目前为止，已经清楚了参与黄曲霉毒素生物合成的一系列基因和部分调控因子。黄曲霉毒素生物合成途径中各具独特功能的 30 个基因聚集在一个 80 kb 的区域，称黄曲霉毒素基因簇，这些基因受到共同的调控，表达水平决定了黄曲霉毒素的合成量（Yu，2012）。在黄曲霉毒素基因簇之外有许多不同种类的基因参与黄曲霉毒素的合成，包括起全局调控作用的 *LaeA* 和 *VeA* 基因，以及一些转录因子基因、信号转导基因、氧化应激基因、真菌发育相关基因等（He 等，2007）。转录组学和蛋白质组学加速了人们对黄曲霉代谢途径的认识。例如，通过对黄曲霉基因表达谱芯片数据的分析发现，黄曲霉毒素基因簇和 *CPA* 基因簇的基因表达情况非常相似（Georgianna 等，2010）；运用高通量转录组测序（RNA - seq）技术，可从基因层面上研究温度、水分活度影响黄曲霉毒素生物的合成机制（Yu 等，2011）；黄曲霉和寄生曲霉均能产生黄曲霉毒素，通过对这 2 株菌转录组数据的比较分析发现，两者之间一些次级代谢基因的表达存在显著差异，这些差异可能造成两者合成毒素的种类及水平的不同（Linz 和 Mack，2014）；比较寄生曲霉、构巢曲霉及不同突变型黄曲霉菌株次级代谢基因簇的基因表达情况，有可能发现更多功能的基因簇（Ehrlich 和 Mack，2014）；利用黄曲霉和米曲霉已有的转录组数据，对核糖体蛋白（ribosomal protein，RP）基因的表达水平进行分析发现，压力因子，如高温及氧化压力会降低 *RP* 基因的表达水平，对 *RP* 基因的表达谱分析为研究生物因子和非生物因子如何影响基因的表达提供了新的视角（Chang 等，2014）。

蛋白质组学技术也被越来越广泛地应用于黄曲霉毒素合成代谢的研究中，如运用高通量液相色谱-串联质谱法（liquid chromatograph mass spectrometer，LC - MS）技术检测到寄生曲霉中一个含有内含体、转运小泡及液泡的细胞中含有部分黄曲霉毒素合成相关的酶，而 V - fraction 与次级代谢及压力应答过程有密切的联系，这一研究为探明黄曲霉毒素在胞内的合成、贮存及分泌过程提供了线索（Linz 等，2012）。Georgianna 等（2008）运用稳定同位素标记法（stable isotope labeling，SIL）研究了不同温度下黄曲霉胞内蛋白质浓度的变化情况，检测到在 28 ℃培养条件下，黄曲霉毒素合成相关酶的浓度增加。黄曲霉第一个蛋白质表达谱及 2 - D 蛋白质组图谱的完成为黄曲霉蛋白质组学的研究奠定了基础（黄曲霉菌丝体蛋白分子功能见彩图 3 - 3；Pechanova 等，2013）。

利用质谱和气相色谱等技术分析黄曲霉毒素代谢机制也已开始应用。例如，在研究蛋白胨对黄曲霉生长及毒素合成影响的试验中，发现了在以蛋白胨作为唯一碳源的培养条件下，黄曲霉能够感知自身群体密度及蛋白胨浓度，进而在黄曲霉快速生长和产毒之间进行转换，是黄曲霉毒素合成的一个代谢开关（Yan 等，2012）。综合利用基因组学、转录组学、蛋白组学和代谢组学技术将会揭示更多黄曲霉毒素，以及其他次级代谢产物的合成机制，为黄曲霉毒素生物合成代谢机制的阐明及发展黄曲霉毒素污染控制策略提供更多的线索。

2. 生物合成特异性 在黄曲霉毒素合成代谢调节过程中，转录因子转录水平的调节至关重要，其中 AflR 和 AflS 这 2 个蛋白起到了十分重要的作用，组成了黄曲霉毒素特异性调节通路的关键部分。AflR 是一种 Zn（Ⅱ）$_2$Cys$_6$ 型转录因子，可以特异性地结合到黄曲霉毒素基因簇中结构基因的启动子区，从而激活基因的表达（Fernandes 等，1998；Ehrlich 等，2003）。AflR 对于黄曲霉毒素生物合成的调控具有至关重要的作用，黄曲霉毒素基因簇中的大部分基因都受到它的调控，被调控基因的启动子中大多都发现有 5′-TCG（N5）GCA 的 AflR 结合位点（Chang 等，1995）。在 *aflR* 的敲除菌株中，黄曲霉毒素无法合成且黄曲霉毒素基因簇中的大部分基因表达下调。与此同时，利用 DNA 微列阵技术发现，*AflR* 并不只是影响与黄曲霉毒素产生相关的基因，在黄曲霉毒素基因簇之外，还发现了 *nadA*、*hlyC*、*niiA* 这 3 个基因在 *aflR* 敲除突变株中的表达量也显著下调（Price 等，2006）。因此，AflR 可能不只是通过影响黄曲霉毒素基因簇上基因的表达来调控黄曲霉毒素的生物合成。

3. 生物合成酶 黄曲霉毒素的生物合成是一个错综复杂的过程，包含 21 个酶促反应步骤。黄曲霉毒素合成的起始阶段类似于脂肪酸的生物合成，即乙酰 CoA 作为起始单位、丙二酸单酰 CoA 作为延长单位，在聚酮化合物合成酶的催化下形成聚酮骨架。Minto 和 Townsend（1997）确定了黄曲霉毒素是由丙二酰辅酶 A 经过两步反应合成的，第一步先产生已酰基辅酶 A，第二步再形成一个蒽醌。编码酶的基因和转录因子位于黄曲霉及寄生曲霉基因组的一个大约 70 kb 大小的基因簇内。Yabe 和 Nakajima（2004）提出了当前被普遍接受的黄曲霉毒素生物合成模式，即已酰 CoA→已酰 CoA 前体→诺素罗瑞尼克酸（norsolorinic acid，NA)→奥佛兰提素/蒽醌（averantin，AVN）→奥佛路凡素（hydroxyaverantin，HAVN)→氧化蒽醌（oxoaverantin，OAVN）→奥佛尼红素（averufin，AVF)→羟基杂色酮（hydroxyversicolorone，HVN）→杂色半缩醛乙酸（versiconal hemiacetal acetate，VHA）→杂色半缩羟醛（versiconal，VHOH）→云芝醇（versiconol，VOH)→杂色曲霉 B（versicolorin B，VER B)→杂色曲霉 A（versicolorin A，VER A）→去甲基柄曲霉素（demethylsterigmatocystin，DMST）→柄曲霉素（sterigmatocystin，ST)→*O*-甲基柄曲霉素（*O*-methylsterigmatocystin，OMST)→AFB_1→AFG_1。

4. 环境因素 温度、碳源、氮源、水分含量、pH、氧化压力等不同环境因素均可影响黄曲霉毒素的合成。

（1）温度 黄曲霉毒素的产生由温度调控，当温度由 34 ℃提高到 37 ℃时，黄曲霉毒素的合成大量减少。实时聚合酶链式反应测定 *aflR*、反义 *aflR*、*aflS* 和 *aflP* 的表达发现，所有这些基因的表达水平对温度均敏感。基因芯片和反转录 PCR 全基因组基因表达谱分析表明，高温导致黄曲霉毒素通路基因表达下调，其中 *aflR* 基因的表达下调使黄曲霉毒素合成量减少（Price 等，2006）。

（2）碳源　碳源和黄曲霉毒素形成的关系已经明确，糖（葡萄糖、蔗糖、果糖和麦芽糖）有利于黄曲霉毒素的形成，而蛋白胨、山梨糖和乳糖则起到抑制作用。Yuet 等（2003）确定了寄生曲霉菌中比邻黄曲霉毒素基因簇的一个和糖利用有关的基因簇。这 2 个基因簇之间紧密的物理联系可以证明在碳水化合物诱导黄曲霉毒素合成过程中 2 个基因簇的关系。脂质底物是有利于黄曲霉毒素产生的良好碳源，可以诱发脂质酶基因的表达和有利于黄曲霉毒素的产生（Yin 和 Keller，2011）。然而，碳源参与黄曲霉毒素代谢通路基因表达的分子机制还有待进一步研究。

（3）氮源　氮和黄曲霉毒素的产生紧密相连。还原态氮源促进黄曲霉毒素的合成，氧化态氮源抑制黄曲霉毒素的合成。天冬酰胺、天冬氨酸、丙氨酸、硝酸铵、亚硝酸铵、硫酸铵、谷氨酸、谷氨酰胺和脯氨酸都有利于黄曲霉毒素产生，而硝酸钠和亚硝酸钠则不利于黄曲霉毒素形成（Chang 等，2000）。此外，有的研究表明色氨酸阻止黄曲霉毒素的产生，而酪氨酸增加黄曲霉毒素的产生（Wilkinson 等，2007）。

（4）水分含量　水分含量是影响黄曲霉生长的重要因素，水分活度低于 0.90 时黄曲霉就不能生长，水分活度越高越有利于霉菌生长和毒素合成。研究表明，玉米中严重的黄曲霉毒素污染多发生在炎热和干旱条件下（Cotty 和 Jaime - Garcia，2007）。

（5）pH　黄曲霉毒素的合成发生在酸性介质中，最佳 pH 为 3.4～5.5，碱性介质能抑制黄曲霉毒素的合成。其中，*PacC* 基因是 pH 平衡的一个主要转录调控因子。*PacC* 在碱性条件下特定水解后功能活跃，PacC 蛋白转运到细胞核，与启动子 DNA 结合，诱导碱性 pH 基因的表达，抑制黄曲霉毒素的形成（Espeso 和 Arst，2000）

（6）氧化压力　近年来，关于真菌次级代谢的调控与氧化压力关联的研究越来越多，与氧化压力关联的研究也成了真菌次级代谢调控研究的一个重要方面。在丝状真菌中，应对氧化应激的转录因子，如 Yap - 1、Nap - 1、Apyap1 等通常也表现为对次级代谢具有调控作用（Hong 等，2013）；CCTTA 转录因子复合体具有对黄曲霉毒素合成和氧化压力共调控的结构特征（Roze 等，2013）。从构巢曲霉、烟曲霉和寄生曲霉中都已鉴定出 *Yap -1* 同源物，敲除寄生曲霉中的 *ApyapA*（*Yap -1* 同源物基因）导致其对胞外氧化剂敏感性的增加和黄曲霉毒素的积累（Reverberi 等，2008）；敲除寄生曲霉和黄曲霉中的 *msnA* 基因会导致抵抗 ROS 相关酶基因的表达上调，但增加了黄曲霉毒素的合成量（Chang 等，2011）。将某些抗氧化剂，如抗坏血酸加到氧化胁迫的黄曲霉中，黄曲霉毒素的产生量显著下降（Kim 等，2006）。

（二）黄曲霉毒素的运输与代谢

1. 黄曲霉毒素的合成运输　Chanda 等（2009）认为，黄曲霉毒素合成中酶的调控模型主要包括：黄曲霉区域化、毒素基因表达和碳源途径的调控（图 3 - 2），此模型分为两部分。①区域化：Nor - 1、Ver - 1 和 OmtA 在细胞质游离核糖体中合成，被包装成运输小泡，通过细胞质到液泡的靶向（CvT）路径运送到液泡。②基因控制：感测到葡萄糖浓度和葡萄糖代谢启动 FadA/cAMP/PKA 信号通路后，线粒体和过氧化物酶体提供乙酰 CoA 合成聚酮化合物。目前研究指出了在黄曲霉毒素囊泡中后期途径酶的作用，囊泡也参与黄曲霉毒素的释放。至少 2 种单独的信号（碳源和光照）可触发 VeA 蛋白复合物的活性，协调控制参与黄曲霉毒素合成运输的两部分。一部分通过激活一般或特定转录因子提高基因转录；另一部分降低限制复合物（Tc）活性，导致运输小泡的积聚。当两部分都运行时，黄曲霉毒素酶在囊泡中积聚，进行黄曲霉毒素合成和将毒素转运到细胞外。

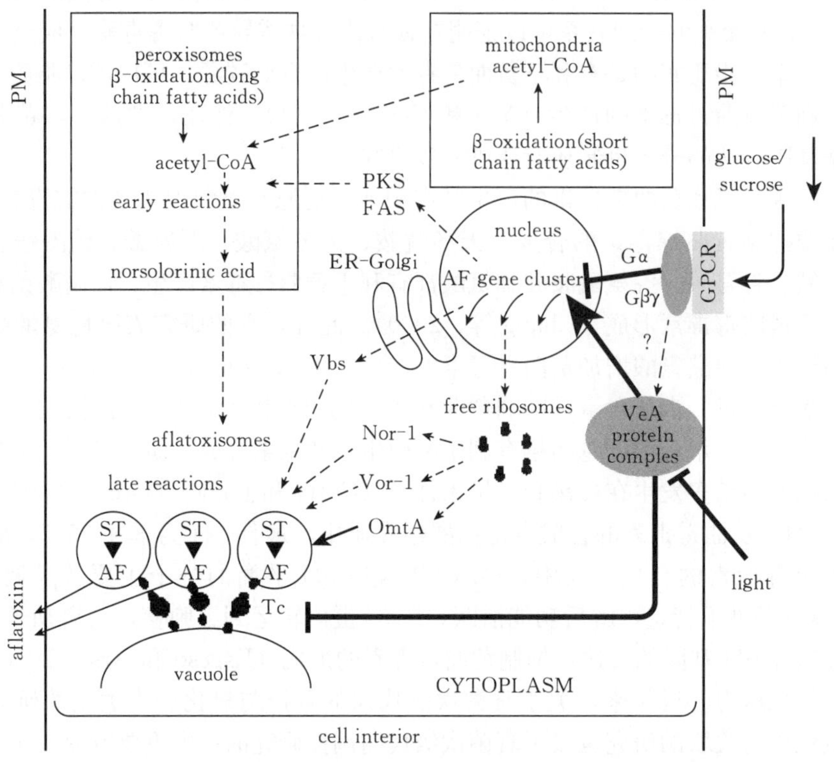

图 3-2　亚细胞分区、黄曲霉毒素基因表达和碳源途径的调控

注：cell interior，细胞内；CYTOPLASM，细胞质；peroxisomes，过氧化物酶体；β-oxidation（long chain fatty acids），β-氧化（长链脂肪酸）；acetyl-CoA，乙酰辅酶 A；early reactions，早期途径；norsolorinic acid，降散盘衣酸；aflatoxisomes，黄曲霉毒素囊泡；late reactions，后期途径；vacuole，液泡；aflatoxin，黄曲霉毒素；mitochondria，线粒体；β-oxidation（short chain fatty acids），β-氧化（短链脂肪酸）；nucleus，细胞核；AF gene cluster，黄曲霉毒素基因簇；free ribosomes，游离核糖体；glucose/Sucrose，葡萄糖/蔗糖；light，光照；VeA protein complex，VeA 蛋白复合物；PM，细胞质膜。

（资料来源：Chanda 等，2009）

随后，Chanda 等（2010）又提出了黄曲霉菌通过囊泡胞吐作用释放输出黄曲霉毒素的理论。丝状真菌寄生曲霉进化出高度保守的囊泡运输机制来转运蛋白质到达液泡，同时此机制还可以完成黄曲霉毒素的合成、区域化和转运。黄曲霉毒素在特定的囊泡合成，即在黄曲霉毒素诱导条件下，囊泡-空泡部位将黄曲霉毒素合成的中间体转化为 AFB_1。囊泡和胞浆膜融合发生胞吐作用促进黄曲霉毒素释放到生长介质中。囊泡数量增加与 AFB_1 的累积或输出呈正相关，AFB_1 在囊泡中完成催化合成后被转运出细胞外。

2. 黄曲霉毒素的代谢　AFB_1 被动物摄入后，迅速由胃肠道吸收。被吸收的 AFB_1 主要分布在肝脏，其次是肾脏，亦有少量以游离或其水溶性代谢产物的形式分布在肠系膜静脉，未被吸收的 AFB_1 则通过粪便排出体外。动物体内代谢 AFB_1 的主要器官是肝脏，主要代谢途径为羟化、脱甲基和环氧化反应。被吸收的 AFB_1 进入机体后经体内Ⅰ相药物代谢酶（主要是细胞色素 P450 氧化酶 CYP450 家族成员 CYP1A2、CYP3A4、

CYP2A6 等）转化为 AFM_1、AFP_1、AFQ_1、黄曲霉毒素醇和 AFB_1－8，9－环氧化物（AFB_1－8，9－epoxide，AFBO）。前三者无活性，可直接通过尿液排出体外或与葡萄糖醛酸基转移酶结合而通过粪便排出体外。泌乳动物的乳汁也是一种排泄途径（主要代谢产物是 AFM_1），同时也是吮乳动物接触黄曲霉毒素的主要途径。黄曲霉毒素醇又可被氧化为 AFB_1。AFBO 有 2 个空间异构体，即 exo－AFBO 和 intro－AFBO，仅前者具有很强的活性，是介导 AFB_1 诱发肝癌形成和突变效应的最主要亲电子化合物。黄曲霉毒素是"致癌原"，酶法生物活化是其致癌作用的前提条件。

AFBO 经机体二相酶，如谷胱甘肽转硫酶（glutathione S－transferases，GSTs），与谷胱甘肽共价结合，最终以硫醇尿酸（AFB_1－NAC）的形式经尿排出体外。GST 是 AFBO 解毒过程中的关键酶，此酶广泛存在于机体的各个组织中，以肝脏中含量最多，具有消除体内自由基和解毒的双重功能（Johnson 等，1997）。另一个二相酶是环氧化物水解酶（epoxide hydrolases，EH），其在 AFB_1 解毒过程中的作用被认为是竞争性地将 AFBO 的结构改变成 8，9－双羟基－AFB_1，最终变成二氢二醇，使之失去和 DNA 结合的位点（沈靖等，2002）。AFBO 也可以经 UDP－葡萄糖醛酸－转移酶和硫黄基转移酶作用而解毒。而未被解毒的 AFBO 有 2 个代谢去向：①AFBO 的第 8 位碳原子与 DNA 鸟嘌呤上第 7 位氮原子共价结合形成 AFB_1－N^7－鸟嘌呤加合物（AFB_1－N^7－guanine，AFB_1－N^7－Gua），肝内形成的大部分 AFB_1－N^7－Gua 加合物可经 DNA 修复较快地从 DNA 清除，并经尿排出体外；另外，约有 20%可转变为开环结构的 AFB_1－甲酰氨基嘧啶（AFB_1－FAPY）加合物，AFB_1－FAPY 分子质量较小，可进入血液并经尿液排泄。②AFBO也可以与血清白蛋白（albumin，ALB）结合形成 AFB_1－白蛋白（AFB_1－ALB）加合物而残留在血液中，其主要形式为 AFB_1－赖氨酸（AFB_1－Lys）加合物（Poirier 等，2000）。因此，尿液 AFB_1－N^7－Gua 加合物和血清 AFB_1－ALB 加合物可以作为黄曲霉毒素暴露水平的分子标记物，暴露在黄曲霉毒素下的人群中，其尿样中可检测到 AFB_1－N^7－Gua、AFM_1、AFP_1。动物体内黄曲霉毒素的代谢途径见图 3－3。

二、黄曲霉毒素的毒理作用机制

（一）黄曲霉毒素的毒性

黄曲霉毒素的 LD_{50}（半数动物致死量）为 0.249 mg/kg，其毒性是氰化钾的 100 倍，砒霜的 68 倍，能引起动物急性中毒死亡（计成，2007）。AFB_1 的致癌和致突变效应可能是亲电、高活性的 AFBO 对细胞 DNA 产生亲和作用。因此，环氧化被普遍认为是 AFB_1 代谢产物被激活，而羟基化、水合化和去甲基化被认为是 AFB_1 代谢去毒（Do 和 Choi，2007）。

（二）黄曲霉毒素的毒性作用机理

黄曲霉毒素的毒性作用机制主要为黄曲霉毒素及其代谢产物可与 DNA、RNA 和蛋白质结合，从而抑制它们的合成和活性（罗自生等，2015）。AFBO 与蛋白质共价结合，可导致蛋白质结构发生变化，造成其功能和活性改变。同时，黄曲霉毒素在代谢过程中还会引起脂质过氧化和 DNA 氧化损伤。黄曲霉毒素也可通过干扰肝脏中脂肪向其他组

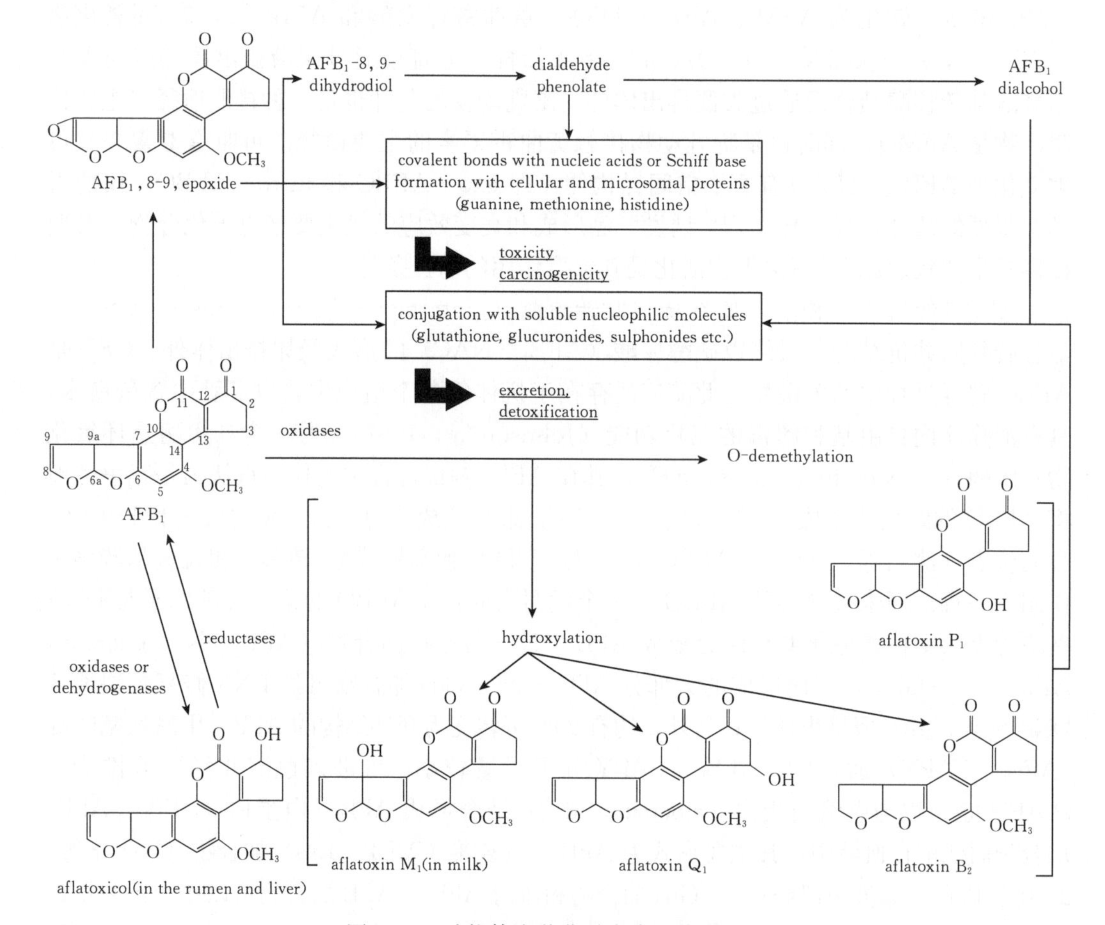

图 3-3　动物体内黄曲霉毒素的代谢途径

注：AFB_1-8，9-epoxide，AFB_1-8，9-环氧化物；AFB_1-8，9-dihydrodiol，AFB_1-8，9-二氢二醇；dialdehyde phenolate，二醛酚盐；AFB_1 dialcohol，AFB_1 二元醇；covalent bonds with nucleic acids or Schiff base formation with cellular and microsomal proteins（guanine，methionine，histidine），与核酸共价结合或与细胞和微粒体蛋白形成席夫碱（鸟嘌呤、蛋氨酸、组氨酸）；toxicity，毒性；carcinogenicity，致癌性；conjugation with soluble nucleophilic molecules（glutathione，glucuronides，sulphonides etc.），与可溶性亲核分子结合（谷胱甘肽、葡萄糖苷酸、硫化物等）；excretion，排泄；detoxification，去毒；AFB_1，黄曲霉毒素 B_1；oxidases，氧化酶；O-demethylation，O-去甲基；oxidases or dehydrogenases，氧化酶或脱氢酶；reductases，还原酶；aflatoxicol（in the rumen and liver），黄曲霉毒醇（在瘤胃和肝脏中）；hydroxylation，羟基化；aflatoxin M_1（in milk），黄曲霉毒素 M_1（在牛奶中）；aflatoxin Q_1，黄曲霉毒素 Q_1；aflatoxin B_2，黄曲霉毒素 B_2；aflatoxin P_1，黄曲霉毒素 P_1。

（资料来源：Yiannikouris 和 Jouany，2002）

织输送，使脂肪大量堆积在肝脏而产生斑点，同时还会干扰肝脏的维生素合成和其他的解毒功能，引起脂肪酸在肝脏、肾脏和心脏中蓄积，进而造成脑病和水肿。此外，AFB_1 及其代谢产物可导致癌基因（如 *ras*、*c-fos*）及抑癌基因（如 *p53*）表达的改变（Wang 和 Groopman，1999）。

基因学研究表明，AFB_1 诱发肝癌的原因是 AFB_1 在细胞色素 P450（CYP450）酶的作用下氧化生成代谢物 AFB_1-8，9-环氧化物（AFB_1-8，9-epoxide，AFBO）。该代谢物可与 DNA 中的鸟嘌呤 N^7 共价结合，在靶向细胞中形成 AFB_1-N^7-鸟嘌呤加合物，导致外显子 7 的第 249 密码子第 3 个碱基颠换，结果使核苷酸上的 G 被 T 取代（即 AGG→AGT），使本应表达的精氨酸错译表达为丝氨酸，从而引起 *p*53 肿瘤抑制基因的突变。另外，AFB_1 及其代谢产物可导致癌基因（如 *ras*、*c-fos*）及抑癌基因（如 *p53*）的表达发生改变（Wang 和 Groopman，1999）。而且 AFB_1 抑制核酸合成，也必然影响蛋白质的合成。AFB_1 既可直接作用于蛋白质合成的场所核糖体，也通过影响信使 RNA 的转录过程而干扰蛋白质合成。同时，AFBO 可与蛋白质共价结合，使蛋白质结构发生变化，造成其功能和活性改变。黄曲霉毒素毒理作用机制见图 3-4。

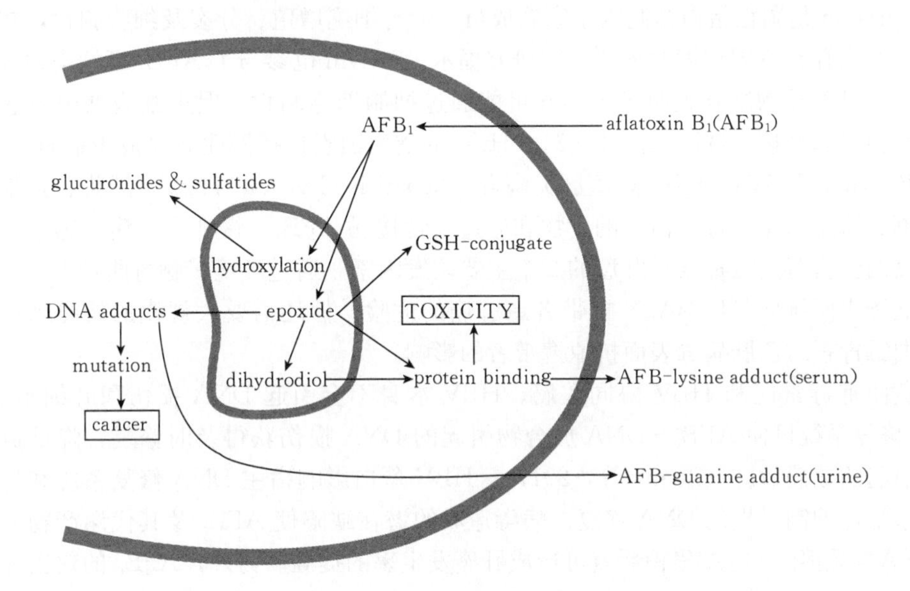

图 3-4　黄曲霉毒素毒理作用机制

注：aflatoxin B_1，黄曲霉毒素 B_1；AFB-lysine adduct（serum），黄曲霉毒素-赖氨酸加合物（在血液中）；AFB-guanine adduct（urine），黄曲霉毒素-鸟嘌呤加合物（尿液）；cancer，癌症；dihydrodiol，二氢二醇；DNA adducts，DNA 加合物；epoxide，环氧化物；glucuronides & sulfatides，葡萄糖醛酸苷和硫酸酯；GSH-conjugate，GSH 共轭化合物；hydroxylation，羟基化；mutation，变异；protein binding，蛋白质结合；TOXICITY，毒性。

（资料来源：Yunus 等，2011）

三、黄曲霉毒素毒性效应

（一）黄曲霉毒素与癌症和肝炎

与人类肿瘤发生密切相关的 *p53* 抑癌基因在黄曲霉毒素致肝癌过程中起着极其重要的作用。AFB_1 高污染区，肝细胞癌症（hepatocellular carcinoma，HCC）患者癌组织细胞中 *p53* 和 AFB_1 的结合率极高。AFB_1 及其代谢产物致使 *p53* 突变的敏感性增强，引起 *p53* 突变率升高，大多数突变结果为第 249 密码子（AGG）第 3 个碱基 G：C→T：A 发生颠换。*p53* 第 249 密码子（AGG）进化上高度保守，突变后基因产物 p53 蛋白的空间构象发生了变化，丧失了与特异的 DNA 片段结合的能力，无法促进下游相连基因的表达（Narkwa 等，2017）。*p53* 基因的突变不仅可以导致所编码的 p53 蛋白构象改变而增强稳定性，还可以与一些癌基因蛋白形成稳定复合物，导致它们的半衰期延长，在细胞核内聚集，产生过度表达，引发细胞发生癌变。

编码 p21 蛋白的 *ras* 是 20 世纪 70 年代发现的一个癌基因超家族，在细胞内信号传递和细胞增殖过程中起关键作用。在人的多种肿瘤中已发现突变的 *ras* 癌基因存在。在肝癌形成早期，AFB_1 主要诱发肝组织 *ras* 癌基因第 12、13 位密码子上的 G 突变，多数为 G：C→T：A 的颠换。突变后的 *ras* 癌基因引起 *p21* 表达量增加，而 *p21* 表达呈阳性的动物肝癌发生率明显高于阴性对照（Su 等，2004）。这些结果提示，*ras* 癌基因可能参与了肝癌的发生发展过程。

Survivin 是凋亡蛋白抑制因子家族成员，参与细胞增殖、分裂及细胞凋亡，在许多肿瘤组织内存在不同程度的表达。有研究提示 Survivin 也参与了 AFB_1 高污染地区肝癌的发生，且经动物试验表明 Survivin 可能通过抑制细胞凋亡、促进细胞增殖及恶性转化等途径引起肝癌（Duan 等，2005）。HCC 的诱发因素包括慢性 B 型肝炎病毒（hepatitis B virus，HBV）感染、C 型肝炎病毒（hepatitis C virus，HCV）感染、抽烟、长期饮酒、饮用水藻类毒素污染的食物和通过膳食接触 AFB_1。慢性乙肝病毒感染和接触高浓度的膳食黄曲霉毒素是肝癌的 2 个主要诱发因素。通过环境接触黄曲霉毒素增加了乙肝病毒表面抗原（HBsAg）携带者患肝癌的危险，但还需要大规模的研究来评价接触黄曲霉毒素对乙肝病毒表面抗原携带者的影响。

黄曲霉毒素能和 HBV 协同致癌。HBV 本身不会引起 DNA 损伤和肝细胞癌变，DNA 修复系统可使 AFB_1 - DNA 加合物引起的 DNA 损伤获得及时修复，降低黄曲霉毒素引起的致癌效应（Zhang 等，2017）。HBV 蛋白影响宿主 DNA 修复系统和药物代谢酶系统，抑制受损的 DNA 修复。病毒造成的潜在缺陷使 AFB_1 及其代谢产物一旦攻击 DNA，受损的 DNA 累积后就可造成肝癌发生率的提高。另外，AFB_1 的攻击还降低了细胞色素 *P450* 代谢酶基因的表达，增加 AFB_1 及其代谢产物的致癌效应（Chang 和 Wang，2013）。

（二）黄曲霉毒素与内质网损伤

内质网（endoplasmic reticulm，ER）是一种亚细胞器，其主要功能是对细胞内合成的大约 1/3 的蛋白质进行修饰、折叠和寡聚化，从而使之形成正确的构象，并且参与脂质代谢和类固醇激素的合成及 Ca^{2+} 的贮存和释放。ER 是一种比较敏感的细胞器，一旦机体内环境稳态被破坏，蛋白质就无法进行正确的折叠。越来越多的错误折叠蛋白在内质网腔内聚积从而引发内质网应激（endoplasmic retieulum stress，ERS）。ERS 随即激活一系列信号转导通路，即未折叠蛋白反应（unfolded protein response，UPR）。UPR 会启动一系列反应以缓解内质网应激，包括通过编码分子伴侣蛋白的基因，如 *GRP 78* 和 *GRP 94* 转录上调，以提高 ER 的折叠能力；阻碍蛋白翻译，减少 ER 内蛋白质合成的负担；通过内质网相关性蛋白质降解，从 ER 中排出那些已经发生不可逆损伤的蛋白质。一旦上述方法无效，随即启动凋亡。黄曲霉毒素须通过 ER 膜上的混合功能氧化酶系统（CYP 450 酶系）进行生物转化和代谢以形成无活性成分排出体外。但此过程另一方面也可能会影响 ER 的结构或功能，诱导 ER 发生 ERS，继而引起细胞凋亡、肝损伤等一系列级联反应。染毒后的动物，组织 GRP 78 蛋白有明显的表达，且同时伴有 Caspase - 12 酶原的活化和表达量的减少。表明黄曲霉毒素能引起 ERS 反应，可引起细胞内质网功能受损，使脂蛋白合成能力降低，导致脂肪肝综合征（Kim 等，2006）。

（三）黄曲霉毒素与 DNA 损伤和基因突变

黄曲霉毒素的基因毒性之一是诱发 DNA 损伤和导致基因突变。黄曲霉毒素的突变作用主要是通过前述 AFBO 能和 DNA、RNA 及蛋白质分子共价结合形成加合物而实现，同时可能会引起脂质过氧化作用和 DNA 氧化损伤（Szymanska 等，2009）。这种加合物可导致细胞生长和分裂的失控（Wild 和 Hall，2000）。AFBO 极易和 DNA 链上的鸟苷残基上的 N^7 结合，二者一旦共价结合，它们之间的电子云便会因原子核的吸电子作用发生漂移，自发形成许多其他 DNA 损伤形式，包括 DNA 加合物引起的碱基修饰、形成无嘌呤/无嘧啶位点、DNA 单链断裂和双链断裂损伤、DNA 氧化性损伤、DNA 碱基错配损伤和增加基因的不稳定性（庄振宏等，2011）。

（四）黄曲霉毒素与生殖

黄曲霉毒素扰乱动物体的荷尔蒙平衡，降低动物的生殖能力，提高胚胎死亡率。黄曲霉毒素通过影响性成熟、卵泡的生长和成熟、激素水平、妊娠和胎儿的发育影响生殖（Kourousekos 和 Lymberopoulos，2007）。

四、黄曲霉毒素对畜禽的危害

黄曲霉毒素对畜禽的毒性作用受毒素的摄入量、持续摄入时间，以及动物的种类、年龄、性别、生理状态、饲料营养水平、环境因素（包括环境卫生、空气质量、温度、湿度、饲养密度）等因素的影响。各类畜禽对黄曲霉毒素的敏感性不同，其中家禽最为敏感，其次是仔猪和母猪，牛和羊等反刍动物对黄曲霉毒素有一定的抵抗力。幼畜对黄曲霉毒素的敏感性强于成年家畜，雌性动物对黄曲霉毒素的耐受性比雄性动物更强，怀孕母畜对黄曲霉毒素的敏感性强于未怀孕母畜，营养状况越差的动物越容易发病。黄曲霉毒素的口服半数致死量（median lethal dose，LD_{50}）：猪为 0.62 mg/kg，火鸡为 0.5 mg/kg，雏鸭为 0.3 mg/kg，绵羊为 2.0 mg/kg。

（一）对畜禽生产性能的影响

黄曲霉毒素能使畜禽生长受阻、死亡率增加、饲料转化效率下降，从而导致畜禽生产性能降低。长期采食含有低水平黄曲霉毒素的饲粮，可导致肉鸡平均日增重降低，料重比升高；蛋鸡的产蛋率、平均日采食量下降，料蛋比升高。牛黄曲霉毒素中毒最初的表现是体重增长速度下降，并伴随肝、肾损伤及产奶量减少。给断奶仔猪饲喂黄曲霉毒素 500 μg/kg 饲粮 34 d，其平均日增重降低 27.8%（Tulayakul 等，2007）。猪采食被黄曲霉毒素污染的饲粮后，其血清白蛋白、总蛋白和血清尿素氮的水平降低，表明生长速度的降低可能是由于蛋白质的合成降低所致。黄曲霉毒素不仅可影响动物维生素 D 的代谢，造成腿软弱无力、骨骼强度下降；而且还会影响几种矿物质元素的代谢，如磷（引起腿软无力）、铁（引起溶血性贫血）和铜等。黄曲霉毒素能通过胎盘屏障转移到胎儿，引起胎儿畸形，导致母猪产仔数减少，产弱仔、产死胎和产木乃伊胎，急性中毒的个别母猪会发生流产（Hamilton，1984）。

（二）对组织器官的损伤

对发生黄曲霉毒素中毒的动物剖检可见，肝脏肿大，呈黄褐色或者黄白色，表面有出血点，有的肝脏上有点状或结节状病灶；胆囊肿大；肾脏肿大，苍白；急性小肠黏膜炎；心包积水；皮下有渗出物（Newberne 和 Butler，1969）。慢性中毒时可见肝脏萎缩、变硬、结节化；胆囊扩张；肾脏变性肿大，充血和出血。镜检可见肝细胞肿大，脂肪浸润，胞浆均质化，有空泡形成，胆管空泡变性，细胞核变大，核仁明显，出血，肝细胞索排列紊乱，弥漫性肝纤维化；肾脏中肾小球变化最为明显，毛细血管壁增厚，近曲小管和集合管含有透明管型，管内出血，壁细胞变性，刷状缘脱落。彩图 3-4 为黄曲霉毒素引起的肉鸡肝脏颜色变化情况（范彧，2015），彩图 3-5 为黄曲霉毒素引起的肉鸡肝脏发生癌变的情况（范彧，2015）。雏鸡曲霉毒素中毒还表现在胸腺、法氏囊和脾脏的病理变化，包括胸腺髓质区淤血，皮质区出现空洞和细胞核碎片；法氏囊出现空泡和间质结缔组织增生；脾动脉周围淋巴鞘形成空洞（图 3-5 和彩图 3-6）。

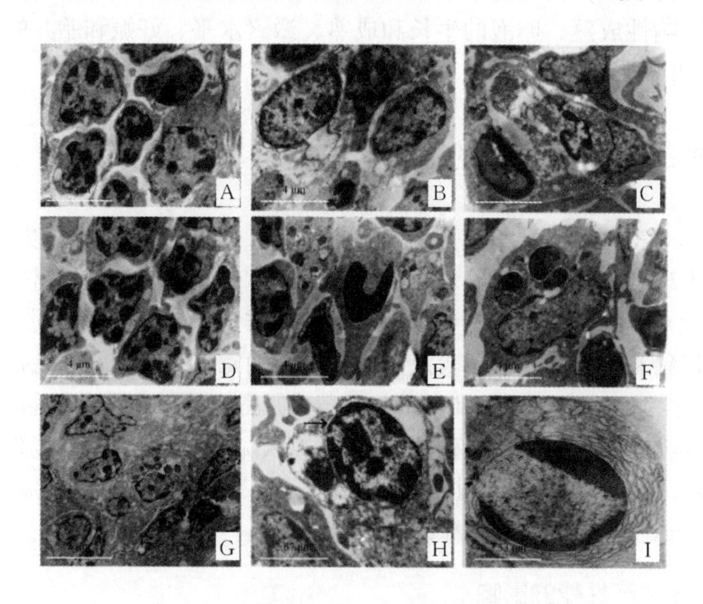

图 3-5　21 日龄雏鸡胸腺、法氏囊和脾的超微结构

注：A，对照组胸腺；B，AFB_1 组胸腺核周隙明显扩张；C，AFB_1 组胸腺 2 个凋亡的淋巴细胞；D，对照组法氏囊；E，AFB_1 组法氏囊细胞凋亡；F，AFB_1 组法氏囊网状细胞内吞噬有凋亡细胞；G，对照组脾脏；H，AFB_1 组脾淋巴细胞核周隙扩张，线粒体呈空泡状（→）；I，AFB_1 组脾浆细胞凋亡。

（资料来源：于正强等，2015）

（三）对器官重量的影响

肝脏、肾脏及免疫器官是黄曲霉毒素的靶器官，其中肝脏是动物黄曲霉毒素的主要代谢器官。肾脏是肉鸡最大的次级淋巴器官，其含有机体 25%的淋巴细胞且在肉鸡的炎性反应及获得性免疫中起重要作用。肉鸡连续采食含 2 000 μg/kg 黄曲霉毒素的饲粮

1 周，其肝脏及肾脏重量与对照组相比没有显著差异；但从采食黄曲霉毒素饲粮第 2 周开始，肝脏及肾脏重量逐渐增加，且从第 3 周开始肝脏及肾脏重量显著高于对照组。当饲粮中 AFB_1 含量分别为 600 μg/kg、1 200 μg/kg 和 1 800 μg/kg 时，其对肉鸡肝脏的影响与采食 2 000 μg/kg 的 AFB_1 相似，从第 2 周开始肉鸡体重显著降低，从第 3 周开始肉鸡的肝脏和脾脏受到显著影响（Quezada 等，2000）。AFB_1 对肝脏重量的影响可能是其阻止了肝脏脂肪的转运，造成了脂肪的富集。

（四）对畜禽产品品质的影响

黄曲霉毒素在动物产品中，如肉、蛋及奶制品等中都会有一定量的残留。研究表明，饲喂 400 μg/kg AFB_1 饲粮连续 4 周，可导致猪体内 AFB_1 蓄积，肝脏、肌肉和肾脏中的残留量为 1.04～1.51 μg/kg（史莹华，2005）。牛乳中代谢产物 AFM_1 和 AFM_2 的量与牛摄入 AFB_1 的量有关，通常是以 0.1%～6.0%的比例进入乳汁（Coffey 等，2009）。泌乳母牛摄入约 10 μg/kg AFB_1 的饲粮后，其乳中毒素代谢产物 AFM_1 的含量为 0.01～0.33 μg/L。蛋中残留的黄曲霉毒素对人类的健康是一个严重威胁。饲料中的黄曲霉毒素向鸡蛋中转移的比例（饲料中的 AFB_1/鸡蛋中残留的 AFB_1）存在很大变异（从250∶1 到 66 200∶1）（Olivrira 等，2003；Herzallah，2013）。给蛋鸡饲喂 8 mg/kg AFB_1 饲料 7 d，黄曲霉毒素醇和 AFB_1 在鸡蛋或组织（肾脏、肝脏、肌肉、血液和卵巢）中均可被检测到，AFM_1 仅在肾脏中被发现，含量为 0.04～0.1 ng/g。鸡蛋中黄曲霉毒素醇和 AFB_1 含量相似，为 0.02～0.2 ng/g；肌肉中仅检测到黄曲霉毒素醇，含量为 0.03～0.11 ng/g；血液中仅检测到 AFB_1，含量为 0.05～0.07 ng/g（Trucksess 等，1983）。黄曲霉毒素影响蛋品质的研究主要集中在常规蛋品质上，黄曲霉毒素可导致蛋壳强度、蛋形指数、蛋白指数和哈氏单位下降（Zaghini 等，2005）。AFB_1 使毛细血管脆性增加、凝血素水平降低，导致屠体的瘀伤发生率明显增加，影响肉品质。黄曲霉毒素还可影响蛋黄颜色和肌肉颜色，原因可能是黄曲霉毒素影响铁在动物体内的代谢和吸收，而且会减少胆盐的产量，造成脂肪和类胡萝卜素的吸收量减少，从而导致皮肤和蛋黄色素沉积量较少（Genedy 等，1999）。

（五）对畜禽胃肠道健康的影响

胃肠道是最先接触到黄曲霉毒素的器官，同时黄曲霉毒素的吸收也主要在肠道，这意味着动物机体首先受到黄曲霉毒素毒害的器官是消化道。饲料中 40 μg/kg AFB_1 和 20 mg/kg 内毒素（以体重计）饲喂 5 d，可导致肉鸡胸腺和肠道出血（王鹏飞，2016；彩图 3-7）。Kraieski 等（2017）发现，肉鸡采食 468 ng/kg 被黄曲霉毒素污染的饲粮 21 d后，空肠组织炎性浸润细胞和杯状细胞数量增加，肝脏组织出现空泡化（彩图 3-8）。肉鸡采食含 1 mg/kg 黄曲霉毒素 B_1 的饲粮 4 周后，会出现卡他性肠炎、肠道淋巴细胞和单核细胞浸润的症状。但肉鸡采食4 mg/kg AFB_1 的饲粮 3 周，其十二指肠、空肠、回肠和盲肠的组织没有发生病理学变化（Yunus 等，2011）。饲粮中的黄曲霉毒素不仅能够降低肉鸡消化道中胰淀粉酶、胰岛素、脂肪酶、核糖核酸酶及脱氧核糖核酸酶的活性，并且对肠道微生物菌群也有一定的影响。AFB_1 能够抑制肠道微生物对氧气的摄取，产生大量的氧自由基及甲醛，造成细胞膜受损，使胞内物质渗出。

（六）对畜禽免疫功能的影响

黄曲霉毒素会对畜禽的免疫机能产生影响，使得畜禽对其他疾病的抵抗力下降，导致继发性传染病等，进而影响其生产性能。黄曲霉毒素能引起动物免疫器官发育不良，降低免疫器官的相对重量，严重者发生萎缩。组织学变化表现为胸腺淋巴细胞数量减少，淋巴滤泡萎缩；脾脏红髓脾窦淤血，小灶性浸润嗜酸性粒细胞和白髓淋巴滤泡中淋巴细胞减少；法氏囊皮质部淋巴细胞变性和坏死（陈瑾，2013）。黄曲霉毒素对细胞免疫和体液免疫有直接影响。黄曲霉毒素对细胞免疫的影响表现在减少淋巴细胞数量上，尤其是参与血液循环的淋巴细胞，抑制淋巴细胞体外增殖（Corrier，1991）。黄曲霉毒素还可引起机体血凝素和免疫球蛋白，如 IgG 和 IgA 水平的下降，使补体活性受到抑制。这可能是由于黄曲霉毒素在体内抑制了 RNA 聚合酶活性，阻止了蛋白质的合成，从而导致特异性免疫球蛋白合成受到抑制。亚急性剂量的 AFB_1 致使豚鼠补体缺乏，火鸡体内干扰素产生延迟，淋巴因子的激活延迟；更高剂量的 AFB_1 会降低雏鸡体内 IgG 和 IgA 的水平，导致获得性免疫失常（王勇，2010）。

（七）对畜禽抗氧化能力的影响

黄曲霉毒素在肝脏代谢过程中会产生大量的细胞内活性氧类，如超氧自由基（O_2^-）、过氧化氢（H_2O_2）、羟自由基（OH^-）等。并且体内形成的具有很强亲电子能力的 AFB_1-exo-8，9-环氧化合物，极易攻击酶蛋白分子上的氮、氧、硫等杂原子，并与之以不可逆共价键结合，导致超氧化物歧化酶、过氧化氢酶、谷胱甘肽过氧化物酶、谷胱甘肽 S-转移酶、还原酶等的活性大大降低，机体抗氧化防御系统酶促体系的作用大大减弱，使体内产生的自由基及活性氧无法被及时清除，造成脂质过氧化和氧化损伤。因此，黄曲霉毒素可诱导代谢器官（肝脏和肾脏）的细胞和组织损伤，从而导致血清中转氨酶、磷酸酶、脱氢酶、胆固醇、尿酸等含量升高。当机体抗氧化能力受到严重损害时，对肿瘤的抵抗能力也大大降低。肉鸡采食含有 150～300 μg/kg AFB_1 的饲粮 21 d 后，肝脏和肾脏中丙二醛的含量增加，同时伴有大量肝脏细胞凋亡（Meki 等，2004）。

第三节　动物和人黄曲霉毒素中毒症

一、动物黄曲霉毒素中毒症

（一）猪黄曲霉毒素中毒症

猪对黄曲霉毒素比较敏感，长时间、低剂量地摄入后不仅影响生长、繁殖，降低饲料转化效率，降低产仔数，而且造成肝坏死、胃肠道损伤、黄疸、贫血、免疫抑制等，甚至导致死亡。

Schell 等（1993）给 2 组断奶仔猪分别饲喂被黄曲霉毒素污染的饲料 6 周，结果中毒仔猪的采食量和日增重均显著降低。Lindemann 等（1993）分别在母猪饲粮中添加

0 μg/kg、420 μg/kg、840 μg/kg AFB_1 的结果表明，AFB_1 的含量越高，母猪的采食量和日增重的下降趋势越明显；并且饲喂时间越长，母猪的采食量和日增重越低。Rustemeyer 等（2010）报道，AFB_1 显著降低了生长阉公猪的日采食量和日增重，显著升高了血浆天冬氨酸转移酶（asparate aminotransferase，AST）并降低血浆尿素氮（blood urea nitrogen，BUN）浓度。当 BUN 降低或 AST 升高时，均有可能引起肝脏功能损伤（Hussein 和 Brasel，2001）。说明猪采食被 AFB_1 污染的饲粮后，不仅生长性能被抑制，而且还会导致肝功能损伤及肝脏肿大，中毒时间越久，肝脏受损越严重。

周变华（2006）指出，当泌乳母猪饲粮中 AFB_1 的含量超过 500 μg/kg 时，不仅会对母猪的免疫机能和肝脏造成损伤，还会影响仔猪的生长。Silvotti 等（1997）给母猪分别饲喂 800 μg/kg AFB_1（以饲粮计）和 400 μg/kg AFG_1（以饲粮计）的饲粮 25 d 后，在各组母猪的乳汁中均检测出了 AFB_1、AFG_1 及 AFM_1，虽然乳汁中黄曲霉毒素的浓度是饲粮中的 0.1%，但母猪分娩后 25 d 其乳汁中黄曲霉毒素的浓度逐渐增加。对仔猪采血并分离细胞，测定淋巴细胞的增殖及吞噬能力、单核细胞源性巨噬细胞的吞噬能力、超氧阴离子数。结果表明，有丝分裂原对淋巴组织细胞的敏感性降低；单核细胞源性巨噬细胞不能有效地产生超氧阴离子，但吞噬血红细胞的能力不变；粒细胞对单核细胞的趋化反应有降低趋势。说明母猪中毒后，黄曲霉毒素会随乳汁排出，并进一步损害仔猪的免疫机能。刘春凌等（2009）研究黄曲霉毒素中毒泌乳母猪对产仔情况的影响时发现，中毒母猪会发生子宫内膜炎、卵巢畸形、子宫扩张，由此延长发情周期，降低繁殖性能；而中毒母猪所产仔猪的死亡率和弱仔数均有一定程度的升高，几乎每一窝仔猪中均有弱仔和死亡的现象，并且所产仔猪的神经症状异常，主要体现在吮乳能力下降，无目的地乱转，最终导致衰竭而死。

（二）家禽黄曲霉毒素中毒症

家禽对黄曲霉毒素最为敏感，黄曲霉毒素对禽类的影响涉及雏鸭、肉鸡、蛋鸡、火鸡、鹌鹑等。蛋鸡黄曲霉毒素中毒的临床症状表现为食欲减退、采食量下降、饲料转化效率降低、生产性能降低、产蛋率低、产蛋期推迟、蛋壳不坚硬，以及对疾病的抗病能力下降，少数可见浆性鼻液，对传染病的易感性增强及出现类似营养性疾病的症状（崔金良，2005）。肉鸡黄曲霉毒素中毒临床症状表现为消瘦、免疫力下降，肝脏有脂肪浸润。成年家禽对黄曲霉毒素的耐受性稍强，多呈慢性中毒，主要表现为精神沉郁、翅下垂、羽毛松乱、缩颈、食欲减退。雏鸡中毒多呈急性，表现为精神沉郁、食欲不振、嗜睡、消瘦、鸡冠苍白、排淡绿色稀粪（有时带血）、贫血、叫声嘶哑，最后衰竭而死（Nataraja 等，2003）。剖检气囊可见混浊的、数量不等的小米或绿豆大小结节，呈灰白色，肺气囊与胸浆膜外有黄色干酪样物，像熟蛋黄；肺组织中有散在黄白色小米粒大小的结节；腹气囊、腹膜、肠黏膜形成黑色霉斑（喻霞，2019）。雏鸭对黄曲霉毒素极其敏感，中毒后表现为精神沉郁、食欲废绝、消瘦、脱臼、鸣叫、脱毛、生长缓慢、步态不稳、跛行、呈企鹅状行走和腿脚发紫，死亡前出现共济失调，头颈呈角弓反张等症状，往往在角弓反张中死亡（罗晓松和李克敏，2011）；组织病理学表现为十二指肠、空肠及回肠绒毛高度降低、绒腺比降低；同时，鸭喙脱色严重（彩图 3-9），死淘率增加（万晓莉，2013）。火鸡黄曲霉毒素中毒主要表现为肝脏损伤及消瘦；慢性中毒主要表现为食欲减少、消瘦、衰弱和贫血，严重者呈全身恶病质等现象（Nesbitt 等，1962）。

尹逊慧等（2010）向黄羽肉鸡的基础饲粮中添加 AFB_1 0.1 mg /kg ，42 d 后肉鸡平均日增重显著降低了 5.09%，料重比显著升高了 4.42%，平均日采食量降低了 0.85%。给肉用种禽饲喂 AFB_1 或被黄曲霉毒素污染的饲粮，会引起公禽睾丸生殖上皮发生病变，睾丸萎缩、重量降低，精子生成量减少，繁殖力和受精率下降等（Yunus 等，2008）；另外，黄曲霉毒素还引发母禽种蛋产量和孵化率降低、卵巢囊肿、雌激素分泌量下降等。饲喂高剂量黄曲霉毒素后，母鸡血清和蛋中黄曲霉毒素及其代谢产物的含量都增加，饲喂污染饲粮 4 d 内就观察到受精率和孵化率下降（Qureshi 等，1998）。除了繁殖性能受到影响外，AFB_1 还能够抑制体液免疫和细胞免疫机能，降低吞噬细胞的吞噬能力，使机体对细菌、病毒、寄生虫等引起的疾病的易感性增加，导致疫苗接种失败（Yunus 等，2009）。当饲粮中 AFB_1 含量达到 200 μg/kg 时，会显著抑制商品肉鸡的新城疫病毒疫苗免疫抗体的产生；商品肉鸡传染性法氏囊病病毒酶联免疫吸附测试的抗体效价极显著下降，免疫抑制明显（王刚和杨汉春，2008）。

（三）反刍动物黄曲霉毒素中毒症

反刍动物黄曲霉毒素中毒临床症状有采食量下降、泌乳量骤降、体重减轻和肝脏损伤。黄曲霉毒素能降低瘤胃对纤维素的消化和蛋白质的水解能力，影响挥发性脂肪酸的组成，从而影响瘤胃消化功能。另外，黄曲霉毒素还可降低阉牛瘤胃的蠕动能力。自然条件下发生的慢性中毒持续时间则较长，奶牛和肉牛通常出现饲料转化效率降低、免疫抑制、繁殖力下降等症状，由此造成的经济损失可能比急性中毒的更大。比如，奶牛长期采食高剂量黄曲霉毒素（100 μg/kg）的玉米，不但奶中 AFM_1 含量超标，奶牛还会出现腹泻、急性乳房炎、呼吸系统失调、直肠脱垂、脱毛，所产的犊牛小而不健康等症状。

当精饲料中黄曲霉毒素含量为 300 μg/kg 时，育肥牛的采食量不会受到影响；当黄曲霉毒素含量为 600 μg/kg 时，育肥牛的采食量才会显著下降。也就是说，反刍动物对黄曲霉毒素污染的饲料反应不敏感，采食量受其影响不明显（Helferich 等，1986）。瘤胃对黄曲霉毒素具有一定的脱毒效果，这也可能是反刍动物比单胃动物对黄曲霉毒素耐受性强的重要原因。用瘤胃液进行体外发酵后，42%以上的 AFB_1 可以被降解（姜雅慧和杨红建，2009），但其他的类似研究并未发现相同结果。有研究结果发现，在瘤胃内容物中出现了一些黄曲霉毒素代谢物，如黄曲霉毒素醇和 AFM_1（Miller 和 Wilson，1994）。AFB_1 除在瘤胃中部分降解为黄曲霉毒素醇外，其余的部分有可能通过被动转运方式到达肝脏，被羟基化为 AFM_1，最终自乳汁中排出。乳汁中排出的 AFM_1 为饲料中摄入的总 AFB_1 含量的 1%～2%（van Egmond，1989），但这个转化量受很多因素的影响，如个体的差异、时间的变化、饲粮中 AFB_1 的含量等。

（四）马和兔黄曲霉毒素中毒症

马属动物长期或大量摄食由黄曲霉和寄生曲霉污染的饲料可导致黄曲霉毒素中毒。

黄曲霉毒素中毒可致使怀孕母马流产，同时流产的胎儿主要以肝脏和肾脏病变最为严重。解剖后发现肝脏叶间静脉及中央静脉显著淤血、肝细胞索消失、肝细胞肿胀等。肾脏近包膜下皮质部结构破碎，曲细尿管呈均质红染，胞核消失，细胞崩解失去管形，仅见残留结构中不完整的肾小球（谢毓芬等，1991）。给健康的马驹饲喂 0.045 mg/kg 黄曲霉毒素（以体重计）21 d，停止饲喂恢复 3 个月，马依然表现出黄曲霉毒素中毒症状，如血液中精氨酸酶和谷氨酰转肽酶活性呈病理性的升高后降低（Aller 等，1981）。

新西兰兔口服黄曲霉毒素的半数致死量为 0.3～0.5 mg（Clark 等，1982）。为了探索黄曲霉毒素对新西兰兔的急性损伤剂量，Orsi 等（2007）给新西兰兔腹腔注射 0.5 mg/kg AFB_1（以体重计），观察期内（2 h）兔没有死亡，其肝功能、血常规各指标及肝脏病理无明显变化，表明该剂量的黄曲霉毒素对兔没有产生急性损伤作用，其影响可能出现在 2 h 之后，主要表现为血液生化指标的变化。

（五）水产动物黄曲霉毒素中毒症

黄曲霉毒素对水产动物也有极大的危害。早在 1960 年，美国虹鳟孵化场就暴发了肝恶性细胞瘤。解剖发现在肝细胞癌初期表现为肝脏中有大量多种小瘤，经查实是虹鳟采食了感染黄曲霉毒素的棉籽粕，由此黄曲霉毒素被认为具有致癌性。在所有鱼类中，虹鳟是对黄曲霉毒素最敏感的一种，其 LD_{50} 是 0.5 mg/kg，如果饲料中含有 0.05～1 mg/kg 的黄曲霉毒素，则 50％的虹鳟会很快死亡。Lovell（1992）报道，长期用低剂量的 AFB_1 喂养虹鳟会引起肝肿瘤。由于虹鳟对 AFB_1 的敏感性高，因此一直被用于水产动物和人类致癌物方面的研究（Bailey 等，1996）。一些研究也阐明了虹鳟和人类致癌机制的差异（Tilton 等，2005）。以 AFB_1 对虹鳟 LD_{50} 剂量的 1/100 浓度加入虹鳟饲料中，能造成 60％的虹鳟出现肝肿瘤，以 0.2 mg/kg AFB_1（以体重计）攻毒 1 d 也会导致虹鳟发生肝癌（Bailey 等，1988）；但是以 10 mg/kg（以饲粮计）剂量攻毒叉尾鮰70 d，则叉尾鮰仍未表现出肝癌的迹象（Jantrarotai 和 Lovell，1990）。

虹鳟发生急性黄曲霉毒素中毒的症状包括贫血、白鳃、血细胞数减少、水肿、频繁出血、新陈代谢受阻、肝损伤等。另外，用黄曲霉毒素污染的饲料喂养尼罗罗非鱼时，其形态学发生了改变，包括视觉不清并导致白内障和失明，身体表面损伤（鳍条和尾腐烂），身体表面发黄而叫“黄罗非鱼”，游动不正常，食欲减退等（Cagauan 等，2004）。对虾采食高剂量 AFB_1 的饲粮后，会增加其对疾病的易感性（Wiseman 等，1982）。饲喂黑虎虾 2.5 mg/kg 黄曲霉毒素污染的饲粮 8 周后，黑虎虾生长性能受到抑制，尾部出现红点（Boonyaratpalin 等，2002）。

二、人黄曲霉毒素中毒症

人黄曲霉毒素急性中毒后表现为急性肝炎、黄疸、低热、沮丧、厌食和腹泻，伴随肝脂肪的明显减少，肝组织病理学检查显示中心小叶坏死和脂肪浸润，这些症状通常与人食入受黄曲霉毒素污染的谷物粮食有关。在肯尼亚人黄曲霉毒素中毒调查发现，急性肝炎病人的肝脏附近明显变软，并发展为肝腹水。印度曾暴发过人黄曲霉毒素中毒现象，暴发期的死亡率达 25%，在死亡病人的肝脏样品中检测到 AFB_1（Ngindu 等，1982）。我国台湾地区的东北部，一名 3 岁的男孩摄入黄曲霉毒素含量高达 10 mg/kg 的大米，仅 2 d 后便出现病症（Bourgeoi，1971）。在印度婴儿肝硬化的调查中发现，在 16 位患有肝硬化婴儿的母亲中，4 位母亲的乳汁中检测出 AFB_1，1 位母亲的乳汁中检测出 AFM_1，肝硬化婴儿的尿液中均检测出 AFB_1（Krogh，1989）。

人恶性营养不良的发生也与短时间内摄入大量受黄曲霉毒素污染的食物有关。对 36 个死于患恶性营养不良儿童的尸检发现，他们肝脏中均含有黄曲霉毒素，推测黄曲霉毒素与该病的发生有很大的关系（Chaves 等，1976）。雷氏综合征的发生也被认为与黄曲霉毒素有关，在泰国、新西兰、捷克斯洛伐克和美国的一些雷氏综合征病人体内也发现了黄曲霉毒素。雷氏综合征是一种内脏脂肪出现降解的急性脑病，该病会影响肝脏功能，因而可能会影响黄曲霉毒素在病人体内的代谢（Rogan 等，1985；Hurwitz，1989）。

人的慢性黄曲霉毒素中毒通常意味着肝细胞将发生癌变，持续摄入一定量的黄曲霉毒素会使肝脏出现慢性损伤，导致肝功能降低，出现肝硬化，最终导致肝癌（Henry 等，1999）。研究资料充分说明，人肝癌高发区的地理分布与该地区食物被黄曲霉毒素污染的程度呈正相关（Groopman 和 Donahue，1988）。我国有多个肝癌高发区，如江苏省启东县及广西壮族自治区扶绥县（表 3－2）。对扶绥县居民膳食原料样品的监测表明，样品中 AFB_1 阳性率为 48.8%，超标率为 27.1%。最近的研究认为，生物学标记的方法非常有助于研究黄曲霉毒素和人肝细胞癌变之间的关系。黄曲霉毒素的某个特定的生物学标记物与人类肝癌有关，乙型肝炎病毒与 AFB_1 的协同作用可导致肝癌（Peers 等，1987）。研究者在怀孕的冈比亚女性的脐带血中发现了黄曲霉毒素－ALB 加合物，认为是黄曲霉毒素的亲脂性导致它们可以很容易地穿过胎盘屏障，从而危害胎儿健康。黄曲霉毒素的另一个危害是对人体免疫系统的损害。测定接触黄曲霉毒素的冈比亚儿童体内的抗体反应发现，这些儿童唾液中免疫球蛋白 A 的水平明显下降。免疫球蛋白 A 结合细菌和病毒表面的抗原后，在唾液、乳汁、眼泪、支气管、生殖-泌尿系统和消化道黏体中形成部分黏膜屏障。另外，免疫球蛋白 A 的减少还会导致肠道抗菌能力下降（Turner 等，2003）。

表 3－2　我国肝癌高发区与世界癌症年平均发病率调研情况

地　区	癌症年平均发病率	食物 AFB_1 阳性率（%）	调查年限	资料来源
世界平均	7/10 万	—		Yeh 等（1989）
江苏省启东县	63/10 万	52.3	1979—1989	Yeh 等（1989）
广西壮族自治区扶绥县	52/10 万	48.8	1979—1989	Yeh 等（1989）
地　区	**癌症年平均发病率**	**膳食中黄曲霉毒素 AFB_1 摄取量（ng/d）**	**调查年限**	**资料来源**
江苏省启东县	61/10 万	22.3～25.9	1983—1999	孙桂菊等（2002）
广西壮族自治区扶绥县	131/10 万	1 211～4 097	1973—1999	孙桂菊等（2002）

参考文献

陈瑾，2013. 黄曲霉毒素 B_1 对雏鸡免疫器官影响的研究［D］. 雅安：四川农业大学 .

崔金良，2005. 产蛋鸡黄曲霉毒素中毒的诊治［J］. 养禽与禽病防治（1）：15.

范彧，2015. 黄曲霉毒素降解酶基因克隆表达和降解剂在肉鸡中的运用研究［D］. 北京：中国农业大学 .

范彧，李笑樱，赵丽红，等，2012. 北京地区被检饲料及饲料原料黄曲霉毒素污染情况的调查［J］. 中国农业科学，45（24）：5102－5109.

韩春卉，韩小敏，王伟，等，2015. 2014 年山东临沂地区花生真菌及黄曲霉毒素污染调查［J］. 食品安全质量检测学报，6（4）：1383－1388.

计成，2007. 霉菌毒素与饲料食品安全［M］. 北京：化学工业出版社 .

姜雅慧，杨红建，2009. 饲料中黄曲霉毒素污染现状、影响因素及其对反刍动物瘤胃微生物发酵的影响［J］. 中国畜牧兽医，36（12）：12－16.

刘春凌，王鹏，杨永红，等，2009. 母猪黄曲霉毒素中毒对产仔情况的影响［J］. 河北北方学院学报（自然科学版），25（3）：60－63.

罗晓松，李克敏，2011. 樱桃谷雏鸭黄曲霉毒素中毒［J］. 中国兽医杂志，47（10）：83.

罗自生，秦雨，徐艳群，等，2015. 黄曲霉毒素的生物合成、代谢和毒性研究进展［J］. 食品科学，36（3）：250－257.

沈靖，王润田，邢厚恂，等，2002. Ⅰ、Ⅱ相代谢解基因多态性与胃癌遗传易感性的病例对照研究［J］. 肿瘤，22（1）：9－13.

史莹华，2005. 纳米级硅酸盐结构微粒（nsp）吸附猪饲粮中黄曲霉毒素的研究［D］. 杭州：浙江大学 .

孙桂菊，钱耕荪，金锡鹏，等，2002. 肝癌高发地区人群黄曲霉毒素暴露水平的评估［J］. 东南大学学报，21（1）：118－122.

万晓莉，2013. AFB_1 污染玉米对肉鸭毒性及改性蒙脱石脱毒效果研究［D］. 泰安：山东农业大学 .

王刚，杨汉春，2008. 黄曲霉毒素 B_1 和赭曲霉毒素 A 对商品肉鸡 ND 疫苗免疫的影响［J］. 中国兽医杂志，44（11）：30－32.

王鹏飞，2016. 鸡腺胃炎临床病例调查分析及动物病例的建立和防治方法的研究［D］. 泰安：山东农业大学 .

王勇，2010. 黄曲霉毒素降解酶对饲喂含 AFB_1 日粮肉仔鸡生长性能及健康的影响［M］. 保定：河北农业大学 .

谢毓芬，王昭贤，秦晟，1991. 马黄曲霉毒素中毒性流产的诊断研究［J］. 畜牧兽医学报，229（2）：145－149.

尹逊慧，陈善林，曹红，等，2010. 日粮添加黄曲霉毒素解毒酶制剂对黄羽肉鸡生产性能、血清生化指标和毒素残留的影响［J］. 中国家禽，32（2）：29－33.

于正强，陈瑾，彭西，等，2015. 黄曲霉毒素 B_1 对雏鸡免疫器官影响的病理学观察［J］. 畜牧兽医学报，46（8）：1447－1454.

喻霞，2019. 畜禽黄曲霉毒素中毒的诊治［J］. 兽医导刊（7）：41－42.

中华人民共和国国家质量监督检验检疫总局，中国国家标准化管理委员会，2017. 饲料卫生标准：GB 13078—2017［S］. 北京：中国标准出版社 .

周变华，2006. 黄曲霉毒素对常见家畜的危害及防治［J］. 畜牧兽医杂志，25（5）：39－41.

庄振宏，张峰，李燕云，等，2011. 黄曲霉毒素致癌机理的研究进展［J］. 湖北农业科学，50（8）：1524－1525.

Allcroft R, Carnaghan R B A, Sargeant K, et al, 1961. A toxic factor in *Brazillian groundnut* meal [J]. Veterinary Record, 73: 428 - 429.

Aller W W J, Edds G T, Asquith R L, 1981. Effects of aflatoxins in young ponies [J]. American Journal of Veterinary Research, 42 (12): 2162 - 2164.

Bailey G S, Williams D E, Hendricks J D, 1996. Fish models for environmental carcinogenesis: the rainbow trout [J]. Environmental Health Perspectives, 104 (Suppl. 1): 5.

Bailey G S, Williams D E, Wilcox J S, et al, 1988. Aflatoxin B_1 carcinogenesis and its relation to DNA adduct formation and adduct persistence in sensitive and resistant salmonid fish [J]. Carcinogenesis, 9 (11): 1919 - 1926.

Boonyaratpalin M, Supamattaya K, Verakunpiriya V, et al, 2002. Effects of aflatoxin B_1 on growth performance, blood components, immune function and histopathological changes in black tiger shrimp (*Penaeus monodon* Fabricius) [J]. Aquaculture Research, 32: 388 - 398.

Bourgeoi C H, 1971. Acute aflatoxin B_1 toxicity in macaque and its similarities to Reye's syndrome [J]. Laboratory Investigation, 24 (3): 206.

Cagauan A G, Tayaban R H, Somga J, et al, 2004. Effect of aflatoxin - contaminated feeds in *Nile tilapia* (*Oreochromis niloticus* L.) [M]. Abstract of the 6th International Symposium on Tilapia in Aquaculture (ISTA 6) Section: Health Management and Diseases Manila, Philippines.

CAST, 2003. Mycotoxins, risks in plant, animal and human systems [M]. Ames Iowa: Council of Agricultural Scienceand Technology.

Chanda A, Roze L V, Kang S, et al, 2009. A key role for vesicles in fungal secondary metabolism [J]. Proceedings of the National Academy of Sciences of the USA, 106 (46): 19533 - 19538.

Chanda A, Roze L V, Linz J E, 2010. A possible role for exocytosis in aflatoxin export in *Aspergillus parasiticus* [J]. Eukaryotic Cell, 9 (11): 1724 - 1727.

Chang A Y, Wang M, 2013. Molecular mechanisms of action and potential biomarkers of growth inhibition of dasatinib (BMS - 354825) on hepatocellular carcinoma cells [J]. BMC Cancer, 13 (1): 267 - 279.

Chang P K, Ehrlich K C, Yu J, et al, 1995. Increased expression of *Aspergillus parasiticus* aflR, encoding a sequence - specific DNA - binding protein, relieves nitrate inhibition of aflatoxin biosynthesis [J]. Applied and Environmental Microbiology, 61 (6): 2372 - 2377.

Chang P K, Scharfenstein L L, Luo M, et al, 2011. Loss of msnA, a putative stress regulatory gene, in *Aspergillus parasiticus* and *Aspergillus flavus* increased production of conidia, aflatoxins and kojic acid [J]. Toxins, 3 (1): 82 - 104.

Chang P K, Wang B, He Z M, et al, 2014. High temperature, differentiation, and endoplasmic reticulum stress decrease but epigenetic and antioxidative agents increase Aspergillus ribosomal protein gene expression [J]. Austin J Proteomics Bioinform and Genomics, 1: 6.

Chang P K, Yu J, Bhatnagar D, et al, 2000. Characterization of the *Aspergillus parasiticus* major nitrogen regulatory gene, areA [J]. Biochimica et Biophysica Acta, 1491: 263 - 266.

Chaves C E, Ellefson R D, Gomez, M R, 1976. An aflatoxin in the liver of a patient with Reye Johnson syndrome [J]. Mayo Clinic Proceedings, 51: 48 - 50.

Clark J D, Hatch R C, Jain A V, et al, 1982. Effects of enzyme inducers and inhibitors and glutathione precursor and deplete on induced acute aflatoxicosis in rabbits [J]. American Journal of Veterinary Research, 43 (6): 1027 - 1033.

Coffey R，Cummins E，Ward S，2009. Exposure assessment of mycotoxins in dairy milk [J]. Food Control，20 (3)：239 - 249.

Corrier D E，1991. Mycotoxins：mechanism of immunosuppression [J]. Veterinary Immunology and Immunopathology，30：73 - 87.

Cotty P J，Jaime - Garcia R，2007. Influences of climate on aflatoxin producing fungi and aflatoxin contamination [J]. Food Microbiology，119 (1)：109 - 115.

Ding X，Wu L，Li P，et al，2015. Risk assessment on dietary exposure to aflatoxin B_1 in Post - Harvest peanuts in the Yangtze River ecological region [J]. Toxins，7 (10)：4157 - 4174.

Do J H，Choi D K，2007. Aflatoxins：detection，toxicity，and biosynthesis [J]. Biotechnology and Bioprocess Engineering，12 (6)：585 - 593.

Duan X X，Ou J S，Li Y，et al，2005. Dynamic expression of apoptosis - related genes during development of laboratory hepatocellular carcinoma and its relation to apoptosis [J]. World Journal of Gastroenterology，11 (30)：4740 - 4744.

Ehrlich K C，Mack B M，2014. Comparison of expression of secondary metabolite biosynthesis cluster genes in *Aspergillus flavus*，*A. parasiticus*，and *A. oryzae* [J]. Toxins，6 (6)：1916 - 1928.

Ehrlich K C，Montalbano B G，Cotty P J，2003. Sequence comparison of *aflR* from different *Aspergillus* species provides evidence for variability in regulation of aflatoxin production [J]. Fungal Genetics and Biology，38：63 - 74.

Espeso E A，Arst H N，2000. On the mechanism by which alkaline pH prevents expression of an acid - expressed gene [J]. Molecular and Cellular Biology，20 (10)：3355 - 3363.

Fernandes M，Keller N P，Adams T H，1998. Sequence - specific binding by *Aspergillus nidulans* AflR，a C6 zinc cluster protein regulating mycotoxin biosynthesis [J]. Molecular Microbiology，28 (6)：1355 - 1365.

Fowler J，Li W，Bailey C，2015. Effects of a calcium bentonite clay in diets containing aflatoxin when measuring liver residues of aflatoxin B_1 in starter broiler chicks [J]. Toxins，7 (9)：3455 - 3464.

Genedy S G K，El - Naggar N M，Isshak N S，et al，1999. Effectiveness of available commercial products to alleviate the toxic severity of aflatoxin diets on egg production and its quality of two local hen strains [J]. Egyptian Poultry Science Journal，19 (3)：569 - 589.

Georgianna D R，Fedorova N D，Burroughs J L，et al，2010. Beyond aflatoxin：four distinct expression patterns and functional roles associated with *Aspergillus flavus* secondary metabolism gene clusters [J]. Molecular Plant Pathology，11：213 - 226.

Georgianna D R，Hawkridge A M，Muddiman D C，et al，2008. Temperature - dependent regulation of proteins in *Aspergillus flavus*：whole organism stable isotope labeling by amino acids [J]. Journal of Proteome Research，7 (7)：2973 - 2979.

Groopman J D，Donahue K F，1988. Aflatoxin，a human carcinogen：determination in foods and biological samples by monoclonal antibody affinity chromatography [J]. Journal of the Association of Official Analytical Chemists，71：861 - 867.

Hamilton P B，1984. Determining safe levels of mycotoxins [J]. Journal of Food Protection，47 (7)：570 - 575.

He Z M，Price M S，Obrian G R，et al，2007. Improved protocols for functional analysis in the pathogenic fungus *Aspergillus flavus* [J]. BMC Microbiology，7：104.

Hedayati M T, Pasqualotto A C, Warn P A, et al, 2007. *Aspergillus flavus*: human pathogen, allergen and mycotoxin producer [J]. Microbiology, 153 (6): 1677 - 1692.

Helferich W G, Garret W N, Hsieh D P, et al, 1986. Feedlot performance and tissue residues of cattle consuming diets containing aflatoxins [J]. Journal of Animal Science, 62: 691 - 696.

Henry S H, Bosch F X, Troxell T C, et al, 1999. Reducing liver cancer - global control of aflatoxin [J]. Science, 286: 2453 - 2454.

Herzallah, S M, 2013. Aflatoxin B_1 residues in eggs and flesh of laying hens fed aflatoxin B_1 contaminated diet [J]. American Journal of Agricultural and Biological Science, 8: 156 - 161.

Hong S Y, Roze L V, Linz J E, 2013. Oxidative stress - related transcription factors in the regulation of secondary metabolism [J]. Toxins, 5 (4): 683 - 702.

Hurwitz E S, 1989. Reye's syndrome [J]. Epidemiol Review, 11: 249 - 253.

Hussein H S, Brasel J M, 2001. Toxicity, metabolism, and impact of mycotoxins on humans and animals [J]. Toxicology, 167 (2): 101 - 134.

Jantrarotai W, Lovell R T, 1990. Subchronic toxicity of dietary aflatoxin B_1 to channel catfish [J]. Journal of Aquatic Animal Health, 2 (4): 248 - 254.

Joardar V, Abrams N F, Hostetler J, et al, 2012. Sequencing of mitochondrial genomes of nine *Aspergillus* and *Penicillium* species identifies mobile introns and accessory genes as main sources of genome size variability [J]. BMC Genomics, 13: 698.

Johnson W W, Yamazaki H, Shimada T, et al, 1997. Aflatoxin B_1 8, 9 - epoxide hydrolysis in the presence of rat and human epoxide hydrolase [J]. Chemical Research in Toxicology, 10 (6): 672 - 676.

Kim J H, Campbell B C, Molyneux R, et al, 2006. Gene targets for fungal and mycotoxin control [J]. Mycotoxin Research, 22 (1): 3 - 8.

Kourousekos G D, Lymberopoulos A G, 2007. Occurrence of aflatoxins in milk and their effects on reproduction [J]. Journal of the Hellenic Veterinary Medical Society, 58 (4): 306 - 312.

Kraieski A L, Hayashi R M, Sanches A, et al, 2017. Effect of aflatoxin experimental ingestion and Eimeira vaccine challenges on intestinal histopathology and immune cellular dynamic of broilers: applying an intestinal healthindex [J]. Poultry Science, 96: 1078 - 1087.

Krogh P, 1989. The role of mycotoxins in disease of animals and man [J]. Society for Applied Bacteriology Symposium Series, 18: 99 - 104.

Lindemann M D, Blodgett D J, Kornegay E T, et al, 1993. Potential ameliorators of aflatoxicosis in weanling/growing swine [J]. Animal Science, 71 (1): 171 - 178.

Linz J E, Chanda A, Hong S Y, et al, 2012. Proteomic and biochemical evidence support a role for transport vesicles and endosomes in stress response and secondary metabolism in *Aspergillus parasiticus* [J]. Journal of Proteome Research, 11 (2): 767 - 775.

Linz J E, Wee J, Roze L V, 2014. *Aspergillus parasiticus* SU - 1 genome sequence, predicted chromosome structure, and comparative gene expression under aflatoxin - inducing conditions: evidence that differential expression contributes to species phenotype [J]. Eukaryot Cell, 13 (8): 1113 - 1123.

Liu R, Chang M, Jin Q, et al, 2011. Degradation of aflatoxin B_1 in aqueous medium through UV irradiation [J]. European Food Research and Technology, 233 (6): 1007 - 1012.

Lovell R, 1992. Mycotoxins: hazardous to farmed fish [J]. Feed International, 13 (3): 24 - 28.

Meki A, Esmail E, Hussein A A, et al, 2004. Caspase - 3 and heat shock protein - 70 in rat liver treated with aflatoxin B_1: effect of melatonin [J]. Toxicon, 43 (1): 93 - 100.

Miller D M, Wilson D M, 1994. Veterinary diseases related to aflatoxins [M] //Eaton D L, Groopman J D. The toxicology of aflatoxins. San Diego (CA): Academic Press.

Minto R E, Townsend C A, 1997. Enzymology and molecular biology of aflatoxin biosynthesis [J]. Chemical Reviews, 97 (7): 2537 - 2555.

Mishra H N, Das C, 2003. A review on biological control and metabolism of aflatoxin [J]. Critical Reviews in Food Science and Nutrition, 43 (3): 245 - 264.

Monson M S, Cardona C J, Coulombe R A, et al, 2016, Hepatic transcriptome responses of domesticated and wild turkey embryos to aflatoxin B_1 [J]. Toxins, 8 (1): 16 - 38.

Munkvold G P, 1999. Check for ear rot diseases [J]. Integrated Crop Management News, 2159.

Narkwa P W, Blackbourn D J, Mutocheluh M, 2017. Aflatoxin B_1 inhibits the type 1 interferon response pathway via STAT1 suggesting another mechanism of hepatocellular carcinoma [J]. Infectious Agents and Cancer, 12 (1): 17 - 26.

Nataraja T H, Swamy H D N, Vuayasarathi S K, et al, 2003. Pathology of lymphoid organs in afla and T - 2 toxicosis of broiler chickens [J]. Indian Journal of Animal Sciences, 73: 1342 - 1343.

Nesbitt B F, O'Kelly J, Sargeant K, et al, 1962. *Aspergillus flavus* and turkey X disease: toxic metabolites of *Aspergillus flavus* [J]. Nature, 195 (4846): 1062 - 1063.

Newberne P M, Butler W H, 1969. Acute and chronic effects of aflatoxin on liver of domestic and laboratory animals - a review [J]. Cancer Research, 29 (1): 236.

Ngindu A, Johnson B K, Kenya, P R, 1982. Outbreak of acute hepatitis caused by aflatoxin poisoning in Kenya [J]. Lancet, 1: 1346 - 1348.

Oliveira C A F, Rosmaninho J F, Castro A L, et al, 2003. Aflatoxin residues in eggs of laying Japanese quail after long - term administration of rations containing low levels of aflatoxin B_1 [J]. Food Additivies and Contaminants, 20: 648 - 653.

Orsi R B, Oliveira C A, Dilkin P, et al, 2007. Effects of oral administration of aflatoxin B_1 and fumonisin B_1 in rabbits (*Oryctolagus cuniculus*) [J]. Chemico - Biological Interactions, 170 (3): 201 - 208.

Ortatatli M, Oguz H, Hatipoglu F, et al, 2005. Evaluation of pathological changes in broilers during chronic aflatoxin (50 and 100 ppb) and clinoptilolite exposure [J]. Research in Veterinary Science, 78 (1): 61 - 68.

Pechanova O, Pechan T, Rodriguez J M, et al, 2013. A two - dimensional proteome map of the aflatoxigenic fungus, *Aspergillus flavus* [J]. Proteomics, 13 (9): 1513 - 1518.

Peers F, Bosch X, Kaldor J, 1987. Aflatoxin exposure, hepatitis B virus infection and liver cancer in Swaziland [J]. International Journal of Cancer, 39: 545 - 553.

Poirier M C, Santellar R M, Weston A, 2000. Carcinogen macromolecular adducts and their measurement [J]. Carcinogenesis, 21 (3): 353 - 359.

Price M S, Yu J, Nierman W C, et al, 2006. The aflatoxin pathway regulator AflR induces gene transcription inside and outside of the aflatoxin biosynthetic cluster [J]. FEMS Microbiol Letter, 255 (2): 275 - 279.

Quezada T, Cuellar H, Jaramillo - Juarez F, et al, 2000. Effects of aflatoxin B_1 on the liver and kidney of broiler chickens during development [J]. Comparative Biochemistry and Physiology C - Toxicology & Pharmacology, 125 (3): 265 - 272.

Qureshi M A, Beake J, Hamilton P B, et al, 1998. Dietary exposure of broiler breeders to aflatoxin results in immune dysfunction in progeny chicks [J]. Poultry Science, 77 (6): 812 - 819.

Reverberi M, Zjalic S, Ricelli A, et al, 2008. Modulation of antioxidant defense in Aspergillus parasiticus is involved in aflatoxin biosynthesis: a role for the Apyap A gene [J]. Eukaryot Cell, 7 (6): 988 - 1000.

Rodrigues I, Naehrer K, 2012. A three - year survey on the worldwide occurrence of mycotoxins in feedstuffs and feed [J]. Toxins, 4 (9): 663 - 675.

Rogan W J, Yang G C, Kimbrough R D, 1985. Aflatoxin and Reye's syndrome: a study of livers from deceased cases [J]. Archive Environmental Health, 40: 91 - 95.

Roze L V, Hong S Y, Linz J E, 2013. Aflatoxin biosynthesis: current frontiers [J]. Annual Review of Food Science and Technology, 4: 293 - 311.

Rustemeyer S M, Lamberson W R, Ledoux D R, et al, 2010. Effects of dietary aflatoxin on the health and performance of growing barrows [J]. Journal of Animal Science, 88 (11): 3624 - 3630.

Schell T C, Lindemann M D, Kornegay E T, et al, 1993. Effects of feeding aflatoxin - contaminated diets with and without clay to weanling and growing pigs on performance, liver function, and mineral metabolism [J]. Animal Science, 71 (5): 1209 - 1218.

Shuaib F M, Ehiri J, Abdullahi A, et al, 2010. Reproductive health effects of aflatoxins: a review of the literature [J]. Reproductive Toxicology, 29 (3): 262 - 270.

Silvotti L, Petterino C, Bonomi A, et al, 1997. Immunotoxicological effects on piglets of feeding sows diets containing aflatoxins [J]. Veterinary Record, 141 (18): 469 - 472.

Su J J, Ban K C, Li Y, et al, 2004. Alteration of p53 and p21 during hepatocarcinogenesis in tree shrews [J]. World Journal of Gastroenterology, 10 (24): 3559 - 3563.

Szymanska K, Chen J G, Cui Y, et al, 2009. TP53 R249S mutations, exposure to aflatoxin, and occurrence of hepatocellular carcinoma in a cohort of chronic *hepatitis B* virus carriers from Qidong, China [J]. Cancer Epidemiology Biomarkers and Prevention, 18 (5): 1638 - 1643.

Tilton S C, Gerwick L G, Hendricks J D, et al, 2005. Use of a rainbow trout oligonucleotide microarray to determine transcriptional patterns in aflatoxin B_1 - induced hepatocellular carcinoma compared to adjacent liver [J]. Toxicological Sciences, 88 (2): 319 - 330.

Trucksess M W, Stoloff L, Young K, et al, 1983. Aflatoxicol and aflatoxin B_1 and aflatoxin M_1 in eggs and tissues of laying hens consuming aflatoxin - contaminated feed [J]. Poultry Science, 62 (11): 2176 - 2182.

Tulayakul P, Dong K S, Li J Y, et al, 2007. The effect of feeding piglets with the diet containing green tea extracts or coumarin on *in vitro* metabolism of aflatoxin B_1 by their tissues [J]. Toxicon, 50: 339 - 348.

Turner P C, Moore S E, Hall A J, et al, 2003. Modification of immune function through exposure to dietary aflatoxin in Gambian children [J]. Environmental Health Perspectives, 111 (2): 217 - 220.

van Egmond H P, 1989. Aflatoxin M_1: occurrence, toxicity, regulation [M]//van Egmond H P. Mycotoxins in dairy products. London: Elsevier Applied Science.

Wang J S, Groopman J D, 1999. DNA damage by mycotoxins [J]. Mutation Reseach Fundamental and Molecular Mechnisms of Mutagenesis, 424 (1/2): 167 - 181.

Wild C P, Hall A J, 2000. Primary prevention of hepatocellular carcinoma in developing countries [J]. Mutation Research - Reviews in Mutation Research, 462 (2/3): 381 - 393.

Wilkinson J R, Yu J, Bland J M, et al, 2007. Amino acid supplementation reveals differential regulation of aflatoxin biosynthesis in *Aspergillus flavus* NRRL 3357 and *Aspergillus parasiticus* SRRC 143 [J]. Applied Microbiology and Biotechnology, 74 (6): 1308 - 1319.

Wiseman M，Price R，Lightner D，et al，1982. Toxicity of aflatoxin B_1 to penaeid shrimp [J]. Applied and Environmental Microbiology，44 (6)：1479 - 1481.

Yabe K，Nakajima H，2004. Enzyme reactions and genes in aflatoxin biosynthesis [J]. Applied Microbiology and Biotechnology，64 (6)：745 - 755.

Yan S，Liang Y，Zhang J，et al，2012. *Aspergillus flavus* grown in peptone as the carbon source exhibits spore density - and peptone concentration - dependent aflatoxin biosynthesis [J]. BMC Microbiology，12：106.

Yeh F H，Yu M C，Chi M M，et al，1989. Aflatoxins，and hepatocellular carcinoma in southern Guangxi [J]. Cancer Research，14：157.

Yiannikouris A，Jouany J P，2002. Mycotoxins in feeds and their fate in animals：a review [J]. Animal Research，51：81 - 99.

Yin W，Keller N P，2011. Transcriptional regulatory elements in fungal secondary metabolism [J]. Journal of Microbiology，49 (3)：329 - 339.

Yu J，2012. Current understanding on aflatoxin biosynthesis and future perspective in reducing aflatoxin contamination [J]. Toxins，4 (11)：1024 - 1057.

Yu J，Fedorova N D，Montalbano B G，et al，2011. Tight control of mycotoxin biosynthesis gene expression in *Aspergillus flavus* by temperature as revealed by RNA - Seq [J]. FEMS Microbiology Letter，322：145 - 149.

Yuet J，Mohawed S M，Bhatnagar D，et al，2003. Substrate - induced lipase gene expression and aflatoxin production in *Aspergillus parasiticus* and *Aspergillus flavus* [J]. Applied Microbiology，95 (6)：1334 - 1342.

Yunus A W，Nasir M K，Aziz T，et al，2009. Prevalence of poultry diseases in district Chakwal and their interaction with mycotoxicosis：2. Effects of season and feed [J]. The Journal of Animal and Plant Sciences，19 (1)：1 - 5.

Yunus A W，Nasir M K，Farooq U，et al，2008. Prevalence of poultry diseases in district Chakwal and their interaction with mycotoxicosis：1. Effects of age andflock size [J]. The Journal of Animal and Plant Sciences，18 (4)：107 - 113.

Yunus A W，Razzazi - Fazeli E，Bohm J，2011. Aflatoxin B_1 in affecting broiler's performance，immunity，and gastrointestinal tract：a review of history and contemporary issues [J]. Toxins，3 (6)：566 - 590.

Zaghini A，Martelli G，Roncada P，et al，2005. Mannanoligosaccharides and aflatoxin B_1 in feed for laying hens：effects on egg quality，aflatoxins B_1 and M_1 residues in eggs，and aflatoxin B_1 levels in liver [J]. Poultry Science，84 (6)：825 - 832.

Zhang W，He H，Zang M，et al，2017. Genetic features of aflatoxin - associated hepatocellular carcinomas [J]. Gastroenterology，153 (1)：249 - 262.

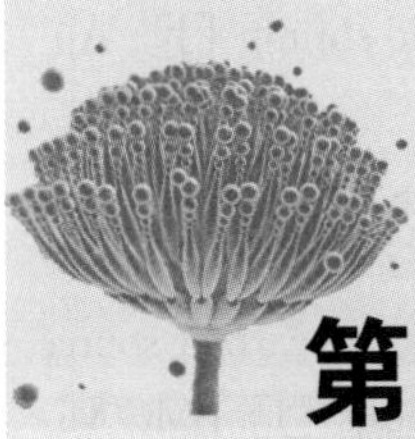

第四章 玉米赤霉烯酮毒理作用及动物和人中毒症

第一节 玉米赤霉烯酮概述

早在 1928 年，McNutt 等（1928）就发现饲喂发霉玉米的猪出现了雌激素综合征，猪表现出外阴和乳腺肿大，严重的出现阴道和直肠脱垂症状。1962 年，Stob 等（1962）从禾谷镰刀菌污染的发霉玉米中提取出了玉米赤霉烯酮（zearalenone，ZEN），并且证实了它就是猪采食发霉玉米后出现雌激素综合征的病因。随后，Christensen 等（1965）在分离出玉米赤霉烯酮后将其命名为 F－2 毒素。Urry 等（1966）确定了它的化学结构属于二羟基苯酸内酯类化合物。随着科学家们对玉米赤霉烯酮的研究越来越深入，玉米赤霉烯酮逐渐走进人们的视野，特别是被畜牧业重点关注。各种饲料和原料受玉米赤霉烯酮的污染都非常普遍，特别是玉米副产物受污染最为严重。玉米赤霉烯酮主要是由禾谷镰刀菌（*F. graminearum*）产生的一种非类固醇类的，具有雌激素作用的次级代谢产物。此外，粉红镰刀菌（*F. roseum*）、尖孢镰刀菌（*F. oxysporum*）、三线镰刀菌（*F. tricictum*）、串珠镰刀菌（*F. maniliborme*）、黄色镰刀菌（*F. culmorum*）及雪腐镰刀菌（*F. nivale*）等也能产生玉米赤霉烯酮，玉米、小麦、燕麦和大麦等作物均易受到玉米赤霉烯酮污染。

一、玉米赤霉烯酮的理化性质

1. 化学性质 玉米赤霉烯酮是一种白色的晶体，化学名为 6－（10－羟基－6－氧基－十一碳烯基）－β－雷锁酸内酯，分子式为 $C_{18}H_{22}O_5$（分子结构见图 4－1），相对分子质量为 318.36。玉米赤霉烯酮紫外线光谱的吸收波长为 236 nm、274 nm 和 316 nm，红外线光谱的最大吸收波长为 970 nm。玉米赤霉烯酮的熔点为 161～163 ℃，不溶于水、二氧化碳和四氯化碳，溶于碱性水溶液及甲醇、乙腈、乙醚、苯、二氯甲烷、乙醇和乙酸乙酯等有机溶剂，微溶于石油醚。玉米赤霉烯酮的甲醇溶液可以在紫外光照射下呈现出明亮的绿-蓝色荧光，这也是使用荧光光度法来检测玉米赤

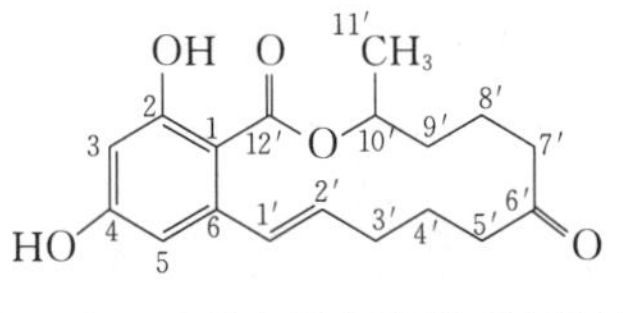

图 4－1 玉米赤霉烯酮的分子结构

霉烯酮的基础。

2. 分子结构　玉米赤霉烯酮是一种酚的二羟基苯酸的内酯结构，因此在碱性条件下酯键可以被打开，当碱的浓度下降时键又可恢复。

3. 毒性　玉米赤霉烯酮具有雌激素样作用，能造成动物急、慢性中毒，引起动物繁殖机能异常甚至死亡，可给畜牧场造成巨大经济损失。同时，玉米赤霉烯酮具有生殖发育毒性、肝脏毒性、免疫毒性和遗传毒性等，对肿瘤的发生也有一定影响。

二、玉米赤霉烯酮的污染概况和限量标准

（一）玉米赤霉烯酮的污染概况

在适当的温度、湿度、昆虫侵扰、收割期间机械性损伤、贮存方法不当等情况下，谷物和粮食受禾谷镰刀菌污染而产生玉米赤霉烯酮；同时，三线镰刀菌、粉红镰刀菌、串珠镰刀菌、木贼镰刀菌、雪腐镰刀菌等霉菌也会产生玉米赤霉烯酮。谷物和粮食中霉菌毒素的污染是逐步累积产生的，粮食在田间从生长、成熟开始，然后在收获、干燥和贮存过程中均能发生霉变，从而导致霉菌毒素污染。镰刀菌具有较广阔的生长条件，其最适生长温度为 20～30 ℃，最适生长湿度为 40%，然而在−10 ℃低温和低水分条件下有些镰刀菌仍可正常生长。镰刀菌分泌产生玉米赤霉烯酮的能力在冷暖交替时较强，秋收季节的昼夜温差较大，为镰刀菌的生长和玉米赤霉烯酮分泌提供了非常适宜的条件。同时，谷物或饲料被镰刀菌属霉菌污染后，除能够产生玉米赤霉烯酮外，还常伴随产生呕吐毒素、烟曲霉毒素及串珠镰刀菌。其中，玉米、大麦、小麦、燕麦、高粱、芝麻等谷物易受到玉米赤霉烯酮污染。

玉米赤霉烯酮不但可以由霉菌产生，而且在许多高等植物体内也存在，并且是作为植物体内的一种激素来调控植物的生长。玉米赤霉烯酮与高等植物性器官发生、分化，乃至成熟都有密切的关系。Meng 等（1989）首次报道，冬性植物在春化过程中其茎尖内会出现玉米赤霉烯酮累积，且其累积量与春化作用深度同步，当玉米赤霉烯酮的积累量达到高峰时标志着春化作用的完成。同时，冬小麦、玉米、棉花等的花器官内玉米赤霉烯酮的含量，无论是雌蕊、雄蕊都以开花时达到高峰，此时它可能与授粉、受精有关。例如，小麦、大豆、棉花等在开花的时候玉米赤霉烯酮达到峰值。

玉米赤霉烯酮是世界上污染范围最广泛的一种镰刀菌毒素，世界上很多国家都对其污染情况进行了调查，结果显示谷物和饲料中均发现不同程度的玉米赤霉烯酮污染，一些国家还针对玉米赤霉烯酮污染制定了饲料和食品中玉米赤霉烯酮的最低限量标准。Tanaka 等（1990）报道，加拿大、中国、阿根廷、波兰及也门等众多国家的谷物、食品及饲料均不同程度地受到玉米赤霉烯酮的污染。Placinta 等（1999）对世界上 20 多个国家的谷物和饲料中霉菌毒素污染情况进行调查，结果发现大多数国家的谷物和饲料中均检出玉米赤霉烯酮。其中，小麦中的含量达 0.001～8.04 mg/kg，燕麦中的含量达 0.016～0.095 mg/kg，大麦中的含量达 0.004～15 mg/kg。Chin 和 Tan（2005）对亚洲各地区饲料中的玉米赤霉烯酮污染情况抽样调查发现，玉米赤霉烯酮的平均检出量东亚地区为 396～969 μg/kg、东南亚地区为 199～219 μg/kg、南亚地区为 76～1 182 μg/kg。同时，Burlakoti 等（2008）的

调查结果发现，在美国小麦中玉米赤霉烯酮的检出量可高达 623 μg/g，大麦中玉米赤霉烯酮的检出量可高达 171 μg/g。

我国大部分地区气候温和，降水量多，玉米等谷物或饲料在生产、收获、加工、运输、贮存等过程中为霉菌提供了良好的生长环境。王若军等（2003）对全国 55 个饲料原料和配合饲料样品中玉米赤霉烯酮的污染情况调查显示，玉米和全价饲料中玉米赤霉烯酮的阳性检出率均高达 100.00%，蛋白质原料中玉米赤霉烯酮阳性检出率也高达 92.90%。李荣涛等（2004）对全国 91 个小麦和玉米样品中玉米赤霉烯酮的含量进行检测，结果显示玉米和小麦中玉米赤霉烯酮的阳性检出率均为 100.00%，玉米和小麦中玉米赤霉烯酮的含量最高分别达到 730 μg/kg 和 470 μg/kg。熊凯华等（2009）对安徽和河南两省 83 个玉米和小麦样品中玉米赤霉烯酮污染的调查结果显示，玉米中玉米赤霉烯酮阳性检出率为 78.60%，小麦中玉米赤霉烯酮阳性检出率为 68.30%，玉米和小麦中的玉米赤霉烯酮含量最高值为 1 737 μg/kg。张丞和刘颖莉（2008，2009，2010）在 2007—2009 年对中国饲料和饲料原料中霉菌毒素污染情况调查的结果表明，玉米赤霉烯酮污染广泛存在于我国玉米、小麦、糠麸、豆粕、花生饼粕、玉米加工副产物等饲料原料和配合饲料中。其中，所有样品中的玉米赤霉烯酮平均检出率达 70.9%，玉米赤霉烯酮含量最高值达 2 662 μg/kg，阳性样品平均值达 315 μg/kg。雷元培等（2012）对北京地区 131 个饲料原料和饲料样品的抽样检测发现，玉米、麸皮、DDGS 和猪全价饲料中玉米赤霉烯酮的阳性检出率均达 100.00%，豆粕中玉米赤霉烯酮的阳性检出率达 54.45%。其中，DDGS 污染情况最严重，玉米赤霉烯酮最高含量达 5 957.87 μg/kg，平均含量约 882.68 μg/kg。周建川等（2017）对 2016 年中国饲料和饲料原料中霉菌毒素污染的调查结果显示，各种饲料和饲料原料中 ZEN 的污染均普遍存在，检出率均在 70.00%以上。其中，玉米副产物中 ZEN 的检出率最高，达到 95.45%。玉米、玉米副产物、小麦及麸皮、粕类和全价饲料中 ZEN 的超标率分别达到 4.35%、58.52%、10.39%、18.52%和 7.26%；其中，玉米副产物中 ZEN 污染最为严重，最高值达到 5 278.53 μg/kg。周建川等（2018）报道，2017 年各种饲料原料及配合饲料中 ZEN 的污染仍然普遍存在，在玉米、玉米副产物、小麦及麸皮和全价饲料中的检出率均在 80.00%以上。其中，小麦及麸皮中 ZEN 的检出率最高，达到 92.00%；粕类原料中 ZEN 的检出率最低，为 58.46%；玉米、玉米副产物、小麦及麸皮、粕类和全价饲料中 ZEN 的超标率分别达到 2.47%、28.89%、0、6.15%和 13.53%；玉米副产物中 ZEN 污染最为严重，主要以玉米皮和 DDGS 为主。近年来我国饲料原料和饲料中玉米赤霉烯酮污染情况的部分调查结果见表 4-1。

表 4-1　我国饲料原料及饲料样品中玉米赤霉烯酮污染情况抽样检查结果

样　品	区　域	样品数	阳性检出率（%）	范围（μg/kg）	平均含量（μg/kg）	资料来源
玉米	全国	13	100.00	4.40～368.13	104.99	王若军等（2003）
全价饲料		14	100.00	39.22～230.30	83.96	
蛋白饲料		28	92.90	0.00～476.00	110.00	

（续）

样 品	区 域	样品数	阳性检出率（%）	范围（μg/kg）	平均含量（μg/kg）	资料来源
小麦	全国	48	100.00	14.00～470.00	98.00	李荣涛等（2004）
玉米		43	100.00	18.00～730.00	224.00	
玉米	安徽省和河南省	42	78.60	0.00～1 737.00	178.10	熊凯华等（2009）
小麦		41	68.30	0.00～1 737.00	152.40	
玉米	全国	88	72.70	0.00～2 662.00	390.00	张丞和刘颖莉（2008，2009，2010）
玉米加工副产品		20	75.00	0.00～2 319.00	499.00	
小麦及加工副产品		24	20.80	0.00～465.00	171.00	
蛋白质原料		9	33.30	0.00～1 288.00	589.00	
配合饲料		95	85.30	0.00～1 705.00	345.00	
玉米	北京市	14	100.00	6.25～321.40	109.08	雷元培等（2012）
豆粕		11	54.45	0.00～44.40	9.19	
麸皮		13	100.00	1.00～44.10	14.92	
DDGS		17	100.00	48.89～5 957.87	882.68	
猪全价饲料		76	100.00	1.00～231.59	58.88	
玉米	全国	299	48.00	0.00～2 858.00	658.00	王金勇等（2013）
DDGS		26	73.00	0.00～2 359.00	659.00	
其他玉米副产品		27	88.00	0.00～2 753.00	1 003.00	
小麦与面粉		71	89.00	0.00～525.00	158.00	
麸皮		31	82.00	0.00～70.00	64.00	
豆粕		10	10.00		65.00	
棉粕和花生粕		12	17.00		148.00	
菜粕和甜菜粕		6	17.00		256.00	
猪全价饲料		145	65.00	0.00～2 630.00	446.00	
禽全价饲料		57	74.00	0.00～2 968.00	977.00	
奶牛精饲料		11	90.00		959.00	
奶牛粗饲料		29	34.00		404.00	
TMR		8	88.00		102.00	
水产料		17	53.00		292.00	
玉米	全国	598	79.93	0.00～1 558.98	142.53	周建川等（2017）
粕类		81	72.84	0.00～1 270.85	119.77	
小麦及麸皮		77	76.62	0.00～29.34	94.21	
玉米副产物		176	95.45	0.00～5 278.53	831.90	
全价饲料		372	88.98	0.00～923.17	144.55	

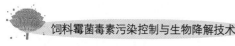

（续）

样　品	区　域	样品数	阳性检出率（%）	范围（μg/kg）	平均含量（μg/kg）	资料来源
玉米	全国	324	80.25	0.00～1 296.21	121.70	周建川等（2018）
粕类		130	58.46	0.00～1 020.75	412.11	
小麦及麸皮		150	92.00	0.00～437.90	23.91	
玉米副产物		90	88.89	0.00～1 327.12	485.46	
全价饲料		340	82.94	0.00～158.20	205.75	

（二）玉米赤霉烯酮的限量标准

截至2003年，已有16个国家对食物中的玉米赤霉烯酮含量进行了控制。对动物饲料中玉米赤霉烯酮含量进行控制，就可控制肉、蛋、奶等产品中出现玉米赤霉烯酮及其代谢产物残留的问题。目前世界各国对玉米赤霉烯酮在玉米和其他谷物中的限量标准各不相同。表4-2列出了欧盟和我国饲料玉米赤霉烯酮的限量标准。我国于2018年5月1日实施的新的《饲料卫生标准》（GB 13078—2017），对饲料中的玉米赤霉烯酮含量进行了限量规定，由此规定可以看出，我国新修订的《饲料卫生标准》中规定的猪饲料中玉米赤霉烯酮的限定值比旧版中的限定值（500 μg/kg）低，与欧盟制定的限量标准基本相同。

表4-2　欧盟和我国饲料玉米赤霉烯酮的限量标准

国家或地区	饲料类型	最高限量（μg/kg）
欧盟	未加工的谷物（除玉米）	100
	谷物（除玉米）	75
	玉米及玉米副产品	3 000
	仔猪和小母猪配合饲料	100
	母猪和育肥猪配合饲料	250
	反刍动物配合饲料	500
中国（GB 13078—2017）	玉米及其加工产品（玉米皮、喷浆玉米皮、玉米浆干粉除外）	500
	玉米皮、喷浆玉米皮、玉米浆干粉和玉米酒糟类产品	1 500
	其他植物性饲料原料	1 000
	犊牛和羔羊泌乳期精饲料补充料	500
	仔猪配合饲料	150
	青年母猪配合饲料	100
	其他生长阶段的猪配合饲料	250
	其他配合饲料	500

第二节　玉米赤霉烯酮毒理作用

玉米赤霉烯酮又名雌性发情毒素，是众所周知的低急性毒性毒素，其口服毒性低于注射毒性，毒性强弱依赖于玉米赤霉烯酮或其衍生物与动物体雌性受体间的相互作用。玉米赤霉烯酮及其代谢产物的主要毒性归因于它们的雌激素活性和合成代谢活性，其形成过程与自然界脊椎动物雌二醇相似。由于动物都具有对雌激素化合物有高亲和性的雌激素受体，因此很容易受这种毒素的影响。各种动物对玉米赤霉烯酮的敏感程度依次是猪、大鼠、牛和禽，这也是造成猪生产性能和繁殖性能下降及对疾病抵抗力降低的重要原因之一。

一、玉米赤霉烯酮的吸收与代谢

玉米赤霉烯酮在动物组织中的残留量主要取决于动物采食的饲料中玉米赤霉烯酮或α-玉米赤霉烯醇的浓度，与毒素的接触方式和接触时间，毒素在动物体内的存留时间及摄入毒素的动物种类。目前，关于动物产品中玉米赤霉烯酮残留率的报道较少。

受玉米赤霉烯酮污染的饲粮被动物采食后进入动物消化道，然后被快速吸收，其吸收率为动物食入量的80%～85%（Kuiper-Goodman等，1987）。在猪上的试验表明，玉米赤霉烯酮在猪胃肠道内通过肠上皮细胞代谢转化为α-玉米赤霉烯醇和β-玉米赤霉烯醇（Biehl等，1993），而这2种物质可以被糖脂化进而直接排出体外。检测发现，猪食入玉米赤霉烯酮30 min后，血清中玉米赤霉烯酮水平即有明显变化，通过静脉注射同等剂量，玉米赤霉烯酮在血浆中的半衰期为87 h。Biehl等（1993）通过结扎胆管，阻断肠肝循环，使玉米赤霉烯酮半衰期缩短至3 h。推测糖脂化作用后的代谢产物是通过胆汁排泄的，并且可以部分再吸收，形成玉米赤霉烯酮肠肝循环。玉米赤霉烯酮在体内分布广泛，包括雌激素受体活性组织，如子宫、卵巢滤泡、脂肪组织和睾丸等（Kuiper-Goodman等，1987）。James和Smith（1982）给猪连续饲喂玉米赤霉烯酮含量为40 mg/kg的污染饲粮4周，检测出猪肝脏中玉米赤霉烯酮的残留量为78～128 μg/kg。Zöllner等（2002）也研究报道，猪采食受玉米赤霉烯酮污染的燕麦饲粮后，肝脏样品中残留的主要是α-玉米赤霉烯醇，然后才是β-玉米赤霉烯醇和玉米赤霉烯酮；肌肉样品主要残留的也是α-玉米赤霉烯醇，只检测到极少量的玉米赤霉烯酮。Mirocha等（1982）饲喂雏鸡玉米赤霉烯酮含量高达100 mg/kg的饲粮，试验期为8 d，在雏鸡肝脏和肌肉中均检测出较高含量的玉米赤霉烯酮，分别为681 μg/kg和59～103 μg/kg。Dailey等（1980）报道，蛋鸡采食玉米赤霉烯酮后，其中的94%经排泄物排出体外，但是在蛋黄中能检测出玉米赤霉烯酮及其代谢产物的残留。Dänicke等（2002）研究表明，蛋鸡采食被玉米赤霉烯酮污染的玉米（玉米赤霉烯酮含量为1 580 μg/kg）后，肝脏中玉米赤霉烯酮和α-玉米赤霉烯醇的含量分别为2.1 μg/kg和3.7 μg/kg（以体重计），但是在鸡蛋中没有检测到玉米赤霉烯酮及其代谢产物的残留。绵羊（Hagler等，1980）和猪（Palyusik等，1980）采食含高浓度玉米赤霉烯酮的饲粮时，在奶中能够检测到α-玉米赤霉烯醇或β-玉米赤霉烯醇的残留；动物一旦停止采食含玉米赤霉烯酮的饲粮，玉米赤霉烯酮及其代谢产物在奶中的残留量将会迅速降低，停饲5 d后，绵羊奶和猪奶中仍有α-玉米赤霉烯醇或β-玉米赤霉烯醇的残留（Palyusik等，1980）。Mirocha等（1981）研究报道，饲喂奶牛玉米赤霉烯酮含量为25 mg/kg的饲粮7 d后，在牛奶中检测出的玉米赤霉烯酮及其代谢产物残留量仅为1.3 μg/kg，表明玉米赤霉烯酮转化到奶中的效率较低，玉米赤霉烯酮不易在牛奶中残留。同时，动物采食含低浓度玉米赤霉烯酮的饲粮时，在奶中没有检测到玉米赤霉烯酮及其代谢产物的残留。由以上研究结果

可知，玉米赤霉烯酮及其代谢产物在动物肝脏、肌肉、鸡蛋和奶中的分布情况与动物的种类和采食的饲粮中玉米赤霉烯酮的含量密切相关。

玉米赤霉烯酮被动物摄入吸收后，进行代谢转化的主要场所是肝脏和小肠。玉米赤霉烯酮在动物体内进行代谢产生的代谢产物主要有 5 种：α-玉米赤霉烯醇（α-zearalenol，α-ZOL）、β-玉米赤霉烯醇（β-zearalenol，β-ZOL）、α-玉米赤霉醇（α-zearalanol，α-ZAL）、β-玉米赤霉醇（β-zearalanol，β-ZAL）及玉米赤霉酮（zearalanone，ZAN）。其中，玉米赤霉烯酮的雌激素活性是 α-玉米赤霉烯醇的 1/3，其与 β-玉米赤霉烯醇的雌激素活性相同。玉米赤霉烯酮在动物体内的主要代谢途径有 2 条：其中一条代谢途径是由 3α-羟基类固醇脱氢酶/3β-羟基类固醇脱氢酶（3α-hydroxysteroid dehydrogenase 或 3β-hydroxysteroid dehydrogenase，3α-HSD 或 3β-HSD）催化，使玉米赤霉烯酮生成 2 种非对应立体异构体 α/β-玉米赤霉烯醇（Olsen 等，1985）；另外一条代谢途径是由尿苷二磷酸葡萄糖醛酸转移酶（uridine diphosphate glucuronyl transferases，UDPGT）催化，使玉米赤霉烯酮和其代谢产物与葡萄糖醛酸进行结合（Mirocha 等，1981）。此外，α-玉米赤霉烯醇和 β-玉米赤霉烯醇可以相互转化并可通过进一步代谢产生 α-玉米赤霉醇、β-玉米赤霉醇，及玉米赤霉酮，而 α-玉米赤霉醇、β-玉米赤霉醇与玉米赤霉酮之间又可进行相互转化（Zinedine 等，2007）。以上 6 种物质的化学结构图及其相互代谢转化方式如图 4-2 所示。

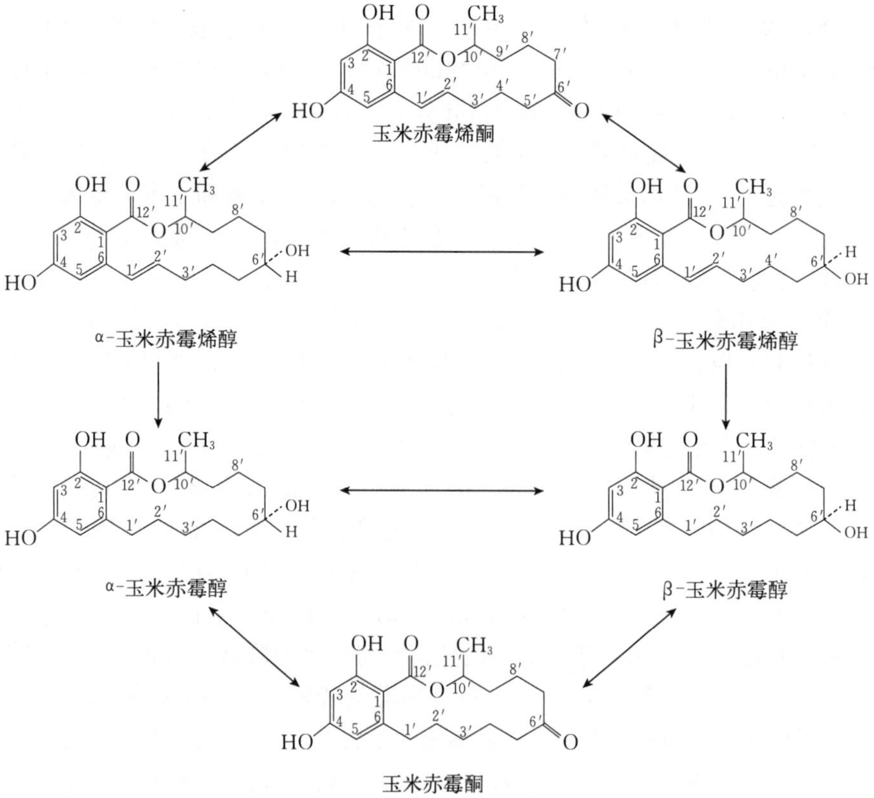

玉米赤霉烯酮

α-玉米赤霉烯醇　　β-玉米赤霉烯醇

α-玉米赤霉醇　　β-玉米赤霉醇

玉米赤霉酮

图 4-2　玉米赤霉烯酮代谢产物结构及其代谢途径

（资料来源：Zinedine 等，2007）

二、玉米赤霉烯酮毒理作用机制

（一）雌激素受体介导途径

玉米赤霉烯酮及其代谢产物都具有雌激素活性作用，主要是因为它们能够与细胞膜上的雌激素受体（estrogen receptor，ER）结合，使 ER 发生构型改变。玉米赤霉烯酮与 ER 形成的复合物被转移至核内将会和雌激素效应元件结合，从而对靶基因的转录与蛋白质合成进行调节。Kuiper-Goodman 等（1987）研究结果表明，在玉米赤霉烯酮及其最主要的几种代谢产物之中，α-玉米赤霉烯醇与 ER 的结合力最高，玉米赤霉烯酮及其代谢产物与 ER 的相对结合力高低顺序依次是 α-ZOL＞α-ZAL＞β-ZOL＞ZEN＞β-ZAL。ER 有 1 个具有反式激活功能的高度变异的 N 末端区，1 个负责特定的 DNA 结合、二聚化及核定位的高度保守的中央区，以及 1 个参与配体结合及配体依赖的反式激活功能的 C 末端区。ER 与雌激素分子之间的亲和力非常高，能够通过受体特异性进行结合。玉米赤霉烯酮及其代谢产物对所有亚型 ERs 都具有激活作用或颉颃作用，是 ERs 的激活剂或颉颃剂。转染人 ERα 和 ERβ 的细胞试验证明，玉米赤霉烯酮与 ER 的亲和力大约是雌二醇的 1/10，且浓度为 1～10 nmol/L 的玉米赤霉烯酮就能刺激并激活动物机体中 ERα 和 ERβ 的转录活性。其中，玉米赤霉烯酮对 ERα 起着完全激活剂的作用，而对 ERβ 起着激动-颉颃剂的作用（Kuiper 等，1997，1998）。Dees 等（1997）研究发现，玉米赤霉烯酮在动物机体内与 ER 结合后，被转移到细胞核中，进而与细胞核内的染色质相结合，通过调节细胞内的基因转录和蛋白质合成，从而对细胞的分裂和生长产生影响，加速乳腺癌细胞 MCF-7 进入细胞周期，促进 MCF-7 细胞增殖。除此之外，玉米赤霉烯酮对 MCF-7 细胞中雌激素调节基因 *ps2* 的表达也具有促进作用。虽然玉米赤霉烯酮具有类雌激素作用，但目前研究更多的是玉米赤霉烯酮对动物和人的雌激素毒性。

（二）氧化损伤途径

氧化损伤是玉米赤霉烯酮的毒理作用机制之一。氧化应激主要是干扰促氧化剂-抗氧化剂平衡，从而造成机体细胞潜在的损伤。脂质过氧化物是引起细胞氧化损伤的因素之一，而机体内脂质过氧化反应的终产物丙二醛（malondialdehyde，MDA）的含量被认为是衡量氧化应激和细胞损伤最好的一种生物标记物。脂类降解和 MDA 生成能够使细胞膜的结构与功能发生改变，导致机体内细胞代谢发生阻断，造成细胞毒性。Abid-Essefi 等（2004）报道，玉米赤霉烯酮能够导致 Caco-2 细胞系的脂质过氧化反应增强，MDA 产量增加，从而诱导机体产生氧化应激，并且呈玉米赤霉烯酮剂量依赖性。玉米赤霉烯酮及其代谢产物能够诱导动物机体内氧化应激的产生，引起细胞损伤、核内 DNA 损伤和细胞凋亡。

（三）染色体损伤途径

玉米赤霉烯酮可导致细胞核内 DNA 和染色体损伤，这可能是玉米赤霉烯酮引起动物机体出现一系列中毒症状的原因之一。据 Abid-Essefi 等（2003）报道，玉米赤霉烯酮在 1～15 μg/mL 细胞悬液浓度范围内可导致细胞 DNA 发生损伤，且具有明显的剂量反应关系。Quanes 等（2005）研究发现，当玉米赤霉烯酮的剂量为 2～20 mg/kg（以体重计）时，可诱导鼠骨髓细胞核内染色体出现不同程度和不同类型的变异、畸形，该剂量达到半数致死量的 0.4%～4%。但相同剂量玉米赤霉烯酮分次连续注射和一次性注射导致的染色体损伤程度不同，分次连续注射对染色体的损伤比一次性注射更加严重。Lioi 等（2004）试验发现，0.5 μmol/L 的玉米赤霉烯酮就可以造成牛淋巴细胞中的染色单体断裂及片段化，降低细胞生存能力。因此，玉米赤霉烯酮对细胞核内 DNA 和染色体的损伤可能是其毒性作用机制之一。

（四）干扰雄激素代谢的途径

除以上途径外，玉米赤霉烯酮还可通过对雄性激素代谢进行干扰而引起机体损伤。3α-羟甾脱氢酶可催化玉米赤霉烯酮还原为玉米赤霉醇，而该酶通常催化还原雄甾烷二酮为雄甾酮。Olsen 等（1985）通过体外试验发现，玉米赤霉烯酮可强烈抑制上述还原反应的进行，减少玉米赤霉醇的产生。Yang 等（2007）研究发现，一定浓度的玉米赤霉烯酮和 α-玉米赤霉烯醇可对人绒毛膜促性腺激素诱导的睾酮分泌造成显著抑制作用，这与 3β-羟基类固醇脱氢酶、细胞色素 P450 侧链分裂酶和生成类固醇的敏感调节蛋白质的转录下降有关。玉米赤霉烯酮的这种作用可能是其发挥毒性的其中一种途径，但有待体内试验进一步证明。

三、玉米赤霉烯酮毒性效应

采食霉菌毒素污染的食物或饲料对人或动物的健康具有巨大威胁。玉米赤霉烯酮对人和动物的毒性主要表现为生殖毒性、遗传毒性、细胞毒性、免疫毒性和致肿瘤毒性等。

（一）生殖毒性

玉米赤霉烯酮及其代谢产物作为雌激素类似物，其毒性主要表现为能够引起多种雌性动物的雌激素过多症和生殖障碍。其中，猪是对玉米赤霉烯酮最敏感的动物，特别是正值生长期的母猪对玉米赤霉烯酮的敏感性更强。玉米赤霉烯酮中毒可引起青年母猪性早熟，成年母猪发情周期延长、假发情、卵巢萎缩、持久黄体、假孕和流产、窝产仔数减少或产弱仔等症状。Price 等（1993）报道，饲粮中高含量的玉米赤霉烯酮（50～100 mg/kg）可对母猪排卵、受孕、胚胎定植、胎儿发育和新生仔猪的生活力造成显著影响，并且母猪会出现明显的外阴阴道炎及阴道、直肠垂脱等症状。同时，母猪玉米赤霉烯酮中毒出现连续动情会导致不育、假孕、卵巢畸形和流产等一系列的生殖障碍。母猪或仔猪生长阶段不同、接触玉米赤霉烯酮的持续时间和剂量不同，出现雌激素中毒症状也会不同。例如，玉米赤霉烯酮轻微中毒时，母猪出现阴户和乳头红肿、子宫和阴道肿大现象，中毒严重时还会出现阴道或直肠脱垂。Collins 等（2006）研究发现，在母鼠怀孕第 6～19 天的饲粮中添加 8 mg/kg 的玉米赤霉烯酮可引起胎儿发育速度延迟、骨骼肌发育速度缓慢，以及初生小鼠成活率降低。同时，玉米赤霉烯酮和 α-玉米赤霉烯醇对雄性动物的生殖器官发育也具有一定的影响。在雄性动物体内，玉米赤霉烯酮和α-玉米赤霉烯醇能够通过影响雄性动物睾酮的分泌，进而影响成年雄性动物精子的发生、成熟和性功能。Young 和 King（1986）报道，公猪采食玉米赤霉烯酮含量为9 mg/kg 的饲粮后，其精液质量明显下降（如精液的总量、总活精数及凝胶自由体积）。Wilson 等（2002）对放牧公山羊耳埋 36 mg 玉米赤霉烯酮 90 d 后发现，公山羊的攻击性行为降低、睾丸生长速度缓慢和性欲降低。同时，体外研究表明，在精液中添加玉米赤霉烯酮和 α-玉米赤霉烯醇，精子生存力和生活力显著降低，公猪精子的生育能力也下降。

（二）遗传毒性

Lioi 等（2004）报道，玉米赤霉烯酮本身具有遗传毒性，牛摄入玉米赤霉烯酮后能够诱导淋巴细胞中 DNA 加合物的形成。玉米赤霉烯酮除能够导致 DNA 断裂、影响微核形成及 DNA 加合物的形成外，还会造成 DNA 及其结构损伤、蛋白质和 DNA 合成抑制、DNA 复制受阻，从而干扰细胞的分裂、抑制细胞的增殖。Kouadio 等（2005）和 Hassen 等（2007）也报道，玉米赤霉烯酮可导致脂质过氧化和细胞死亡，抑制细胞蛋白质和 DNA 合成。细胞悬液中玉米赤霉烯酮的含量在 1～15 μg/mL 范围内，就会出现细胞的 DNA 损伤，并且玉米赤霉烯酮对细胞 DNA 的损伤程度具有明显的剂量依赖性（严继承等，2005）。玉米赤霉烯酮不仅能够对 DNA 造成损伤，还会对细胞中染色体造成异常。Minervini 等（2001）研究证明，玉米赤霉烯酮及其衍生物含量为 94 μmol/L 时就会使牛卵母细胞中染色体出现异常增加。同时，牛淋巴细胞培养物中添加0.5 μmol/L 的玉米赤霉烯酮，染色单体就会出现断裂及片段化，导致细胞的生存能力降低（Lioi 等，2004）。

（三）细胞毒性

低浓度的 α-玉米赤霉烯醇也能够显著抑制细胞增殖（Luongo 等，2006）。Lioi 等（2004）报道，经 1.2 μg/mL 玉米赤霉烯酮处理 24 h 后，牛淋巴细胞的活力没有显著降低，但是增加玉米赤霉烯酮的浓度和处理的时间则会导致牛淋巴细胞出现坏死现象。Othmen 等（2008）通过 MTT 法评定细胞的活力试验证实，α-玉米赤霉烯醇和 β-玉米赤霉烯醇在卵母细胞的减数分裂过程中都对卵母细胞具有负面作用，α-玉米赤霉烯醇所具有的细胞毒性比 β-玉米赤霉烯醇更强，但 β-玉米赤霉烯醇需要更高的浓度才会出现负面作用，低浓度时没有出现负面影响或影响很小。

（四）免疫毒性

免疫器官、免疫细胞及免疫分子共同组成了动物机体的免疫系统。凡是对动物机体内免疫器官的正常结构和功能、免疫细胞的数量和组成，以及免疫分子的分泌和分泌量等造成影响的因素都将对动物机体的正常免疫功能造成影响。Abbès 等（2006）发现，小鼠摄入高剂量玉米赤霉烯酮（40 mg/kg，以体重计）后能够显著降低脾脏淋巴细胞的数量，导致脾脏出现细胞肿胀、坏死灶、白髓萎缩和红髓肿胀等症状，从而使小鼠的免疫系统出现损伤。梁梓森等（2010）给小鼠连续注射玉米赤霉烯酮 25 mg/kg（以体重计）6 d后，小鼠的胸腺出现明显萎缩，胸腺指数和脾指数显著降低，胸腺细胞出现典型的凋亡峰；对小鼠进行单次注射玉米赤霉烯酮 50 mg/kg（以体重计）48 h后，在小鼠的胸腺细胞和脾淋巴细胞均能观察到细胞周期阻滞；连续注射玉米赤霉烯酮 50 mg/kg（以体重计）3 d后，小鼠胸腺出现皮质减少、髓质增加，脾脏出现白髓萎缩、局灶性坏死等症状。Jiang等（2011）也报道，使用玉米赤霉烯酮含量为1.3 mg/kg饲粮饲喂断奶仔猪，其血小板数量和血红蛋白含量都显著降低。

（五）致肿瘤毒性

玉米赤霉烯酮除了对动物具有生殖毒性、遗传毒性、细胞毒性和免疫毒性之外，越来越多的研究结果证实，动物摄入玉米赤霉烯酮后还能引起肿瘤，说明玉米赤霉烯酮对动物具有潜在的致癌性。国际癌症研究机构（1993）报道，玉米赤霉烯酮增加了雌性小鼠发生肝细胞腺瘤及垂体腺瘤的概率，并且其发生率与玉米赤霉烯酮的剂量存在依赖关系。Schoental（1977）用大鼠作为试验模型进行致癌研究试验发现，大鼠采食玉米赤霉烯酮及其代谢产物污染的饲粮后，出现乳腺纤维瘤、子宫纤维瘤、睾丸间质肿瘤和垂体腺癌等症状。此外，采食含玉米赤霉烯酮污染饲料的水貂，经过组织病理学检查发现，水貂子宫出现严重的脓肿、内膜增生和内膜炎，卵泡出现萎缩及坏死等症状（Abid-Essefi等，2003）。Yu等（2004）在乳腺癌MCF-7细胞的培养物中添加50 nmol/L玉米赤霉烯酮后，乳腺癌MCF-7细胞中细胞色素CYP1A1酶的表达量提高，酶的活性增加，而细胞色素CYP1A1酶对乳腺癌发生具有促进作用，因此该试验结果也证实玉米赤霉烯酮具有较强的致癌性。细胞间隙连接通信（gap junctional intercellular communication，GJIC）在细胞的增殖、分化等生理过程中起着非常重要的调节作用。GJIC功能的抑制是促进动物机体内细胞增殖的重要机制之一，与肿瘤的发生和生长有着重要的联系。严继承等（2005）报道，1 μmol/L以上浓度的玉米赤霉烯酮能够抑制细胞的GJIC功能，表明玉米赤霉烯酮可能是一种促癌物质。

第三节　动物和人玉米赤霉烯酮中毒症

一、动物玉米赤霉烯酮中毒症

（一）猪玉米赤霉烯酮中毒症

猪对玉米赤霉烯酮的敏感性最强，且母猪比公猪的敏感度更高。青年母猪对玉米赤霉烯酮最敏感，饲粮中含0.10～0.15 mg/kg的玉米赤霉烯酮即可引起青年母猪阴门红肿、子宫体积和重量增加。

玉米赤霉烯酮中毒的临床症状大体包括饲料转化效率降低、性器官重量发生变化、生育力下降及行为异常等。对于雌性动物，玉米赤霉烯酮会造成乳腺肿胀、阴户和阴道水肿、阴道和直肠脱垂、子宫卵巢萎缩、窝产仔数减少、流产及不孕等症状。母猪中毒时，其阴道黏膜瘙痒，阴道与外阴黏膜有淤血性水肿，分泌混血黏体，外阴肿大3～4倍，阴门外翻，往往因尿道外口肿胀而排尿困难。严重中毒的母猪出现阴道脱垂（占

30%～40%）、直肠脱垂（占 5%～10%）和子宫脱垂现象，病理组织学变化有子宫内膜与肌层增生和水肿等。青年母猪中毒时，乳腺过早成熟而乳房隆起，出现发情征兆，发情周期延长并紊乱。成年母猪中毒时生殖能力降低，多数在第一次配种或人工授精时不易受胎（假妊娠）或者每窝产仔头数减少，仔猪虚弱、后肢外展（“八”字腿）、畸形、轻度麻痹、免疫反应性降低。妊娠母猪中毒时，易发生早产、流产、胎儿吸收、死胎或胎儿木乃伊化。公猪和去势公猪中毒时，显现雌性化综合征，如乳腺过早成熟似泌乳状肿大、包皮水肿、睾丸萎缩、性欲明显减退及精液质量下降，有时还继发膀胱炎、尿毒症和败血症。彩图 4-1 至彩图 4-3 为母猪采食被玉米赤烯酮污染的饲料后的症状。

猪发生玉米赤霉烯酮中毒后，临床症状随接触剂量和猪的年龄不同而异。饲粮玉米赤霉烯酮含量低于 1 mg/kg 时可导致公猪雌性化，含量更高时则影响母猪排卵、胚胎定植、怀孕、胎儿发育及新生仔猪活力。当猪饲粮中的玉米赤霉烯酮水平在 1～5 mg/kg 时，可引起初情期前的后备母猪外阴阴道炎，其特征为外阴和阴道充血和水肿，性早熟，严重时阴道和直肠脱垂、乳房肿大和乳头肥大，成年猪还可引起不育症。玉米赤霉烯酮还可通过母乳由母猪传给仔猪，使仔猪表现雌激素样症状。

分别给幼龄雌性仔猪以胶囊形式口服剂量为 0 mg/kg、3.5 mg/kg、7.5 mg/kg 或 11.5 mg/kg（以体重计）的玉米赤霉烯酮，1 周后幼龄仔猪均发现明显的外阴阴道炎和生殖道肿大症状（Farnworth 和 Trenholm，1981）。给平均日龄为 70 d 的约克夏种猪小母猪饲喂玉米赤霉烯酮 2 mg/kg 的饲粮，试验 7 d 内便可观察到小母猪出现明显的外阴红肿症状（Rainey 等，1990）。

繁殖前的母猪采食被玉米赤霉烯酮污染的饲粮后不发情的比例显著提高（Etienne 和 Jemmali，1982）。Edwards 等（1987）报道，给发情期 5～20 d 的母猪饲喂含有玉米赤霉烯酮污染的饲粮，其发情间隔时间会显著增加；分别饲喂含有1 mg/kg、5 mg/kg 和 10 mg/kg 玉米赤霉烯酮的饲粮，母猪发情时间分别为（21±0.3）d、（29±2.9）d 和（33±3.3）d，仅 1 mg/kg 玉米赤霉烯酮污染饲粮组母猪的发情时间与对照组（饲喂未受玉米赤霉烯酮污染的饲料）相比没有出现显著变化。给母猪饲喂玉米赤霉烯酮含量为 5 mg/kg 或 10 mg/kg 的饲粮没有改变其反复发情的比例，但是延长了断奶发情间隔，随着饲粮中玉米赤霉烯酮浓度水平的增加，的母猪其窝产仔数显著降低（Young 等，1982）。给母猪连续饲喂玉米赤霉烯酮浓度分别为 50 μg/kg、150 μg/kg 或 350 μg/kg 的饲粮 3 d 后，所有采食玉米赤霉烯酮污染饲粮的母猪其阴道上皮厚度增加，且采食玉米赤霉烯酮浓度为 150 μg/kg 或 350 μg/kg 处理组的母猪其阴道上皮厚度高于 50 μg/kg 的玉米赤霉烯酮处理组（MacDougald 等，1990）。给初情期的青年母猪整个妊娠期饲喂玉米赤霉烯酮含量分别为 0 mg/kg、3 mg/kg、6 mg/kg 和 9 mg/kg 的饲粮时，青年母猪假孕的发病率增加，繁殖率降低，采食玉米赤霉烯酮含量为 6 mg/kg 或9 mg/kg 的青年母猪窝产仔数下降（Young 等，1982）。

未成熟公猪采食被玉米赤霉烯酮污染的饲料后，可导致睾丸和附睾重量下降，中断精子的生成。14～18 周龄的公猪可出现性欲降低和血浆睾丸酮浓度下降，甚至性欲丧失，阳萎，乳腺突起，包皮肿大及不育症；精液总量低，含活力精子量低，精子畸形，精子的活力降低。大量研究已经证实，雄性动物摄入玉米赤霉烯酮和 α-玉米赤霉烯醇将对其生育和生殖病理学造成负面影响（Young 和 King，1986）。睾酮能够促进成年动物的精子发生、成熟和性功能，动物摄入玉米赤霉烯酮和α-玉米赤霉烯醇后，睾酮的生物合成受到影响，精子的发生过程受干扰，从而对生育造成不利影响。

（二）家禽玉米赤霉烯酮中毒症

玉米赤霉烯酮是一种对家禽毒性很强的植物性雌激素，家禽中毒后会促进其第二性征的发育。蛋鸡中毒的临床表现为鸡冠肿大、卵巢萎缩、产蛋率下降，有时出现腹水症。玉米赤霉烯酮会导致幼小公鸡在出生后 15 d 开始出现鸡冠发育过度，甚至打鸣，鸡群中很多公鸡鸡冠出现明显增大、颜色发红和厚度增加。李春蕾等（2010）报道，某养鸡场鸡群采食玉米赤霉烯酮污染的饲粮 7～8 d 后，整个鸡群出现鸡冠发红，肿大的现象；17～18 d 后小鸡开始打鸣，性特征明显，采食量逐渐下降，肉鸡长势明显不足；30 d后鸡群异常兴奋，打架，有的鸡冠甚至变成紫红色；35 d 后平均体重不足 1.5 kg。

（三）反刍动物玉米赤霉烯酮中毒症

玉米赤霉烯酮对奶牛最主要的毒性作用是影响其繁殖性能，中毒后的主要症状包括食欲大减、体重减轻、高度兴奋不安、敏感、慕雄狂、假发情；有外阴阴道炎症状，如外阴部和乳房肿大、潮红、阴门外翻、频做排尿姿势；繁殖机能发生障碍，如不孕、胚胎成活率下降、妊娠后流产或死胎、促黄体素分泌减少。

由于瘤胃微生物对毒素具有一定的降解作用，因此反刍动物对霉菌毒素的耐受性比单胃动物的相对较高。Weaver 等（1986）报道，每天给干乳期奶牛饲喂 250 mg 玉米赤霉烯酮，奶牛的黄体会显著变小。当奶牛采食被玉米赤霉烯酮污染的饲料后，饲料转化效率降低，且毒素会通过体内循环转移到牛奶中，但转化效率较低，玉米赤霉烯酮很少在其他组织中残留。

玉米赤霉醇是玉米赤霉烯酮经化学还原而成的一种在肉牛中使用的肉牛增重剂，又叫生长促进剂。大多数人认为，玉米赤霉醇的作用机理是在牛体内通过作用于牛的脑垂体调节生长激素的分泌，促进蛋白质的合成，从而达到使牛增重的目的。在育肥牛和育肥羊身上埋植玉米赤霉醇后，对其增重都有非常明显的效果。埋植后的前 3 个月，犊牛、公牛和阉牛无论放牧还是舍饲都有显著的增重效果。但是，玉米赤霉醇用作牛、羊的合成饲用添加剂后，畜体会出现雌激素过多的症状。留作种用的公牛、母牛不能使用玉米赤霉醇埋植，以避免引起生殖系统扰乱。

（四）马和兔玉米赤霉烯酮中毒症

有关马和兔玉米赤霉烯酮中毒相关的研究非常少。家兔采食玉米赤霉烯酮污染的饲料会引起雌激素功能亢进的效应，如阴道脱垂、阴门肿大、乳腺肿胀，也会引起家兔流产、死胎、瘫痪、肠炎、便秘、青年兔死亡等。另外，玉米赤霉烯酮还会损伤家兔免疫机能，导致多种疫苗免疫失败，从而引发兔场疫病流行；剖检变化亦符合该毒素中毒的症状，即腹水，肝脏坏死，肾脏出血、坏死等。

王燕玲（2017）报道，福建省邵武市某养殖户从云南购进 6 匹供古镇旅游观赏拍照用的矮马，体重为 40～60 kg。该养殖户突然发现有 2 匹马呆立，而同时又有 2 匹马相对兴奋；个别马匹黏膜发绀，排灰褐色、水样、恶臭的稀粪，有的稀粪则为黏液性质；

尿液呈现淡黄色，并且频频有排尿动作；但是体温无明显变化。另外有 2 头母马出现外生殖器肿大充血、频发情和假发情的情况，育成母马乳房肿大、自行泌乳，用阿莫西林、氟苯尼考等抗生素药物治疗无效，最终 1 匹母矮马死亡。抽样检测发现，给马饲喂的秸秆发生了霉变，玉米赤霉烯酮呈阳性。同时剖检病死母矮马发现，马匹淋巴结出现水肿；胃肠黏膜变厚、肿胀、充血；肝脏颜色变成淡黄色，出现轻度肿胀，质地也变硬；卵巢有轻微囊肿。所有马的中毒症状均和其他动物玉米赤霉烯酮中毒的症状相吻合，推测其为玉米赤霉烯酮中毒。

（五）水产动物玉米赤霉烯酮中毒症

绝大多数霉菌毒素能够造成鱼及其他水产动物生长速度减慢、健康状况受损等。对于不同种类的动物，霉菌毒素的毒性作用也有所不同。霉菌毒素对于水产养殖鱼类等的影响尚未有广泛研究，其中有关于黄曲霉毒素对鱼和虾影响的研究报道，而玉米赤霉烯酮对水产动物的研究报道较少。Augustine 等（1999）建立虹鳟模型来评价玉米赤霉烯酮及其代谢产物在鱼体内的类雌激素效价，表明玉米赤霉烯酮会影响水生生物的生殖系统。Sándor 和 Ványi 等（1990）报道，玉米赤霉烯酮可影响雄性鲤鱼的精子质量，影响水生生物的生殖系统。同时，在大西洋鲑和虹鳟体内试验显示，β-玉米赤霉烯醇、玉米赤霉烯酮和 α-玉米赤霉烯醇，与鱼体雌激素受体的结合能力依次增强。

二、人玉米赤霉烯酮中毒症

人出现玉米赤霉烯酮中毒主要是由于食入被玉米赤霉烯酮污染的谷物，以及有玉米赤霉烯酮残留的动物源性食品。人玉米赤霉烯酮中毒症状是无力、头痛、头晕、呕吐、腹泻和中枢神经系统的严重紊乱等。

曾有研究报道，7～8 岁儿童由于摄入含有玉米赤霉烯酮类雌激素类似物的食物导致过早进入青春期。例如，Hannon 等（1987）报道，玉米赤霉烯酮中毒可引起波多黎各幼女性早熟现象，主要症状为 8 岁以下的幼女出现乳房过早发育成熟。一些国家批准玉米赤霉烯醇用作牛、羊的合成饲用添加剂后，该国家儿童出现了雌激素过多症状的现象。主要表现为儿童乳房发育过早、阴毛早现，青春期前男孩出现乳房增大、女孩出现性早熟症等现象。检测当地的食物后发现，一些动物食品中出现高浓度的雌二醇类似物。

1988—1989 年，在我国内蒙古自治区的两个村中发现一种不明原因的乳房肿大症。该地区病人出现的主要症状是乳房肿大、疼痛，女性病人还出现月经紊乱；同时，该地区母猪也出现乳房肿大、流产、死胎和产畸形胎等。张永红等（1995）对该病区的主食荞麦进行抽样检测发现，荞麦中镰刀菌的侵染率（34%）显著高于非病区荞麦（1%），且病区荞麦试样提取液中玉米赤霉烯酮含量高达 75～200 mg/kg，而在非病区荞麦和小麦中未检出。Tomaszewski 等（1998）对患乳腺癌或乳腺增生的人进行了子宫内膜检测，均检测出了玉米赤霉烯酮，而在正常人的子宫内膜中未检出，说明人食入玉米赤霉烯酮后可能会导致乳腺癌。严继承等（2005）也发现，玉米赤霉烯酮的浓度在 1 μmol/L 以上时就会对人永生化表皮细胞（HaCaT 细胞）的 GJIC 功能造成明显的抑制作用，该研究结果也说明玉米赤霉烯酮可能是一种促癌物。

参考文献

计成，2007. 霉菌毒素与饲料食品安全［M］. 北京：化学工业出版社.

雷元培，2014. ANSB01G 菌对玉米赤霉烯酮的降解机制及其动物试验效果研究［D］. 北京：中国农业大学.

雷元培，马秋刚，谢实勇，等，2012. 抽样调查北京地区猪场饲料及饲料原料玉米赤霉烯酮污染状况［J］. 动物营养学报，24（5）：905-910.

李春蕾，田召芳，时述考，等，2010. 几例疑似鸡玉米赤霉烯酮中毒病引发的思考［J］. 山东畜牧兽医，31（6）：47.

李荣涛，谢刚，付鹏程，等，2004. 小麦和玉米中玉米赤霉烯酮污染情况初探（Ⅰ）［J］. 粮食储藏（5）：36-38.

梁梓森，马勇江，刘长永，等，2010. 玉米赤霉烯酮对小鼠免疫器官的毒性作用［J］. 中国兽医科学，40（3）：279-283.

王金勇，刘颖莉，关舒，2013. 2012 年中国饲料和原料霉菌毒素检测报告［J］. 中国畜牧杂志，49（4）：29-34.

王若军，苗朝华，张振雄，等，2003. 中国饲料及饲料原料受霉菌毒素污染的调查报告［J］. 饲料工业（7）：53-54.

王燕玲，2017. 一例矮马玉米赤霉烯酮中毒的诊治［J］. 临床资料，39（1）：37-38.

熊凯华，胡威，汪孟娟，等，2009. 安徽河南粮食中脱氧雪腐镰刀菌烯醇和玉米赤霉烯酮的污染调查［J］. 食品科学，30（20）：265-268.

严继承，郑一凡，曾群力，等，2005. 玉米赤霉烯酮对细胞间隙连接通讯的影响［J］. 卫生毒理学杂志，18（3）：160-162.

张丞，刘颖莉，2008. 2007 年中国饲料和原料中霉菌毒素污染情况调查报告［J］. 饲料与畜牧（4）：28-32.

张丞，刘颖莉，2009. 2008 年中国饲料和原料中霉菌毒素污染情况调查总结报告［J］. 饲料广角（5）：18-20.

张丞，刘颖莉，2010. 2009 年中国饲料和原料中霉菌毒素污染情况调查总结报告［J］. 饲料广角（4）：24-26.

张永红，朱少兵，佟伟军，等，1995. “地方性乳房肿大症”病区荞麦中镰刀菌的分离和毒素测定［J］. 中华预防医学杂志（5）：273-275.

中华人民共和国国家质量监督检验检疫总局，中国国家标准化管理委员会，2017. 饲料卫生标准：GB 13078—2017［S］. 北京：中国标准出版社.

周建川，雷元培，王利通，等，2018. 2017 年中国饲料原料及配合饲料中霉菌毒素污染调查报告［J］. 饲料工业，39（11）：52-56.

周建川，郑文革，赵丽红，等，2017. 2016 年中国饲料和原料中霉菌毒素污染调查报告［J］. 中国猪业，12（6）：22-26.

Abbès S，Ouanes Z，Ben S J，et al，2006. The protective effect of hydrated sodium calcium aluminosilicate against haematological，biochemical and pathological changes induced by zearalenone in mice［J］. Toxicon：Official Journal of the International Society on Toxinology，47（5）：567-574.

Abid-Essefi S，Baudrimont I，Hassen W，et al，2003. DNA fragmentation，apoptosis and cell cycle arrest induced by zearalenone in cultured DOK，Vero and Caco-2 cells：prevention by Vitamin E［J］. Toxicology，192（2）：237-248.

Abid-Essefi S, Ouanes Z, Hassen W, et al, 2004. Cytotoxicity, inhibition of DNA and protein syntheses and oxidative damage in cultured cells exposed to zearalenone [J]. Toxicology *in Vitro*, 18 (4): 467-474.

Augustine A, Bente M N, Karin B, et al, 1999. Immunohistochemical analysis of the vitellogenin response in the liver of Atlantic salmon exposed to environmental oestrogens [J]. Biomarkers, 4 (5): 373-380.

Biehl M L, Prelusky D B, Koritz G D, et al, 1993. Biliary excretion and enterohepatic cycling of zearalenone in immature pigs [J]. Toxicology and Aapplied Pharmacology, 121 (1): 152-159.

Burlakoti R R, Ali S, Secor G A, et al, 2008. Comparative mycotoxin profiles of *Gibberella zeae* populations from barley, wheat, potatoes, and sugar beets [J]. Applied and Environmental Microbiology, 74 (21): 6513-6520.

Chin L, Tan L, 2005. Mycotoxins in feed explored [J]. Feedstuffs, 11 (26): 12-13.

Christensen C M, Nelson G H, Mirocha C J, 1965. Effect on the white rat uterus of a toxic substance isolated from *Fusarium* [J]. Applied Microbiology, 13 (5): 653-659.

Collins T F X, Sprando R L, Black T N, et al, 2006. Effects of zearalenone on in utero development in rats [J]. Food and Chemical Toxicology, 44 (9): 1455-1465.

Dailey R E, Reese R E, Brouwer E A, 1980. Metabolism of [^{14}C] zearalenone in laying hens [J]. Journal of Agricultural and Food Chemistry, 28 (2): 286-291.

Dänicke S, Ueberschar K H, Halle I, et al, 2002. Effect of addition of a detoxifying agent to laying hen diets containing uncontaminated or fusarium toxin-contaminated maize on performance of hens and on carryover of zearalenone [J]. Poultry Science, 81 (11): 1671-1680.

Dees C, Foster J S, Ahamed S, et al, 1997. Dietary estrogens stimulate human breast cells to enter the cell cycle [J]. Environmental Health Perspectives, 105 (3): 633.

Edwards S, Cantley T C, Rottinghaus G E, et al, 1987. The effects of zearalenone on reproduction in swine. I. The relationship between ingested zearalenone dose and anestrus in non-pregnant, sexually mature gilts [J]. Theriogenology, 28 (1): 43-49.

Etienne M, Jemmali M, 1982. Effects of zearalenone (F2) on estrous activity and reproduction in gilts [J]. Journal of Animal Science, 55 (1): 1-10.

Farnworth E R, Trenholm H L, 1981. The effect of acute administration of the mycotoxin zearalenone to female pigs [J]. Journal of Environmental Science and Health (Part B), 16: 239-252.

Hagler W M, Danko G, Horvath L, et al, 1980. Transmission of zearalenone and its metabolite into ruminant milk [J]. Acta Veterinaria Academiae Scientiarum Hungaricae, 28: 209-216.

Hannon W H, Hill Jr R H, Bernert Jr J T, et al, 1987. Premature thelarche in Puerto Rico: a search for environmental estrogenic contamination [J]. Archives of Environmental Contamination and Toxicology, 16 (3): 255-262.

Hassen W, Ayed-Boussema I, Oscoz A A, et al, 2007. The role of oxidative stress in zearalenone-mediated toxicity in Hep G2 cells: oxidative DNA damage, gluthatione depletion and stress proteins induction [J]. Toxicology, 232 (3): 294-302.

James L J, Smith T K, 1982. Effect of dietary alfalfa on zearalenone toxicity and metabolism in rats and swine [J]. Journal of Animal Science, 55 (1): 110-118.

Jiang S Z, Yang Z B, Yang W R, et al, 2011. Effects of purified zearalenone on growth performance, organ size, serum metabolites, and oxidative stress in postweaning gilts [J]. Journal of Animal Science, 89 (10): 3008-3015.

Kouadio J H，Mobio T A，Baudrimont I，et al，2005. Comparative study of cytotoxicity and oxidative stress induced by deoxynivalenol，zearalenone or fumonisin B_1 in human intestinal cell line Caco-2 [J]. Toxicology，213 (1/2)：56-65.

Kuiper G G，Carlsson B，Grandien K，et al，1997. Comparison of the ligand binding specificity and transcript tissue distribution of estrogen receptors alpha and beta [J]. Endocrinology，138：863-870.

Kuiper G G，Lemmen J G，Carlsson B O，et al，1998. Interaction of estrogenic chemicals and phytoestrogens with estrogen receptor β [J]. Endocrinology，139 (10)：4252-4263.

Kuiper-Goodman T，Scott P M，Watanabe H，1987. Risk assessment of the mycotoxin zearalenone [J]. Regulatory Toxicology and Pharmacology，7 (3)：253-306.

Lioi M B，Santoro A，Barbieri R，et al，2004. Ochratoxin A and zearalenone：a comparative study on genotoxic effects and cell death induced in bovine lymphocytes [J]. Mutation Research/Genetic Toxicology and Environmental Mutagenesis，557 (1)：19-27.

Long G G，Turek J，Diekman M A，et al，1992. Effect of zearalenone on days 7 to 10 post-mating on blastocyst development and endometrial morphology in sows [J]. Veterinary Pathology，29 (1)：60-67.

Luongo D，Severino L，Bergamo P，et al，2006 Interactive effects of fumonisin B_1 and α-zearalenol on proliferation and cytokine expression in Jurkat T cells [J]. Toxicology *in Vitro*，20 (8)：1403-1410.

MacDougald O A，Thulin A J，Weldon W C，et al，1990. Effects of immunizing gilts against zearalenone on height of vaginal epithelium and urinary excretion of zearalenone [J]. Journal of Animal Science，68 (11)：3713-3718.

McNutt S H，Purwin P，Murray C，1928. Vulvovaginitis in swine [J]. Journal of the American Veterinary Medical Association，73：484.

Meng F，Que Y，Han Y，et al，1989. Isolation of zearalenone from shoot apices of overwintering winter wheat [J]. Science in China，32：1099-1105.

Minervini F，Dell'Aquila M E，Maritato F，et al，2001. Toxic effects of the mycotoxin zearalenone and its derivatives on *in vitro* maturation of bovine oocytes and 17β-estradiol levels in mural granulosa cell cultures [J]. Toxicology *in Vitro*，15 (4/5)：489-495.

Mirocha C J，Pathre S V，Robison T S，1981. Comparative metabolism of zearalenone and transmission into bovine milk [J]. Food and Cosmetics Toxicology，19：25-30.

Mirocha C J，Robison T S，Pawlosky R J，et al，1982. Distribution and residue determination of [3H] zearalenone in broilers [J]. Toxicology and Applied Pharmacology，66 (1)：77-87.

Olsen M，Malmlöf K，Pettersson H，et al，1985. Plasma and urinary levels of zearalenone and α-zearalenol in a prepubertal gilt fed zearalenone [J]. Acta Pharmacologica et Toxicologica，56 (3)：239-243.

Othmen Z O，Golli E E，Abid-Essefi S，et al，2008. Cytotoxicity effects induced by zearalenone metabolites，α-zearalenol and β-zearalenol，on cultured vero cells [J]. Toxicology，252 (1)：72-77.

Palyusik M，Hearrah B，Mirocha C J，et al，1980. Transmission of zearalenone into porcine milk [J]. Acta Veterinaria Academiae Scientiarum Hungaricae，28：217-222.

Placinta C M，D'Mello J P F，Macdonald A M C，1999. A review of worldwide contamination of cereal grains and animal feed with Fusarium mycotoxins [J]. Animal Feed Science and Technology，78 (1/2)：21-37.

Price W D, Lovell R A, Mcchesney D G, 1993. Naturally occurring toxins in feedstuffs: center for veterinary medicine perspective [J]. Journal of Animal Science, 71 (9): 2556 - 2562.

Quanes Z, Ayed - Boussema I, Baati T, et al, 2005. Zearalenone induces chromosome aberrations in mouse bone marrow: preventive effect of 17β - estradiol, progesterone and vitamin E [J]. Mutation Research/Genetic Toxicology and Environmental Mutagenesis, 565 (2): 139 - 149.

Rainey M R, Tubbs R C, Bennett L W, et al, 1990. Prepubertal exposure to dietary zearalenone alters hypothalamo - hypophysial function but does not impair postpubertal reproductive function of gilts. [J]. Journal of Animal Science, 68 (7): 2015 - 2022.

Sándor G, Ványi A, 1990. Mycotoxin research in the Hungarian Central Veterinary Institute [J]. Veterinary Parasitology, 35: 175 - 178.

Schoental R, 1977. The role of nicotinamide and of certain other modifying factors in diethylnitrosamine carcinogenesis. Fusaria mycotoxins and 'spontaneous' tumors in animals and man [J]. Cancer, 40 (S4): 1833 - 1840.

Stob M, Baldwin R S, Tuite J, et al, 1962. Isolation of an anabolic, uterotrophic compound from corn infected with *Gibberella zeae* [J]. Nature, 196: 1318.

Tanaka T, Yamamoto S, Hasegawa A, et al, 1990. A survey of the natural occurrence of Fusarium mycotoxins, deoxynivalenol, nivalenol and zearalenone, in cereals harvested in the Netherlands [J]. Mycopathologia, 110 (1): 19 - 22.

Tomaszewski J, Miturski R, Semczuk A, et al, 1998. Tissue zearalenone concentration in normal, hyperplastic and neoplastic human endometrium [J]. Ginekologia Polska, 69 (5): 363 - 366.

Urry W H, Wehrmeister H L, Hodge E B, et al, 1966. The structure of zearalenone [J]. Tetrahedron Letters, 7 (27): 3109 - 3114.

Weaver G A, Kurtz H J, Behrens J C, et al, 1986. Effect of zearalenone on dairy cows [J]. American Journal of Veterinary Research, 47 (8): 1826 - 1828.

Wilson T W, Neuendorff D A, Lewis A W, et al, 2002. Effect of zeranol or melengestrol acetate (MGA) on testicular and antler development and aggression in farmed fallow bucks [J]. Journal of Animal Science, 80 (6): 1433 - 1441.

Yang J, Zhang Y, Wang Y, et al, 2007. Toxic effects of zearalenone and α - zearalenol on the regulation of steroidogenesis and testosterone production in mouse leydig cells [J]. Toxicology *in Vitro*, 21 (4): 558 - 565.

Yu Z, Hu D, Li Y, 2004. Effects of zearalenone on mRNA expression and activity of cytochrome P450 1A1 and 1B1 in MCF - 7 cells [J]. Ecotoxicology and Environmental Safety, 58 (2): 187 - 193.

Young L G, King G J, 1986. Low concentrations of zearalenone in diets of boars for a prolonged period of time [J] Journal of Animal Science, 63 (4): 1197 - 1200.

Young L G, King G J, Mcgirr L, et al, 1982. Moldy corn in diets of gestating and lactating swine [J]. Journal of Animal Science, 54 (5): 976 - 982.

Zinedine A, Soriano J M, Molto J C, et al, 2007. Review on the toxicity, occurrence, metabolism, detoxification, regulations and intake of zearalenone: an oestrogenic mycotoxin [J]. Food and Chemical Toxicology, 45 (1): 1 - 18.

Zöllner P, Jodlbauer J, Kleinova M, et al, 2002. Concentration levels of zearalenone and its metabolites in urine, muscle tissue, and liver samples of pigs fed with mycotoxin - contaminated oats [J]. Journal of Agricultural and Food Chemistry, 50 (9): 2494 - 2501.

第五章 单端孢霉烯族毒素毒理作用及动物和人中毒症

第一节 单端孢霉烯族毒素概述

一、单端孢霉烯族毒素的物理化学性质

单端孢霉烯族毒素是由镰刀菌产生的一类最重要、种类和数量最多的毒素，其主要是一组结构上相关联的倍半萜类霉菌毒素。所有单端孢霉烯族毒素都有一个第9、10位碳的双键和一个第12、13位碳的环氧化物簇，但环氧化作用各不相同。单端孢霉烯族毒素主要分为4个亚类，其中A类和B类最为重要。A类单端孢霉烯族毒素主要由拟枝孢镰刀菌（*Fusarium sporotrichioides*）和梨孢镰刀菌（*F. poae*）产生，包括T-2毒素（T-2 toxin）、HT-2毒素（HT-2 toxin）、镰刀菌酸（萎蔫酸，fusaric acid，FA）、新茄病镰刀菌烯醇（neosolaniol，NEO）和双乙酸基藨草烯醇（diacetoxyscirpenol，DAS）；B类单端孢霉烯族毒素主要由黄色镰刀菌（*F. culmorum*）和禾谷镰刀菌（*F. graminearum*）产生，包括脱氧雪腐镰刀菌烯醇（呕吐毒素，deoxynivalenol，DON）、3-乙酰-脱氧雪腐镰刀菌烯醇（3-acetyldeoxynivalenol，3ADON）或15-乙酰-脱氧雪腐镰刀菌烯醇（15-acetyldeoxynivalenol，15ADON）、雪腐镰刀菌烯醇（nivalenol，NIV）和镰刀菌烯酮-X（fusarenon-X，FUS-X），常见单端孢霉烯族毒素的化学结构式见图5-1。

（一）T-2毒素的理化性质

T-2毒素是一种倍半萜烯化合物，其化学名称为4β，15-二乙酰氧基-8α-（3-甲基丁酰氧基）-12，13-环氧单端孢霉-9烯-α醇，分子式为$C_{24}H_{34}O_9$，相对分子质量为466.51，熔点为151～152℃。热稳定性强，可在饲料中无限期地持续存在。T-2毒素纯品为白色针状结晶，可溶于乙醇、甲醇、氯仿及脂肪，但不溶于己烷。T-2毒素性质稳定，室温下放置6～7年或以200℃高温处理1～2 h毒力仍无减弱，而碱性条件下（如次氯酸钠）可使之失去毒性。

自然界中多种农作物的致病菌可以产生T-2毒素，其中大多来自镰刀菌属（*Fusari-*

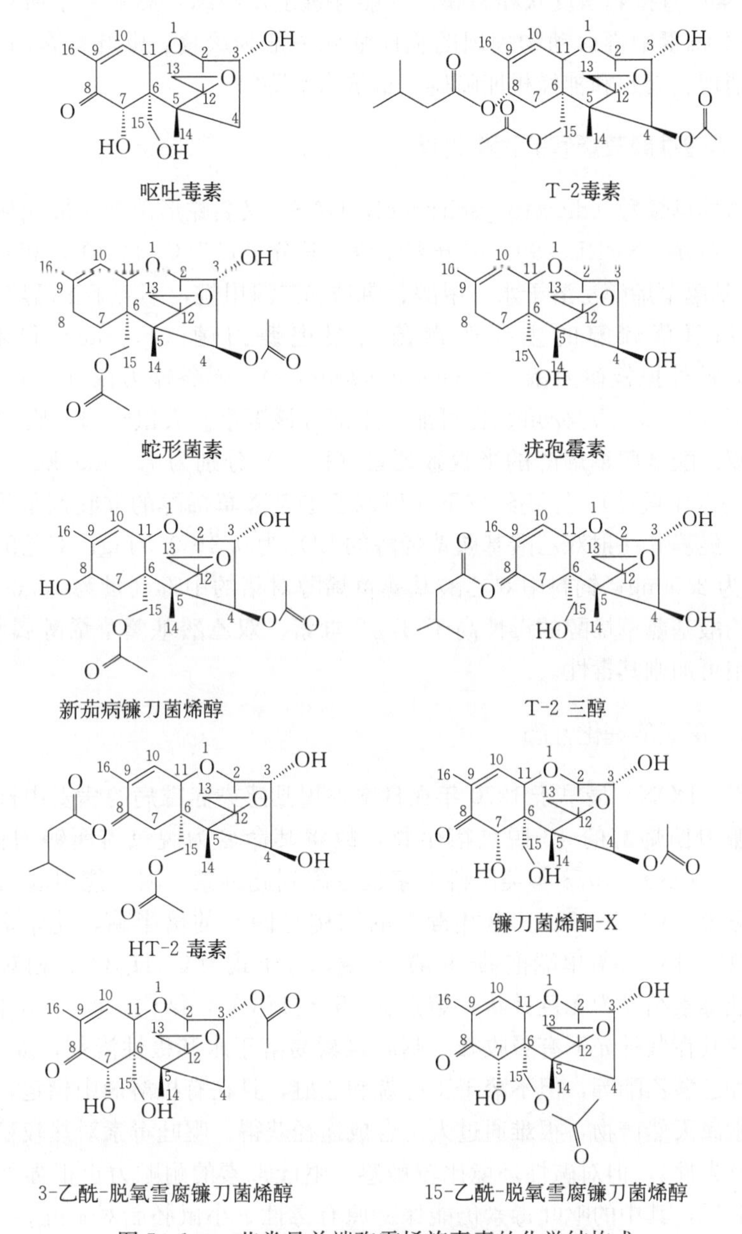

图 5-1　一些常见单端孢霉烯族毒素的化学结构式
（资料来源：Young 等，2006）

um sp.），如拟枝孢镰刀菌（*F. sporotrichioides*）、梨孢镰刀菌（*F. poae*）和三线镰刀菌（*F. tricictum*）等。产毒能力随真菌种类而异，同时受环境因素的影响。在湿度为 40%～50%、温度为 3～7 ℃的环境下，拟枝孢镰刀菌的产毒能力最强，并且其在玉米和黑麦中的产毒能力最强，其次为大麦、大米和小麦。此外，木霉属、胶枝菌属和青霉属等霉菌亦能产生 T-2 毒素。在实际生产中，如果玉米成熟晚或含水量高，并贮存在易受温度影响的谷仓内，那么冻、溶交替的过程能够促进霉菌生长，并合成该毒素，因此发霉玉米可能是 T-2 毒素的主要来源。

T-2毒素可直接刺激皮肤和黏膜，并能穿透上皮组织，影响几乎所有亚细胞水平的活动。T-2毒素中毒后动物表现的临床症状一般为厌食、呕吐、腹泻、体温下降、生长停滞、消瘦、繁殖和神经机能障碍、抵抗力下降等。

（二）双乙酸基薰草烯醇的理化性质

双乙酸基薰草烯醇（diacetoxyscirpenol，DAS）又名蛇形菌素，最先从拟枝镰刀菌（*F. sporotrichioides* NRRL3299）中分离而得。其分子式为 $C_{19}H_{24}O_9$，相对分子质量为396。双乙酸基薰草烯醇易溶于水、甲醇、氯仿和二氯甲烷，不溶于正己烷和正戊烷。

双乙酸基薰草烯醇的主要产毒菌为梨孢镰刀菌（*F. poae*）和木贼镰刀菌（*F. equiseth*），此外拟枝镰刀菌（*F. sporotrichioides*）、禾谷镰刀菌（*F. graminearum*）和串珠镰刀菌（*F. moniliforme*）也可能产生部分该毒素。大鼠经口、腹腔注射和小鼠经静脉注射双乙酸基薰草烯醇的半数致死量（LD_{50}）分别为7.3 mg/kg、23 mg/kg和10 mg/kg（均以体重计）；雏鸭经皮下注射双乙酸基薰草烯醇的催吐剂量为0.2 mg/kg（以体重计），经静脉注射双乙酸基薰草烯醇的 LD_{50} 为0.3～0.5 mg；双乙酸基薰草烯醇对鸡的 LD_{50} 为2.0 mg；饲料中双乙酸基薰草烯醇对猪的中毒剂量为10.0 mg。对猪和鸡而言，双乙酸基薰草烯醇的毒性高于T-2毒素。双乙酸基薰草烯醇属脂溶性毒素，故高脂肪饲粮可加剧其毒性。

（三）呕吐毒素的理化性质

呕吐毒素（DON）最早于1970年在日本香川县感染赤霉病的病麦中被发现，因其结构为雪腐镰刀菌烯醇的4-脱氧衍生物，故将其命名为脱氧雪腐镰刀菌烯醇（deoxynivalenol，DON）。1973年美国科学家也分离到此毒素，因其能引起猪呕吐，故又命名为呕吐毒素（vomitoxin）。呕吐毒素的结构是四环的倍半萜，化学名为3α，7α，15-三羟基-12，13-环氧单端孢霉-9烯-8酮，分子式为 $C_{15}H_{20}O_6$，相对分子质量为296.32。呕吐毒素结晶为无色针状，熔点为151～153 ℃，结构中的α-不饱和酮和β-不饱和酮基使其在紫外光下有吸收峰。呕吐毒素易溶于水和极性溶剂，如甲醇、乙醇、乙腈、丙酮和乙酸乙酯等，但不溶于正己烷和乙醚，且在有机溶剂中稳定，适宜长期贮存。呕吐毒素属天然产物，很难通过人工合成途径获得。呕吐毒素对热较稳定（一般加热不能破坏其毒性），但对碱性环境比较敏感。呕吐毒素的耐贮力也很强。例如，病麦经4年的贮藏后，其中的呕吐毒素仍能保持原有毒性。小鼠胚胎对呕吐毒素相当敏感，按照2.5 mg/kg、5 mg/kg、10 mg/kg和15 mg/kg的毒素剂量（均以体重计）对小鼠分别进行强饲均能杀死小鼠胚胎；按照2.5 mg/kg和5 mg/kg的强饲剂量（均以体重计）则会引起胚胎畸形；按照10 mg/kg和15 mg/kg的强饲剂量（均以体重计），胚胎吸收率为80%和100%。而给7日龄肉鸡口服呕吐毒素后其 LD_{50} 大约是140 mg/kg（以体重计）。

（四）镰刀菌烯酮-X的理化性质

镰刀菌烯酮-X（fusarenon X，FUS-X）主要由雪腐镰刀菌（*F. nivale*）产生，拟枝镰刀菌（*F. sporotrichioides*）、禾谷镰刀菌（*F. graminearum*）和串珠镰刀菌

（*F. moniliforme*）亦能产生该类毒素。FUS－X 分子式为 $C_{17}H_{24}O_7$，相对分子质量为 340，熔点为 91～92 ℃。该毒素对小鼠的 LD_{50}（以体重计）为：静脉注射 3.4 mg/kg、腹腔注射 3.4 mg/kg、皮下注射 4.2 mg/kg、经口 4.5 mg/kg。

二、单端孢霉烯族毒素的污染概况和限量标准

（一）单端孢霉烯族毒素的污染概况

作为最常见的一种单端孢霉烯族毒素，在世界上大部分地区的农作物中都检测到了呕吐毒素。世界卫生组织 2001 年年度报告显示，燕麦中呕吐毒素的检出率高达 68%，其他谷物中呕吐毒素的检出率也达到 27%～59%。欧盟 2003 年的报告显示，食品中呕吐毒素的检出率达到 57%。

美国、加拿大和欧洲的小麦中经常可以发现呕吐毒素，尤其是那些在低温、潮湿条件下生长的小麦，由于在收获季节受到禾谷镰刀菌（*F. graminearum*）污染，因此很容易结块。在 20 世纪 90 年代，呕吐毒素是造成美国北达科他州、明尼苏达州、南达科他州、俄亥俄州、密歇根州、印第安纳州和伊利诺伊州粮食污染的主要霉菌毒素。1980—1982 年，美国和加拿大的小麦受到禾谷镰刀菌污染，随后又检测到了脱氧雪腐镰刀菌烯醇，其中软质冬小麦所受影响最为严重。在美国部分地区的结痂小麦和玉米赤霉穗腐病小麦中同时发现了玉米赤霉烯酮和脱氧雪腐镰刀菌烯醇。对小麦和玉米田间感染禾谷镰刀菌的研究结果显示，小麦中呕吐毒素的含量较高，而玉米赤霉烯酮的含量较低或没有检测到，小麦花序轴中的呕吐毒素含量最高。玉米中玉米赤霉烯酮和呕吐毒素都存在，尤其是玉米穗部的玉米芯中呕吐毒素含量最高（Reid 等，1996）。另外，外观正常的谷物也可能含有呕吐毒素。在加拿大安大略省的呕吐毒素调查研究中，52%的外观正常的玉米籽实中含 0.28～5 mg/kg 呕吐毒素（Sinha 和 Savard，1997）。

镰刀菌产生呕吐毒素的最适生长温度为 5～25 ℃，由于我国大部分地区比较适合镰刀菌属霉菌生长，因此我国粮食和饲料样品受呕吐毒素污染较普遍。程传民等（2014）对来自全国 26 个省（直辖市）的小麦及其副产物，进行 4 种霉菌毒素的抽样检测。结果发现，小麦类样品受呕吐毒素的污染程度最严重，受玉米赤霉烯酮的污染程度较轻，赭曲霉毒素 A 和 T－2 毒素未超标，污染程度最轻。单一样品中同时存在多种霉菌毒素超标的情况较普遍。粮食类副产物受霉菌毒素污染比粮食更严重。从地区来看，各区域饲料原料受霉菌毒素污染的程度不同，且污染程度存在季节性差异。2012—2013 年，对从中国 17 个省（直辖市）收集到的 1 531 份饲料或饲料原料样品的检测结果表明，小麦及麦麸类样品受呕吐毒素的污染均比较严重（黄广明等，2014）。

2014 年 1—12 月，季海霞等（2015）共采集来自江苏、四川、北京、山东、江西、河南、青岛、安徽、浙江、上海等地区的样品 612 份，对这些样品分别进行呕吐毒素、玉米赤霉烯酮、黄曲霉毒素的检测，结果表明饲料中呕吐毒素污染严重，黄曲霉毒素的污染相对较轻，小麦、麸皮的主要污染物为呕吐毒素，玉米和全价饲料受呕吐毒素和玉米赤霉烯酮的污染严重。值得关注的是，近年来玉米作为发酵酒精的原料其用量越来越

大，随之产生的大量副产品——蒸馏干燥玉米酒糟（DDGS）也正在被普遍应用到饲料中。然而霉菌毒素污染成为使用DDGS的巨大障碍，这是因为酒精发酵的过程不但不会破坏霉菌毒素，反而会使霉菌毒素在DDGS中的含量增加2～3倍。

李笑樱等（2012）采集北京市15个猪场的131个饲料原料及全价配合饲料，采用免疫亲和柱-高效液相色谱法检测其中呕吐毒素的含量。结果表明，饲料原料中玉米和DDGS呕吐毒素的含量较高，超标率也较高；麸皮、豆粕及全价饲料也不同程度地受到呕吐毒素的污染；在DDGS、配合饲料、玉米、麸皮和豆粕中，呕吐毒素的检出率分别为100%、97.4%、92.9%、92.3%和54.5%；在DDGS、玉米、配合饲料、麸皮和豆粕中，呕吐毒素的平均含量分别为1.36 mg/kg、1.01 mg/kg、0.65 mg/kg、0.44 mg/kg和0.05 mg/kg，超标率分别为88.2%、57.1%、15.8%、0.0和0.0。

（二）单端孢霉烯族毒素的限量标准

呕吐毒素是一种全球性的谷物污染物，污染水平居镰刀菌毒素之首，世界上很多国家都对呕吐毒素的污染情况进行了调查，发现粮食和饲料均不同程度地受呕吐毒素污染，一些国家针对呕吐毒素污染还制定了粮食和饲料中呕吐毒素的最低限量标准。美国食品药品管理局（Food and Drug Administration，FDA）根据谷类及谷类副产品的用途规定了其中呕吐毒素的最高限量。欧盟和我国也分别对动物饲料原料中呕吐毒素的含量进行了规范限制。表5-1是美国、欧盟和我国饲料原料及配合饲料中呕吐毒素的限量标准。

表5-1　饲料原料及配合饲料中呕吐毒素限量标准

国家或地区	饲料类型	DON限量（mg/kg）	T-2毒素限量（mg/kg）
美国	大于4月龄的牛，谷物和谷物副产品低于饲粮的50%	10	
	鸡，谷物和谷物副产品低于饲粮的50%	10	
	猪，谷物和谷物副产品低于饲粮的20%	5	
	其他动物，谷物和谷物副产品低于饲粮的40%	5	
	大于4月龄的牛全价饲料	5	
	鸡全价饲料	5	
	猪全价饲料	1	
	其他动物全价饲料	2	
欧盟	全价饲料和补充料	5	
	猪全价饲料和补充料	0.9	
	犊牛（小于4月龄）、羔羊全价饲料和补充料	2	
中国（GB 13078—2017）	植物性饲料原料	5	0.5
	犊牛、羔羊、泌乳期精饲料补充料	1	—
	其他精饲料补充料	3	—
	猪配合饲料	1	0.5
	禽配合饲料	3	0.5
	其他配合饲料	3	0.5

第二节　单端孢霉烯族毒素毒理作用

一、单端孢霉烯族毒素的吸收与代谢

（一）动物对单端孢霉烯族毒素的吸收

单端孢霉烯族毒素在动物消化道内的吸收速度非常迅速。猪口服后不到30 min，就能在血液中检测到呕吐毒素、T－2毒素和雪腐镰刀菌烯醇。目前，关于T－2毒素动力学的研究报道比较多。T－2毒素在体内能被迅速吸收和排泄，从粪尿中可检测出脱去4位乙酰基的HT－2毒素和脱去8位乙酰基的新茄病镰刀菌烯醇。肝脏微粒体羧酯酶可将T－2毒素转变成HT－2毒素。T－2毒素的代谢产物广泛分布于机体各组织中。

呕吐毒素在体内吸收迅速，并可分布于全身各组织当中。呕吐毒素可在口服15 min内诱导肝脏第一阶段和第二阶段生物转化酶的产生（Bensassi等，2009），但并不通过细胞色素P450途径代谢（Lewis等，1999）。呕吐毒素的代谢去路可分为两部分：一部分在肝脏与葡萄糖醛酸发生共轭，以原型或共轭化合物的形式从尿中排出；另一部分主要由肠道微生物通过去环氧化作用生成去环氧呕吐毒素（DOM－1），并由粪中排出，此过程不经过肝脏和其他组织的转化（He等，1992）。

所有动物都对呕吐毒素敏感，但由于呕吐毒素在不同动物体内的吸收、代谢、分布和排出的方式不同，因此动物对毒素的敏感性也有差异（动物对呕吐毒素敏感性的顺序为：猪＞小鼠＞大鼠＞家禽≈反刍动物）。呕吐毒素可与肝脏内的葡萄糖醛酸苷类，以及动物组织和排泄物中的代谢产物结合（Gareis等，1987）。与大鼠、小鼠和猪不同，人体胃肠内微生物转化单端孢霉烯族毒素的方式不是去环氧化（Sundstol和Pettersson，2003）。因此，不同物种肠道转化单端孢霉烯族毒素能力的不同有着重要的毒理学意义。

呕吐毒素对肠道黏膜的吸收和屏障功能有一定影响。当动物摄入含有呕吐毒素的霉变饲料时，胃肠道首先暴露，成为呕吐毒素攻击的第一靶标。呕吐毒素在肠道中主要通过旁细胞途径，在小肠上端以被动扩散的方式被快速吸收，且很难达到饱和（Pestka，2008）。呕吐毒素对消化系统的影响首先表现在抑制营养物质的吸收方面。Sergeev等（1990）发现，每日以10 mg/kg（以体重计）的呕吐毒素灌喂大鼠，7 d后其血钙、碱性磷酸酶活力下降，小肠对钙的吸收量减少。Maresca等（2002）在研究呕吐毒素对人肠上皮细胞株HT－29－D4的吸收功能时发现，10 mmol/L的呕吐毒素可调节肠上皮细胞转运载体的活性，其中可抑制50％的Na^{+}－葡萄糖共转运载体和42％的D－果糖转运载体活性，分别抑制30％和38％的主动和被动吸收的L－丝氨酸转运载体活性，增加35％软脂酸盐转运载体活性。蛋白合成抑制剂放线菌酮和细胞凋亡诱导剂脱氧胆酸可复制这种作用效果，表明呕吐毒素可能是通过抑制转运蛋白合成及诱导细胞凋亡来影响肠上皮细胞的养分吸收。

呕吐毒素可损伤肠上皮细胞并最终影响物质沉积。Maresca等（2002）研究表明，呕吐毒素能够显著降低小肠绒毛高度并减少小肠的吸收面积。Awad等（2004）发现，呕吐毒素暴露能使胃肠道内皮细胞和贲门窦溃疡及细胞浸润，小肠未发育成熟的隐窝细胞坏死，并发生黏膜细胞浸润。低剂量的呕吐毒素侵入机体会破坏肠道的完整性与组织形态，影响肠上皮细胞的正常结构及功能分化。呕吐毒素对肠道的损伤呈时间依赖性，通过离体培养4～5周龄的仔猪空肠发现，随着时间的延长，肠绒毛出现扁平与融合，并伴随肠细胞坏死与肠固有膜水肿等病理症状（Kolf-Clauw等，2009）。

呕吐毒素作为亲水亲脂分子，可通过与细胞膜的作用加速自由基的产生，以致损害抗氧化系统（Placha等，2009），这可能是诱导肠上皮黏膜结构发生变化的原因之一。Diesing等（2011）以浓度为4 000 ng/mL的呕吐毒素培养猪肠道上皮细胞（intestinal porcine epithelial cells，IPEC）时发现，IPEC跨膜电阻显著下降，IPEC层极化，细胞通透性增强。可能的原因是呕吐毒素导致了跨细胞离子的渗透性、细胞膜等离子通道或等离子泵的改变或单层上皮细胞的死亡等。Pinton等（2010）用浓度为2 000 ng/mL的呕吐毒素培养IPEC细胞发现，呕吐毒素显著抑制了肠道紧密连接蛋白ZO－1的表达，这一抑制效果可持续21 d，导致病原菌入侵肠道，进而影响肠道微生物菌群。Wache等（2009）给猪饲喂受呕吐毒素污染的饲粮后发现，排泄物中需氧嗜温细菌和厌氧嗜亚硫酸盐细菌的数量均发生了改变。表明呕吐毒素能够影响肠道微生物区系的多态性，改变肠道微生物的组成、数量及分布等。另外研究表明，慢性呕吐毒素中毒可抑制肠道合成和释放生长激素（growth hormone，GH），从而影响机体对营养物质的吸收。给4周龄的小鼠饲喂呕吐毒素（20 mg/kg，以体重计）8周后发现，呕吐毒素对GH轴分泌的抑制效应与肝脏中的胰岛素样生长因子酸不稳定亚基和胰岛素样生长因子－1（insulin-like growth factor－1，IGF－1）的表达下调呈正相关（Voss，2010）。

（二）动物对单端孢霉烯族毒素的代谢转化

1. 动物对不同单端孢霉烯族毒素的代谢　单端孢霉烯族毒素在动物体内会发生各种各样的代谢反应，最主要的反应是水解、去乙酰化、羟基化和脱环氧。乙酰化的毒素迅速去乙酰化，如T－2毒素C－4位脱乙酰基形成HT－2、镰刀菌烯酮-X去乙酰化形成雪腐镰刀菌烯醇、3-乙酰-呕吐毒素去乙酰化形成呕吐毒素。去乙酰化反应迅速，并且需要特殊的酯酶催化。

（1）动物对T－2毒素的代谢　T－2毒素被动物摄入后，在动物的肝脏和肠道内均可发生代谢反应。反刍动物因为瘤胃微生物有降解作用，因此对T－2毒素有较大的耐受性。另外研究发现，T－2毒素在猪体内的代谢产物有HT－2毒素、脱环氧T－2三醇和脱环氧HT-2等。在猪体内，很多代谢产物能够与葡萄糖醛酸结合形成二相代谢产物，其是T－2毒素在猪体内的主要代谢产物。研究T－2毒素在鸡排泄物及其组织中的代谢结果显示，在肺脏中发现了痕量毒素，在心脏及肾脏中没有发现原药及代谢产物，除在肝脏中发现大量的代谢产物外，绝大部分代谢产物存在粪便中。

（2）动物对DON的代谢　呕吐毒素的主要代谢产物为去环氧呕吐毒素，主要是由动物肠道和瘤胃微生物代谢呕吐毒素产生的。研究表明，肝脏不能代谢呕吐毒素。在猪体内，呕吐毒素大部分以原型形式通过尿液排出，少量则形成去环氧呕吐毒素，通过粪便排出体外。虽然去环氧反应是呕吐毒素解毒的重要途径，但是此反应主要发生在肠道后段；而当呕吐毒素到达小肠时，已大量被吸收，这可能是部分造成猪对呕吐毒素敏感的原因。

（3）动物对NIV的代谢　动物对雪腐镰刀菌烯醇的吸收速度缓慢，这可能是受机体肠肝循环的影响。不同种属的动物对NIV的代谢情况不尽相同。除鸡外，大鼠、猪及反刍动物都可以把 NIV 代谢成为去环氧雪腐镰刀菌烯醇，肠道是其主要的代谢部位。目前，对 NIV 的研究还不够全面和深入，对 NIV 代谢时是否还存在其他产物，以及不同动物对 NIV 代谢情况的差别等方面还有待进行进一步研究。

（4）动物对乙酰化 DON 的代谢　对于 15－乙酰-呕吐毒素和 3－乙酰-呕吐毒素，去乙酰化是其在动物体内发生的主要代谢反应。两者去乙酰化后，都可以继续形成去环氧代谢产物 DOM－1。不同的是，15－乙酰-呕吐毒素可以直接去环氧形成去环氧 15－乙酰-呕吐毒素，但产生的量很少；而 3－乙酰-呕吐毒素却很少能够直接去环氧形成去环氧 3－乙酰-呕吐毒素。

2. 不同动物对 DON 的代谢

（1）猪对 DON 的代谢　呕吐毒素在猪体内吸收迅速，给药 30 min 内血浆中呕吐毒素浓度便会达到峰值。口服呕吐毒素时的吸收率高达 82%，呕吐毒素在猪体内的消除半衰期是 3.9 h，在组织内的残留量极少（Prelusky 等，1988）。呕吐毒素主要以自由态和结合态形式从尿液中排出，以去环氧形式和自由态形式从粪便中排出（量比尿液中的要少）（Eriksen 等，2003）。Danicke 和 Brezina（2013）发现，给猪饲喂含有呕吐毒素的饲粮 4 h 后，血清中呕吐毒素浓度达到最大值，消除半衰期为 5.8 h。对呕吐毒素的代谢研究发现，呕吐毒素在猪胃和邻近小肠段被迅速吸收，呕吐毒素的去环氧代谢物 DOM－1主要发生在后肠（存在脱环氧的粪便微生物群），对猪的解毒作用不大，这可能是猪对呕吐毒素敏感的原因（Danicke 等，2004）。因此，解毒因子要在有限的时间、胃肠有效的生理条件下，才能降低猪消化道内呕吐毒素的含量。

（2）啮齿类动物对 DON 的代谢　啮齿类动物吸收和清除呕吐毒素的速度也非常快。Yordanova 等（2003）发现，给小鼠口服 25 mg/kg（以体重计）呕吐毒素 30 min 后，在其体内检测到了呕吐毒素，各组织的毒素含量顺序为肾脏＞心脏＞血浆＞肝脏＞胸腺＞脾脏＞脑。0.5～8 h 内所有被检器官中呕吐毒素的浓度都有很大程度的增加，但 24 h 时呕吐毒素只在肾脏中存在，在其他组织中则被迅速清除，说明肾脏是 DON 的主要靶器官。

（3）鸡对 DON 的代谢　鸡对呕吐毒素的抵抗力较强，可能是因为其机体血浆和组织中吸收的呕吐毒素较少（≈ 1%），并且清除能力较强。同样，火鸡对呕吐毒素的吸收量也有限（0.96%），并且机体内血浆清除呕吐毒素的速度很快，半衰期为 44 min（Gauvreau，2000）。家禽肠道内的微生物菌群能将呕吐毒素转化为 DOM－1，因此呕吐毒素不会在组织和鸡蛋中残留（Prelusky 等，1986）。Young 等（2007）研究呕吐毒素在鸡肠道中的代谢时发现，DOM－1 是呕吐毒素的代谢物之一，同时在鸡消化道呕吐毒素还发生了脱乙酰基作用。

（4）反刍动物对 DON 的代谢　反刍动物对呕吐毒素有很强的代谢能力。给奶牛注射 1.9 mg/kg（以体重计）呕吐毒素时，其全身吸收率小于 1%。血清中呕吐毒素的浓度达到 90～200 ng/mL 时，其中的 24%～46%与 β-葡萄糖苷酸结合，半衰期大约是 4 h。在牛奶中可检测到自由态和结合态的呕吐毒素，但浓度都极低（小于 4 ng/mL）（Prelusky 等，1984）。给奶牛饲喂含有 66 mg/kg（以饲粮计）呕吐毒素的饲料时，可在尿和粪中检测到 20%的非结合态的呕吐毒素代谢产物（主要是 DOM－1）；当呕吐毒素浓度为 26 ng/mL 时，牛奶中能检测到 DOM－1，而未见呕吐毒素原型（Cote 等，1986）。给荷斯坦奶牛连续食入含呕吐毒素的饲料 5 d 后，在其尿液、牛奶和血液中均发现了 DOM－1。

总体来说，反刍动物和家禽能够耐受饲粮中 20 mg/kg 的呕吐毒素，而 1～2 mg/kg 的呕吐毒素就能引起猪毒性效应。呕吐毒素的代谢动力学和耐受力在不同动物中有所不同，其在动物产品中的残留沉积效率也不同。邹忠义等（2013）对重庆市当地市场和超市中的猪肉及鸡肉中的呕吐毒素残留进行检测发现，不同来源的 66 个猪肉样品中呕吐毒素的残留量均低于 0.5 μg/kg。Sypecka 等（2004）研究表明，给蛋鸡饲喂 5 mg/kg、7.5 mg/kg 和 10 mg/kg 的呕吐毒素饲粮 4 周后，没有对蛋鸡生产性能产生影响，呕吐毒素在鸡蛋中的沉积效率分别为 15 000∶1、18 000∶1 和 29 000∶1。呕吐毒素在牛奶中的残留量很低。例如，给奶牛饲喂高浓度的呕吐毒素饲粮后，呕吐毒素在牛奶中的沉积效率低于 0.01%（Prelusky 等，1984；Seeling 等，2006）。

3. 单端孢霉烯族毒素代谢产物毒性效应

（1）去环氧化物毒性效应　A 类和 B 类单端孢霉烯族毒素的毒性作用与 12，13－环氧结构密切相关，将其结构中的环氧结构破坏，可以使其变为低毒或无毒的代谢产物。对大鼠和盐水虾的试验表明，开环氧化 T－2 毒素的毒性是 T－2 毒素毒性的 1/200（Swanson 等，1988）。B 类单端孢霉烯族毒素对 DNA 中溴脱氧尿嘧啶核苷（BrdU）合成毒性的试验表明，呕吐毒素去环氧化物（DOM－1）毒性仅为呕吐毒素的 1/55，是目前呕吐毒素生物降解得到的毒性最低的产物。开环氧化雪腐镰刀菌烯醇毒性仅为雪腐镰刀菌烯醇（NIV）的 1/54。

（2）乙酰化或去乙酰化毒性效应　对于单端孢霉烯族毒素来说，尽管 12，13－环氧结构和 9，10 双键结构对其毒性作用至关重要，但乙酰基团的数量和位置对毒性作用也起到一定的影响。试验证明，15－乙酰-呕吐毒素的毒性与呕吐毒素的相似，但 3－乙酰-呕吐毒素的毒性是呕吐毒素的 1/10。HT－2 毒素（C－15 位上有一个乙酰基团）比 T－2 毒素（C－4 和 C－15 位上分别有一个乙酰基团）的毒性弱，但是比 3－乙酰 T－2 毒素（有 3 个乙酰基团，分别位于 C－3、C－4 和 C－15）的毒性强。单端孢霉烯族毒素分子中，不同数量和位置的乙酰基团发生乙酰化或去乙酰化反应可降低这类毒素的毒性。

（3）羟基化毒性效应　单端孢霉烯族毒素分子中羟基的位置也会影响其毒性。雪腐镰刀菌烯醇（NIV）的毒性是呕吐毒素的 10 倍，因为 NIV 结构中 C－4 位上有一个羟基。C－3 位上的羟基也会影响单端孢霉烯族毒素的毒性。呕吐毒素结构中 C－3 羟基则氧化成为 3－酮基，3－酮基可再差向异构化为 3－epi－DON，这 2 种代谢产物的免疫抑制毒性明显减弱（Shima 等，1997）。酵母核糖体 60 s 肽酰转移酶中心亚基结合位点和 DON、DOM－1 及 3－epi－DON 的互作（彩图 5－1），展示了 3 种物质及其与核糖体 60 s 肽酰转移酶中心亚基结合位点的三级结构，进一步证明 DOM－1 及3－epi－DON 的毒性降低（Pierron 等，2016）。

（4）毒素与葡萄糖醛酸苷结合　UDP－糖基转移酶可以使葡萄糖醛酸与呕吐毒素的 C－3、C－7 和 C－15 位点共轭结合，形成呕吐毒素－15－β－D－O－葡萄糖醛酸苷、呕吐毒素－3－β－D－O－葡萄糖醛酸苷和呕吐毒素－7－β－D－O－葡萄糖醛酸苷（Maul 等，2012；Shephard 等，2013）。附加的糖阻止了底物基团的活性，从而降低了毒素的毒性（Poppenberger 等，2003）。化合物以结合形式存在后，增加了水溶性，更容易以尿液的形式被排出体外（Gamage 等，2006）。这些共轭反应通常被认为是动物的解毒过程，但也有一些属于“活性结合”，导致毒性增加。由于呕吐毒素和 DOM－1 在体内都可以与葡萄糖醛酸结合，因此分析动物血清及组织中呕吐毒素和 DOM－1 的含量时，血清及组织都需要用β－葡萄糖醛酸酶处理（Eriksen 等，2003；Danicke 等，2004）。呕吐毒素在猪血液中主要以葡萄糖醛酸苷的结合形式存在，DOM－1 形式基本上检测不到。呕吐毒素代谢产物结构及其代谢途径见图 5－2。

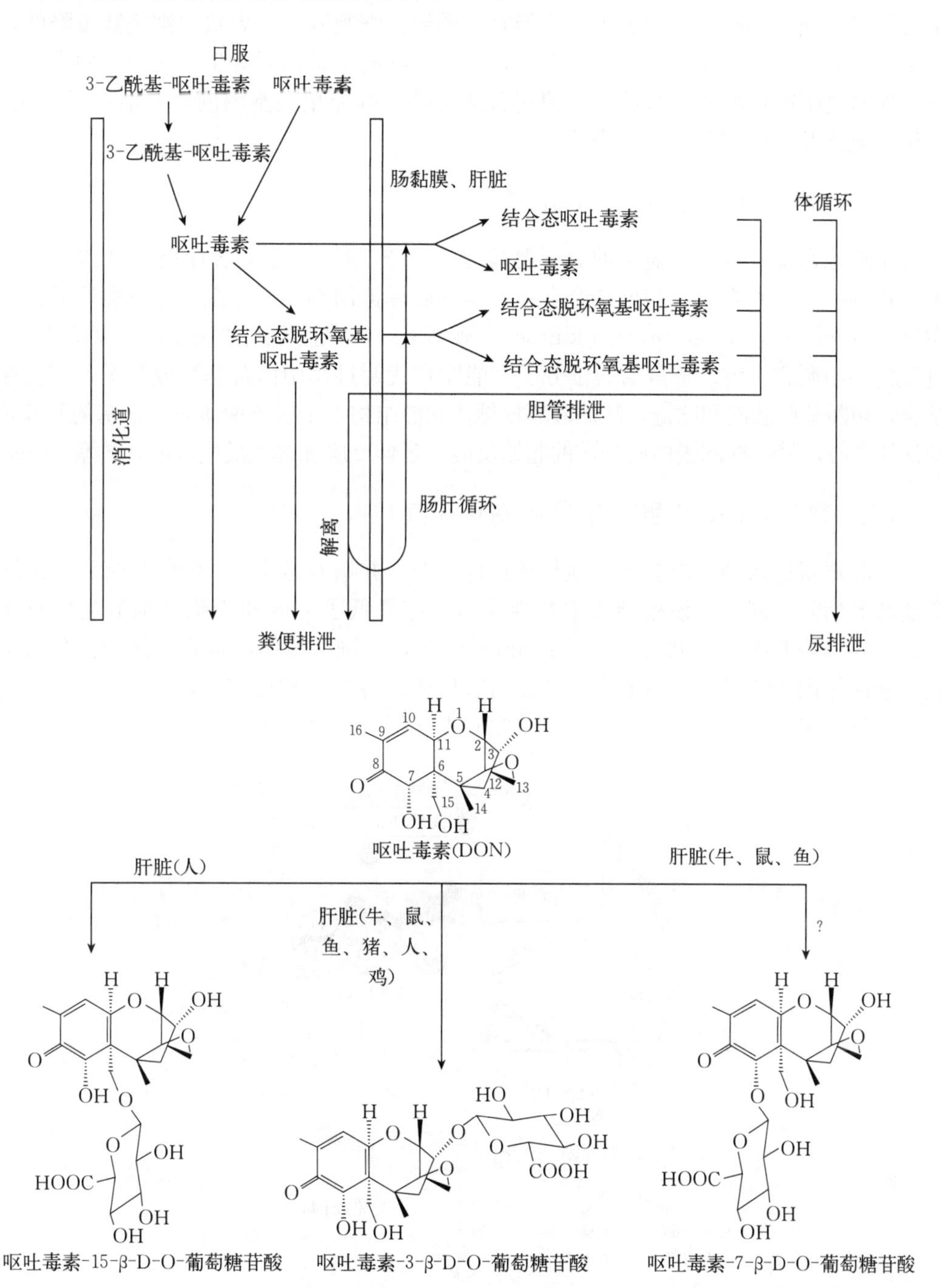

图 5－2 呕吐毒素（DON）代谢产物结构及其代谢途径

（资料来源：Danicke 和 Brezina，2013）

二、单端孢霉烯族毒素的毒理作用机制

单端孢霉烯族毒素对人和动物存在广泛的毒性效应，能严重损伤机体的免疫系统。低剂量即可快速激活免疫相关炎性细胞因子基因水平的早期表达，引起免疫刺激；高剂量时能严重损伤淋巴结、脾脏等免疫器官，诱导白细胞凋亡，导致白细胞数量降低，引起免疫抑制。该类毒素与核糖体结合后，一方面抑制了蛋白质等生物大分子的合成；另一方面通过引起核糖体应激反应，快速激活通路，调控相关基因的转录活性及稳定性，并诱导免疫及炎性相关基因的表达。

（一）与核糖体结合抑制蛋白质合成

单端孢霉烯族毒素最显著的分子靶位是 60 s 核糖体亚基，潜在机制是抑制翻译过程。单端孢霉烯族毒素和其他结合在核糖体的翻译抑制剂能迅速激活促分裂原活化蛋白激酶（mitogen activated protein kinases，MAPKs），并且导致“核糖体毒素应激反应”过程的细胞凋亡。呕吐毒素第 9 位分子官能团在代谢过程中由羟基生成酯类，与核糖体结合，切断某些肽键和肽链，从而破坏核糖体功能结构，干扰核糖体 60 s 亚基的肽基转移酶活性中心，最终抑制蛋白质合成的起始反应、延伸反应和终止反应（Rotter 等，1996）。

（二）激活 MAPKs 信号通路诱导炎性因子表达

呕吐毒素进入细胞内会强烈地与核糖体结合，并给双链 RNA 蛋白激酶和造血细胞激酶转导信号。同时，该核糖体中毒性应激反应降低了 p38 和细胞外调节蛋白激酶活性，诱导抑癌基因 *p53* 和转录因子 c-Jun 磷酸化，并进一步使丝裂原活化蛋白激酶磷酸化，激活体内 MAPKs 信号通路，从而引起机体的各种生理反应（图 5－3）。这一信号转导的具体机制尚不清楚，可能是由于呕吐毒素损害了 *28SrRNA* 基因造成的。

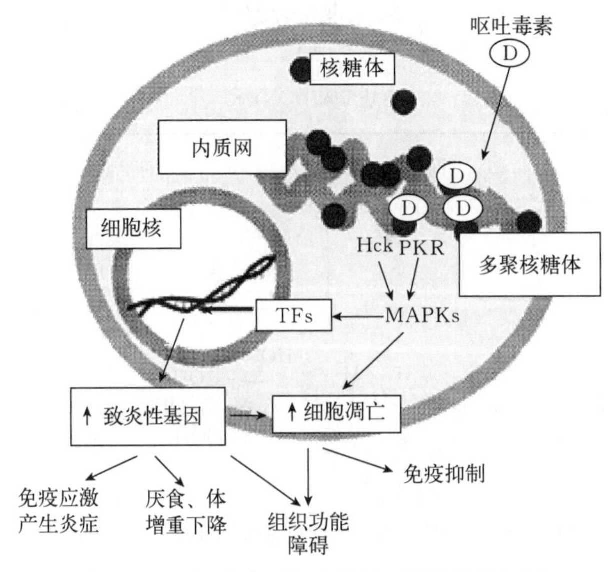

图 5－3　呕吐毒素对细胞信号通路的作用机制

（资料来源：Pestka，2008）

真核生物体内 MAPKs 链是信号传递网络中的重要途径，能将细胞外刺激信号转导至细胞及其核内，这在细胞生物学反应过程中具有至关重要的作用。目前已发现 ERK、JNK/SAPK 和 p38 并行的 MAPKs 信号通路都参与了呕吐毒素激活的 MAPK 过程（Yang 等，2000；Wang 等，2012）。ERK、JNK/SAPK 和 p38 接受上游的级联反应信号后，不仅可以磷酸化胞浆蛋白，而且可以转位进入细胞核，磷酸化一些核内的转录因子（如 c-fos、c-Jun、Elk-1、c-myc 和 ATF-2 等），使下游的一系列信号分子（如 IL-1β、IL-6、TNF-α 等致炎细胞因子）大量表达（Sugita-Konishi 和 Pestka，2001；Pestka，2008），从而参与细胞增殖与分化的调控。

（三）诱导白细胞凋亡导致机体免疫功能紊乱

炎性细胞因子在单端孢霉烯族毒素诱导下的过度表达能引发肾病、白细胞凋亡并导致机体免疫功能紊乱。JAK/STAT 是一条与炎性细胞因子转导密切相关的信号通路，其在单端孢霉烯族毒素所介导的毒性效应中起调控作用。单端孢霉烯族化合物诱导细胞因子上调所引起的一个典型免疫病理学反应是免疫球蛋白 A（IgA）调节异常。在给小鼠饲喂被呕吐毒素污染的饲粮时会出现这种异常，与人类普通的肾小球肾炎、IgA 肾病（IgAN）的表象十分相似。无论在体内还是体外，低剂量或低浓度单端孢霉烯族毒素对巨噬细胞的刺激都能够正向调节与炎症相关基因 *COX-2*、促炎细胞因子及很多炎症趋化因子的表达（Chung 等，2003）。与此相反，高浓度的单端孢霉烯族毒素能够引起巨噬细胞的凋亡，从而抑制其固有的免疫功能（Pestka 等，2005）。

（四）激活血清素激活系统诱导厌食和呕吐反应

单端孢霉烯族毒素对动物具有神经毒性作用。血清素激活系统对厌食反应和呕吐反应有调控作用，DON 能调节血清素的活性，表明 DON 诱导的呕吐症与血清素激活机制之间可能有某种联系。DON 可对中枢神经产生影响，但目前仍不清楚 DON 是否直接作用于中枢神经。部分作用机理是通过胃肠道的外周 3 型 5-羟色胺（5HT type 3，5HT3）受体的调节作用而实现的，但还不清楚这些受体受哪些物质激活。猪经 5HT3 受体阻断剂预处理后，DON 诱导的呕吐反应受到了阻遏。DON 也通过 5HT3 受体的调控作用，抑制啮齿动物的小肠蠕动。

（五）引起线粒体细胞凋亡

由于呕吐毒素还可引起线粒体细胞凋亡基因 *Bax* 的易位和细胞色素 C 的释放，因此可知除了 MAPK 途径外，线粒体途径是呕吐毒素介导的另一个凋亡途径。通过释放细胞色素 C 激活 Caspase-9 凋亡启动分子，再激活 Caspase-3 凋亡作用分子，引起细胞凋亡（Pestka，2008；Bensassi 等，2009）。而且呕吐毒素还可引起线粒体跨膜能力下降，释放大量的 O_2^-，同时引起线粒体膜两侧的离子失去平衡、线粒体外膜发生破裂等，通过改变线粒体膜通透性转换孔道开闭状态的方式来介导细胞凋亡（Ricchelli 等，2011）。呕吐毒素除了能够影响基因的表达外，还具有提高某些基因稳定性的作用。Dixon 等（2000）报道表明，经呕吐毒素处理后，RAW264.7 细胞中 IL-6 和 TNF-α 的 mRNA 稳定性也相应增加。其作用机理可能是由于 *COX-2* 基因的 mRNA

上 3′非编码区（3′- UTR）具有多个 AUUUA 副本，而 AU 富含元件对 mRNA 的稳定性起重要作用。

三、单端孢霉烯族毒素毒性效应

（一）细胞免疫毒性效应

单端孢霉烯族毒素在免疫抑制方面的作用可能与黄曲霉毒素相同。单端孢霉烯族毒素是潜在的蛋白质合成抑制剂，主要对快速生长的组织（如皮肤和黏膜）和免疫器官（如胸腺和法氏囊）产生影响，可调节机体免疫功能。急性单端孢霉烯族毒素中毒可导致骨髓、淋巴结、脾脏、胸腺、肠道黏膜等细胞分裂活跃，组织严重破损。低剂量单端孢霉烯族毒素可对免疫活性细胞、寄主抗性、免疫球蛋白合成等功能产生影响。低剂量的呕吐毒素暴露能在一定程度上增强机体对特定病原的抵抗力，这与机体正常免疫调节机制有关。呕吐毒素通过引起核糖体应激反应，激活 MAPKs 途径，抑制阻遏蛋白，刺激辅助性 T 细胞，激活巨噬细胞和 T 细胞（Azcona-Olivera 等，1995）。呕吐毒素能诱导转录因子 NF - κB 的激活，触发炎症反应，从而选择性地诱导特殊基因的表达，包括一系列细胞因子、趋化因子及其他一些免疫相关炎性因子和蛋白质基因 mRNA 的上调，产生 TNF - α、COX - 2、IL - 1、IL - 6、IL - 12、IFN - γ 等（He 等，2013）。大量的炎性介质和自由基容易使机体免疫反应过度，造成全身炎症反应和多器官功能衰竭，进而导致类似于内毒素和脂多糖毒性作用的食欲下降、呕吐、体重减轻和代谢紊乱等（Pestka 等，2010）。另外，T - 2 毒素还可以引起胸腺萎缩，导致 T 淋巴细胞和白细胞介素等淋巴因子数量减少或机能降低，破坏皮肤黏膜的完整性，抑制白细胞数量和补体 C3 的生成，从而影响机体免疫功能。该毒素能通过胎盘影响胎儿组织器官的发育和成熟。

单端孢霉烯族毒素既是一种免疫促进剂，又是一种免疫抑制剂，主要取决于毒素的剂量、暴露频率和暴露时间。如果连续 5 周摄入 2 mg/kg 剂量的 DON 或连续 1 周摄入 5 mg/kg 剂量的 DON，细胞有丝分裂就会受到抑制。但低剂量单端孢霉烯族毒素对淋巴细胞的有丝分裂起增强作用。

（二）体液免疫毒性效应

单端孢霉烯族毒素也可影响抗体的产生。多次接触单端孢霉烯族毒素可减弱鼠科动物对绵羊红细胞的抗体反应。DON 会损害体液免疫，促使小鼠的 IgA、细胞总数和 $CD4^+$ 细胞的百分率增加。DON 的饲喂量在 2 mg/kg（以体重计）以下便会使小鼠血中的 IgA 增加，在 25 mg/kg（以体重计）时影响达到最大。由于 IgA 能与细菌和自身抗体起反应，因此在血清 IgA 水平升高的同时还伴随免疫病理学的变化，如聚合 IgA 和 IgA 免疫复合体增加、肾系膜 IgA 积聚及出现血尿症，这些影响持续的时间很长，与人类血管球性肾炎或血清免疫球蛋白 A 肾病极其类似（Pestka 等，1987）。雄性小鼠比雌性小鼠更容易罹患由呕吐毒素诱发的 IgA 肾病。接种了新城疫疫苗和传染性法氏囊炎疫苗的鸡，在采食 T - 2 毒素污染的饲粮后其抗体滴度降低。给采食被 T - 2 毒素污染饲粮的肉鸡接种新城疫疫苗后，其抗体滴度至少降低了 17%，肉鸡的免疫反应能力下降。

（三）与传染病的加和效应

动物接触单端孢霉烯族毒素后，对传染病的敏感性增强。多次接触单端孢霉烯族毒素可导致动物对念珠菌、隐球酵母菌、李氏杆菌、沙门氏菌、分枝杆菌、Ⅰ型单纯疱疹病毒等病原的易感性显著增加。动物在同时接触 T-2 毒素和脂多糖后，其抗脂多糖能力下降，对革兰氏阴性菌的易感性增加。单端孢霉烯族毒素能影响动物的细胞免疫，当需要进行细胞免疫时，可导致动物的抵抗力下降，进而引发继发性传染病（表 5-2）。给小鼠短期腹腔注射 T-2 毒素后可刺激免疫并增强其对李氏杆菌病的抗病力，但染病后再注射 T-2 毒素则可抑制免疫。发病前给小鼠注射 T-2 毒素后，其对抗乳房炎的能力也有类似的增强现象。呕吐毒素会造成动物的免疫失效，并且还有可能造成已经免疫的动物暴发疾病（Pinton 等，2008）。

表 5-2　单端孢霉烯族毒素对细胞免疫和传染病的影响

对细胞免疫的影响	资料来源	对传染病的影响	资料来源
中性粒细胞趋向性移动减弱	Yarom 等（1984）	小鼠对分枝杆菌感染受到抵抗力下降	Kanai 和 Kondo（1984）
肺泡巨噬细胞吞噬作用减弱	Niyo 等（1988）	患沙门氏菌病时，鸡、小鼠的死亡率增加	Tai 和 Pestka（1990）
有丝分裂素诱导的淋巴细胞母细胞增生减弱	Pang 等（1987）	小鼠对单纯疱疹病毒的易感性增加	Friend 等（1984）
血小板功能抑制	Chan 和 Gentry（1984）	患李氏杆菌病时，小鼠的死亡率增加（取决于中毒持续时间）	Corrier 和 Ziprin（1987）
对细菌内毒素的敏感性增加	Tai 和 Pestka（1990）	曲霉中毒时，兔对传染性疾病的反应增强	Niyo 等（1988）
迟发性过敏反应抑制	Pestka 等（1987）		

（四）神经毒性效应

单端孢霉烯族毒素对动物具有神经毒性作用。高剂量 DON 会导致动物呕吐，低剂量会引起动物拒食。DON 被认为是致死性最弱的一种单端孢霉烯族毒素，但其导致动物厌食和呕吐的毒性等于甚至大于那些具有急性毒性的单端孢霉烯族毒素。例如，DON 的致死性不足 T-2 毒素的 1/10，但致呕吐的毒力至少是后者的 10 倍。DON 诱导猪呕吐的口服最小有效剂量大约是 50 μg/kg（以体重计），而 T-2 毒素则大于 500 μg/kg（以体重计）。DON 和 T-2 毒素在猪饲粮中的含量低至 2～3 mg/kg 时，二者都能抑制猪的采食量和体增重。但这种低含量的影响是暂时的，猪可以很快将最初丢失的体增重补偿回来。饲粮中 DON 或 T-2 毒素大于 8 mg/kg 时，对动物摄食行为造成的显著影响将持续更长时间。T-2 毒素的摄入量在 8～20 mg/kg 时可产生严重的病理学和生物化学病变。但摄入等量的 DON 不会造成动物厌食和体增重下降，直接产生的临床症状也并不明显。随着饲粮 DON 含量的增加，动物的厌食程度随时间的延长而减弱。

（五）皮肤刺激性效应

单端孢霉烯族毒素具有皮肤刺激性。5 ng 剂量的 T-2 毒素就可使豚鼠背部皮肤出现红斑。单乙酰藨草镰孢烯醇、疣孢菌素 A 和 T-2 毒素的透皮率及代谢情况在人和豚鼠之间的差异较大，这些差异与毒素的化学结构、剂量及物种有关。对豚鼠进行活体皮肤吸收 T-2 毒素与离体透皮比较后发现，离体研究的透皮给药数据可能低估了 T-2 毒素通过完整皮肤的速率和数量。在活体中，T-2 毒素在豚鼠的血浆或尿中不存在，但可在尿中发现其代谢产物。

第三节　动物和人单端孢霉烯族毒素中毒症

一、动物单端孢霉烯族毒素中毒症

（一）猪单端孢霉烯族毒素中毒症

1. 呕吐毒素　呕吐毒素是潜在的蛋白质合成抑制剂，主要对快速生长的组织和免疫器官产生影响，提高动物对传染病的易感性。在各种动物中，猪对呕吐毒素的敏感性最高。呕吐毒素能引起猪的条件性味觉厌恶，临床表现为拒食、呕吐、腹泻、消化道炎症和坏死（彩图 5-2）、皮肤炎症、仔猪尾巴坏死（彩图 5-3）、白细胞数量下降、血尿、运动失调、脱毛、免疫抑制、免疫应答能力降低、生产性能降低（Friend 等，1984；Rotter 等，1994）。对繁殖母猪的毒性表现为受胎率降低、泌乳性能下降、产仔数减少、弱仔数和流产情况增多（Friend 等，1984；Rotter 等，1994）。

由呕吐毒素引起的猪条件性味觉厌食，即使使用调味剂也得不到缓解。当饲粮中呕吐毒素浓度为 1 mg/kg 或更高时，猪的采食量开始减少；饲粮中呕吐毒素含量达2 mg/kg 时，猪摄入 24 h 后会出现呕吐、腹泻、肌无力和昏迷症状；当饲粮中呕吐毒素浓度达 4 mg/kg 以上时，会导致猪采食量严重下降，拒食、生产性能降低；当饲粮中呕吐毒素含量超过 20 mg/kg 时，猪完全拒食，可引起废食和呕吐（Eriksen 和 Pettersson，2004；表 5-3）。

表 5-3　生长育肥猪呕吐毒素中毒的临床表现

饲粮呕吐毒素水平（μg/kg）	临床反应
1 000	没有临床反应，采食量受影响较小
4 000～10 000	采食量降低 25%～50%
>20 000	完全拒食

资料来源：Eriksen 和 Pettersson（2004）。

美国肯萨斯州立大学的学者建议，饲粮中呕吐毒素的最大限量为：断奶猪 0.5 mg/kg，种猪和育肥猪均为 1 mg/kg。

当猪出现呕吐毒素中毒症状时，应该立即停喂霉变的饲料，换为没有霉变且安全的饲料。同时，用 0.1%高锰酸钾、温生理盐水或 2%碳酸氢钠进行洗胃或灌肠，然后内服盐类泻药，如硫酸钠 30～50 g，一次内服；或静脉注射 5%葡萄糖生理盐水 300～500 mL、5%维生素 C 5～15 mL、40%乌洛托品 20 mL，同时皮下注射 20%安钠咖 5～10 mL，以强心排毒。建议使用 10%氟苯尼考注射液、10%恩诺沙星注射液，以缓解腹水、水肿、肾肿、腹泻等，必要时用氟苯尼考拌料控制继发感染。

2. T-2 毒素 T-2 毒素有较强的细胞毒性，能使分裂旺盛的骨髓细胞、胸腺细胞及肠上皮细胞的细胞核崩解；对骨髓造血功能有较强的抑制作用，并导致骨髓造血组织坏死，引起血细胞特别是白细胞数量减少，并影响 T 淋巴细胞和 B 淋巴细胞的功能，降低机体的免疫应答能力。T-2 毒素通过影响 DNA 和 RNA 的合成及阻断翻译的启动，进而影响蛋白质合成，降低动物生产性能。另外，T-2 毒素还会引起胸腺萎缩、肠道淋巴腺坏死、破坏皮肤黏膜的完整性、抑制白细胞和补体 C3 的生成，进而影响机体免疫机能。T-2 毒素能使凝血功能出现障碍，使凝血时间延长。T-2 毒素属于组织刺激因子和致炎物质，对皮肤和黏膜有强烈的刺激作用，可引起局部皮肤炎症甚至坏死，使动物出现呕吐和腹泻。T-2 毒素能诱发基因突变和染色体损伤，因此具有致癌的可能。饲粮中超过0.4 mg/kg 的毒素就会对动物产生中毒症状。与家禽和反刍动物相比，猪对该毒素最为敏感（Harvey 等，1990；Vanyi 等，1991；Rafai 等，1995）。

T-2 毒素中毒症状和黄曲霉毒素、红色青霉素毒素等相似，都能产生早期非特异性症候，并都发生出血和肝脏及胃部损伤，但胃黏膜和皮肤脱落则是 T-2 毒素所特有的中毒症状。典型临床症状表现为呕吐、腹泻和皮炎，主要表现为胃肠道、肝和肾的坏死性损害和出血；胃肠道黏膜呈卡他性炎症，有水肿、出血和坏死，尤以十二指肠和空肠处受损最为明显；心肌变性和出血，心内膜出血；子宫萎缩；脑实质出血、软化。

动物采食受 T-2 毒素污染的饲粮后约 30 min 即可发生呕吐。猪表现为拒食、呕吐、血痢、脱毛，组织出血，瘦弱，生长停滞，皮肤发炎，患猪经常发生黏膜和皮肤糜烂脱落、出血形成坏死性病变，胃肠机能紊乱，繁殖和神经机能障碍，血凝不良，肝功能下降，白细胞数量减少和免疫机能降低的情况。猪发生 T-2 毒素严重中毒时可见其口腔黏膜坏死，发生 T-2 毒素慢性中毒时主要表现为消化不良、生长停滞及皮肤炎症。繁殖母猪则表现为受精率降低，产仔数减少，产弱仔和流产。当饲喂 1～8 mg T-2 毒素时（以体重计），可引起猪采食量减少、体增重降低（Rafai 等，1995；Eriksen 和 Pettersson，2004）。另外，T-2 毒素还能导致猪消化酶分泌不足，引起断奶仔猪或生长育肥猪出现类似消化不良症状的腹泻。

当猪出现 T-2 毒素中毒症状时，应该立即停喂霉变的饲料，换为安全的饲料。其治疗方法同呕吐毒素中毒的治疗方案。

（二）家禽单端孢霉烯族毒素中毒症

1. 呕吐毒素 家禽对呕吐毒素有一定的耐受性，发生呕吐毒素中毒的主要部位是肾脏。可导致家禽消化道弥散性坏死、全身性出血、红细胞数量减少、凝血不良、严重皮炎、免疫力下降、种蛋异常发育增多、产蛋量下降、尿酸盐沉积、上消化道出现炎症、骨髓和脾脏造血再生过程减慢、生殖器官病变、睾丸和卵巢等组织坏死与出血，以及体重下降、饲料利用率变差、血痢等症状，严重的可导致死亡。

母鸡饲粮中的呕吐毒素超过 5 mg/kg 时，蛋重和蛋壳厚度降低。饲粮呕吐毒素含量达到 8 mg/kg 时，对肉鸡生产性能不会造成有害影响（Moran 等，1982；Kubena 等，1988；Eriksen 和 Pettersson，2004）。

当家禽出现呕吐毒素中毒症状时，应立即停喂霉变饲料，换为安全、优质的饲料。可利用含硫氨基酸增加机体的解毒能力，也可利用某些 B 族维生素、维生素 E、硒和抗氧化剂来提高机体的免疫功能和抗氧化功能。

2. T-2 毒素 T-2 毒素污染的饲料使禽类生长速度减缓，脚和腿部血管损伤，口腔黏膜溃疡（彩图 5-4），食欲废绝，运动失调，产蛋量下降、蛋壳变质，肌胃溃疡、糜烂（彩图 5-5），肠道炎性损伤。家禽全身免疫器官，如胸腺、法氏囊、脾脏显著萎缩，卵巢上有囊泡和坏死，并伴有输卵管病变，全身淋巴结广泛性坏死，免疫系统损伤。病鸡眶下窦肿胀，内有白色黏体脓性或干酪样分泌物，个别病鸡有气囊炎。

在 T-2 毒素污染程度高的情况下，禽的喙、嘴角皮肤、舌、腭上出现坏死，有时也出现运动障碍。在毒素混合污染的情况下，常出现急性出血性肝营养不良、坏死性肾病及淋巴器官萎缩，能降低免疫系统对其他疾病（如盲肠球虫病）的抵抗力，降低免疫效果。T-2 毒素不影响精液产量，但是高浓度毒素会减少交配次数。采食毒素后，毒素及其代谢物也会进入蛋中，影响孵化率。饲喂含有 2 mg/kg T-2 毒素的饲料 5～7 d 后，家禽就会出现口腔溃疡，T-2 毒性半数致死量为 4.0 mg/kg（以体重计）。

家禽采食受 T-2 毒素污染的饲料后，会表现一定程度的拒食现象。刚开始饲喂含有毒素的饲粮时，出现暂时性采食下降，甚至出现啄癖。饲粮被 T-2 毒素污染也会导致产蛋家禽产蛋量和孵化率下降，具体表现为食欲降低、生长速度降低、饲粮摄入量减少、神经系统受到干扰、羽毛生长受到影响、贫血、红细胞和白细胞数量减少、产蛋性能降低、蛋壳变薄等（Wyatt 等，1975；Joffe 和 Yagen，1978；Eriksen 和 Pettersson，2004）。

当家禽出现 T-2 毒素中毒症状时，立即停喂霉变饲料，换为安全、优质的饲料。发生霉菌毒素中毒后通常难以治愈，主要利用含硫氨基酸来增加机体的解毒能力，也可利用某些 B 族维生素、维生素 E、硒和抗氧化剂来提高机体的免疫功能和抗氧化功能。

（三）反刍动物单端孢霉烯族毒素中毒症

反刍动物对脱氧雪腐镰刀菌烯醇不太敏感，因为瘤胃微生物代谢可清除这种毒素。奶牛耐受呕吐毒素的剂量较高，给其饲喂含呕吐毒素 6.4 mg/kg 的饲粮 6 周或 66 mg/kg 饲粮 5 d 后，既不会表现出任何疾病，也不会降低生产性能。

呕吐毒素会引起奶牛的采食量下降。对泌乳中期奶牛（平均日产奶量 19.5 kg）进行试验发现，饲喂 6.5 mg/kg 呕吐毒素的试验饲粮后，4%乳脂校正奶的产量下降 13%（Charniley 等，1993）。T-2 毒素能显著抑制奶牛的免疫功能，同时对血清中 IgM、IgA、IgG 的水平造成影响。

单端孢霉烯族化合物 B 型会降低反刍动物干物质采食量和产奶量，降低瘤胃蛋白合成，导致肠道损伤和肝脏功能降低，从而影响牛群免疫力，增加机会性感染的概率；另外，镰刀菌酸的存在将与单端孢霉烯族化合物 B 型产生协同作用，从而增强单端孢霉烯族化合物 B 型的毒性，对动物造成更严重的影响。当反刍动物出现呕吐毒素、T-2 毒素中毒症状时，立即停饲霉变饲料，换为安全的优质饲料。

（四）马和兔单端孢霉烯族毒素中毒症

T－2毒素、双乙酸基藨草烯醇、脱氧雪腐镰刀菌醇和雪腐镰刀菌醇等都是农产品中天然存在的最重要的单端孢霉烯族毒素，对马等家畜可引起致死性中毒。

用含11.0 mg/kg的呕吐毒素、0.7 mg/kg的15－乙酰-呕吐毒素和0.8 mg/kg玉米赤霉烯酮的饲粮喂马，能显著降低马的采食量和日增重（Raymond等，2005）。在兔的研究中发现，强饲1.8 mg/kg或2 mg/kg剂量呕吐毒素（均以体重计）时会使胚胎吸收量增加，强饲1.0 mg/kg和1.6 mg/kg剂量（均以体重计）时会降低胎儿体重（Khera等，1986）。当马或兔出现呕吐毒素、T－2毒素中毒症状时，应立即停饲霉变饲料，换为安全的优质饲料。

（五）水产动物单端孢霉烯族毒素中毒症

近年来，由于水产动物饵料大量使用植物原料，因此受毒素污染的饵料对水产动物的健康造成了很大的威胁。单端孢霉烯族毒素能导致鱼生产性能下降、造成肠道损伤及口腔溃疡等（彩图5－6），这些症状与家禽和家畜的情况极其相似。水产动物发生霉菌毒素中毒会导致采食量下降；生长发育不良；雌亲体产卵量下降，卵质量差，产出的仔鱼易畸形、增重差（彩图5－7）；免疫功能抑制，抗病能力及抗应激能力降低，易患其他疾病（Huang等，2018）。

Poston等（1982）用含不同浓度T－2毒素饲料饲喂虹鳟苗16周后发现，鱼苗的生长受到抑制、摄食量降低、血细胞比容降低；当浓度高于2.5 mg/kg（以体重计）时，血红蛋白含量降低；当饵料中T－2毒素含量为6 mg/kg时，可使虹鳟死亡。饲喂斑点叉尾鮰稚鱼浓度为0.625～5.0 mg/kg的T－2毒素（以体重计）8周后，其生长速率降低；浓度为2.5 mg/kg和5 mg/kg时，存活率与对照组相比显著下降；浓度为5 mg/kg时，饵料转化效率显著降低（Manning等，2003）。

饵料中含有T－2毒素时斑点叉尾鮰稚鱼的疾病抵抗力下降。当以爱德华氏菌（*Edwardsiella ictaluri*）进行攻毒时，与对照组相比，饲喂含T－2毒素的组死亡率显著增加（Manning等，2005）。饵料中含0.1 mg/kg（以体重计）的T－2毒素时能显著抑制南美白对虾的生长；当以含1.0～2.0 mg/kg T－2毒素的饵料分别饲喂斑节对虾10周和南美白对虾8周后，其肝、胰、腺等组织均发生萎缩并发生严重退化；造血组织和血淋巴器官出现炎症且联结松散（Supamattaya等，2005）。这些研究可说明南美白对虾对霉菌毒素比斑节对虾更为敏感。

饵料中含有0.2 mg/kg、0.5 mg/kg和1.0 mg/kg的呕吐毒素时，能显著降低南美白对虾（*Litopenaeus vannamei*）的体重和生长速率（Trigostockli等，2010）。其中，0.2 mg/kg和0.5 mg/kg的T－2毒素对南美白对虾生长的影响在后期才表现出来；而0.2 mg/kg的呕吐毒素只影响生长速率，对体重无明显影响。

二、人单端孢霉烯族毒素中毒症

单端孢霉烯族毒素是引起人兽中毒最常见的一类镰刀菌毒素，也是已知最大的一类

霉菌毒素。Zhang 等（2009）在呕吐毒素诱导的人肝癌 HepG2 细胞系 DNA 损伤的细胞中发现，活性氧水平和脂质氧化作用均明显升高；而加入了抗氧化剂羟基酪醇后，这种损伤作用明显减弱。因此，呕吐毒素可能是一种潜在的弱的致突剂和致癌剂。近年来，有关呕吐毒素在肿瘤发生发展中的作用日益受到医学工作者的重视。

呕吐毒素的毒性虽低于 T-2 毒素，但其污染更为广泛，摄取含呕吐毒素的食物后会造成头疼、恶心、腹痛、贫血、免疫力下降。长期摄入，则会造成致癌、致畸、遗传毒性、肝细胞毒性、中毒性肾损害、生殖紊乱和免疫抑制。人摄入含呕吐毒素的赤霉病麦（含 10%病麦的面粉 250 g）后，多在 1 h 内出现恶心、眩晕、腹痛、呕吐、全身乏力等症状，少数伴有腹泻、颜面潮红、头痛等症状。印度克什米尔流域曾因食用受到呕吐毒素污染的小麦制作的面包而发生了一起中毒事件，中毒症状表现为恶心、腹痛、呕吐和喉咙发炎，一些病人还出现便血。呕吐毒素在我国的粮食和饲粮中较为常见。在我国长江中下游经常发生呕吐毒素中毒事件，东北地区也发生过类似的中毒事件，当地人们把这样的小麦叫做“病麦”或“毒麦”（李群伟，2005）。

在单端孢霉烯族毒素中，以 T-2 毒素的毒性最强。由于其为亲脂性物质，因此极易渗透皮肤，低剂量时刺激皮肤，高剂量时能够损伤细胞膜，并引起淋巴腺和造血细胞组织的凋亡，同时还可导致骨髓坏死、白细胞数量减少和软骨组织退行性变化等。T-2 毒素还被认为与白细胞缺乏病、大骨病和克山病这 3 种地方病的发生有关。T-2 毒素对胎儿软骨增殖有明显抑制作用，毒素浓度越大对软骨细胞的增殖抑制也就越明显，当浓度达到 20 μg/L 时就可引起软骨细胞凋亡。贮存 20 年以上的粮食中常见的 2 种霉菌是早熟禾根腐镰孢霉和拟枝孢镰刀菌，它们可以产生 T-2 毒素、HT-2 毒素和 T-2 四醇等单端孢霉烯族毒素，其中主要的是 T-2 毒素。人摄入这种食物后会很快发病，如皮肤出现淤血斑点，且常伴随口腔出血，接着发展为坏死和局部淋巴结肿大。

在苏联，有一种名为营养毒性白细胞减少症的疾病，1944 年大暴发时的特点表现为骨髓完全萎缩、粒性白细胞缺乏、脓血症和出血素质，死亡率高达 80%。按照病人症状与综合征不断发展的严重程度，这种病的临床表现为呕吐、腹泻、腹痛和前消化道的发热。治疗营养毒性白细胞减少症病人的方法有输血，补充核酸、钙元素、抗生素、维生素 C 和维生素 K 及改善营养。这种疾病与摄入陈化粮或其制品有极大的关联。因此，要注意粮食在收购、销售、贮存、运输、加工、转化、进出口过程中对单端孢霉烯族毒素污染的预防和控制（计成，2007）。

参考文献

程传民，柏凡，李云，等，2014. 2013 年小麦类饲料原料中霉菌毒素污染情况调查 [J]. 粮食与饲料工业（9）：41-46.

黄广明，李肖红，阳艳林，等，2014. 2012—2013 年饲料及饲料原料霉菌毒素污染状况分析 [J]. 养猪（4）：17-18.

计成，2007. 霉菌毒素与饲料食品安全 [M]. 北京：化学工业出版社.

季海霞，苏永腾，2015. 2014 年饲料霉菌毒素分析与探讨 [J]. 养猪（1）：17-19.

李群伟，2005. 真菌毒素与人体健康 [M]. 北京：人民军医出版社.

李笑樱，马秋刚，谢实勇，等，2012. 北京地区饲料及饲料原料呕吐毒素污染情况调查［J］. 中国畜牧杂志，48（13）：69－72.

邹忠义，贺稚非，李洪军，等，2013. 畜禽产品中脱氧雪腐镰刀菌烯醇和 T－2 毒素残留分析［J］. 食品科学，34（14）：208－211.

Awad W A，Bohm J，Razzazi－Fazeli E，et al，2004. Effects of deoxynivalenol on general performance and electrophysiological properties of intestinal mucosa of broiler chickens［J］. Poultry Science，83（12）：1964－1972.

Azcona－Olivera J I，Ouyang Y L，Warner R L，et al，1995. Effects of vomitoxin（deoxynivalenol）and cycloheximide on IL－2，4，5 and 6 secretion and mRNA levels in murine $CD4^+$ cells［J］. Food and Chemical Toxicology，33（6）：433－441.

Bensassi F，El G E，Abid－Essefi S，et al，2009. Pathway of deoxynivalenol－induced apoptosis in human colon carcinoma cells［J］. Toxicology，264（1/2）：104－109.

Campbell H，Choo T M，Vigier B，et al，2000. Mycotoxins in barley and oat samples from eastern Canada［J］. Canadian Journal of Plant Science，80（4）：977－980.

Chan，P K，Gentry P A，1984. LD_{50} values and serum biochemical changes induced by T－2 toxin in rats and rabbits［J］. Toxicology and Applied Pharmacology，73：402－410.

Charmley E，Trenholm H L，Thompson B K，et al，1993. Influence of level of deoxynivalenol in the diet of dairy cows on feed intake，milk production，and its composition［J］. Journal of Dairy Science，76（11）：3580－3587.

Chung Y J，Zhou H R，Pestka J J，2003. Transcriptional and posttranscriptional roles for p38 mitogen－activated protein kinase in upregulation of TNF－alpha expression by deoxynivalenol（vomitoxin）［J］. Toxicology and Applied Pharmacology，193（2）：188－201.

Corrier D E，Ziprin R L. 1987. Immunotoxic effects of T－2 mycotoxin on cell－mediated resistance to *Listeria monocytogenes* infection［J］. Veterinary Immunology and Immunopathology，14（1）：11－21.

Cote L M，Dahlem A M，Yoshizawa T，et al，1986. Excretion of deoxynivalenol and its metabolite in milk，urine，and feces of lactating dairy cows［J］. Journal of Dairy Science，69（9）：2416－2423.

Danicke S，Brezina U，2013. Kinetics and metabolism of the *Fusarium toxin* deoxynivalenol in farm animals：consequences for diagnosis of exposure and intoxication and carry over［J］. Food and Chemical Toxicology，60：58－75.

Danicke S，Goyarts T，Valenta H，et al，2004. On the effects of deoxynivalenol（DON）in pig feed on growth performance，nutrients utilization and DON metabolism［J］. Journal of Animal and Feed Sciences，13（4）：539－556.

Diesing A K，Nossol C，Panther P，et al，2011. Mycotoxin deoxynivalenol（DON）mediates biphasic cellular response in intestinal porcine epithelial cell lines IPEC－1 and IPEC－J2［J］. Toxicology Letters，200（1/2）：8－18.

Dixon D A，Kaplan C D，Mcintyre T M，et al，2000. Post－transcriptional control of cyclooxygenase－2 gene expression. The role of the 3′－untranslated region［J］. Journal of Biological Chemistry，275（16）：11750－11757.

Eriksen G S，Pettersson H，2004. Toxicological evaluation of trichothecenes in animal feed［J］. Animal Feed Science and Technology，114（1/4）：205－239.

Eriksen G S，Pettersson H，Lindberg J E，2003. Absorption，metabolism and excretion of 3－acetyl DON in pigs［J］. Archives of Animal Nutrition，57（5）：335－345.

European Union, 2006. Commission Recommendation of 17 August 2006 on the presence of deoxynivalenol, zearalenone, ochratoxin A, T-2 and HT-2 and fumonisins in products intended for human feeding [J]. Official Journal of the European Union, L 229/7.

Friend D W, Trenholm H L, Hartin K E, et al, 1984. Effect of adding potential vomitoxin (deoxynivalenol) detoxicants or *graminearum* inoculated corn supplement to wheat diets fed to pigs [J]. Canadian Journal of Animal Science, 64 (3): 733-741.

Gamage N, Barnett A, Hempel N, et al, 2006. Human sulfotransferases and their role in chemical metabolism [J]. Toxicological Sciences, 90 (1): 5-22.

Gareis M, Bauer J, Gedek B, 1987. On the metabolism of the mycotoxin deoxynivalenol in the isolated perfused rat liver [J]. Mycotoxin Research, 3 (1): 25-32.

Gauvreau H C, 2000. Toxicokinetic, tissue residue, and metabolic studies of deoxynivalenol (vomitoxin) in turkeys [D]. Vancouver, BC: Simon Fraser University.

Harino H, Ohji M, Wattayakorn G, et al, 2006. Occurrence of antifouling biocides in sediment and green mussels from Thailand [J]. Archives of Environmental Contamination and Toxicology, 51 (3): 400-407.

Harvey R B, Kubena L F, Huff W E, et al, 1990. Effect of treatment of growing swine with aflatoxin and T-2 toxin [J]. American Journal of Veterinary Research, 51 (10): 1688-1693.

He K, Pan X, Zhou H R, et al, 2013. Modulation of inflammatory gene expression by the ribotoxin deoxynivalenol involves coordinate regulation of the transcriptome and translatome [J]. Toxicological Sciences, 131 (1): 153-163.

He P, Young L G, Forsberg C, 1992. Microbial transformation of deoxynivalenol (vomitoxin)[J]. Applied and Environmental Microbiology, 58 (12): 3857-3863.

Huang C, Wu P, Jiang W D, et al, 2018. Deoxynivalenol decreased the growth performance and impaired intestinal physical barrier in juvenile grass carp (*Ctenopharyngodon idella*) [J]. Fish and Shellfish Immunology, 80: 376-391.

Joffe A Z, Yagen B, 1978. Intoxication produced by toxic fungi *Fusarium poae* and *F. sporotrichioides* on chicks [J]. Toxicon, 16 (3): 263-273.

Kanai K, Kondo E, 1984. Decreased resistance to mycobacterial infection in mice fed a trichothecene compound (t-2 toxin) [J]. Japanese Journal of Medical Science and Biology, 37 (2): 97-104.

Khera K S, Whalen C, Angers G, 1986. A teratology study on vomitoxin (4-deoxynivalenol) in rabbits [J]. Food and Chemical Toxicology, 24 (5): 421-424.

Kolf-Clauw M, Castellote J, Joly B, et al, 2009. Development of a pig jejunal explant culture for studying the gastrointestinal toxicity of the mycotoxin deoxynivalenol: histopathological analysis [J]. Toxicology *in Vitro*, 23 (8): 1580-1584.

Kouadio J H, Mobio T A, Baudrimont I, et al, 2005. Comparative study of cytotoxicity and oxidative stress induced by deoxynivalenol, zearalenone or fumonisin B_1 in human intestinal cell line Caco-2 [J]. Toxicology, 213 (1/2): 56-65.

Kubena L F, Huff W E, Harvey R B, et al, 1988. Influence of ochratoxin A and deoxynivalenol on growing broiler chicks [J]. Poultry Science, 67 (2): 253-260.

Lewis C W, Smith J E, Anderson J G, et al, 1999. Increased cytotoxicity of food-borne mycotoxins toward human cell lines *in vitro* via enhanced cytochrome p450 expression using the MTT bioassay [J]. Mycopathologia, 148 (2): 97-102.

Manning B, Li M, Robinson E, et al, 2003. Response of channel catfish to diets containing T - 2 toxin [J]. Journal of Aquatic Animal Health, 15 (3): 229 - 238.

Manning B, Terhune J, Li M, et al, 2005. Exposure to feedborne mycotoxins T - 2 toxin or ochratoxin A causes increased mortality of channel catfish challenged with *Edwardsiella ictaluri* [J]. Journal of Aquatic Animal Health, 17 (2): 147 - 152.

Maresca M, Mahfoud R, Garmy N, et al, 2002. The mycotoxin deoxynivalenol affects nutrient absorption in human intestinal epithelial cells [J]. Journal of Nutrition, 132 (9): 2723 - 2731.

Maul R, Warth B, Kant J S, et al, 2012. Investigation of the hepatic glucuronidation pattern of the *Fusarium mycotoxin* deoxynivalenol in various species [J]. Chemical Research in Toxicology, 25 (12): 2715 - 2717.

Moran E T, Hunter B, Ferket P, et al, 1982. High tolerance of broilers to vomitoxin from corn infected with *Fusarium graminearum* [J]. Poultry Science, 61 (9): 1828 - 1831.

Niyo K A, Richard J L, Niyo Y, et al, 1988. Effects of T - 2 mycotoxin ingestion on phagocytosis of Aspergillus fumigatus conidia by rabbit alveolar macrophages and on hematologic, serum biochemical, and pathologic changes in rabbits [J]. American Journal of Veterinary Research, 49: 1766 - 1773.

Pang V F, Lorenzana R M, Beasley V R, et al, 1987. Experimental T - 2 toxicosis in swine. III. Morphologic changes following intravascular administration of T - 2 toxin [J]. Fundamental Applied Toxicology, 8: 298 - 309.

Pestka J J, 2008. Mechanisms of deoxynivalenol - induced gene expression and apoptosis [J]. Food Additives and Contaminants Part A - Chemistry Analysis Control Exposure and Risk Assessment, 25 (9): 1128 - 1140.

Pestka J J, 2010. Deoxynivalenol - induced proinflammatory gene expression: mechanisms and pathological sequelae [J]. Toxins (Basel), 2 (6): 1300 - 1317.

Pestka J J, Tai J H, Witt M F, et al, 1987. Suppression of immune response in the B6C3F1 mouse after dietary exposure to the fusarium mycotoxins deoxynivalenol (vomitoxin) and zearalenone [J]. Food and Chemical Toxicology, 25 (4): 297 - 304.

Pestka J J, Uzarski R L, Islam Z, 2005. Induction of apoptosis and cytokine production in the Jurkat human T cells by deoxynivalenol: role of mitogen - activated protein kinases and comparison to other 8 - ketotrichothecenes [J]. Toxicology, 206 (2): 207 - 219.

Pierron A, Mimoun S, Murate L S, et al, 2016. Intestinal toxicity of the masked mycotoxin deoxynivalenol - 3 - β - D - glucoside. [J]. Archives of Toxicology, 90 (8): 2037 - 2046.

Pinton P, Accensi F, Beauchamp E, et al, 2008. Ingestion of deoxynivalenol (DON) contaminated feed alters the pig vaccinal immune responses [J]. Toxicology Letters, 177 (3): 215 - 222.

Pinton P, Braicu C, Nougayrede J P, et al, 2010. Deoxynivalenol impairs porcine intestinal barrier function and decreases the protein expression of claudin - 4 through a mitogen - activated protein kinase - dependent mechanism [J]. Journal of Nutrition, 140 (11): 1956 - 1962.

Placha I, Borutova R, Gresakova L, et al, 2009. Effects of excessive selenium supplementation to diet contaminated with deoxynivalenol on blood phagocytic activity and antioxidative status of broilers [J]. Journal of Animal Physiology and Animal Nutrition, 93 (6): 695 - 702.

Poppenberger B, Berthiller F, Lucyshyn D, et al, 2003. Detoxification of the *Fusarium mycotoxin* deoxynivalenol by a UDP - glucosyltransferase from arabidopsis thaliana [J]. The Journal of Biological Chemistry, 278 (48): 47905 - 47914.

Poston H A, Coffin J L, Combs G F, et al, 1982. Biological effects of dietary T-2 toxin on rainbow trout, *Salmo gairdneri* [J]. Aquatic Toxicology, 2: 79-88.

Prelusky D B, Hamilton R M, Trenholm H L, et al, 1986. Tissue distribution and excretion of radioactivity following administration of ^{14}C-labeled deoxynivalenol to White Leghorn hens [J]. Fundamental and Applied Toxicology, 7 (4): 635-645.

Prelusky D B, Hartin K E, Trenholm H L, et al, 1988. Pharmacokinetic fate of ^{14}C-labeled deoxynivalenol in swine [J]. Fundamental and Applied Toxicology, 10 (2): 276-286.

Prelusky D B, Trenholm H L, Lawrence G A, et al, 1984. Nontransmission of deoxynivalenol (vomitoxin) to milk following oral administration to dairy cows [J]. Journal of Environmental Science and Health (Part. B), 19 (7): 593-609.

Rafai P, Bata A, Vanyi A, et al, 1995. Effect of various levels of T-2 toxin on the clinical status, performance and metabolism of growing pigs [J]. Veterinary Record, 136 (19): 485-489.

Raymond S L, Smith T K, Swamy H V, 2005. Effects of feeding a blend of grains naturally contaminated with *Fusarium mycotoxins* on feved intake, metabolism, and indices of athletic performance of exercised horses [J]. Journal of Animal Science, 83 (6): 1267-1273.

Reid L M, Mather D E, Hamilton R I, 1996. Distribution of deoxynivalenol in *Fusarium* graminearum-infected maize ears [J]. Phytopathology, 86: 110-114.

Ricchelli F, Sileikyte J, Bernardi P, 2011. Shedding light on the mitochondrial permeability transition [J]. Biochimica et Biophysica Acta, 1807 (5): 482-490.

Rotter B A, Prelusky D B, Pestka J J, 1996. Toxicology of deoxynivalenol (vomitoxin) [J]. Journal of Toxicology and Environmental Health, 48 (1): 1-34.

Seeling K, Danicke S, Valenta H, et al, 2006. Effects of *Fusarium* toxin-contaminated wheat and feed intake level on the biotransformation and carry-over of deoxynivalenol in dairy cows [J]. Food Additives and Contaminants Part A-Chemistry Analysis Control Exposure and Risk Assessment, 23 (10): 1008-1020.

Sergeev I N, Kravchenko L V, Piliia N M, et al, 1990. The effect of the trichothecene mycotoxin deoxynivalenol (vomitoxin) on calcium homeostasis, vitamin D metabolism and receptors in rats [J]. Voprosy Meditsinskoi Khimii, 36 (5): 26-29.

Shephard G S, Berthiller F, Burdaspal P A, et al, 2013. Developments in mycotoxin analysis: an update for 2011-2012 [J]. World Mycotoxin Journal, 6: 3-30.

Shima J, Takase S, Takahashi Y, et al, 1997. Novel detoxification of the trichothecene mycotoxin deoxynivalenol by a soil bacterium isolated by enrichment culture [J]. Applied and Environmental Microbiology, 63 (10): 3825-3830.

Sinha R C, Savard M E, 1997. Concentration of deoxynivalenol in single kernels and various tissues of wheat heads [J]. Canadian Journal of Plant Pathology, 19: 8-12.

Sugita-Konishi Y, Pestka J J, 2001. Differential upregulation of TNF-alpha, IL-6, and IL-8 production by deoxynivalenol (vomitoxin) and other 8-ketotrichothecenes in a human macrophage model [J]. Journal of Toxicology and Environmental Health, 64 (8): 619-636.

Sundstol E G, Pettersson H, 2003. Lack of de-epoxidation of type B trichothecenes in incubates with human faeces [J]. Food Additives and Contaminants Part A-Chemistry Analysis Control Exposure and Risk Assessment, 20 (6): 579-582.

Supamattaya K, Kiriratnikom S, Boonyaratpalin M, et al, 2005. Effect of a *Dunaliella* extract on growth performance, health condition, immune response and disease resistance in black tiger shrimp (*Penaeus monodon*) [J]. Aquaculture, 248: 201-216

Swanson S P, Helaszek C, Buck W B, et al, 1988. The role of intestinal microflora in the metabolism of trichothecene mycotoxins [J]. Food and Chemical Toxicology, 26 (10): 823-829.

Sypecka Z, Kelly M, Brereton P, 2004. Deoxynivalenol and zearalenone residues in eggs of laying hens fed with a naturally contaminated diet: effects on egg production and estimation of transmission rates from feed to eggs [J]. Journal of Agricultural and Food Chemistry, 52 (17): 5463-5471.

Tai J H, Pestka J J, 1990. T-2 toxin impairment of murine response to *Salmonella typhimurium*: a histopathologic assessment [J]. Mycopathologia, 109: 149-155.

Trigostockli D M, Obaldo L G, Dominy W G, et al, 2010. Utilization of deoxynivalenol-contaminated hard red winter wheat for shrimp feeds [J]. Journal of the World Aquaculture Society, 31 (2): 247-254.

Vanyi A, Glavits R, Gajdacs E, et al, 1991. Changes induced in newborn piglets by the trichothecene toxin T-2 [J]. Acta Veterinaria Hungarica, 39 (1/2): 29-37.

Voss K A, 2010. A new perspective on deoxynivalenol and growth suppression. Toxicological Sciences, 113 (2): 281-283.

Wache Y J, Valat C, Postollec G, et al, 2009. Impact of deoxynivalenol on the intestinal microflora of pigs [J]. International Journal of Molecular Sciences, 10 (1): 1-17.

Wang X, Liu Q, Ihsan A, et al, 2012. JAK/STAT pathway plays a critical role in the proinflammatory gene expression and apoptosis of RAW264. 7 cells induced by trichothecenes as DON and T-2 toxin [J]. Toxicological Sciences, 127 (2): 412-424.

Woodward B, Young L G, Lun A K, 1983. Vomitoxin in diets for rainbow trout (*Salmo gairdneri*) [J]. Aquaculture, 35: 93-101.

Wyatt R D, Doerr J A, Hamilton P B, et al, 1975. Egg production, shell thickness, and other physiological parameters of laying hens affected by T-2 toxin [J]. Applied Microbiology, 29 (5): 641-645.

Yang G H, Jarvis B B, Chung Y J, et al, 2000. Apoptosis induction by the satratoxins and other trichothecene mycotoxins: relationship to ERK, p38 MAPK, and SAPK/JNK activation [J]. Toxicology and Applied Pharmacology, 164 (2): 149-160.

Yarom R, Sherman Y, More R, et al, 1984. T-2 toxin effect on bacterial infection and leukocytes function [J]. Toxicological and Applied Pharmacology, 75: 60-68.

Yordanova J, Rosso O A, Kolev V, 2003. A transient dominance of theta event-related brain potential component characterizes stimulus processing in an auditory oddball task [J]. Clinical Neurophysiology, 114 (3): 529-540.

Young J C, Zhou T, Yu H, et al, 2007. Degradation of trichothecene mycotoxins by chicken intestinal microbes [J]. Food and Chemical Toxicology, 45 (1): 136-143.

Young J C, Zhu H, Zhou T, 2006. Degradation of trichothecene mycotoxins by aqueous ozone [J]. Food and Chemical Toxicology, 44 (3): 417-424.

Zhang X, Jiang L, Geng C, et al, 2009. The role of oxidative stress in deoxynivalenol-induced DNA damage in HepG2 cells [J]. Toxicon, 54 (4): 510-518.

第六章 赭曲霉毒素毒理作用及动物和人中毒症

第一节 赭曲霉毒素概述

世界上第一株赭曲霉是Scott于1965年从南非高粱上分离得到的，Vender Merve于1965年从赭曲霉中首次分离得到赭曲霉毒素A（ochratoxins，OTA）。1976年在美国的北卡罗来纳州，有15 000只火鸡因禽类肾病而死亡，其原因是饲粮中的玉米被OTA污染。而OTA引起全球关注则是因为一种地方性疾病——巴尔干肾病，这是流行在巴尔干半岛上的地方病，其与当地居民食物受OTA污染有关。赭曲霉毒素是由赭曲霉菌（*Aspergillus ochraceus*）、疣孢青霉菌（*P. verruculosum*）、纯绿青霉菌（*P. viridicatum*）及其他几种青霉菌产生的一类结构相似的有毒次级代谢产物，广泛存在于各种谷物、食物及其副产品中，对人及动物健康造成极大威胁（Kamp等，2005）。

一、赭曲霉毒素的理化性质

赭曲霉毒素在多种动物中被证实具有肾毒性、肝毒性、致畸致癌性等。其中，OTA毒性较大，在饲料中的分布范围较广（Hohler，1998）。国际癌症研究机构（IARC）在1993年将OTA定为人类的2B级致癌物质。

赭曲霉毒素是异香豆素的一系列衍生物（表6-1），其骨架结构见图6-1。赭曲霉毒素主要包括A、B 2种类型。OTA和赭曲霉毒素B（ochratoxin B，OTB）能在自然条件下存在，OTA毒性是OTB的10倍左右，对畜牧业发展和食品安全有很大危害，因此对赭曲霉毒素的研究多集中于OTA。而赭曲霉毒素C（ochratoxin C，OTC）及其他几种化合物只能在实验室纯培养的条件下获得，且产量远不及OTA和OTB。OTA分子中包含1个对氯苯酚。其中，二氢异香豆素与L-苯丙氨酸通过酰胺键相连而成，国际理论与应用化学联合会将OTA命名为N-[(3R)-(5-氯-8-羟基-3-甲基-1-氧代-7-苯并二氢异吡喃基)羰基]-L-苯丙氨酸，分子式为$C_{20}H_{18}ClNO_6$，相对分子质量为403.81（图6-2）。

表 6-1　主要赭曲霉毒素骨架结构

名　称	缩写	相对分子质量	R1	R2	R3	R4	R5
赭曲霉毒素 A	OTA	403	Phe	Cl	H	H	H
赭曲霉毒素 B	OTB	370	Phe	H	H	H	H
赭曲霉毒素 C	OTC	431	Phe 乙酯	Cl	H	H	H
赭曲霉毒素 α	OTα	256	OH	Cl	H	H	H
赭曲霉毒素 β	OTβ	223	OH	H	H	H	H
赭曲霉毒素 A（开内酯环）	OP-OA	421	Phe	Cl	H	H	—
赭曲霉毒素 B（开内酯环）	OP-OB	388	Phe	H	H	H	—
赭曲霉毒素 A 氢醌	OTHQ	385	Phe	OH	H	H	H

注：R1、R2、R3、R4、R5 均指骨架结构。

资料来源：Malir 等（2016）。

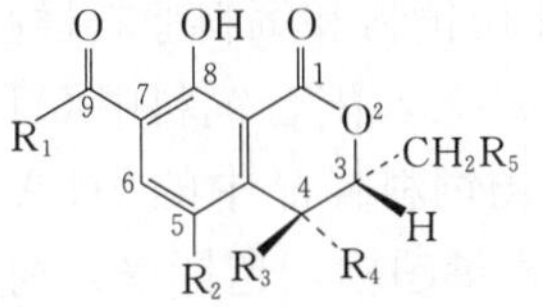

图 6-1　赭曲霉毒素骨架结构

（资料来源：Malir 等，2016）

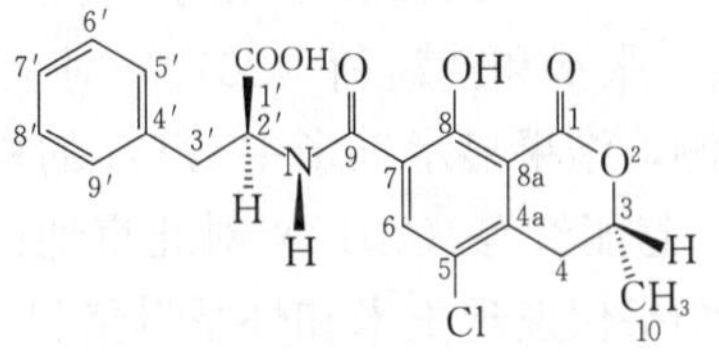

图 6-2　赭曲霉毒素 A 化学结构

（资料来源：Malir 等，2016）

OTA 是一种无色结晶化合物，且呈弱酸性，在二甲苯中的晶体熔点为 169 ℃，具有很高的化学稳定性和热稳定性。微溶于水，可溶于碱性溶液（如碳酸氢钠溶液），在酸性或中性 pH 条件下，易溶于极性有机溶剂（甲醇、氯仿等），不溶于脂溶性有机溶剂（已烷、石油醚等）。OTA 在紫外线照射下呈绿色荧光，最大吸收峰为 333 nm。OTA 对空气和光不稳定，尤其是在潮湿环境中，短暂的光照都能使之分解，但在乙醇溶液中可低温保存 1 年。

二、OTA 的污染概况和限量标准

（一）OTA 的污染概况

赭曲霉菌是最早发现能够产生 OTA 的真菌，在 8～37 ℃的温度范围内均能生长，在 pH 3～10 范围内生长良好，而 pH 低于 2 时生长速度缓慢。纯绿青霉菌是继赭曲霉菌之后发现的另一种 OTA 产生菌，其生长所需的环境温度为 0～30 ℃。炭黑曲霉菌是近几年新发现的一种能够产生 OTA 的真菌，该菌繁殖所需的温度范围较宽，在 40 ℃时仍可繁殖，最适生长温度为 32～35 ℃。炭黑曲霉菌对紫外线有较强的抵抗力，因此某些农产品常被炭黑曲霉菌及其代谢产物 OTA 污染（Teren 等，1996）。炭黑曲霉菌主要侵染水果，因此新鲜葡萄、葡萄干、葡萄酒易被 OTA 污染。

一般认为，在热带地区农作物田间或农作物贮存过程中的OTA主要由赭曲霉产生；而在欧洲、北美洲等温带、亚寒带地区谷物和谷物制品中的OTA主要由纯绿青霉所产生。1979年美国、加拿大OTA污染的平均含量是103.5 μg/kg，83%的样品中OTA含量小于200 μg/kg，大约3%的含量为20 000～30 000 μg/kg。饲料受OTA污染要比食物严重。1996—1997年，克罗地亚对产自当地的105份和104份玉米中OTA的污染水平进行了检测，结果表明OTA的平均含量分别为3.61 μg/kg和19.80 μg/kg，最高污染水平分别为224 μg/kg和614 μg/kg，该地区玉米中OTA的污染率和污染水平居世界之最。1998年，波兰科学家对不同谷物进行了OTA污染调查，37份小麦粉样品中OTA的污染率为48.6%，其平均值达到了267 μg/kg，远远超过了欧盟对谷物中OTA的限量标准（5 μg/kg）。2000年英国对各种谷物中OTA含量进行监测发现，OTA的污染率为16.25%，污染水平为0.3～231 μg/kg。

我国OTA污染虽然较为普遍，但程度相对较轻。不同饲料或饲料原料中OTA含量存在一定差异，超标率较低。杨晓飞等（2007）对四川地区133个饲料原料样品中的OTA污染情况进行了调查，结果显示玉米和饼粕类饲料中OTA的检出率分别为81.48%和86.84%，而饼粕类和动物性蛋白类饲料中OTA含量高达98.33 μg/kg和97.42 μg/kg。张丞和刘颖莉（2010）对全国各地244份饲料和饲料原料样品的OTA含量进行了检测，结果显示玉米中OTA的检出率为7.20%，配合饲料中OTA的检出率为11.50%。赵丽红等（2012）对北京地区131份猪场饲料样品中的OTA污染情况进行了调查，结果仅发现玉米和怀孕母猪料中的OTA含量超标，超标率分别为7.14%和20.00%。单安山等（2013）对东北地区116份饲料原料中的OTA含量进行了测定，结果所有样品中OTA的检出率均为100.00%，所有样品中OTA的含量均低于100.00 μg/kg。程传民等（2014）对全国2 423份饲料原料样品中的OTA含量进行了调查，结果显示OTA污染较为普遍，被检饲料原料样品中OTA的检出率高于20.00%，但所有样品中无OTA含量超标。近年来我国饲料原料和饲料被OTA污染情况的部分调查结果见表6-2。

表6-2 我国饲料原料及饲料被OTA污染情况

区域	样品	样品数	检出率（%）	平均含量（μg/kg）	最大值（μg/kg）	资料来源
四川省	玉米	27	81.48	6.21	26.79	杨晓飞等（2007）
	小麦及谷物副产物	32	81.25	6.48	24.36	
	玉米蛋白粉	10	100.00	26.39	76.47	
	饼粕类	38	86.84	16.24	98.33	
	动物性蛋白类	24	100.00	24.40	97.42	
全国	玉米	83	7.20	—	18.00	张丞和刘颖莉（2010）
	玉米副产物	17	47.10	—	21.00	
	蛋白质原料	8	37.50	—	52.00	
	小麦及副产物	22	13.60	—	7.00	
	配合饲料	87	11.50	—	17.80	

（续）

区 域	样 品	样品数	检出率（%）	平均含量（μg/kg）	最大值（μg/kg）	资料来源
北京市	玉米	14	92.86	22.12	135.93	赵丽红等（2012）
	豆粕	11	63.64	10.81	41.95	
	麸皮	13	76.92	7.78	36.43	
	DDGS	17	100.00	22.46	89.33	
	猪配合饲料	76	92.11	17.52	212.36	
东北地区	玉米	60	100.00	5.54	55.25	单安山等（2013）
	DDGS	12	100.00	14.16	74.96	
	玉米蛋白粉	10	100.00	4.31	21.83	
	玉米胚芽粕	8	100.00	2.60	3.98	
	玉米蛋白饲料	11	100.00	4.92	24.74	
	饼粕类	15	100.00	3.40	6.26	
全国	玉米	125	24.00	7.12	56.30	程传民等（2014）
	玉米副产物	157	32.00	19.80	98.60	
	小麦	200	30.00	0.90	40.50	
	小麦副产物	408	65.70	2.27	16.60	
	饼粕类	711	51.00	2.18	95.10	

（二）OTA 的限量标准

OTA 广泛分布于自然界，可污染多种农作物和食品，是欧洲部分国家膳食中的主要污染物之一。人摄入的 OTA 主要来自谷物，其次是葡萄酒和咖啡等。世界卫生组织建议，谷物中 OTA 的最高浓度为 5 μg/kg。欧盟新的限量标准中，包括谷物在内的婴幼儿食品，以及在具有特殊医疗目的的婴儿食品中，OTA 的最大限量均为 0.5 μg/kg，《我国食品安全国家标准　食品中真菌毒素限量》（GB 2761—2017）也规定了食品中 OTA 的限量标准，其中谷物及其制品、豆类及其制品、坚果及其籽类（烘焙咖啡豆）、研磨咖啡（烘焙咖啡）中为 5 μg/kg，葡萄酒中为2 μg/kg，速溶咖啡中为 10 μg/kg。表 6-3 列出了欧盟和我国饲料原料及配合饲料中 OTA 的最大允许量。

表 6-3　饲料原料及饲料中 OTA 限量标准

国家或地区	饲料类型	最高限量（μg/kg）
欧盟（2006/576/EC）	谷物及其产品（饲料原料）	250
	猪补充饲料和配合饲料	50
	禽补充饲料和配合饲料	100
中国（GB 13078—2017）	谷物及其产品（饲料原料）	100
	配合饲料	100

第二节　赭曲霉毒素毒理作用

一、赭曲霉毒素的吸收与代谢

40%～60%的 OTA 在胃肠道以被动扩散方式吸收，空肠是其主要的吸收场所。不同动物对 OTA 的吸收效率有差异。一部分 OTA 可被消化道内的羧肽酶 A、胰蛋白酶等及肠腔中的微生物水解成毒性更低的代谢产物；另一部分 OTA 从消化道吸收，经血液循环到达机体各组织器官。OTA 能在肾小管的近端和远端被完全吸收，并通过肠肝循环被反复分泌和吸收，低 pH 环境对其吸收有促进作用。

体内的 OTA 需经过一定的生物转化才能被代谢，在大部分哺乳动物体内是通过肾脏代谢，对于啮齿类则主要通过胆汁代谢。通常反刍动物的瘤胃微生物能将部分赭曲霉毒素转化为无毒性的赭曲霉毒素 α（OTα），然后随粪尿排泄出去。Pfohl-Leszkowicz 和 Manderville（2010）报道，胃肠道中微生物有可能将 OTA 降解成毒性较小的代谢物；另外，OTA 还能被细胞色素 P450 酶氧化，形成毒性较小的羟基代谢物（图 6－3）。有些代谢物

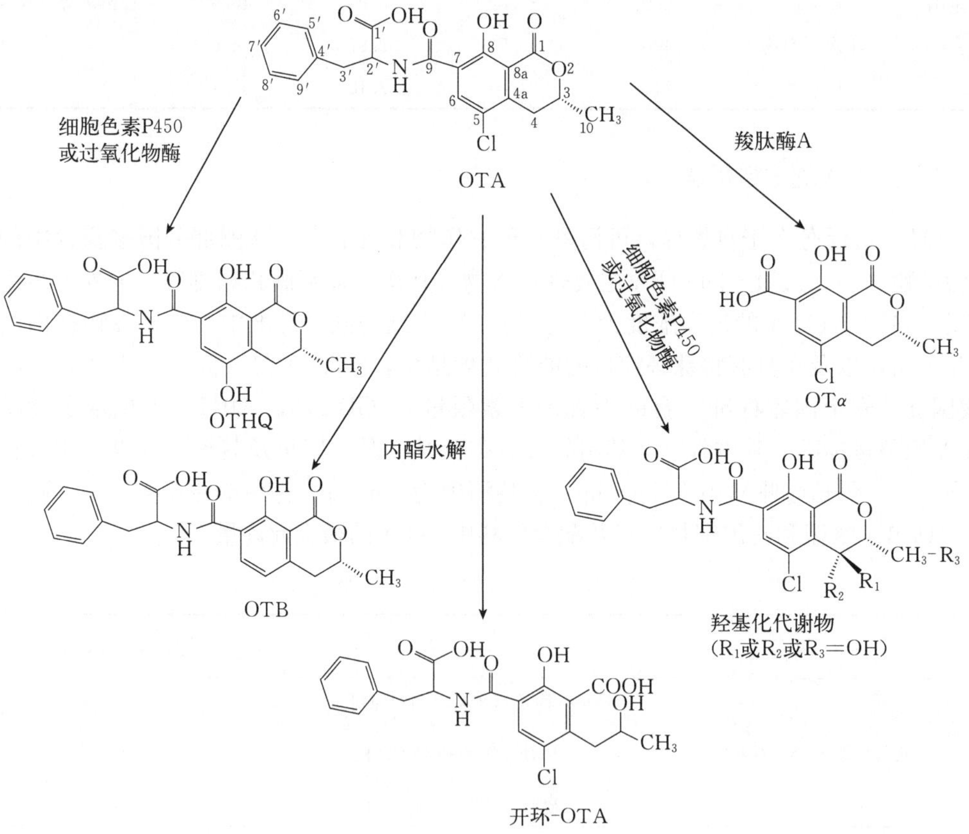

图 6－3　OTA 的代谢物

（资料来源：Annie 等，2007）

毒性较高，如开环 OTA（OP－OTA）则被证实毒性要大于 OTA。被吸收的 OTA 约有 90%能迅速与血清白蛋白结合，并主要以结合物的形式存在于血液中。在血液中，OTA 蛋白结合物较难被代谢，半衰期长达 35 d。由于人们经常会摄入受 OTA 污染的食物，而 OTA 的半衰期又很长，因此在世界各地收集的人血液样本中 OTA 的检出频率也非常高。在研究 OTA 攻毒模型时，可将血清中 OTA 蛋白质结合物作为检测的生物指标。

OTA 在不同动物体内的半衰期存在种属和组织器官差异（Galtier 等，1981；Ringot 等，2006），且与攻毒途径有关（表 6－4）。一般情况下，静脉注射时 OTA 的半衰期要比口服的长，其在人体内的半衰期最长。OTA 在大鼠各组织器官中的半衰期为：血液（103 h）>肌肉（97 h）>肾脏（54 h）>肝脏（48 h）。研究普遍认为，OTA 与血清蛋白的结合力大于其与组织蛋白的结合力，故其在血液中的半衰期较其他组织器官中的更长。动物食用了被 OTA 污染的饲料后，不仅自身的健康受到威胁，而且残留在肌肉、肝脏和肾脏等动物产品中的 OTA 可通过食品链传递给消费者，对消费者的健康造成危害。

表 6－4　OTA 在人及不同动物体内的半衰期（h）

致毒途径	人	鸡	鲤	家兔	鹌鹑	小鼠	猪	大鼠	猕猴
静脉注射	1 400.00	3.00	8.30	10.80	12.00	48.00	150.00	170.00	840.00
口服	840.00	4.10	0.68	8.20	6.70	39.00	72.00	120.00	510.00

资料来源：Galtier 等（1981）；Ringot 等（2006）；范斌等（2014）。

二、OTA 的毒理作用机制

（一）OTA 的毒理作用机制

普遍认为，OTA 毒理作用机制之一是抑制蛋白质、DNA 和 RNA 的合成。OTA 可能与苯丙氨酸代谢有关，被认为是苯丙氨酸-tRNA 合成酶的竞争性抑制剂，与苯丙氨酸竞争苯丙氨酸-tRNA 结合位点从而抑制蛋白质的合成（Gremmels 等，1995）。蛋白质合成量减少，导致 IgA、IgG 和 IgM 合成量减少，抗体效价降低，从而降低动物的免疫力和对病原菌的抵抗力等。此外，OTA 还影响肾功能相关的一系列酶的活性，如丙氨酸氨基肽酶、亮氨酸氨基肽酶、磷酸烯醇式丙酮酸羧激酶等。OTA 能影响肝脏和肾脏中苯丙氨酸羟化酶的活性，这种酶能不可逆地催化苯丙氨酸转化成酪氨酸。

许多学者认为氧化应激损伤是 OTA 致毒的另一个重要机制。OTA 能诱导活性氧的产生，活性氧通过脂质过氧化、降低抗氧化酶活性、诱导 DNA 损伤等途径致毒。此外，OTA 诱导 DNA 加合物的产生从而引起基因突变，以及活性氧诱导的 DNA 损伤可使动物致癌。

Aleo 等（1991）报道，OTA 能导致线粒体的结构和功能发生改变，影响线粒体细胞膜转运系统。其机制可能是 OTA 通过竞争性抑制定位在线粒体内膜上的载体蛋白，从而导致线粒体内磷酸盐转运被抑制，抑制 ATP 的生成，损害线粒体的呼吸作用而导致 ATP 的耗竭。此外还发现，OTA 能抑制磷酸化酶活性而使糖原分解受阻，这可能是导致糖原在肝脏中聚集的重要原因。

不仅如此，OTA 还诱导细胞凋亡、影响细胞信号转导通路中的蛋白质及关键因子的转录表达等。

（二）OTA 的毒性效应

1. OTA 对肾脏的靶器官效应 OTA 通过血液被转移至肾脏，对肾脏造成损伤。对欧洲一些受 OTA 污染较严重的国家和地区人群的血清分析表明，地方性肾病、肾盂癌等患者血液中的 OTA 浓度显著高于健康人血液中的 OTA 浓度。世界粮食组织食品添加剂联合专家委员会在 1991 年的报告中对 OTA 的毒性进行了评价，认为 OTA 作用的第一靶器官是肾脏，只有剂量很大时才会使肝脏出现病变。短期试验结果表明，OTA 对所有单胃哺乳动物的肾脏均有毒性，损害近端肾小管，影响尿液分泌（Jecfa，2001）。肾功能受到损害后的组织病理学变化为肾脏萎缩或肿大，颜色苍白，且皮质切片表面有大量结缔组织增生；肾小管退化和萎缩，伴随出现间质纤维化和血管小球玻璃样病变；尿液中葡萄糖和蛋白质的排泄量增加，并且尿中有明显的脱落物。尿糖和尿蛋白质增加表明，近曲小管对蛋白质和糖的重吸收功能降低。用 0.062 mg/kg OTA（以体重计）饲粮饲喂小鼠 90 d，小鼠出现肾小管萎缩和近曲小管出现巨核细胞等异常变化。OTA 导致的肾损伤能抑制动物体对矿物质元素的吸收，导致血清钙、磷、钾、铁等矿物质元素水平降低，严重时引发相应的缺乏症。

2. OTA 对肝脏的靶器官效应 OTA 在毒害肾脏的同时，也会引起肝脏损伤。饲粮中的 OTA 水平大于 5 mg/kg 时除了肾脏受到损害以外，还会引起肠炎、淋巴组织坏死和脂肪肝。用含 2.569 mg/kg OTA 的饲粮饲喂 40 日龄左右的星波罗肉鸡时，试验鸡表现为精神沉郁、食欲不振、肠炎、贫血、极度消瘦等症状，于试验 13～18 d 后死亡。电镜下可见肝小叶大小不一，小叶间结缔组织增厚。肝细胞核膜增厚，线粒体肿胀溶解，内质网减少，胞浆内有大量异物，出现肝细胞溶解等异常现象。用免疫荧光技术对各脏器的分析结果显示，肝脏、肾脏、脾脏、心肌、肌肉、肠管等组织中均含有 OTA，其中以肝细胞和肾小管基底膜残留最多（孙蕙兰等，1991）。OTA 也能引起肉鸡肝脏变性，糖原在肝脏中堆积，导致肝脏肥大，但 OTA 对肝脏的影响远不及黄曲霉毒素显著。

3. OTA 的免疫毒性效应 OTA 对动物的免疫系统会产生抑制作用，降低机体对环境和病原菌的抵抗力，增加机体对疾病的敏感性。OTA 造成的免疫抑制一般表现为动物免疫器官变化，胸腺、法氏囊、脾脏、淋巴结中淋巴细胞的退化、减少，显著影响机体细胞免疫水平。由于 OTA 导致免疫系统效应细胞特别是巨噬细胞数量减少，因此循环系统中的免疫球蛋白数量也减少，导致体液免疫功能受到抑制，但其影响程度较细胞免疫要轻。Muller 等（2003）研究 OTA 及其代谢产物对人单核细胞/巨噬细胞系 TPH－1 的免疫毒性时发现，OTA 浓度在 10～1 000 μg/L 时，TPH－1 的代谢能力、细胞的增殖能力、细胞膜的完整性、细胞的分化能力、巨噬细胞的吞噬能力、一氧化氮（NO）的合成能力，以及细胞表面标志物的形成均可被抑制。血液总蛋白、白蛋白和球蛋白含量及肾脏磷酸烯醇式丙酮酸羧激酶的活性均可作为 OTA 中毒的敏感指标。

4. OTA 对动物机体消化系统的影响 OTA 可损害肠上皮屏障功能，诱导肠道炎症。用含 OTA 的饲粮饲喂无特定病原体小母猪（3～4 周龄）时发现，小母猪出现采食量下降、呕吐、多尿、腹泻和直肠温度升高的情况；整个胃肠道均呈现炎症反应，肠道呈现局灶性坏死病变（Szczech 等，1973）。OTA 增加动物肠道对细菌和球虫等的敏感性，降低细胞抗氧化防御能力；抑制肠上皮细胞增殖和存活，诱导肠细胞产生氧化应激，影响肠道对营养物质的吸收。其病理结果是机体对病原体感染的敏感性增加、肠道营养吸收不良、炎症、腹泻、肠黏膜坏死等，对动物肠道健康甚至整个机体构成了严重威胁。

5. OTA 对机体循环系统造成的影响　主要体现在 OTA 对造血功能的抑制作用，导致血液系统紊乱。在人造血母细胞的体外培养试验中发现，当 OTA 的浓度为 100 μmol/L 时，能引起核红细胞和单核粒细胞的原代增殖减少，能破坏血小板母细胞；但当 OTA 浓度低时，造血母细胞的增殖未受影响。

6. OTA 的致死性　不同动物对 OTA 的敏感性差异很大，OTA 对实验动物的 LD_{50} 依给药途径、实验动物种类和品系不同而异。不同动物经口染毒 OTA 的 LD_{50}（均以体重计）为：猪 1 mg/kg，狗 0.2 mg/kg，鸡 3.3 mg/kg，雏鸭 0.5 mg/kg，虹鳟 4.7 mg/kg，大鼠和小鼠依品系不同，分别为 20～30 mg/kg（新生大鼠为3.9 mg/kg）和 46～58 mg/kg。家禽、猪和狗对 OTA 较敏感，大鼠和小鼠对 OTA 较不敏感（Harwig 等，1983）。OTA 对反刍动物的毒性相对较低，可能与瘤胃微生物的解毒作用有关，一般认为反刍动物能耐受 OTA 的水平是 12 mg/kg（以体重计）。目前研究尚无证据证明 OTA 对马属动物有影响。

7. OTA 的致癌性　1987 年，国际癌症研究中心将 OTA 定为 3 级致癌物。由于当时没有可获得的癌症和流行病学的案例报告及数据，因此没有关于 OTA 对人致癌的评估。之后根据大量动物研究揭示了 OTA 致癌性的数据，1993 年国际癌症研究中心将其定为 2B 级致癌物。美国国家毒物学计划的一项研究显示，Boorman 等（1992）分别用 21 μg/kg、70 μg/kg 和 210 μg/kg（均以体重计）OTA 喂食 F344N 大鼠 2 年后，210 μg/kg组大鼠出现了肾小管细胞腺瘤和肾小管细胞癌，且雌性大鼠的发病率远低于雄性大鼠，可见雄性大鼠对 OTA 较雌性大鼠敏感。除了肾脏肿瘤外，OTA 可能与睾丸癌的发生有关。此外，乳腺也是 OTA 的潜在靶目标，OTA 能提高乳腺纤维腺瘤的发病率。在发生巴尔干地方性肾病的国家，很多地方性肾病的病例中都出现了尿道肿瘤的症状。

8. OTA 的致畸致突变性　OTA 对细胞有致突变作用，用 OTA 染毒的人源性肝细胞瘤（HepG2）细胞进行微核试验和彗星试验时发现，在 5 μg/mL 及更高剂量组毒性作用与染毒剂量之间呈现明显的剂量依赖性。用 25 μg/mL OTA 处理 HepG2 细胞后出现明显的 DNA 损伤，表明 OTA 对人源性细胞有诱变作用，即其对人肝组织可能有遗传毒性。崔晋峰等（2014）研究 OTA 对人胃黏膜上皮细胞系（GES-1）染色体的损伤作用时，采用微核试验观察不同浓度 OTA（5 μmol/L、10 μmol/L、20 μmol/L）处理 24 h，结果表明 OTA 处理组的 GES-1 细胞染色体总畸变率明显高于对照组，OTA 诱导 GES-1 细胞染色体发生了畸变。

OTA 表现出对大鼠和小鼠的致畸作用时，中枢神经系统是主要的靶组织。Hong 等（2002）报道，用 0.5 μg/mL 或 1 μg/mL 浓度的 OTA 染毒 12 日龄大鼠胚胎中脑细胞 48 h 后发现，细胞数量减少及神经突生长速度降低，且二者均呈现剂量依赖性。另外，OTA 还被证实能够损伤大鼠的海马神经元细胞，这种损伤可能对认知功能有一定影响。

第三节　动物和人赭曲霉毒素中毒症

一、动物赭曲霉毒素中毒症

（一）猪赭曲霉毒素中毒症

OTA主要靶器官是肾脏和肝脏，损害近端肾小管，改变尿液的分泌，出现尿糖和尿蛋白，影响动物体对矿物质元素的吸收和利用。猪OTA中毒还表现为引起免疫器官病变，胸腺、脾脏、淋巴结中的淋巴细胞数量减少、巨噬细胞和单核细胞的迁移能力下降等免疫抑制；抑制免疫球蛋白的生成，从而降低抗体效价，降低动物机体的免疫力和对病原菌的抵抗力，增加机体对疾病的敏感性；诱导细胞突变，影响神经系统，引发肾癌、尿道肿瘤等疾病；能降低断奶仔猪的抗氧化能力，引起肾脏近端小管上皮细胞和肝细胞退行性病变。OTA对猪繁殖性能影响的研究主要集中在公猪的精子质量上，其能导致精子初期运动能力减弱和寿命缩短。

猪OTA中毒的主要临床症状是腹泻、厌食、脱水、烦躁、干渴、尿频、直肠温度升高、结膜炎、生长受阻、体增重下降、免疫抑制等，而有时临床症状不明显。急性OTA中毒症状为肾病、肠炎和免疫抑制；慢性OTA中毒症状为吸收变差、烦躁、干渴、肾脏损伤、钙磷吸收障碍、骨骼脆弱等。剖检常见病变是肾脏萎缩或肿大，颜色苍白（彩图6-1），肾小管上皮损伤和肠道淋巴腺坏死，肠道淋巴组织受损。而特征性病变是引起肾近曲小管坏死，进而发展为间质性纤维化（即橡皮肾）。病理变化包括血尿素氮、天冬氨酸转移酶增加，尿中葡萄糖及蛋白质含量上升，尿中有明显脱落物。如果出现OTA的典型临床症状，如厌食、腹泻、脱水、橡皮肾，可测定饲粮中OTA的含量，以进行OTA中毒症的确诊。如果确认为OTA中毒症，则应立即给动物停喂霉变的饲料，换为安全的饲料。

（二）家禽赭曲霉毒素中毒症

饲粮中的OTA能对家禽生产性能产生抑制作用，降低家禽的日增重、采食量和饲料转化效率，导致耗料增重比增加。OTA引起家禽肾脏最明显的变化是肾脏肥大，影响其对矿物质元素的吸收。OTA对免疫系统产生抑制作用，造成家禽体液免疫和细胞免疫障碍及非特异性免疫抑制。OTA可使家禽肠道淋巴腺坏死，胸腺损伤，仔鸡法氏囊萎缩，抗体减少，增加家禽对疾病的易感性。

中毒的家禽主要特征是肾病，出现肾功能障碍，病禽表现拒食或少食。中毒蛋鸡表现为产蛋量减少、蛋壳质量下降、多尿、排稀粪、钙磷吸收障碍、破蛋、生长速度缓慢、维生素缺乏症等。在急性病例中，家禽肾脏表现为病变，肾小管上皮细胞肿胀；在亚急性病例中，中毒家禽肝脏、肾脏重量增加，淋巴样器官重量减轻；在慢性中毒病例中，中毒家禽表现为肾功能下降，但无肉眼可见病变。主要的组织病理学变化为，以异嗜性白细胞浸润、小管扩张和小管上皮增生、小管上皮局灶性坏死为特征的急性肾小管性肾病，肾脏近曲小管萎缩和变性，间质纤维化；有时可见肝细胞浆形成空泡和局灶性坏死；骨髓造血功能受抑制；脾脏和法氏囊缺少淋巴细胞。病理变化包括血浆尿素氮、天冬氨酸转移酶增加，尿中葡萄糖及蛋白质含量上升。

（三）反刍动物赭曲霉毒素中毒症

OTA 分子由异香豆素衍生物和 L-β-苯丙氨酸经酰胺键连接而成，很容易被瘤胃微生物产生的蛋白酶水解。用瘤胃内容物体外培养时，有 60%的 OTA 被降解成 OTα，原虫被认为是参与瘤胃内 OTA 降解成 OTα 过程的主要微生物，这也解释了反刍动物对 OTA 的急性毒性并不敏感的原因。

给牛口服 OTA 时对牛产生毒性作用的最低剂量为 13 mg/kg（以体重计），而静脉注射1 mg/kg（以体重计）时就能观察到其对牛产生毒性作用。但必须注意毒素的累积效应，如长期采食被 OTA 污染的饲粮，同样会对反刍动物造成有害影响。现代化的牛场管理中，饲粮中含有较多的精饲料，改变了瘤胃环境，导致瘤胃微生物生物种群发生改变，从而影响 OTA 在瘤胃内的降解。

二、人赭曲霉毒素中毒症

OTA 被认为与人肾脏疾病和泌尿器官肿瘤相关。OTA 经单次口服后在人体内的半衰期长达 35 d。另外，人们经常摄入受 OTA 污染的食物，导致全世界范围内人的血样中 OTA 的阳性率较高。通常确定 OTA 与人疾病的研究方法是，分析食物中 OTA 和健康群体或仅限于某些患有肾脏疾病的人血液中 OTA 含量的关系。很多报道中都涉及 OTA 可能是人类巴尔干半岛地方性肾病的病因，此病主要见于波斯尼亚、保加利亚、克罗地亚、罗马维亚等，具有典型的地方性和家族性特征。OTA 能导致双侧肾脏病变，由尿毒症导致极高的病死率。单独的 OTA 并不能诱发巴尔干地方性肾病，但是它能与其他毒素起协同作用。OTA 究竟是人肾脏疾病的主要病因还是次要因素尚未清楚，还需进一步的调查和研究。

参考文献

程传民，柏凡，李云，等，2014. 2013 年赭曲霉毒素 A 在饲料原料中的污染分布规律 [J]. 饲料广角 (7)：34-37.

崔晋峰，吴莎，刘静，等，2014. 赭曲霉毒素 A 对体外培养人胃黏膜上皮细胞染色体的损伤作用 [J]. 肿瘤防治研究，41 (6)：541-544.

范斌，余冰，王乐成，等，2014. 赭曲霉毒素 A 的肠毒性及其营养干预 [J]. 动物营养学报，26 (2)：334-341.

单安山，周长路，张圆圆，等，2013. 东北地区不同饲料原料中霉菌毒素含量的测定 [J]. 东北农业大学学报，44 (6)：96-100.

孙蕙兰，牛钟相，郭延奎，1991. 荧光抗体技术对鸡组织器官中赭曲霉毒素残留检测的研究 [J]. 山东农业大学学报，22 (4)：347-350.

杨晓飞，余冰，陈代文，等，2007. 2006 年四川地区饲料原料霉菌毒素污染状况的调查报告 [J]. 饲料工业，28 (13)：61-64.

张丞，刘颖莉，2010. 2009年中国饲料和原料中霉菌毒素污染情况调查［J］. 中国家禽，32（6）：67－69.

赵丽红，马秋刚，李笑樱，等，2012. 抽样调查北京地区猪场饲料及饲料原料赭曲霉毒素A污染状况［J］. 动物营养学报，24（10）：1999－2005.

Aleo M D，Wyatt R D，Schnellmann R G，1991. Mitochondrial dysfunction is an early event in ochratoxin A but not oosporein toxicity to rat renal proximal tubules［J］. Toxicology and Applied Pharmacology，107（1）：73－80.

Boorman G A，Mcdonald M R，Imoto S，et al，1992. Renallesions induced by ochratoxin A in the F344 rat［J］. Toxicologic Pathology，20（2）：236－245.

Galtier P，Alvinerie M，Charpenteau J L，1981. The pharmacokinetic profiles of ochratoxin A in pigs，rabbits and chickens，food and chickens［J］. Food and Cosmetics Toxicology，19：735－738.

Gremmels J F，Jahn A，Blom M J，1995. Toxicity and metabolism of ochratoxin A［J］. Nature Toxins，3：214－220.

Harwig J，Kuiper－Goodman T，Scott P M，1983. Microbial food toxicant：ochratoxins［M］//Rechcigl M. Handbook of foodborne diseases of biological origin. Boca Raton. FL：CRC Press，193－238.

Hohler D，1998. Ochratoxin A in food and feed：occurrence，legislation and mode of action［J］. Z Ernahrungswiss，37（1）：2－12.

Hong J T，Lee M K，Park K S，et al，2002. Inhibitory effect of peroxisome proliferator－activated receptor gamma agonist on ochratoxin a－induced cytotoxicity and activation of transcription factors in cultured rat embryonic midbrain cells［J］. Journal of Toxicology and Environmental Health（Part A），65（5/6）：407－418.

Jecfa，2001. Evaluation of certain mycotoxins in food. Fifty－sixth report of the Joint FAO/WHO Expert Committee on Food Additives［J］. World Health Organization Technical Report Series：26－35.

Kamp H G，Eisenbrand G，Janzowski C，et al，2005. Ochratoxin A induces oxidative DNA damage in liver and kidney after oral dosing to rats［J］. Toxicology Letters，49（12）：1160－1166.

Malir F，Ostry V，Pfohl－Leszkowicz A，et al，2016. Ochratoxin A：50 years of research［J］. Toxins，8（7）：2－29.

Muller G，Burkert B，Rosner H，et al，2003. Effects of the mycotoxin ochratoxin A and some of its metabolites on human kidney cell lines［J］. Toxicology *in Vitro*，17（4）：441－448.

Pfohl－Leszkowicz A，Manderville R A，2010. Ochratoxin A：an overview on toxicity and carcinogenicity in animals and humans［J］. Molecular Nutrition and Food Research，51：61－99.

Ringot D，Chango A，Schneider Y，et al，2006. Toxicokinetics and toxicodynamics of ochratoxin A［J］. Chemico－Biological Interactions，159（1）：18－46.

Stoev S D，2015. Foodborne mycotoxicoses，risk assessment and underestimated hazard of masked mycotoxins and joint mycotoxin effects or interaction［J］. Environmental Toxicology and Pharmacology，39（2）：794－809.

Szczech G M，Calton W W，Tuite J，et al，1973. Ochratoxin A toxicosis in swine［J］. Veterinary Pathology，10（4）：347－364.

Teren J，Varga J，Hamari Z，et al，1996. Immunochemical detection of ochratoxin A in black *Aspergillus* strain［J］. Mycopathologia，134：171－176.

第七章 烟曲霉毒素（伏马毒素）毒理作用及动物和人中毒症

1989年，美国有很多州陆续暴发猪肺水肿、胸积水和马大脑白质软化症等疾病，值得注意的是这些疾病均集中发生在美国中西部地区玉米种植带上的各个州。并且这些州输出的玉米又扩大了疾病流行的地区，延长了疾病流行的时间，给美国的农业和畜牧业造成了巨大的损失。后经美国科学家研究证明，这一切都是因为当地生产的玉米被烟曲霉毒素污染所致。

第一节 烟曲霉毒素概述

烟曲霉毒素（fumonisins）又音译为伏马毒素或腐马素，在亚热带和热带地区生长的谷物中比较常见。这些区域气温相对较高，有利于轮状镰孢霉（*F. verticillioides*）与串珠镰刀菌（*F. moniliforme*）生长，它们在生长代谢过程中会产生烟曲霉毒素。串珠镰刀菌株在玉米培养物中，7周内产生烟曲霉毒素的最适生长温度为25℃，pH为3～9.5。烟曲霉毒素是由丙氨酸的氨基与乙酸盐的一种衍生物聚合产生的（CAST，2003）。

一、烟曲霉毒素的理化性质

（一）化学性质

烟曲霉毒素纯品为白色针状结晶，溶于水、乙腈溶液和甲醇，烟曲霉毒素B_1（FB_1）和烟曲霉毒素B_2（FB_2）在水中的溶解度均大于等于20 mg/mL，不溶于氯仿和乙烷。烟曲霉毒素具有吸湿性，吸湿后会变成较硬的、玻璃状的物质而难以溶解，因此必须干燥保存。FB_1和FB_2在－18℃时能够稳定贮存，在25℃及以上温度时稳定性下降，在乙腈∶水（1∶1，V/V）中25℃可贮存6个月。不推荐使用甲醇保存烟曲霉毒素，因为其可能会与烟曲霉毒素发生反应形成酯类。

烟曲霉毒素热稳定性强，在饲料及食品加工过程中均比较稳定。虽然水溶液中的烟曲霉毒素能够被高能射线有效地破坏，但此方法对减少完整谷物或磨碎谷物中的烟曲霉毒素效果不明显。谷物的脱脂和分类加工能够有效降低烟曲霉毒素的水平，而且通过间歇性的微波处理还能进一步降低。

（二）分子结构

Bezuidenhout 等（1988）首次从串珠镰刀菌培养液中分离出了烟曲霉毒素，并且阐述了烟曲霉毒素 B_1 和烟曲霉毒素 B_2 的化学结构，后续研究发现烟曲霉毒素主要有烟曲霉毒素 B_1、烟曲霉毒素 B_2 和烟曲霉毒素 B_3 这 3 种结构。烟曲霉毒素是一类由多氢醇和丙三羧酸组成的结构类似的双酯化合物，烟曲霉毒素 B_1 的分子式为 $C_{34}H_{59}NO_{15}$，相对分子质量为 721.83；烟曲霉毒素 B_2 和烟曲霉毒素 B_3 的分子式为 $C_{34}H_{59}NO_{14}$，相对分子质量为 705.83。到目前为止，已经鉴定得到的烟曲霉毒素类似物有 28 种，其中 60%以上是烟曲霉毒素 B_1，其有致癌性且毒性最强。

B 族烟曲霉毒素主要是从串珠镰刀菌培养物和污染的谷物食品中分离得到。A 族烟曲霉毒素与 B 族的区别是在 C－2 位由 N－乙酰氨基替代了氨基。1999 年从霉变谷物中分离出 C 族烟曲霉毒素，结构与 B 族类似，但在 C－1 端少了一个甲基。烟曲霉毒素的分子结构见图 7－1 和表 7－1。

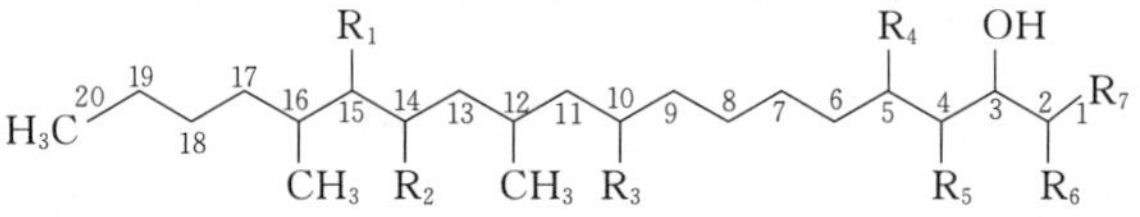

图 7－1　烟曲霉毒素分子结构

（资料来源：李岩松，2011）

表 7－1　烟曲霉毒素骨架结构

衍生物	烟曲霉毒素骨架结构						
	R_1	R_2	R_3	R_4	R_5	R_6	R_7
FA_1	TCA	TCA	OH	OH	H	$NHCOCH_3$	CH_3
FA_2	TCA	TCA	H	OH	H	$NHCOCH_3$	CH_3
FA_3	TCA	TCA	OH	H	H	$NHCOCH_3$	CH_3
$PHFA_{3a}$	TCA	OH	OH	H	H	$NHCOCH_3$	CH_3
$PHFA_{3b}$	OH	TCA	OH	H	H	$NHCOCH_3$	CH_3
HFA_3	OH	OH	OH	H	H	$NHCOCH_3$	CH_3
FAK_1	=O	TCA	OH	OH	H	$NHCOCH_3$	CH_3
FBK_1	=O	TCA	OH	OH	H	NH_2	CH_3
FB_1	TCA	TCA	OH	OH	H	NH_2	CH_3
Iso－FB_1	TCA	TCA	OH	H	OH	NH_2	CH_3
$PHFB_{1a}$	TCA	OH	OH	OH	H	NH_2	CH_3

（续）

衍生物	烟曲霉毒素骨架结构						
	R_1	R_2	R_3	R_4	R_5	R_6	R_7
$PHFB_{1b}$	OH	TCA	OH	OH	H	NH_2	CH_3
HFB_1	OH	OH	OH	OH	H	NH_2	CH_3
FB_2	TCA	TCA	H	OH	H	NH_2	CH_3
FB_3	TCA	TCA	OH	H	H	NH_2	CH_3
FB_4	TCA	TCA	H	H	H	NH_2	CH_3
FB_5	TCA	TCA	OH	H	H	NH_2	CH_3
FC1	TCA	TCA	OH	OH	H	NH_2	H
N-acetyl-FC1	TCA	TCA	OH	OH	H	$NHCOCH_3$	H
Iso-FC1	TCA	TCA	OH	H	OH	NH_2	H
N-acetyl-iso-FC1	TCA	TCA	OH	H	OH	$NHCOCH_3$	H
OH-FC1	TCA	TCA	OH	OH	OH	NH_2	H
N-acetyl-OH-FC1	TCA	TCA	OH	OH	OH	$NHCOCH_3$	H
FC3	TCA	TCA	OH	H	H	NH_2	H
FC4	TCA	TCA	H	H	H	NH_2	H
FD-	TCA	TCA	H	H	H	H	H
FP1	TCA	TCA	OH	OH	H	3HP	CH_3
FP2	TCA	TCA	H	OH	H	3HP	CH_3
FP3	TCA	TCA	OH	H	H	3HP	CH_3

资料来源：李岩松（2011）。

（三）毒性

烟曲霉毒素已被世界卫生组织（World Health Organization，WHO）认定为2B类致癌物（即人可能致癌物）。烟曲霉毒素 B_1 含有丙三羧酸、甲基及氨基等基团，其中氨基是保持其生物活性的必需基团。烟曲霉毒素 B_1 的结构与神经鞘氨醇的很相似，可影响甚至阻断鞘脂类物质的从头合成。鞘脂类不仅是细胞膜的组成成分，而且还参与调控细胞生长、分化和凋亡等相关的信号转导。鞘脂类从头合成的过程中主要生成二氢神经鞘氨醇，然后在二氢神经酰胺酶的作用下，生成二氢神经酰胺，后者在二氢神经酰胺脱氢酶的作用下生成神经酰胺，而神经酰胺是合成各种鞘脂类的前体物质。烟曲霉毒素 B_1 与神经鞘氨醇的结构相似，因此能够阻断二氢神经鞘氨醇的形成并进一步阻断神经酰胺的生成，从而对机体产生不利影响（杨李梅等，2014）。

在对啮齿类动物的研究中，烟曲霉毒素 B_1 具有肾毒性、肝毒性和胚胎毒性，肝脏和肾脏被鉴定为烟曲霉毒素 B_1 攻击的靶器官。烟曲霉毒素 B_1 能够介导肝癌（大鼠）、脑出血（兔）的产生。与此同时，烟曲霉毒素 B_1 与人细胞凋亡、食管癌和神经管缺陷也息息相关。

二、烟曲霉毒素的污染概况和限量标准

（一）烟曲霉毒素的污染概况

烟曲霉毒素广泛存在于世界各地的玉米、小麦、高粱、水稻等农作物中。自 20 世纪 80 年代被发现以来，意大利、法国、德国、南非、埃及、阿根廷、巴西、美国、加纳、加拿大、日本、中国、英国等国均有烟曲霉毒素的相关报道，大部分以玉米及其制品中的烟曲霉毒素 B_1 为主。

根据美国食品药品监督管理局（FDA）的资料，目前几乎测定了世界各地绝大部分种类的玉米及其产品中的烟曲霉毒素。农作物中烟曲霉毒素含量的高低与气候、种植及贮存条件等因素有关，温带地区暴露水平更高，因此亚洲、非洲和拉丁美洲烟曲霉毒素的污染量普遍高于欧洲和北美洲。大多谷物、谷物加工食品或饲料中均含有可检出水平的烟曲霉毒素。即使是正常完整的种子也可能含有 10 mg/kg 的烟曲霉毒素，而发霉的种子中烟曲霉毒素含量可达 63～140 mg/kg。2011 年对韩国动物饲料中烟曲霉毒素 B_1 和烟曲霉毒素 B_2 含量的检测显示，烟曲霉毒素 B_1 浓度最高的是家禽饲料，为 14.6 mg/kg；烟曲霉毒素 B_2 浓度最高的是牛饲料，为 2.28 mg/kg。2007—2010 年从巴西巴拉那州的 100 份玉米食品样品中，检测到烟曲霉毒素 B_1 和烟曲霉毒素 B_2 浓度范围为 0.126～4.35 mg/kg。意大利的调查结果显示，202 个样品（面包、意大利面食、早餐类谷物、饼干、儿童及婴儿食品）中，26%样品中的烟曲霉毒素 B_1 含量为 10～2 870 μg/kg（平均值 70 μg/kg），35%样品中的烟曲霉毒素 B_2 含量为 10～790 μg/kg（平均值 80 μg/kg）。据世界卫生组织（WHO）调查，在全球范围内，59%的玉米和玉米制品都受到了烟曲霉毒素的污染。对混合饲料样品的调查发现，55%的样品受到了烟曲霉毒素的污染，平均污染浓度为 1.426 mg/kg。

1998 年和 1999 年我国的调查结果显示，80 份大米样品中有 40 份样品含有烟曲霉毒素；70 份玉米样品中有 27 份为阳性，占 38.6%，平均含量为 0.68 μg/kg；48 份玉米样品中，阳性样品有 41 份，占 85.4%，烟曲霉毒素含量为 0.42～3 016.2 μg/ kg（章红，1997）。

甄阳光（2009）对采集的 1 000 余种饲料原料及全价饲料样本进行检测发现，烟曲霉毒素的检出率超过 80%。其中，华南、华北、西北及西南地区的检出率均为 100%；西北和华北地区超标率最高，分别达到 31%和 30%。不同区域间烟曲霉毒素的平均含量差异显著，具体数据如表 7 - 2 所示。总体来看，长江以北地区烟曲霉毒素污染水平要高于长江以南地区，且有从南到北污染情况依次加重的趋势。但张宏宇（2007）对我国吉林、湖南、湖北、广东、广西和四川 6 省（自治区）玉米中烟曲霉毒素的污染调查显示，我国南北地区受烟曲霉毒素污染的严重程度不同，南方污染要比北方地区更严重。

表 7-2　我国各区域烟曲霉毒素污染情况

项　目	东北	华北	华东	华南	华中	西北	西南	合计
样品数	100	100	267	92	179	84	196	1 018
平均值（μg/kg）	1 083.12	4 658.81	2 026.44	1 335.03	1 779.70	2 264.04	1 619.40	2 027.72
检出率（%）	83.0	100.0	96.2	100	99.4	100	100	97.2
超标率（%）	6.0	30.0	9.0	1.1	12.8	31.0	23.5	10.5
最大值（μg/kg）	19 571.68	15 794.81	42 569.17	11 884.11	17 237.77	20 411.27	30 427.42	42 569.17

资料来源：甄阳光（2009）。

由表 7-3 可知，蛋白质饲料和能量饲料中烟曲霉毒素的检出率均在 97%以上，但与蛋白质饲料相比，能量饲料的超标率是其 93.5 倍。其中，在能量饲料原料中，玉米受烟曲霉毒素的污染最为严重，检出率达到 100%，超标率达到 48.6%。其次为小麦麸，其超标率为 3.2%。在蛋白质饲料中，动物蛋白质类饲料原料中烟曲霉毒素的超标率相对较高，为 1.2%；植物蛋白质饲料原料中没有检测到烟曲霉毒素超标。烟曲霉毒素对配合饲料的污染比较严重，仔猪配合饲料和家禽配合饲料中烟曲霉毒素的含量分别为 3.55 mg/kg 和 6.11 mg/kg，超标率分别为 34.3%和 1.7%（表 7-4）。

表 7-3　饲料原料和配合饲料中烟曲霉毒素污染情况

项　目	蛋白质饲料	能量饲料	配合饲料
样品数	439	396	183
检出率（%）	97.3	98	100
超标率（%）	0.2	18.7	16.9
平均值（mg/kg）	0.46	2.57	4.25
最大值（mg/kg）	1.86	30.43	42.57

资料来源：甄阳光（2009）。

表 7-4　春季饲料原料及配合饲料中烟曲霉毒素污染情况

项　目	能量饲料			植物蛋白质饲料		动物蛋白质饲料	配合饲料	
	玉米	小麦	小麦麸	豆粕	菜棉籽粕	鱼粉	仔猪配合饲料	家禽配合饲料
样品数	111	35	62	114	98	80	70	59
平均值（mg/kg）	5.79	0.48	0.88	0.46	0.50	0.74	3.55	6.11
检出率（%）	100.0	91.4	98.4	97.4	100.0	100.0	100.0	100.0
超标率（%）	48.6	0.0	3.2	0.0	0.0	1.2	34.3	1.7
最大值（mg/kg）	30.43	2.11	5.23	1.16	2.95	4.88	15.79	42.57

资料来源：甄阳光（2009）。

烟曲霉毒素作为影响食品安全的重大隐患，目前已成为各国普遍关注的焦点。对烟曲霉毒素污染的控制，主要从污染前预防和污染后去毒两个方面入手。镰刀菌产生烟曲霉毒素的适宜温度和水活性分别为15～30 ℃和0.86～0.98，防霉的关键措施是将温度控制在15 ℃以下，并且要保持玉米及其他谷物的新鲜程度，控制贮存、运输及加工过程中的水和温度，并且适当使用防霉剂。例如，桂香和牛至油在谷物收割前能有效控制霉菌的生长和繁殖，丁基化羟基苯甲醚能完全抑制产烟曲霉毒素霉菌的生长（张宏宇，2007）。

（二）烟曲霉毒素的限量标准

鉴于烟曲霉毒素对人和动物的危害，2002年联合国粮农组织（FAO）和世界卫生组织（WHO）食品添加剂联合专家委员会（The Joint FAO/WHO Expert Committee on Food Additives，JECFA）规定，人体每天烟曲霉毒素的最大耐受摄取量为2 mg/kg。根据FAO统计结果显示，已有6个国家制定了玉米中烟曲霉毒素的限量标准，规定食品中的限量为1～3 mg/kg。瑞典确定，玉米中烟曲霉毒素 B_1 和烟曲霉毒素 B_2 的最大限量为1 mg/kg。美国食品药品监督管理局（FDA）规定，以玉米为原料的食品中烟曲霉毒素 B_1 的限量为2～4 mg/kg，动物饲料中的为5～100 mg/kg。欧盟规定，不同饲料中烟曲霉毒素的限量标准为5 mg/kg。饲料中烟曲霉毒素限量标准见表7-5。

表7-5　饲料中烟曲霉毒素限量标准

国家或地区	饲料类型	最高限量（mg/kg）
美国（$FB_1+FB_2+FB_3$）	马、兔玉米和玉米副产品（玉米和玉米副产品低于饲粮的20%）	5
	猪、黏玉米和玉米副产品（玉米和玉米副产品低于饲粮的50%）	20
	种用反刍动物、种禽、种貂、泌乳奶牛、蛋鸡玉米和玉米副产品（玉米和玉米副产品低于饲粮的50%）	30
	大于3个月的肉用反刍动物和毛皮用貂（玉米和玉米副产品低于饲粮的50%）	60
	肉用家禽玉米和玉米副产品（玉米和玉米副产品低于饲粮的50%）	100
	所有其他动物或家畜与宠物玉米和玉米副产品（玉米和玉米副产品低于饲粮的50%）	10
	马、兔全价饲料	1
	种用反刍动物、种禽、种貂、泌乳奶牛、蛋鸡全价饲料	15
	大于3个月的肉用反刍动物和毛皮用貂全价饲料	30
	肉用家禽全价饲料	50
	所有其他动物或家畜与宠物全价饲料	5
欧盟（FB_1+FB_2）	猪、马、兔、宠物全价饲料和补充料	5
	禽、犊牛（小于4月龄）、羔羊全价饲料和补充料	20

（续）

国家或地区	饲料类型	最高限量（mg/kg）
中国（FB_1+FB_2）（GB 13078—2017）	玉米及其加工产品、玉米酒糟类产品、玉米青贮饲料和玉米秸秆	60
	犊牛、羔羊精饲料补充料	20
	马、兔精饲料补充料	5
	其他反刍动物精饲料补充料	50
	猪浓缩饲料	5
	家禽浓缩饲料	20
	猪、兔、马配合饲料	5
	家禽配合饲料	20
	鱼配合饲料	10

第二节　烟曲霉毒素毒理作用

一、烟曲霉毒素的生物合成与代谢

（一）烟曲霉毒素的生物合成

烟曲霉毒素的骨架由20个碳元素线性组成，并且该骨架不同的位置具有羟基、甲基及丙三羧酸等基团。这种结构跟鞘磷脂的中间体——鞘氨醇类似。尽管烟曲霉毒素合成的完整途径尚不清楚，但目前的研究表明，烟曲霉毒素碳骨架的来源是通过多聚酮合成酶途径完成的（Blackwell 等，1996）。经过初步确认，烟曲霉毒素骨架中的1号碳元素和2号碳元素来源于丙氨酸，3～20号碳元素主要来源于乙酸盐和氨基酸基团，12号碳元素和16号碳元素的甲基基团来源于甲硫氨酸，3号碳元素的羟基基团来源于由乙酸形成的羰基，而5号碳元素和16号碳元素上的羟基来源于氧分子（胡梁斌，2007）。

胡梁斌（2007）对烟曲霉毒素的形成机制及相关基因作了详细概述。对串珠状赤霉（*Gibberella moniliformis*）的研究发现，烟曲霉毒素代谢相关基因在基因组内成簇存在，共7.5 kb，包含18个基因，其中15个基因与烟曲霉毒素的合成紧密相关，另外有2个基因对烟曲霉毒素的合成没太大影响，还有1个基因编码ABC转运体，对烟曲霉毒素的合成有微弱影响（Proctor 等，2003）。就目前的研究来看，*FUM1* 基因（=*FUM5*）可能编码多聚酮合成酶（polyketides，PKS），该酶负责烟曲霉毒素3～20号碳骨架的形成（Proctor 等，1999a，1999b）。最初的研究没有发现多聚酮合成酶脱水酶结构域和烯酰基结构域之间存在转甲基酶结构域，这个结构域的存在说明，12号碳和16号碳上甲基的形成是在多聚酮骨架的形成过程中同步完成的（Proctor 等，2003）。1号碳和2号碳的整合需要经过丙氨酸和多聚酮骨架的缩合，这一过程通过FUM8蛋白催化完成（Buede 等，1991；Proctor 等，1999a）。该过程需要该基因簇中的 *FUM10* 和

FUM16 基因编码乙酰辅酶 A 合成酶，其与底物结合表现出活化态（Nagiec 等，1994），进而负责整个活化过程（Proctor 等，2003）。因此，*FUM1* 和 *FUM8* 基因直接关系烟曲霉毒素骨架的形成，而且当它们被阻断后，烟曲霉毒素的合成会停止，因此 *FUM1* 和 *FUM8* 被认为是烟曲霉毒素骨架形成的关键基因（Seo 等，2001）。

曾有报道 *FUM6* 基因是合成烟曲霉毒素所必需的，但是在被 *FUM6* 基因已扰乱的突变体中没有发现中间合成产物的积累，因此尚未明确 *FUM6* 基因在烟曲霉毒素合成中的作用（Seo 等，2001）。Proctor 等（2003）采用 BLASTX 分析结果发现，大多数 *FUM* 基因编码与烟曲霉毒素化学结构形成相关。在这些 *FUM* 基因中，*FUM13* 与短链的脱氢酶/还原酶非常相似，很可能是负责烟曲霉毒素 3 号碳上羟基形成的酮基还原酶（Butchko 等，2003）。研究表明，*FUM3*（以前称为 *FUM9*）缺失突变体产生的烟曲霉毒素 5 号碳上缺少羟基（烟曲霉毒素 B_3 和烟曲霉毒素 B_4）。这一推测在 2004 年的一项对 *FUM3* 基因重组表达的研究证实：*FUM3* 编码 5 号碳上羟基形成的双加氧酶（Ding 等，2004）。在 5 号碳、10 号碳、14 号碳和 15 号碳上的羟基化，需要 1 个或多个 *FUM6*、*FUM12* 和 *FUM15* 基因编码的细胞色素 P450 单加氧酶和 *FUM9* 基因编码双加氧酶的催化（Prescott，2000；Proctor 等，2003）。

（二）烟曲霉毒素的代谢

1. 动物对烟曲霉毒素的吸收 烟曲霉毒素在动物体内的吸收率很低。大鼠口服烟曲霉毒素 B_1 后，其 90%以上通过粪便排出体外，而吸收的烟曲霉毒素 B_1 中有 70%经胆汁排出，随尿液排出体外的仅占口服量的 3%左右。用同位素 ^{14}C 标记的水解烟曲霉毒素 B_1 在尿中的排泄量要高于用 ^{14}C 标记的烟曲霉毒素 B_1，以及用 ^{14}C 标记的烟曲霉毒素 B_1 -果糖结合物，说明水解烟曲霉毒素 B_1 比烟曲霉毒素 B_1 和烟曲霉毒素 B_1 -果糖结合物更容易被吸收（Dantzer 等，1999）。饲喂烟曲霉毒素 B_1 后，雄性 wistar 鼠肾脏中的烟曲霉毒素 B_1 含量要比肝脏中的高 10 倍（Martinez-Larranaga 等，2000）。

在猪的饲粮中添加 2～3 mg/kg（以体重计）的烟曲霉毒素 B_1，肝脏、肾脏中的毒素需要 2 周以上才能被排出。目前，没有充分的证据说明烟曲霉毒素 B_1 在动物哺乳期有明显转移。以非致死量的烟曲霉毒素 B_1 饲喂哺乳母猪，并没有在乳中检测到烟曲霉毒素 B_1，也没有证据说明其对哺乳仔猪有毒性。给泌乳牛静脉注射烟曲霉毒素 B_1，乳中的最大量为注射量的 0.11%。烟曲霉毒素在组织、乳、蛋中的含量较低，表明动物源性食品中的烟曲霉毒素不足以对消费者造成伤害（李岩松，2011）。

2. 烟曲霉毒素的代谢 动物对烟曲霉毒素 B_1 的吸收和排泄速度大多都很快。部分烟曲霉毒素能够在肠道中被代谢，烟曲霉毒素 B_1 可分布在大多数组织中，其中在肝脏、肾脏中的分布量最多，并从胆汁中排泄出去。给非洲绿猴腹膜内注射烟曲霉毒素 B_2，其在体内消除的速度快且呈指数模式，半衰期为 18 min，而烟曲霉毒素 B_1 的半衰期为 40 min。对灵长类动物的研究发现，在 7.5 mg/kg（以体重计）的给药（口服）剂量下，血浆中烟曲霉毒素 B_1 和烟曲霉毒素 B_2 的最大浓度发生在给药后 1 h 至数小时，浓度范围为 20～210 ng/mL（van der Westhuizen 等，1999）。烟曲霉毒素 B_1 在体内的消除率和体重有关，在鼠体内消除迅速，但在人体内却需要相对长的时间（Delongchamp 和 Young，2001）。

在不同接触途径和不同动物试验中，烟曲霉毒素主要以原形或失去1～2个丙三羧酸侧链的形式经粪便排出。试验中烟曲霉毒素通过皮下给药，其迅速进入小肠，在胆汁中以生物活性形式存在（Enongene等，2000）。烟曲霉毒素B_2主要是以部分水解的形式存在，完全水解的极少。尿中没有发现水解烟曲霉毒素，说明烟曲霉毒素可能是通过微生物降解的作用在消化道内被水解的。

二、烟曲霉毒素的毒理作用机制

（一）烟曲霉毒素的毒性

不同动物对烟曲霉毒素的敏感性不同，其中猪最敏感，其次是小鼠、大鼠、兔，而家禽和反刍动物对烟曲霉毒素相对不敏感。烟曲霉毒素中毒的典型症状为马脑白质软化症、猪肺水肿等。此外有证据显示，我国人食管癌的高发病率与摄入感染轮枝镰孢霉的玉米有关。从轮枝镰刀菌培养基中分离出的烟曲霉毒素B_1对大鼠具有致癌性。目前对烟曲霉毒素的致死剂量尚未有明确规定，但用含300 mg/kg（以饲粮计）烟曲霉毒素的饲粮饲喂家禽时，会使其体重减少18%～20%，肝重增加30%（Kubena等，1997）。烟曲霉毒素对马属动物的最小中毒剂量为15～22 mg/kg（以饲粮计），但从马脑白质软化症病例的饲料分析中发现，当烟曲霉毒素B_1含量大于10 mg/kg（以饲粮计）时，马有可能患马脑白质软化症；当烟曲霉毒素B_1含量小于6 mg/kg（以饲粮计）时，则马不会发生马脑白质软化症（WHO，2000；JECFA，2001）。

（二）烟曲霉毒素的毒理作用机制

烟曲霉毒素中毒的根本机制是其破坏了脂类的新陈代谢。正常生理情况下，细胞内神经鞘氨醇的含量虽然很低，但作为脂类的第二信使，其在维持细胞完整性、调节细胞代谢及DNA合成方面起着不可替代的作用（Merrill等，2001）。烟曲霉毒素B_1有着与神经鞘氨醇类似的多羟基醇结构（图7-2），因此其毒理作用机制可能是干扰神经鞘脂的生物合成或神经鞘氨醇的转化。烟曲霉毒素是神经酰胺合成酶（鞘氨醇、鞘氨醇N-酰基转移酶）的特异性抑制剂，该酶是神经酰胺和更复杂的神经鞘脂类物质合成路径中的关键酶。给大鼠皮下注射单剂量烟曲霉毒素B_1后，比较脑组织和外周血浆中二氢神经鞘氨醇和神经鞘氨醇含量发现，脑组织中二氢神经鞘氨醇含量变化是烟曲霉毒素B_1直接作用的结果，与外周血液中二氢神经鞘氨醇水平无关，表明中枢神经系统神经鞘脂类代谢容易受烟曲霉毒素B_1的影响（Wang等，1991；Dupuy等，1993）。

烟曲霉毒素B_1能抑制神经鞘胺（鞘氨醇）N-酰基转移酶（参与鞘氨醇和二氢鞘氨醇转化为神经酰胺的生化反应）的活性，导致神经鞘脂类物质合成受阻。由于这种代谢途径涉及细胞调控和其他重要生化反应，因此该代谢途径被破坏后会使神经鞘胺积累（有时是鞘氨醇），神经鞘胺转变成神经鞘胺-1-磷酸，后者会进一步分解成脂类物质（酯性醛和乙醇胺磷酸）。另外，烟曲霉毒素还阻断了鞘氨醇的再酰基化，鞘氨醇是由复杂的神经鞘脂类物质可逆反应得到的。烟曲霉毒素B_2和烟曲霉毒素B_3也有类似作用，二者均能干扰神经鞘脂类的代谢。神经鞘脂类物质的代谢

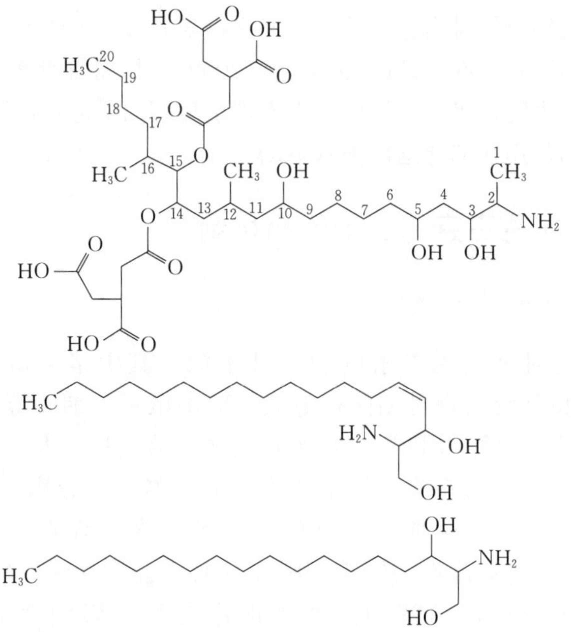

烟曲霉毒素B_1

神经鞘氨醇

二氢神经鞘氨醇

图7-2　烟曲霉毒素B_1、神经鞘氨醇和二氢神经鞘氨醇的结构

（资料来源：李岩松，2011）

被破坏后，可产生很多具有生物活性的脂类中间产物，同时也会有一些活性物质流失。这些中间产物的作用体现在：①能够增加细胞内游离神经鞘胺类基团的数量，从而抑制蛋白质激酶C和其他激酶的活性；②增加鞘氨醇-1-磷酸含量，从而引发内质网释放钙及作为血管系统中细胞外受体的配位体（SIP受体）；③增加游离神经鞘胺含量，影响细胞增殖、细胞周期和引起细胞凋亡或细胞坏死；④增加肾脏和血清神经鞘胺-1-磷酸含量，可作为SIP受体的配位体；⑤损耗神经鞘脂类物质，如鞘糖脂和鞘磷脂，后者是调节细胞生长、细胞周期、脂阀功能（如抑制叶酸的吸收）和细胞-细胞互作这些路径的必要成分（Merrill等，2001）。烟曲霉毒素B_1毒性作用机理见图7-3。

烟曲霉毒素造成的猪肺水肿症、马脑白质软化症、肝中毒和肾中毒的严重程度与神经鞘脂类物质代谢的破坏程度密切相关。猪肺水肿症是因为神经鞘胺类基团抑制L型钙通道而造成的左侧心脏衰竭。马脑白质软化症的发生与神经鞘脂类物质引起的心血管功能改变和脑动脉发生异常有关，其中脑动脉能自动调节大脑供血（Hascheck等，2002）。

（三）烟曲霉毒素的毒性效应

1. 烟曲霉毒素对神经组织的毒性效应　虽然对烟曲霉毒素进行分离鉴定研究的时间较短，但该毒素引起的疾病却有很长时间。大量试验表明，烟曲霉毒素对动物神经系统具有毒害作用，并且主要表现为脑白质不同程度的损伤。烟曲霉毒素主要是神经毒素，其结构与神经鞘氨醇和二氢神经鞘氨醇的极为相似，而后两者均为神经鞘脂类的长链骨架，烟曲霉毒素是神经鞘脂类生物合成的抑制剂（黄凯，2015）。连续给马静脉注

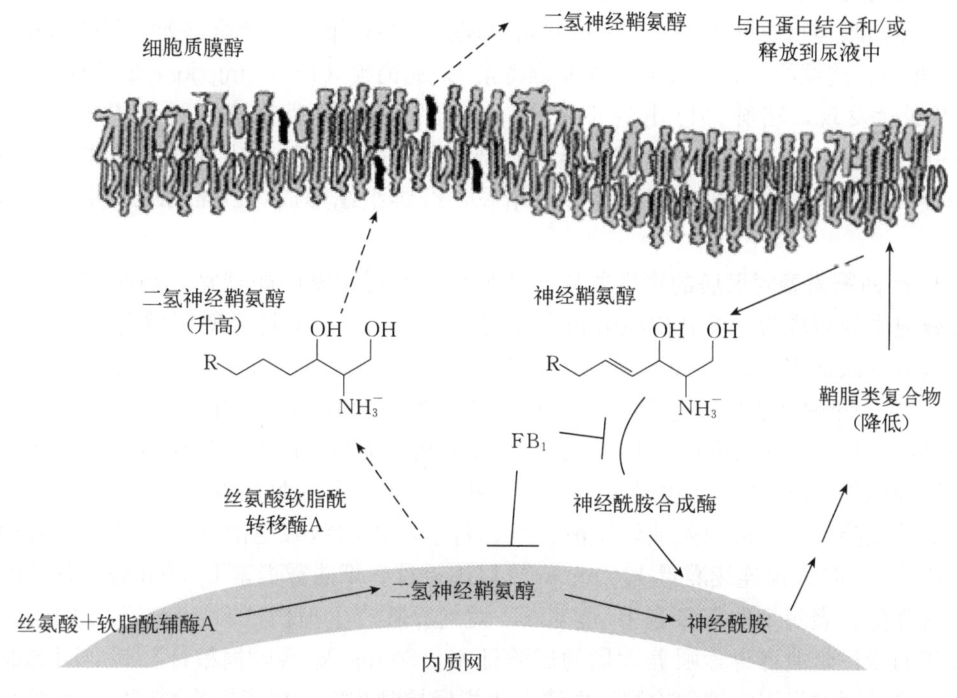

图 7-3　烟曲霉毒素 B_1 的毒性作用机理

（资料来源：Merrill 等，2001）

射 0.125 mg/kg（以体重计）的烟曲霉毒素 B_1 的第 8 天，马开始出现明显的神经症状，主要表现为精神兴奋或抑制，身体不自主地震颤，共济失调，神经紧张，下唇和舌头麻痹；第 10 天开始出现强直性惊厥。剖检后发现脑部重度水肿，延髓质有早发的、两侧对称的斑点样坏死，脑白质软化改变，证实烟曲霉毒素 B_1 可以诱发马脑白质软化症（Marasas 等，1988）。用烟曲霉毒素处理鼠的神经胶质瘤细胞，当剂量为 6 μmol/L 时会抑制蛋白质的合成，当剂量升高至 20 μmol/L 时可以抑制 DNA 的合成，当剂量达到 54 μmol/L 时细胞的死亡率达到 47%（Mobio 等，2000）。由于烟曲霉毒素能够引起动物神经管的缺陷，因此研究人员推测德克萨斯州南部出现的兔无脑畸形和脊柱裂，可能与玉米中烟曲霉毒素的污染有关。

2. 烟曲霉毒素对肺的毒性效应　烟曲霉毒素具有肺毒性，可以引起猪肺水肿（porcine pulmonary edema，PPE），最典型的症状为肺部水肿和胸膜腔积水。当猪短期内采食被大量烟曲霉毒素污染的饲粮时，2～7 d 内就会表现出肺部水肿的典型临床症状；通过剖检能够观察到肺组织间隙和肺小叶内出现不同程度的水肿和胸腔积水，胸腔内积累体积不等的黄色透明液体（Diaz，2008）。

美国和南非的科学家研究表明，每天烟曲霉毒素的摄入量在 0.4 mg/kg（以体重计）以上时，不仅可引发猪的肺水肿，而且还可造成猪生殖系统紊乱。用含有 20 μg/kg 烟曲霉毒素 B_1 的培养物喂猪，烟曲霉毒素 B_1 首先引起所有组织中神经鞘氨醇和二氢神经鞘氨醇含量升高和肝脏损伤，然后是肺小泡内皮组织损害，后者可能是猪肺水肿发病的临界状态。早期肺组织改变包括血管周水肿、小叶间和支气管周水肿；自第 3 天开

始，小泡内皮细胞在网状物中出现独特的膜状物质堆积，这可能是伴随网状物损害而出现的神经鞘脂类物质堆积；第4天猪开始出现肺水肿；第5天猪全部死亡（Gumprecht等，1998）。连续给仔猪饲喂含有烟曲霉毒素 B_1 的饲粮（1～10 mg/kg）20周后，通过CT及剖检发现，猪肺部已出现不可逆转的纤维化；饲喂含烟曲霉毒素 B_1 的饲粮（10～40 mg/kg）4周，可导致猪明显的肺部水肿。剖检可见猪出现严重的肺水肿和胸腔积液，肺泡隔充血，小叶间中隔显著增宽，纤维组织形成（Zomborszky-kovacs等，2002）。

3. 烟曲霉毒素对肝脏的毒性效应 肝脏是烟曲霉毒素的靶器官，烟曲霉毒素对其毒性效应主要表现为：抑制神经酰胺合成酶活性和引起二氢神经鞘氨醇蓄积。1991年研究人员首次证实，以50 mg/kg水平（以体重计）的烟曲霉毒素饲养小鼠和大鼠18～26个月后，肝肿瘤患病率急剧上升，这是首次发现烟曲霉毒素能引发肝癌（Gelderblom等，1991）。烟曲霉毒素 B_1 染毒培养48 h后，能显著降低肝脏细胞的存活率，增加肝脏细胞谷草转氨酶和谷丙转氨酶活性，提高基质中乳酸脱氢酶活性（黄凯，2015）。肝脏的重量降低、血清丙氨酸转氨酶升高、肾上腺皮质胞浆空泡化是典型的肝毒性迹象。给雄性SD大鼠连续灌胃100 μg/kg（以体重计）烟曲霉毒素 B_1 30 d后，其肝脏指数显著降低，表明烟曲霉毒素 B_1 能对SD大鼠肝脏产生损伤（Tessari等，2010）。通过2年的慢性烟曲霉毒素喂养大鼠的试验证实，80 mg/kg（以饲粮计）就会引起雌鼠肝癌，并且通过组织病理学检测、血清生化指标检测和抗氧化指标检测证实，肝脏是烟曲霉毒素的靶器官（Howard等，2001）。

4. 烟曲霉毒素对肾脏的毒性效应 烟曲霉毒素 B_1 可导致牛的肾脏损伤和器官神经鞘脂类的改变。经烟曲霉毒素 B_1 处理过的牛肾脏损伤表现为：空泡改变、细胞凋亡、巨核症、近球小管细胞增殖和近球小管膨大等。烟曲霉毒素对肾小管萎缩和再生，以及减少肾脏重量的影响也有报道。给大鼠饲喂含烟曲霉毒素的饲粮2年会使肾脏发生癌变，其中饲喂量分别为50 mg/kg和150 mg/kg（以饲粮计）的雄鼠出现肾小管腺瘤和癌变，肾小管细胞增殖速度加快；而饲喂量为100 mg/kg（以饲粮计）的雌鼠其肾小管细胞增殖速度也显著加快；饲喂量大于50 mg/kg（以饲粮计）的雄鼠其中心小管增生；饲喂量大于15 mg/kg（以饲粮计）的雄鼠26周时细胞凋亡增加（Howard等，2001）。与大鼠相比，小鼠对烟曲霉毒素 B_1 诱导的肾毒性作用并不敏感，只有高剂量烟曲霉毒素 B_1 的诱导才能观察到小鼠肾脏轻微的组织学变化。

5. 烟曲霉毒素对免疫器官的毒性效应 免疫系统是抵御外来侵袭的重要防御系统，包括脾脏、胸腺、淋巴细胞、巨噬细胞、细胞因子等。随着研究的深入，烟曲霉毒素损害免疫系统的研究逐渐成为关注。烟曲霉毒素可损害动物的免疫系统，导致动物免疫功能下降，造成免疫抑制，疫苗免疫后抗体水平不高，从而导致动物对疾病易感。对大鼠用不同浓度的烟曲霉毒素进行灌胃后，活性氧水平和生物分子氧化性都提高，同时还原型辅酶的活性增强。暴露于烟曲霉毒素 B_1 后，小鼠肝脏、肾脏及在原代培养的肝细胞中TNF-α和IL-1β的含量增多（王晓琳，2016）。此外，烟曲霉毒素 B_1 能够增加小鼠肝脏中的IFN-γ、IL-1、IL-6、IL-10、IL-12α及IL-18含量（Bhandari和Sharma，2002）。

烟曲霉毒素可导致动物免疫抑制，主要表现在：降低T淋巴细胞和B淋巴细胞的活性，抑制免疫球蛋白和抗体的产生，降低补体和干扰素的活性，并可使巨噬细胞的形态发生改变，细胞活力减弱，从而严重损害巨噬细胞的功能。免疫抑制可造成畜禽疫苗免疫接种失败，使畜禽易多发病毒、细菌和真菌等混合感染性疾病。Li 等（1999）以肉鸡为实验动物，在给其饲喂烟曲霉毒素 B_1 后注射新城疫疫苗，结果显示烟曲霉毒素 B_1 能够显著抑制鸡新城疫疫苗抗体的产生，降低疫苗的抗体水平。烟曲霉毒素 B_1 和烟曲霉毒素 B_2 对火鸡淋巴细胞具有毒性，其对淋巴细胞的半数致死量为 0.3～2 μg/mL。给鸡喂服含有 5%或 25%串珠镰刀菌培养物的饲粮 6 周后，鸡血液中的凝集素水平下降。Dombrink-Kurtzman（2003）用烟曲霉毒素 B_1 处理火鸡外周血中的淋巴细胞 72 h 后发现，烟曲霉毒素 B_1 能通过抑制淋巴细胞的增殖进而影响免疫功能。

6. 烟曲霉毒素对细胞的毒性效应 烟曲霉毒素 B_1 对细胞凋亡的体外和体内研究都引起了广泛的关注。烟曲霉毒素 B_1 诱导细胞凋亡，主要表现为半胱天冬氨酸酶-3 的激活或 DNA 破碎。经烟曲霉毒素 B_1 处理过的角化细胞伴随细胞凋亡会发生形态学上的改变。尤其是接触 0.1 mmol/L 的烟曲霉毒素 B_1 2～3 d 后，它们释放核小体 DNA 片段到中间体，并且 DNA 链裂解增多（Tolleson 等，1996）。烟曲霉毒素 B_1 明显引起 C6 神经胶质瘤和小鼠胚胎纤维原细胞上的 DNA 碱基（8-OH-dG）和 DNA 片段修正增加，并且诱导了 C6 神经胶质瘤细胞的凋亡（Mobio 等，2003）。

给雄性大鼠静脉注射 FB_1 后，在肾脏细胞髓细胞中可以观察到细胞增生和细胞凋亡（Sharma 等，1997）。用饲粮含量为 25 mg/kg 的烟曲霉毒素 B_1 饲喂大鼠后，大鼠呈现胆管上皮细胞凋亡、增生及纤维化的早期信号特征（Gelderblom 等，2001）。给小鼠分别腹腔注射 1.5 mg/kg（以体重计）和 4.5 mg/kg（以体重计）烟曲霉毒素 B_1，TUNEL 检测显示小鼠肝脏细胞凋亡率分别为 13.71%和 11.43%（Sozmen 等，2014）。在叙利亚仓鼠肾细胞（BHK-cell）培养基中添加 40 μg/mL 烟曲霉毒素 B_1，结果发现 FB_1 可显著抑制细胞活力，DNA 拖尾率是对照组的 80 倍，能明显诱导细胞凋亡（韩薇，2010）。在 Vero 细胞培养基质中，分别添加 1 250 ng/mL、2 500 ng/mL、5 000 ng/mL、10 000 ng/mL、20 000 ng/mL 烟曲霉毒素 B_1 染毒培养 Vero 细胞 24 h 后，DNA 电泳 200 bp 左右均会出现 DNA 片段，流式细胞仪检测线粒体膜电位随烟曲霉毒素 B_1 浓度的增加而明显下降，证明烟曲霉毒素 B_1 可以诱导 Vero 细胞产生明显的凋亡（冯璐璐，2010）。Dombrink-Kurtzman（2003）发现，8 μmol/L烟曲霉毒素 B_1 作用于火鸡外周血淋巴细胞时出现 DNA 破碎、细胞质空泡化、细胞核出现聚缩等细胞凋亡特征。

7. 烟曲霉毒素对抗氧化系统的毒性效应 烟曲霉毒素 B_1 能够刺激大鼠肝脏、大鼠肝脏核片段、大鼠初级肝实质细胞、培养的 Vero 细胞和磷脂酰胆碱双分子层中的脂质发生过氧化作用。在这些系统中，硫代巴比妥酸反应物质蓄积和 DNA 片段的裂解都有所增加。6 μmoL/L 烟曲霉毒素可诱导大鼠胶质神经细胞的脂质过氧化反应，并且在 1～150 μmoL/L 浓度范围内烟曲霉毒素比玉米赤霉烯酮（ZEN）和呕吐毒素（DON）更容易诱导人体 Caco-2 细胞的氧化应激，且 3 种毒素诱导氧化应激的能力为 FB_1>DON>ZEN（Mobio 等，2000；Kouadio 等，2005）。给小鼠喂食烟曲霉毒素 B_1 3 周以上，其肝脏脂质过氧化速度会加快（Mobio 等，2000）。另有动物试验证明，烟曲霉毒素能够诱导仔猪氧化应激，降低仔猪清除氧自由基的能力，增强脂质过氧化反应。

烟曲霉毒素 B_1 能够通过增加氧化作用间接破坏 DNA。韩薇等（2014）通过彗星试验发现，低浓度的烟曲霉毒素就能引起 BHK 细胞的 DNA 损伤；且随着染毒剂量的增加，细胞 DNA 损伤程度加深。DNA 损伤会导致整个转录-翻译-表达链中断，如果其损伤不能在一定时间里得到修复则会对细胞产生严重危害进而威胁器官和组织。并且这种损伤表现出一定的负相关效应，随着毒素剂量的增加，超氧化物歧化酶（superoxide dismutase，SOD）活性降低，细胞培养液中的丙二醛（malondialdehyde，MDA）含量增加，FB_1 在很低的浓度下即可抑制细胞内许多酶的功能，从而引起细胞氧化损伤和诱导细胞凋亡。

8. 烟曲霉毒素的致癌性　烟曲霉毒素具有致癌性，与人的食道癌发生有关。在我国食道癌高发的林县抽样检测的玉米中，烟曲霉毒素 B_1 的污染率为 48%，而在食道癌低发地区玉米 FB_1 的抽检结果为 25%，表明烟曲霉毒素可能是引发食道癌的直接原因（Yoshizawa 等，1994）。国际癌症研究中心对烟曲霉毒素的致癌性进行了风险评估，并将其列为 2B 类。Gelderblom 等（1991）首次证实，以 50 mg/kg（以体重计）的烟曲霉毒素饲养小鼠和大鼠 18～26 个月后，肝肿瘤患病率急剧上升。给雄性 BDIX 大鼠连续饲喂含烟曲霉毒素 B_1 饲粮 2 年后发现，BDIX 大鼠肾小管腺肿胀、细胞发生死亡并诱发肾癌。在使用烟曲霉毒素 B_1 进行短期促癌试验时，烟曲霉毒素 B_1 表现出促癌活性，在肝细胞中出现 γ_2 谷胱甘肽转移酶阳性病灶，说明烟曲霉毒素 B_1 对大鼠的促癌作用与其毒性密切相关。

另外，烟曲霉毒素还存在潜在的结肠癌致病性，能引起 HT－29 结肠细胞 DNA 损伤和细胞表面恶性病变。由此可见，烟曲霉毒素与人的食管癌、肠癌紧密相关，可通过血液、尿液中生物代谢标志物——二氢神经鞘氨醇/神经鞘氨醇（SA/SO）比值变化来预警烟曲霉毒素的污染，并提出相应的防控措施。

第三节　动物和人烟曲霉毒素中毒症

一、动物烟曲霉毒素中毒症

（一）猪烟曲霉毒素中毒症

猪摄入含有烟曲霉毒素的饲粮后，最典型的病变为胸膜腔积水和肺水肿（PPE），并伴有胰脏和肝脏损伤。饲粮中烟曲霉毒素污染水平超过 23 mg/kg 便可引起猪急性肺水肿，并且能够导致病猪肝脏受损、嗜睡、厌食且体重减轻。断奶仔猪采食含有 330 mg/kg 烟曲霉毒素 B_1 的饲粮后，出现胸腔积水和肺水肿，5～6 d后出现死亡（Fazekas 等，1998）。而含有 40 mg/kg 烟曲霉毒素 B_1 的饲粮对断奶仔猪的日增重和采食量没有任何显著影响，且无仔猪死亡（Zomborszky 等，2000）。在一个长期慢性中毒的试验中，仔猪采食含有烟曲霉毒素 B_1 10 mg/kg 的饲粮 8 周，结果发现 10 mg/kg 烟曲霉毒素 B_1 处理组仔猪的平均日增重降低 11%（Zomborszky-Kovács 等，2002）。Rotter 等（1996）报道，生长猪饲粮中添加 10 mg/kg 烟曲霉毒素 B_1 8 周，则肝脏、胰腺和肾上腺中游离的二氢神经鞘氨醇与游离的神经鞘氨醇的比例增加。

从生长育肥期至上市，猪采食含有 1 mg/kg 烟曲霉毒素 B_1 的饲粮，其屠宰体重和胴体品质均未受不良影响。去势公猪采食含有 1 mg/kg 和 10 mg/kg 烟曲霉毒素 B_1 污染的饲粮 2 周后，其血浆胆固醇水平升高，胰腺和肾上腺增大（苏良科，2009）。给怀孕母猪后期（怀孕第 107 天）连续饲喂 300 mg/d 烟曲霉毒素 B_1 至分娩，新生仔猪在吮乳前就出现严重的肺水肿；而给泌乳母猪饲喂含非致死剂量的烟曲霉毒素 B_1（100 μg/kg）的玉米 17 d，乳中并没有检测到烟曲霉毒素 B_1，母猪、仔猪均无中毒现象。研究人员每天给猪静脉注射烟曲霉毒素 B_1，结果发现猪的心血管功能发生了改变，且出现由烟曲霉毒素引起的肺水肿。

猪烟曲霉中毒的典型症状为组织和血清中二氢神经鞘氨醇和神经鞘氨醇的比例升高，这可作为一项早期判断猪是否采食被烟曲霉毒素污染的饲粮的指标。

（二）家禽烟曲霉毒素中毒症

肝脏中二氢神经鞘氨醇和神经鞘氨醇的比值增加是烟曲霉毒素中毒的早期生物学标记。Broomhead 等（2013）研究发现，给火鸡和肉鸡饲喂含有 25 mg/kg 或 50 mg/kg（以饲粮计）的烟曲霉毒素饲粮后，二氢神经鞘氨醇（sphinganine，SA）和鞘氨醇（sphingosine，SO）的比值均增加（表 7－6）。

表 7－6　烟曲霉毒素 B_1 对肉鸡和雏火鸡肝脏 SA/SO 的影响

烟曲霉毒素 B_1 水平（mg/kg）	SA/SO	
	肉鸡	雏火鸡
0	0.15[b]	0.18[c]
25	0.52[a]	0.62[b]
50	0.59[a]	1.21[a]

注：同列上标不同小写字母表示差异显著（$P<0.05$），相同小写字母表示差异不显著（$P>0.05$）。

资料来源：Broomhead 等（2013）。

肉鸡和火鸡对烟曲霉毒素 B_1 急性中毒有一定的抵抗力。饲喂高水平的烟曲霉毒素后，肉鸡和雏火鸡的急性中毒症状包括生产性能下降、脏器质量增加、肝脏出现多个散在坏死点等（Diaz，2008）。

饲粮中的烟曲霉毒素与家禽的某些疾病有关，如出现尖峰死亡综合征或食物中毒综合征，这些疾病的临床症状是腹泻、体重降低、肝脏质量增加及生产性能下降。摄入含 75 mg/kg（以饲粮计）以上的烟曲霉毒素 B_1，对家禽（肉仔鸡、火鸡、雏鸭）有明显毒害作用，会使血液生化指标发生变化。给雏鸡连续饲喂烟曲霉毒素 B_1，可观察到其胸腺和脾脏的淋巴结呈病灶性坏死，淋巴细胞凋亡数量增加，说明烟曲霉毒素 B_1 能抑制淋巴细胞和上皮网状细胞的发育、分化，并促使细胞凋亡。饲喂烟曲霉毒素 B_1 含量为 200 mg/kg 的饲粮时，与对照组相比，雏火鸡的生产性能下降 25%（Ledoux 等，1992）。用不同浓度的烟曲霉毒素连续饲喂肉鸡 2 周，会引起鸡腹腔积液、心包积液、肾脏苍白、肿胀出血、肝脏肿大、出血严重、喉头溃疡等病理变化，并且毒素含量越高，脏器损伤越严重。

（三）反刍动物烟曲霉毒素中毒症

目前，关于烟曲霉毒素对反刍动物影响的研究还十分有限。烟曲霉毒素对绵羊作用的靶器官是肝脏和肾脏（Kriek 等，1981）。体重为 32 kg 的绵羊摄入含 11.1 mg/kg 烟曲霉毒素的饲粮（以体重计）时就会产生中毒症状，其天门冬氨酸转移酶（AST）和谷氨酰转移酶（GGT）活性增加（Edrington 等，1995）。给待育肥小牛饲喂烟曲霉毒素也会产生类似现象。犊牛摄入被烟曲霉毒素污染的饲粮 1 个月后，并没有观察到干物质采食量和增重有显著差异，但两者均有较明显的下降趋势（Stabel 等，1993）。Diaz 等（2000）研究表明，哺乳牛可能比肉牛和绵羊对烟曲霉毒素更敏感。从产前 7 d到产后 70 d，将自然污染的含 100 mg/kg 烟曲霉毒素的饲粮饲喂哺乳牛（荷斯坦牛和娟姗牛）后，这些哺乳牛的产乳量均降低（每头每天6 kg），这跟采食量的降低关系密切。另外，采食了受烟曲霉毒素污染的饲粮后，母牛血浆中的 AST 和 GGT 都有所增加。

（四）马烟曲霉毒素中毒症

马脑白质软化症是一种对马属动物具有高度致死性的中毒病症，且在世界范围内普遍发生。我国在 20 世纪 30 年代初期曾发生过马脑白质软化症病例；50 年代中期，华北地区以北京市、河北省为中心发生过一次大范围的脑白质软化症流行；1980—1982 年，东北地区发生了骡、马等大牲畜霉玉米中毒，死亡率达 50%。病畜中毒的临床表现为：采食量下降、跛行、共济失调、口腔和面部神经麻痹、头部压迫感和躺卧。发病几小时后的临床症状表现为癫痫，甚至出现死亡。尸检的特异病症为大脑白质病灶软化和液化，并伴有外周出血症状。镜检可发现液化性坏死和神经胶质增生，外周神经出现水肿、出血。给马静脉注射烟曲霉毒素 B_1 或口服串珠镰刀菌培养物，均成功复制了脑白质软化症病例，证明烟曲霉毒素 B_1 为马脑白质软化症的致病因子。

马烟曲霉毒素中毒后，除了出现大脑病变外，肝脏和肾脏也表现出组织病理学异常，出现黄疸且胆固醇和血清胆红素浓度升高。肝脏损伤导致肝脏的解毒功能降低，提高了动物对毒物的易感性，进一步提高了脑白质软化症的发生率。并且烟曲霉毒素会使马的心率、心输量、右心室收缩性均降低。烟曲霉毒素导致心血管功能降低可能是诱发马脑白质软化症的另一个重要因素。马的烟曲霉毒素中毒临床表现与摄入毒素的持续时间、污染水平、个体差异、先前接触的毒素和以前肝脏是否受损都有关系。

血清和尿液中游离神经鞘胺类基团浓度的增加，可作为检测烟曲霉毒素中毒的生化指标。研究表明，马血清中鞘氨醇-1-磷酸的增加可能是烟曲霉毒素中毒的一个很灵敏的生化指标。

（五）水产动物烟曲霉毒素中毒症

水产动物烟曲霉毒素中毒也是由于神经酰胺合成酶竞争性抑制导致的神经鞘氨醇在肝脏、肾脏和血清中的蓄积。暴露于烟曲霉毒素，水产动物主要表现在生长性能和饲料转化效率的降低，这在运河鲶、罗非鱼上均得到了验证。并且随着毒素浓度的提升，罗非鱼血细胞压积下降，且越年幼的鱼对烟曲霉毒素越敏感。平均初始体重分别为 1.2 g、6.1 g 及 31 g 的运河鲶幼鱼，当采食20 mg/kg、40 mg/kg 及 80 mg/kg 烟曲霉毒素 B_1 饲粮后，增重速度显著减慢（Sonkphan 等，1995）。给运河鲶幼鱼（初始体重 5.0 g）饲喂含有从肉汤培养基培养物上得到的粗烟曲霉毒素 B_1 或者是纯化的烟曲霉毒素 B_1 的半纯合饲粮后，增重比对照组下降了 58.4%；饲喂含有纯烟曲霉毒素 B_1 200 mg/kg 的饲粮组增重比对照组下降 67.5%（Manning，1998）。

二、人烟曲霉毒素中毒症

烟曲霉毒素广泛存在于玉米中，在以玉米为主食的地区，食道癌的发生率较高，目前研究人员已把烟曲霉毒素和食道癌联系到一起。研究两者之间的关系，通常采用的方法是将高风险地区和低风险地区谷物受烟曲霉毒素污染情况和食道癌的发病情况进行比较。

人烟曲霉毒素急性中毒的典型案例发生在 1995 年的印度德干高原，其中 27 个村落的人食用被烟曲霉毒素污染的玉米和高粱后，暴发以腹痛和腹泻为特征的食源性疾病。不仅如此，烟曲霉毒素对鞘脂类物质代谢的干扰也会影响机体对叶酸的摄取和利用，这是神经管缺损症发生的一个重要因素。妇女在妊娠前与妊娠初期食入烟曲霉毒素 B_1 含量高的玉米，其胎儿发生神经管缺陷的概率也较高。在意大利、南非还有中国等地，均发现食管癌高发区与玉米烟曲霉毒素污染具有紧密联系。发生食管癌典型的症状为进行性咽下困难，患者逐渐呈现消瘦、脱水及无力症状。持续胸痛或背痛则为晚期症状，癌变已浸润食管外组织。叶酸的摄取能够显著抑制暴露于烟曲霉毒素 B_1 对人体的毒性（van der Westhuizen 等，2011）。

二氢神经鞘氨醇与神经鞘氨醇的比值（SA/SO）可作为动物烟曲霉毒素暴露的生物标记。但在 1999 年，研究报道在所设烟曲霉毒素污染水平条件下，SA/SO 并不适合作为人烟曲霉毒素中毒的生物标记。2 年后另一项研究也表明，SA/SO 的变化与人食管癌并无明显联系。van der Westhuizen 等（1999，2013）发现，尿中烟曲霉毒素 B_1 含量与人烟曲霉毒素 B_1 中毒明显相关，认为尿中烟曲霉毒素 B_1 含量将来可能成为人烟曲霉毒素中毒风险评估的有效生物标记。SA/SO 的变化是早期烟曲霉毒素侵害的生物学标记，在尿液中较容易对其进行分析。

了解人群烟曲霉毒素膳食暴露情况能够更好地保障居民膳食健康，避免高暴露量对人体造成潜在危害。联合国粮农组织、世界卫生组织和欧盟食品添加剂联合专家委员会设定的人烟曲霉毒素每日最大耐受摄入量为 2 μg/kg（以体重计）。我国对烟曲霉毒素在居民膳食健康中的风险评估工作起步较晚，因此尽早开展此评估工作具有重要意义。

参考文献

冯璐璐，2010. 伏马菌素 B_1 和黄曲霉毒素 B_1 联合诱导 Vero 细胞凋亡的研究 [D]. 南京：南京农业大学.

韩薇，2010. 几种霉菌毒素对 BHK 细胞毒害影响及作用机理的研究 [D]. 合肥：安徽大学.

韩薇，白冰，林淼，等，2014. 伏马毒素对细胞毒性作用的研究［J］. 上海农业学报，30（6）：107-111.

胡梁斌，2007. 细菌 B-FS01 抗菌物质的鉴定以及对串珠镰刀菌生长和伏马菌素 B_1 产生的抑制效应［D］. 南京：南京农业大学.

黄凯，2015. 烟曲霉毒素 B_1 对肝细胞、脾脏淋巴细胞及雏鸡的毒性作用［D］. 青岛：青岛农业大学.

李岩松，2011. 玉米中伏马菌素免疫学快速筛检方法研究［D］. 长春：吉林大学.

苏良科，2009. 烟曲霉毒素——一个影响猪健康和生产性能的重要因素［J］. 国外畜牧学（猪与禽），29（6）：46-48.

王晓琳，2016. 伏马菌素 B_1 的检测及其与杂色曲霉毒素对大鼠肝细胞联合毒性的研究［D］. 石家庄：河北医科大学.

杨李梅，苏建明，雷红宇，等，2014. 伏马毒素研究进展［J］. 动物医学进展，35（3）：97-100.

章红，1997. 食管癌高发区玉米中腐马含量的检测［J］. 癌变·畸变·突变，9（6）：338-339.

张宏宇，2007. 我国六省玉米中伏马菌素 B_1 的污染水平调查［D］. 沈阳：中国医科大学.

甄阳光，2009. 我国主要饲料原料及产品中镰刀菌毒素污染及分布规律的研究［D］. 雅安：四川农业大学.

Diaz D，2008. 霉菌毒素蓝皮书［M］. 北京：中国农业科学技术出版社.

Bezuidenhout S C，Gelderblom W C A，Gorstallman C P，et al，1988. Structure elucidation of the fumonisins，mycotoxins from Fusarium moniliforme［J］. Journal of the Chemical Society，11（11）：743-745.

Bhandari N，Sharma R P，2002. Fumonisin B_1-induced alterations in cytokine expression and apoptosis signaling genes in mouse liver and kidney after an acute exposure［J］. Toxicology，172（2）：81-92.

Blackwell B A，Edwards O E，Fruchier A，et al，1996. NMR structural studies of fumonisin B_1 and related compounds from Fusarium moniliforme［J］. Advances in Experimental Medicine and Biology，392：75-91.

Broomhead J N，Ledoux D R，Bermudez A J，et al，2013. Chronic effects of moniliformin in broilers and turkeys fed dietary treatments to market age［J］. Avian Diseases，46（4）：901-908.

Buede R，Rinkerschaffer C，Pinto W J，et al，1991. Cloning and characterization of LCB1，a *Saccharomyces* gene required for biosynthesis of the long-chain base component of sphingolipids［J］. Journal of Bacteriology，173（14）：4325-4332.

Butchko R A E，Plattner R D，Proctor R H，2003. FUM13 encodes a short chain dehydrogenase/reductase required for C-3 carbonyl reduction during fumonisin biosynthesis in *Gibberella moniliformis*［J］. Journal of Agricultural and Food Chemistry，51（10）：3000-3006.

CAST，2003. Mycotoxins：risk in plant，animal and human systems［M］. AAHE-ERIC/Higher Education Research Report，9（7）：48-50.

Dantzer W R，Hopper J，Mullin K，et al，1999. Excretion of（14）C-fumonisin B（1），（14）C-hydrolyzed fumonisin B（1），and（14）C-fumonisin B（1）-fructose in rats［J］. Journal of Agricultural and Food Chemistry，47（10）：4291-4296.

Delongchamp R R，Young J F，2001. Tissue sphinganine as a biomarker of fumonisin-induced apoptosis［J］. Food Additives and Contaminants，18（3）：255-261.

Diaz D E，Hopkins B A，Leonard L M，2000. Effect of fumonisin on lactating dairy cattle［J］. Journal of Dairy Science，83：1171.

Ding Y, Bojja R S, Du L, 2004. Fum3p, a 2 - ketoglutarate - dependent dioxygenase required for C-5 hydroxylation of fumonisins in Fusarium verticillioides [J]. Applied and Environmental Microbiology, 70 (4): 1931 - 1934.

Dombrink - Kurtzman M A, 2003. Fumonisin and beauvericin induce apoptosis in turkey peripheral blood lymphocytes [J]. Mycopathologia, 156 (4): 357 - 364.

Dupuy J, Bars P L, Boudra H, et al, 1993. Thermostability of Fumonisin B_1, a mycotoxin from *Fusarium moniliforme*, in corn [J]. Applied and Environmental Microbiology, 59 (9): 2864 - 2867.

Edrington T S, Kampsholtzapple C A, Harvery R B, et al, 1995. Acute hepatic and renal toxicity in lambs dosed with fumonisin - containing culture material [J]. Journal of Animal Science, 73 (2): 508 - 515.

Enongene E N, Sharma R P, Bhandari N, et al, 2000. Disruption of sphingolipid metabolism in small intestines, liver and kidney of mice dosed subcutaneously with fumonisin B_1 [J]. Food and Chemical Toxicology, 38 (9): 793 - 799.

Fazekas B, Bajmócy E, Glávits R, et al, 1998. Fumonisin B_1 contamination of maize and experimental acute fumonisin toxicosis in pigs [J]. Journal of Veterinary Medicine, Series B, 45 (1 - 10): 171 - 181.

Gelderblom W C A, Galendo D, Abel S, et al, 2001. Cancer initiation by fumonisin B_1 in rat liver—role of cell proliferation [J]. Cancer Letters, 169 (2): 127 - 137.

Gelderblom W C A, Kriek N P J, Marasas W F O, et al, 1991. Toxicity and carcinogenicity of the Fusarium moniliforme metabolite, fumonisin B_1, in rats [J]. Carcinogenesis, 12 (7): 1247 - 1251.

Gumprecht L A, Beasley V R, Weigel R M, et al, 1998. Development of fumonisin - induced hepatotoxicity and pulmonary edema in orally dosed swine: morphological and biochemical alterations [J]. Toxicologic Pathology, 26 (6): 777 - 788.

Haschek W M, Voss K A, Beasley V R, 2002. Selected mycotoxins affecting animal and human health - 25 [J]. Handbook of Toxicologic Pathology, 1 (3): 645 - 699.

Howard P C, Eppley R M, Stack M E, et al, 2001. Fumonisin B_1 carcinogenicity in a two - year feeding study using F344 rats and B6C3F1 mice [J]. Environmental Health Perspectives, 109: 277 - 282.

JECFA 56 th, 2001. Joint FAO/WHO Expert committee on Food Additives 56 th Report. Safe evaluation of certain mycotoxins in food. Food and Agriculture Organization of the United Nations, paper 74. Word Health Organization Food Additives Series 47, Word Health Organization, Geneva, Switzerland.

Kouadio J H, Mobio A, Baudrimont I, et al, 2005. Comparative study of cytotoxicity and oxidative stress induced by deoxynivalenol, zearalenone or fumonisin B_1 in human intestinal cell line Caco - 2 [J]. Toxicology, 213 (1/2): 56 - 65.

Kriek N P J, Kellerman T S, Marasas W F O, 1981. A comparative study of the toxicity of *Fusarium verticillioides* (= *F. moniliforme*) to horses, primates, pigs, sheep and rats [J]. The Onderstepoort Journal of Veterinary Research, 48 (2): 129 - 131.

Kubena L, Edrington T, Harvey R, et al, 1997. Individual and combined effects of fumonisin B_1 present in *Fusarium moniliforme* culture material and T - 2 toxin or deoxynivalenol in broiler chicks [J]. Poultry Science, 76 (9): 1239 - 1247.

Ledoux D R, Weibking T S, Rottinghaus G E, 1992. Effects of *Fusarium moniliforme* culture material containing known levels of fumonisin B_1 on turkey poults [J]. Poultry Science (Suppl. 1): 162.

Li Y, Ledoux D, Bermudez A, et al, 1999. Effects of fumonisin B_1 on selected immune responses in broiler chicks [J]. Poultry Science, 78 (9): 1275-1282.

Manning B B, 1998. Fumonisin B_1 from *Fusarium moniliforme* culture material varies in toxicity to channel catfish and rats with purity [D]. Alabama: Auburn University.

Marasas W, Kellerman T, Gelderblom W C, et al, 1988. Leukoencephalomalacia in a horse induced by fumonisin B? isolated from *Fusarium moniliforme* [J]. Onderstepoort Journal of Veterinary Research, 55 (4): 197-203.

Martinez-Larranaga M R, Anadon A, Diaz M J, et al, 2000. Toxicokinetics and oral bioavailability of fumonisin B_1 [J]. Veterinary and Human Toxicology, 41 (6): 357-362.

Merrill A H, Sullards M C, Wang E, et al, 2001. Sphingolipid metabolism: roles in signal transduction and disruption by fumonisins [J]. Environmental Health Perspectives, 109 (Suppl. 2): 283-289.

Mobio T A, Anane R, Baudrimont I, et al, 2000. Epigenetic properties of fumonisin B_1: cell cycle arrest and DNA base modification in C6 glioma cells [J]. Toxicology and Applied Pharmacology, 164 (1): 91-96.

Mobio T A, Tavan E, Baudrimont I, et al, 2003. Comparative study of the toxic effects of fumonisin B_1 in rat C6 glioma cells and p53-null mouse embryo fibroblasts [J]. Toxicology, 183 (1): 65-75.

Nagiec M M, Baltisberger J A, Wells G B, et al, 1994. The LCB2 gene of *Saccharomyces* and the related LCB1 gene encode subunits of serine palmitoyltransferase, the initial enzyme in sphingolipid synthesis [J]. Proceedings of the National Academy of Sciences of the United States of America, 91 (17): 7899-7902.

Prescott A G, 2000. Two-oxoacid-dependent dioxygenases: inefficient enzymes or evolutionary driving force? [J]. Recent Advances in Phytochemistry, 34: 249-284.

Proctor R H, Brown D W, Plattner R D, et al, 2003. Co-expression of 15 contiguous genes delineates a fumonisin biosynthetic gene cluster in *Gibberella moniliformis* [J]. Fungal Genetics and Biology, 38 (2): 237-249.

Proctor R H, Desjardins A E, Plattner R D, et al, 1999a. A polyketide synthase gene required for biosynthesis of fumonisin mycotoxins in gibberella fujikuroi mating population A [J]. Fungal Genetics and Biology, 27 (1): 100-112.

Proctor R H, Desjardins A E, Plattner R D, et al, 1999b. Biosynthetic and genetic relationships of B-series fumonisins produced by *Gibberella fujikuroi* mating population A [J]. Natural Toxins, 7 (6): 251.

Rotter B A, Thompson B K, Prelusky D B, et al, 1996. Trehllm response of growing swine to dietary exposure to pure fumonisin B_1 during an eight-week period: growth and clinical parameters [J]. Natural Toxins, 4 (1): 42-50.

Seo J A, Proctor R H, Plattner R D, et al, 2001. Characterization of four clustered and coregulated genes associated with fumonisin biosynthesis in *Fusarium verticillioides* [J]. Fungal Genetics and Biology, 34 (3): 155-165.

Sharma R P, Dugyala R R, Voss K A, 1997. Demonstration of in-situ apoptosis in mouse liver and kidney after short-term repeated exposure to fumonisin B_1 [J]. Journal of Comparative Pathology, 117 (4): 371-381.

Sonkphan L，Lovell R，1995. Fumonisin - contaminated dietary corn reduced survival and antibody production by channel catfish challenged with edwardsiella ictaluri [J]. Journal of Aquatic Animal Health，7 (1)：8.

Sozmen M，Devrim K，Tunca R，et al，2014. Protective effects of silymarin on fumonisin B_1 - induced hepatotoxicity in mice [J]. Journal of Veterinary Science，15 (1)：51 - 60.

Stabel J R，Osweiler G D，Kehrli M E，et al，1993. Effects of fumonisin - contaminated corn screenings on growth and health of feeder calves [J]. Journal of Animal Science，71 (2)：459 - 466.

Tessari E N C，Kobashigawa E，Cardoso A L S P，et al，2010. Effects of aflatoxin B_1 and fumonisin B_1 on blood biochemical parameters in broilers [J]. Toxins，2 (4)：453 - 460.

Tolleson W H，Melchior W B，Morris S M，et al，1996. Apoptotic and anti - proliferative effects of fumonisin B_1 in human keratinocytes，fibroblasts，esophageal epithelial cells and hepatoma cells [J]. Carcinogenesis，17 (2)：239 - 249.

van der Westhuizen L，2011. Fumonisin exposure biomarkers in humans consuming maize staple diets [D]. Stellenbosch：University of Stellenbosch.

van der Westhuizen L，Brown N L，Marasas W F，et al，1999. Sphinganine/sphingosine ratio in plasma and urine as a possible biomarker for fumonisin exposure in humans in rural areas of Africa [J]. Food and Chemical Toxicology，37 (12)：1153 - 1158.

van der Westhuizen L，Shephard G S，Gelderblom V C A，et al，2013. Fumonisin biomarkers in maize eaters and implications for haman disease [J]. World Mycotoxin Journal，6 (3)：223 - 232.

Wang E，Norred W P，Bacon C W，et al，1991. Inhibition of sphingolipid biosynthesis by fumonisins. Implications for diseases associated with *Fusarium moniliforme* [J]. Journal of Biological Chemistry，266 (22)：14486 - 14490.

Yoshizawa T，Yamashita A，Luo Y，1994. Fumonisin occurrence in corn from high - risk and low - risk areas for human esophageal cancer in China [J]. Applied and Environmental Microbiology，60 (5)：1626 - 1629.

Zomborszky M K，Vetési F，Horn P，et al，2002. Effects of prolonged exposure to low - dose fumonisin B_1 in Pigs [J]. Journal of Veterinary Medicine Series B，49 (4)：197 - 201.

Zomborszky M K，Vetési F，Repa I，et al，2000. Experiment to determine limits of tolerance for fumonisin B_1 in weaned piglets [J]. Journal of Veterinary Medicine Series B，47.

Zomborszky - Kovacs M，Kovacs F，Vetési F，et al，2002. Investigations into the time - and dose - dependent effect of fumonisin B_1 in order to determine tolerable limit values in pigs [J]. Livestock Production Science，76 (3)：251 - 256.

第八章 其他霉菌毒素毒理作用及动物和人中毒症

第一节 麦角生物碱中毒

一、概述及分子结构

麦角生物碱（ergot alkaloid，EA），简称麦角碱，是一类由真菌产生的霉菌毒素。产生麦角生物碱的真菌包括麦角菌属和禾草内生真菌属。这些菌属易侵染一些谷物类作物，如黑麦、黑小麦、小麦和燕麦等，以及多种禾本科植物，尤其是高羊茅和多年生黑麦草。麦角生物碱自被发现以来，有2种中毒类型，即坏疽型麦角中毒和痉挛型麦角中毒。最早有关麦角中毒的记录可追溯至亚述人，历史上已多次证实麦角生物碱能够引起人的疾病，如在欧洲斯堪的纳维亚和俄罗斯暴发的麦角中毒。

麦角生物碱家族在食品工业和生态系统中起重要作用。麦角生物碱是含氮真菌代谢产物中最多的组成成分，其活性成分是以麦角酸为基本结构的一系列生物碱衍生物。天然麦角生物碱所共有的结构为四核环——麦角灵（图8-1），在N-6位甲基化，不同的麦角碱C-8位被不同的基团取代，大部分麦角生物碱在C-8和C-9或C-9和C-10之间存在双键。四环麦角灵类化合物可被认为是融合吲哚和七氢喹啉类化合物，多由麦角菌科（如麦角菌属和禾草内生真菌属）和发菌科（包括曲霉菌和青霉菌）的真菌产生。此外，在旋花科、禾本科和远志科植物中也发现了麦角生物碱，表明这些与植物相互作用的真菌产生的化合物可以单独或与宿主植物一起存在。菌株数量和类型的不同与所处的气候和地理环境有很大关系。

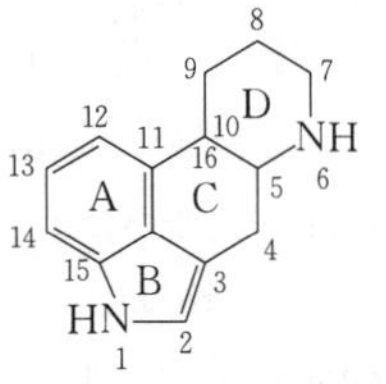

图8-1 麦角灵结构

麦角生物碱为无色晶体，难溶或微溶于水，易溶于氯仿、冰醋酸等有机溶剂。大部分生物碱可以发生异构化（由于C-8位有不对称原子），形成不具有生理活性的差向异构体（由8R转变成8S），异构体之间的转换速度在水溶性酸、碱溶液中进行得很快，光照也会引发麦角碱的异构化和降解。

根据化学相似性，天然麦角生物碱可分为四类：①棒麦角素（clavines），如农棒素等；②麦角酸（lysergic acids），是最简单的麦角生物碱；③麦角酰胺（lysergic acid amides），如麦角新碱和麦碱等；④麦角肽碱（ergopeptines），如麦角瓦灵、麦角胺、麦角克碱和麦角灵等。图 8-2 为常见麦角生物碱的分子结构式。

麦角生物碱的骨架结构　　麦角新碱

麦角缬碱　　麦角考宁

麦角胺　　麦角克碱

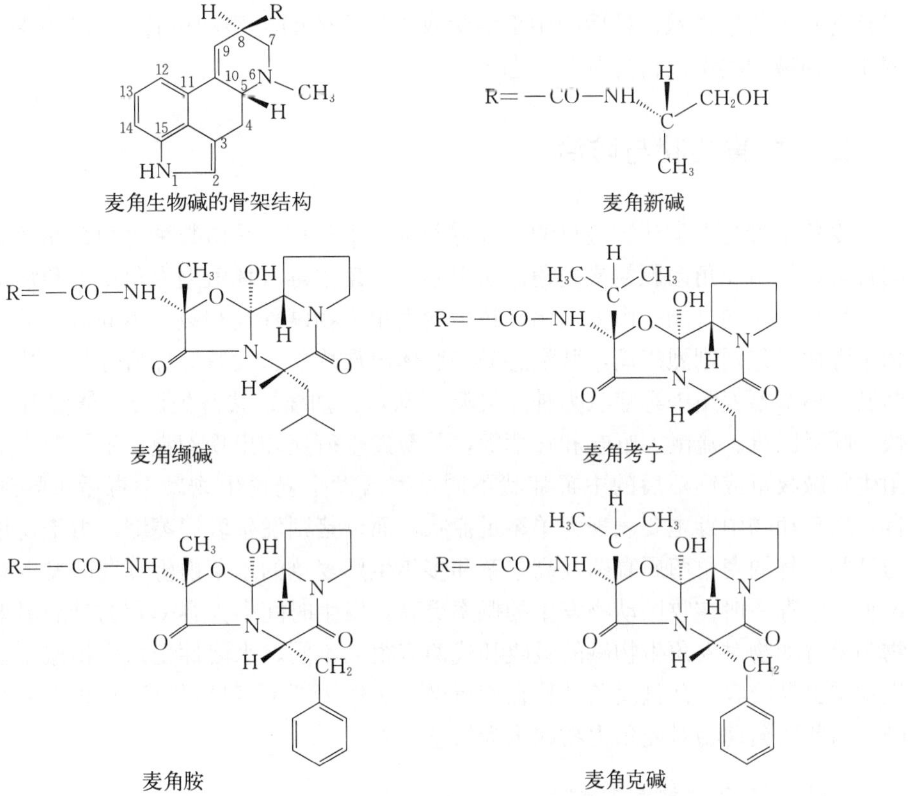

图 8-2　常见麦角生物碱的分子结构式

（资料来源：卢春霞和王洪新，2010）

二、中毒机理

麦角生物碱吸收进入生物体内几乎不会在动物组织中转移和沉积。给猪饲喂含有4%麦角生物碱的饲粮，其中有 90%麦角生物碱被吸收进入猪体内，但没有在组织中检测到麦角生物碱残留（Scott，2009）。麦角肽生物碱吸收进入机体经肝脏细胞色素 P450 代谢后，其产物可通过胆汁排出。而麦角灵易溶于水，一般通过尿液排出。

由于化学结构具有多样性，因此麦角生物碱的生物学活性也具有多样性。麦角生物碱的麦角灵的结构与内源性生物胺结物相似，因此麦角生物碱的异构体可通过神经递质受体影响细胞活性，可作用于多巴胺、5-羟色胺和α-肾上腺素受体，进而引起中毒效应发生。麦角生物碱可通过结合α-肾上腺素能受体和 5-羟色胺受体刺激平滑肌细胞收缩，导致周围血管收缩，这是麦角中毒动物出现无乳，耳朵、尾巴和蹄等损伤后遗症，以及产生坏疽型中毒症状的原因。麦角瓦灵（ergovaline）可通过 5-羟色胺受体引起牛子宫和脐带动脉收缩（Dyer 等，1993）。与这些生物胺相关的受体是具有 7 个跨膜螺旋结构的 G-蛋白偶联膜蛋白，它们由许多家族和亚型组成（5-羟色胺受体分 7 个家族和 14 个亚型），遍布全身，且由于受体位点在不同器官各不相同，其亲和力和内在活性也不同。因此，关于麦角生物碱产生生理效应和毒力效应的机制也变得非常复杂，其中毒机理方面的研究还需要进一步探索，以便为生物碱中毒问题找到更好的解决方案。动物采食含有麦角生物碱饲粮后的中毒症状取决于受体的类型和位置、结合生物碱的剂量、麦角生物碱的类型及自身营养状态等。

三、中毒症状与防治

麦角中毒是人类认识最早的一种霉菌毒素中毒症，是由数种麦角菌属感染植物产生的毒素，如由麦角菌颗粒或麦角碱所引起。麦角中毒有坏疽型麦角中毒和痉挛型麦角中毒，症状的不同可能是由麦角菌硬粒中的麦角生物碱种类和数量不同造成的。坏疽型麦角中毒症状包括剧烈疼痛，肢端感染和肢体出现灼焦、发黑等坏疽症状，严重时可导致断肢。痉挛型麦角中毒症状为神经失调（麻木、抽搐、共济失调）、体温升高、脉搏加快、呼吸困难、流涎、呕吐和痉挛等，甚至发生瘫痪和出现幻觉。不同动物采食含有麦角生物碱牧草或饲粮后的中毒症状不同，家禽发生麦角生物碱中毒后可导致鸡羽化不良，反刍动物中毒主要表现为羊茅足症状，而母猪则发生乳房萎缩。由于麦角生物碱常与某些谷物的麦角菌属真菌及高羊茅和多年生黑麦草的禾草内生真菌的发生有关，因此该毒素中毒一般在牧区动物发生的概率更高，发生时间多为春季和初夏的雨季。反刍动物和单胃动物对麦角生物碱的吸收和代谢有很大不同，水溶性麦角生物碱比脂溶性麦角生物碱更易吸收，并且反刍动物在瘤胃微生物作用下更容易释放和吸收可溶性麦角生物碱，因此反刍动物对麦角生物碱更为敏感。

（一）人麦角生物碱中毒症

在中世纪的欧洲成千上万的人死于麦角中毒，当时这种病被称为“圣安东尼之火”，主要症状为血管收缩、坏疽及产生神经毒性。后来发现可能是由于人吃了被麦角污染的黑麦面包所引起。麦角中毒的急性毒性症状包括血管收缩、子宫收缩、嗜睡、抑郁、腹泻、崩溃、呕吐、坏疽、四肢坏死等。在体外培养中，麦角生物碱可诱导人原代细胞细胞质毒性（Mulac 和 Humpf，2011）。麦角毒素也可不通过神经递质，直接作用于平滑肌而使动脉收缩，此生理作用已应用于临床，如低剂量的麦角毒素常被用于阻止产后出血。另外，麦角毒素还可促进子宫收缩，故具有催产作用。利用其对神经系统的作用效应，目前也有一些麦角生物碱合成类药物用于治疗偏头痛等疾病。

实际上，目前人类麦角中毒的病例非常罕见，在此方面的研究主要侧重于麦角类药物（如酒石酸、麦角胺）的药效，而不是食用麦角污染食品发生的中毒症。这主要有 3 个方面的原因：一是作物改良和管理的改善；二是粮食清洁除菌技术的应用；三是毒物筛查方案和粮食安全质量控制的实施。

虽然人发生麦角中毒的概率较小，但麦角菌硬粒不经意混入食品加工所用的粮食中同样存在致病的潜在危险，因此有必要对此进行连续监控。

（二）动物麦角生物碱中毒症

近年来，一些国家动物麦角中毒症呈现增加趋势，严重影响动物健康，降低动物生产性能，引起动物繁殖障碍，给生产者造成巨大的经济损失。动物麦角生物碱中毒是由动物采食被麦角污染的饲粮或被内生菌感染的高羊茅后，机体生理系统（中枢和交感神经系统、免疫系统和生殖系统）发生紊乱而造成的，其中毒症状包括精神沉郁、采食量减少、共济失调、抽搐、坏疽、免疫力降低和繁殖性能障碍（包括无乳）等，中毒程度与饲粮中麦角生物碱的含量有直接关系。

牧区动物（主要是反刍动物）采食高羊茅后的中毒症状称“羊茅足”，表现为足、尾、耳组织坏疽性坏死。由于麦角肽碱还可通过结合或阻断多巴胺受体来改变催乳素的分泌，抑制血清催乳素浓度，因此血清中催乳素含量的高低也是判断动物是否发生麦角生物碱中毒的指标之一。血清催乳素的降低会导致奶牛产奶量降低，影响乳腺泌乳功能，严重时发生无乳现象。麦角菌颗粒浓度高于0.3%会造成生殖障碍。奶牛采食被内生菌污染的高羊茅后受胎率降低，早期胚胎死亡率升高。妊娠母马采食被内生菌污染的高羊茅后妊娠时间显著增加，马驹和母马死亡率均升高，并且母马无乳、马驹体况不佳。绵羊中毒后一般不出现坏疽，但一些内脏器官，如皱胃和小肠会发生坏死和溃疡。母羊采食被麦角生物碱污染的饲粮后可造成流产，繁殖力降低，有的出现坏疽，偶尔伴有抽搐等中枢神经症状。

给母猪饲喂含有3%高粱麦角（含有16 mg/kg生物碱）的饲粮会降低血浆催乳素水平，显著降低泌乳量及断奶窝重，存活的仔猪其耳尖和尾尖发生坏疽现象（Kopinski等，2008）。给母猪长期饲喂受此毒素污染的饲料，可导致早产、胎儿干性坏死及窝产仔数减少，且一般情况下四肢会出现坏疽现象。

肉鸡麦角生物碱中毒后表现为采食量下降，增重速度缓慢，腹泻，鸡冠、肉垂、面部等出现皮炎，喙、脚趾出现坏死。产蛋鸡中毒后出现采食量下降、产蛋率降低、生长速度缓慢、共济失调、神经过敏等神经症状，严重者出现死亡。番鸭中毒后食欲降低、采食量下降、腹泻，严重者会出现死亡。由于麦角生物碱属于苦味植物毒素，家禽一般能够避开采食这种毒素，因此麦角生物碱对家禽的毒性作用不大。

兔对麦角生物碱也很敏感，其中毒症状为尾部血肿、尾巴坏死及尾部毛脱落（Korn等，2014）（彩图8-1）。另外，麦角中毒后还会影响组织器官发育，引起肝脏功能损伤、免疫功能降低等，其中造成免疫力减弱的部分原因是其降低了血清促乳素的水平。麦角生物碱对动物的中毒效应取决于其与神经递质受体的相互作用方式。

（三）诊断与防治

动物麦角生物碱中毒的诊断一般较容易，通常可根据观察饲料和饲草是否发现麦角菌感染，以及动物的特征症状（如肢体端部坏死）等临床资料，并结合实验室分析结果进行诊断。在牧场上发生中毒现象，首先对牧场进行检查，如果发现牧场上有麦角菌核（干草和谷物上的菌核肉眼可见），再结合动物的一些中毒症状，便可以确诊。通过提取饲料和粪便样本中的麦角瓦灵和尿液样本中的麦角酸，用高效液相色谱技术测定其含量，可为临床诊断提供辅助性数据。

如初步诊断为麦角中毒，则应及时转移动物，其他动物应停喂原有饲料或草料。对中毒动物尽快进行治疗，清除其胃肠内毒素，阻止毒素被继续吸收。清除胃肠内毒素可通过洗胃、灌肠和内服盐类泻剂等处理。如发现坏死或溃疡症状，为防止继发感染可给动物皮下注射恩诺沙星（0.4 mL/kg，以体重计），并在局部患处涂抹金霉素配合治疗。

第二节　震颤毒素中毒

一、概述及分子结构

震颤毒素中毒（tremorgen poisoning）是由动物采食被该类毒素污染的牧草、植物、饲粮等引起的以肌肉震颤、运动失调、强直性痉挛和虚脱为特征的中毒综合征。产生的震颤现象一般在动物被迫运动时比较明显。震颤综合征症状包括高度兴奋、运动不协调、伸展过度、走路僵硬、共济失调等。严重情况下，动物可能会倒地、剧烈震颤和角弓反张。停止饲喂饲草或饲粮后，症状可消失且动物恢复正常。震颤毒素包括青霉震颤素（penitrem）、烟曲霉震颤素（fumitremorgins）、雀稗麦角震颤素（paspalitrem）、震颤真菌毒素（verruculogen）、蕈青霉素（paxilline）等。本节以青霉震颤素中毒为代表进行介绍。

青霉震颤素是青霉属（*Penicillium* spp.），如皮落青霉（*P. crustosum*）、圆弧青霉（*P. cyclopium*）、软毛青霉（*P. puberulum*）和徘徊青霉（*P. palitans*）等产生的霉菌毒素，其中以圆弧青霉产生的青霉震颤素最为常见。这种毒素存在于谷物、精饲料、乳酪和核桃中，人和动物中毒后可产生神经系统疾病，一般食后0.5～3 h开始出现神经症状。青霉震颤素可感染牛、犬、羊和马，其他动物，如家禽和啮齿动物也可被感染。牛、羊采食被此毒素污染的饲草后，会引起肌肉震颤、四肢乏力、运动失调、抽搐，最终导致死亡。

青霉震颤素属于吲哚二萜类化合物，在自然界中分布极广，已知青霉震颤素包括A～F 6种结构（图8-3）。其中，以青霉震颤素A研究得最多，其可能是产生震颤病最主要的致病因子。

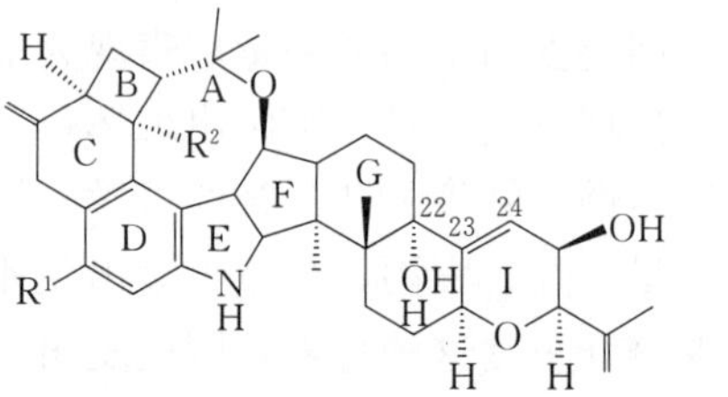

A(1)R^1=Cl，R^2=OH，23，24 α-环氧化物
B(2)R^1=R^2=H，23，24 α-环氧化物
C(3)R^1=Cl，R^2=H
D(4)R^1=R^2=H
E(5)R^1=H，R^2=OH，23，23 α-环氧化物
F(6)R^1=Cl，R^2=OH，23，23 α-环氧化物

图8-3　青霉震颤素A～F分子结构

二、中毒机理

中枢神经系统是青霉震颤毒素A首要侵害的系统，青霉震颤素A可以通过血脑屏障进入神经系统。有关青霉震颤毒素A的中毒机理尚不明确，或许涉及多方面因素。青霉震颤素中毒机理可归纳为：一是抑制高电导钙激活钾通道，影响神经细胞动作电位

和中枢神经递质的释放，不过其他霉菌毒素也有抑制这些通道的作用，但动物并未发生震颤症状；二是γ-氨基丁酸系统也参与了此毒素引起的神经症状过程；三是青霉震颤毒素A可激活γ-氨基丁酸受体；四是该毒素可产生氧化应激。

三、中毒症状与防治

动物发生青霉震颤素中毒后表现为兴奋、震颤、对应激反应敏感、抽搐、共济失调、肌肉强直、痉挛，严重的发生角弓反张、流泪、瞳孔震颤和衰竭，甚至死亡。低剂量可引起动物肌肉震颤，高剂量则导致动物痉挛，甚至死亡。犬类食入被震颤毒素污染的核桃，大约1 h出现呕吐，然后是严重震颤，共济失调，对外界反应过敏，流涎，体温升高，因肌肉震颤严重而无法测定呼吸率。人误饮含有青霉震颤毒素的啤酒后，表现为震颤、额头前部搏动性疼痛、恶心、呕吐、虚弱、血痢等，30 h后症状消失。可根据病史，结合中毒临床症状及血清青霉震颤毒素含量进行青霉震颤毒素的中毒诊断。另外，呕吐物中震颤毒素的含量也可作为青霉震颤毒素的中毒诊断指标。针对饲料、呕吐物、血清和尿液中青霉震颤毒素的测定已有可参考的方法（Braselton 和 Johnson，2003；Tor 等，2006）。该毒素的中毒症状应与雀稗蹒跚症及黑麦草蹒跚症等进行区别，必要时可进行动物试验。

发生青霉震颤毒素中毒后常用的治疗方法包括停喂可疑饲料，之后服用盐类导泻药物，减少胃肠道对毒素的吸收；有些神经性药物，如抗惊厥剂等可减轻上述症状或延缓症状出现时间。在停止饲喂有毒饲粮24～48 h后，动物即可恢复正常。中毒后的治疗目前尚无特效药，因此预防动物中毒的关键是做好饲粮的防霉去霉工作，禁止给动物饲喂发霉的饲粮。

第三节　环匹阿尼酸中毒和胶霉毒素中毒

一、环匹阿尼酸中毒

（一）概述及分子结构

环匹阿尼酸（cyclopiazonic acid，CPA）（图8-4）是一种吲哚特拉姆酸毒素，最初分离于圆弧青霉菌（*P. cyclopium*）。随后报道曲霉菌及青霉菌的若干菌种，如沙门柏干酪青霉菌、荨麻青霉、普通青霉、黄曲霉、杂色曲霉、米曲霉、烟曲霉、溜曲霉等也可产生此毒素。

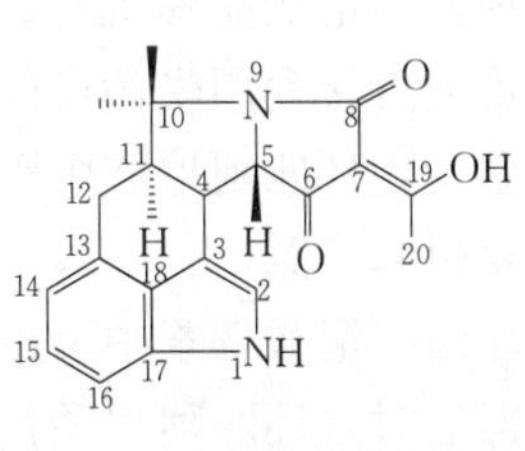

图8-4　环匹阿尼酸分子结构

自然情况下，这种霉菌毒素会存在于植物产品（如玉米、花生、葵花籽、小米和许多饲料原料），以及动物产品（如奶、奶酪）中。该毒素也可存在于采食被环匹阿尼酸污染的饲粮的动物肌肉中。目前对人发生环匹阿尼酸中毒的剂量范围还没有确定，但人比较容易接触和摄入环匹阿尼酸，该毒素对人具有潜在危害性。

环匹阿尼酸既可单独存在，也可与其他毒素共存，如在玉米片中同时检测到环匹阿尼酸与细交链孢菌酮酸。此外，环匹阿尼酸和黄曲霉毒素均可由黄曲霉产生，在大多数情况下会同时存在于玉米或花生粕饲粮中。环匹阿尼酸与1960年暴发的火鸡X病有关，此病出现的神经症状（角弓反张）可能是由环匹阿尼酸造成，而不是因为黄曲霉毒素的毒性效应。

（二）中毒机理

环匹阿尼酸的酰胺基，能与金属阳离子（Ca^{2+}、Mg^{2+}、Fe^{2+}）螯合，这可能是环匹阿尼酸的毒性作用机制。此化合物能够抑制内质网钙-依赖性的腺苷三磷酸酶活性，从而改变细胞内钙离子通量，进而导致肌肉收缩增加。细胞内钙梯度对于细胞增殖、分化和死亡起至关重要的作用。环匹阿尼酸能够直接对淋巴细胞和淋巴器官，如胸腺和脾脏产生毒性作用，即使在低剂量的情况下，也会诱导肝脏炎性反应和肾脏氧化应激。另外，环匹阿尼酸还能诱导人细胞产生脂毒性和免疫毒性。

（三）中毒症状与防治

环匹阿尼酸作用的主要靶器官为消化道、肝脏、肾脏和骨骼肌肉，亦可作用于神经系统。相关研究多集中于急性毒性或亚急性毒性方面，在慢性毒性方面的试验报道相对较少。环匹阿尼酸常与黄曲霉产生的黄曲霉毒素一同出现，许多中毒临床症状与黄曲霉毒素类似，如降低生产性能、组织损伤等。

环匹阿尼酸临床中毒症状包括厌食、呕吐、腹泻、发热、脱水、体重下降及中枢神经系统疾病（共济失调、震颤、瘫痪和痉挛）。动物中毒后的病理变化为：消化道充血、肝脏肿大、多脏器（肝、肾、胃肠道）出现出血和病灶等。高浓度的环匹阿尼酸能够造成大多数脊椎动物内脏的局灶性坏死，这也许能够解释采食被黄曲霉毒素污染的花生粕饲粮引起的火鸡X疾病发生过程中火鸡肌肉和骨骼病变的原因。“Kodua中毒”事件表明，农场中肉牛出现紧张、蹒跚步态、缺乏协调、痉挛和抑郁症状均是由环匹阿尼酸造成的（Lalitha和Husain，1985）。家禽环匹阿尼酸中毒后，出现震颤症状、组织器官（肝、肾、胃肠道）病变及骨骼肌病变（出血和肌纤维膨胀或破裂）。由于环匹阿尼酸能够影响蛋壳的形成，因此给产蛋鸡饲喂含有环匹阿尼酸饲粮后蛋壳变薄和破碎概率增加。环匹阿尼酸可导致小鼠体重下降、肝脏肿大及凝固性坏死。高剂量的环匹阿尼酸可导致狗迅速产生厌食、恶心、呕吐、腹泻、发热、痉挛和抑郁等症状。

环匹阿尼酸能够沉积在鸡肉、牛奶和鸡蛋中，因此人通过摄入受污染的肉类、牛奶和鸡蛋或直接食用受污染的谷物和一些由特定微生物（能够产生环匹阿尼酸）发酵的奶酪后会发生环匹阿尼酸中毒，人环匹阿尼酸中毒产生的一些病理性症状，如恶心、呕吐也需要引起注意。

环匹阿尼酸毒素中毒诊断常与黄曲霉毒素的中毒诊断结合在一起。在诊断黄曲霉毒素中毒症时，环匹阿尼酸的中毒效应也需要考虑。先观察整体动物状态和发病临床症状，再进行剖检观察组织器官是否有出血、坏死等病灶，如有必要可用高效液相色谱技术测定饲料中环匹阿尼酸毒素含量或从食品和饲粮中分离培养产毒菌株来综合分析进行诊断。小鼠的毒理动力学研究表明，环匹阿尼酸在动物体内能够被快速吸收，并且快速分布于整个身体。由于在肌肉组织中能够检测到大量的环匹阿尼酸，因此也可以测定组织中（如肌肉组织）的环匹阿尼酸毒素含量进行环匹阿尼酸中毒的辅助诊断（Norred 等，1985）。

预防该毒素中毒需要从源头上做好饲粮和食品的监管工作，降低该毒素的暴露。饲料的物理清洗或筛选对于降低毒素含量具有一定的效果；另外，可添加一些抗氧化剂等添加剂，降低毒素对机体的毒害作用。由于该毒素与黄曲霉毒素经常共同存在，因此预防环匹阿尼酸中毒可参考黄曲霉毒素的预防措施。也有研究表明，添加沸石对肉鸡黄曲霉毒素中毒有效而对环匹阿尼酸中毒无效（Dwyer 等，1997）。对于已经发生环匹阿尼酸中毒的动物，应停喂引起中毒的饲料；发病初期可采取洗胃、内服泻剂等措施以减少机体对毒素的吸收；对于神经症状严重的动物，可给予缓解神经类药物进行治疗。

二、胶霉毒素中毒

（一）概述及分子结构

胶霉毒素（gliotoxin，GT）是霉菌代谢产物乙硫基哌嗪（epipolythiodioxopiperazine，ETP）家族中的一员，最早从黏帚霉（*Gliocladium* spp.）中分离得到。胶霉毒素具有抗菌、免疫抑制和诱导细胞凋亡的特性，广泛存在于里氏木霉、青霉和白色念珠菌等致病菌或环境微生物的次生代谢产物中。烟曲霉（*Aspergillus fumigatus*）、土曲霉（*A. terreus*）、黑曲霉（*A. niger*）和黄曲霉（*A. flavus*）中的一些菌株亦能分泌胶霉毒素。

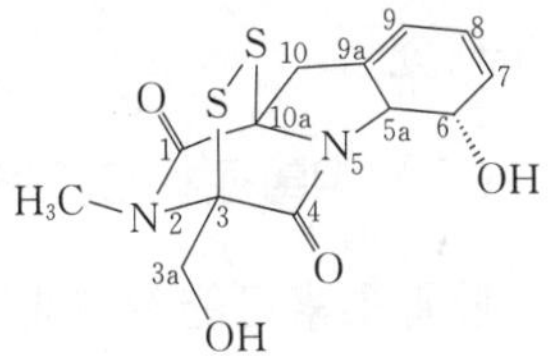

胶霉毒素，相对分子质量为 326，含有独特的二硫键结构（Yamada 等，2000）（图 8－5），即 2 个硫原子间形成共价键，一般为多肽链中的 2 个半胱氨酸残基侧链的硫原子间形成共价键，这种结构对于维持许多蛋白质分子的天然构象和稳定性十分重要。

图 8－5　胶霉毒素分子结构
（资料来源：Yamada 等，2000）

（二）中毒机理

胶霉毒素具有细胞毒性且能够导致机体产生免疫抑制，如抑制超氧化物释放、迁移和微生物活性，白细胞的细胞因子释放，T－淋巴细胞介导的细胞毒性和基因毒性。另外，胶霉毒素也是许多类型细胞凋亡的诱导剂，并且已经发现其与一些真菌病（如曲霉病）有关系。下面分 3 个方面介绍胶霉毒素引起人和动物中毒的机理。

1. 产生免疫抑制　胶霉毒素内部的二硫键能够结合许多蛋白质，包括转录因子和核因子（nuclear factor－κB，NF－κB）。NF－κB 与胶霉毒素结合后能形成一个新的二硫键。胶霉毒素能够直接抑制 NF－κB 介导的转录信号，降低炎症反应和细胞因子产生，阻断肥大细胞脱颗粒，进而造成免疫抑制。胶霉毒素也可降低中性粒细胞和吞噬细胞的活力，抑制免疫细胞活性，导致细胞凋亡和真菌性疾病的发生。胶霉毒素是中性粒细胞烟腺胺腺嘌呤二核苷酸磷酸（nicotinamide adenine dinucleotide phosphate，NAD-

PH）氧化酶的强抑制剂，能够降低中性粒细胞通过超氧阴离子衍生活性氧杀死病原体的能力。另外，体外试验表明，胶霉毒素合成基因 *gliP* 和 *gliZ* 缺失时，突变菌株培养液并没有引起人中性粒细胞的氧化反应和细胞凋亡，也未能抑制肥大细胞脱颗粒。

2. 诱导活性氧产生 活性氧（reactive oxygen species，ROS）的产生机制与胶霉毒素产生的毒性效应有很大关系（Gardiner 等，2005），是其产生细胞毒性的一种重要机制。胶霉毒素含有独特的二硫键，二硫桥使半胱氨酸残基与蛋白质链接，通过氧化还原循环形式生成 ROS。此毒素也通过减弱中性粒细胞对 ROS 产生的抑制作用，进而产生更多的 ROS。胶霉毒素可直接激活凋亡 Bcl－2 家族成员 Bak 蛋白，诱导产生的 ROS 能够促进细胞色素释放，激活半胱天冬酶，进而导致细胞凋亡，这也解释了胶霉毒素具有促进曲霉菌病发生的原因。另外，胶霉毒素通过诱导 ROS 的产生和破坏氧化还原反应，引起细胞膜和生物大分子发生脂质过氧化损伤。

3. 抑制血管生成 烟曲霉能通过代谢产物，如胶霉毒素抑制血管生成，尤其是对免疫缺陷的病人。胶霉毒素能减少小鼠肺部血管生成，而胶霉毒素的 *gliP* 基因与血管生成有关，突变非核糖体肽合成酶菌株培养液能明显抑制血管生成。胶霉毒素通过抗血管生成毒性效应，也可抑制免疫反应。

在研究毒性机制的同时，利用胶霉毒素免疫抑制作用，在抗癌等药物开发及农业生物防治等方面也已展开相关研究，并且取得了一定进展。不过，体内研究结果表明，不同的胶霉毒素中毒疾病病程与其浓度有很大关系，但具体通过何种关系发挥效应尚缺乏数据资料，因此对不同胶霉毒素浓度感染机体引发的具体症状还需要进一步研究。

（三）中毒症状与防治

胶霉毒素可能参与曲霉病和念珠菌病引起的一些疾病，如用曲霉菌感染田鼠时发现了胶霉毒素，患念珠菌性阴道炎病人的阴道分泌物中也存在这种毒素。动物采食感染这种毒素的饲粮会产生免疫抑制，导致感染加重，最终死亡。例如，骆驼采食被胶霉毒素污染的干草可发生中毒和死亡。体外试验表明，胶霉毒素能够影响瘤胃发酵和消化率，以及挥发性脂肪酸的产生。胶霉毒素毒性为免疫抑制作用，动物中毒后产生的症状包括采食量降低、生长速度缓慢、体质减弱等。剖检时发现免疫器官损伤严重，发病动物容易引起继发感染。胶霉毒素对动物和人细胞均有毒害作用，尽管其在生物防治和药物研发应用上有一定价值，但其对动物和人健康方面的影响依然不容忽视。动物中毒后的常见诊断手段包括：对动物进行整体观察和采食饲粮追踪记录，排除其他一些常见致病因子；检测免疫器官情况，测定血液中免疫球蛋白和炎性因子相关指标；测定所采食饲粮、原料及动物组织、血液中毒素含量。人中毒后检测感染患者体内某些器官或血清中胶霉毒素的含量（高效薄层色谱分析方法），可作为疾病诊断或是辅助诊断的重要手段。

动物出现胶霉毒素中毒后的常见防治方法有：先停止饲喂受毒素污染的饲粮，增加动物营养水平，及时跟踪观察动物的恢复情况；对发病严重的动物可应用一些免疫增效剂，以增加动物自身的免疫功能。由于此毒素具有很强的免疫抑制作用，因此动物治疗后恢复速度较慢。动物或人发生胶霉毒素中毒后，防重于治，因此应尽量降低此毒素中毒发生的概率，从源头上控制中毒事件的发生，做好饲粮和食品的监管工作。饲粮及室内空气中均可能存在该毒素，在控制和处理饲粮或原料时一定要注意个人防护。由于胶霉毒素的合成受控于相关调控基因的表达，因此也可以通过分子技术筛选菌种，从源头控制毒素产生，进而降低毒素的毒性作用。

第四节　牛毛草碱中毒和甘薯醇中毒

一、牛毛草碱中毒

（一）概述

牛毛草碱/羊茅碱（fescue alkaloid）是由在长牛毛草上寄生的一种植物内生真菌（*Neotyphodium coenophialum*）产生的一类生物碱，其引起动物中毒后的症状被称为牛毛草碱中毒。感染此毒素的动物会出现体增重下降，体温升高，皮毛粗乱，足、耳、尾等组织坏死，受胎率下降等症状。牛毛草是美国最主要的牧草，广泛分布于美国的中西部和南部，据报道一半以上的牧草易被内生菌感染，给放牧者造成很大困扰。麦角生物碱与牛毛草碱中毒有很大关系。受内生真菌感染的牛毛草还含有很多其他的生物碱，牛毛草中毒症很可能是这些生物碱共同作用的结果。这种生物碱在反刍动物和单胃动物中吸收和代谢的规律不同，反刍动物更易吸收、利用和释放这种水溶性生物碱（瘤胃微生物作用），因此反刍动物对牛毛草碱更敏感。

（二）中毒机理

牛毛草碱通过影响血管收缩进而造成机体损伤，中毒机理与麦角生物碱类似。

（三）中毒症状与防治

牛毛草碱中毒的临床症状主要表现为呼吸速度加快，坏疽，蹄、尾巴和耳朵坏死等，且临床症状还随季节变化。比如，在夏季主要症状是发热；而在冬季则为“牛毛草足”病症，表现为组织严重坏死，与麦角碱引起的肢端血管收缩病相似。肉牛中毒后表现为不耐热，精神沉郁，体重降低和繁殖力降低。牛毛草碱能够影响卵巢的生长发育。奶牛表现为催乳素降低，无乳症和产奶量下降。母马表现为妊娠时间延长，难产，无乳和早产。羊采食有毒的牛毛草也会引起蹄叶炎，与牛的长毛草足症状类似。牛毛草碱可使血清胆固醇降低，血清淀粉酶活性升高。动物中毒后，可根据病史并结合临床症状进行初步诊断，之后分离鉴定菌株，测定毒素含量从而进一步诊断。

预防该毒素的产生需要做好牧场管理工作；通过物理稀释和添加营养物质的方法降低毒素含量，从而降低其对机体的毒害作用；发现有中毒症状即停喂原有饲料或草料，尽快清除胃肠内毒素，阻止毒素被继续吸收，然后再进行治疗；可添加海藻（含有植物生长调节剂）或增强机体抗氧化能力药物进行治疗。

二、甘薯醇中毒

（一）概述及分子结构

霉变甘薯能够产生3-取代呋喃类化合物，如甘薯酮（具有肝毒性）。甘薯酮可由腐皮镰刀菌（*Fusarium solani*）等代谢为其他相关毒素，如4-甘薯醇、1-甘薯醇、1，4-甘薯二醇和甘薯宁，这些毒素可导致动物中毒。甘薯醇是一种肺部特异性毒素，由细胞色素P450酶激活后进而引起机体损伤。此毒素是有毒的苦味物质，不易受高温破坏，分子结构见图8-6。一般机械损伤、化学处理和寄生虫感染均可使甘薯感染此毒素。霉菌主要生长在甘薯表皮，呈现5 mm直径的白/棕色圆形斑块（图8-7）。将发霉或受寄生虫感染的不适合人食用的甘薯饲喂动物，会造成动物呼吸紊乱等中毒症状。本病多发生于牛，羊和猪亦可发生。

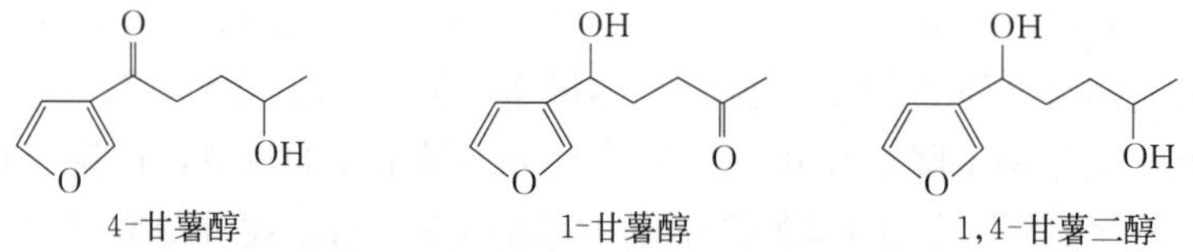

4-甘薯醇　　1-甘薯醇　　1,4-甘薯二醇

图8-6　甘薯醇分子结构

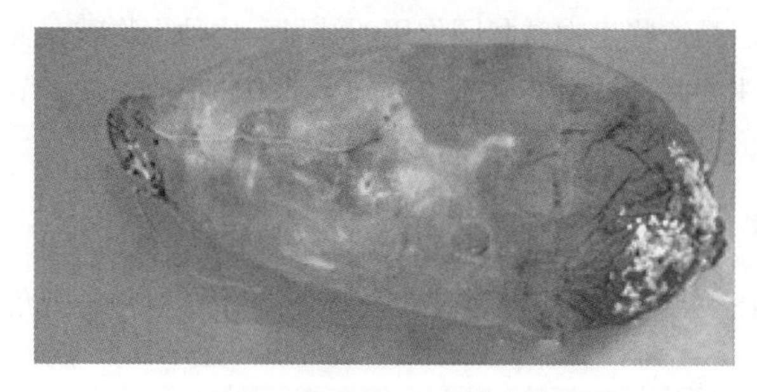

图8-7　感染甘薯醇毒素的甘薯

（资料来源：Mawhinney等，2009）

（二）中毒机理

甘薯醇是一种肺毒素，侵害肺部。由于这种毒素的刺激性较强，因此也会引起其他组织损伤。这种毒素被吸收进入动物体内，会引起胃肠道出血和炎症。吸收后的毒素经门静脉到肝脏进行代谢，未被代谢的毒素引起肝脏肿大及肝功能损伤，产生氧化或炎性反应。此毒素随血液进入肺部，可被肺泡微粒体酶系统转化为有毒因子，又称为"致肺水肿因子"，引起肺部组织病理变化。另外，甘薯醇还能刺激延脑呼吸中枢，使迷走神经机能抑制和交感神经机能兴奋，支气管和肺泡壁长期松弛和扩张，导致肺气肿。

（三）中毒症状与防治

早在1928年，美国就发现甘薯中毒疾病与急性呼吸困难有关；1930年，日本也发生了该疾病；之后陆续在其他国家也暴发了此病，如澳大利亚、巴西等。中毒临床症状包括严重的呼吸窘迫、呼吸困难、头颈伸展、咳嗽、唾液分泌量增多和鼻孔扩张。临床病程一般为 3～5 d。临床表现因动物种类及采食毒素剂量不同而有所差异。

牛采食霉变甘薯发生中毒的症状，多为突然发生，精神不振，食欲下降且反刍次数减少，肌肉震颤，呼吸障碍，但发病后体温正常。最明显的症状是呼吸困难，俗称“牛喘病”或“喷气病”，呼吸次数增至 80～100 次/min 后逐渐减少，但呼吸音增强。呼吸困难严重程度与摄入甘薯醇含量、牛耐受力和中毒病程有关。初期多由于支气管和肺泡充血及渗出而出现啰音和咳嗽；随后由于肺泡弹性减弱，呈现明显的呼吸困难；直到肺泡破裂后引起间质气肿，此时所诊肺部可听见破裂音。后期可观察到皮下气肿，病牛张口呼吸，头颈伸展，长期站立，瞳孔散大，严重者会窒息死亡。剖检后发现支气管肌肉肥大，支气管周围酸性粒细胞浸润（Mawhinney 等，2009）。羊采食霉变甘薯发生中毒后，症状表现为精神萎靡，食欲降低，瘤胃蠕动次数减弱，反刍次数减少或停止，脉搏数达 90～150 次/min，脉搏节律不齐，心脏机能衰弱，呼吸障碍，严重者发生窒息而亡。

猪采食霉变甘薯的中毒症状，一开始表现为精神萎靡，食欲减退，呼吸困难，喘气，心音亢进及心悸，腹部膨胀，粪便干黑；随后出现体温升高，口吐白沫，出现阵发性痉挛、运动障碍等，1 周后逐渐康复。听诊时发现病猪心音增强、心率不齐，而肠鸣音减弱。严重的病猪具有明显的神经症状，如头抵墙或盲目前进，严重的倒地搐搦死亡。病理剖检变化包括肺肿胀、苍白且无弹性，肺水肿和肺气肿，有白色泡沫；胰脏坏死；胃内有甘薯残留物。病理组织学变化包括小叶间隔和胸膜下组织间隔增大，肺部组织被淋巴细胞浸润，肺泡壁增厚，肺淋巴管扩大等。通过检查病史，查看饲粮是否含有可能发霉的甘薯等，结合临床特征症状，如肺气肿、严重呼吸困难及病理变化等进行综合诊断。然而，也有一些疾病与甘露醇毒素中毒产生的临床症状和病变相似，如色氨酸中毒、白苏子中毒、吸入刺激性气体及肺线虫感染等，因此在诊断时也应该考虑这些致病因素。

预防甘薯醇中毒需要做好管理措施，贮藏和保管甘薯时，要保持干燥和密封，温度要适宜；对已霉变的甘薯，禁止乱扔乱放，应丢弃并做好后续处理工作；严禁用发霉甘薯及其加工副产品饲喂动物；对于饲喂有损伤但未发现明显霉变的甘薯（不适合人食用）时应控制饲喂量（应少于 10％干物质）。蒸甘薯或许能降低或消除甘薯醇毒素中毒。对于已经发生中毒的动物，可停止饲喂具有黑斑或腐烂的饲粮，用泻药排出体内毒素，减少毒素的吸收。针对发病症状明显的猪投服氧化剂（如高锰酸钾液）进行解毒，再配合一些清热解毒、保肝强肾类中药配方进行辅助治疗。

第五节　根霉菌胺中毒和葚孢菌毒素中毒

一、根霉菌胺中毒

（一）概述及分子结构

根霉菌胺（slaframine）是由植物病原菌豆状丝核菌（*Rhizoctonia leguminicola*）

产生的一种霉菌毒素，被这种毒素感染所引发的疾病称为“黑斑病”。植物病原菌豆状丝核菌感染三叶草尤其是红三叶草后，其外观特别，叶片（通常在背面）出现的小黑点斑扩展为青铜色片状分布，然后逐渐蔓延直至覆盖整株三叶草，最后导致三叶草死亡。红三叶草最易感染，其次是紫花苜蓿。一般高湿的天气易产生这种毒素。马、牛、绵羊、山羊、猪、家禽、骆驼、猫、豚鼠和大鼠均可发生临床中毒现象，最常见的症状为流涎。一般来说反刍动物和豚鼠比大鼠和鸡更加敏感。根霉菌胺是一种哌啶或吲哚里西啶（indolizidine）生物碱，分子式为 $C_{10}H_{10}N_2O_2$，相对分子质量为 198。根霉菌胺的代谢产物为酮亚胺，结构与乙酰胆碱类似。根霉菌胺分子结构见图 8-8。

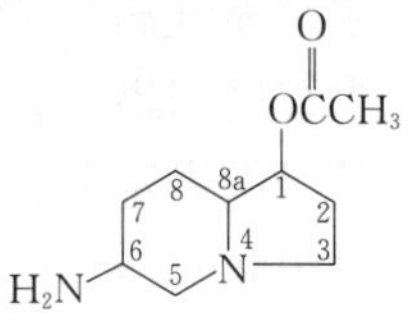

图 8-8　根霉菌胺分子结构

（二）中毒机理

根霉菌胺在肝脏中被线粒体酶转化为酮亚胺而产生毒性作用。酮亚胺与毒蕈碱 M3 受体具有高亲和力，M3 受体在控制外分泌和内分泌腺方面起很重要的作用。被根霉菌胺刺激激活的毒蕈碱 M3 受体能刺激外分泌腺体，特别是唾液腺和胰腺分泌，这可解释中毒动物出现流涎症状。从药理学角度上讲，根霉菌胺被归类为胆碱受体激动剂或拟副交感类的化学药品。

（三）中毒症状与防治

所有动物发生根霉菌胺中毒的临床症状均相似，动物（如马）采食被这种毒素污染的饲粮后，最早表现出流涎（彩图 8-2）。其他临床症状包括厌食、腹泻、尿频和肺肿胀。奶牛可能还会发生产奶量下降，这或许与采食量降低有关。猪发生黄疸，呕吐，呼吸困难，髋关节僵硬。羊和豚鼠表现为黄疸和张口呼吸。雏鸡发生轻微流涎，但症状一般会在几小时内消失。剖检时发现胸腔和腹腔内血管充血，组织病理学表现包括肺水肿，肺泡结构破坏，肺气肿和肝小叶中央坏死。

根据接触植物饲料的病史（如含有红三叶草），结合特征性临床症状（流涎）可初步诊断动物是否发生根霉菌胺中毒，也可以通过观察植物的外观来判断植物是否发生根霉菌胺感染。不过应注意几点：一是除此毒素外，导致唾液分泌量增加的原因还有很多，如杀虫剂中毒、一些神经系统疾病和口腔炎等；二是唾液吞咽困难也有其他原因，如由机械原因或化学原因造成的口腔黏膜损伤，肉毒杆菌中毒、狂犬病、颅神经功能障碍及各种脑炎、咽炎、食管炎等，因此诊断时需要考虑以上各个方面。另外，关于饲料中根霉菌胺检测和菌株分离鉴定等方面的研究有限，从血液和尿液中测定此毒素的含量可以作为诊断的可靠依据。

发生根霉菌胺中毒时的常见防治方法包括：尽快停喂可疑饲草，及时跟踪观察动物的状态。一般情况下，如果发生此病，停止饲喂后 48 h 内动物可自行康复，不需要针对性的治疗。但对一些病情严重的可以注射阿托品予以治疗（Meerdink，2004），不过用于马类治疗时还需谨慎。对流涎时间过长或严重的动物，则会引起碱代谢性中毒，加之可能发生脱水现象，因此需要同时配合使用静脉注射生理盐水等手段。对于一些已知的受污染的饲草，要禁用且妥善处理，可以通过割草和让草再生的方法来减少牧草感染，尤其是在不适合真菌生长的环境下。目前还没有合适的降低该毒素的化学方法和生物学方法。

二、葚孢菌毒素中毒

（一）概述及分子结构

葚孢菌毒素（sporidesmin）是由某些饲草中的纸皮思霉（*Pithomyces chartarum*）产生的有毒代谢产物，容易引起动物中毒。产生此毒素的霉菌通常存在于牧场底部的死亡植物内，易侵染牧场上的植物，如黑麦草、高羊茅（*Festucaarundinacea*）、草属（*Phalaris* spp.）、燕麦属（*Avena sativa*）和其他的禾本科植物。因此，此毒素针对草食动物尤其是对反刍动物牛、羊等的危害较大。该毒素分为A～H多种，其中葚孢菌毒素A毒性较强，其他类毒素的毒性较低。葚孢菌毒素A分子式为$C_{18}H_{20}O_6N_3S_2Cl$，化学结构式见图8-9。葚孢菌毒素能够引起胆汁郁积和胆管周围炎症，从而导致牛、羊等反刍动物发生肝光敏反应。此毒素中毒的临床症状表现为以湿疹为特征的过敏性疾病，发生在面部，因此此病又被称为“面部湿疹”（facial eczema）。葚孢菌毒素中毒在澳大利亚、新西兰、英格兰等国家都有相关报道（Smith和Towers，2002）。

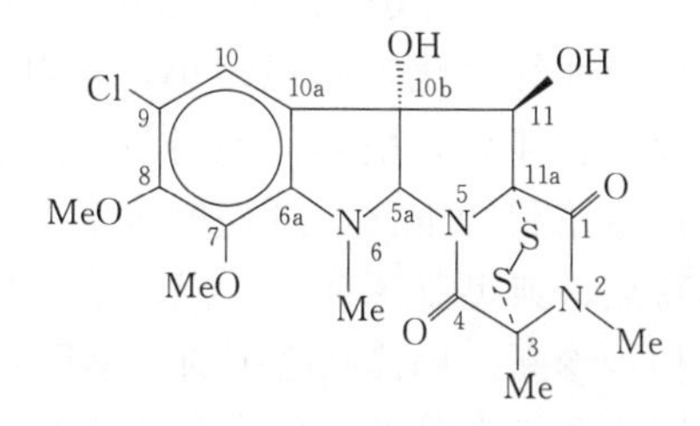

图8-9　葚孢菌毒素A分子结构

（资料来源：Woodcock等，2001）

（二）中毒机理

肝脏是葚孢菌毒素侵害的主要靶器官。葚孢菌毒素被吸收进入生物体内，在肝脏中被活化产生毒性，造成肝脏和胆管功能损伤，使叶红素和胆红素无法从胆管排出而存留在血液循环中。叶红素通过血液循环到达皮肤等部位，太阳照射无毛覆盖的皮肤时会引起血管和皮肤的氧化损伤和炎性反应。

（三）中毒症状与防治

牛中毒后发病初期的临床症状为短暂腹泻、抑郁、厌食和产奶量降低。随后，可以观察到皮下水肿，没有被毛覆盖的部位（乳房、面部、耳朵等）在太阳照射下出现黄疸，光敏性皮炎，无色素皮肤红斑，肿胀，发热，流涎，鼻、眼分泌物增多，舌头溃烂。奶牛发生此病时会由于乳房皮炎、溃烂等给挤奶工作造成困难。中毒后，动物喜欢寻找阴凉处，并连续摇头。由于病变部位疼痛和发痒，因此动物常在树或墙上摩擦，从而出现局部损伤，损伤处易溃烂和发生蝇蛆感染，动物表现非常痛苦。葚孢菌毒素也会导致血管内溶血、贫血、血红蛋白尿、胎儿早产等现象（Collett等，2016）。羊发生毒素中毒时最明显的症状是面部皮炎或湿疹，绵羊耳朵显著水肿而下垂，患羊表现出畏光和爱寻找阴凉地，也可观察到黄疸、皮下水肿、肝功能衰竭等症状。未表现临床症状的同群放牧动物，会出现繁殖性能降低、初生羔羊体重下降和急性肝脏损伤等现象。许多病畜中毒严重时，还未发生光敏反应就出现了急性死亡，存活的病畜对环境应激的敏感性增强，较弱的应激原便可引起其强烈的反应。严重情况下可发生膀胱水肿、出血甚至坏死等现象。有的病畜发展成肝脑综合征，表现为精神不振、反应迟钝、震颤，后期卧地不起，组织学检查发现脑组织形成海绵状空泡。

感染此毒素的动物血清中 γ-谷氨酰转移酶、谷草转氨酶、谷丙转氨酶、碱性磷酸酶、乳酸脱氢酶和胆红素都显著升高。血清中 γ-谷氨酰转移酶活性可以作为动物葚孢菌毒素中毒的判断指标之一，高浓度的酶活性能持续 3～6 个月（Riet-Correa 等，2013）。当动物发生葚孢菌毒素中毒后并未出现明显症状时，测定血清中该酶的活性可以反映动物肝脏功能损伤及机体抵抗力等情况，可以作为诊断和治疗时的参考。对葚孢菌毒素有抵抗力的动物，其血清中 γ-谷氨酰转移酶的含量则不会升高。剖检严重中毒的畜体发现，皮肤无色素区浆液性渗出、结痂，皮下水肿和黄疸，肝脏肿大、黄色、呈斑驳状，胆囊肿大，血管壁增厚。随着中毒时间的延长，动物肝脏发生广泛性纤维化，体积缩小，左叶萎缩明显。组织病理学变化为胆管闭塞，上皮细胞变性和坏死，呈胆汁性肝硬化，肝门静脉周围纤维化，肝细胞变性，严重时会永久性萎缩和纤维化，肝左叶变化更明显。可根据牧场动物采食饲料史，结合流行病学特点、典型临床症状、组织病理学及测定血清酶尤其是 γ-谷氨酰转移酶活性，进行初步诊断。确诊则必须通过酶联免疫吸附试验方法或高效液相色谱方法检测体组织和饲草中葚孢菌毒素的含量。本病应与黄曲霉毒素中毒病，以及臂形草（*Brachiaria* spp.）、黍类（*Panicum* spp.）、马缨丹类（*Lantana* spp.）和金丝桃属植物等中毒病进行鉴别。

中毒诊断确定后，应将所有中毒的反刍动物转移出牧场，将其安置于阴凉处，并给予优质的饲料和饮用水；可应用抗生素和抗组胺药物控制继发感染与休克，针对光敏性皮炎等特征症状对症治疗，采取保肝类药物进行辅助治疗；放牧时应考察葚孢菌毒素是否曾经流行并对牧草进行评估，因为产生葚孢菌毒素的霉菌能产生孢子，易残留在牧场上继续感染牧草；感染过的牧场在还没处理好前不应再用，可通过监控霉菌孢子数来判定下次再利用的时间，但也可能高估中毒的风险。添加高锌盐可以降低葚孢菌毒素对动物的毒性效应（Smith 和 Towers，2002），牧草收获和贮藏时严格保持干燥和通风可显著降低该毒素中毒发生的概率。

第六节　红霉毒素中毒和拟茎点霉毒素中毒

一、红霉毒素中毒

（一）概述及分子结构

红霉毒素（rubratoxin）是由多种青霉菌产生的具有肝毒性的霉菌毒素，可引起多种动物的中毒反应，对人的健康也构成威胁。自然条件下，红霉毒素分布广泛，多存在于土壤和寄生在死的禾本科、豆科作物上，如玉米、麦类、豆类、牧草等。红霉毒素分为 A 和 B 2 种（图 8－10），分子式分别为 $C_{26}H_{32}O_{11}$ 和 $C_{26}H_{30}O_{11}$，相对分子质量分别为 520 和 518，熔点分别为 210～214 ℃和 168～170 ℃。这 2 种红霉毒素均不溶于水，但可部分溶于乙醇和酯类，易溶于丙酮。

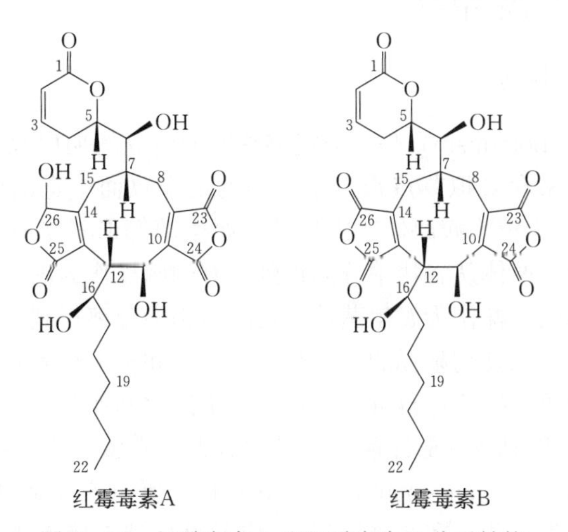

图 8-10 红霉毒素 A 和红霉毒素 B 分子结构

（资料来源：Wada 等，2010）

（二）中毒机理

红霉毒素能够抑制 DNA 依赖的 RNA 聚合酶活性，进而影响细胞的生长调控。另外，还能诱导细胞凋亡和细胞炎性因子释放，具有细胞毒性，无致癌性。

（三）中毒症状与防治

各种动物发生红霉毒素急性中毒后的反应表现为各种组织器官广泛性充血和出血，慢性中毒时不同动物表现不完全一样。反刍动物中毒后，初期精神沉郁，食欲降低，反刍减退或终止；然后发展为体重降低，流涎，可视黏膜黄疸，出现血便、血尿。马类还伴有神经症状，如共济失调和痉挛等。猪中毒后，初期精神沉郁，食欲降低；进而发展为腹部皮肤出现血斑、脱水、体重降低等，妊娠母猪还会发生流产。家禽中毒症状表现为采食量下降，饲粮利用率降低，日增重降低，雏鸡还会出现血痢；另外，家禽中毒的一个明显症状为出现致死性出血综合征。剖检可见全身广泛性充血和出血，尤其是肝脏、肾脏、胃肠道出血显著，肝脏肿大，法氏囊萎缩等。由于肝脏是红霉毒素侵害的最主要靶器官，因此组织形态学侧重于肝脏组织。肝脏组织病变表现为肝脏脂肪变性、坏死，淋巴细胞浸润等。在小鼠上的试验发现，红霉毒素除了导致肝脏肿大、脂肪沉积（Iwashita 和 Nagashima，2005），以及脂肪变性、纤维化外，还能引起白色脂肪组织发生病变及发生低血糖症。动物发生红霉毒素中毒时，可根据病史，并结合临床症状和病理变化做出初步诊断；然后对霉变饲料进行真菌及其所产毒素的分离和鉴定来确诊，必要时进行动物试验。

治疗红霉毒素中毒无特效药物，需要从源头做起，防止饲粮霉变，做好饲粮的管理工作；给动物停止饲喂霉变饲粮，给予其优质饲粮，及时观察动物的状况，应用一些抗生素药物来防止继发感染；可针对一些病症进行对症治疗，同时给予一些免疫增效剂进行辅助治疗。

二、拟茎点霉毒素中毒

（一）概述及分子结构

拟茎点霉毒素（phomopsin）是一类能够感染羽扇豆的羽扇豆茎腐病产生的六肽霉菌毒素，这也是动物采食被拟茎点霉毒素污染的羽扇豆而中毒的原因。拟茎点霉菌属（*Phomopsis* spp.）作为植物病原体、内生菌、腐生菌等形式影响人和其他哺乳动物的健康。有些菌株作为病原体从谷物中分离得到，有的菌株作为内生菌从不同宿主健康的组织中分离得到，有的菌株作为腐生菌从死亡的植物中分离得到。拟茎点霉毒素能造成肝脏损伤，主要发生在采食羽扇豆的绵羊和牛上，马和猪上也有发生，实验动物（如大鼠）也会发生中毒现象。拟茎点霉毒素中毒常见于澳大利亚和南非。

拟茎点霉毒素A和拟茎点霉毒素B均是含有大环六肽类化合物（图8-11），前者的衍生物包括磷胺A（phomopsinamine A）和八疏水蛋白A（octahydrophomopsin A）。拟茎点霉毒素属于一类环肽，在2-羟基基团位置由醚键连接形成一个十三元环，同时结构中还含有许多氨基酸残基。拟茎点霉毒素A在pH>7和pH<1条件下易溶于水和乙醇溶液，微溶于非极性介质（如己烷）。

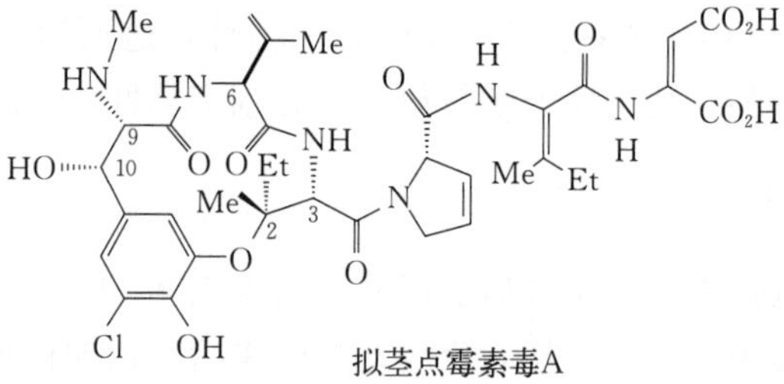

拟茎点霉素毒A

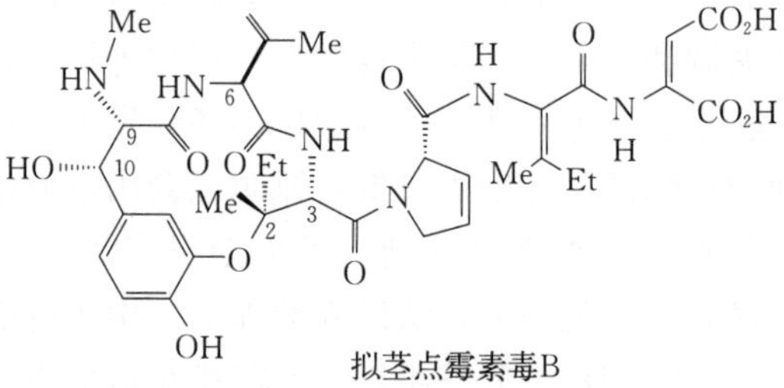

拟茎点霉素毒B

图8-11 拟茎点霉毒素A和拟茎点霉毒素B分子结构

（资料来源：Grimley等，2007）

（二）中毒机理

拟茎点霉毒素能够结合微管蛋白，通过这种结合发挥其毒性作用。拟茎点霉毒素通过阻止微管蛋白聚合来抑制有丝分裂过程中纺锤体的形成，进而导致分裂受阻。体内试验表明，该毒素会导致肝脏细胞死亡，而体外培养的肝脏细胞则未发生死亡。拟茎点霉毒素能够影响细胞膜，改变与细胞膜相关的酶活性，增加细胞膜流动性并引起高尔基体膜的重新分布。

（三）中毒症状与防治

拟茎点霉毒素侵害的主要靶器官是肝脏。急性中毒症状是肝脏组织损伤，其次是肾脏组织损伤，一般肾脏组织损伤比肝脏要晚。羊采食被拟茎点霉污染的羽扇豆后，最典型的中毒症状是无食欲、体重降低、昏睡和出现黄疸；亚急性中毒还伴有酮病和过敏性皮炎；急性中毒通常表现为黄疸和肝脏过度肿大，血清中的白蛋白和总蛋白水平持续降低。牛慢性中毒表现为流泪，流涎，眼结膜和口腔黏膜重度黄染，并继发酮病和诱发光敏性皮炎，体质虚弱和泌乳量降低；急性中毒表现为眼结膜和口腔黏膜重度黄染，肝脏肿大。猪发病时一般表现为精神突然沉郁，食欲减退，体温升高，虹膜轻度黄染，甚至废绝，呕吐，卧地不起。马发病时精神沉郁，食欲降低，可视黏膜重度黄染，体温升高，严重时还伴有神经症状（如瘫痪或轻瘫），有的还发生溶血，排出棕红色血红蛋白尿（Battilani 等，2011）。因此可根据病史，结合临床症状和特征性的病理变化进行拟茎点霉中毒的初步诊断，有必要的话通过测定羽扇豆样品中的毒素含量进行确诊。

拟茎点霉毒素中毒常见的预防方法归纳为 3 种：一是用稀释法，二是培育抵抗拟茎点霉菌羽扇豆的品种，三是用化学方法（如溴甲烷熏蒸）。关于这种毒素的生物学控制方法研究甚少，不过有关拟茎点霉菌属的其他菌株在生物控制方面的研究已有所报道（Udayanga 等，2011）。对于已经发生中毒的动物，应先停止饲喂被污染的饲粮，给予优质饲料，及时跟踪观察动物的状况；可给予增强肝脏解毒功能的药物进行治疗，严重的还需要对症治疗。

第七节　柄曲霉毒素中毒和黄绿青霉素中毒

一、柄曲霉毒素中毒

（一）概述及分子结构

柄曲霉毒素（sterigmatocystin）又称杂色曲霉素（vesicolorin），是一种由杂色曲霉菌产生的毒素，其他的霉菌也能够产生此毒素，如构巢曲霉、黄曲霉、离蠕孢霉、寄生曲霉和赭曲霉等。此毒素广泛存在于饲料、农产品和食品中，甚至还可存在于室内环境中，如地毯和建筑材料。柄曲霉毒素具有潜在的致癌能力和致突变能力，对人和动物造成严重危害，特征性病变是肝脏和肾脏坏死。柄曲霉毒素的化学结构与黄曲霉毒素 B_1 相似（图 8 - 12）。有人认为柄曲霉毒素是黄曲霉毒素生物合成的前体物，同样具有致癌作用，国际癌症研究机构已经将其分类为 2B 致癌物质（人类的可能致癌物）（Verilovskis 和 Saeger，2010）。

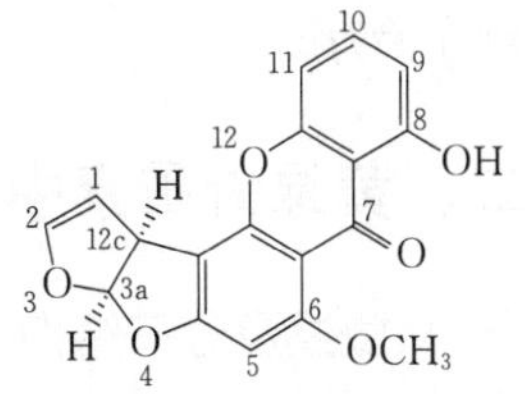

图 8 - 12　柄曲霉毒素分子结构

（二）中毒机理

与黄曲霉毒素类似，柄曲霉毒素也含有二氢呋喃环（甲基乙烯醚）。一般认为此毒素二氢呋喃环末端双键与其致癌性有关，二氢呋喃环末端双键与DNA分子的尿嘧啶共价形成加合物造成DNA发生突变（尤其是*P53*突变）和恶性转化，影响细胞周期，促进细胞增殖，最后导致癌症或者肿瘤的发生。柄曲霉毒素也能够抑制蛋白质的合成进而影响细胞代谢，细胞代谢异常则最终可能会诱发癌变。

（三）中毒症状与防治

牛发生柄曲霉毒素中毒后，初期表现为精神沉郁，采食量降低；后来发展为血便，产奶量降低；结膜由潮红变为黄染；有的出现神经症状，摇摆、无目的地徘徊等；个别严重的会死亡。羊中毒初期食欲减退、精神沉郁、消瘦，后来发展为嗜睡、腹泻、尿液变黄。一般中毒后羔羊的死亡率高，成年羊的死亡率低，发病季节多为3—4月。猪中毒后表现为采食量降低，精神沉郁，偶尔腹泻，血生化测定发现γ-谷氨酰转移酶、谷草转氨酶、谷丙转氨酶、碱性磷酸酶、尿素和胆红素都显著升高，这与葚孢菌毒素引起的症状相似。关于猪柄曲霉毒素中毒的研究甚少。肉鸡中毒后表现为采食量下降，精神沉郁，饲料转化效率降低，血液指标显示肝功能和肾功能受损，血液指标还可以反映出肉鸡出现贫血。剖检发现大多数组织器官（肝脏、肾脏、肌胃、腺胃、大肠和胰腺）肿大，法氏囊变小，肝脏表面有灰斑。肉鸡中毒后的几个星期有严重的肝硬化，脂肪变性，细胞坏死和细胞间炎性细胞浸润。产蛋鸡中毒表现为产蛋率下降，棕褐色蛋壳变白，羽毛蓬松，饮水量增多，腹泻，偶尔发现血便，严重者死亡。

柄曲霉毒素急性中毒的病变特征为肝脏和肾脏坏死，可导致动物发生肝癌、肺癌、肾癌等，其致癌性仅次于黄曲霉毒素。人类的一些癌症的发生也与柄曲霉毒素有一定关系。流行病学调查发现，柄曲霉毒素是胃癌发病的一个潜在致病因子，在一些胃癌高发地区此毒素污染比较严重。该毒素的诊断方法包括：对动物进行整体观察和追溯采食饲粮情况，排除其他一些常见毒素；结合临床症状和特征性的病理变化进行初步判断，必要时测定动物采食饲粮样品中的毒素含量并分离出产毒菌株以进行确诊。也可以通过测定尿液中柄曲霉毒素含量来监控牛饲料是否被此毒素污染（Fushimi等，2014）。

防止饲料霉变、做好饲料的管理工作、降低或消除柄曲霉毒素是预防动物发生柄曲霉毒素中毒的根本措施，应用物理、化学和生物控制等方法可以在一定程度上降低柄曲霉毒素的含量。比如，糙米易污染这种毒素，但经过加工后的糙米其毒素含量可以降低90%。对于已经发生中毒的动物，先停止其采食霉变饲料，给予优质饲料，及时跟踪观察动物的状况，同时给予增强肝脏解毒功能的药物进行治疗，防止继发感染，严重的还需要对症治疗。

二、黄绿青霉素中毒

（一）概述及分子结构

黄绿青霉素（citreoviridin，CIT）是由黄绿青霉菌（*Penicillium citreoviride*）产生的具有生物活性的代谢产物，其他霉菌，如鲜棕色青霉（*Penicillium ochrosalmoneum*）、垫状青霉（*Penicillium pulvillorum*）、瘦青霉（*Penicillium fellalanum*）、夏氏青霉（*Penicillium charlessi*）等也能产生这种毒素。1940年前后，日本首次发现并分

离提纯出了黄绿青霉素。黄绿青霉素为黄色针状结晶，分子式 $C_{23}H_{30}O_6$，其化学结构为多烯烃、吡喃酮色基和氢呋喃环组成（图 8-13）。不易溶于水，易溶于有机溶剂。熔点为 107～111 ℃，加热至 270 ℃时失去毒性。在自然环境下，大米受黄绿青霉菌的污染最常见，产毒数量也最高，其次是玉米、谷物和小麦。黄绿青霉菌能在较低的温度和较高的湿度下生长，在许多国家检测到了这种毒素。黄绿青霉素具有心脏毒性、神经毒性、血管内皮毒性作用及致畸性，另外也可能是克山病和心脏型脚气病的致病因子。

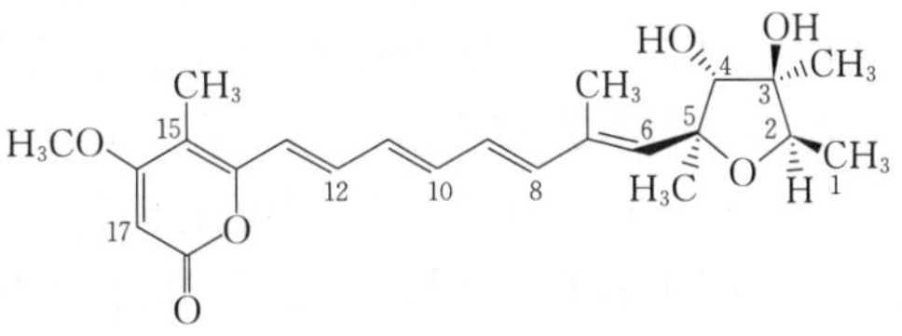

图 8-13　黄绿青霉素分子结构

（二）中毒机理

黄绿青霉素可以通过与线粒体 ATP 酶的β亚基结合来抑制线粒体 ATP 酶活性，引起线粒体损伤，进而引发动物心肌变性和坏死，心脏损伤造成血液循环紊乱和能量缺乏，进而加重神经系统损伤。同时，黄绿青霉素还可以通过诱导细胞凋亡和激活血管内皮细胞核因子 NF-κB 信号路径，来引发炎性反应和血管内皮的调节功能紊乱，进而对血管内皮产生毒性作用。

（三）中毒症状与防治

黄绿青霉素毒性较强，可侵害神经系统、呼吸系统和循环系统。中毒特征先是神经麻痹、呕吐或惊厥，后来发展为心脏及全身麻痹、体温下降、呼吸困难、气喘、脉搏加快、血压下降、昏迷，最后因呼吸衰竭而死亡。有的还会出现贫血和黄疸症状。剖检和病理组织学发现，心肌多处呈灶状或条索状分布的病变，有大量淋巴细胞浸润，心肌细胞成颗粒变性和坏死等；线粒体出现肿胀，部分线粒体膜融合消失、肌浆网扩张等。可根据病史、流行病学，结合临床症状和对黄绿青霉素测定及分离进行诊断。

预防黄绿青霉素污染需要注意贮存季节和天气的变化，将粮食晒干后贮存，做好防护措施。对于已经中毒的人和动物应停止食用霉变的粮食，及时观察症状。

第八节　桔青霉素中毒和展青霉素中毒

一、桔青霉素中毒

（一）概述及分子结构

桔青霉素（citrinin）中毒是指动物采食被桔青霉素污染的饲粮所引起的，以肾脏损伤为特征的一种霉菌毒素中毒病。桔青霉素最早于 1931 年在桔青霉（*Penicillium citrinum*）中被分离纯化。后来发现其他霉菌，如鲜绿青霉（*P. viridicatum*）、徘徊青霉（*P. palitans*）、赭曲霉（*Aspergillu sochraceus*）和土曲霉（*A. terreus*）等均可通过污染玉米、小麦等多种原料产生桔青霉素，不过桔青霉菌是产生桔青霉素最常见的霉菌。桔青霉素的分子式是 $C_{13}H_{14}O_5$，相对分子质量为 250，分子结构见图 8－14。桔青霉素常温下是黄色结晶物质，难溶于水，易溶于大多数有机溶液中，在酸性及碱性溶液中对热均敏感，易分解，在紫外光照射下可见黄色荧光。桔青霉素对各种动物均能产生毒性作用，可危害单胃动物（鼠、猪、家禽等）的肾功能。尽管桔青霉素的毒性较低，一般饲料中的含量很难达到中毒剂量，由于在许多国家的农产品（玉米、大米、谷物）、食品（奶酪、肉产品）、水果及果汁（苹果和苹果汁）等中均检出过桔青霉素，因此桔青霉素污染问题应该引起关注。不过单独研究桔青霉素中毒效应比较少，研究比较多的是桔青霉素和其他霉菌毒素，如黄曲霉毒素、展青毒素、赭曲霉毒素等的联合毒性。

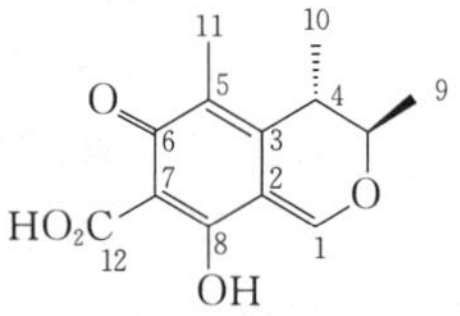

图 8－14 桔青霉素分子结构

（二）中毒机理

桔青霉素能够干扰线粒体电子传递系统，降低线粒体对钙离子的吸收速率和吸收总量，并影响线粒体膜的通透性，进而导致组织变性、坏死。桔青霉素既能够引起哺乳动物细胞氧化损伤，也可诱导 ROS 介导的线粒体依赖性细胞凋亡及能够产生基因毒性（如 DNA 损伤）。

（三）中毒症状与防治

桔青霉素引起的中毒症状多为肾脏功能损害，临床表现为剧渴和多尿。猪发生慢性中毒后，耳、眼睑、四肢内侧皮肤由潮红色变为蓝紫色，精神沉郁，食欲降低，卧地不起，个别猪还出现颈肌强直、流涎、呕吐等；最明显的症状是多尿和蛋白尿，体重下降。猪急性中毒发生于刚断奶的仔猪，症状为多尿、皮下水肿、共济失调，个别猪出现角弓反张。剖检和病理学检查发现，肾脏肿大，表面呈花瓣样，肾上皮细胞坏死；肝脏脂肪变性和淋巴细胞浸润。牛中毒后皮肤瘙痒，皮肤有损伤和出血、丘疹性皮炎，食欲减退，体温升高，结膜、可视黏膜有瘀斑，严重者可死亡；剖检发现几乎所有组织器官出现瘀斑，尤其是浆膜下组织更为明显。饲喂被桔青霉素污染的大米能引起大鼠尿量增多，剖检发现肾脏肿大，肾小管扩张和上皮细胞变性坏死。肉鸡发生桔青霉素中毒后饮水量增加，腹泻，采食量降低，体重迅速降低，体温下降，严重时可导致死亡。急性中毒的鸡剖检后，可见肾脏呈苍白色、肿胀，白色尿酸盐在肾脏、输尿管、心脏、肝脏、脾脏中沉积，组织病变为近曲小管上皮细胞变性、脱落或萎缩，肝细胞脂肪变性、坏死，胆管增生等。可根据采食霉变饲粮的病史、流行病学调查，结合特征性临床症状和病理变化，对桔青霉素中毒进行初步诊断；然后通过测定饲粮中的桔青霉素含量、进行真菌分离鉴定来确诊。可以用 ELISA 法测定桔青霉素含量，操作简单、快速；同时，也可以通过测定尿液中的代谢产物——二氢桔青霉素（dihydrocitrinone）来判定动物是否中毒（Ali 等，2015）。通常情况下，桔青霉素和赭曲霉毒素、展青霉素等存在互作效应，因此在诊断过程中应该考虑其他 2 种毒素的效应。

预防桔青霉素中毒的发生需要做好饲料的防霉和脱霉管理工作，禁止给动物饲喂发霉饲粮。桔青霉素是饲粮或食品贮存不当而产生的，因此饲粮或食品的贮存过程要严格把关。对于已经发生中毒的动物，应停止饲喂霉变饲粮，增加动物营养，及时跟踪观察动物

的状况。由于此毒素能侵害肾脏，因此发病严重的动物可以添加一些保肝强肾的药物进行对症治疗。

二、展青霉素中毒

（一）概述及分子结构

展青霉素（patulin）于1943年从扩展青霉（*Penicillium expansum*）中被首次分离出来，是由青霉（*Penicillium* spp.）、曲霉（*Aspergillus* spp.）和丝衣霉（*Byssochlamys* spp.）产生的一种真菌代谢产物，具有致癌性和致畸性。此毒素虽然对革兰氏阴性菌和革兰氏阳性菌具有抗生素效应，但也具有毒性效应。展青霉素分子式为 $C_7H_6O_4$，相对分子质量为154，分子结构见图8-15；无色结晶；熔点为110℃；对热相对稳定，耐酸不耐碱。展青霉素最有可能产生于发霉的水果和果汁中，如苹果和苹果汁中，也可能存在于谷物中尤其是湿颗粒和青贮饲料中。展青霉素对动物的毒害作用较小，也有一些案例表明其能够造成动物中毒（Sabater-Vilar等，2004）。一般反刍动物和猪对展青霉素的敏感性高，且其饲粮易受此毒素污染，故容易引起中毒。

（二）中毒机理

展青霉素属于一种神经毒素，作用于机体神经系统后，可损伤脑、脊髓和坐骨神经干，造成感觉和运动机能障碍。关于展青霉素造成机体损伤的最初研究机制侧重于3点：一是降低营养物质的吸收和代谢；二是损害组织器官和影响其功能；三是抑制免疫系统。展青霉素能抑制机体的免疫系统，降低机体的抗病能力，进而造成机体损伤。另外，展青霉素还能够导致DNA损伤和突变；影响细胞膜的通透性，影响肠道上皮细胞的屏障作用；抑制组织中多种酶（如Na-K-ATP酶）的活性，抑制大分子合成，降低谷胱甘肽的含量等。对反刍动物的体外研究发现，展青霉素可以降低瘤胃内容物中挥发性脂肪酸的产量和纤维素消化率（Tapia等，2005）。展青霉素以产生神经毒性为主，目前对于其中毒机制尚不完全清楚。

（三）中毒症状与防治

牛发生展青霉素中毒后，临床症状表现为对外界刺激比较敏感，易兴奋，眼球突出，目光凝视，共济失调，震颤，运动无力，极易跌倒，倒地后站立困难，卧地不起（彩图8-3A和彩图8-3B）；呼吸困难，腹式呼吸明显；鼻内流泡沫状液体；心音混浊，节律不齐；体温升高。牛发生急性中毒后可在1～3 d内死亡，亚急性中毒可持续1～2周。剖检中毒病牛发现，病变主要发生在脑、心脏、肝脏、肺、肠道和肌肉。脑血管扩张充血，皮质部有软化灶；心脏冠状沟脂肪呈点状、斑状出血，心内膜有条状或斑状出血点；肝脏肿大，质地柔软，切面外翻，肝小叶模糊不清；肺尖叶间质增宽、弹性减弱，肺肿大；肠黏膜有少量出血斑，肠内容物混有血液；肌肉苍白、变性或坏死（彩图8-3C）。组织学变化为脑软化灶组织，周围有炎性细胞浸润，神经节细胞胞浆肿胀和染色质溶解（彩图8-3D）。肝小叶周围有大量

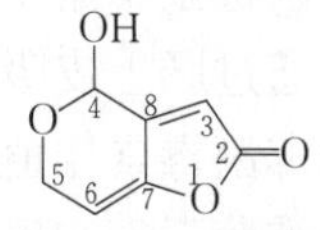

图8-15 展青霉素分子结构

炎性细胞浸润，有的小叶内有出血灶。猪发生展青霉素中毒的症状与牛的类似，不过体温一般正常，最后由于心力衰竭而死亡。家禽对展青霉素有一定耐受性，剖检后雏鸡嗉囊积聚水样内容物，腹部水肿，胃黏膜和肠黏膜出血。人摄入被展青霉素污染的水果或果汁后可发生呕吐、恶心、反胃等现象。此毒素中毒已成全球性问题，如在南非、澳大利亚等，该毒素对苹果加工产业造成了巨大经济损失（Mahunu 等，2016）。由于该毒素在水果或水果制品中的污染比较严重，因此应该引起关注。该毒素的诊断方法为：对动物进行整体观察和记录其采食饲粮的病史，排除其他一些常见毒素；然后结合特征性的临床症状和病理变化进行初步诊断；最后测定动物采食饲粮中的展青霉素含量。

预防展青霉素中毒的方法有 3 点：一是防止饲粮原料在收获、加工、贮存过程中受到污染；二是饲料加工过程中去除展青霉素；三是做好饲料发生毒素污染后的处理和解毒工作。另外，严禁给动物饲喂霉变的饲粮。对疑似霉变饲粮，可先抽取样品测定其毒素含量，再确定是否可以用作饲料。对于发霉严重的饲料要做好后续处理工作，如对贮藏室进行清理。苹果等水果贮存要得当，尽可能在较冷环境中贮存，加工之前对一些霉变的水果要进行合理的物理处理，以防止水果、干果和果汁受展青毒素污染。采用化学方法，如添加一些食品级的化学添加剂（如有机酸和维生素）也能在一定程度上去除展青霉素。另外，还可通过生物控制（如颉颃酵母）来减少展青霉素的含量（Mahunu 等，2016），以降低其对动物的损害。

对于已经中毒的动物，应停止饲喂霉变饲料，并供给优质饲草料，然后给其服用泻药以帮助其排出体内的毒素，降低毒素对胃肠道的损伤。对发病严重的动物应对症治疗，给予增强肝脏解毒功能的药物。添加谷胱甘肽可以一定程度上缓解展青霉素的毒害作用（Mahfoud 等，2002），这是由于展青霉素容易与巯基化合物（如半胱氨酸或谷胱甘肽）形成加合物。不过，针对展青霉素中毒尚未见特效解毒药物。

第九节　隐蔽型霉菌毒素的毒性作用

一、隐蔽型霉菌毒素在动物消化道中的释放和吸收规律

隐蔽型霉菌毒素毒性一般小于原型毒素，但是隐蔽型霉菌毒素在消化道中水解释放出原型毒素后会增加动物和人原型毒素暴露的风险。在过去的研究报道中，偶有动物在摄入低于规定剂量霉菌毒素污染饲粮后出现中毒症状。一方面可能是由于不同霉菌毒素之间的协同作用，另一方面还可能是饲料中的隐蔽型毒素在肠道释放出了原型毒素，从而产生了毒性积加作用。隐蔽型霉菌毒素在动物消化道中的释放包含 2 个阶段：一是隐蔽型毒素从谷物基质中解离出来；二是隐蔽型毒素进一步水解释放出原型毒素。动物和人霉菌毒素暴露主要是经口途径，饲粮和食品中的霉菌毒素在消化道中只有一部分被解离，通过肠上皮吸收进入循环系统发挥毒理效应，在消化道中释放出来的霉菌毒素和摄入的霉菌毒素比值称为霉菌毒素的生物学有效性。被动物吸收进入循环系统发挥毒理效应的霉菌毒素和摄入的霉菌毒素比值称为霉菌毒素生物学利用度，给动物灌服毒素后测定不同时间点血液中霉菌毒素含量可以直接得出霉菌毒素生物学利用度。霉菌毒素生物

学利用度受 3 个过程限制，即霉菌毒素在消化道中的释放、肠上皮对霉菌毒素的吸收，以及肝脏中的首过代谢。体外模拟消化道模型结合 Caco－2 细胞肠吸收模型研究食物中霉菌毒素释放和吸收过程是测定隐蔽毒素生物学利用度的重要手段。通过复制消化液化学组成、pH、温度，以及食物在消化道不同部位的停留时间来模拟口腔、胃和小肠的消化过程。Angelia 等（2014）研究发现，面包中的 DON 在口腔和胃中保持稳定，过胃之后在小肠液中 43％的 DON 被转化成其他形式，同时 DON－3－G 在整个孵育过程中无明显降解。通过采用 Caco－2 细胞比较 DON 和 DON－3－G 在肠道中的吸收水平，de Nijs 等（2012）研究发现，Caco－2 细胞不能将 DON－3－G 水解成 DON 并进一步转化成 DOM－1，也不能吸收 DON－3－G；但 Caco－2 细胞在 24 h 内能够吸收体系中 23％的 DON。由此可知，DON－3－G 在动物体内的生物学利用度很低。

现有的研究结果表明，DON－3－G 能够耐受胃酸和上消化道中消化酶的水解作用，但在后肠微生物作用下会释放出 DON，肠道中的乳杆菌属、肠球菌属、肠杆菌属和双歧杆菌属细菌都能够将 DON－3－G 转化成 DON。但由于 DON 主要在十二指肠被吸收，因此在消化道后端释放出来的 DON 不能被有效吸收。分别给大鼠灌服 DON 和 DON－3－G，收集其粪便和尿液，检测其中 DON、DON－3－G、DOM－1 和 DON－3－GlcA 含量，结果发现灌服 DON－3－G 组大鼠尿液中 DON－3－G 及其代谢产物回收率为 3.7％，其中经尿液回收的 DON－3－G 只占灌服 DON－3－G 总量的 0.3％，而灌服 DON 组大鼠尿液中 DON 及其代谢产物回收率为 14.9％。DON－3－G 生物学利用度远低于 DON，给大鼠灌服的 DON－3－G 主要以 DON 和 DOM－1 形式通过粪便被排出（Nagl 等，2012）。在另外一项研究中，Schwartz－Zimmerman 等（2014）在灌服 DON－3－G 的大鼠体内检测到 6 种 DON 硫酸盐代谢产物，这些硫酸盐结合产物比例达到 50％以上。由此他们认为，硫酸盐结合才是 DON－3－G 和 DON 的主要代谢形式，但相关结论还有待进一步证实。不同动物对 DON 的生物学利用度存在种属特异性，其中人和猪对 DON 的吸收、代谢及敏感程度最为接近。因此相比于其他动物，猪对 DON－3－G 的生物学利用度对于人膳食 DON－3－G 暴露风险评估最有参考价值。分别给猪灌服 DON 和 DON－3－G 发现，DON 和 DON－3－G 在猪体内均主要通过尿液被排出，回收率分别为 84.8％和 40.3％。灌服 DON－3－G 处理组猪尿液中，DON－3－G、DON、DON－3－GlcA、DON－15－GlcA 和 DOM－1 含量分别占口服 DON－3－G 总量的 2.6％、21.6％、3.4％、6.8％和 5.9％，而粪便中含有的 DON 代谢产物几乎可以忽略不计（Nagl 等，2014）。与 DON－3－G 相比，T－2 和 HT－2 毒素的隐蔽形式 T－2－3－G 和 HT2－G 发现的时间较晚，研究相对较少。T－2－3－G 在动物胃肠道中的吸收率极低，给大鼠灌服 T－2－3－G 后在其尿液中未能检出 T－2－3－G 及其代谢产物，说明灌服的 T－2－3－G 没有被吸收进入血液。T－2－3－G 在肠道微生物作用下糖苷键水解释放出 T－2 毒素，在大鼠粪便中检测到了 T－2－3－G 和 T－2 毒素。

相比于 DON－3－G，ZEN－14－G 和 ZEN－14－S 在人和动物体内更容易释放出原型毒素 ZEN。分别给大鼠灌服 ZEN－14－G 和 DON－3－G，55 min 后在大鼠胃中检测到由 ZEN－14－G 水解释放出的 ZEN，但是未能检测到 DON。值得注意的是，在上消化道中水解释放出来的 ZEN 能够被有效吸收，从而增加动物 ZEN 的暴露风险。分别给断奶仔猪灌服 ZEN、ZEN－14－G、ZEN－16－G 和 ZEN－14－S，收集灌服毒素后

48 h 内的粪便和尿液，通过检测其中 ZEN、αZEL 和 ZEN－14－GlcA 含量，研究 ZEN 及 3 种隐蔽型 ZEN 在猪体内的吸收和代谢过程。结果发现，ZEN、ZEN－14－G、ZEN－16－G 和 ZEN－14－S 处理组 ZEN 代谢产物（ZEN、αZEL 和 ZEN－14－GlcA）在尿液中的回收率分别为 26%、19%、13%和 19%。ZEN、ZEN－14－G 和 ZEN－16－G 处理组 ZEN 代谢产物在粪便中的回收率分别为 14%、29%和 22%，在 ZEN－14－S 处理组猪粪便未能检出 ZEN 及其代谢产物，可能是由于灌服的 ZEN－14－S 剂量较低所致。在所有处理组猪尿液和粪便中均检出了 ZEN－14－S、ZEN－14－G 和 ZEN－16－G，说明这 3 种隐蔽型 ZEN 在猪消化道中能够完全水解（Binder 等，2017）。DON－3－G、ZEN－14－G、ZEN－14－S 和 ZEN－16－G 在肠道微生物作用下水解释放出的原型毒素增加了结直肠上皮细胞霉菌毒素暴露水平，另外还可能干扰后肠微生物菌群平衡。因此，在评估隐蔽型霉菌毒素对机体毒性作用时除了考虑隐蔽型毒素生物学利用度外，还应该考虑隐蔽毒素在后肠水解释放出的原型毒素对肠道健康的负面影响。

二、隐蔽型霉菌毒素在动物肝脏中的代谢转化规律

药物和毒素进入机体后，在体内各种代谢酶的作用下发生生物转化。这一过程主要在肝脏中进行，分为一相代谢和二相代谢。一相代谢主要是在 CYP450 酶系的催化作用下药物或毒素发生水解、还原和氧化等反应暴露或导入极性基团；二相代谢是指一相代谢产物在葡萄糖醛酸转移酶、磺基转移酶、乙酰基转移酶和谷胱甘肽巯基转移酶等的催化下，与葡萄糖醛酸、硫酸盐、氨基酸和谷胱甘肽等发生共价结合生成极性更大的二相代谢产物，其水溶性增加有利于排出体外。隐蔽型霉菌毒素在动物体内的代谢转化直接影响其生物学利用度、毒理效应和清除率等。肝脏微粒体孵育法是目前研究药物和毒素代谢最为成熟和广泛运用的体外模型，在动物肝脏微粒体中添加 NADPH，与药物或毒毒共同孵育，每隔一段时间取样通过质谱技术鉴定代谢产物结构，并检测不同组分含量从而获取药物或毒素代谢指纹。ZEN－14－G 与畜禽和人肝微粒体体外孵育 2 h 后广泛发生还原、水解和羟基化反应，能够检测到 20 多种一相代谢产物，其中还原产物主要是 αZEL－14－G 和 βZEL－14－G。还原产物在不同种属动物之间存在差异，在人、鸡、猪和大鼠肝微粒体中以 αZEL－14－G 为主，在牛和羊肝微粒体中以 βZEL－14－G 为主。不同种属动物 ZEN－14－G 羟基化位点也存在差异，大鼠中以 ZEN－14－G 的 C－5 和 C－6 位为主，猪和羊以 C－6 位为主，而鸡以 C－8 位为主。ZEN－14－G 在动物肝脏微粒体中能够水解成 ZEN，ZEN 进一步还原成 αZEL 和 βZEL。ZEN－14－G 在肝脏微粒体二相孵育体系中主要是和 GlcA 共价结合，ZEN－14G－16－GlcA 是 ZEN－14－G 在所有种属动物中最主要的 GlcA 结合产物。T－2－3－G 在人和大鼠肝脏微粒体中以水解和羟基化反应为主，3′－OH－T－2－3－G 是 T－2－3－G 在肝脏中的主要代谢产物；另外，T－2－3－G 在肝脏中还能水解成 T－2 毒素，但水解能力较差。

三、隐蔽型霉菌毒素生物学活性

DON－3－G 不能和核糖体 60 s 亚基肽基转移酶 A 位点结合，因此认为 DON－3－

G对蛋白质合成的抑制作用要远远低于DON。另外还发现，DON-3-G不能激活JNK和P38MAPKs信号通路，DON诱导炎症反应和细胞凋亡与MAPKs信号通路激活密切相关。免疫系统和肠道是DON的两大主要靶器官，猪空肠外植体与10 μL DON孵育4 h后，促炎因子IL-1β、IL-1α、IL-8、IL-22和TNF-2的表达量显著上调，而同等浓度的DON-3-G则不影响这些炎症因子mRNA的表达量。给小鼠分别灌服DON和DON-3-G 6 h后，DON处理组小鼠脾脏细胞因子IL-1β、IL-6和TNF，以及趋化因子CXCL-2、CCL-2和CCL-7的表达量急剧上调，DON-3-G处理则不能显著上调小鼠脾脏细胞因子和趋化因子的表达量（Pierron等，2016）。ZEN通过与雌激素受体结合，激活雌激素反应元件，从而引发动物雌激素亢进症。ZEN-14-G和ZEN-14-S不能和人雌激素受体结合，因此ZEN-14-G和ZEN-14-S不会对动物直接产生雌激素毒性。

参考文献

卢春霞，王洪新，2010. 麦角生物碱的研究进展［J］. 食品科学，31（11）：282-288.

Ali N，Blaszkewicz M，Mohanto N C，et al，2015. First results on citrinin biomarkers in urines from rural and urban cohorts in Bangladesh [J]. Mycotoxin Research，31（1）：9-16.

Battilani P，Gualla A，Dall' Asta C，et al，2011. Phomopsins：an overview of phytopathological and chemical aspects，toxicity，analysis and occurrence [J]. World Mycotoxin Journal，4（4）：345-359.

Binder S，Schwartz-Zimmermann H，Varga E，et al，2017. Metabolism of zearalenone and its major modified forms in pigs [J]. Toxins，9，56.

Borges A S，Oliverira-Filho J P，Simon J J，et al，2012. Slaframine toxicosis in *Brazilian* horses causing excessive salivation [J]. Equine Veterinary Education，24（6）：279-283.

Braselton W E，Johnson M，2003. Thin layer chromatography convulsant screen extended by gas chromatography-mass spectrometry [J]. Journal of Veterinary Diagnostic Investigation，15（1）：42-45.

Cole R J，1986. Etiology of Turkey "X" disease in retrospect：a case for the involvement of cyclopiazonic acid [J]. Mycotoxin Research，2：3-7.

Collett M，Wehrle-Martinez A，Whitfield L，et al，2016. Chronic sporidesmin toxicosis and photosensitisation in an alpaca（*Vicugna pacos*）in New Zealand [J]. New Zealand Veterinary Journal，64（5）：314-316.

Dwyer M R，Kubena L F，Harvey R B，et al，1997. Effects of inorganic adsorbents and cyclopiazonic acid in broiler chickens [J]. Poultry Science，76：1141-1149.

Dyer D C，1993. Evidence that ergovaline acts on serotonin receptors [J]. Life Sciences，53：223-228.

Fushimi Y，Takagi M，Uno S，et al，2014. Measurement of sterigmatocystin concentrations in urine for monitoring the contamination of cattle feed [J]. Toxins，6（11）：3117-3128.

Gardiner D M，Waring P，Howlett B J，2005. The epipolythiodioxopiperazine（ETP）class of fungal toxins：distribution，mode of action，functions and biosynthesis [J]. Microbiology，151：1021-1032.

Grimley J S，Sawayama A M，Tanaka H，et al，2007. The enantioselective synthesis of phomopsin B [J]. Angewandte Chemie - International Edition，46 (43)：8157 - 8159.

Iwashita K，Nagashima H，2005. Effects of genetics，sex，and age on the toxicity of rubratoxin B in mice [J]. Mycotoxins，55：35 - 42.

Korn A K，Gross M，Usleber E，et al，2014. Dietary ergot alkaloids as a possible cause of tail necrosis in rabbits [J]. Mycotoxin Research，30 (4)：241 - 250.

Kopinski J S，Blaney B J，Murray S A，et al，2008. Effect of feeding sorghum ergot (*Claviceps africana*) to sows during mid - lactation on plasma prolactin and litter performance [J]. Journal of Animal Physiology A Animal Nutrition，92：554 - 561.

Lalitha R B，Husain A，1985. Presence of cyclopiazonic acid in kodo millet (*Paspalum scrobiculatum*) causing 'kodua poisoning' in man and its production by associated fungi [J]. Mycopathologia，89：177 - 180.

Mahfoud R，Maresca M，Garmy N，et al，2002. The mycotoxinpatulin alters the barrier function of the intestinal epithelium：mechanism of action of the toxin and protective effects of glutathione [J]. Toxicology and Applied Pharmacology，181 (3)：209 - 218.

Mahunu G K，Zhang H Y，Yang Q Y，et al，2016. Biological control of patulin by antagonistic yeast：a case study and possible model [J]. Critical Reviews in Microbiology，42 (4)：643 - 655.

Mawhinney I，Trickey S，Woodger N，et al，2009. Atypical interstitial pneumonia associated with sweet potato (*Ipomea batatas*) poisoning in adult beef cows in the UK [J]. Cattle Practice，17：96 - 99.

Meerdink G L，2004. Slaframine [M] // Plumlee K H. Clinical veterinary toxicology. St. Louis：Mosby Inc. Press.

Mulac D，Humpf H U，2011. Cytotoxicity and accumulation of ergot alkaloids in human primary cells [J]. Toxicology，282：112 - 121.

Nagl V，Schwartz H，Krska R，et al，2012. Metabolism of the masked mycotoxin deoxynivalenol - 3 - glucoside in rats [J]. Toxicology Letters，213，367 - 373.

Nagl V，Woechtl B，Schwartz - Zimmermann H E，et al，2014. Metabolism of the masked mycotoxin deoxynivalenol - 3 - glucoside in pigs [J]. Toxicology Letters，229：190 - 197.

Norred W P，Morrissey R E，Riley R T，1985. Distribution，excretion and skeletal muscle effects of the mycotoxin [^{14}C] cyclopiazonic acid in rats [J]. Food and Chemical Toxicology，23 (12)：1069 - 1076.

Pierron A，Mimoun S，Murate L S，et al，2016. Intestinal toxicity of the masked mycotoxin deoxynivalenol - 3 - beta - d - glucoside [J]. Archives of Toxicology，90：2037 - 2046.

Riet - Correa F，Rivero R，Odriozola E，et al，2013. Mycotoxicoses of ruminants and horses [J]. Journal of Veterinary Diagnostic Investigation，25 (6)：692 - 708.

Sabater - Vilar M，Maas R F M，Bosschere H D，et al，2004. Patulin produced by an *Aspergillus clavatus* isolated from feed containing malting residues associated with a lethal neurotoxicosis in cattle [J]. Mycopathologia，158 (4)：419 - 426.

Schwartz - Zimmermann H E，Hametner C，Nagl V，et al，2014. Deoxynivalenol (DON) sulfonates as major don metabolites in rats：from identification to biomarker method development，validation and application [J]. Analytical and Bioanalytical Chemistry，406，7911 - 7924.

Smith B L，Towers N R，2002. Mycotoxicoses of grazing animals in New Zealand [J]. New Zealand Veterinary Journal，50 (3)：28 - 34.

Scott P M，2009. Ergot alkaloids：extent of human and animal exposure [J]. World Mycotoxin Journal，2：41-149.

Tapia M O，Soraci M D S L，Meronuck R，et al，2005. Patulin-producing molds in corn silage and high moisture corn and effects of patulin on fermentation by ruminal microbes in continuous culture [J]. Animal Feed Science and Technology，119：247-258.

Tor E R，Puschner B，Filigenzi M S，et al，2006. LC-MS/MS screen for penitrem A and roquefortine C in serum and urine samples [J]. Analytical Chemistry，78 (13)：4624-4629.

Udayanga D，Liu X Z，McKenzie E H C，et al，2011. The genus *Phomopsis*：biology，applications，species concepts and names of common phytopathogens [J]. Fungal Diversity，50 (1)：189-225.

Verilovskis A，Saeger S D，2010. Sterigmatocystin：occurrence in foodstuffs and analytical methods-an overview [J]. Molecular Nutrition and Food Research，54 (1)：136-147.

Wada S I，Usami I，Umezawa Y，et al，2010. Rubratoxin A specifically and potently inhibits protein phosphatase 2 A and suppresses cancer metastasis [J]. Cancer Science，101 (3)：743-750.

Woodcock J C，Henderson W，Miles C O，2001. Metal complexes of the mycotoxins sporidesmin a and gliotoxin，investigated by electrospray ionisation mass spectrometry [J]. Journal of Inorganic Biochemistry，85 (2/3)：187-199.

Yamada A，Kataoka T，Nagai K，2000. The fungal metabolite gliotoxin：immunosuppressive activity on CTL-mediated cytotoxicity [J]. Immunology Letters，71 (1)：27-32.

03

第三篇　饲料霉菌毒素传统脱毒技术

第九章 物理脱毒技术及其应用

霉菌毒素污染给人和动物健康带来严重威胁的同时，也给食品和畜牧业造成了巨大的经济损失。因此，科学工作者们一直致力于寻找预防和去除霉菌毒素的有效方法。对霉菌毒素的可行性控制措施主要包括3个部分：一是防止粮食或饲料原料中霉菌的生长和毒素的产生，如选育抗霉菌的作物品种、采取适当的田间管理措施、控制仓储环境等；二是在饲料贮藏和加工过程中防止霉菌污染，如严格控制饲料原料的质量和水分含量；控制饲料加工过程中的水分和温度，改善饲料产品的包装、贮存与运输条件，添加防霉剂等；三是对已经存在霉菌毒素的粮食或饲料进行脱毒处理。但由于霉菌毒素种类多，且化学结构各异，加上资金、管理、技术和复杂多变的环境条件等因素的限制，因此很难完全避免易感作物在收获前或贮藏过程中被霉菌污染。鉴于此，寻求有效、合理的措施对已被污染的粮食和饲料进行脱毒处理十分必要。

针对饲料生产的实际情况，研究者提出有效的霉菌毒素去毒方法应该满足5点要求：①将毒素破坏或者转化成无毒化合物；②破坏真菌孢子和菌丝体，以防止新的毒素产生；③保持饲料原有的营养水平和适口性；④基本保持原料的物理性状；⑤去毒工艺经济、可行。目前，已有许多学者开展了霉菌毒素各种脱毒措施的研究，包括物理脱毒、化学脱毒、生物降解、添加营养或非营养物质等多种方式，可以根据不同的污染情况及实际条件，选择合适的方式减少或避免霉菌毒素的危害，从而减少损失，提高动物的饲料安全和提高人的食品安全。物理脱毒方法包括清理筛选、漂洗研磨、热处理、辐照处理、溶剂萃取和吸附等方法；化学脱毒方法是通过酸碱溶液或其他化学试剂对霉菌毒素进行处理，如氨处理、臭氧处理及亚硫酸氢钠处理等，这些方法已被证实在降解和去除黄曲霉毒素污染方面是有效的。另外，还可以从动物自身出发，通过营养调控或添加添加剂等提高动物自身机能，从而提高其对毒素的耐受力。生物学解毒方法主要是利用微生物来降解毒素，这种方法越来越引起研究人员的兴趣并取得了积极的效果。本章重点总结霉菌毒素的传统物理脱毒技术原理及其应用。

第一节　技术原理

一、发霉原料与正常原料物理特征的区别

霉变是微生物在饲料或饲料原料中生长繁殖，使其发生一系列生物化学变化，造成饲料品质劣变的现象。饲料发霉后，一方面其感官品质恶化，如变色、变味、重量减轻、水分增加、酸度升高等；另一方面霉菌生长需消耗饲料中的营养物质，轻者降低饲料的营养价值，影响其适口性，重者使饲料品质丧失，不能使用。另外，饲料原料发霉往往伴随害虫的繁殖，害虫活动产生的代谢物会进一步导致饲料品质恶化。

（一）霉变对饲料感官品质的影响

饲料发霉后，往往会在颜色、气味、组织状况上发生一系列的变化。例如，正常花生（Ⅰ级）种皮颜色均匀、光泽度好；轻度霉变花生（Ⅱ级）种皮颜色较正常，光泽度降低，种皮轻度皱缩；而重度霉变花生（Ⅲ级）种皮颜色暗淡，光泽度差，有黑褐色斑点，部分种皮严重皱缩（彩图 9－1）。正常玉米籽粒多为黄白色，颗粒饱满，无损害、无虫咬、无虫蛀、无发霉变质现象。发霉玉米颗粒表层颜色不均匀，失去光泽，有块状斑点，严重霉变颗粒表皮颜色暗晦、发黑，同时表面出现不同程度的皱缩；胚部可见黄色、绿色或黑色的菌丝，玉米胚芽内部有较大的黑色或深灰色区域；玉米质地疏松，皮容易分离；霉变玉米比重低，籽粒不饱满，在水中漂浮；口感不好，有霉味，在口中咀嚼时味道很苦。小麦籽粒霉变后，其容重、千粒重、发芽率、淀粉含量下降，品质降低。发霉常常会改变饲料的物理性质，导致饲料黏合结块，降低饲料的疏松性和流动性。颗粒饲料霉变可见数量众多的单颗粒霉变、袋缝口处团状霉变，或饲料存放堆最上层袋装饲料日照一侧有块状霉变。

饲料发霉后，常常散发出一种特殊的“霉臭”气味，这是因为组成饲料的各种有机成分在霉菌等微生物的分解作用下，生成了许多有特殊刺激嗅觉和味觉的物质。例如，有机碳化合物被分解产生各种有机酸、醇类、醛类和酮类等，蛋白质被分解产生氨、氨化物和硫化物。这些物质都具有强烈的刺激性，可产生异味与异臭，严重影响饲料的适口性。电子鼻检测系统正是借助这些气味信息来判断饲料的霉变程度。感官变化是反映饲料霉变的重要特征之一，应用感官手段来鉴别饲料的质量简便易行、直观实用，有着非常重要的意义；但该法的主观性强，可用于定性分析。

（二）霉变对饲料营养价值的影响

饲料原料及饲料霉变后，霉菌大量繁殖，需要消耗饲料中的营养物质；同时，霉菌分泌的酶也会分解饲料，从而导致饲料营养价值严重降低。另外，霉菌消耗营养物质的同时能产生大量的热量，使饲料中的蛋白质、脂肪、碳水化合物和维生素发生变化。饲料中的大部分霉菌都具有很强的淀粉分解能力，如曲霉属、青霉属、根霉属和毛霉菌属等多种霉菌能分泌淀粉酶，可以将淀粉分解。饲料在贮存时，脂肪酶分解脂肪后可产生

游离的脂肪酸及甘油。尤其是当温度和湿度很高时，最易发生腐败。而且霉菌的脂化活动较强，是脂肪酶的主要来源，这使得饲料在存贮期间其粗脂肪含量显著减少。饲料在贮存期间其中的微量元素不会发生较大的变化，而维生素则会发生一定量的流失，流失的程度主要取决于饲料中饱和脂肪酸的含量。另外，霉菌生长还会改变豆粕原有的蛋白质品质，使其蛋白质溶解度下降。表 9-1 列出了一些关于霉变对饲料原料及饲料营养价值影响的研究结果。

表 9-1　霉变对饲料原料及饲料营养价值的影响

饲料类型	测定指标和结果		资料来源
	变　化	无明显变化	
豆粕	↓蛋白溶解度； ↑霉菌总数	粗蛋白质、粗纤维、过氧化物值、有效酸度及挥发性盐基氮含量	齐德生等（1999）
豆粕	↓蛋白质溶解度、粗脂肪含量； ↑霉菌总数； 先↓后↑含水率	粗蛋白质含量和脲酶活性指数 ΔpH	丁斌鹰（2001）
豆粕	↓粗脂肪、蛋白质溶解度及氨基酸含量； 干物质、粗蛋白质、氨基酸利用率随豆粕中霉菌数的增加而下降	粗蛋白质含量	陈宏（2001）
豆粕	↓粗脂肪、纯蛋白和淀粉含量； ↑TBA 值； 先↑后↓霉菌总数、脂肪酸值； 先↓后↑水分含量、水分活度	粗蛋白质和挥发性盐基氮含量	魏金涛（2007）
玉米	↓粗脂肪、纯蛋白和淀粉含量； ↑TBA 值； 先↑后↓霉菌总数、脂肪酸值； 先↓后↑水分含量、水分活度	粗蛋白质和挥发性盐基氮含量	魏金涛（2007）
潮湿粉碎玉米	↓脂肪含量	脂肪酸的比例、维生素 E、胡萝卜素、黄色素和蛋白质的含量	Paste 和 Lisker（1982）
菜粕	↓粗脂肪、纯蛋白和淀粉含量； ↑TBA 值； 先↑后↓霉菌总数、脂肪酸值； 先↓后↑水分含量、水分活度	粗蛋白质和挥发性盐基氮含量	魏金涛（2007）
鱼粉	↓粗脂肪、纯蛋白和淀粉含量； ↑TBA 值； 先↑后↓霉菌总数、酸价和挥发性盐基氮； 先↓后↑水分含量、水分活度	粗蛋白质含量	魏金涛（2007）

（续）

饲料类型	测定指标和结果		资料来源
	变　化	无明显变化	
花生	↑脂肪酸值、带菌量	脂肪含量	李雅丽等（2013）
小麦	↓淀粉含量； ↑霉菌和酵母菌总数； 先↑后↓脂肪酸值、酸度		赵亚娟等（2013）
水产饲料	↓粗蛋白、粗脂肪含量； ↑水分含量	粗灰分含量	谭缘斌（2009）

注：“↓”表示下降；“↑”表示升高；TBA，thiobarbituric acid，硫代巴比妥酸。

二、霉菌毒素在不同特征原料中的分布规律

粮食经加工后，可以得到不同的产品和副产品，并且不同的产品和副产品中霉菌毒素的含量并不相同，各部分的毒素含量与原料中霉菌毒素的初始浓度有关。受黄曲霉毒素污染的玉米干磨后，其玉米筛下物、胚和玉米下脚料中的黄曲霉毒素浓度为原玉米的2～3倍。当胚中的胚芽油被提取之后，大部分黄曲霉毒素存在于提取了胚芽油后的胚粉中。霉变玉米粉碎加工后的各部分均能检测到玉米赤霉烯酮，且以外壳和富含脂肪的部分含量最高。在完整玉米籽粒中，呕吐毒素主要分布在玉米种皮中；在不完整籽粒的玉米中，呕吐毒素在其玉米的筛下物中含量较高，且不完整粒率越大，筛下物中的呕吐毒素含量越高（职爱民等，2016）。

在干法磨粉中，毒素可能集中于胚芽和糠层。经过制粉加工，皮层部分含量高的粗麸、细麸和全麦粉中黄曲霉毒素 B_1 含量远高于其他系统组分。呕吐毒素主要存在于小麦的表皮部分，胚乳内部从内到外呈不断增加的趋势。且呕吐毒素含量越高的小麦，其内部胚乳部分的呕吐毒素总量所占的比重也就越大。存留在面粉中的呕吐毒素总量仅为原来小麦的29.79%～51.43%。一般来讲，被呕吐毒素和玉米赤霉烯酮污染的小麦磨碎后，麦麸和面粉中会同时含有这2种霉菌毒素，通常麦麸中的含量最高而面粉中的含量最低。被这2种霉菌毒素污染的玉米磨碎后，2种霉菌毒素在产物中的分布与小麦和大麦类似。因此粮食经过加工后，适合人们食用的产品中霉菌毒素含量通常会低于原粮，而饲料副产品中霉菌毒素水平会升高。

三、常用的物理脱毒方法与技术分类

自从20世纪霉菌毒素被发现以来，科学工作者便不断地研究针对霉菌毒素的解毒和去毒方法。在研究早期，物理脱毒是人们关注的一个热点。目前，物理脱毒方法主要包括分选筛选、机械加工、漂洗湿磨、溶剂萃取、热处理、辐照处理等。其中的一些方法，国内外的报道较多，也已取得了一定的进展，但同样存在一定的局限性，因此在实际应用中受到了限制（表9-2）。添加吸附剂是目前生产中相对常见且成熟的方法，这将在本书第十一章中进行介绍。

表 9-2　常用的霉菌毒素物理脱毒技术

技　术	作用机理	优　点	缺　点
分选筛选	毒素多集中在霉变、破损、变色及虫蛀的籽粒中	操作简单，耗时较少，有一定的脱毒效果	效率低；易产生判断误差，造成浪费
机械加工	毒素多分布在种皮和胚芽部位		去毒不彻底，造成营养损失
漂洗湿磨	密度筛选，去除附着在表面的菌体和毒素		水溶性营养损失，增加烘干及废水处理，过程烦琐
溶剂萃取	毒素的脂溶特性		成本高，试剂残留，增加溶剂废弃物处理环节
热处理	加热破坏毒素		大部分毒素热稳定好，需高温下（>150 ℃）营养成分被破坏，耗能高、耗时
辐照处理	破坏毒素的化学结构		安全问题，对营养成分有一定的破坏

第二节　分选筛选技术

一、操作原理及方法

霉菌毒素在谷粒籽实中分布不均匀，主要集中在霉变、破损、变色及虫蛀的籽粒中，同时籽粒霉变后比重会变小。因此，可利用人工、机械或电子筛选技术，通过肉眼观察、物理过筛（sieving）、空气动力学分离（aspiration separation）、重力分选（gravity separation）、光电分选（photoelectric separation）或图像处理（image processing）等方法，挑选出饲料或粮食（如玉米和小麦）产品中受污染的颗粒。

不同比重物料的运动学特性和空气动力学特性差异是实现重力分选的关键。工作时，物料从进料口进入工作台面的筛面上，受重力、倾斜筛面的往复振动，以及在穿过筛面由下而上的气流共同作用下，物料按比重层化后相对台面做复杂的三向流动（纵向环流、横向顺流和偏析流动）。其中，比重大的物料产生正偏析而下沉与筛面接触，在摩擦力的作用下逐步向筛面高端移动；比重小的物料则浮于最上层而不与振动的台面接触，悬浮着向筛面低端方向移动；中间层为混料区（朱玉昌，2014）。

光电分选技术是将光学与电子学技术相结合的一种分选技术，其原理是利用光源光束携带信息，先通过光电探测器把收到的光强度转换为电信息，再利用解调电路将相关信息进行解调分析并处理。国外最早生产色选机的国家主要是英国和日本，其色选技术目前处于先进水平，而我国在色选技术方面还需要不断改进和创新。

计算机图像处理技术的主要原理是：首先利用计算机软件技术将通过图像采集器、照相机及扫描设备等提取到的目标物原始图像转换成不同颜色空间，如 RGB、HSI、HSV、Lab 等表示的数字图像，即“数字矩阵”，并保存；其次通过各种算法对数字图像进行裁剪、灰度变换、分割和去噪等前处理操作；最后对经过处理的图像进行有效信息，如形态、颜色、纹理等参数的提取和输出。

二、实施效果与技术局限性

分选筛选技术可大大降低饲料整体的毒素水平，适用于秸秆和颗粒状饲料的去毒，但当原料颗粒非常小时，挑选并不容易。由于某些谷物籽实不能仅根据其外观和重量来确定其是否感染了霉菌，因此分选筛选技术并不能完全消除霉菌及霉菌毒素的污染，有时在操作过程中还会把未受污染的部分清除掉，造成了不必要的浪费。目前，多数图像处理技术仅限于对待测颗粒的高分辨静态图像进行分析处理，未考虑实际待测原料排列、重叠的随意性问题，还需进一步的改进和研究。虽然人工挑选法对去除霉菌毒素的作用明显，可去除白玉米中95%以上被黄曲霉毒素 B_1 和烟曲霉毒素 B_1 污染的样品（Matumba 等，2015）；但由于该方法费时费力，而且效率较低，因此更适合于小批量应用。

三、例证

姜淼等（2013）采用4目和8目筛对玉米进行筛分处理发现，4目筛上物为玉米完整籽粒，破损粒较少，霉菌毒素含量低；4～8目多为破损粒，并含有少量红皮，霉菌毒素含量相对较高；8目筛下物多为粉末，霉菌毒素含量最高。物理过筛可有效去除含霉菌毒素多的破碎粒和杂质，从而降低玉米原料中呕吐毒素、玉米赤霉烯酮和黄曲霉毒素的含量。玉米粒在离开存贮筒仓时，采用筛选和重力分选技术可减少60%的烟曲霉毒素 B_1 和烟曲霉毒素 B_2。

提高收割机风扇风速和气流值，可使收获的小麦中呕吐毒素含量水平显著降低，但同时也明显减少了小麦产量（Salgado 等，2011）。陈飞（2012）总结了关于小麦清理工艺去除小麦中呕吐毒素的方法发现，这些方法多以简单的单一清理机清理为主，或是结合洗涤等方法达到较好地去除呕吐毒素的效果。小麦清理过程中去除呕吐毒素的效率由高到低依次为：风选过程、表面处理过程和筛选过程，分别为55.86%、31.41%和12.72%；而重力分级技术可对毒素污染较为严重和较轻的小麦进行分级，以便后续进行不同程度的打麦，达到节能的效果。基于重力分选技术的基础原理，在筛面出料边设置出料装置，可使呕吐毒素污染籽粒高度集中在筛面污染籽粒出料口附近，实现呕吐毒素污染籽粒的高效分选。

利用光学视觉色别和近红外分光技术，将含毒素小麦籽粒通过分选设备加以清除，可以显著降低小麦中呕吐毒素的含量（Delwiche 等，2005）。研究者将近红外光谱技术与 SIMCA 模型、PLS－DA 模型及 LDA 模型相结合，可进行小麦多籽粒、十籽粒及单籽粒赤霉病麦粒的判别，并设计赤霉病麦粒近红外光电分选系统模型，但实体机器仍处于研发阶段（崔贵金，2013）。

Chu 等（2014）基于机器视觉技术对霉变玉米进行快速识别与分选，该方法利用 RGB 模型获取霉斑、正常胚乳和正常胚的颜色特征，可在1 h 内完成18 kg 霉变玉米的分选，准确率可达92.1%。有学者提出了利用图像处理 HSV 模型快速识别霉变玉米颗粒与霉变等级的方法，该方法对正常玉米颗粒、轻度霉变玉米颗粒和严重霉变玉米颗粒检测的准确率可达93.7%、80%和92.9%以上（张楠楠等，2015）。

第三节 机械加工技术

一、操作原理及方法

在轻度发霉的玉米、小麦和大麦等谷物中，霉菌毒素多分布在种皮和胚芽部位，通过机械研磨（milling）或分层碾磨等手段进行脱壳脱皮（dehulling）、脱胚（degerming）等，可减少谷物中的毒素含量。

二、实施效果与技术局限性

机械加工技术可降低籽实饲料中的毒素水平，降低程度主要与霉菌毒素的初始浓度及其侵入谷物籽粒的程度有关。如果毒素主要分布在谷物的外皮或外层，则机械加工技术的作用效果明显；相反，如果毒素尤其是一些水溶性毒素，侵入到谷物的胚乳部分，则机械加工技术的去毒效果不明显。因此，机械加工技术易出现残毒，且脱胚法营养损失较大，在实际应用中受到限制，更适用于农户和中小型养殖场。

三、例证

有学者总结了小麦制粉工艺对呕吐毒素分配作用的研究（陈飞，2012），从中可以看出，麸皮和细麸中呕吐毒素含量较高，因此去除麸皮和细麸可显著降低呕吐毒素的含量。对天然污染呕吐毒素的小麦进行机械加工去麸皮，可去除23.6%～34.7%的毒素。但Zheng等（2014）研究发现，呕吐毒素和雪腐镰刀菌烯醇在不同品种小麦的制粉组分中的分布差异大，因此研磨制粉并不能有效降低呕吐毒素和雪腐镰刀菌烯醇的含量，但可显著降低玉米赤霉烯酮的含量。Rios等（2009）绘制了呕吐毒素含量与谷物损失质量的曲线图发现，去除硬质小麦外部10%的谷物组织可减少45%的呕吐毒素，去除35%的谷物组织可减少70%以上的呕吐毒素。

玉米加工过程中，机械剥皮（shelling）和脱皮是脱毒的重要步骤。机械脱皮可显著降低玉米中的烟曲霉毒素水平，去除率为57%～65%。自动剥皮机效率高，可减少工作量，但需选择合适的机器以减少加工过程对玉米籽粒造成的损伤（Fandohan等，2006）。

第四节 漂洗湿磨技术

一、操作原理及方法

对于易溶于水的霉菌毒素，如呕吐毒素、烟曲霉毒素和串珠镰刀菌素（moniliformin，MON）等，可采用漂洗、浸泡和冲洗等水洗法（washing）来去除附着在谷物颗粒表面的菌体和部分毒素。此外，浸泡后谷物籽粒膨胀，可较容易地将皮层、胚芽和胚乳分离，从而浸提出籽粒中部分可溶性物质。浮选法（flotation）是根据受污染和不受污染谷物籽实密度的差异，将它们重新分流，从而将二者区分开来。也可将籽实饲料磨成直径为 1.5～4.5 mm 的颗粒，再加一定比例的水，然后进行搅拌、静置和浸泡，有毒成分或菌体代谢产物因比重小而浮于水面，将其捞出或随水倒掉，如此反复数次。或者通过湿磨（wet milling/grinding）处理，将毒素转移到浸渍液和水中。

二、实施效果与技术局限性

易感染黄曲霉毒素的花生很适合选用浮选法，将花生漂浮在清水中就可以进行分离。这种方法与目前玉米常用的碱处理和湿磨碎加工工艺一致，可以使脱毒和加工同时进行，节省了工序。一般来说，玉米湿磨后其淀粉中的霉菌毒素含量会大幅度降低，大部分的霉菌毒素经浸泡而被去除。如果粮食中的黄曲霉毒素含量本身就比较低，则通过湿磨处理后就可以去除或者把霉菌毒素含量降到安全的浓度范围之内（计成，2007）。漂洗法对水溶性霉菌毒素的脱毒效果较好，但同时水溶性营养物质也会在水洗过程中损失。另外，饲料经水洗后不仅增加了烘干问题，而且还增加了废水的处理问题。

三、例证

用水处理玉米样品，可以去除 66.4%的烟曲霉毒素；用质量分数 30%和高于 30%的 NaCl 溶液处理，对去除玉米中的烟曲霉毒素有较好效果。随着 NaCl 浓度的增加，上浮的玉米越来越多，30% NaCl 可以去除 90.8%的烟曲霉毒素。使用清水或 30% NaCl 浮选法可去除谷物中 74%～86%的烟曲霉毒素（Shetty 和 Bhat，1999）。

人工挑选和水洗技术相结合能够将发霉谷物中的烟曲霉毒素含量减少 84%。研究表明，室温条件下水洗搅拌 10 min 即可达到较好的去毒效果（Westhuizen 等，2011）。采取冲洗和浮选相结合的方法可以有效地减少霉变玉米与霉变猪饲料中呕吐毒素和玉米赤霉烯酮的含量。发霉玉米经过分选、水洗和浮选后，其黄曲霉毒素含量可由 6.57 ng/g 降至 1.87 ng/g，烟曲霉毒素含量可由 4.80 μg/g 降至 1.27 μg/g（Fandohan 等，2005）。

第五节　溶剂萃取技术

一、操作原理及方法

由于多数霉菌毒素具有可溶于有机溶剂的脂溶特性，因此利用一些有机溶剂可以萃取谷物中的毒素。常用的溶剂一般是复合萃取剂，如二元萃取系统和三元萃取系统，包括 95%乙醇、90%丙酮水溶液、80%异丙醇、己烷-乙醇混合物、己烷-甲醇混合物、己烷-丙酮水溶液、己烷-乙醇水溶液等。

二、实施效果与技术局限性

溶剂萃取法可有效去除花生和棉籽等油料作物种子中的黄曲霉毒素。虽然此法可以有效去除油料作物中的痕量毒素，且无有毒副产物产生，但成本高、溶剂回收难、试剂残留、溶剂废弃物处理等问题限制了该技术的大规模应用。

二、例证

先用水处理被黄曲霉毒素污染的花生粉，再用氯仿提取，可去掉其中的黄曲霉毒素；花生饼榨油后，用56%丙酮、42%己烷和2%的水（重量比）浸提，可以除去98%～99%的黄曲霉毒素（翟翠萍，2012）。研究发现，以二甲醚作为溶剂来去除花生及其制品中的黄曲霉毒素时，二甲醚可将黄曲霉毒素全部去除，且二甲醚沸点低，在处理品中的残留量仅为10 μg/kg（王长宇，2010）。

第六节　热处理技术

一、操作原理及方法

热处理（thermal processing/heating）是应用较早的一种霉菌毒素去除方法，其作用效果不仅与毒素本身结构和饲料原料种类有关，还与毒素初始含量、加热温度、加热时间、pH、水分含量及离子浓度等因素密切相关。

有些霉菌毒素，如黄曲霉毒素、玉米赤霉烯酮、呕吐毒素、赭曲霉毒素等具有耐热性，对热处理稳定，通常认为温度越高对其清除效果越好。黄曲霉毒素的裂解温度一般为237～306 ℃。有研究者根据阿伦尼乌斯公式（Arrhenius equation），基于差示扫描量热法（differential-scanning calorimetry）分析，建立了黄曲霉毒素 B_1 转化的动力学模型。该模型能够较好地反映黄曲霉毒素 B_1 转化率与温度和时间的关系，可预测经过热处理后玉米、大米和花生中黄曲霉毒素 B_1 的含量（Zhang 等，2011）。呕吐毒素结构性质非常稳定，在120 ℃以下很稳定，温度达到180 ℃时表现为中度稳定，温度达到210 ℃并持续加热30～40 min才可被破坏（吴永宁，2003）。不同pH条件下，热处理去黄曲霉毒素的效果不同。在pH为8.0时，加热处理不能有效降低黄曲霉毒素 B_1 的致突变活性；而在pH为10.2时，130 ℃加热20 s和121 ℃加热15 min可分别使黄曲霉毒素的致突变活性降低79.4%和86.6%；在pH为5.0时，130 ℃加热20 s和121 ℃加热15 min可分别使黄曲霉毒素的致突变活性降低75.2%和71.9%（Rustom 等，1993）。Wolf 和 Bullerman（1998）报道，pH为4.0时，呕吐毒素经100 ℃和120 ℃加热60 min仍稳定，经170 ℃加热60 min仅少量被破坏；在pH为7.0时，经170 ℃加热15 min，呕吐毒素的结构可被部分破坏；在pH为10.0时，呕吐毒素经120 ℃加热30 min或170 ℃加热15 min可完全被破坏。

水或其他化合物的存在会降低毒素的热稳定性，如大麦粉中玉米赤霉烯酮的分解速度大于玉米赤霉烯酮纯品。含水量或相对湿度高有助于黄曲霉毒素分解，因为水利于黄曲霉毒素中内酯环的打开，形成末端羧酸，在高温条件下进行脱羧反应，从而使黄曲霉毒素脱毒。干热处理条件下，经 100 ℃加热 40～160 min，赭曲霉毒素的降解率为 20%左右；而当含水量为 50%时，经 100 ℃加热 120 min 以上，即可减少 50%的赭曲霉毒素（Boudra 等，1995）。高温高压下霉菌毒素的脱毒效果好于常温常压。挤压膨化加工（extrusion processing）是一种高效的食品加工技术，物料在挤压机中经高温、高压及高剪切力等的综合作用被加工成改性的半成品或成品这一过程霉菌毒素含量会有所减少。

二、实施效果与技术局限性

热处理可使霉菌毒素有一定程度的失活，但由于大部分霉菌毒素较耐热，因此一般的热处理技术很难将其破坏。高温处理需要消耗大量能源，过度高温又会发生美拉德反应等多种不良反应，使饲料中的营养成分受到破坏，因此存在一定的局限性。霉菌毒素含量的减少是因其本身的热不稳定性而被降解，还是加热使毒素与饲料中某种成分反应形成加合物而降解还有待考证，反应机制还需要进一步研究。

三、例证

由于多数霉菌毒素的耐热性及处理条件（如温度、时间、湿度、压力等）各异，因此关于热处理技术作用效果的结论存在一定差异。表 9－3 仅列举了一些应用热处理技术去除毒素的文献。食品加工过程中，常利用热处理，如煮食、油炸、挤压烹饪等来降低毒素含量。

表 9－3　热处理技术对谷物中霉菌毒素的去除效果

霉菌毒素	含量（μg/kg）	原料种类	去除方式	去除效果	资料来源
AF	7 000	潮湿花生粉	0.103 MPa、120 ℃高压处理 4 h	含量下降到 340 μg/kg（减少 95%）	范红印（2003）
AFB_1	0.54～813	大米	0.10 MPa、160 ℃高压处理 20 min	减少 78%～88%	Park 等（2005）
ZEN	0.004 4	玉米糁	120 ℃、140 ℃和160 ℃挤压蒸煮	减少 66%～83%	Ryu 等（1999）
OTA	5～50	小麦粉	含水量 17%～25%，200 ℃挤压处理 40 s	减少 30%～40%	Scudamore 等（2004）
DON	0.018 4	大麦	加入 20%的 1 mol/L 碳酸钠溶液后，80 ℃加热 1 d	DON 含量降至 0.001 4 μg/kg（减少 92%）	Abramson 等（2005）
DON	1.2	小麦粉	169～243 ℃油煎	DON 减少 22%～28%	Samar 等（2007）
FB_1	100～170	大米	100 ℃加水煮 10 min	FB_1 减少 68%～80%	Becker - Algeri 等（2013）
FB_1	60～1 000	大米	50～200 ℃加热 5～40 min	FB_1 减少 3.4%～82.8%	Becker - Algeri 等（2013）

第七节　辐照处理技术

一、操作原理及方法

辐照法（irradiation）可以分为电离辐照和非电离辐照 2 种。电离辐照主要包括 X 射线、γ 射线和电子束，它是利用辐射射线与物质作用产生的物理效应、化学效应和生物效应来达到去毒的目的。射线还可与水分子反应产生活性粒子，如 HO·、HO_2·、H·、水化电子和 H_2O_2 等，这些活性粒子可作用于霉菌毒素，发生氧化、还原或水解等反应，使其化学键断裂。非电离辐照主要包括微波、红外线、可见光、紫外线和超声波等。微波处理能够产生波动效应和热效应，两者共同作用可减少毒素的含量。紫外线照射不但可以杀死霉菌菌体，而且还可以破坏毒素的结构。黄曲霉毒素对紫外线非常敏感，将污染黄曲霉毒素的饲料铺成薄层，用高压汞灯紫外线大剂量照射，去毒率可达 97%～99%（王建华，1995）。将饲料放置于阳光下暴晒，在降低水分的同时，还可利用紫外线的作用去除霉菌孢子和降低毒素。

二、实施效果与技术局限性

早在 20 世纪 60 年代，世界各国就开始大范围研究食品辐照技术，美国、日本、苏联等国家先后建成各种以 Co^{60} 为辐射源的粮食辐照装置，开始探求辐照技术的经济可行性。目前，辐照技术在全球的应用范围越来越广泛。在粮食和食品加工方面，辐照技术可用于粮食杀虫、食品灭菌、抑制粮食发芽、食品保鲜、降解污染物和延长食品货架期等。目前，电子束辐照技术应用于食品脱毒还处于起步阶段，主要原因是电子束穿透能力有限，只适用于形状规则、厚度小的产品或者溶液。联合国粮农组织、国际原子能机构和世界卫生组织联合宣布，经 10 kGy 以下辐照剂量处理的食品是安全的。随着辐照处理安全性的确定，世界各国颁布了各项食品辐照技术的相关卫生标准和工艺标准，这促进了食品辐照技术的发展。

采用辐照技术处理和去除霉菌毒素，具有方便、高效、无污染的特点，对霉菌和霉菌毒素都有较大的破坏力。但在使用过程中，应严格遵守辐照剂量要求和辐照技术的相关规定，并做好自我防护。此外，在辐照灭菌剂量下，关于是否会出现耐放射性微生物或新的变种对人类造成危害的安全问题，还有待研究确认。另外，辐照过程也会造成饲料中某些成分的改变，对营养成分有部分破坏。辐照处理后毒素转化产物的化学结构和安全性也是人们关注的问题。

三、例证

γ 射线应用于霉菌毒素脱毒方面起步较早，因此相关研究较多（表 9 - 4）。各研究报道中，辐照技术去毒效果不尽一致，这可能受毒素种类、初始含量和具体操作方法等因素影响。但可以发现，利用辐照技术处理液体物料中的毒素效果优于干燥的粮食或其他干燥物料。

表 9-4 辐照处理技术对霉菌毒素的去除效果

辐照处理	霉菌毒素	含量	去除效果	资料来源
γ射线	AFB_1	20 mg/kg	20 kGy 辐照花生粕后，AFB_1 降解率为 14.4%，并在花生粕中检测到 2 个主要的辐解产物	王锋（2012）
	OTA	500 μg/kg	15 kGy 或 20 kGy 的辐照剂量，可去除玉米和大豆中全部 OTA；但 20 kGy 的辐照剂量仅能去除蛋鸡浓缩料、肉鸡浓缩料和棉籽饼中 40%、47%、36%的 OTA	Refa 等（1996）
	OTA	70 μg/kg	在 10 kGy 的辐照剂量下，玉米中 OTA 降解率可达 50%	迟蕾等（2011）
	FB_1	0.1～13.8 μg/g	在 5 kGy 的辐照剂量下，小麦、玉米、大麦中的 FB_1 减少 96.6%、87.1%和 100%；在 7 kGy 的辐照剂量下，小麦和玉米中的 FB_1 全部去除	Aziz 等（2007）
	PAT	2 mg/kg	在 2.5 kGy 的辐照剂量下，浓缩苹果汁中展青霉素被完全降解	Żegota 等（1988）
	AFB_1 DON T-2 ZEN	1 μg/g 10 μg/g 5 μg/g 5 μg/g	在 20 kGy 的辐照剂量下，小麦、玉米和大豆中的 AFB_1 降解效果不明显；在 10 kGy 和 20 kGy 的辐照剂量下，大豆中 DON 降解 37%和 40%，小麦中 T-2 降解 15%和 20%，玉米中 ZEN 降解 25%和 31%	Hooshmand 和 Klopfenstein（1995）
	DON ZEN T-2	170 μg/kg 35.7 μg/kg 2.8 μg/kg	在 6 kGy 的辐照剂量下，小麦中毒素含量分别降至 30 μg/kg、5.0 μg/kg 和 1.0 μg/kg； 在 8 kGy 的辐照剂量下，毒素全部去除	Aziz 等（1997）
	AFB_1 OTA ZEN	120～1 440 μg/kg 80～160 μg/kg 500 μg/kg	在 6 kGy 的辐照剂量下，玉米、鹰嘴豆和花生中的 AFB_1 和 OTA 分别被破坏 74.3%～76.7%和 51.3%～96.2%，玉米中的 ZEN 被破坏 78%	Aziz 和 Moussa（2004）
	CIT OTA	—	在 10 kGy 的辐照剂量下，去除霉变饲料中 92.5%～97.5%的桔青霉素及 68.8%～78.5%的 OTA	Matter 和 Aziz（2007）

（续）

辐照处理	霉菌毒素	含　量	去除效果	资料来源
电子束	AFB_1	64 μg/kg	辐照剂量为 10 kGy 时，γ 射线辐照下花生中 AFB_1 的降解率为 59.41%，电子束的降解率为 71.51%	杨静（2009）
	FB_1	1 700 μg/kg	辐照剂量为 10 kGy 时，γ 射线辐照下玉米中 FB_1 的降解率为 63.46%，电子束的降解率为 58.06%	
	AFB_1	32.96 μg/kg	在 5 kGy 的辐照剂量下，椰子琼脂中 AFB_1 减少 75.49%	Rogovschi 等(2009)
	DON	1.11～11.56 mg/kg	在 20 kGy 的辐照剂量下，小麦中 DON 的降解率为 17.16%～56.26%	张昆（2014）
等离子体	AFB_1、DON 和 NIV	—	处理含 AFB_1、DON 和 NIV 的氯仿溶液，5 s 后全部降解	Park 等（2007）
	AFB_1	1 μg/kg	在作用功率 200 W、作用时间 80 s 和极距 3 cm 条件下，溶液中 AFB_1 的降解率可达 51.67%	董晓娜（2012）
微波	PAT	—	60 ℃，中火处理 60 s，苹果汁中展青霉素的去除率达 84.62%	尹丽平等（2010）
	AFB_1 和 FB_1	—	微波 12 min 后，紫玉米中 AFB_1 和 FB_1 的去除率达 90.7%和 93.3%	肖丽霞等（2011）
紫外	AFB_1	2 mg/kg	800 μW/cm²、30 min 照射剂量可去除花生油中全部的 AFB_1	刘睿杰等（2011）
	DON 和 ZEN	4 mg/kg	中等强度 0.1 mW/cm² 和高强度 24 mW/cm² 处理污染饲料，60 min 后检测不到毒素	Murata 等（2008）
	PAT	1.0 mg/L	波长 253.7 nm、强度 3.00 mW/cm² 紫外辐照 40 min，苹果酒、无维生素 C 的苹果汁和含维生素 C 的苹果汁中展青霉素下降 87.5%、94.8%和 98.6%	Zhu 等（2013）
超声	PAT	200 μg/mL	超声功率 600 W、处理时间 90 min，浓缩苹果汁中展青霉素的降解率达 72.87%	秦敏丽等（2014）

注："—" 无测定值。

参考文献

陈飞，2012. 加工工艺去除小麦中脱氧雪腐镰刀菌烯醇（DON）的研究［D］. 北京：中国农业科学院.

陈宏，2001. 霉变对豆粕营养价值影响的研究［D］. 武汉：华中农业大学.

迟蕾，哈益明，王锋，等，2011. 玉米中赭曲霉毒素 A 的辐照降解效果［J］. 食品科学，32（11）：21－24.

崔贵金，2013. 赤霉病麦粒光电分选技术研究［D］. 郑州：河南工业大学.

丁斌鹰，2001. 霉变豆粕品质变化规律的研究［D］. 武汉：华中农业大学.

董晓娜，2012. 等离子体法降解残留农药及黄曲霉毒素的研究［D］. 青岛：青岛农业大学.

范红印，2003. 饲料中黄曲霉毒素的综合防治［J］. 河北畜牧兽医（1）：40－41.

计成，2007. 霉菌毒素与饲料食品安全［M］. 北京：化学工业出版社.

姜淼，邬本成，王改琴，等，2013. 物理过筛对玉米中霉菌毒素的去除效果［J］. 饲料工业，34（6）：45－48.

李雅丽，孙静，刘阳，2013. 花生霉变程度判定指标研究［J］. 食品科技，38（9）：309－313.

刘睿杰，金青哲，陈波，等，2011. 紫外照射去除黄曲霉毒素工艺对花生油品质的影响［J］. 中国油脂，36（6）：17－20.

齐德生，于炎湖，刘耘，等，1999. 霉变豆粕品质改变的研究［J］. 粮食与饲料工业（1）：25－26.

秦敏丽，盛文军，韩舜愈，等，2014. 超声波去除浓缩苹果汁中棒曲霉素技术条件的优化［J］. 甘肃农业大学学报，49（2）：150－154.

谭缘斌，2009. 特种水产饲料霉变原因及品质变化初步研究［J］. 安徽农学通报（上月刊），15（17）：201－204.

王长宇，2010. 食品中黄曲霉毒素的处理措施［J］. 中国新技术新产品（5）：8.

王锋，2012. 黄曲霉毒素 B_1 的辐射降解机理及产物结构特性分析［D］. 北京：中国农业科学院.

王建华，1995. 霉变饲料的霉菌毒素与防霉去毒技术［J］. 天津畜牧兽医（1）：5－7.

魏金涛，2007. 四种常用饲料原料水活性等温吸附曲线及霉变后品质变化规律研究［D］. 武汉：华中农业大学.

吴永宁，2003. 现代食品安全科学［M］. 北京：化学工业出版社.

肖丽霞，汪芬，于洪涛，等，2011. 紫玉米中黄曲霉毒素 B_1 和富马毒素 B_1 的脱毒研究［J］. 食品科学，32（9）：114－117.

杨静，2009. 农产品中真菌毒素污染辐照降解效应研究［D］. 北京：中国农业科学院.

尹丽平，李凤刚，李艳红，等，2010. 微波法处理苹果汁中的棒曲霉素［J］. 应用化工，39（8）：1222－1224.

翟翠萍，2012. 红平红球菌的培养及其对黄曲霉毒素 B_1 的降解研究［D］. 青岛：中国海洋大学.

张昆，2014. 电子束辐照对赤霉病小麦脱氧雪腐镰刀菌烯醇降解效果的研究［D］. 郑州：河南工业大学.

张楠楠，刘伟，王伟，等，2015. 基于图像处理的玉米颗粒霉变程度检测方法研究［J］. 中国粮油学报，30（10）：112－116.

赵亚娟，韩小贤，郭卫，等，2013. 霉变对小麦品质影响的研究［J］. 植物学报，34（2）：43－46.

职爱民，张培蕾，贾国超，等，2016. 玉米各部位中呕吐毒素分布规律探究［J］. 粮食与饲料工业（10）：58－60.

朱玉昌，2014. 脱氧雪腐镰刀菌烯醇（DON）污染小麦重力分选研究及设备研制［D］. 北京：中国农业科学院.

Abramson D，House J D，Nyachoti C M，2005. Reduction of deoxynivalenol in barley by treatment with aqueous sodium carbonate and heat［J］. Mycopathologia，160（4）：297－301.

Aziz N H, Attia E, Farag S A, 1997. Effect of gamma - irradiation on the natural occurrence of *Fusarium* mycotoxins in wheat, flour and bread [J]. Die Nahrung, 41 (1): 34 - 37.

Aziz N H, EL - Far F, Shahin A A M, et al, 2007. Control of *Fusarium* moulds and fumonisin B_1 in seeds by gamma - irradiation [J]. Food Control, 18 (11): 1337 - 1342.

Aziz N H, Moussa L A A, Far F M E, 2004. Reduction of fungi and mycotoxins formation in seeds by gamma - radiation [J]. Journal of Food Safety, 24 (2): 109 - 127.

Bata A, Lásztity R, 1999. Detoxification of mycotoxin - contaminated food and feed bymicroorganisms [J]. Trends in Food Science and Technology, 10: 223 - 228.

Becker - Algeri T A, Heidtmann - Bemvenuti R, Badiale - Furlong, et al, 2013. Thermal treatments and their effects on the fumonisin B_1 level in rice [J]. Food Control, 34 (2): 488 - 493.

Boudra H, le Bars P, le Bars J, 1995. Thermostability of ochratoxin A in wheat under two moisture conditions [J]. Applied and Environmental Microbiology, 61: 1156 - 1158.

CAST, 2003. Mycotoxins: risk in plant, animal and human systems [M]. Council for Agricultural Science and Technology, Ames, Iowa.

Chu X, Tao Y, Wang W, et al, 2014. Rapid detection method of moldy maize kernels based on color feature [J]. Advances in Mechanical Engineering (8): 625090.

Delwiche S R, Pearson T C, Brabec D L, 2005. High - speed optical sorting of soft wheat for reduction of deoxynivalenol [J]. Plant Disease, 89 (11): 1214 - 1219.

Fandohan P, Ahouansou R, Houssou P, et al, 2006. Impact of mechanical shelling and dehulling on *Fusarium* infection and fumonisin contamination in maize [J]. Food Additives and Contaminants, 4 (23): 415 - 421.

Fandohan P, Zoumenou D, Hounhouigan D J, et al, 2005. Fate of aflatoxins and fumonisins during the processing of maize into food products in Benin [J]. International Journal of Food Microbiology, 98: 249 - 259.

Hooshmand H, Klopfenstein C F, 1995. Effects of gamma irradiation on mycotoxin disappearance and amino acid contents of corn, wheat and soybeans with different moisture contents [J]. Plant Foods for Human Nutrition, 47 (3): 227 - 238.

Matter Z A, Aziz N H, 2007. Influence of gamma - radiation on the occurrence of toxigenic *Pennicium* strains and mycotoxins production in different feedstuffs [J]. Egyptian Journal of Biotechnology, 25 (1): 130 - 140.

Matumba L, Poucke C V, Ediage E N, et al, 2015. Effectiveness of hand sorting, flotation/washing, dehulling and combinations thereof on the decontamination of mycotoxin - contaminated white maize [J]. Food Additives and Contaminants, 32 (6): 960 - 969.

Murata H, Mitsumatsu M, Shimada N, 2008. Reduction of feed - contaminating mycotoxins by ultraviolet irradiation: an *in vitro* study [J]. Food Additives and Contaminants, 25 (9): 1107 - 1111.

Park B J, Kosuke T, Yoshiko S K, et al, 2007. Degradation of mycotoxin using microwave - induced argon plasma at atmospheric pressure [J]. Surface and Coating Technology, 201 (9/11): 5733 - 5737.

Park J W, Lee C, Kim Y B, 2005. Fate of aflatoxin B_1 during the cooking of Korean polished rice [J]. Journal of Food Protection, 68 (7): 1431 - 1434.

Paster N, Lisker N, 1982. The nutritional value of moldy grains for broiler chicks [J]. Poultry Science, 61: 2247 - 2254.

Refai M K，Aziz N H，EL - Far F，et al，1996. Detection of ochratoxin produced by *A. ochraceus* in feedstuffs and its control by γ radiation [J]. Applied Radiation and Isotopes，47 (7)：617 - 621.

Ríos G，Pinson - Gadais L，Abecassis J，et al，2009. Assessment of dehulling efficiency to reduce deoxynivalenol and fusarium level in durum wheat grains [J]. Journal of Cereal Science，49 (3)：387 - 392.

Rogovschi V D，Aquino S，Nunes T C F，et al，2009. Use of electron beam on aflatoxins degradation in coconut agar [C]. International Nuclear Atlantic Conference.

Rustom I Y S，Lopez - Leiva M H，Nair B M，1993. Effect of pH and heat treatment on the mutagenic activity of peanut beverage contaminated with aflatoxin B_1 [J]. Food Chemistry，46：37 - 42.

Ryu D，Hanna M A，Bullerman L B，1999. Stability of zearalenone during extrusion of corn grits [J]. Journal of Food Protection，62 (12)：1482 - 1484.

Salgado J D，Wallhead M，Madden L V，et al，2011. Grain harvestingstrategies to minimize grain quality losses due to *Fusarium* headblight in wheat [J]. Plant Disease，95 (11)：1448 - 1457.

Samar M，Resnik S L，Gonzalez H，et al，2007. Deoxynivalenol reduction during the frying process of turnover pie covers [J]. Food Control，18 (10)：1295 - 1299.

Scudamore K A，Banks J N，Guy R C E，2004. Fate of ochratoxin A in the processing of whole wheat grain during extrusion [J]. Food Additives and Contaminants，21 (5)：488 - 497.

Shetty P H，Bhat R V，1999. A physical method for segregation of fumonisin - contaminated maize [J]. Food Chemistry，66：371 - 374.

Westhuizen L V D，Shephard G S，Rheeder J P，et al，2011. Optimising sorting and washing of home - grown maize to reduce fumonisin contamination under laboratory - controlled conditions [J]. Food Control，22 (3/4)：396 - 400.

Wolf C E，Bullerman L B，1998. Heat and pH alter the concentration of deoxynivalenol in an aqueous environment [J]. Journal of Food Protection，61 (3)：365 - 367.

Żegota H，Żegota A，Bachman S，1988. Effect of irradiation on the patulin content and chemical composition of apple juice concentrate [J]. European Food Research and Technology，187 (3)：235 - 238.

Zhang C，Ma Y，Zhao X Y，et al，2011. Kinetic modelling of aflatoxins B_1 conversion and validation in corn，rice，and peanut during thermal treatments [J]. Food Chemistry，129：1114 - 1119.

Zheng Y，Hossen M S，Sago Y，et al，2014. Effect of milling on the content of deoxynivalenol，nivalenol，and zearalenone in Japanese wheat [J]. Food Control，40 (2)：193 - 197.

Zhu Y，Koutchma T，Warriner K，et al，2013. Kinetics of patulin degradation in model solution，apple cider and apple juice by ultraviolet radiation [J]. Food Science and Technology International，19 (4)：291 - 303.

第十章 化学脱毒技术及其应用

第一节 技术原理

一、霉菌毒素的化学性质

霉菌毒素是霉菌在生长过程中产生的有毒次级代谢产物，目前已经报道有 400 多种。黄曲霉毒素属于二呋喃氧杂萘邻酮的衍生物，其结构中含有 1 个二呋喃环和 1 个氧杂萘邻酮（香豆素）。呋喃环与黄曲霉毒素的毒性相关，香豆素主要影响其致癌性。黄曲霉毒素在酸性条件下比较稳定，而在强碱性溶液中其香豆素结构中的内酯环容易开环，迅速形成钠盐。毒性最强的黄曲霉毒素 B_1，其结构中呋喃环末端双键的碳原子电子云密度大，容易被强氧化剂氧化。玉米赤霉烯酮是一种具有类雌激素生物活性的霉菌毒素，有些化学物质能使玉米赤霉烯酮内酯键断裂，使其结构发生变化，从而使其不能与雌激素受体结合。单端孢霉烯族毒素的毒性各不相同，由其分子结构特别是毒性官能团决定。在单端孢霉烯族毒素结构中，C－12，13 环氧基是毒性的必需官能基团，A 型和 B 型单端孢霉烯族毒素的开环作用，如脱环氧作用能产生无毒或低毒的产物。C－9，10 双键（烯基）也是单端孢霉烯族毒素毒性作用的必需基团。此外，乙酰基和羟基的位置和数量也影响其毒性。雪腐镰刀菌烯醇（NIV）和呕吐毒素（又称脱氧雪腐镰刀菌烯醇）的区别是雪腐镰刀菌烯醇的 C－4 位上有羟基，而雪腐镰刀菌烯醇毒性是呕吐毒素的 10 倍。在呕吐毒素结构中，C－12，13 的环氧基团、C－9，10 的双键及C3－OH 基团是呕吐毒素的主要毒性基团，也是毒素降解研究的主要位点。赭曲霉毒素 A 的分子结构包括苯丙氨酸基团和二氢异香豆素基团两部分，其中苯丙氨酸基团一般被认为是使母体化合物产生复杂毒力的基团，而二氢异香豆素基团则可能与赭曲霉毒素在人与动物体内的不明毒性有关。展青霉素的毒性来自于 $-\underset{|}{C}=CH-\underset{|}{C}=O$ 结构，此结构中的共轭双键能与氨基酸或蛋白质中含巯基或胺基的化合物，如半胱氨酸、谷胱甘肽或巯基乙酸酯发生不可逆作用，从而改变 DNA 和蛋白质的结构，影响细胞正常活动。图 10－1 为几种常见霉菌毒素的化学结构及其可能发生的化学变化（Karlovsky 等，2016）。

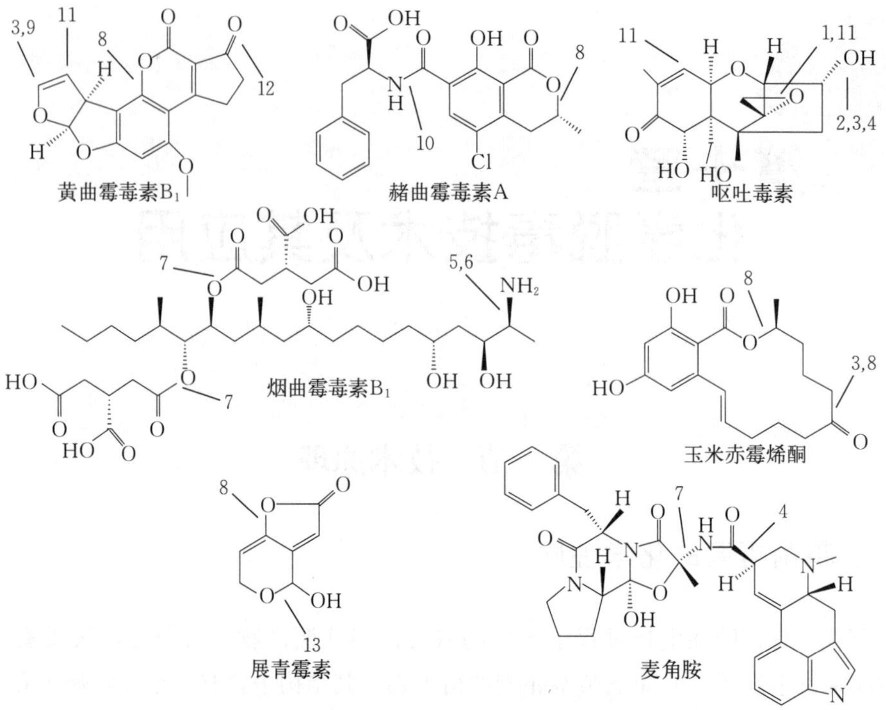

图 10-1　几种常见霉菌毒素化学结构及可能的化学反应

（资料来源：Karlovsky 等，2016）

1. 去环氧化；2. 乙酰化；3. 氧化；4. 差向异构；5. 脱氨基；6. 糖基化；7. 水解；8. 内酯键断裂（水解）；9. 羟基化；10. 酰胺键断裂；11. 磺化；12. 还原；13. 醚键断裂

二、常用化学脱毒技术及其分类

化学脱毒技术是利用化学试剂来破坏毒素的结构，使其转变为无毒或低毒物质，从而达到降解或脱毒的目的。因使用的化学试剂不同而有不同的脱毒技术，常用的有碱处理技术、氧化处理技术和其他试剂处理技术等（表 10-1）。另外，化学技术的脱毒效果还受到原料特性（水分含量）、处理条件（温度和压力）、处理时间和毒素含量等因素的影响。许多化学物质都具有降解黄曲霉毒素的能力，这些化学物质包括碱、酸、乙醛、各种气体、臭氧等。玉米赤霉烯酮的化学脱毒技术主要有碳酸钠浸泡、甲醛处理、臭氧处理、氢氧化钙浸泡加热和氢氧化铵处理等。用氨气、氢氧化铵、氢氧化钙、臭氧、过氧化氢、氯气、亚硫酸氢钠、二氧化硫、抗坏血酸和甲醛等化学试剂处理，可将单端孢霉烯族毒素转化为低毒或无毒的物质。呕吐毒素的化学脱毒技术主要有碱处理（如氨水、碳酸钠溶液等）、氧化处理（如臭氧等）和焦亚硫酸钠处理等。氢氧化钠、氨、过氧化氢、次氯酸钠、抗坏血酸和盐酸等化学物质可有效减少基质中的赭曲霉毒素含量，电化学技术产生的臭氧也能降低赭曲霉毒素。化学物质对展青霉素的降解主要是氧化和还原展青霉素，或者巯基化合物与其发生加合反应，生成毒性较小的产物，从而降低展青霉素的毒性。

由于化学脱毒技术从根本上破坏了毒素的化学结构，因此其脱毒效果明显。但其弊端也突出，如引起饲料中营养成分的流失及感官品质和适口性的下降；多数化学试剂有强烈的刺激性，会对操作人员皮肤造成刺激甚至是腐蚀皮肤，对眼睛和呼吸道也会造成很大伤害；化学试剂残留不易去除，化学试剂废弃物的排放还会对环境造成危害。因此，化学脱毒技术在实际生产应用中受到了一定限制。

表 10-1　霉菌毒素化学脱毒技术

分类	常用试剂	作用机理	优点	缺点
碱处理技术	NaOH、$Ca(OH)_2$/石灰水、Na_2CO_3、$NaHCO_3$、含氮化合物、铵盐、氨水、氨气	发生化学反应，改变其结构，降解，进而降低或去除毒性	效果较好	1. 营养损失，感官品质和适口性下降；2. 安全问题，如刺激性和腐蚀性、降解产物生物活性、试剂残留、废弃物对环境的污染；3. 只对某种毒素有效；4. 设备贵重，浸泡后饲料的干燥问题等
氧化处理技术	O_3、H_2O_2、NaClO、ClO_2、氯气、强酸性氧化离子水			
其他试剂处理技术	$NaHSO_3$、$Na_2S_2O_5$、SO_2、酸、抗坏血酸、异硫氰酸盐、D-葡萄糖、氢氧化钙单甲胺			

第二节　碱处理技术

一、操作原理及方法

一些霉菌毒素在碱性条件下不稳定，其结构会发生改变，因此可用碱性物质（氢氧化钠、氢氧化钾、石灰水、碳酸钠、氨气和氨水等）来处理霉变的饲料。经过碱处理（alkaline treatment），黄曲霉毒素结构中的内酯环被打开而形成香豆素盐，这种盐可溶于水，可在随后的水洗过程中被去除，从而达到脱毒目的。用石灰（氢氧化钙）或氢氧化钠水溶液浸泡被黄曲霉毒素污染的玉米和花生饼，可达到良好的去毒效果。碱加热（nixtamalization）是南美洲制作传统玉米食品（如墨西哥玉米圆饼）过程中的一个重要步骤，将石灰与玉米浸泡同煮，可使玉米更柔软。另外，该方法还可以显著降低黄曲霉毒素和玉米赤霉烯酮的含量（Shapira 和 Paster，2004）。同样，呕吐毒素在碱性条件下，其C-12 和C-13 位环氧基可被打开。由于C-12 和C-13 位的环氧基团是呕吐毒素主要的致呕吐基团，因此呕吐毒素的毒性会大大降低。将玉米在 0.1 mol/L 碳酸钠溶液中浸泡 72 h，可去除其中 95.1%的呕吐毒素和 86.7%的玉米赤霉烯酮；对于大麦和小麦，浸泡 24 h 就可去除很高比例的呕吐毒素和玉米赤霉烯酮，浸泡 72 h 可去除全部或几乎所有的毒素。具体操作方法：将大麦、玉米和小麦悬浮在 0.1 mol/L 碳酸钠溶液

中（样品重与溶液容积比为 1∶10），在无搅拌情况下放置 24～72 h，然后混合1 min，通过 2 mm 筛眼筛过滤，将谷物与溶液分离；谷物用蒸馏水冲洗后，在 50 ℃下干燥 24 h。展青霉素在碱性条件下也不稳定，25 ℃条件下，当溶液 pH 为 6.0 时，其半衰期为1 308 h；而当溶液 pH 为 8.0 时，其半衰期缩减为 63 h。

氨处理（ammoniation treatment）是实践中用来去除黄曲霉毒素的常用方法，多采用气态氨或液态氨水形式，一般可去除原料中 95%以上的黄曲霉毒素。氨处理可使溶液中黄曲霉毒素 B_1 分解成黄曲霉毒素 D_1 和相对分子质量为 236、206 及更低的物质（图 10－2）。氨处理反应的第一步为黄曲霉毒素内酯环的水解，如果处理条件较为温和，则此步为可逆反应；若反应可进行到下一步，则此步为不可逆（Park 等，1993）。但是，当氨处理饲料原料时，这些反应产物只占很少的比例，大多数的产物可能与饲料中的成分结合。对黄曲霉毒素 D_1 毒性和致突变性的研究表明，黄曲霉毒素 D_1 的毒性低于黄曲霉毒素 B_1；但关于具体数值，各研究结果不同。例如，通过 Ames 试验发现，黄曲霉毒素 D_1 的致突变性是黄曲霉毒素 B_1 的1/130，结合鼠肝脏 DNA 的活性是黄曲霉毒素 B_1 的 1/280；被黄曲霉毒素 B_1 污染的玉米经过氨处理（18.8% H_2O，2.02% NH_3，25 ℃）后，其遗传毒性为原来的 1/20。氨化处理黄曲霉毒素的基本方法有 2 种，一种是高温高压处理，另一种是常温常压处理，各条件参数可根据毒素含量等因素调整（表 10－2）。研究发现，氨气浓度、氨熏温度、时间和含水量均对样品中毒素的降解率有影响；同时，也需综合考虑可行性及经济适用等操作因素，以求在经济适用的基础上寻求最大的降解率。

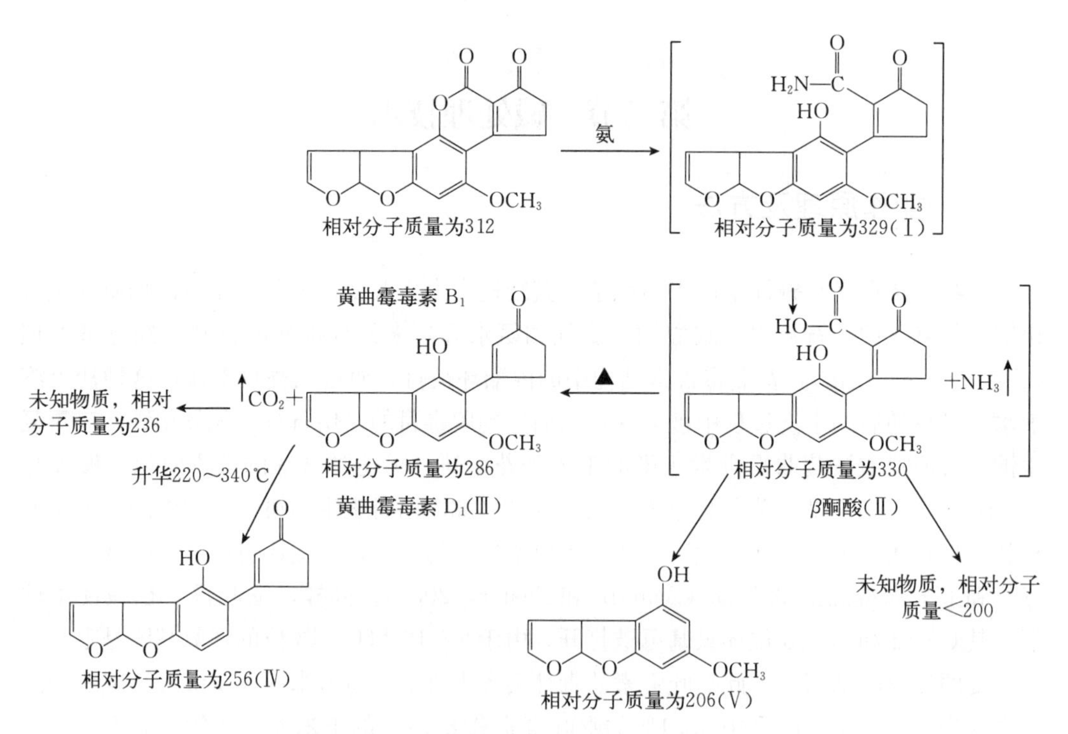

图 10－2　氨处理黄曲霉毒素 B_1 后生成的产物

（资料来源：Park 等，1993）

表 10-2 氨处理去除黄曲霉毒素的应用及参数

项 目	处 理	
	高温高压	常温常压
氨水平（%）	0.2～2	1～5
压力（kPa）	231～345	常压
温度（℃）	80～120	环境温度
处理时间	20～60 min	14～21 d
含水量（%）	12～16	12～16
适用原料	棉籽、棉籽粕、玉米和花生粕	棉籽和玉米
适用场所	饲料加工厂	农场

二、实施效果与技术局限性

氢氧化钠等适用于植物油解毒，但是设备投资大、成本高。碱法处理对于产品的色、香、味等感官特性具有很大影响，并且其中营养氮的含量将显著降低，部分氨基酸（如胱氨酸、甲硫氨酸特别是赖氨酸）成分会被降解。尽管碱处理可以有效降低黄曲霉毒素水平，但也有研究认为，这种反应机制是可逆的，如果遇到酸化作用就有可能使黄曲霉毒素的毒性重新出现，而酸化作用在消化道中是存在的，因此应尽量移除碱化产物，确保反应完全向正向进行。

氨化处理是一种有效的解毒方法，该方法处理过程简单、成本较低，适于大规模应用。在一定条件下，氨化处理可以大大降低玉米、花生粕和棉籽粕中的黄曲霉毒素含量，美国一些地区及墨西哥、法国、苏丹、南非和巴西等均已批准用氨化法去除这些饲料原料中的黄曲霉毒素。但对于颗粒配合饲料，氨化处理的效果会有所降低。目前氨处理产品并没有得到广泛应用，可能是出于安全性考虑。此外，氨气有刺激性恶臭味，人体接触低浓度氨气后会出现眼痒、眼干、流泪、流鼻涕等症状，高浓度时可能会造成呼吸道和眼部炎症。经过氨化处理后，原料中也可能残留氨，如果氨味太浓则会导致动物采食量下降，因此原料在饲喂前需进行通风曝气来去除其中的氨味。通常情况下，如果氨处理反应完全，则该过程不可逆；但如果反应不完全，则过程可逆，动物依然有中毒风险。

三、例证

用1%氢氧化钠水溶液处理含有黄曲霉毒素的花生饼 3 d，可使黄曲霉毒素 B_1 由 56.5 μg/kg 降至 11.3 μg/kg；类似的，用3%氢氧化钠溶液处理 1 d，可使黄曲霉毒素 B_1 由 56.5 μg/kg 降至 7.0 μg/kg（冯定远和 Atreja，1997）。弱碱高温处理对原料中的黄曲霉毒素也有较好的去除效果。花生粕经过 121 ℃、在 pH 为 10 的条件下处理 60 min 后，黄曲霉毒素可降解 84.5%（盖云霞等，2007）。先用石灰乳水、纯碱水或草木灰水浸泡污染黄曲霉毒素的整粒玉米 2～3 h，然后用清水冲洗至中性，2 h 后烘干，去毒效果可达60%～90%。0.1 mol/L 氢氧化钠溶液在 175 ℃条件下，可降解赭曲霉毒素 A，生成 L-苯丙氨酸等多种降解产物。被烟曲霉毒素污染的玉米用 0.03 mol/L 氢氧化钙溶液浸泡 8 h，可显著降低烟曲霉毒素的含量（38.36%）（檀丽萍，2008）。

单端孢霉烯族毒素在碱性条件下更容易被降解为低毒性物质。用 0.1 mol/L 碳酸钠浸泡小麦粒及麦麸 48 h（样品重：溶液体积为 1：10），可分别使其中的呕吐毒素水平下降 83.9%和 90.4%。此外，加热及碳酸钠溶液也能对呕吐毒素起到一定的去除效果。将含有呕吐毒素的加拿大大麦装入密封的聚丙烯容器中，保持 80 ℃加热状态，在样品中加入 20%的碳酸钠溶液处理 1 d 后，可使毒素含量从 18.4 μg/g 降至 1.4 μg/g，8 d 后毒素含量趋于 0（Abramson 等，2005）。用 0.1 mol/L 的氢氧化钠溶液处理呕吐毒素，75 ℃条件下 1 h 后反应体系中除了可检测出呕吐毒素内酯（DON lactone）外，还得到 3 种相对分子质量为 266 的同分异构体（norDON A、norDON B 和 norDON C），其可能的产生机制如图 10-3所示（Young 等，1986a）。此外，Bretz 等（2006）还检测出另外 4 种产物（9-羟甲基 DON 内酯、norDON D、norDON E 和 norDON F）。在相同的反应条件下，雪腐镰刀菌烯醇被转化为 norNIV A、norNIV B 和 norNIV C 和 NIV 内酯。用人肾脏永生上皮细胞进行细胞毒性试验的结果表明，呕吐毒素和雪腐镰刀菌烯醇转化产物的毒性要远低于呕吐毒素和雪腐镰刀菌烯醇（Bretz 等，2010）。

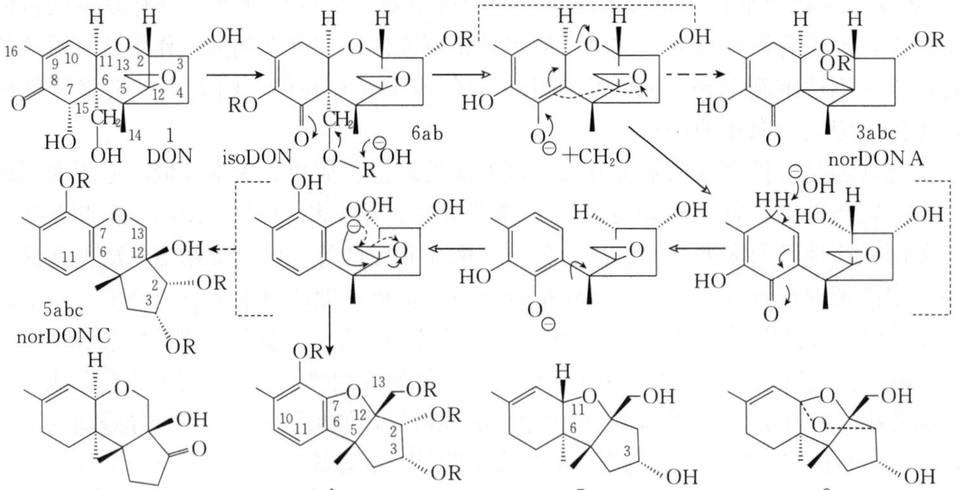

图 10-3　DON 在碱性条件下产生 3 种产物的可能途径

（资料来源：Young 等，1986）

氨处理玉米时，通常将被污染玉米的含水量调至 15%～22%（湿重基础），加水后保持 3～24 h 使水分吸收和均匀分布；氨气加入浓度为 0.5%～1.5%（干重基础），常温条件件氨气循环熏蒸玉米 24～48 h，然后再放置 12～13 d 使氨气扩散；最后将玉米干燥，使其水分降至安全贮存要求水平。图 10-4 为一种可用于常温常压条件下氨处理的玉米仓示意图和实例。通过单因素和响应面试验发现，当玉米含水量为 20%、氨熏温度 37 ℃、氨气体积分数 7.05%、氨熏时间为 96 h 时，可使玉米中黄曲霉毒素 B_1 的降解率达到 92%。也有研究表明，在湿度为 18%和温度为 40～50 ℃条件下，用 1%氨水

处理被黄曲霉毒素 B_1 污染的玉米 48 h，可去除 98%以上的黄曲霉毒素 B_1。用经氨水处理过的玉米饲喂肉仔鸡，能显著缓解肉仔鸡中毒情况，显著改善肉仔鸡的生产性能、血液指标和血清生化指标，起到明显的脱毒效果（Allameh 等，2005；Safamehr，2008）。在 40 ℃下，用 7%的氨气熏蒸含水量为 25%的花生 48 h，黄曲霉毒素 B_1 的降解率可达 83.5%；在 31 ℃下，用 10%的氨气熏蒸含水量为 24%的花生粕 102 h，熏蒸后的花生粕中没有检出黄曲霉毒素 B_1。学者们进行了氨处理有效性和安全性的大量研究，如通过雏鸭、肉鸡、蛋鸡、大鼠、小鼠和虹鳟等动物试验验证，氨处理不仅可缓解黄曲霉毒素的毒性和其造成的不良影响，而且还可降低动物组织、牛奶和蛋中的毒素含量。表 10-3列出了 1969—1990 年氨处理对黄曲霉毒素的作用效果，以及对动物急性和慢性黄曲霉毒素中毒症状的缓解效果。

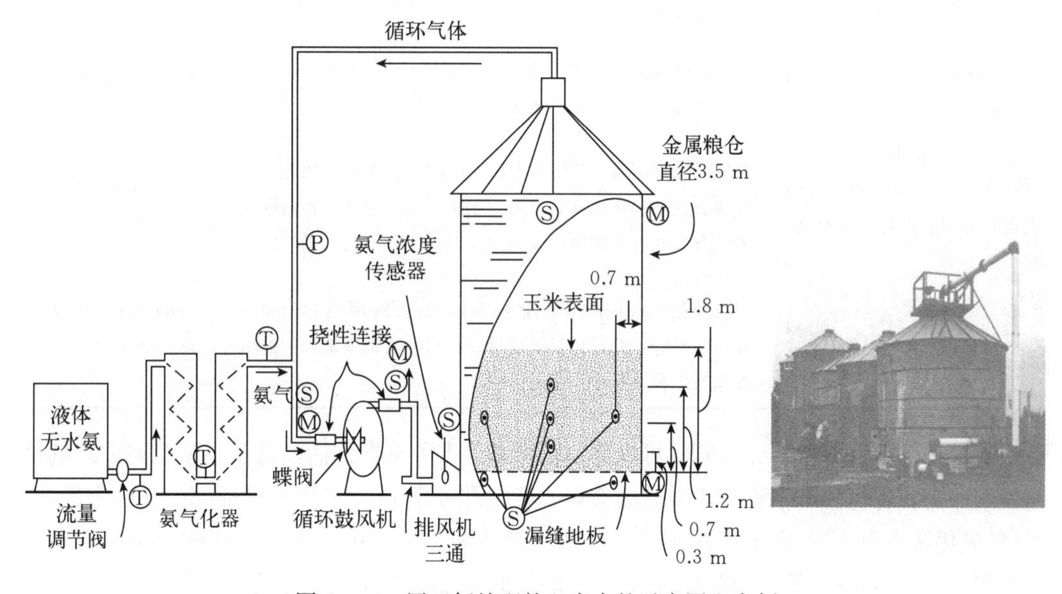

图 10-4　用于氨处理的玉米仓的示意图和实例
（资料来源：Brekke 等，1979；Bagley 等，1979）

表 10-3　氨处理对黄曲霉毒素的作用效果

方　法	效　果	资料来源
含水量 14.6%、温度 93.3 ℃条件下，138 kPa 氨气处理 60 min	花生粕中黄曲霉毒素（709 μg/kg）减少 97.6%	Masri 等（1969）
含水量 15%、温度 65.6 ℃条件下，207 kPa 氨气处理 15 min	花生粕中黄曲霉毒素含量由 121 μg/kg 降至检测限以下	Gardner 等（1971）
含水量 15%、温度 148.9 ℃条件下，310 kPa 氨气处理 15 min	棉籽粕中黄曲霉毒素含量由 350 μg/kg 降至 4 μg/kg	Gardner 等（1971）
氨水添加比例为 1.5%，含水量为 17.5%	10 ℃条件下 42 d（或 25 ℃条件下 8 d，或 40 ℃条件下 2 d），玉米中 AFB_1 含量由 1 000 μg/kg 降至 20 μg/kg；经雏鸭、肉鸡和虹鳟安全性验证，氨处理可消除动物急性黄曲霉毒素中毒症	Brekke 等（1977）

（续）

方　法	效　果	资料来源
玉米含水量为 18%，用 0.5%～1.5%氨气熏蒸 24～48 h 处理后，玉米干燥至含水量为 12%～15%	给白莱航蛋鸡饲喂经氨处理的正常玉米，除了体增重下降外，其余指标（产蛋量、蛋品质、繁殖性能、耗料量和死亡率）与对照组差异不显著；500 μg/kg 黄曲霉毒素使白莱航蛋鸡的总产蛋量和平均蛋重下降，血斑蛋比例上升，而氨处理可缓解这些变化	Hughes 等（1979）
50%（V/W）氢氧化铵（29% NH_3）处理含 5 mg/g AFB_1 的玉米	氨处理可缓解 AFB_1 对大鼠造成的不良影响，如体重下降、环己巴比妥睡眠时间延长和血清碱性磷酸酶升高，并达到与对照组相同水平，但饲喂氨处理玉米可能会使肝微粒体蛋白含量升高	Norred（1979）
0.5 mg/g 氢氧化钠和 17.5 mg/g 氢氧化铵	分别使溶液中 AFB_1 减少 92%和 94%，并经过卤虫试验和 Ames 试验证明可降低 AFB_1 的毒性和致突变性	Draughon 和 Childs（1982）
玉米含水量为 12%～17.5%，1.5%氨气熏蒸 48 h，再放置 11 d，玉米干燥至含水量小于 11%	氨处理可缓解 AFB_1 对大鼠造成的不良影响，如死亡率升高、红细胞压积和血红蛋白水平下降、血清碱性磷酸酶活性升高和肝脏肿瘤，并达到与对照组相同的水平	Norred 和 Morrissey（1983）
温度 95 ℃条件下，200 kPa 和 300 kPa 氨气处理 15 min	可使花生油饼中 AFB_1 含量从 1 000 μg/kg 降至 140 μg/kg 和 60 μg/kg，并且可显著降低黄曲霉毒素造成的大鼠肝脏肿瘤发生率	Frayssinet 和 Lafarge-Frayssinet（1990）

在 20～50 ℃条件下，2%氨气可使赭曲霉毒素等多种毒素失活，霉菌毒素对氨处理的稳定性顺序为：青霉酸＜桔青霉素≈赭曲霉素＜黄曲霉毒素 B_1＜玉米赤霉烯酮＜柄曲霉毒素。3%氢氧化铵在 50 ℃条件下加热 16 h，可使玉米糁和玉米面中玉米赤霉烯酮含量分别降低 80%和 64%（Bennett 等，1980）。氨处理对烟曲霉毒素的去毒效果有限。采用氨水处理人工霉变和自然霉变的玉米，可使烟曲霉毒素含量分别降低 30%和 45%。在大鼠毒性试验中，氨化作用使玉米中烟曲霉毒素含量从 146 mg/kg 降至 99.5 mg/kg。但由于脱毒效率较低，因此处理后玉米中的毒素含量仍然较高，大鼠仍表现出中毒迹象（Norred 等，1991）。

第三节　氧化处理技术

一、操作原理及方法

霉菌毒素氧化处理技术是指利用氧化剂使霉菌毒素的分子结构发生改变，从而使其生物活性发生改变。常用的氧化剂有臭氧、次氯酸钠（钙）、氯气、二氧化氯和过氧化氢等。

臭氧作为强氧化剂，对具有双键的物质有破坏作用。臭氧可通过化学反应降解黄曲霉毒素 B_1、黄曲霉毒素 G_1、黄曲霉毒素 B_2 和黄曲霉毒素 G_2。黄曲霉毒素 B_1 和黄曲霉毒素 G_1 对臭氧敏感，用 1.1 mg/L 的臭氧在室温下处理 15 min，可降低黄曲霉毒素的毒性。而黄曲霉毒素 B_2 和黄曲霉毒素 G_2 对臭氧有较强的抵抗力，要使其完全降解，则需要 34.3 μg/mL 的臭氧处理 50～60 min。理论上，臭氧能将黄曲霉毒素 B_1 完全分解成 CO_2 和 H_2O，但在实际应用过程中，黄曲霉毒素 B_1 并不能被完全氧化降解，而是产生各种中间产物。目前，已有一些关于黄曲霉毒素 B_1 臭氧氧化产物的报道。但由于产物多而复杂，因此难以对其分离纯化，其详细降解路径和产物结构并不十分明确。根据 Criegee 反应机理，推断臭氧与黄曲霉毒素 B_1 上 C－8，9 双键反应形成一个不稳定的单氧化物中间产物，然后发生分子重排形成一个更加稳定的氧化产物（图 10－5），氧化产物进一步发生氧化或水合反应导致黄曲霉毒素 B_1 末端呋喃环开环，形成醛类、酮类或有机酸（McKenzie 等，1997）。Luo 等（2013a）也报道了黄曲霉毒素 B_1 的臭氧降解产物，他们采用 UPLC－Q－TOF/MS 法分析发现了 6 种中间产物（图 10－6a）。刁恩杰（2015）采用 LC－Q－TOF/MS/MS 法分析了黄曲霉毒素 B_1 的臭氧氧化中间产物，得到的 13 种氧化产物中有 6 种为主要产物（图 10－6b）。据此推断，黄曲霉毒素 B_1 臭氧降解有 2 条途径：第一条是 Criegee 反应路径，是主要的氧化途径；第二条为苯环甲氧基反应路径。这 2 篇报道中，产物的结构均与黄曲霉毒素 B_1 相似，但各自得出的产物结构差异大，这可能是由于两者的处理条件不同造成的。很多因素会影响农产品中黄曲霉毒素的臭氧脱毒效率，在这些因素中，样品的状态、臭氧的湿度、浓度、处理时间、臭氧流速等都是较重要的因素。一般的，臭氧低剂量、相对较长时间处理可有效降解产品中的黄曲霉毒素，且不会影响产品的营养与感官品质。与液体臭氧相比，臭氧气体在黄曲霉毒素的降解效率上有所降低，但其应用范围更加广泛。

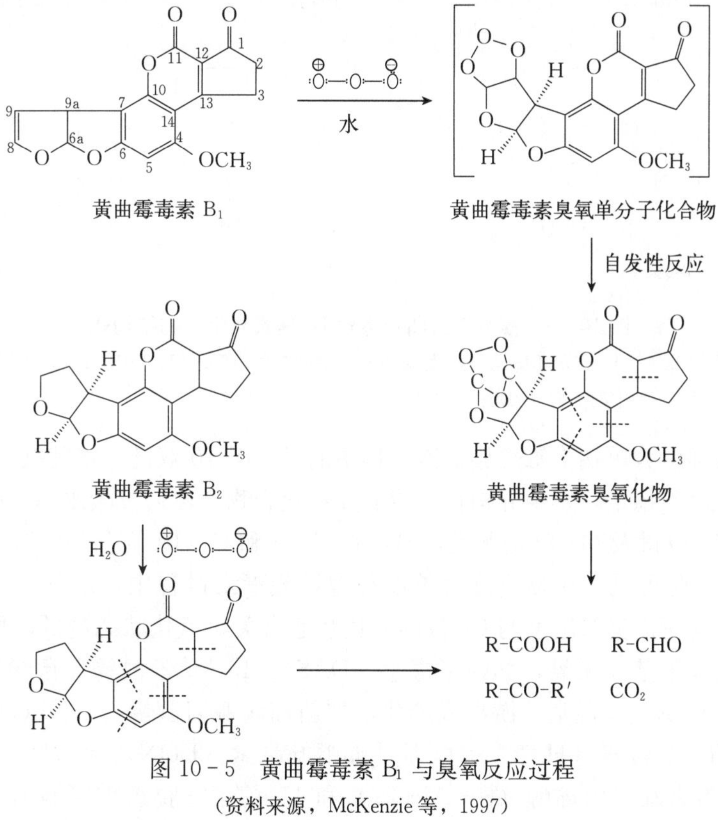

图 10－5 黄曲霉毒素 B_1 与臭氧反应过程

（资料来源，McKenzie 等，1997）

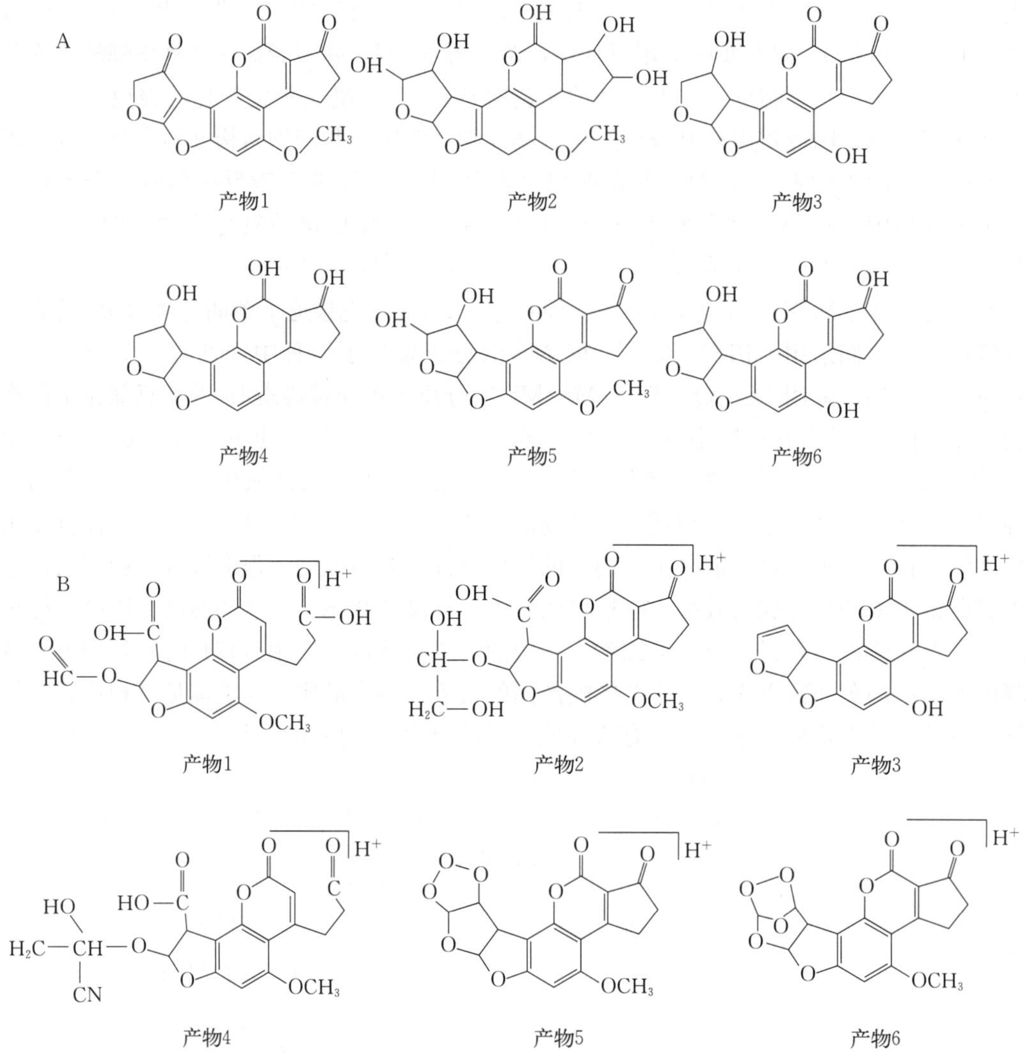

A

产物1　　产物2　　产物3

产物4　　产物5　　产物6

B

产物1　　产物2　　产物3

产物4　　产物5　　产物6

图 10-6　推测的黄曲霉毒素 B_1 臭氧氧化产物结构式

注：A，采用 UPLC-Q-TOF/MS 法分析发现的 6 种中间产物（Luo 等，2013）；B，采用 LC-Q-TOF/MS/MS 法分析发现的 6 种中间产物（刁恩杰，2015）。

臭氧可破坏多数单端孢霉烯族毒素结构中的 C-9，10 双键，将其氧化成过氧化物。此时，过氧化物不稳定，发生异构化生成五元环化合物，然后发生水解反应，致使五元环化合物的 C-O 键及 O-O 键断裂，最终在 C-9 和 C-10 位上分别形成酮基和醛基（图 10-7）。由此可见，在臭氧降解单端孢霉烯族毒素过程中，水分子起很重要的作用。此外，反应所需臭氧浓度与 C8 位的氧化状态有关，氧化状态越低，所需臭氧浓度越低，一般为亚甲基［无氧，如蛇形毒素（DAS），15-单乙酰镰刀菌烯三醇（MAS）和疣孢霉素（VER）］<羟基［游离或酯化，如新茄病镰刀菌烯醇（NEO）、T-2 三醇（T2T）和 HT-2 毒素（HT2）］<酮基［如呕吐毒素（DON）、镰刀菌烯酮（FUS）、3-乙酰-脱氧雪腐镰刀菌烯醇（3-ADON）和 15-乙酰-脱氧雪腐镰刀菌烯醇（15-

ADON)]（Young 等，2006），所述单端孢霉烯族毒素的化学结构式见图 5－1。有学者研究了金属离子对臭氧降解展青霉素的影响发现，臭氧能够在 1 min 内快速降解溶液中的展青霉素，锰离子和铁离子能够明显抑制展青霉素的降解，其他金属离子对反应影响不大（Karaca 和 Velioglu，2009）。臭氧可被用于体外多种霉菌毒素的降解和脱毒，10%（质量分数）的臭氧在 15 s 内可分别将溶液中的环匹克尼酸、赭曲霉毒素 A、展青霉素、黑麦酸 D 和玉米赤霉烯酮降低至用高效液相色谱法（high performance liquid chromatography，HPLC）不能检测到的水平，并显著降低它们的毒性；另外，臭氧还可将烟曲霉毒素 B_1 降解成一种与其相似的酮类物质，但其毒性没有减弱（McKenzie 等，1997）。臭氧可通过高压放电、紫外线照射及电解法产生，高压放电法是国内外相关行业使用最广泛的臭氧产生方法。

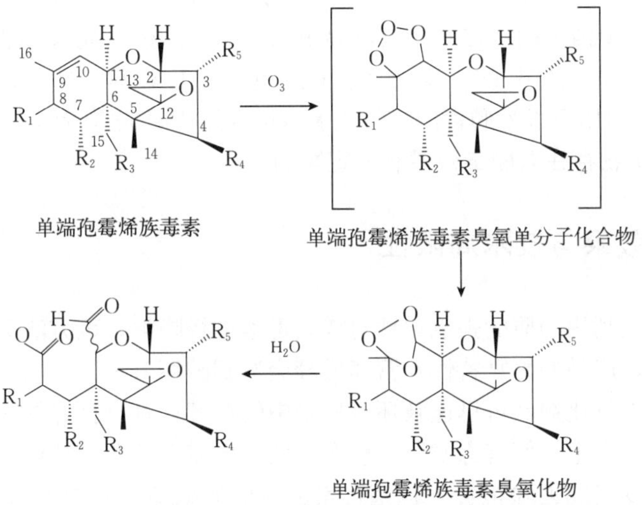

单端孢霉烯族毒素

单端孢霉烯族毒素臭氧单分子化合物

单端孢霉烯族毒素臭氧化物

图 10－7 呕吐毒素与臭氧反应过程

（资料来源：Young 等，2006）

次氯酸钠也是一种强氧化剂，其脱毒机理可能是次氯酸钠中氧原子的诱导作用。次氯酸钠在短时间内可高效去除黄曲霉毒素。使用 0.25%次氯酸钠处理花生粕 1 d，可使花生粕中的黄曲霉毒素降至可接受水平（减少 93.32%）。使用 4%次氯酸钠处理 T－2 毒素溶液 48 h，可去除 98%以上的毒素，并且在碱性条件下（0.025 mol/L 氢氧化钠）可大大缩短处理时间。在室温条件下，碱性次氯酸钠可将疣孢霉素转化成 2 种产物（图 10－8a和图 10－8b），疣孢霉素的氧化包括在 C－9，10 双键中 C－9 上的亲核进攻，致使 C－12，13 环氧基团开环，进而形成 C－10、C－13 单键，以及 C－4 的氯化和环化形成半缩酮。次氯酸钠对呕吐毒素的氧化作用不能使 C－12，13 环氧基团开环，而是形成 C－9，10 环氧化合物和 C－8、C－15 半缩酮（图 10－8c）。这表明 C－8 位上的羰基可能有催化该氧化反应的作用，呕吐毒素的转化速率是疣孢霉素的 10 倍就证明了这一点（Burrows 和 Szafraniec，1986，1987）。

过氧化氢对霉菌毒素尤其是黄曲霉毒素 B_1 的结构也具有明显的破坏作用，可减少玉米、花生粕和牛奶中黄曲霉毒素的含量。利用过氧化氢溶液处理，可降低玉米赤霉烯酮的毒性，其降解效率与过氧化氢浓度、温度和处理时间有关。在种类繁多的消毒剂

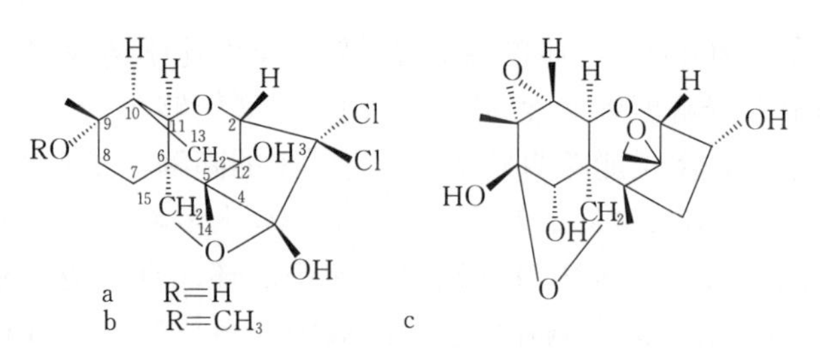

图 10-8　碱性次氯酸钠转化疣孢霉素和呕吐毒素的产物

（资料来源：Burrows 和 Szafraniec，1986，1987）

注：a 和 b 为碱性次氯酸钠转化疣孢霉素生成的两种产物 a 和 b；c 为碱性次氯酸钠转化呕吐毒素生成的一种产物 c。

中，二氧化氯属于安全性较好的消毒剂之一，于 1948 年被世界卫生组织（WHO）定义为 A1 级高效安全消毒剂，之后又被世界粮农组织（FAO）定义为食品添加剂。用 5 倍体积、浓度为 250 μg/mL 的二氧化氯溶液浸泡霉变玉米 30～60 min，可去除黄曲霉毒素 B_1 的毒性，而用于玉米脱毒的二氧化氯浓度为用于黄曲霉毒素 B_1 纯品降解用量的 2.5 倍，说明有机物存在对脱毒效果有一定影响。

二、实施效果与技术局限性

氧化法主要是利用物质的强氧化性对霉菌毒素进行降解，该方法存在的问题主要是处理效果不稳定，产品的感官特性及营养成分会遭到破坏。

臭氧是一种强氧化剂，可迅速破坏有机物中的双键；具有良好的渗透性，能够被快速分解为氧气，不产生任何有毒残留；获取方便，无需存贮和后续处理，适用于大规模的生产实践，可发展成去除粮食中霉菌毒素的实际有效方法；具有抑制霉菌生长和产毒、预防果蔬腐烂等作用，可用于食品加工车间、冷库、工作服的消毒杀菌，有效杀灭粮食中的各种有害微生物和害虫，减少农药残留，延长粮食的保藏期。值得注意的是，长期暴露在臭氧超标的空气中，可引起肺部损伤，头痛，晕眩，眼部和喉咙有灼烧感，并伴随咳嗽，因此应注意安全使用臭氧。臭氧作为一种氧化剂和漂白剂，也会引起粮食本身理化成分的改变，如淀粉结构改变、脂质氧化、蛋白质改性、色泽改变及加工性能改变等。因此，在利用臭氧技术去除真菌毒素时，有必要对粮食本身的营养价值和加工品质进行评价分析。

经次氯酸钠处理的花生饼可变成黑褐色，同时出现结块现象，直接影响感官性状；而且处理时又会产生大量的热，可能会影响花生饼的某些营养成分，如维生素和赖氨酸的利用效率。过氧化氢处理也存在同样的问题，不仅会对营养成分造成极大破坏，而且还可能产生一些对动物健康有害的化学物质。

三、例证

臭氧最初被发现可用于降解花生粕和棉籽粕中的黄曲霉毒素。此后，研究人员不断研究臭氧对各种原料，如玉米、稻谷、小麦、花生、开心果、红辣椒等中的黄曲霉毒素的降解效果，结果均表明臭氧对黄曲霉毒素具有良好的降解效果（表 10－4）。陈冉等（2013）研制了一种适合实验室用的小型臭氧熏蒸箱（图 10－9），其下部可通入臭氧气体，上部可排气，在臭氧浓度 6.0 mg/L、处理时间为 30 min、花生水分含量为 5%时脱毒效果最佳。在此条件下，对花生中的黄曲霉毒素总量和黄曲霉毒素 B_1 的脱毒效率分别为 65.88% 和 65.90%。山东农业大学自主研发了一套花生臭氧脱毒设备（图 10－10）。该设备在臭氧浓度为 89 mg/L、臭氧相对湿度为 50%、流速为1 L/min、搅拌速度为 70 r/min、处理时间为 30 min 的条件下，花生中的黄曲霉毒素 B_1、黄曲霉毒素 B_2、黄曲霉毒素 G_1 和黄曲霉毒素 G_2 含量可分别从 87.53 μg/kg、21.99 μg/kg、9.71 μg/kg 和 4.38 μg/kg 降到 15.23 μg/kg、8.31 μg/kg、2.81 μg/kg 和2.11 μg/kg。臭氧脱毒后的安全性也获得了人们关注，可通过一些直接（如动物试验）或间接（如某些组织、胚胎或细胞）的毒理学试验来评价霉菌毒素臭氧降解产物的安全性。通过 TLC 分析及大鼠饲喂试验发现，臭氧（25 mg/min）能有效破坏黄曲霉毒素的结构，进而显著减少黄曲霉毒素的含量及其毒性。鸡胚胎试验和 Ames 试验均显示黄曲霉毒素 B_1 经臭氧处理后其致突变活性消失。臭氧处理（臭氧浓度 1.2 mg/L、流速 40 mL/min、时间 6 min）可显著降低黄曲霉毒素 B_1 对大鼠的免疫损伤，使大鼠腹腔巨噬细胞的吞噬作用不受损害（Chatterjee 和 Mukherjee，1993）。McKenzie 等（1998）用经臭氧处理过的被黄曲霉毒素污染的玉米饲喂火鸡后发现，火鸡的体重、肝脏重、血清酶活性、血生化指标，以及组织病理学参数与阴性对照无显著差异，进而推断黄曲霉毒素 B_1 的降解产物是无毒或低毒的物质。刁恩杰（2015）将染毒花生经臭氧处理后，饲喂 Wistar 大鼠，未见其个体行为异常和中毒症状，大鼠体重、血清生化指标和组织病理学观察与阴性对照组无显著差异。Ames 试验和 HepG2 细胞毒理学试验进一步证实，臭氧处理能显著降低花生中黄曲霉毒素 B_1 的毒性，提高花生的食用安全性。

表 10－4　不同食品中黄曲霉毒素的臭氧脱毒效果

臭氧处理条件	处理样品	脱毒效果	资料来源
25 mg/min 臭氧气体	棉籽粕、花生粕	黄曲霉毒素分别减少了 91%（棉籽粉，2 h）和 78%（花生粉，1 h）	Dwarakanath 等（1968）
18 mg/L 臭氧气体 92 h，流速 200 mg/min	玉米	黄曲霉毒素减少了 95%	McKenzie 等（1998）
10%～12% 臭氧气体，流速 2 L/min	玉米	黄曲霉毒素减少了 92%	Prudente 和 King（2002）
4.2%臭氧气体，温度 25 ℃、50 ℃和 75 ℃	花生仁、花生粉	花生仁中 AFB_1 和 AFG_1 分别减少了 77%和 80%（75 ℃，10 min）；花生粉中分别减少了 56%和 61%（50 ℃，10 min）	Proctor 等（2004）
20 ℃、相对湿度 70%、5.0 mg/L、7.0 mg/L 和 9.0 mg/L 臭氧气体分别处理 140 min 和 420 min	开心果	AFB_1 和总黄曲霉毒素分别减少了 23%和 24%（9.0 g/m^3 臭氧气体，420 min）	Akbas 和 Ozdemir（2006）
16 mg/L、33 mg/L 和 66 mg/L 臭氧气体分别处理 7.5 min、15 min、30 min 和 60 min	红辣椒	经 33 g/m^3 和 66 g/m^3 臭氧气体分别处理 60 min，AFB_1 分别减少了 80%和 93%	Inan 等（2007）

（续）

臭氧处理条件	处理样品	脱毒效果	资料来源
40 mg/L 和 80 mg/L 臭氧气体处理 20 min 和 40 min	红辣椒	使不同初始含量的 AFB_1（25 μg/kg、75 μg/kg、150 μg/kg）分别减少了 74.1%、51.8%、42.5%（80 mg/L 臭氧气体，40 min）	Kamber 等（2016）
13.8 mg/L 臭氧气体和 1.7 mg/L 臭氧水分别处理 7.5 min、15 min、30 min 和 60 min	干制无花果	臭氧气体处理 30 min、60 min 和 180 min 后 AFB_1 分别减少了 48.77%、72.39% 和 95.21%；臭氧水处理 30 min、60 min 和 180 min后 AFB_1 分别减少了 0.76%、83.25% 和 88.62%	Zorlugenç 等（2008）
4.8 mg/L 臭氧气体（干法）、臭氧水和含水蒸气的臭氧气体（湿法），处理 12 h	小麦、玉米、大米	大米、玉米和小麦分别减少了 94.4%、85.0%和 85.5%（湿法），87.4%、78.1%和 92.2%（臭氧水），70.8%、52.4%和 56.8%（干法）	Wang 等（2010）
13 mg/L 和 21 mg/L 臭氧气体处理 96 h	花生	AFB_1 和总黄曲霉毒素分别减少了 25%和 30%（21 mg/L 臭氧气体处理 96 h）	Alencar 等（2011）
33.3 mg/L、55.6 mg/L、77.8 mg/L和 100 mg/L 臭氧气体	花生粕	33.3 mg/L 臭氧处理 20 min、55.6 mg/L 臭氧处理 10 min、77.8 mg/L 臭氧处理 5 min 和 100 mg/L 臭氧处理 2 min，均可使 AFB_1 含量从 140 μg/kg 降至低于 50 μg/kg	林叶等（2015）
75 mg/L 臭氧气体处理 60 min	玉米面	玉米面中 AFB_1、AFG_1 和 AFB_2 的含量分别从 53.60 μg/kg、12.08 μg/kg、2.42 μg/kg 降至 11.38 μg/kg、3.37 μg/kg、0.71 μg/kg	Luo 等（2013）
90 mg/L 臭氧气体处理 40 min，温度 25 ℃	玉米	使水分含量为 20.37%玉米中的 AFB_1 含量由 77.6 μg/kg 降到 21.42 μg/kg，降解率达 72.4%	罗小虎等（2015）
2.8 mg/L 和 5.3 mg/L 臭氧气体室温处理 240 min	家禽饲料	臭氧气体处理后，饲料中 32.8 μg/kg AFB_1 分别减少 74.3%和 86.4%	Torlak 等（2016）

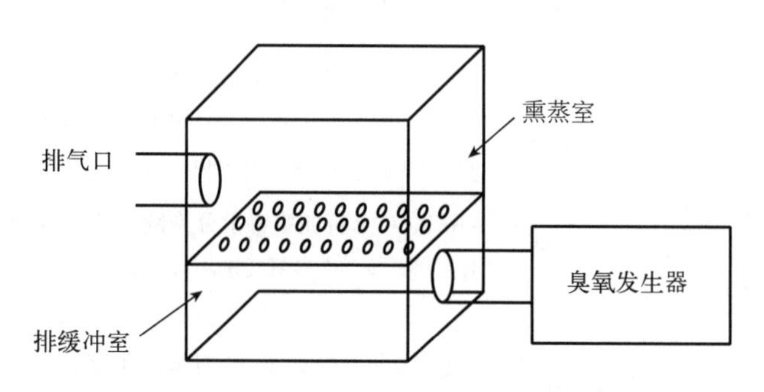

图 10-9　臭氧熏蒸装置

（资料来源：陈冉等，2013）

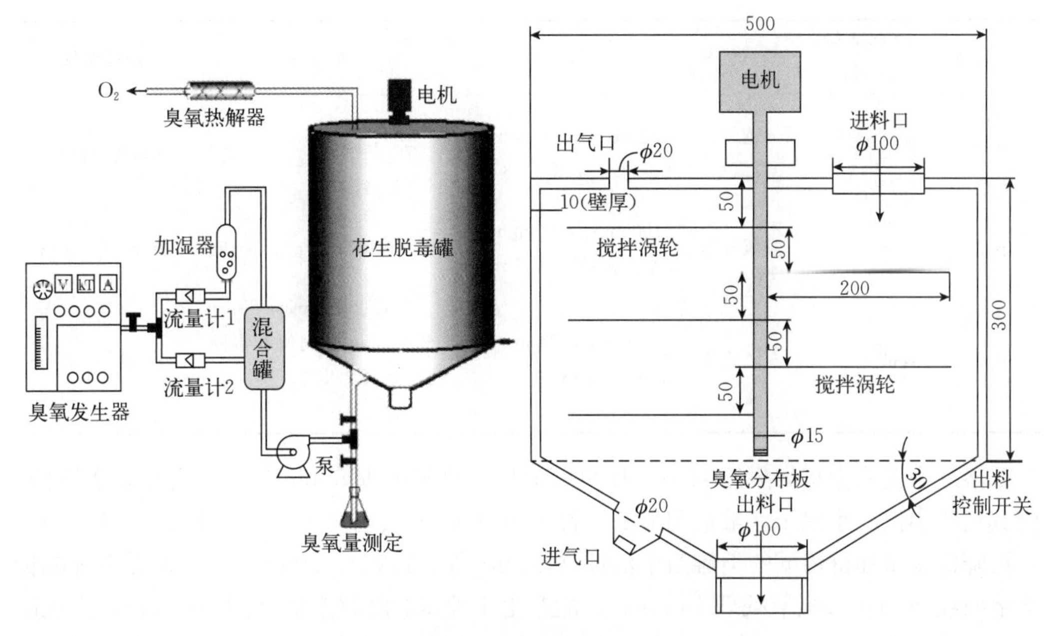

图 10-10 花生臭氧脱毒装置（mm）

（资料来源：山长坡等，2012）

相对于黄曲霉毒素，有关臭氧降解呕吐毒素的研究相对较少，表 10-5 为自 1986 年以来有关臭氧降解呕吐毒素的报道。研究发现，饲喂经臭氧处理后的被呕吐毒素污染的小麦后，ICR 小鼠血清生化、血液、免疫指标等均得到明显改善，表明被呕吐毒素污染的小麦经臭氧处理后，其毒性显著降低（邵慧丽，2016）。此外，根据 UPLC-QTOF/MS 得到的离子碎片信息提出了可能的离子碎片生成途径并推测了臭氧降解产物结构，5 种主要产物的分子式分别为 $C_{15}H_{20}O_9$、$C_{15}H_{20}O_8$、$C_{15}H_{20}O_7$（C 和 D）和 $C_{14}H_{18}O_{10}$，m/z 分别为 344.948 1、329.205 0、311.191 8、311.190 7 和 346.240 4（王莉等，2016）。

表 10-5 臭氧降解呕吐毒素的研究

原料种类	DON 含量（mg/kg）	臭氧状态	处理条件	降解率	资料来源
玉米	1 000	湿臭氧	1.1 mol%，150 mL/min，1 h，玉米水分含量为 50%	90%	Young（1986a）
麦麸胚乳	0.92 0.47	臭氧气体	60 μmol/mol，60 min 和 120 min	86.8%（60 min），DON 未检出（120 min） 40.0%（60 min），DON 未检出（120 min）	Savi 等（2014）
小麦	10.06	臭氧气体	80 mg/L，2 h	(26.11±2.22)%	Li 等（2014）
面粉	2.35、2.84、4.09、4.95	臭氧气体	45 mg/L，60 min	46.59%、40.71%、38.96%和 35.40%	余以刚等（2016）

（续）

原料种类	DON 含量（mg/kg）	臭氧状态	处理条件	降解率	资料来源
小麦 玉米 麦麸	2.18 2.93 3.70	饱和臭氧水	80 mg/L，10 min，固液比为 1∶7 或 1∶8	74.86% 70.65% 76.21%	Sun 等（2016）
小麦	3.89	臭氧气体	100 mg/L，60 min，小麦水分含量为 20.10%	毒素降到了 0.83 mg/kg	Wang 等（2016a）
小麦	1.69	臭氧气体	75 mg/L，30 min、60 min 和 90 min	臭氧处理 30 min、60 min 和 90 min 分别使毒素降低 26.40%、39.16% 和 53.48%	Wang 等（2016b）

溶液中玉米赤霉烯酮经 10%（质量百分比）臭氧处理 5 min 后，其含量显著下降，将其饲喂小鼠，小鼠子宫重量明显低于毒素组（0.011 g 和 0.031 g）。因此，臭氧处理后可降低玉米赤霉烯酮的类雌激素活性（Lemke 等，1999）。10 μg/mL玉米赤霉烯酮标准溶液经 20 mg/L 臭氧处理 1 min 后，能产生 4 种新的降解产物（图 10－11），生成路径主要遵循臭氧与烯烃双键加成的 Criegee 反应机制。根据其离子碎片信息和精确相对分子质量，得出 4 种未知产物的 $[M+H]^+$ 分别是 335.184 1、351.190 7、321.186 4 和 367.175 2（m/z）。并且延长臭氧处理时间后，可使降解产物完全氧化。人肝癌细胞（HepG2）的细胞毒性试验、人乳腺癌细胞（MCF－7）的雌激素效应试验、Ames 试验和 BALB/c 小鼠体内毒性试验均表明，臭氧处理玉米赤霉烯酮后可使其毒性作用下降，各项指标水平与正常空白组无显著性差异（王铁凡，2016）。臭氧能有效降解玉米中的赭曲霉毒素，60 mg/L 臭氧处理 10 h 后能使玉米中污染的80 μg/kg赭曲霉毒素 A 下降到国家粮食卫生标准规定的 5 μg/kg 以下；100 mg/L 臭氧处理 180 min，可同时降低玉米（水分含量为 19.6%）中玉米赤霉烯酮和赭曲霉毒素 A 的含量，降解率分别为 90.7%和 70.7%（Qi 等，2016）。通过红外光谱、核磁共振技术等分析发现，经臭氧处理后串珠镰刀菌毒素的双键消失，其四元环状结构被打开（章红和李季伦，1994）。还有一些其他氧化剂，如次氯酸钠和过氧化氢等，也能有效降解霉菌毒素（表 10－6）。

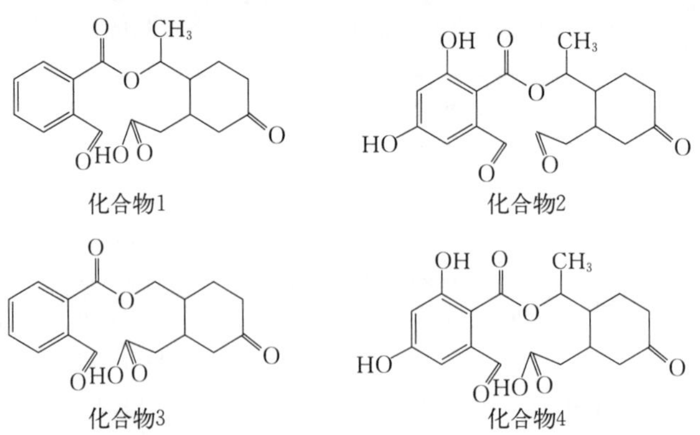

图 10－11　玉米赤霉烯酮臭氧降解产物的结构

（资料来源：王铁凡，2016）

表 10-6 其他氧化剂降解霉菌毒素的研究

氧化剂	霉菌毒素	处理方法	处理效果	资料来源
过氧化氢	AFB_1	0.2% H_2O_2，处理 72 h	使 AFB_1 降低 65.5%	Altug等（1990）
	AFM_1	1% H_2O_2 + 0.5 mmol/L 核黄素，30 ℃处理 30 min	使牛奶中的 AFM_1 降低 98%	Applebaum 和 Marth（1980）
	ZEN	10% H_2O_2，80 ℃处理 16 h	谷物中的 ZEN 降低 83.9%	Abd-Alla 等（1997）
	PAT	0.05% H_2O_2，室温处理 30 min	桔青霉素全部被消除	Fouler 等（1994）
次氯酸钠	AFB_1、AFG_1	0.31%～5%次氯酸钠	10 s 内可显著降低 AFB_1 和 AFG_1 含量	Trager 等（1967）
	AFB_1、AFB_2	0.3%和 0.4%次氯酸钠，pH 8、pH 9、pH 10，60 ℃处理 30 min	在 0.3%次氯酸钠、pH 为 10 的条件下，花生蛋白中的 AFB_1 和 AFB_2 可全部被消除	Natarajan 等（1975）
二氧化氯	AF	10 g/L 二氧化氯溶液，以液料比 5∶1（mL∶g），处理 30 min	花生中黄曲霉毒素含量从 98.60 μg/kg降到 4.85 μg/kg	李建辉（2009）
	ZEN	160 μg/mL，30 ℃处理 150 min	玉米浆中 ZEN 降解率达到 97.01%，降解产物无致突变性，对小鼠没有毒性危害	张芳（2014）
氯气	AFB_1	11 mg/g，处理 2.5 h 16 mg/g，处理 2.5 h 35 mg/g，处理 1 d	使玉米面中 AFB_1 降低 85% 使椰子粕中 AFB_1 降低 75% 使花生粕中 AFB_1 降低 81%	Samarajeewa 等（1991）
碱性高锰酸钾	PAT	含有 0.3 mol/L 高锰酸钾的 2 mol/L 氢氧化钠溶液，处理 3 h	溶液中的展青霉素含量降低 99.9%	Frémy 等（1995）
强酸性氧化离子水	AFB_1	40 ℃以下，浸泡 10 min 以上	大米中 AFB_1 含量降低 90%以上	唐伟强等（2003）

第四节 其他化学物质处理技术

一、操作原理及方法

亚硫酸氢钠（$NaHSO_3$）是一种较好的脱毒剂，可用于去除霉菌毒素。尤其是对于玉米中的黄曲霉毒素 B_1，无论其含量高低，均可达到良好的脱除效果，并且处理后的玉米有较好的颜色、手感和适口性。亚硫酸氢钠能够与黄曲霉毒素形成水溶性产物。Yagen 等（1989）经过系统的研究，提出了亚硫酸氢钠与黄曲霉毒素 B_1 的络合物结构

（AFB_1 - S)，并提出了可能的络合机理，即黄曲霉毒素 B_1 的 C - 15 位生成 15α - AFB_1 磺酸钠（15α - sodium sulfonate of AFB_1）（图 10 - 12）。Moerck 等（1980）认为，亚硫酸氢钠对黄曲霉毒素的另一种去毒机制是亚硫酸氢钠能够破坏内酯环或环戊酮结构，从而使毒素失去毒性。另外，亚硫酸氢钠也可去除呕吐毒素，酸性条件下亚硫酸氢钠会将呕吐毒素转化为磺酸盐（图 10 - 13），并且这种呕吐毒素磺酸盐已被证明对猪无毒（Young，1986b）。

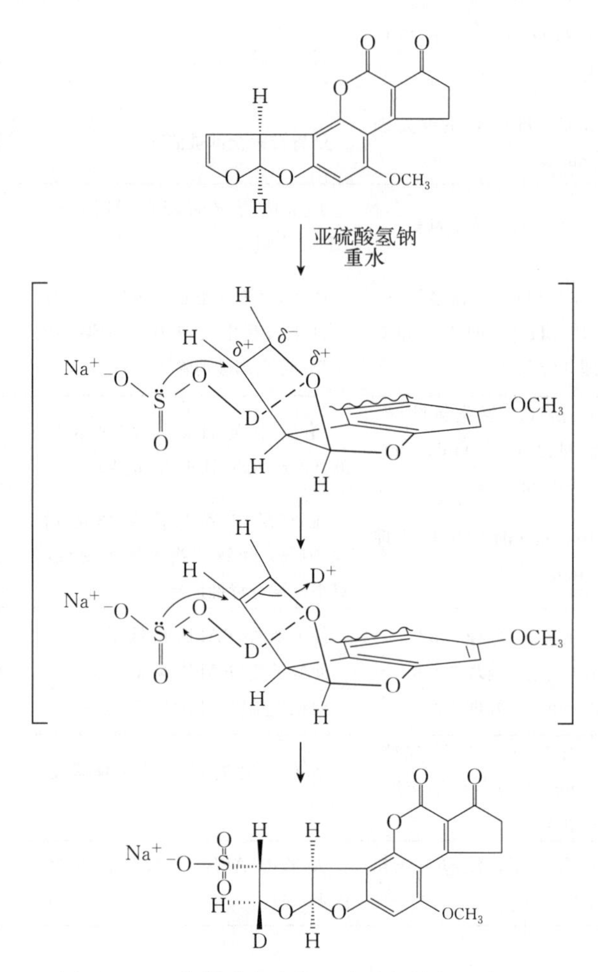

图 10 - 12　黄曲霉毒素与亚硫酸氢钠的反应过程

（资料来源：Yagen 等，1989）

对于烟曲霉毒素来说，研磨、发酵、氨化和臭氧氧化等方法都不能有效降低其毒性。烟曲霉毒素结构上唯一的一个氨基可与异硫氰酸盐上的活性碳原子发生反应（Font 等，2012）。在 1 L 磷酸盐缓冲液中加入等量的异硫氰酸盐（1 mg）和烟曲霉毒素（1 mg），经检测该体系中的烟曲霉毒素 B_1 和烟曲霉毒素 B_2 的含量可减少 42%～100%，该反应适宜在碱性条件下进行。将异硫氰

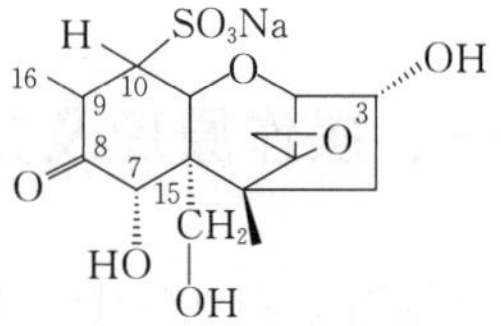

图 10 - 13　呕吐毒素与 $NaHSO_3$ 的反应产物结构

（资料来源：Young，1986b）

酸盐加热后熏蒸被烟曲霉毒素污染的玉米，可减少霉变玉米中29%～96%的烟曲霉毒素。异硫氰酸盐作为面包中的食品添加剂，可降低面包中73%～100%的烟曲霉毒素B_2。重氮化作用是烟曲霉毒素B_1在加入了亚硝酸钠（$NaNO_2$）的酸性水溶液中，低温时发生的去氨基反应。重氮化作用使烟曲霉毒素脱毒经济而便捷，在试验过程中一些较便宜的化学试剂（如亚硝酸钠和盐酸）就可以大幅度降低烟曲霉毒素的浓度，从而达到高效解毒的目的。

在加工和贮藏过程中，添加二氧化硫（SO_2）、亚硫酸盐、半胱氨酸和谷胱甘肽能够减少展青霉素的含量。大部分研究认为，二氧化硫可降低展青霉素的稳定性，但是关于其降解效果的报道差异很大。当二氧化硫添加量低于200 mg/L时，其与展青霉素的结合不稳定，脱除苹果汁中展青霉素的效果不明显。然而，当二氧化硫浓度为2 000 mg/L、展青霉素含量为15 μg/mL时，2 d内展青霉素的降解率可达90%。二氧化硫脱除展青霉素的机理有2种：一种是二氧化硫与展青霉素半缩醛环可逆结合；另一种是展青霉素内酯环打开后，二氧化硫与双键发生不可逆结合（Burrroughs，1977）。展青霉素能与N-乙酰半胱氨酸、谷胱甘肽和半胱氨酸生成多种加合产物，虽然展青霉素与半胱氨酸的加合产物对革兰氏阳性菌和革兰氏阴性菌具有轻微抗菌性，但与展青霉素相比，毒性大大降低。进一步对加合产物进行毒理学评价发现，其半数致死量是展青霉素的1/85，没有引起小鼠可见病症和死亡（Lindroth和von Wright，1990）。有机酸和维生素类物质也能够降解展青霉素，由于它们是食品级添加剂，因此被认为是安全且可接受的。在酸性溶液中添加抗坏血酸（维生素C）能够降低展青霉素的稳定性，与对照组相比，展青霉素能被缓慢降解。原因可能是抗坏血酸氧化成脱氢抗坏血酸产生自由基，进而分解展青霉素，该反应需要氧气的参与和金属离子作为催化剂。Kokkinidou等（2014）发现，25～85 ℃条件下抗坏血酸能够有效降解展青霉素，无抗坏血酸存在时展青霉素的降解模型为零阶线性动力学模型，添加抗坏血酸后为非线性Weibull模型，同时活化能下降。说明抗坏血酸的添加会降低展青霉素稳定性，改变展青霉素的化学结构。

二、实施效果与技术局限性

一些化学试剂，如亚硫酸氢钠、焦亚硫酸钠（$Na_2S_2O_5$）、二氧化硫、酸类物质和抗坏血酸等，具有转化饲料中霉菌毒素的能力，但转化产物是否具有毒性，还需进行毒理学和进一步深入评价。化学法降解呕吐毒素中较有效的物质是焦亚硫酸钠，其可广泛应用于农场粮食的脱毒，但是在欧洲食用级谷物中禁止使用此物质。并且应当注意的是，这些化学品在饲料中的高残留问题尚无有效、经济的解决方法，因此不宜大规模使用。

三、例证

亚硫酸氢钠溶液对呕吐毒素的去除效果显著，且去除程度与溶液浓度和反应时间有关。用 $NaHSO_3$ 溶液（相当于10% SO_2）处理小麦24 h后，呕吐毒素的残留量只有5%（Young等，1986）。但当面粉经过烘焙加工后，由于中间产物磺酸盐发生碱水解，因此呕吐毒素含量又回升为原来含量的50%～75%。同时发现，SO_2 气体对呕吐毒素的去除效果不明显。利用 Na_2CO_3 和 $NaHSO_3$ 处理被呕吐毒素污染的小麦，麦粒中呕吐毒素含量可分别减少83.9%和69.9%。焦亚硫酸钠也可将呕吐毒素转化成呕吐毒素磺酸盐，使其毒性大大降低。与未经处理的霉变饲料相比，经焦亚硫酸钠处理的霉变饲料饲喂仔猪后其具有很明显的改善作用（Dänicke等，2005）。

柠檬酸能降低高粱、玉米中的黄曲霉毒素水平，并且经毒理学和病理学研究发现，柠檬酸水溶液能降低被黄曲霉毒素 B_1 污染的饲粮对雏鸡的毒害作用（Méndez-Alboresa等，2008）。甲醛也可有效降低黄曲霉毒素 B_1 含量，与氨气或氢氧化钙联合使用时去毒效率更高。

参考文献

陈冉，李培武，马飞，等，2013. 花生黄曲霉毒素污染臭氧脱毒技术研究［J］. 中国油料作物学报，35（1）：92-96.

刁恩杰，2015. 花生中黄曲霉毒素 B_1 臭氧降解及安全性评价［D］. 济南：山东农业大学.

冯定远，Atreja P P，1997. 次氯酸钠对花生饼中黄曲霉毒素去毒效果的研究［J］. 华南农业大学学报（1）：68-72.

盖云霞，赵谋明，崔春，等，2007. 不同前处理方法对花生粕酶解液中黄曲霉毒素含量的影响［J］. 食品与发酵工业，33（11）：18-21.

李建辉，2009. 花生中黄曲霉毒素的影响因子及脱毒技术研究［D］. 北京：中国农业科学院.

林叶，李进伟，蒋将，等，2015. 臭氧去除黄曲霉毒素 B_1 工艺优化及其对花生粕营养品质的影响［J］. 中国油脂，40（11）：28-32.

罗小虎，王韧，王莉，等，2015. 臭氧降解玉米中黄曲霉毒素 B_1 效果及降解动力学研究［J］. 食品科学，36（15）：45-49.

山长坡，刁恩杰，王宇晓，等，2012. 臭氧降解花生中黄曲霉毒素的设备及应用［J］. 农业工程学报，28（21）：243-247.

邵慧丽，2016. 臭氧处理对呕吐毒素污染小麦品质及安全性的影响［D］. 无锡：江南大学.

檀丽萍，2008. 玉米及玉米制品中伏马菌素的检测与去除［D］. 北京：北京林业大学.

唐伟强，沈健，刘均泉，2003. 基于强酸性氧化离子水技术的大米黄曲霉毒素降解机理的研究［J］. 粮油加工与食品机械（5）：52-54.

王莉，罗颖鹏，罗小虎，等，2016. 臭氧降解污染小麦中呕吐毒素的效果及降解产物推测［J］. 食品科学，37（18）：164-170.

王轶凡，2016. 玉米赤霉烯酮的臭氧降解产物分析及其处理前后的安全性评价［D］. 无锡：江南大学.

余以刚，马涵若，侯芮，等，2016. 臭氧和紫外降解面粉中的DON及对面粉品质的影响［J］. 现代食品科技，32（9）：196-202.

张芳，2014. 真菌毒素臭氧降解及其他脱毒方法研究［D］. 无锡：江南大学.

章红，李季伦，1994. 串珠镰刀菌素的毒性与结构的关系［J］. 微生物学报，34（2）：119-123.

Abd - Alla E S, 1997. Zearalenone: incidence, toxigenic fungi and chemical decontamination in Egyptian cereals [J]. Nahrung, 41: 362 - 365.

Abramson D, House J D, Nyachoti C M, 2005. Reduction of deoxynivalenol in barley by treatment with aqueous sodium carbonate and heat [J]. Mycopathologia, 160 (4): 297 - 301.

Akbas M Y, Ozdemir M, 2006. Effect of different ozone treatments on aflatoxin degradation and physicochemical properties of pistachios [J]. Journal of the Science of Food and Agriculture, 86 (13): 2099 - 2104.

Alencar E R D, Faroni L R D, Martıns M A, et al, 2011. Decomposition kinetics of gaseous ozone in peanuts [J]. Engenharia Agrícola, 31 (5): 930 - 939.

Allameh A, Safamehr A, Mirhadi S A, et al, 2005. Evaluation of biochemical and production parameters of broiler chicks fed ammonia treated aflatoxin contaminated maize grains [J]. Animal Feed Science and Technology, 122 (3/4): 289 - 301.

Altuğ T, Yousef A E, Marth E H, 1990. Degradation of aflatoxin B_1 in dried figs by sodium bisulfite with or without heat, ultraviolet energy or hydrogen peroxide [J]. Journal of Food Protection, 53 (7): 581 - 582.

Applebaum R S, Marth E H, 1980. Inactivation of aflatoxin M_1 by hydrogen peroxide [J]. Journal of Food Protection, 43: 820.

Bagley E B, 1979. Decontamination of corn containing aflatoxin by treatment with ammonia [J]. Journal of the American Oil Chemists Society, 56 (9): 808 - 811.

Bennett G A, Shotwell O L, Hesseltine C W, 1980. Destruction of zearalenone in contaminated corn [J]. Journal of the American Oil Chemists Society, 57 (8): 245 - 247.

Brekke O L, Peplinski A J, Lancaster E B, 1977. Aflatoxin inactivation in corn by aqua ammonia [J]. Transactions of the ASAE, 20 (6): 1160 - 1168.

Brekke O L, Peplinski A J, Nofsinger G W, et al, 1979. Aflatoxin inactivation in corn by ammonia gas: a field trial [J]. Transactions of the ASAE, 22 (2): 425 - 432.

Bretz M, Beyer M, Cramer B, et al, 2006. Thermal degradation of the Fusarium mycotoxin deoxynivalenol [J]. Journal of Agricultural and Food Chemistry, 54 (17): 6445 - 6451.

Bretz M, Knecht A, Göckler S, et al, 2010. Structural elucidation and analysis of thermal degradation products of the Fusarium mycotoxin nivalenol [J]. Molecular Nutrition and Food Research, 49 (4): 309 - 316.

Burroughs L F, 1977. Stability of patulin to sulfur dioxide and to yeast fermentation [J]. Journal Association of Official Analytical Chemists, 60 (1): 100 - 103.

Burrows E P, Szafraniec L L, 1986. Hypochlorite - promoted transformations of trichothecenes 2. Fragementation - rearrangement of the primary product from verrucarol [J]. Journal of Organic Chemistry, 51 (9): 1494 - 1497.

Burrows E P, Szafraniec L L, 1987. Hypochlorite - promoted transformations of trichothecenes, 3. Deoxynivalenol [J]. Journal of Natural Products, 50 (6): 1108 - 1112.

Chatterjee D, Mukherjee S K, 1993. Destruction of phagocytosis - suppressing activity of aflatoxin B_1 by ozone [J]. Letters in Applied Microbiology, 17 (2): 52 - 54.

Dänicke S, Valenta H, Gareis M, et al, 2005. On the effects of a hydrothermal treatment of deoxynivalenol (DON) - contaminated wheat in the presence of sodium metabisulphite ($Na_2S_2O_5$) on DON reduction and on piglet performance [J]. Animal Feed Science and Technology, 118 (1): 93 - 108.

Draughon F A, Childs E A, 1982. Chemical and biological evaluation of aflatoxin after treatment with sodium hypochlorite, sodium hydroxide and ammonium hydroxide [J]. Journal of Food Protection, 45 (8): 703-706.

Dwarakanath C T, Rayner E T, Mann G E, et al, 1968. Reduction of aflatoxin levels in cottonseed and peanut meals by ozonization [J]. Journal of the American Oil Chemists Society, 45 (2): 93-95.

Font G, Azaiez I, Giuseppe M, et al, 2012. Detoxification of fumonisins by isothiocyanates [J]. Toxicology Letters, 211: 98-99.

Fouler S G, Trivedi A B, Kitabatake N, 1994. Detoxification of citrinin and ochratoxin A by hydrogen peroxide [J]. Journal of AOAC International, 77 (3): 631-637.

Frayssinet C, Lafarge-Frayssinet C, 1990. Effect of ammoniation on the carcinogenicity of aflatoxin-contaminated groundnut oil cakes: long-term feeding study in the rat [J]. Food Additives and Contaminants, 7 (1): 63-68.

Frémy J M, Castegnaro M J J, Gleizes E, et al, 1995. Procedures for destruction of patulin in laboratory wastes [J]. Food Additives and Contaminants, 12 (3): 331-336.

Gardner H K, Koltun S P, Dollear F G, et al, 1971. Inactivation of aflatoxin in peanut and cottonseed meals by ammoniation [J]. Journal of the American Oil Chemists Society, 48 (2): 70-73.

Hughes B L, Barnett B D, Jones J E, et al, 1979. Safety of feeding aflatoxin-inactivated corn to White Leghorn layer-breeders [J]. Poultry Science, 58 (5): 1202-1209.

Inan F, Pala M, Doymaz I, 2007. Use of ozone in detoxification of aflatoxin B_1 in red pepper [J]. Journal of Stored Products Research, 43 (4): 425-429.

Kamber U, Gülbaz G, Aksu P, et al, 2016. Detoxification of aflatoxin B_1 in red pepper (*Capsicum annuum* L.) by ozone treatment and its effect on microbiological and sensory quality [J]. Journal of Food Processing and Preservation, 41: e13102.

Karaca H, Velioglu Y S, 2009. Effects of some metals and chelating agents on patulin degradation by ozone [J]. Ozone Science and Engineering, 31 (3): 224-231.

Karlovsky P, Suman M, Berthiller F, et al, 2016. Impact of food processing and detoxification treatments on mycotoxin contamination [J]. Mycotoxin Research, 32 (4): 179-205.

Kokkinidou S, Floros J D, Laborde L F, 2014. Kinetics of the thermal degradation of patulin in the presence of ascorbic acid [J]. Journal of Food Science, 79 (1): 108-114.

Lemke S L, Mayura K, Ottinger S E, et al, 1999. Assessment of the estrogenic effects of zearalenone after treatment with ozone utilizing the mouse uterine weight bioassay [J]. Journal of Toxicology and Environmental Health, 56: 283-295.

Li M M, Guan E Q, Bian K, 2015. Effect of ozone treatment on deoxynivalenol and quality evaluation of ozonised wheat [J]. Food Additives and Contaminants, 32 (4): 544-553.

Lindroth S, von Wright A, 1990. Detoxification of patulin by adduct formation with cysteine [J]. Journal of Environmental Pathology, Toxicology and Oncology, 10 (4/5): 254-259.

Luo X, Wang R, Wang L, et al, 2013a. Structure elucidation and toxicity analyses of the degradation products of aflatoxin B_1 by aqueous ozone [J]. Food Control, 31 (2): 331-336.

Luo X, Wang R, Wang L, et al, 2013b. Detoxification of aflatoxin in corn flour by ozone [J]. Journal of the Science of Food and Agriculture, 94 (11): 2253-2258.

Masri M S, Vix H L E, Goldblatt L A, 1969. Process for detoxifying substances contaminated with aflatoxin [P]. U. S. Patent No. US3429709DA.

McKenzie K S, Kubena L F, Denvir A J, et al, 1998. Aflatoxicosis in turkey poults is prevented by treatment of naturally contaminated corn with ozone generated by electrolysis [J]. Poultry Science, 77 (8): 1094 - 1102.

McKenzie K S, Sarr A B, Mayura K, et al, 1997. Oxidative degradation and detoxification of mycotoxins using a novel source of ozone [J]. Food and Chemical Toxicology, 35 (8): 807 - 820.

Méndez - Alboresa A, Velesmedina J, Urbinaálvarez E, et al, 2008. Effect of citric acid on aflatoxin degradation and on functional and textural properties of extruded sorghum [J]. Animal Feed Science and Technology, 150 (3): 316 - 329.

Moerck K E, McElfresh P, Wohlman A, et al, 1980. Aflatoxin destruction in corn using sodium bisulfite, sodium hydroxide and aqueous ammonia [J]. Journal of Food Protection, 43 (7): 571 - 574.

Natarajan K R, Rhee K C, Cater C M, et al, 1975. Destruction of aflatoxins in peanut protein isolates by sodium hypochlorite [J]. Journal of the American Oil Chemists Society, 52 (5): 160 - 163.

Norred W P, 1979. Effect of ammoniation on the toxicity of corn artificially contaminated with aflatoxin B_1 [J]. Toxicology and Applied Pharmacology, 51 (3): 411 - 416.

Norred W P, Morrissey R E, 1983. Effects of long - term feeding of ammoniated, aflatoxin - contaminated corn to Fischer 344 rats [J]. Toxicology and Applied Pharmacology, 70 (1): 96 - 104.

Norred W P, Voss K A, Bacon C W, et al, 1991. Effectiveness of ammonia treatment in detoxification of fumonisin - contaminated corn [J]. Food and Chemical Toxicology, 29 (12): 815 - 819.

Park D L, 1993. Perspectives on mycotoxin decontamination procedures [J]. Food Additives and Contaminants, 10 (1): 49 - 60.

Proctor A D, Ahmedna M, Kumar J V, et al, 2004. Degradation of aflatoxins in peanut kernels/flour by gaseous ozonation and mild heat treatment [J]. Food Additives and Contaminants, 21 (8): 786 - 793.

Prudente A D, King J M, 2002. Efficacy and safety evaluation of ozonation to degrade aflatoxin in corn [J]. Journal of Food Science, 67 (8): 2866 - 2872.

Qi L, Li Y, Luo X, et al, 2016. Detoxification of zearalenone and ochratoxin A by ozone and quality evaluation of ozonized corn [J]. Food Additives and Contaminants, 33 (11): 1700 - 1710.

Safamehr A, 2008. The performance and heamatological characters in broiler chicks fed ammonia - treated aflatoxin contaminated feed [J]. Journal of Animal and Veterinary Advances, 7 (3): 331 - 336.

Samarajeewa U, Sen A C, Fernando S Y, et al, 1991. Inactivation of aflatoxin B_1 in corn meal, copra meal and peanuts by chlorine gas treatment [J]. Food and Chemical Toxicology, 29 (1): 41 - 47.

Savi G D, Piacentini K C, Bittencourt K O, et al, 2014. Ozone treatment efficiency on Fusarium graminearum and deoxynivalenol degradation and its effects on whole wheat grains (*Triticum aestivum* L.) quality and germination [J]. Journal of Stored Products Research, 59: 245 - 253.

Shapira R, Paster N, 2004. Control of mycotoxins in storage and techniques for their decontamination [M]//Magan N, Olsen M. Mycotoxins in food: detection and control. New York: CRC Press.

Sun C, Ji J, Wu S, et al, 2016. Saturated aqueous ozone degradation of deoxynivalenol and its application in contaminated grains [J]. Food Control, 69: 185 - 190.

Torlak E，Akata I，Erci F，et al，2016. Use of gaseous ozone to reduce aflatoxin B_1 and microorganisms in poultry feed [J]. Journal of Stored Products Research，68：44-49.

Trager W T，Stoloff L，1967. Possible reactions for aflatoxin detoxification [J]. Journal of Agricultural and Food Chemistry，15 (4)：679-681.

Wang L，Luo Y，Luo X，et al，2016a. Effect of deoxynivalenol detoxification by ozone treatment in wheat grains [J]. Food Control，66：137-144.

Wang L，Shao H，Luo X，et al，2016b. Effect of ozone treatment on deoxynivalenol and wheat quality [J]. PloS ONE，11 (1)：e0147613.

Wang S，Liu H，Lin J，et al，2010. Can ozone fumigation effectively reduce aflatoxin B_1 and other mycotoxins contamination on stored grain [J]. Julius Kuhn Archiv，425：582-588.

Yagen B，Hutchins J E，Cox R H，et al，1989. Aflatoxin B_1S：revised structure for the sodium sulfonate formed by destruction of aflatoxin B_1 with sodium bisulfite [J]. Journal of Food Protection，52 (8)：574-577.

Young J C，1986a. Reduction in levels of deoxynivalenol in contaminated corn by chemical and physical treatment [J]. Journal of Agricultural and Food Chemistry，34 (3)：465-467.

Young J C，1986b. Formation of sodium bisulfite addition products with trichothecenones and alkaline hydrolysis of deoxynivalenol and its sulfonate [J]. Journal of Agricultural and Food Chemistry，34 (5)：919-923.

Young J C，Blackwell B A，Apsimon J W，1986. Alkaline degradation of the mycotoxin 4-deoxynivalenol [J]. Tetrahedron Letters，27 (9)：1019-1022.

Young J C，Subryan L M，Potts D，et al，1986. Reduction in levels of deoxynivalenol in contaminated wheat by chemical and physical treatment [J]. Journal of Agricultural and Food Chemistry，34 (3)：461-465.

Young J C，Zhu H，Zhou T，2006. Degradation of trichothecene mycotoxins by aqueous ozone [J]. Food and Chemical Toxicology，44 (3)：417-424.

Zorlugenç B，Zorlugenç F K，Öztekin S，et al，2008. The influence of gaseous ozone and ozonated water on microbial flora and degradation of aflatoxin B_1 in dried figs [J]. Food and Chemical Toxicology，46 (12)：3593-3597.

第十一章 吸附剂吸附技术及其应用

第一节 技术原理

一、吸附剂的吸附特性

吸附剂脱毒法是目前饲料工业中较为成熟且应用广泛的一种霉菌毒素脱毒方法，即在饲料中添加具有吸附霉菌毒素能力的脱毒剂达到脱毒的目的。其主要脱毒原理是：吸附剂本身是不能被动物消化和吸收的物质，在动物体内与霉菌毒素稳定结合形成复合体，使毒素经过消化道时不被动物体吸收并随着食糜流经动物肠道而被排出体外，减少肠道对毒素的吸收量及血液和靶器官中的毒素含量，从而减弱毒素的生物学效应。

在吸附剂的表面上有数量庞大的结合位点，这些位点可分为特异性结合位点和非特异性结合位点。其中，特异性结合位点只与特异性的霉菌毒素结合，而非特异性结合位点可与多种物质结合（图 11－1）。影响霉菌毒素吸附剂吸附效果的因素有很多，如吸附剂本身的结构和特性、饲料的霉变程度、脱毒剂的添加量和吸附反应环境中其他成分等，此外试验方法和毒素检测方法也会影响测定结果。因此，不同霉菌毒素吸附剂对同一霉菌毒素的吸附效率不同。霉菌毒素吸附剂的晶体结构和物理特性，包括总电荷量、电荷分布、孔结构及其分布、可用的表面积（比表面积）和表面活性基团等，是影响吸附效果的主要原因之一。一般而言，疏松多孔的表面结构、较大的比表面积、发达的微孔及数量、排列适宜的介孔和大孔，以及表面某些活性基团的存在，通常被认为是性能良好的固体吸附剂的特征。

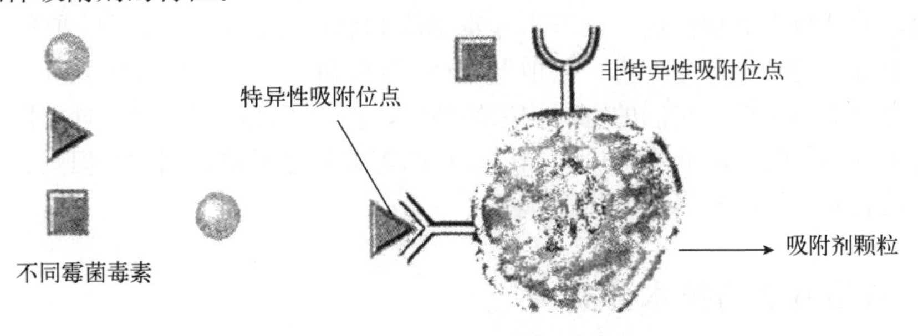

图 11－1 吸附剂的吸附示意图

（资料来源：卢永红，2005）

吸附剂结构通常疏松多孔，比表面积较大，其主要依赖电荷、氢键、离子键等与霉菌毒素结合，进而随食糜被排出体外。例如，铝硅酸盐类吸附剂不仅具有较大的比表面积和亲水性的负电荷表面，而且其结构存在大量的天然纳米微孔，存在同质取代现象，层间带有大量可交换阳离子，适于吸附具有极性基团的霉菌毒素，如黄曲霉毒素等，但对玉米赤霉烯酮、赭曲霉毒素 A 及单端孢霉烯族毒素等吸附效果不理想，且容易受环境 pH 的影响。酯化葡甘露聚糖（esterified-glucomannan，EGM）是一种有孔的功能性碳水化合物，具有较大的表面区域且富含不同孔径的孔穴，可吸附多种霉菌毒素（如黄曲霉毒素、玉米赤霉烯酮、呕吐毒素等）。酵母细胞壁的主要成分包括β-葡聚糖、甘露聚糖、多糖、蛋白质和脂质类物质等，可以通过氢键、离子键和疏水作用力吸附霉菌毒素。活性炭是一种多孔、不溶性的粉末状物质，含有大量微孔，比表面积可达 500～3 500 m^2/g，较高的比表面积提高了其对有毒物质的吸附能力。微生物菌体对毒素的吸附作用，主要是微生物菌体细胞壁通过非共价键的形式和毒素分子结合在一起，其中疏水作用和静电力是维持这种结合的主要作用力。

二、霉菌毒素的吸附特性

霉菌毒素是一大类物质，由于不同种类的霉菌毒素理化性质不同，因此同一种吸附剂对不同种霉菌毒素的吸附率也不同。影响霉菌毒素吸附特性的主要因素有：

1. 毒素分子结构 对硅藻土的吸附性能研究表明，其对各种毒素的吸附力排序是：黄曲霉毒素 B_1＞柄曲霉毒素＞黄曲霉毒素 M_1＞T-2 毒素＞玉米赤霉烯酮及赭曲霉毒素（Natour 和 Yousef，1998）。黄曲霉毒素的基本结构单位是 1 个双氢呋喃环和 1 个氧杂萘邻酮；玉米赤霉烯酮是一种二酚化合物；赭曲霉毒素 A 是具有羧基和酚基基团的化合物；T-2 毒素和脱氧雪腐镰刀菌烯醇是倍半萜烯化合物。

2. 毒素分子极性 铝硅酸盐类矿物质（蒙脱石或沸石）吸附剂具有亲水性的负电荷表面，适于吸附带有极性基团的霉菌霉素，如黄曲霉毒素；而那些极性不强的霉菌毒素（如玉米赤霉烯酮、呕吐毒素、T-2 毒素和赭曲霉毒素）则不易被这类矿物质所吸附。

3. 毒素分子大小和形状 沸石的晶体结构中具有大量均匀的微孔，微孔与一般物质的分子大小相当，由此形成了分子筛的选择吸附特性，只有比沸石孔径小的分子才能进入从而被吸附，而大于孔径的物质则被排除在外。层状铝硅酸盐类矿物质对黄曲霉毒素的吸附效率要比其他霉菌毒素高出许多，这可能是因为黄曲霉毒素具有刚性共面苯环结构，能够进入晶层之间，从而扩大了吸附位点；同时与晶层间阳离子交换产生强烈的相互作用，使其吸附更加稳定。而玉米赤霉烯酮和赭曲霉毒素 A 分子的酚环虽然是共平面的，但分子的其他部分非常“松散”。呕吐毒素和 T-2 毒素的分子结构虽也不易改变，但完全不具刚性，它们的空间构象呈杯状，丧失了使所有的原子处于同一平面的机会，由于空间位阻，因此不能进入晶层。烟曲霉毒素分子缺乏刚性，但具有的极性残基与矿物质表面可能有相当强的相互作用。

三、常用方法与技术分类

目前，国内外市场上霉菌毒素吸附剂种类繁多，常见的主要有铝硅酸盐类及其衍生物、酵母细胞壁及提取物，还有活性炭、活菌制剂（益生素）、植物纤维类、高分子化合物［消胆胺、聚乙烯吡咯烷酮（PVPP）、腐殖酸类等］，以及由多种成分复合而成的吸附剂。表 11－1 列出了国内外主要吸附剂产品的主要成分、吸附对象和生产国家等信息。

表 11－1 国内外主要吸附剂及其产品信息

名 称	主要成分	吸附对象	生产国家
吸附剂 A	（非活性）酿酒酵母、海藻酸钠、硅藻土和膨润土	AF、ZEN、DON、FUM、OTA、麦角固醇等	新加坡
吸附剂 B	酵母细胞活性提取物	AF、ZEN、FUM、DON、赭曲霉毒素、T－2 毒素等	美国
吸附剂 C	活化硅铝酸盐（蒙脱石、海泡石、绿泥石、冻石）、SiO_2、抑菌剂等	AF、ZEN、FUM、T－2 毒素、赭曲霉毒素、DON	美国
吸附剂 D	黏土类	AF、ZEN、DON、FUM、T－2 毒素、麦角毒素、赭曲霉毒素、桔青霉毒素	美国
吸附剂 E	硅铝酸盐（蒙脱石、石英、长石、石膏、云母等）、SiO_2、Al_2O_3、FeO、MgO 等	AF、ZEN、FUM 等	美国
吸附剂 F	膨润土、蒙脱石、酵母细胞壁等	AFB_1	美国
吸附剂 G	多孔性黏土，如蒙脱石、蛋白石等	AFB_1、ZEN、DON、T－2 毒素、赭曲霉毒素	美国
吸附剂 H	双活性水合硅铝酸钙钾钠盐复合矿物质、蒙脱石	AF、ZEN、T－2 毒素、DON、赭曲霉毒素、FUM	美国
吸附剂 I	酵母细胞壁、天然矿物质、酶解毒剂、复合维生素	AF、ZEN 等	加拿大
吸附剂 J	多层铝硅酸盐、黏土矿物质、降解剂	AFB_1、ZEN、DON、T－2 毒素、OTA 等	比利时
吸附剂 K	外源活性酶、壳聚糖、钠钙硅铝酸盐、植物提取物	AF	比利时
吸附剂 L	甘露寡糖、葡聚糖、植物提取物、化学氨化成分、生物类黄酮	AF、DON、ZEN、T－2 毒素、FUM 等	德国
吸附剂 M	水化硅铝酸钙钠	AFB_1	瑞士
吸附剂 N	天然蒙脱石	AFB_1	日本
吸附剂 O	改性酵母细胞壁、改性蒙脱石	AF、ZEN、DON	中国
吸附剂 P	硅铝酸盐、酯化葡甘露聚糖（酵母细胞壁）、霉菌毒素特效酶（降解毒素）、草本植物（保护内脏）	AF、ZEN、DON、T－2 毒素、赭曲霉毒素、桔青霉毒素、蛇形菌毒素、FUM、麦角毒素	中国
吸附剂 Q	硅铝酸盐衍生物、酵母细胞壁、丙酸钙、山梨酸等	AF	中国
吸附剂 R	黏土类多层复合水合硅铝酸钙钠盐、蒙脱石、极微量的石英等	AF、ZEN、DON、FUM、OTA、T－2 毒素	中国
吸附剂 S	功能酵母、二氧化硅水合硅铝酸盐	AF、ZEN、DON、FUM、T－2 毒素	中国

理想的霉菌毒素吸附剂应具备的特点有：①广谱性与专一性。具有吸附多种霉菌毒素的能力，尤其是谷物中常见的霉菌毒素，如黄曲霉毒素、玉米赤霉烯酮、呕吐毒素、赭曲霉毒素等；同时，对饲料中的营养成分（如维生素和微量元素等）及药物无明显吸附作用。②稳定性好。饲料制粒、膨化和贮存期间具有热稳定性，且耐高温高压，具酸碱稳定性。③安全性高。包括吸附剂自身安全性和对环境的安全性，对人兽无不良作用；在生产过程中要避免重金属污染，动物排泄出来的吸附剂-霉菌毒素复合物能被生物降解，且无有毒产物。④高效性。在饲料中的使用量低而有效。⑤能在饲料中被迅速而均匀地混合。⑥适口性好。

从现有的研究来看，不同霉菌毒素分子有不同的理化性质，任何一种单一的吸附剂都不能吸附所有的霉菌毒素，因此通过将不同类型的吸附剂进行适当配比或对吸附剂进行改性将是一个很好的研究方向。

随着我国吸附剂市场的不断扩大，吸附剂产品种类也日益增多，但市场较为混乱，各类吸附剂产品的吸附效果良莠不齐。近年来，我国饲料安全评价体系正在快速成型，霉菌毒素吸附剂的有效性和安全性评价是其中的一个重要组成部分。科学、合理地评价吸附剂产品，有助于提高其生产水平，改善我国目前吸附剂市场的混乱现象，有利于进一步加强饲料生产的安全性。关于吸附剂对霉菌毒素和营养物质吸附的评价方法将在本书第五篇中叙述。

第二节　铝硅酸盐类吸附剂吸附技术

一、简介及其常用的吸附剂

硅酸盐矿物质在自然界中的分布极为广泛，已知的硅酸盐矿物质有800余种，约占已知矿物质的1/4，其中铝硅酸盐矿物质占重要比例。铝硅酸盐矿物质是最大的一类霉菌毒素吸附剂，同时也是目前应用和研究最为深入的一类。最常被用作霉菌毒素吸附剂的铝硅酸盐矿物质主要包括膨润土（bentonite）、蒙脱石（montmorillonite）、沸石（zeolite）、水合铝硅酸钠钙（hydrated sodium calcium alumino silicate，HSCAS）、高岭土（kaolin）及伊利石（illite）等。这类吸附剂不仅具有较大的比表面积和亲水性的负电荷表面，而且结构中还存在大量的天然纳米微孔，存在同质取代现象，层间带有大量可交换阳离子，适于吸附具有极性基团的霉菌毒素。

1. 膨润土　又名斑脱岩，俗称白土，其主要矿物质成分为蒙脱石。其质量性能主要取决于蒙脱石的含量，蒙脱石的含量越高膨润土的质量就越好。膨润土不仅在催化剂载体、过滤剂、脱色剂、净化剂、农药载体、涂料添加剂、防渗剂、混凝土增塑剂等方面已经得到广泛应用，还对饲料中的氟和游离棉酚等有毒有害物质具有吸附作用。研究显示，膨润土的吸附作用主要包括物理吸附和化学吸附。物理吸附主要依靠静电引力和热运动的平衡作用，吸附性能的强弱取决于膨润土所带的电荷数，电荷越多则吸附能力越强。化学吸附为非静电因素作用下发挥的一种吸附作用，包括水合作用、离子和分子的相互作用、共价键和氢键结合等，该吸附作用一般不容易出现解吸附现象。

2. 蒙脱石　又名微晶高岭石，是一种层状结构的铝硅酸盐矿物质，因其最初发现于法国的蒙脱城而命名。其分子式为（Na，Ca)$_{0.33}$（Al，Mg)$_2$（Si_4O_{10}）（$OH)_2$ · nH_2O，由上、下2个硅氧四面体片与中间1个铝氧八面体片构成其结构的基本单元，并通过共用的氧原子相连接。这种硅氧-铝氧-硅氧单元在a、b轴方向延伸，在c轴上层层重叠（图11-2，彩图11-1)，是黏土类矿物质中晶体结构变异性最强的矿物质之一。蒙脱石晶体中存在2种电荷：一种为同晶取代所产生的永久电荷，一种为pH依赖电荷又称可变电荷。在矿物结晶时，铝氧八面体中的Al^{3+}常被Mg^{2+}、Fe^{2+}置换，硅氧四面体中的Si^{4+}被Al^{3+}置换。由于低价阳离子替代高价阳离子，因此蒙脱石晶体带大量负电荷，这些电荷是不变的且不受pH的影响，即为永久性电荷。为了保持电中性，在结构层之间除了水分子外，还存在较大半径的阳离子，如Na^+、Ca^{2+}、Mg^{2+}等。这些电荷是靠静电引力结合在层间的，易被其他的阳离子所置换，也容易受pH的影响，称为可变电荷。正是这种特殊的结构，才使得蒙脱石具有吸水膨胀、失水收缩及阳离子交换的特性，并拥有巨大的表面能，可以用作吸附剂来吸附霉菌毒素。

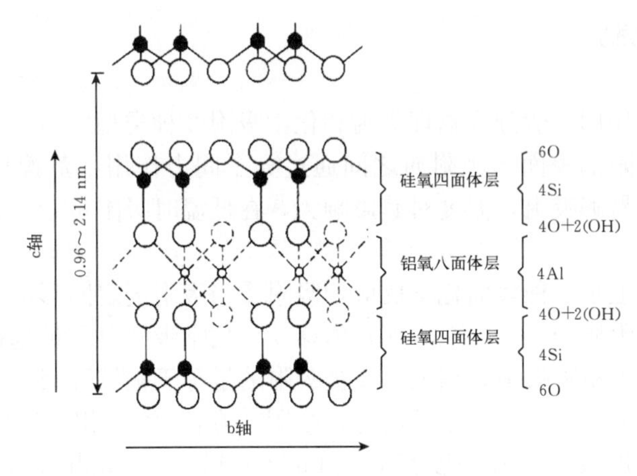

图11-2　蒙脱石的晶体结构

（资料来源：卢永红，2005）

3. 沸石　是沸石矿物的总称，最早发现于1756年，因其在灼烧时会产生类似于液体的沸腾现象，由此被命名为“沸石”。自然界中沸石的种类很多，迄今世界上已发现43种天然沸石，常见的有丝光沸石、斜发沸石、钠沸石等。沸石的基本结构是SiO_4和AlO_4四面体。四面体之间不能以“边”或“面”相连，只能以顶点相连，即共用1个氧原子。硅氧四面体可以直接相连而铝氧四面体本身不能相连，其间至少有1个硅氧四面体。这样，沸石的晶体结构中就具有大量均匀的微孔，微孔与一般物质的分子大小相当，由此形成了分子筛的选择吸附特性，硅氧四面体中的硅，可被铝原子置换而构成铝氧四面体。其中低价阳离子替代高价阳离子，因此整个铝氧四面体带负电。同蒙脱石一样，为了保持电中性，沸石依靠静电引力将Na^+、Ca^{2+}、Ba^{2+}、K^+、Mg^{2+}等阳离子束缚在晶体表面，这些阳离子易被其他阳离子所置换。沸石的这种独特的内部结构和结晶化学性质，使沸石拥有选择性地吸附霉菌毒素和阳离子交换的特性。

4. 水合铝硅酸钠钙　本身并不是一种特定的物质，而是任何相对纯净的含有一定水分和少量钠、钙（以可交换阳离子的形式或可溶性盐出现）的铝硅酸盐类物质。市场上使用的水合铝硅酸钠钙，大多是从沸石或硅镁土中提炼出来的，具有多孔性，对黄曲霉毒素有较好的吸附能力。

大多数铝硅酸盐类吸附剂都能有效吸附黄曲霉毒素，但对玉米赤霉烯酮、烟曲霉毒素、单端孢霉烯族毒素等镰刀菌毒素的吸附性很差甚至完全无吸附能力。研究者尝试对这类物质进行改性处理，期待能提高其吸附能力并减少负面影响，常用的改性方法有插层或柱撑法及活化法（焙烧法、酸化法、盐活化法等）。柱撑法可分为无机柱撑和有机柱撑。无机柱撑是将无机柱化剂插入蒙脱石层间，从而撑开片层的过程，常用的柱化剂有铝柱化剂、多核金属阳离子柱化剂等。有机柱撑是使用有机分子或离子通过直接或离子交换的方式进入蒙脱石层间，改变其层间微环境的过程。常用的方法有烷基铵柱撑、纳米聚合物柱撑、金属螯合物柱撑、有机硅柱撑等，其中烷基铵柱撑使用最为普遍。活化法多是利用某种改性剂对矿物质进行活化，经改性后的铝硅酸盐层间距更大，可吸附分子质量更大的毒素；片层表面活性改变，可增强对分子极性较弱毒素的吸附能力。

二、吸附机制

物质表面吸附作用一般分为物理吸附和化学吸附 2 种类型。

物理吸附是吸附剂表面与吸附质之间通过分子间力作用（范德华力）而产生的吸附。物理吸附一般易解吸附，温度对其影响大，在低温时吸附量较高，升高温度会使其解吸附。

化学吸附本质上是一种表面化学反应，吸附质与吸附剂之间形成牢固的吸附化学键和表面络合物，吸附质分子不能在表面自由移动。化学吸附是一种选择性吸附，一般为单分子层吸附，且不易解吸附。当吸附质被吸附的量等于被解开吸附的量时，达到吸附平衡。在一定温度下吸附达到动态平衡时，吸附质在固-液两相中浓度的关系曲线，称为吸附等温线。等温吸附方程一般有 Langmuir 方程、Freundlich 方程、Temkin 方程和 Brunauer-Emmentt-Teller（BET）方程等。等温吸附方程的拟合，最常见的是用 Langmuir 方程和 Freundlich 方程进行拟合（Ramos 和 Hernández，1996）。也有研究参照土壤中化学物质吸附能力的表示方法，用分配系数 K_d 来描述吸附剂吸附毒素的情况。Langmuir 模型方程见公式 11 - 1，其线性化方程见公式 11 - 2；Freundlich 模型方程见公式 11 - 3，其线性化方程见公式 11 - 4；K_d 的计算方法见公式 11 - 5。

$$Q_{eq}=\frac{Q_{max}K_L C_{eq}}{1+K_L C_{eq}} \tag{11-1}$$

$$\frac{C_{eq}}{Q_{eq}}=\frac{1}{K_L \times Q_{max}}+\frac{C_{eq}}{Q_{max}} \tag{11-2}$$

式中，K_L 为 Langmuir 吸附常数（mL/μg）；C_{eq} 为平衡时上清液中霉菌毒素的浓度（μg/mL）；Q_{eq} 为单位质量吸附剂结合霉菌毒素的质量（μg/g）；Q_{max} 为吸附剂结合霉菌毒素的最大量（μg/g）。

作 $\frac{C_{eq}}{Q_{eq}}-C_{eq}$ 直线，由斜率和截距计算出 K_L 和 Q_{max}。K_L 和 Q_{max} 可以用来评价一种吸附剂的性能，对于一种好的吸附剂，要求有较大的 Q_{max} 和较小的 K_L 值。

$$Q_{eq}=K_F\times C_{eq}{}^{1/n} \tag{11-3}$$

$$\mathrm{Ln}Q_{eq}=\mathrm{Ln}K_F+\frac{1}{n}\mathrm{Ln}C_{eq} \tag{11-4}$$

式中，C_{eq}为平衡时上清液中霉菌毒素的浓度（μg/mL）；Q_{eq}为单位质量吸附剂结合霉菌毒素的质量（μg/g）；K_F和n都是Freundlich常数，K_F是与吸附能力有关的常数，n是与吸附强度有关的常数。

作Ln（Q_{eq}）－Ln（C_{eq}）直线，由斜率和截距计算出$\frac{1}{n}$和LnK_F。

$$K_d=\frac{Q_{eq}}{C_{eq}} \tag{11-5}$$

式中，Q_{eq}为单位质量吸附剂结合霉菌毒素的质量（μg/g）；C_{eq}为平衡时上清液中霉菌毒素的浓度（μg/mL）。

关于铝硅酸盐类吸附剂与毒素结合的机制目前尚不清楚，学者们作出了一些合理的推测。从蒙脱石的结构来看，吸附可能是由于电荷作用力相结合与化学结合2种方式，但对于化学结合的位点和电荷作用力的大小目前尚不清楚。Sarr等（1995）推测Novasil ®结合黄曲霉毒素B_1的机制，认为吸附过程存在化学吸附，在黏土吸附剂的金属离子和黄曲霉毒素B_1的β-螺旋间形成牢固的化学键。Pimpukdee等（2004）应用等温吸附模型描述NSP（一种铝硅酸盐类吸附剂）对黄曲霉毒素B_1的吸附过程，计算了平衡时的吸附参数，如最大吸附量、亲和常数等。结果表明，黄曲霉毒素B_1紧紧吸附在NSP表面，NSP对黄曲霉毒素B_1具有高容量和高亲和力。Grant等（1998）通过等温吸附方程得到的信息是：吸附能力、亲和力、平均吸附量、吸收焓、异质系数、多重位点分布系数等，所有数据支持这个假说，即：HSCAS与黄曲霉毒素B_1是化学结合，HSCAS上有黄曲霉毒素B_1的不同结合位点，包括内层区域、边缘和HSCAS表面。

三、实施效果与技术局限性

将铝硅酸盐矿物质用于霉菌毒素吸附的研究最早始于20世纪70年代，该类产品品种丰富、使用广泛。铝硅酸盐类吸附剂能针对性地吸附强极性毒素，如黄曲霉毒素、麦角碱、伏马毒素，但对诸如玉米赤霉烯酮毒素、呕吐毒素等极性较弱且亲电性差的霉菌毒素的脱除效果不理想。表11-2显示某些吸附剂对黄曲霉毒素B_1有非常好的吸附效果，吸附率达到95%以上；某些吸附剂对玉米赤霉烯酮有较好的吸附脱毒能力，但与处理时间关系密切；某些吸附剂对呕吐毒素的吸附率比较低，且随处理时间延长，脱毒效果减弱。

表11-2　不同吸附剂对黄曲霉毒素B_1、玉米赤霉烯酮和呕吐毒素的吸附效果（%）

检测样品	黄曲霉毒素B_1的吸附率		玉米赤霉烯酮的吸附率		呕吐毒素的吸附率	
	2 h	过夜	2 h	过夜	2 h	过夜
1#	82.10±2.40	99.71±0.30	19.23±1.41	81.99±0.58	15.64±0.79	0.20±0.06
2#	80.50±1.84	98.40±0.71	22.82±0.64	81.74±0.35	21.30±0.62	4.00±0.04
3#	64.20±0.00	95.38±0.54	23.88±4.07	80.48±0.16	4.48±0.69	12.62±0.12
4#	50.60±0.85	96.18±0.24	28.85±1.00	81.29±0.16	9.98±0.41	0.00±0.00

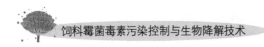

（续）

检测样品	黄曲霉毒素 B_1 的吸附率		玉米赤霉烯酮的吸附率		呕吐毒素的吸附率	
	2 h	过夜	2 h	过夜	2 h	过夜
5#	100.00±0.00	99.88±0.12	3.85±0.00	82.18±0.14	14.61±0.49	7.80±0.05
6#	96.22±0.54	98.55±0.33	0.64±0.00	80.44±0.40	16.67±0.71	11.17±0.16
7#	95.40±0.28	99.88±0.11	3.85±0.00	82.17±0.27	12.55±0.64	0.00±0.00
8#	96.10±0.14	99.74±0.07	29.49±1.15	80.43±0.36	24.90±0.27	0.79±0.04
9#	95.50±0.71	99.86±0.16	0.64±0.00	82.18±0.38	13.07±0.27	10.52±0.05
10#	96.20±0.28	99.67±0.40	10.90±1.00	79.99±0.38	16.15±0.38	0.00±0.14
11#	94.70±0.71	99.79±0.01	3.85±0.00	81.29±0.56	12.55±0.64	0.00±0.00
12#	96.40±0.00	99.92±0.08	11.54±0.00	79.16±0.80	15.64±0.48	0.50±0.17
13#	93.40±0.28	99.85±0.00	0.64±0.00	80.43±0.64	16.67±0.31	0.00±0.00

资料来源：王金全等（2013）。

通过改性处理，硅酸盐类吸附剂的吸附范围得到扩大，但整体而言，在使用时也有弊端。一个无法回避的重要问题是霉菌毒素吸附剂在吸附毒素的同时，不仅会吸附一些小分子营养物质，如微量元素、维生素、氨基酸等，降低饲料利用率；而且也有可能吸附肠道酶类、腺体组织分泌物、有机酸及未知因子。铝硅酸盐类吸附剂还可能影响动物健康，如某些吸附剂添加水平较高时，对营养物质和水分有一定的吸附，进而发生膨胀，损伤内脏组织。此外，铝硅酸盐类吸附剂吸水易膨胀、结块的特性使得其对饲料加工工艺的要求升高。添加沸石或膨润土类的添加剂后，可能会引起饲料的二次污染（如产生重金属元素、二噁英等有害物质）。由于霉菌毒素吸附剂几乎不含营养成分而占用了配方空间，因此添加霉菌毒素吸附剂后可能会降低饲料的营养水平，增加饲料成本。

铝硅酸盐类吸附剂对动物的安全剂量和对营养成分吸收的影响可能与吸附剂的具体成分、动物种类、使用时长、营养成分种类等有关，实际使用中应根据饲料中霉菌毒素的污染情况酌情添加，并适度补充微量元素和维生素等。

四、例证

某些水合铝硅酸钠钙对黄曲霉毒素 B_1 具有较高的吸附效率和吸附稳定性，在动物体内可能与之形成螯合物降低其生物学有效性而减轻其对雏鸡的毒性。Davidson 等（1987）研究发现，在含黄曲霉毒素分别为 20 μg/kg 和 80 μg/kg 的饲粮中添加 0.5%的钠钙铝硅酸盐，可有效降低黄曲霉毒素在肉仔鸡肝脏和血液中的残留。饲粮中黄曲霉毒素含量为 5 mg/kg 时，添加 0.5%的钠钙硅铝酸盐对肉鸡肝脏、肾脏、腺胃等相对重量无显著影响。同时，钠钙硅铝酸盐能够维持血清白蛋白和总蛋白浓度，对机体起保护作用。在被黄曲霉毒素污染的饲粮中添加 3.0 g/kg 的改性蒙脱土，可显著缓解黄曲霉毒素对肉鸡生长、免疫器官相对重量、血液学指标、血清和肝脏生化指标的影响。研究表明，在饲粮中添加 1%的沸石可消除黄曲霉毒素 B_1（日粮中含量为 2.5 mg/kg）对肉公鸡生产性能的不利影响。夏枚生等（2005）研究了酸活化坡缕石对肉鸡饲粮中黄曲霉毒

素 B_1 的去毒作用，结果表明与对照组相比，添加 0.25%的酸活化坡缕石对肉鸡生长性能、内脏器官相对重量、血清生化指标和免疫指标均无显著影响，而霉变玉米可使肉鸡生长性能显著降低，肝脏率、心脏率、肾脏率、腺胃率、谷草转氨酶、谷丙转氨酶、碱性磷酸酶、谷胱甘肽硫转移酶活性显著提高，血清 IgG、IgA、C3、C4 显著降低；联合饲喂霉变玉米/活化坡缕石可使肉鸡生长性能、内脏器官相对重量、血清生化指标和免疫指标均恢复至对照组水平。上述结果提示，活化坡缕石对肉鸡日粮中黄曲霉毒素 B_1 具有较好的去毒作用。

在黄曲霉毒素含量分别为 500 μg/kg 和 800 μg/kg 的饲粮中添加 0.5%的黏土，可明显减轻黄曲霉毒素对断奶仔猪的不良作用，但黏土类型不同其抗毒效果也不同。Zhang 等（2013）试验结果显示，断奶仔猪饲粮中添加凹凸棒石有利于改善肠道的功能，减少血浆中的内毒素含量。在低剂量玉米赤霉烯酮（1.3 mg/kg）饲粮中，分别添加 1 kg/t 或 2 kg/t 的改性蒙脱石对断奶仔猪血清抗氧化酶活性和丙二醛含量并不能起改善作用，但有一定改善趋势；当改性蒙脱石的添加量达到 4 kg/t 时能够对断奶仔猪血清中抗氧化酶活性和丙二醛起改善作用（Jiang 等，2012）。

通常认为，羊对黄曲霉毒素的耐受性较强。但研究表明，饲粮中黄曲霉毒素含量为 2.6 mg/kg 时对羔羊血液酶活性有严重影响，并使羔羊出现明显的黄曲霉毒素中毒症状。当饲粮中添加 2%的水合铝硅酸钠钙时，则可使羔羊血象指标不发生明显改变，临床诊断不出现中毒症状。钠基蒙脱石以 1.2%比例加入饲粮中，能很好地结合黄曲霉毒素 B_1，钠基蒙脱石、钙基蒙脱石均能有效降低牛奶中黄曲霉毒素 M_1 的污染程度（Diaz 等，2004）。在含黄曲霉毒素 B_1 20 μg/kg 的虹鳟饵料中添加 2%的钠基膨润土，结果显著降低了虹鳟胃肠道对黄曲霉毒素 B_1 的吸收量，降低了肝脏、肾脏中黄曲霉毒素的残留量，粪便中毒素含量显著增加（Ellis 等，2000）。表 11-3 和表 11-4 列出了一些铝硅酸盐类吸附剂在家禽和养猪生产中的脱毒效果。

表 11-3　铝硅酸盐类吸附剂在家禽生产中的脱毒效果

吸附剂	霉菌毒素							
	AF (AFB_1)	CPA	DAS	DON	NIV	OTA	T-2	ZEN
钠基膨润土	+							
钙基蒙脱石	+							
改性纳米蒙脱石	+							
水合铝硅酸钠钙	+	—				—	—	
镁钾铝硅酸盐	+/—							
合成晶体铝硅酸盐	+/—							
酸性层状硅酸盐		—						
沸石	+		—		—		—	
斜发沸石	+/—	—						
硅藻土						+		

注："+"，指改善作用；"—"，指无明显改善作用；"+/—"，指对一些指标有改善作用，而对一些指标无明显改善作用。

资料来源：Boudergue 等（2009）。

表 11-4 铝硅酸盐类吸附剂在养猪生产中的脱毒效果

吸附剂	霉菌毒素					
	AF（AFB_1）	DON-NIV	FUM	OTA	T-2	ZEN
钠基膨润土	+	—				
钙基膨润土	+					
蒙脱石		—				—
水合铝硅酸钠钙	+	—				
沸石	+					+
海泡石	+					
坡缕石	+					

注：“+”，指改善作用；“—”，指无明显改善作用。

第三节　酵母细胞壁类吸附剂吸附技术

一、简介

同铝硅酸盐类吸附剂相比，酵母细胞壁类吸附剂具有添加量低、吸附范围广、吸附营养物质少等优点，并可被生物降解、无污染。酵母细胞壁分为 3 层：外层为甘露寡糖和蛋白质结合物，内层为几丁质，中间层为 β-（1，3）-葡聚糖和 β-（1，6）-葡聚糖（彩图 11-2）。

酵母细胞壁的原料是酿酒酵母菌，是经过细胞壁破裂、酶解、分离提纯和干燥等过程后精制而成的一类真菌提取物。市场上常见的该类吸附剂葡甘露聚糖（glucomannan，GM），其是一种高分子多糖类物质，主链由甘露糖之间的糖苷键组成，在主链或支链上连接少量葡萄糖分子。葡甘露聚糖不能被肠道内有益菌利用，但由于其大分子的吸附能力较强，因而对动物体内有毒物质和有害病原菌的吸附效果较明显。葡甘露聚糖经酯化为酯化葡甘露聚糖后，其表面富含不同孔径的孔穴，可吸附多种霉菌毒素（如黄曲霉毒素、玉米赤霉烯酮、呕吐毒素等），对黄曲霉毒素和玉米赤霉烯酮的吸附作用尤为显著。此外，酵母细胞壁提取物中特有的 β-1，3-葡聚糖可促进免疫器官发育，强化免疫系统功能，消除霉菌毒素对免疫系统的抑制作用。

二、吸附机制

酵母细胞壁表面吸附是毒素和细胞壁以物理吸附、离子交换和离子络合为基础的一种相互作用。细胞壁内多糖（葡聚糖、甘露聚糖）、蛋白质和脂肪显示出多种不同的吸附中心，从而展现出不同的吸附机制（氢键、离子作用或疏水作用）。酯化葡甘露聚糖对霉菌毒素的作用机理尚不清楚，可能是其含有多层面结构复杂的糖类，具有能够吸附不同分子结构的霉菌毒素的各种吸附位点。霉菌毒素可被酯化葡甘露聚糖单倍或 3 倍螺旋结构的聚糖吸附，通过氢键牢固结合在吸附剂上（Raju 和 Devegowda，2000）。

三、实施效果与技术局限性

酯化葡甘露糖是一种广谱而非特异性的霉菌毒素吸附剂，在广泛的 pH 范围内对多种霉菌毒素都有很高的结合率，对黄曲霉毒素、玉米赤霉烯酮、烟曲霉毒素和呕吐毒素的有效结合率分别为 95%、80%、59%和 12%。酯化葡甘露糖的添加量低，能高效吸附高浓度的霉菌毒素，对低浓度的霉菌毒素也有很高的亲和力，而且能够在饲喂动物后 30 min 内产生吸附作用。在轻度霉变的饲粮中添加 0.05%～0.1%的酯化葡甘露糖能显著改善肉鸡前期的生产性能和肉色；有利于矿化，增加矿物质沉积。另外，酯化葡甘露糖能不同程度地增加血浆总蛋白、白蛋白和球蛋白含量，提高鸡新城疫抗体滴度，有降低血清 T4 浓度和提高 T3 浓度的趋势。

四、例证

酵母细胞壁葡甘露聚糖可在肠道中通过离子交换的方式吸附霉菌毒素，降低单一或多种霉菌毒素（黄曲霉毒素、赭曲霉毒素和 T－2 毒素）对肉鸡生产性能的不良影响（Raju 和 Devegowda，2000）。在霉变饲粮中添加 2.0 g/kg 的酵母细胞壁，可以部分缓解霉变饲粮对动物的不利影响（Li 等，2012）。在含有 1 mg/kg 黄曲霉毒素 B_1 的肉鸡饲粮中添加 0.2%的酿酒酵母细胞壁能提高饲料转化效率和肉鸡体内新城疫抗体滴度。在含有 2.5 mg/kg 黄曲霉毒素 B_1 的蛋鸡饲粮中添加 0.11%的葡甘露聚糖，能够吸附黄曲霉毒素 B_1，降低胃肠道对黄曲霉毒素 B_1 的吸收及其在组织中的残留水平（Zaghini 等，2005）。在含 100 μg/kg 的黄曲霉毒素 B_1 樱桃谷肉鸭饲粮中添加 0.05%或 0.1%的酯化葡甘露聚糖，有减轻黄曲霉毒素 B_1 肝毒性的作用（Banlunara 等，2005）。Diaz 等（2004）给荷斯坦奶牛饲喂霉变饲粮（100 μg/kg 黄曲霉毒素 B_1 和 55 μg/kg 黄曲霉毒素 G_1）发现，1.2%的酯化葡甘露聚糖与蒙脱石效果相同，可降低牛奶中 59%的黄曲霉毒素 M_1。

葡甘露聚糖可有效降低呕吐毒素、玉米赤霉烯酮等毒素对猪的影响，维持血清中免疫球蛋白的正常水平（Swamy 等，2002）。但也有研究表明，葡甘露聚糖对呕吐毒素的吸附效果较低。对 35 日龄的断奶仔猪试验结果表明，改性酯化葡甘露聚糖对于饲粮中霉菌毒素的吸附效果不太明显（Dänicke 等，2007）。在被黄曲霉毒素 B_1 污染的饲粮（2 mg/kg）中添加 0.05%的酯化葡甘露聚糖，肉仔鸡体增重及血清中总蛋白、白蛋白含量达到基础饲粮饲喂组水平；添加 0.1%的酯化葡甘露聚糖，肉仔鸡的体增重达到基础饲粮组水平，而血清中总蛋白、白蛋白水平虽有所提高，但仍未达到基础饲粮组水平（Basmacioglu 等，2005）。

第四节　其他类吸附剂吸附技术

一、简介

活性炭（activated charcoal）是一种无定形碳，是碳在缺少空气的条件下加热，然后通入氧气在碳原子间打开无数孔隙而形成的。活性炭孔隙多，比表面积大，具有优良的吸附性能，在食品中常用于饮料、酒类和其他食品的精制、脱色、除臭等，也是最早被用于饲料霉菌毒素脱毒的。活性炭的表面积为500～2 000 m^2/g，有的产品可达3 500 m^2/g。活性炭能够在体外中性pH条件下吸附黄曲霉毒素 B_1，且形成的复合物非常稳定。

微生物吸附脱毒的主要原理是菌体（包括细菌、酵母菌、霉菌和放线菌等）吸附霉菌毒素形成菌体-毒素复合体后，与毒素一起被排出体外，从而降低毒素对动物的危害。目前研究较多的微生物吸附剂主要有乳酸菌和酵母菌等。Hernandez-Mendoza等（2009）从不同来源筛选出了对黄曲霉毒素 B_1 有吸附效果的8株干酪乳杆菌（*Lactobacillus casei*），其中吸附效率最高的菌株是干酪乳杆菌L30，吸附率达到49.2%。研究表明，鼠李糖乳酸杆菌（*Lactobacillus rhamnosus*）GG表面能有效结合黄曲霉毒素 B_1（Lahtinen等，2004）。El-Nezami等（2002）利用2株鼠李糖乳杆菌GG和LC705进行玉米赤霉烯酮脱毒试验发现，这2株菌均可通过细胞壁的结合作用去除玉米赤霉烯酮及α-玉米赤霉烯醇，并且无其他代谢衍生物产生。利用酿酒酵母和乳酸菌对黄曲霉毒素 B_1 进行吸附研究的结果表明，酵母细胞比乳酸菌细胞吸附毒素的能力更强，且这2种微生物细胞对黄曲霉毒素 B_1 的吸附行为是属于细胞表面的物理性吸附作用（Bueno等，2007）。有效的微生物吸附剂需要在整个动物肠道内保持菌体-毒素复合体的稳定性而不被动物机体吸收，因此不同pH条件下的吸附效率是评价微生物吸附剂的一个重要指标。Topcu等（2010）研究了屎肠球菌菌株M74和EF031在不同pH下对黄曲霉毒素 B_1 和展青霉素的吸附作用发现，这2株菌在pH为7时对黄曲霉毒素 B_1 的吸附率最高，分别达到21.6%和31.9%；在pH为4时，对展青霉素的吸附率最高，分别为43.5%和35.5%。

消胆胺（cholestyramine）是一种阴离子交换树脂，一般用于肠道中吸附胆汁酸，降低低密度脂蛋白和胆固醇浓度。体外研究表明，这种树脂对赭曲霉毒素A和玉米赤霉烯酮等霉菌毒素有较强的吸附能力。交联聚乙烯基吡咯烷酮（polyvinylpyrrolidone，PVPP）是一种不溶性高分子极性多孔性两性化合物，具有良好的吸附性和选择性。体外吸附试验研究表明，PVPP可以吸附0.3 mg/g的玉米赤霉烯酮；通过改良后，PVPP对玉米赤霉烯酮的吸附能力可以提高到2.1 mg/g（Ramos等，1996）。

腐殖酸（humicacid，HA）是动植物体腐解后形成的一种天然有机高分子化合物，有巨大的比表面积，结构中含有大量结构环，环上的醌基、甲氧基、羟基、醇羟基、羟基醌等活性基团具有较强的吸附、络合和螯合能力。

纤维素是自然界中丰富存在的高分子物质，可以从许多农业废弃物，如麦秸秆、麦壳、花生壳、苹果皮、竹子等中获得。因其含有的纤维素、半纤维素、木质素具有微孔结构，所以具有一定的吸附性。

二、吸附机制

活性炭的结构是由石墨的碳微晶按“螺层形结构”排列，微晶间的相互交联形成了发达的微孔结构。通过活化反应，微孔扩大形成了许多大小不一的孔隙，从而使得活性炭表面疏松、多孔，比表面积变大。特殊的物理结构使得活性炭可以与霉菌毒素广泛结合，吸附效率较高。活性炭的吸附特性依赖许多因素，包括孔隙大小、数量、表面积、结构中官能团、使用剂量和霉菌毒素种类等。在体外试验中，活性炭对多种霉菌毒素可以表现出较好的吸附脱毒作用，但在有玉米基质、消化液存在的环境中，活性炭的脱毒作用却在很大程度上减弱了。这主要是因为活性炭的吸附选择性较差，容易被饲粮中的某些营养成分或消化液中的某些物质所饱和，从而降低了对毒素的吸附能力。

生物吸附的过程一般受多种因素影响，其机制较为复杂。根据近年来对微生物细胞吸附剂的研究，微生物细胞吸附行为机理主要遵循 3 种方式：细胞外吸附、细胞表面吸附和细胞内吸附（蔡佳亮等，2008）。有些原核微生物具有分泌糖蛋白、脂多糖等细胞外多聚糖的能力，可以吸附重金属离子的吸附称为细胞外吸附，利用生物吸附剂最外层包裹的细胞壁实现对有害物质的吸附称为细胞表面吸附，生物吸附剂的细胞内吸附是依赖于活体的新陈代谢或酶系反应实现对有害物质的转化过程。微生物细胞的吸附模式一般包括以物理吸附为主的被动吸附和以化学吸附为主的主动吸附。被动物理吸附模式主要是通过细胞壁官能团与被吸附分子之间的范德华力、静电吸引力及毛细力等进行的生物附着；而主动化学吸附模式则是通过生物活体的代谢作用，或通过细胞壁官能团与被吸附分子之间形成稳固化学键的化学反应。乳酸菌吸附霉菌毒素的能力与其复杂的细胞壁结构，特别是结构复杂的糖类物质密切相关，这些复杂的糖类结构与霉菌毒素的某些结构，如官能团间的化学键、大分子之间的相互作用力及表面张力等相互作用后，形成了乳酸菌-毒素的复合体系。改变菌体细胞壁结构的处理方式（如加热和酸处理等）有助于提高菌体对毒素的吸附能力，可能是因为这些处理改变了菌体细胞壁的表面结构，暴露出更多与毒素结合的位点。但高温灭活前后菌株对毒素吸附能力的强弱不一，可能与菌株和毒素的结构有关，不同菌株其表面结构不同，高温灭活后是否会增加新的吸附位置也不一样；毒素结构不同，吸附的作用力也有所差异。破坏细胞壁结构的处理方式（如溶菌酶）会降低菌体对毒素的吸附能力。

PVPP 分子结构单元中存在类似于蛋白质的内酰胺结构，具有较强的生物相容性和极性。由于 PVPP 分子结构中的 N 原子和 O 原子上含有孤对电子，能够与活泼氢形成氢键。因此，PVPP 吸附络合性的本质，是内酰胺结构中的 N 原子和 O 原子，与被吸附物质上的活泼氢形成氢键的化学吸附作用。

三、实施效果与技术局限性

体外试验中，活性炭能有效结合黄曲霉毒素 B_1、呕吐毒素、玉米赤霉烯酮等霉菌毒素，而体内试验研究结果差异较大。活性炭对黄曲霉毒素 B_1 引起的奶牛中毒没有吸附效果。用断奶仔猪试验时发现，活性炭对烟曲霉毒素没有脱毒作用。这可能是因为活性炭的选择吸附能力比较差，在吸附毒素的同时也会对饲粮中的矿物质、维生素等营养物质进行吸附，造成其吸附能力饱和，从而失去对霉菌毒素的吸附能力。此外，饲粮中添加活性炭会导致其外观变黑变暗，影响商品价值。因此，在应用活性炭作为饲粮霉菌毒素吸附剂时，要充分考虑其利弊，然后再合理利用。

微生物吸附脱毒受菌体浓度、温度、pH 等的影响，而且在实际应用过程中还会受到菌株安全性及在动物肠道内存活性等的限制。也有研究表明，微生物吸附黄曲霉毒素的过程是可逆的，随着时间的延长，菌体-毒素复合体中的部分毒素分子会被重新释放。

消胆胺、聚乙烯吡咯烷酮离子交换树脂也被研究用来吸附烟曲霉毒素和玉米赤霉烯酮，但较高的成本使其应用受到了限制。

四、例证

在含有 10 mg/kg 黄曲霉毒素 B_1 的饲粮中添加 0.1%的活性炭能够减少黄曲霉毒素 B_1 对肉鸡的影响（Dalvi 和 Mcgowan，1984）。在水貂的饲粮中分别加入 0 μg/kg、34 μg/kg 和 102 μg/kg 黄曲霉毒素 B_1（以体重计），同时加入 1.0%的活性炭，喂养 77 d，在 102 μg/kg 组水貂的病死率降低了 50%，同时活性炭减轻了肝脏损伤的程度（Bonna 等，1991）。在山羊饲粮中加入黄曲霉毒素 B_1，8 h、24 h 与 48 h 后给予活性炭2 mg/kg（以体重计），结果山羊的存活率为 100%（Hatch 等，1982）。通过体外胃肠模型研究活性炭在脱毒方面的效果发现，添加量为 2%时可以使小肠对玉米赤霉烯酮的吸收率从 32%下降到 5%，吸附效果显著（Avantaggiato 等，2003）。然而也有研究表明，活性炭能降低火鸡粪便中的黄曲霉毒素 M_1 水平，但未有效防止火鸡黄曲霉毒素中毒的发生（Edrington 等，1997）。添加 0.5%的活性炭不能减轻肉仔鸡饲粮中 T-2 毒素的毒性（Kubena 等，1990）。在污染饲粮中添加活性炭，不能避免莱航鸡赭曲霉毒素中毒（Rotter 等，1989）。对断奶仔猪的研究发现，1%的活性炭不能有效阻止饲粮中 30 mg/kg烟曲霉毒素 B_1 的不良影响（Piva 等，2005）。对活性炭脱除展青霉素条件进行研究发现，活性炭添加量对展青霉素脱除率的影响最大，其次是处理时间和处理温度，最优条件为活性炭添加量 3 g/L，60 ℃处理 5 min，果汁中展青霉素的脱除率达 69%（张昕等，2008）。虽然活性炭对展青霉素具有良好的脱除效果，但在脱除毒素的同时会吸附其他物质，对苹果汁的颜色、澄清度、苹果酸与富马酸含量、pH 和糖度都能产生不利影响。

Hernandez-Mendoza 等（2010）研究发现，干酪乳杆菌（*Lactobacillus casei*）可以显著降低黄曲霉毒素在肠道中的吸收，即使动物长时间暴露在黄曲霉毒素中也可以避免毒素的危害。唐雨蕊（2009）报道，植物乳杆菌（*Lactobacillus plantarum*）F22 对黄曲霉毒素 B_1 具有较强的吸附作用，吸附率可达到 56.8%，从而缓解黄曲霉毒素 B_1 中毒症，促进肝脏组织修复，改善肠道微生态平衡。对比多种乳酸菌对黄曲霉毒素的吸附效果发现，由多种乳酸菌组成的复合菌剂要比单一菌株对黄曲霉毒素的吸附效果好（Halttunen 等，2008）。王晓（2015）发现，植物乳杆菌 B7 和戊糖乳杆菌 X8 对烟曲霉毒素具有良好的去毒效果，对烟曲霉毒素 B_1 的去除率分别为 52.9%和 58.0%，对烟曲霉毒素 B_2 的去除率分别为 85.2%和 86.5%。胶红类酵母（*Rhodotorula glutinis*）、深红类酵母（*Rhodotorula rubra*）、马克思克鲁维酵母（*Kluyveromyces marxianus*）、美极梅奇酵母（*Metschnikowia pulcherima*）和发酵地霉酵母（*Geotrichum fermentans*）能够吸附液体中 44%～84.6%的呕吐毒素（Bakutis 等，2005）。Pizzolitto 等（2013）研究发现，酿酒酵母（*Saccharomyces cerevisiae*）不仅对肉仔鸡的生长具有营养价值，而且可以显著缓解黄曲霉毒素 B_1 中毒对肉仔鸡生长的不利影响。

在体外试验中，消胆胺可以吸附赭曲霉毒素 A 和玉米赤霉烯酮；但在体内试验中，消胆胺仅能略微降低实验动物胆汁、血液和组织中的赭曲霉毒素 A 浓度。采用动态体外胃肠模型进行的试验结果表明，消胆胺可以使小肠对玉米赤霉烯酮的吸收率从 32% 下降到 16%（Avantaggiato 等，2003）。PVPP 能避免肉仔鸡黄曲霉毒素中毒（Kiran 等，1998）。有研究表明，在被黄曲霉毒素污染（2.5 mg/kg）的饲粮中，添加 PVPP 能有效防止肉仔鸡中毒的发生（Keçeci 等，1998）。

在模拟胃肠道环境下，pH 为 7 时，腐殖酸钠对黄曲霉毒素 B_1、玉米赤霉烯酮、呕吐毒素 3 种毒素的脱毒效果达到最好，但是在人工模拟动物肠液中的吸附率分别下降为 52.32%、38.66%和 14.41%（叶盛群，2009）。腐殖酸可以显著降低黄曲霉毒素对肉仔鸡的危害，同时对提高生产性能和免疫水平有很大的促进作用（Ghahri 等，2010）。还有研究发现，腐殖质可有效吸附呕吐毒素，但进行的动物试验结果显示，饲粮中添加腐殖质并不能降低动物血液中呕吐毒素的含量（Dänicke 等，2011）。

将被赭曲霉毒素 A 污染的饲粮饲喂小鼠和猪，并在饲粮中加入一定量的经超微处理过的小麦纤维，结果显示超微处理过的小麦纤维能显著降低赭曲霉毒素 A 对小鼠和猪的危害。但体外研究试验发现，苹果纤维和谷物纤维对呕吐毒素的吸附率很低，不到 2%（Tangni，2003）。

参考文献

蔡佳亮，黄艺，礼晓，2008. 生物吸附剂对污染物吸附的细胞学机理 [J]. 生态学杂志，27（6）：1005－1011.

黄文海，2010. 典型环境微界面吸附有机污染物的构-效关系及作用机理 [D]. 杭州：浙江大学.

卢永红，2005. 饲料霉菌毒素脱毒剂的应用技术研究 [D]. 南京：南京农业大学.

骆莹，2016. 酵母细胞去除猕猴桃果汁中展青霉素的机理研究及磁性吸附剂的制备 [D]. 杨凌：西北农林科技大学.

唐雨蕊，2009. 吸附黄曲霉毒素 B_1 乳杆菌的筛选、吸附特性及对攻毒小鼠的影响 [D]. 雅安：四川农业大学.

王金全，丁建莉，娜仁花，等，2013. 比较几种吸附剂对 3 种霉菌毒素体外吸附脱毒效果的研究 [J]. 养猪（1）：9－10.

王晓，2015. 利用乳杆菌脱除伏马毒素的研究 [D]. 北京：北京林业大学.

夏枚生，许梓荣，胡彩虹，等，2005. 改性坡缕石对肉鸭日粮中黄曲霉毒素 B_1 的去毒作用及机理 [J]. 畜牧兽医学报，36（1）：21－27.

叶盛群，2009. 吸附剂去除霉菌毒素效果研究 [D]. 雅安：四川农业大学.

张昕，师俊玲，张小平，等，2008. 活性炭吸附法降低苹果汁中棒曲霉毒素含量研究 [J]. 西北农业学报，17（3）：324－335.

Avantaggiato G，Havenaar R，Visconti A，2003. Assessing the zearalenone－binding activity of adsorbent materials during passage through a dynamic in vitro gastrointestinal model [J]. Food and Chemical Toxicology，41（10）：1283－1290.

Bakutis B，Baliukonienė V，Paškevičius A，2005. Use of biological method for detoxification of mycotoxins [J]. Botanica Lithuanica，7：123－129.

Banlunara W, Bintvihok A, Kumagai S, 2005. Immunohistochemical study of proliferating cell nuclear antigen (PCNA) in duckling liver fed with aflatoxin B_1 and esterified glucomannan [J]. Toxicon, 46 (8): 954-957.

Basmacioglu H, Oguz H, Ergul M, et al, 2005. Effect of diatary esterified glucomannan on performance, serum biochemistry and haematology in broilers exposed to aflatoxin [J]. Czech Journal of Animal Science, 50 (1): 31-39.

Bonna R J, Aulerich R J, Bursian S J, et al, 1991. Efficacy of hydrated sodium calcium aluminosilicate and activated charcoal in reducing the toxicity of dietary aflatoxin to mink [J]. Archives of Environmental Contamination and Toxicology, 20 (3): 441-447.

Boudergue C, Burel C, Dragacci S, et al, 2009. Review of mycotoxin-detoxifying agents used as feed additives: mode of action, efficacy and feed/food safety [J]. EFSA Supporting Publications, 6 (9): 22E.

Bueno D J, Casale C H, Pizzolitto R P, et al, 2007. Physical adsorption of aflatoxin B_1 by lactic acid bacteria and *Saccharomyces cerevisiae*: a theoretical model [J]. Journal of Food Protection, 70 (9): 2148-2154.

Dalvi R R, Mcgowan C, 1984. Experimental induction of chronic aflatoxicosis in chickens by purified aflatoxin B_1 and its reversal by activated charcoal, phenobarbital, and reduced glutathione [J]. Poultry Science, 63 (3): 485-491.

Dänicke S, Brosig B, Klunker L R, et al, 2011. Systemic and local effects of the Fusarium toxin deoxynivalenol (DON) are not alleviated by dietary supplementation of humic substances (HS)[J]. Food and Chemical Toxicology, 50 (3/4): 979-988.

Dänicke S, Goyarts T, Valenta H, 2007. On the specific and unspecific effects of a polymeric glucomannan mycotoxin adsorbent on piglets when fed with uncontaminated or with Fusarium toxins contaminated diets [J]. Archives of Animal Nutrition, 61 (4): 266-275.

Davidson J N, Babish J G, Delaney K A, 1987. Hydrated sodium calcium aluminosilicate decrease the bioavailability of aflatoxin in the chicken [J]. Poultry Science, 58: 66-89.

Diaz D E, Hagler W M Jr, Blackwelder J T, et al, 2004. Aflatoxin binders II: reduction of aflatoxin M_1 in milk by sequestering agents of cows consuming aflatoxin in feed [J]. Mycopathologia, 157 (2): 233-241.

Edrington T S, Kubena L F, Harvey R B, et al, 1997. Influence of a superactivated charcoal on the toxic effects of aflatoxin or T-2 toxin in growing broilers [J]. Poultry Science, 76 (9): 1205-1211.

Ellis R W, Clements M, Tibbetts A, et al, 2000. Reduction of the bioavailability of 20 μg/kg aflatoxin in trout feed containing clay [J]. Aquaculture, 183 (1): 179-188.

El-Nezami H, Polychronaki N, Salminen S, et al, 2002. Binding rather than metabolism may explain the interaction of two food-grade *Lactobacillus* strains with zearalenone and its derivative alpha-zearalenol [J]. Applied and Environmental Microbiology, 68 (7): 3545-3549.

Ghahri H, Habibian R, Fam M A, 2010. Effect of sodiumbentonite, mannanoligosaccharide and humate onperformance and serum biochemical parametersduring aflatoxicosis in broiler chickens [J]. Global Veterinaria, 5 (2): 129-134.

Grant P G, Phillips T D, 1998. Isothermal adsorption of aflatoxin B_1 on HSCAS clay [J]. Journal of Agricultural and Food Chemistry, 46 (2): 599-605.

Halttunen T, Collado M C, El - NezamiH, et al, 2008. Combining strains of lactic acid bacteria may reduce their toxin and heavy metal removal efficiency from aqueous solution [J]. Letters in Applied Microbiology, 46 (2): 160 - 165.

Hatch R C, Clark J D, Jain A V, et al, 1982. Induced acute aflatoxicosis in goats - treatment with activated - charcoal or dual combinations of oxytetracycline, stanozolol, and activated - charcoal [J]. American Journal of Veterinary Research, 43 (4): 644 - 648.

Hernandez - Mendoza A, Garcia H S, Steele J L, 2009. Screening of *Lactobacillus casei* strains for their ability to bind aflatoxin B_1 [J]. Food and Chemical Toxicology, 47 (6): 1064 - 1068.

Hernandez - Mendoza A, Guzma - De - Peña D, González - Córdova A F, et al, 2010. *In vivo* assessment of the potential protective effect of *Lactobacillus casei* Shirota against aflatoxin B_1 [J]. Dairy Science and Technology, 90 (6): 729 - 740.

Jiang S Z, Yang Z B, Yang W R, et al, 2012. Effect on hepatonephic organs, serum biochemical indices and oxidative stress in post - weaning piglets fed purified zearalenone - contaminated diets with or without Calibrin - Z [J]. Journal of Animal Physiology and Animal Nutrition, 96 (6): 1147 - 1156.

Keçeci T, Oğuz H, Kurtoğ V, et al, 1998. Effects of polyvinylpolypyrrolidone, synthetic zeolite and bentonite on serum biochemical and haematological characters of broiler chickens during aflatoxicosis [J]. British Poultry Science, 39: 452 - 458.

Kiran M M, Demet Ö, Ortatath M, et al, 1998. The preventive effect of polyvinylpolypyrrolidone on aflatoxicosis in broilers [J]. Avian Pathology, 27: 250 - 255.

Kubena L F, Harvey R B, Huff W E, et al, 1990. Efficacy of a hydrated sodium calcium aluminosilicate to reduce the toxicity of aflatoxin and T - 2 toxin [J]. Poultry Science, 69: 1078 - 1086.

Lahtinen S J, Haskard C A, Ouwehand A C, et al, 2004. Binding of aflatoxin B_1 to cell wall components of *Lactobacillus rhamnosus* strain GG [J]. Food Additives and Contaminants, 21 (2): 158 - 164.

Li Z, Yang Z B, Yang W R, et al, 2012. Effects of feed - borne Fusarium mycotoxins with or without yeast cell wall adsorbent on organ weight, serum biochemistry, and immunological parameters of broiler chickens [J]. Poultry Science, 91 (10): 2487 - 2495.

Natour R M, Yousef S M, 1998. Adsorption efficiency of diatomaceous earth for mycotoxin [J]. Arab Gulf Journal of Scientific Research, 16 (1): 113 - 127.

Pimpukdee K, Kubena L F, Bailey C A, et al, 2004. Aflatoxin - induced toxicity and depietion of hepatic vitamin A in young broiler chicks: protection of chicks in the presence of low levels of NovaSil PLUS in the diet [J]. Poultry Science, 83: 737 - 744.

Piva A, Casadei G, Pagliuca G, et al, 2005. Activated carbon does not prevent the toxicity of culture material containing fumonisin B_1 when fed to weanling piglets [J]. Journal of Animal Science, 83 (8): 1939 - 1947.

Pizzolitto R P, Armando M R, Salvano M A, et al, 2013. Evaluation of *Saccharomyces cerevisiae* as an anti - aflatoxicogenic agent in broiler feedstuffs [J]. Poultry Science, 92 (6): 1655 - 1663.

Raju M V, Devegowda G, 2000. Influence of esterified - glucomannan on performance and organ morphology, serum biochemistry and haematology in broilers exposed to individual and combined mycotoxicosis (aflatoxin, ochratoxin and T - 2 toxin) [J]. British Poultry Science, 41 (5): 640 - 650.

Ramos A J, Hernández E, 1996. *In vitro* aflatoxin adsorption by means of a montmorillonite silicate [J]. Animal Feed Science and Technology, 62 (2/4): 263 - 269.

Ramos A J, Hernández E, Plá-Delfina J M, et al, 1996. Intestinal absorption of zearalenone and *in vitro* study of non-nutritive sorbent materials [J]. International Journal of Pharmaceutics, 128 (1/2): 129-137.

Rotter R G, Frohlich A A, Marquardt R R, 1989. Influence of dietary charcoal on ochratoxin A toxicity in Leghorn chicks [J]. Canadian Journal of Veterinary Research, 53 (4): 449-453.

Sarr A B, Mayura K, Kubena L F, et al, 1995. Effects of phyllosilicate clay on the metabolic profile of aflatoxin B_1 in Fischer-344 rats [J]. Toxicology Letters, 75 (1/3): 145-151.

Swamy H V, Smith T K, Macdonald E J, et al, 2002. Effects of feeding a blend of grains naturally contaminated with *Fusarium mycotoxins* on swine performance, brain regional neurochemistry, and serumchemistry and the efficacy of a polymeric glucomannan mycotoxin adsorbent [J]. Journal of Animal Science, 80 (12): 3257-3267.

Tangni E K, 2003. Occurrence of mycotoxins in beer, exposure assessment for consumers and development of biological detoxification options for the control of ochratoxin A during brewing [D]. Belgium: Universite Catholique de Louvain.

Topcu A, Bulat T, Wishah R, et al, 2010. Detoxification of aflatoxin B_1 and patulin by *Enterococcus faecium* strains [J]. International Journal of Food Microbiology, 139 (3): 202-205.

Zaghini A, Martelli G, Roncada P, et al, 2005. Mannanoligosaccharides and aflatoxin B_1 in feed for laying hens: effects on egg quality, aflatoxins B_1 and M_1 residues in eggs, and aflatoxin B_1 levels in liver [J]. Poultry Science, 84 (6): 825-832.

Zhang J, Lü Y, Tang C, et al, 2013. Effects of dietary supplementation with palygorskite on intestinal integrity in weaned piglets [J]. Applied Clay Science, 86: 185-189.

第十二章 动物解毒能力调控技术及其应用

第一节 技术原理

一、霉菌毒素的代谢

本书前面章节已介绍几种主要霉菌毒素在动物体内的代谢转化，此部分将对主要霉菌毒素的代谢途径进行简要叙述。

黄曲霉毒素被动物摄入后，迅速由胃肠道吸收，经门静脉进入肝脏，在摄食后0.5～1 h，肝内毒素浓度达到最高水平，因此肝脏受到的损害最为严重。动物体内代谢黄曲霉毒素的主要代谢途径为羟基化、脱甲基化和环氧化反应（图 12－1）。黄曲霉毒素 M_1、黄曲霉毒素 P_1、黄曲霉毒素 Q_1 是黄曲霉毒素 B_1 的典型代谢产物。黄曲霉毒素 B_1 也可以通过 NADPH 还原酶途径转化为黄曲霉毒醇。粪便是机体排泄未吸收黄曲霉毒素的途径之一，但主要的排泄途径是胆汁（主要代谢产物是 AFB_1 -谷胱甘肽）和尿液（主要代谢产物是 AFM_1、P_1 和 AFB_1-N^7 -鸟嘌呤）。通过泌乳动物的乳汁排泄也是一种途径（主要代谢产物是 AFM_1），同时也是吮乳动物接触黄曲霉毒素的主要途径。

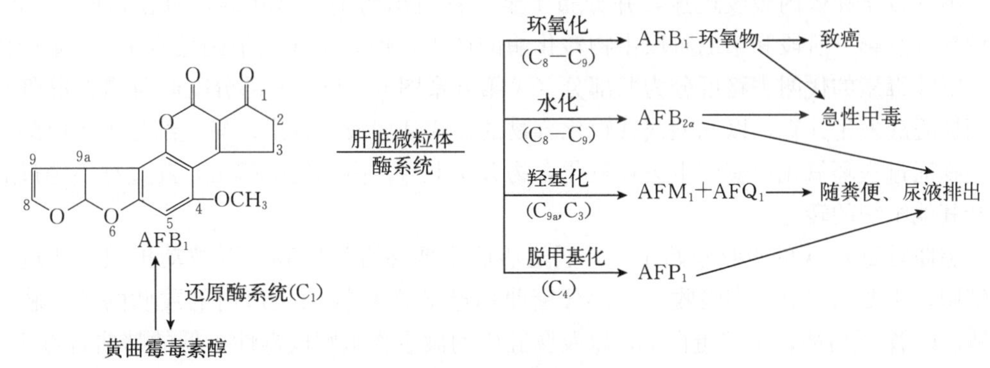

图 12－1 动物体内黄曲霉毒素代谢途径

（资料来源：Yiannikouris 和 Jouany，2002）

黄曲霉毒素可以与内源性葡萄糖醛酸或外源性葡萄糖醛酸、硫酸盐和谷胱甘肽等物质结合。黄曲霉毒素的主要解毒反应是活性形式环氧化物在谷胱甘肽硫转移酶催化下，与谷胱甘肽共价结合（图 12－2），最终以硫醇尿酸（AFB_1－NAC）的形式经尿排出体外。谷胱甘肽硫转移酶是 AFB_1－8，9－环氧化合物解毒过程中的关键酶，此酶广泛存在于机体各组织中，以肝脏中的含量最多，具有消除体内自由基和解毒的双重功能。此酶活性的大小，可反映机体抗氧化和解毒能力的高低，不同种类动物体内该酶活性的高低可解释其对黄曲霉毒素易感性的强弱。黄曲霉毒素环氧化物也可以经 UDP－葡萄糖醛酸转移酶（uridine diphosphate glucuronyl transferases，UDPGT）及硫黄基转移酶或环氧化物水解酶系作用而发生解毒作用。

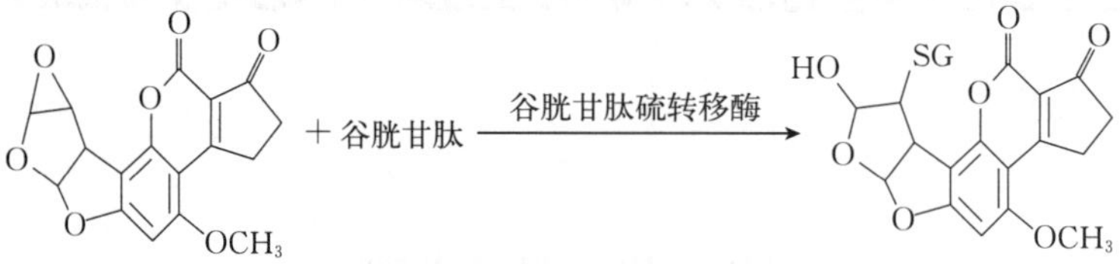

图 12－2　黄曲霉毒素环氧化物与谷胱甘肽结合

玉米赤霉烯酮被动物摄入吸收后，进行代谢转化的主要场所是肝脏和小肠，其代谢产物主要有 5 种：α－玉米赤霉烯醇（α－ZOL）、β－玉米赤霉烯醇（β－ZOL）、α－玉米赤霉醇（α－zearalanol，α－ZAL）、β－玉米赤霉醇（β－zearalanol，β－ZAL）及玉米赤霉酮（zearalanone，ZAN）。其中，玉米赤霉烯酮的雌激素活性是 α－玉米赤霉烯醇的 1/3，与 β－玉米赤霉烯醇的雌激素活性相同。玉米赤霉烯酮在动物体内的主要代谢途径有 2 条：其中一条是由 3α/3β－羟基类固醇脱氢酶（3α/3β－hydroxysteroid dehydrogenase，3α/3β－HSD）催化，使玉米赤霉烯酮生成 2 种非对应立体异构体——α－玉米赤霉烯醇和 β－玉米赤霉烯醇；另外一条是由 UDP－葡萄糖醛酸转移酶催化，使玉米赤霉烯酮及其代谢产物与葡萄糖醛酸进行结合。此外，α－玉米赤霉烯醇和 β－玉米赤霉烯醇可以相互转化并可通过进一步代谢产生 α－玉米赤霉醇及 β－玉米赤霉醇，而 α－玉米赤霉醇、β－玉米赤霉醇与玉米赤霉酮之间又可进行相互转化（化学结构图及代谢过程见第四章图 4－2）。

呕吐毒素在体内吸收迅速，并分布于全身各组织当中。呕吐毒素可在口服 15 min 内诱导肝脏第一阶段和第二阶段生物转化酶的产生，但并不通过细胞色素 P450 途径代谢。呕吐毒素的代谢去路可分为两部分（见第五章图 5－2）：一部分呕吐毒素在肝脏与葡萄糖醛酸发生共轭，以原型或共轭化合物的形式从尿液中排出；另一部分主要由肠道微生物通过去环氧化反应产生去环氧化合物 DOM－1，由粪便中排出，此过程不经过肝脏和其他组织的转化。

赭曲霉毒素 A 的吸收起始于胃，肠道吸收主要在近端空肠，以被动扩散方式进入肠细胞，主要以非离子态吸收。一部分赭曲霉毒素 A 可被消化道内的羧肽酶 A、胰蛋白酶、α－糜蛋白酶、组织蛋白 C，以及肠腔中的微生物水解成毒性更低的赭曲霉毒素 α（ochratoxin α，OTα）；另一部分赭曲霉毒素 A 从消化道吸收进入体循环后，大部分与血清蛋白（主要是白蛋白）结合（结合率达 99.98%），随后经血液循环到达机体各组织器官。体内的赭曲霉毒素需经过一定的生物转化过程而被代谢，猪和人对赭曲霉毒素的生物转化作用具有细胞色素 P450 依赖性，生成具有致癌性和其他毒性的代谢中间产物。

二、常用方法与技术分类

除了采用物理方法、化学方法和生物方法去除霉菌毒素外，还可以从动物体自身的角度来解决霉菌毒素问题，通过提高动物体自身的机能，增加其对毒素的耐受力。

通过营养措施调控动物自身霉菌毒素解毒体系是可行的。一方面，在动植物活体内存在降解霉菌毒素的解毒体系，如包括由醛还原酶、α-谷胱甘肽硫转移酶、细胞色素P450和植物过氧化物酶等组成的黄曲霉毒素 B_1 解毒体系等。因此，凡是能够促进以上解毒体系正常运转的营养因素都可能作为增强动物自身霉菌毒素解毒体系的营养调控措施。另一方面，由于霉菌毒素会降低养分的吸收，因此增加关键性养分也是缓解途径之一。在被霉菌毒素污染的饲粮中添加抗氧化剂，可通过减少氧自由基的产生或提高机体内抗氧化物水平，使脂质过氧化反应减弱，脂质过氧化物的产生量减少，从而从整体上提高机体的抗氧化能力，增加畜禽对霉菌毒素的抵抗能力。由于肝脏和肾脏是多数霉菌毒素的靶器官，因此也可以在饲粮中添加具有保肝强肾功能的中草药添加剂，如添加海藻提取物、黄芪、龙葵、穿心莲、鸭嘴花叶提取物等，来促进毒素代谢，消除器官炎症。Solcan 等（2013）研究发现，沙棘（*Hippophae rhamnoides* Linn.）油具有保肝的活性，能降低肝脏中黄曲霉毒素浓度并且能缓解黄曲霉毒素对肉仔鸡的毒害作用。

第二节 营养调控技术

一、常用营养素简介

黄曲霉毒素代谢产物能影响机体蛋白质及氨基酸代谢，可通过增加蛋白质水平来缓解黄曲霉毒素的毒性。给肉鸡饲喂含 5 mg/kg 黄曲霉毒素饲粮时，将饲粮蛋白质水平从20%提高到30%，可部分抵消毒素对肉鸡生长的影响，提高肉鸡的生长速度。功能性氨基酸（如谷氨酸、谷氨酰胺、精氨酸等）是机体中肠道细胞、淋巴细胞等快速分裂细胞的主要氮源和能量来源，在疾病的预防、感染的控制、机体损伤后的修复等过程中具有营养和免疫调节的双重作用。谷氨酸、半胱氨酸及甘氨酸均为合成谷胱甘肽的底物，可通过形成谷胱甘肽来参与动物体内的解毒过程。谷氨酸是一种重要的功能性氨基酸，可以为肠道功能和结构的完整性提供了大量的能量；谷氨酸是谷氨酰胺的必须前体，可通过合成谷氨酰胺来发挥免疫和营养的双重调节作用。谷氨酰胺能增强肝细胞的合成，提高肝细胞线粒体内的氧消耗，从而改善肝功能。精氨酸可通过代谢途径激活体内必需氨基酸的内源合成，提高机体内的氨基酸含量和抗氧化功能，降低脂质过氧化反应。蛋氨酸有保肝的作用，可增强肝细胞内谷胱甘肽的合成，同时还具有抗氧化性，在饲粮中添加时可减少毒素对动物的不良影响。添加超过NRC标准的总含硫氨基酸可以消除黄曲霉毒素对肉鸡生长的不良影响，其机理很可能是通过谷胱甘肽来加强解毒效果。作为巯基抗氧化剂，N-乙酰基半胱氨酸能显著缓解赭曲霉毒素的屏障毒性效应。抗菌肽主要成分为可参与动物体非特异性免疫的小分子氨基酸，可增强动物体的免疫力。

通常情况下黄曲霉毒素中毒会降低脂肪的吸收，因此增加脂溶性维生素对减轻黄曲霉毒素的毒性作用有帮助。但是进一步的研究发现，大部分肉鸡料中的脂溶性维生素含量都超过最低需求量的几倍，因此额外添加维生素A、维生素D、维生素E、维生素K对减轻肉鸡黄曲霉毒素中毒没有帮助。不过维生素D可能例外，给家禽饲喂的维生素D_3必须经历两步转化过程才能变为有生物活性的代谢物。这种转化过程发生在肝脏及肾脏，而这2个器官正是黄曲霉毒素主要的攻击部位。家禽饲粮中添加1 mg/kg的黄曲霉毒素B_1，维生素D的需要量相应增加8.84 IU/kg（以饲粮计）。另外，在饲粮中增加维生素B_1的水平，可以减轻日粮中镰刀菌毒素的毒性（Nagara等，1994）。

二、实施效果与技术局限性

通过营养调控手段，可保护动物组织器官、增强其免疫力，从而缓解饲料中霉菌毒素的毒性作用。多种加强营养的方法被用来缓解霉菌毒素的毒性，其中有些有效，有些无效。此外，在补充营养素途径、剂量、持续时间及作用机制等方面，还需进行系统综合评估和深入研究探索。同时，该技术也存在一定的局限性，如大幅增加成本、造成营养物质的浪费和某种营养物质的缺乏；日粮中蛋氨酸的过量添加，同时也消耗了大量的胱氨酸，影响了畜禽的生长。

三、例证

Andretta等（2012）研究发现，在被呕吐毒素污染的饲粮中每增加1个可消化单位（蛋氨酸添加量/动物代谢体重，g/kg）的蛋氨酸，动物日增重可增加1.2 g。在动物仅通过饲粮摄入呕吐毒素时，其吸收的蛋氨酸的量与其日增重具有极强的相关性。饲粮中添加3.4 mg/kg的呕吐毒素对育肥猪的脏器指数、血液常规指标和血液生化指标均造成了不良影响，而添加酸性氨基酸（谷氨酸、天冬氨酸）和碱性氨基酸（精氨酸、赖氨酸）对于缓解脏器病变、改善血液生理生化指标具有一定的效果（陈明洪等，2013）。在被呕吐毒素污染的饲粮中添加2%的谷氨酸，可提高断奶仔猪的生长性能并缓解呕吐毒素对断奶仔猪所产生的肠道应激作用（吴苗苗等，2013）。谷氨酰胺及精氨酸在一定程度上可缓解呕吐毒素对大鼠造成的应激损伤。

Xiao等（2013a，2013b）研究发现，将主要成分为乳铁蛋白肽、植物防御素和活性酵母的复合抗菌肽用于受呕吐毒素影响的断奶仔猪上，可以有效改善呕吐毒素对断奶仔猪生产性能、自身免疫力和肠道功能的不利影响，说明抗菌肽在解决呕吐毒素对动物不利影响方面有一定的作用。

体外试验揭示，添加L-苯丙氨酸对由赭曲霉毒素导致的Caco-2细胞吸收功能下降有一定的保护效应（Maresca等，2001）。但其他试验结果显示，添加苯丙氨酸并没有改善动物的体增重及饲料转化效率，但降低了死亡率。进一步研究显示，日粮中添加苯丙氨酸改善了摄入赭曲霉毒素的肉鸡的健康状况。

Ranaldi等（2009）研究了细胞内锌（Zn）贮备在保护被赭曲霉毒素刺激时肠黏膜完整性上的作用，表明在锌耗竭的状态下，经赭曲霉毒素处理后可导致肠黏膜紧密连接通透性增加，并伴随 Caco－2/TC7 细胞凋亡率的增加；而添加锌则可改善赭曲霉毒素处理下 Caco－2/TC7 细胞的屏障功能，并可抑制细胞凋亡。

第三节　抗氧化剂（自由基捕获剂）

一、常用抗氧化剂简介

抗氧化剂有：①维生素类，如维生素 A、维生素 E、维生素 C、胡萝卜素等；②合成抗氧化剂类，如丁基羟基茴香醚、二丁基羟基甲苯等；③其他，如硒等。它们能有效防止霉菌毒素对动物的危害。目前用于脱毒研究最多的抗氧化剂是具有抗氧化活性的维生素类，其中维生素 E 的抗氧化活性较强、脱毒效果较明显。维生素 E 可通过提高内源性抗氧化物的水平来调节体内自由基生成与清除的平衡状态，维生素 C 联合维生素 E 可以增强抗凋亡效果。角黄素（一种类胡萝卜素）可以在一定程度上改善肉仔鸡黄曲霉毒素中毒情况（Okotie-Eboh 等，1997）。二丁基羟基甲苯，又名2，6－二叔丁基对甲酚，可用作食品级抗氧化剂，其在一些哺乳动物和家禽模型研究中已被证明可以降低黄曲霉毒素中毒症状。二丁基羟基甲苯能够通过激活Ⅱ相酶，如谷胱甘肽巯基转移酶，或者抑制Ⅰ相酶（如 P450s）活性来降低啮齿目动物的癌症发展，同时一些机理研究的试验也暗示二丁基羟基甲苯的保护特性主要是诱导了谷胱甘肽巯基转移酶的表达和活性的激活，同时抑制了 CYP1A5 所介导的一些酶的活性（降低了黄曲霉毒素 B_1 向黄曲霉毒素环氧化合物的生物学转化）（Klein 等，2002）。

硒在生物体内具有多种生物学功能，其中最主要的功能就是抗氧化作用。硒的生物学功能主要通过以硒半胱氨酸的形式参与构成的硒蛋白而得以发挥。谷胱甘肽过氧化物酶（glutathione peroxidase，GSH-Px）是机体内广泛存在的一种重要的过氧化物分解酶，硒是 GSH-Px 的组成成分并能增强其活性。陈平（2010）系统研究了硒（亚硒酸钠）对赭曲霉毒素致氧化应激毒性效应的缓解作用及机制，表明亚硒酸钠显著提高了赭曲霉毒素暴露下的细胞存活率，有效降低了 IPEC-J2 细胞内乳酸脱氢酶（lactate dehydrogenase，LDH）的外漏和脂质过氧化水平，细胞 Na^+－K^+－ATP 酶活性的抑制也得到了有效缓解。并进一步研究证实，硒是通过提高 IPEC-J2 细胞转录因子 Nrf2 的活化，以及其下游抗氧化相关基因，如谷胱甘肽硫转移酶 A2（glutathione S-transfrase A2，GSTA2）、谷胱甘肽硫转移酶 O1（glutathione S-transfrase O1，GSTO1）、硫氧还蛋白还原酶 1（thioredoxin reductase 1，TrxR1）、谷胱甘肽还原酶（glutathion reductase，GR）、谷氨酰胺半胱氨酸连接酶催化亚基（glutathione cysteine ligase catalytic subunit，GCLC）和谷氨酰胺半胱氨酸连接酶调节亚基（glutathione cysteine ligase modifier subunit，GCLM）的表达水平，提高了细胞的抗氧化能力，进而起到缓解赭曲霉毒素氧化应激损伤的作用。大豆异黄酮为多酚类物质，主要存在于大豆、红三叶等植物中，以大豆中的含量最高。大豆异黄酮具有抗氧化功能，不仅可降低霉菌毒素对动物组织和器官的氧化损伤作用，而且还能提高机体免疫力，从而提高动物对霉菌毒素的耐受力，降低外来物质对机体造成的负面影响。此外，大豆异黄酮具有雌激素双向调节功能，在体内可抑制具有雌激素活性的毒素毒性。近年来，谷胱甘肽参与植物及其他有机体响应真菌毒素致毒过程引起关注，并且许多相关的研究报道也证实了谷胱甘肽通过活性氧清除等机制在机体响应真菌毒素的过程中有一定的保护作用。其他类抗氧化剂，如水飞蓟素（silymarin）、硫辛酸（alpha lipoic acid）、姜黄素（curcumin）、白藜芦醇（resveratrol）、槲皮素（quercetin）等，也可提高机体或细胞的抗氧化能力及降低脂质过氧化。水飞蓟素可作为一种抗氧化剂和细胞稳定剂促进细胞内大分子合成，可以预防雏鸡发生黄曲霉毒素中毒，虽然其作用机理还不明确（Tedesco 等，2004）。硫辛酸是线粒体中丙酮酸脱氢酶和 α-酮戊二酸脱氢酶的辅助因子，可以清除体内各种类型自由基，可使得体内的一些抗氧化剂，如抗坏血酸、维生素 E 和谷胱甘肽能重新生成。

二、实施效果与技术局限性

氧化应激是霉菌毒素介导的细胞毒性和细胞凋亡的重要机制。在正常情况下，机体内有清除自由基的非酶系统（如维生素 E 和谷胱甘肽等），以及酶系统［如超氧化物歧化酶（superoxide dismutase，SOD）和谷胱甘肽过氧化物酶等］，其抗氧化能力与不断产生的氧自由基的氧化能力间保持动态平衡，若自由基产生异常增多或机体组织的抗氧化能力下降，则将出现脂质过氧化反应，导致组织细胞损伤。霉菌毒素可致使动物体内产生大量自由基，打乱机体自身自由基与抗氧化物清除剂的平衡状态，引发脂质过氧化反应。抗氧化剂能有效提高机体的抗氧化能力，减轻霉菌毒素的危害，且对霉菌毒素本身没有特异性。但目前的研究主要集中在对细胞和生物大分子的影响上，抗氧化剂能否在体内起到明显的效果还有待进一步的研究。此外，有些抗氧化剂的作用效果存在剂量效应。例如，二丁基羟基甲苯缓解黄曲霉毒素毒性所用浓度超过常规使用量的 30 倍，而且即便如此也不能完全消除黄曲霉毒素中毒症。通过添加赭曲霉毒素的试验发现，低浓度的维生素 C 可降低 BHK 细胞的增殖抑制率，并随着维生素 C 浓度的升高抑制率下降；而高浓度的维生素 C 对赭曲霉毒素的增殖抑制反而具有协同作用（赵士侠，2012）。说明一定浓度范围内的维生素 C 对缓解赭曲霉毒素中毒具有保护作用。

三、例证

维生素 E、β-胡萝卜素、抗坏血酸、硒能有效降低由黄曲霉毒素 B_1 导致的大鼠患肝癌的风险。β-胡萝卜素和斑蝥黄能抑制黄曲霉毒素 B_1 对肉鸡生长的影响。维生素 C 能降低黄曲霉毒素 B_1 对豚鼠的不良影响。维生素类不仅对黄曲霉毒素的毒性作用有抑制作用，对其他常见的毒素也有显著的抑制效果。视黄醇、抗坏血酸和 α-生育酚极显著地降低了赭曲霉毒素和玉米赤霉烯酮对小鼠肝脏和肾脏中 DNA 加合物的生成（Grosse 等，1997）。硒、维生素 E、维生素 C 均可作为抗氧化剂，保护脾脏和脑细胞膜免遭 T-2 毒素和呕吐毒素的损害（Atroshi 等，1995）。维生素 E 和辅酶 Q_{10} 对由呕吐毒素导致的小鼠肝脏谷胱甘肽含量的降低同样具有颉颃作用，同时维生素 E 和辅酶

Q_{10}对由呕吐毒素导致的肝脏组织中DNA的损伤也有保护作用。水溶状态下的维生素E可以降低T-2毒素对淋巴细胞增殖的抑制作用（Jaradat等，2006）。叶黄素和番茄红素能有效降低T-2毒素对鸡肝细胞的毒性（Hundhausen等，2005）。赭曲霉毒素可诱导仔猪的淋巴细胞凋亡，维生素E可以抑制其凋亡（Jottini等，2009）。维生素E、硒等抗氧化剂能抑制烟曲霉毒素B_1对大鼠肝脏和脾脏DNA的损伤作用。

在仓鼠饲粮中添加亚硒酸钠和富硒酵母提取物，可显著降低黄曲霉毒素B_1对其卵巢细胞的损害（Shi等，1995）。硒对由呕吐毒素导致的软骨细胞外基质聚集蛋白聚糖的mRNA和蛋白表达水平的降低有改善作用。肉鸡饲粮中添加3 mg/kg呕吐毒素后，有机硒（1 mg/kg）可颉颃呕吐毒素的毒性，使机体超氧化物歧化酶的活性升高、丙二醛（malonaldehyde，MDA）含量降低，显著提高组织中谷胱甘肽过氧化物酶的活性，并且有机硒调节了由呕吐毒素引起的鸡十二指肠组织中谷胱甘肽过氧化物酶活性的异常（Placha等，2009）。亚硒酸钠具有颉颃呕吐毒素致猪脾脏淋巴细胞氧化损伤的作用。添加亚硒酸钠进行干预后，淋巴细胞活性提高，细胞培养液中的乳酸脱氢酶活性降低，细胞丙二醛和过氧化氢含量降低，细胞抗氧化能力增强。在轻度霉变的肉鸡配合饲料（含黄曲霉毒素B_1 37.5 μg/kg、玉米赤霉烯酮125 μg/kg、呕吐毒素250 μg/kg）中，添加100 mg/kg或200 mg/kg的大豆异黄酮能显著提高肉鸡的日增重和日采食量，对采食了霉变饲粮的肉鸡的肝脏具有一定的保护作用，同时能显著抵抗霉菌毒素对肉鸡的氧化损伤（何学军，2007）。饲粮中高浓度的玉米赤霉烯酮可造成青年母猪的肝脏损伤和氧化应激，300～600 mg/kg的大豆异黄酮可缓解该损伤。大豆异黄酮表现出双向雌激素调节作用，可减弱饲粮中高浓度玉米赤霉烯酮（2 mg/kg）对青年母猪的雌激素样作用，而增强饲粮中低浓度玉米赤霉烯酮（0.5 mg/kg）对青年母猪的雌激素样作用（王定发，2011）。其可能的作用机制是二者联合通过调节下丘脑雌激素受体（estrogen receptors，ERs）和垂体促性腺激素释放激素（gonadotropin-releasing hormone，GnRH）受体的表达来干扰青年母猪生殖激素的正常分泌，并调节生殖器官ERs的表达，进而影响青年母猪生殖器官的发育。饲粮中添加水飞蓟素磷脂复合物（600 mg/kg，以体重计）后，能够显著改善饲喂黄曲霉毒素B_1（0.8 mg/kg）肉鸡的体重和采食量（Tedesco等，2004）。黄芪对由呕吐毒素导致的小鼠免疫抑制具有明显的颉颃作用，能够提高小鼠免疫力，降低小鼠肝、肾损伤（杨俊花和赵志辉，2013）。硫辛酸能提高肉鸡的健康水平，缓解黄曲霉毒素B_1对其肝脏功能的损伤，提高肝脏抗氧化能力和肝脏生物转化能力，抑制肝脏和脾脏的炎性反应，以及降低核转录因子NF-κB蛋白的表达量（李艳，2014）。

参考文献

陈明洪，尹杰，邓建文，等，2013. 氨基酸对呕吐毒素诱导的肥育猪血液生理生化损伤的干预效应［J］. 湖南农业科学，7：112-116.

陈平，2010. 赭曲霉毒素A对IPEC-J2细胞Nrf2抗氧化系统的影响及硒的保护效应［D］. 雅安：四川农业大学.

何学军，2007. 几种饲料添加剂对肉鸡饲喂霉变饲料的脱毒效果研究［D］. 武汉：华中农业大学.

雷元培，2014. ANSB01G 菌对玉米赤霉烯酮的降解机制及其动物试验效果研究［D］. 北京：中国农业大学.

李艳，2014. 硫辛酸对肉鸡骨骼肌发育及缓解黄曲霉毒素中毒机理的研究［D］. 北京：中国农业大学.

王定发，2011. 玉米赤霉烯酮联合大豆异黄酮对青年母猪生殖器官发育、肝脏损伤和组织玉米赤霉烯酮残留的影响及其机制研究［D］. 武汉：华中农业大学.

吴苗苗，肖昊，印遇龙，等，2013. 谷氨酸对脱氧雪腐镰刀菌烯醇刺激下的断奶仔猪生长性能、血常规及血清生化指标变化的干预作用［J］. 动物营养学报，25（7）：1587-1594.

杨俊花，赵志辉，2013. 黄芪对脱氧雪腐镰刀菌烯醇致 BALB/c 小鼠免疫抑制的解毒作用［C］. 中国毒理学会第六届全国毒理学大会：24-28.

赵士侠，2012. 赭曲霉毒素 A 诱导 BHK 细胞凋亡及维生素 C 对其毒性干预的研究［D］. 南京：南京农业大学.

Andretta I，Kipper M，Lehnen C R，et al，2012. Meta-analytical study of productive and nutritional interactions of mycotoxins in growing pigs［J］. Animal，6（9）：1476-1482.

Atroshi F，Rizzo A，Biese I，et al，1995. Effects of feeding T-2 toxin and deoxynivalenol on DNA and GSH contents of brain and spleen of rats supplemented with vitamin E and C and selenium combination［J］. Journal of Animal Physiology and Animal Nutrition，74（3）：157-164.

Dänicke S，Brezina U，2013. Kinetics and metabolism of the *Fusarium* toxin deoxynivalenol in farm animals：consequences for diagnosis of exposure and intoxication and carry over［J］. Food and Chemical Toxicology，60：58-75.

Dhanasekaran D，Shanmugapriya S，Thajuddin N，et al，2011. Aflatoxins and aflatoxicosis in human and animals［M］//Guevara G. Aflatoxins-biochemistry and molecular biology. Croatia：InTech.

Grosse Y，Chekir-Ghedira L，Huc A，et al，1997. Retinol，ascorbic acid and α-tocopherol prevent DNA adduct formation in mice treated with the mycotoxins ochratoxin A and zearalenone［J］. Cancer Letters，114（1/2）：225-229.

Hundhausen C，Bösch-Saadatmandi C，Augustin K，et al，2005. Effect of vitamin E and polyphenols on ochratoxin A-induced cytotoxicity in liver（HepG2）cells［J］. Journal of Plant Physiology，162（7）：818-822.

Jaradat Z W，Viiã B，Marquardt R R，2006. Adverse effects of T-2 toxin on chicken lymphocytes blastogenesis and its protection with vitamin E［J］. Toxicology，225（2/3）：90-96.

Jottini S，Cantoni A M，Ferrari L，et al，2009. Ochratoxin A（OTA）：cell-mediated immune response，histopathological features and protective role of vitamin E in experimentally intoxicated piglets［J］. Journal of Comparative Pathology，141（4）：292.

Klein P J，van Vleet T R，Hall J O，et al，2002. Dietary butylated hydroxytoluene protects against aflatoxicosis in Turkeys［J］. Toxicology and Applied Pharmacology，182（1）：11-19.

Maresca M，Mahfoud R，Pfohl-Leszkowicz A，et al，2001. The mycotoxin ochratoxin A alters intestinal barrier and absorption functions but has no effect on chloride secretion［J］. Toxicology and Applied Pharmacology，176（1）：54-63.

Nagara R Y，Wu W D，Vesonder R F，1994. Toxicity of corn culture material of *Fusarium proliferatum* M-7176 and nutritional intervention in chicks［J］. Poultry Science，73（5）：617-626.

Okotie-Eboh G O, Kubena L F, Chinnah A D, 1997. Effects of β-carotene and canthaxanthin on aflatoxicosis in broilers [J]. Poultry Science, 76 (10): 1337-1341.

Placha I, Borutova R, Gresakova L, et al, 2009. Effects of excessive selenium supplementation to diet contaminated with deoxynivalenol on blood phagocytic activity and antioxidative status of broilers [J]. Journal of Animal Physiology and Animal Nutrition, 93 (6): 695-702.

Ranaldi G, Caprini V, Sambuy Y, et al, 2009. Intracellular zinc stores protect the intestinal epithelium from ochratoxin A toxicity [J]. Toxicology *in Vitro*, 23 (8): 1516-1521.

Shi C Y, Hew Y C, Ong C N, 1995. Inhibition of aflatoxin B_1-induced cell injury by selenium: An *in vitro* study [J]. Human and Experimental Toxicology, 14 (1): 55-60.

Solcan C, Gogu M, Floristean V, et al, 2013. The hepatoprotective effect of sea buckthorn (*Hippophae rhamnoides*) berries on induced aflatoxin B_1 poisoning in chickens [J]. Poultry Science, 92 (4): 966-974.

Tedesco D, Steidler S, Galletti S, et al, 2004. Efficacy of silymarin-phospholipid complex in reducing the toxicity of aflatoxin B_1 in broiler chicks [J]. Poultry Science, 83 (11): 1839-1843.

Xiao H, Tan B E, Wu M M, et al, 2013b. Effects of composite antimicrobial peptides in weanling piglets challenged with deoxynivalenol: Ⅱ. Intestinal morphology and function [J]. Journal of Animal Science, 91 (10): 4750-4756.

Xiao H, Wu M M, Tan B E, et al, 2013a. Effects of composite antimicrobial peptides in weanling piglets challenged with deoxynivalenol: Ⅰ. Growth performance, immune function, and antioxidation capacity [J]. Journal of Animal Science, 91 (10): 4772-4780.

[illegible] C G, [illegible] 2[illegible]. [illegible] Poultry Science, [illegible]

[illegible] 2006. [illegible] containing [illegible] with deoxynivalenol [illegible] Journal of Animal Physiology and Animal Nutrition, [illegible]

[illegible] 2[illegible]. [illegible] Toxicology, [illegible]

[illegible] Y C, [illegible] 1998. [illegible] Human and Experimental Toxicology, [illegible]

[illegible] cells [illegible] 2011. [illegible]

[illegible] 2011. [illegible] deoxynivalenol [illegible] Journal of Animal Science, [illegible]

[illegible] 2013. [illegible] deoxynivalenol [illegible] Journal of Animal Science, [illegible]

第四篇　饲料霉菌毒素生物降解技术

第十三章 黄曲霉毒素生物降解技术

第一节 黄曲霉毒素生物降解技术原理与方法

一、黄曲霉毒素生物降解技术原理

黄曲霉毒素生物降解技术，是指黄曲霉毒素分子的毒性基团被微生物产生的次级代谢产物或其分泌的胞内酶、胞外酶分解破坏，同时产生无毒或低毒的降解产物的过程。

关于黄曲霉毒素降解机理的研究，可从毒素本身的结构入手，来分析黄曲霉毒素在微生物及其酶作用下发生反应的毒性基团或结构。黄曲霉毒素 B_1（AFB_1）结构中主要有 3 个活性位点：第一个活性位点是呋喃环上的 8、9 位双键部位，其是黄曲霉毒素 B_1 形成 AFB_1 - pro、AFB_1 - DNA 等复合体的作用位点，也是导致基因突变和致癌致畸的主要功能基团，这也解释了 AFB_1 是黄曲霉毒素家族中毒性最强的原因；第二个活性位点是 10、11、15 号位点，即 AFB_1 中香豆素的内酯环部分，这个位点容易发生化学水解，因而是较为活跃的降解活性位点；第三个活性位点在 AFB_1 环戊烯酮环（14 号位点）上，一些取代基团的存在与否也对 AFB_1 的毒性有一定的影响。如果发现这些基团或结构被破坏，则可初步确认毒素被降解，另外也可通过观察毒素本身的一些特性（荧光特性）是否减弱或消失来判断。

Guan 等（2010）采用红外和质谱分析推测黏细菌和 AFB_1 反应产物的分子结构。质谱结果表明，经黏细菌解毒蛋白处理后的毒素，其相应的 313 特征峰大大降低，而 335 和 351 特征峰消失。红外测定结果表明，经活性蛋白处理后的毒素，其吸收峰主要变化发生在 1 409 cm^{-1}、1 728 cm^{-1} 和 2 930 cm^{-1} 处，推测是苯环上的芳香内酯和甲氧基发生了改变（图 13 - 1）。

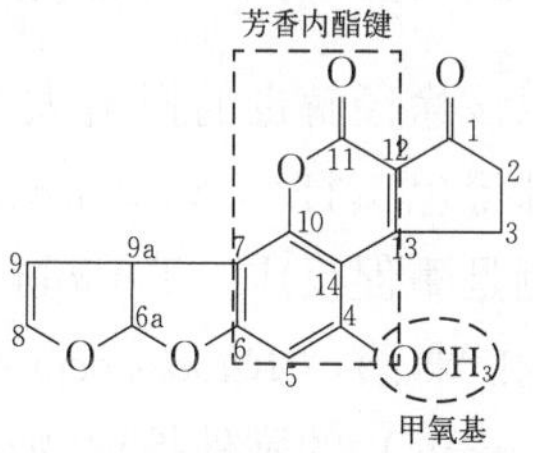

图 13 - 1 细菌降解黄曲霉毒素 B_1 分子结构变化
（资料来源：Guan 等，2010）

Liu 等（2001）从假蜜环菌（*Armillariella tabescens*）菌丝球中分离纯化出了一种黄曲霉毒素解毒酶（aflatoxin-detoxifizyme，ADTZ），其分子质量约为 51.8 ku，在 pH 6.8 和35 ℃时有最大酶活。进一步研究证明，ADTZ 是一种黄曲霉毒素氧化酶，高效薄层色谱检测表明，该酶可将 AFB_1 分子结构中的双呋喃环断裂，并且该降解过程为氧气依赖型，同时可产生过氧化氢。图 13－2为推测的真菌降解黄曲霉毒素 B_1 途径。

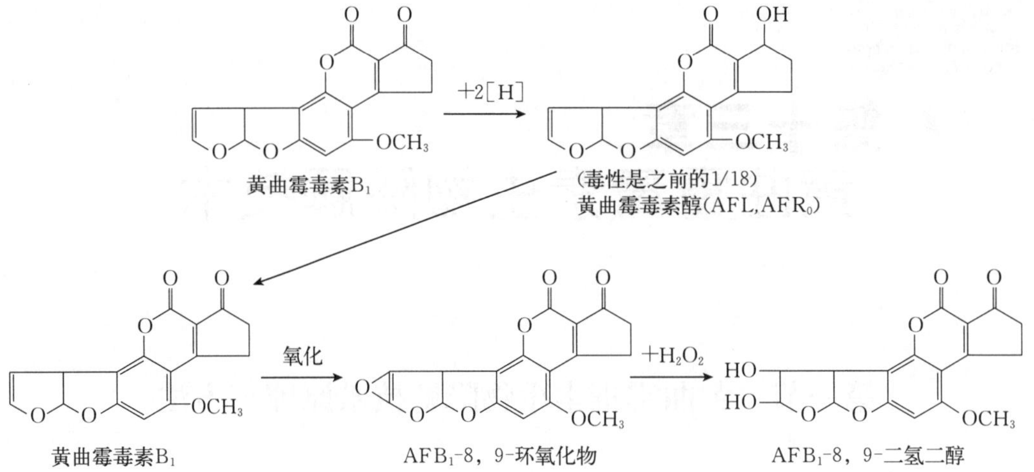

图 13－2　真菌降解黄曲霉毒素 B_1 途径

（资料来源：Liu 等，2001）

二、微生物对黄曲霉毒素的作用方式

（一）细胞内活性物质的降解作用

利用该途径降解毒素的报道大多集中在真菌，都需要破碎细胞，操作过程烦琐，而且容易导致酶活性降低。Liu 等（1998）从假蜜环菌（*Armillariella tabescens*）的菌丝体中提取出的胞内酶具有很强的解毒活性。另外，从白腐真菌和褐腐真菌的代谢产物中分离出了胞外解毒酶，研究了该酶解毒反应的最佳 pH 和温度，并将其纯化。陈仪本等（1998）研究发现，黑曲霉（*Aspergillus niger*）菌丝体提取物能够降解花生油中的黄曲霉毒素。

（二）细胞外活性物质的降解作用

以该途径解毒的报道大多集中在细菌（Alberts 等，2006）。Smiley 等（2000）发现一株橙色黄杆菌（*F. aurantiacum*）的胞外蛋白提取物在水溶液中可以降解 AFB_1，并推测是酶促反应。Teniola 等（2005）报道了 4 株具有降解 AFB_1 活性的细菌。其中，红串红球菌（*Rhodococcus erythropolis*）和分枝杆菌（*Mycobacterium fluoranthenivorans*）的胞外提取物在 30 ℃分别与 AFB_1 反应 4 h 后，AFB_1 的降解率都在 90%以上，8 h 后基本检测不到 AFB_1 残留。

（三）黄曲霉毒素降解的产物类型

根据微生物或酶作用的毒性位点，可以将黄曲霉毒素降解的产物大致分为三类。第一类产物是 AFB_1 的呋喃环末端双键改变，生成的产物主要是 AFB_{2a} 与 AFB_1－8－9 二氢二醇。Wang 等（2011）对白腐菌 YK－624 进行研究发现，此菌株所产生的锰过氧化物酶（MnP）可以高效去除 AFB_1。整个过程分为两个步骤：首先 MnP 将 AFB_1 氧化为 AFB_1-8，9-环氧化物，接着该环氧化物再被水解为 AFB_1-8，9-二氢二醇；另外，在降解过程中，加入适量的吐温-80 有助于提高降解效率。Liu 等（1998）在研究假蜜环菌降解 AFB_1 时也发现，AFB_1 被黄曲霉毒素氧化酶首先氧化为环氧化物，接着该环氧化物被水解为 AFB_1-8，9-二氢二醇，最后打开呋喃环。Yunus 等（2011）研究发现，在微生物降解 AFB_1 的过程中，产生了一种发荧光的化合物 AFB_{2a}。AFB_{2a}是 AFB_1 的羟化产物，有与 AFB_1 半缩醛完全一致的特性，于是又称 AFB_1-W。AFB_{2a}的毒性远远低于 AFB_1 或 AFB_2，将 1 200 μgAFB_{2a}注入 1 日龄体重为50 g的鸭体内，结果发现并没有产生与其他黄曲霉毒素相同的中毒特征，AFB_{2a}的毒性仅剩 AFB_1 的 1/200。第二类产物是 AFB_1 的内酯环结构被破坏。Lee 等（2012）发现内酯环结构与其荧光特性、生物活性密切相关，内酯环断裂后产生的一种非荧光化合物-黄曲霉毒素 D_1 可大大降低其毒性和致突变性。另外发现，AFB_1 双呋喃环末端双键易发生环氧化反应，其环氧化物反应性强，与 AFB_1 的毒性、致癌性和致突变性均有关，因此考虑可以通过破坏 AFB_1 双呋喃环及其末端双键来进行去毒。AFB_1 毒性位点 2 的内酯环易被微生物降解变成荧光强度较低的 AFD_1，这样毒性也就大大降低。第三类产物是 AFB_1 的酮羰基被破坏。绿色木霉（*Trichoder maviride*）、不明毛霉（*Mucor ambiguous*）和黑曲霉将 AFB_1 2-环戊烯酮环上的酮羰基还原，形成黄曲霉毒醇（AFL），其毒性仅剩 AFB_1 的 1/18。经微生物作用，AFB_1 也可被转化成一种羟基衍生物-AFB_{2a}，其毒性是 AFB_1 的 1/200。Taylor 等（2010）提出，来自耻垢分枝杆菌的以脱氮黄素辅因子 $F_{420}H_2$ 为辅酶的还原酶体系能催化 AFB_1 的不饱和酯还原，从而激活 AFB_1 自发水解形成一种新的降解产物，其结构如图 13-3 所示。

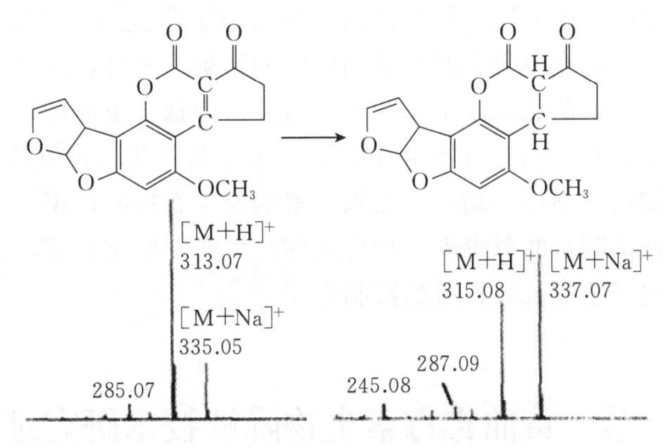

图 13-3　黄曲霉毒素 B_1 加氢反应还原途径

（资料来源：Taylor 等，2010）

（四）菌细胞的吸附作用

微生物除降解黄曲霉毒素外，菌体也能与毒素通过非共价方式结合。疏水作用是维持该结构最主要的作用力，静电作用对其也有一定影响，而且这种结合主要是与菌体细胞壁结构有关。乳酸菌和酵母菌主要通过该途径吸附毒素，从而减轻毒素对机体的危害。但是该途径大多是可逆的吸附，不能将毒素彻底消除，被吸附的毒素会在条件改变时发生解吸附而重新释放。这些微生物主要是通过细胞壁吸附毒素而不是共价结合，死亡细胞仍具有结合能力。研究指出，酵母细胞壁的甘露聚糖在对黄曲霉毒素的吸附中起着重要作用。与酵母不同，乳酸菌对黄曲霉毒素的结合能力有高度的种特异性，主要与细胞壁上的肽聚糖组分有关。这种结合是可逆的，反复洗脱或加入有机溶剂都能使毒素游离出来。乳酸菌等革兰氏阳性菌对黄曲霉毒素的去除活性高于大肠埃希氏菌（革兰氏阴性菌），不同类型细菌去除毒素能力的差异与其细胞壁结构密切相关。另外通过比较预培养活化好的菌体、热处理过的菌体，以及冷冻干燥未经活化的菌体对黄曲霉毒素的去除活性发现，预培养处理会引起细胞壁成分发生改变，增强菌细胞去除黄曲霉毒素的能力。酸、热处理均可以明显提高乳杆菌结合毒素的能力。原因是这些处理可以促使细菌膜双分子层暴露内表面，减少交叉连接或增大孔径以利于结合毒素。

（五）微生物的抑制作用

某些微生物通过竞争性生长，或是通过分泌次级代谢产物，能抑制产黄曲霉毒素菌株的生长和黄曲霉毒素的产生。常用的微生物菌种有醋酸菌、乳酸菌、黑曲霉菌、酿酒酵母菌、米根霉菌、芽孢杆菌等。Cotty 等（2007）在玉米、棉花、花生等作物中，测试了产黄曲霉毒素菌株与不产黄曲霉毒素菌株的竞争力，以培养不产毒素的黄曲霉菌株来生物防治。研究将乳酸菌和黄曲霉毒素 B_1 在 37 ℃条件下培养 24 h，用高效液相色谱法（HPLC）测定 AFB_1 的含量。结果显示，2 株嗜淀粉乳杆菌和 1 株鼠李糖乳杆菌可以去除 50%以上的 AFB_1。徐进等（2001）将一定量的黄曲霉孢子接种到乳杆菌培养液、乳杆菌培养液的上清液、乳杆菌的细胞悬浮液中发现，黄曲霉孢子萌发只在乳杆菌培养液中受到显著抑制。这表明乳杆菌抑制黄曲霉孢子萌发的可能机制是低 pH、乳杆菌的代谢产物与微生物间竞争等多因素协同作用的结果。另外，许多种类的微生物，如细菌、藻类、酵母、放线菌和真菌中非产毒的黄曲霉菌株，也能抑制毒素的产生，其中乳酸菌通过发酵产生乳酸，同时可产生乳酸菌素等抑菌物质，抑制黄曲霉毒素的产生。枯草芽孢杆菌、解淀粉芽孢杆菌均对黄曲霉毒素的产生有抑制作用。中国海洋大学从海洋中分离筛选出一株抑制黄曲霉毒素生物合成的巨大海洋芽孢杆菌，此海洋芽孢杆菌对黄曲霉菌丝延长和孢子萌发具有显著的抑制作用。

第二节　黄曲霉毒素生物降解技术研究进展

一、降解黄曲霉毒素的真菌及酶

目前已发现许多真菌具有降解黄曲霉毒素的能力，能将黄曲霉毒素降解成低毒或无毒的产物（表 13-1），而这其中也包括产毒霉菌。绝大多数真菌的营养体都是可分支的丝状体，正是这些真菌菌丝体分泌的胞内酶或胞外酶可降解黄曲霉毒素。此外，一些非产毒黄曲霉和寄生曲霉可以通过种内竞争来抑制产毒菌株的生长，以降低黄曲霉毒素的污染。

表 13-1　降解黄曲霉毒素的真菌

微生物	反应时间（d）	降解 AFB_1 的效率（%）	资料来源
寄生曲霉 NRRL 2999	4	2.1～17.1	Doyle 和 Marth（1978）
黑曲霉 I. M. M. 7	12	76.20～86.75	Mann 和 Rehm（1976）
黑曲霉 ND-1	1	58.2	Zhang 等（2014）
树状指孢霉 NRRL 2575	3	50～60	Detroy 和 Hesseltine（1969）
不明毛霉	20	82.9	Mann 和 Rehm（1975）
绿色木霉	20	89.9	Mann 和 Rehm（1975）
糙皮侧耳 St2-3	3	35.9	Alberts（2009）
隔孢伏革菌 SCC0152	3	40.45	Alberts（2009）
平菇 P1	10	77.74	王会娟等（2012）

（一）寄生曲霉、白曲霉、黄曲霉和黑曲霉

较早报道能降解黄曲霉毒素的真菌主要为曲霉菌（*Aspergillus* spp.）。早在 20 世纪 70 年代末，Doyle 和 Marth（1978）就发现寄生曲霉 NRRL 2999 可降解黄曲霉毒素 B_1 和黄曲霉毒素 G_1，并且随着反应体系中菌体接种量或/和毒素初始浓度的增加，AFB_1 和 AFG_1 的降解率也相应升高。为了探明是发酵液中的何种组分在起作用，他们将该菌株的发酵培养液进行了多重过滤。结果发现，滤去菌丝体后得到的滤液对 AFB_1 和 AFG_1 没有明显的降解作用，而菌丝体悬浮液经过均质后，离心得到的上清液可以显著减少 AFB_1 和 AFG_1 的浓度。该上清液经过热处理（90 ℃加热 6 min）后，对 AFB_1 和 AFG_1 的降解率显著降低。这表明，该菌株产生的降解黄曲霉毒素的物质主要存在于菌丝体内，很少被释放到外环境中，并且推测该物质应该是菌株分泌的一种酶。寄生曲霉 NRRL 2999 菌丝体中过氧化物酶的活性与黄曲霉毒素被降解的量之间存在直接关系。当过氧化物酶活性为 170 U/g 时，AFB_1 和 AFG_1 的降解率仅分别为 2.1%和 8.3%；而当过氧化物酶活性为 2 215 U/g 时，AFB_1 和 AFG_1 的降解率分别提高到 17.1%和 21%。此反应中，需加入过氧化氢作为过氧化物酶的底物。研究者推测过氧化物酶可以催化过氧化物的分解而产生自由基，这些自由基会与黄曲霉毒素发生反应。硫酸铵沉淀法可从大量粗制剂中纯化出部分蛋白质。分别用 45%和 60%饱和硫酸铵沉淀菌丝体匀浆上清液，得到的物质中均含有过氧化物酶，并且也可以降解黄曲霉毒素，这表明过氧化物酶参与了黄曲霉毒素的降解过程。为了更进一步证明这一假设，研究者测定了纯品过氧化物酶（商业生产的乳过氧化物酶）对黄曲霉毒素的降解能力，结果发现活性分别为 50 U/mL 和 500 U/mL 的乳过氧化物酶，其在 24 h 内对黄曲霉毒素的降解率分别为 3.6%和 5.1%。并用 ^{14}C 标记 AFB_1 测定降解产物，乳过氧化物酶和寄生曲霉菌丝体降解黄曲霉毒素产生的降解产物相同。降解产物主要有 2 种：一种与 AFB_{2a} 共色谱，另一种为水溶性物质。Huynh 等（1984）用 80%～100%饱和硫酸铵沉淀菌丝体匀浆上清液，发现了另一种酶，该酶在不加入过氧化氢的条件下仍然可以降解黄曲霉毒素。他们同时还采用了红外光谱法分析了降解产物的结构，结果表明该酶可主要通过将

黄曲霉毒素的内酯环形成羟基来发挥降解作用，降解产物无荧光性、无毒性和无致突变性。黑曲霉（*A. niger*）对黄曲霉毒素也有很好的降解活性。Mann 和 Rehm（1976）通过^{14}C标记 AFB_1 及紫外光、荧光和质谱法发现，黑曲霉可通过加氢反应将 AFB_1 中环戊烯酮的羰基还原成羟基，生成黄曲霉毒素醇（aflatoxicol，AFL）。陈仪本等（1998）报道，黑曲霉 F_{25} 菌丝体提取物 BDA 能够高效降解花生油中的黄曲霉毒素，通过研究温度、pH、水分、时间等对其解毒反应的效应表明，解毒过程是一种酶促反应。考虑到酶促反应必须在水的存在下才能发生，因此该研究小组选择了谷壳培养法将解毒酶固定化，从而解决了酶制剂在含水量低的环境下难以作用的难题。一株来源于饲料样品的黑曲霉，经过优化培养条件后，对 AFB_1 的降解率从原来的 26.3%提高到 58.2%，并且发酵上清液的降解效果优于菌悬液和菌破碎液。如前面相关章节所述，动物肝脏及其他器官中的细胞色素 P450 可参与黄曲霉毒素的代谢，也有研究表明寄生曲霉和黄曲霉中也存在细胞色素 P450 单加氧酶系，并且参与黄曲霉毒素的生物合成。加入单加氧酶的抑制剂可降低毒素的降解效果，而加入促进剂则可提高降解效果，表明黄曲霉降解黄曲霉毒素的过程有细胞色素 P450 单加氧酶系的参与。

（二）雷斯青霉

雷斯青霉（*Penicillium raistrickii*）能将 AFB_1 转化成新的低毒物质，该物质在薄层色谱（TLC）中的比移值（R_f）与 AFB_2 接近。树状指孢霉（*Dactylium dendroides*）可将摇瓶培养基中50%～60%的 AFB_1 转化为蓝色荧光化合物 AFR_0。树状指孢霉 NRRL 2575 可降解 AFB_1 环戊烯酮环上的酮基，将 AFB_1 转化成 AFR_0，又称黄曲霉毒素醇。同样，灰蓝毛霉（*Mucor griseocyanus*）、互生毛霉（*Mucor alternans*）、匍匐犁头霉（*Absidia repens*）、小麦根腐病菌（*Helminthosporium sativum*）、不明毛霉（*Mucor ambiguus*）和绿色木霉（*Trichoderma viride*）也能将 AFB_1 转化成 AFR_0。赤散囊菌（*Eurotium rubrum*）也可将 AFB_1 转化为 AFL，并在培养的中期 AFL 含量达到最高。茎点菌（*Phoma* sp.）不仅能抑制黄曲霉毒素的形成，而且还可以有效降解黄曲霉毒素，其细胞提取物中的一种热稳定酶可以降解溶液中 90%以上的 AFB_1。

（三）食用菌糙皮侧耳

Motomura 等（2003）从食用菌糙皮侧耳（*Pleurotus ostreatus*，又称平菇）的发酵上清液中分离纯化出分子质量为 90 ku 的胞外酶。该酶在 pH 4～5、温度 25 ℃时，降解 AFB_1 的活性最高。荧光光谱和 TLC 检测结果表明，此酶可以断裂 AFB_1 的内酯环。白腐真菌，如隔孢伏革菌（*Peniophora lycii*）和糙皮侧耳，对 AFB_1 也有较好的降解活性，这可能与它们具有较高的漆酶活性有关。王会娟等（2012）筛选得到 2 株高产漆酶的平菇菌株 P1 和平菇菌株 P2，其中菌株 P1 不仅产漆酶能力最高，而且降解 AFB_1 的效果也最好。一种来源于云芝（*Trametes versicolor*）的漆酶，其纯酶（1 U/mL）可使 AFB_1 的生物降解率达到 87.34%，最佳酶反应体系为：在含有 20% DMSO 的 0.1 mol/L 柠檬酸盐缓冲液中进行，温度 35 ℃，pH 4.5，酶活性 30 U/mL。白腐真菌污色原毛平革菌（*Phanerochaete sordida*）分泌的锰过氧化物酶（manganese peroxidase，MnP）也能有效降解 AFB_1。通过^1H-NMR 和 HR-ESI-MS 分析发现，MnP 首先将 AFB_1 转化

成 AFB_1－8，9－环氧化合物，然后再水解成 AFB_1－8，9－二氢二醇。

另外，Yehia（2014）也从糙皮侧耳中分离纯化出分子质量约为 42 ku 的锰过氧化物酶，酶活力为 81 U/mL，酶比活为 78 U/mg。该酶（1.5 U/mL）与 AFB_1 反应 48 h 后，降解率可达到 90％。

二、降解黄曲霉毒素的细菌及酶

目前已发现许多细菌具有降解黄曲霉毒素的能力，能将黄曲霉毒素降解成低毒或无毒的产物（表 13－2），如诺卡氏菌属（*Nocardia corynebacterioides*）、放线菌属（*Flavobacterium aurantiacum*）和芽孢杆菌属等。细菌主要分泌胞外酶来降解黄曲霉毒素。

表 13－2　降解黄曲霉毒素的细菌

微生物	反应时间（h）	降解 AFB_1 的效率（％）	资料来源
诺卡氏菌（曾命名橙色黄杆菌）	24	74.5	Smiley 和 Draughon（1967）
红色棒状杆菌	96	99	Mann 和 Rehm（1975）
红串红球菌 DSM 14303	48～72	83～97	Teniola 等（2005）
红平红球菌 4.1491	81.9	95.8	Kong 等（2012）
红色黏球菌	48	70.9	Guan 等（2010）
分枝杆菌 DSM 44556	36～72	70～100	Hormisch 等（2004）
枯草芽孢杆菌 YZ－1	48	58.04	左瑞雨（2012）
泰山枯草芽孢杆菌	72	81.20	孙玲玉等（2014）
枯草芽孢杆菌	48	80.6	Gao 等（2011）
枯草芽孢杆菌 UTBSP1	72	78.39	Farzaneh 等（2012）
施氏假单胞菌	72	82.19	李超波等（2012）

（一）诺卡氏菌

Ciegler 等（1966）从 1 000 多株微生物中筛选到了能降解 AFB_1 的诺卡氏菌（*Nocardia corynebacterioides*）DSM 12676。Lillehoj 等（1971）采用 ^{14}C 标记的 AFB_1 与诺卡氏菌反应并对放射性物质进行追踪和检测发现，活细胞与死细胞均能去除 AFB_1，但活细胞的去毒活性远高于死细胞，并且证实活细胞释放了 $^{14}CO_2$，表明一部分 AFB_1 被菌体细胞所代谢，这种方法也为研究 AFB_1 在动物体内的代谢途径提供了参考。曾有报道，星状诺卡氏菌（*Nocardia asteroides*）IFM 8 能够将 AFB_1 生物转化成低荧光性物质。

（二）橙色黄杆菌

黄曲霉毒素可被一些放线菌目微生物降解。来源于土壤和水的橙色黄杆菌（*Flavobacterium aurantiacum*）NRRL B－184 能够高效降解黄曲霉毒素，与黄曲霉毒素在

28 ℃反应 12 h 后，可降解全部的 AFG_1 和 75%的 AFB_1，也能去除牛奶中的 AFM_1。Line 等（1994）用 ^{14}C 标记 AFB_1 发现，橙色黄杆菌活细胞可将溶于氯仿的 ^{14}C AFB_1 迅速转化成水溶性物质，然后释放出 $^{14}CO_2$，这表明一定量的 AFB_1 被菌体细胞所代谢。橙色黄杆菌的粗蛋白质提取物（800 μg/mL）可以降解 74.5%的 AFB_1，经过加热和蛋白酶 K 处理后，其解毒能力降低，表明橙色黄杆菌对黄曲霉毒素的降解过程可能是酶促反应。D' Souza 和 Brackett（2000）研究阳离子（如 Cu^{2+}、Mn^{2+} 和 Zn^{2+}）和有机化合物对橙色黄杆菌降解能力的影响，进一步确认了该菌对 AFB_1 的降解是酶的作用。Mann 和 Rehm（1975）发现，AFB_1 可被红色棒状杆菌（*Corynebacterium rubrum*）迅速降解成亲水性物质。从被多环芳烃（polycyclic aromatic hydrocarbon，PAH）污染的土壤中分离到一株红串红球菌（*Rhodococcus erythropolis*）DSM 14303，其发酵液与 AFB_1 混合 48 h 后，只检测到 17%的毒素，72 h 后仅可检测到 3%～6%的毒素。用蛋白酶 K 和 SDS 处理后，降解活性显著下降甚至消失，从而推测是其胞外结构性酶对 AFB_1 起到了降解的作用，用高效液相色谱和质谱未检测到降解产物，认为 AFB_1 被代谢成化学性质与其不同的物质。Kong 等（2012）采用响应面分析法研究了红平红球菌（*Rhodococcus erythropolis*）降解 AFB_1 的最佳条件，确定为：温度 23.2 ℃，pH 7.17，装液量 246 mL/mL，接种量 10%，摇床转速 180 r/min，降解时间 81.9 h，对 AFB_1 的降解率可由原来的 59.3%提高到 95.8%。Guan 等（2010）筛选到一株高效降解黄曲霉毒素的菌株——橙红色黏球菌（*Myxococcus fulvus*）ANSM068，并对其产酶条件进行了优化，发现该菌的降解活性物质也是一种胞外酶。

（三）芽孢杆菌

芽孢杆菌（*Bacillus* sp.），如枯草芽孢杆菌（*Bacillus subtilis*）、地衣芽孢杆菌（*Bacillus licheniformis*）、巨大芽孢杆菌（*Bacillus megaterium*）和甲基营养性芽孢杆菌等，也可高效降解黄曲霉毒素。Farzaneh 等（2012）从开心果中分离出了枯草芽孢杆菌 UTB-SP1，其发酵上清液对 AFB_1 的降解率达到 78.39%；该菌与含有 AFB_1 的开心果一起培养 1 d、3 d 和 5 d 后，可分别减少开心果中 4.1%、46.3%和 95%的 AFB_1。Gao 等（2011）从鱼肠道中分离出了一株枯草芽孢杆菌 ANSB060，其发酵液在 72 h 内对 AFB_1、AFG_1 和 AFM_1 的降解率分别达到 81.5%、80.7%和 60.0%。该菌株降解黄曲霉毒素的活性物质是一种分泌于发酵上清液中的胞外酶，并且该菌株具有良好的抗菌性和抗逆性。

（四）其他细菌

李超波等（2012）从金毛羚牛粪便中筛选出了施氏假单胞菌（*Pseudomonas stutzeri*）F4，其降解毒素活性物质主要存在于菌细胞中，菌细胞作用 72 h 后 AFB_1 降解率达到 82.91%。杨文华等（2013）对 F4 的产酶条件进行了优化，然后通过 55%硫酸铵沉淀、离子交换层析和凝胶过滤层析分离纯化出 AFB_1 降解酶 ADE，并对该酶的特性进行了研究。HPLC 对降解产物分析表明，F4 将 AFB_1 酶解为至少 2 种产物，并用 Q-TOF一级和二级飞行质谱测定分析，得到产物 2 可能的结构式，从而明确了 AFB_1 的降解途径。另外，有报道称绿脓假单胞菌（*Pseudomonas aeruginosa*）在 37 ℃作用 72 h 后，可分别降解 82.8%的 AFB_1、46.8%的 AFB_2 和 31.9%的 AFM_1，其降解活性物质主要存在于发酵上清液中。乳酸菌对黄曲霉毒素的去毒机理大多被认为是菌体细胞的物理吸附，但吉小凤等（2012）从肉鸡粪便中分离出一株发酵乳杆菌可生物降解 AFB_1，培养 48 h 对 AFB_1 的去毒率达到 63.4%。另有研究表明，乳酸菌（*L. rhamnosus*）、醋酸菌（*C. aceticum*）、厚壁菌（*Firmicutes bacterium*）和恶臭假单胞菌（*Pseudomonas putida*）也可降解黄曲霉毒素，但由于没有排除细胞结合的作用，因此此降解是否为生物降解作用尚不能肯定。Hormisch 等（2004）以荧蒽为唯一碳源，从被 PAH 污染的土壤中分离出一株分枝杆菌（*Mycobacterium fluoranthenivorans*）DSM 44556，与 AFB_1 培养 36 h 后，该分枝杆菌可降解 70%～80%的 AFB_1，72 h 后检测不到 AFB_1；其无细胞提取液在 30 ℃与 AFB_1 混合 4 h 后，AFB_1 的降解率可达 90%以上，8 h 后检测不到 AFB_1。耻垢分枝杆菌（*Mycobacterium smegmatis*）产生的脱氮黄素辅助因子 $F_{420}H_2$ 依赖的还原酶体系（FDR-A 和 FDR-B）能够还原黄曲霉毒素分子中 α，β-不饱和酯。该酶系中的 FDR-A 酶系活性最强，并且广泛存在于放线菌目微生物中。可能正是由于这个原因，放线菌目中能够降解黄曲霉毒素的菌种较多。戴军（2015）从花生地土壤中筛选出了可降解 AFB_1 的新月形单胞菌（*Sinomonas* sp.）HSD 8，优化该菌的培养条件后，用 50 L 发酵罐进行发酵，采用离心喷雾干燥的方式将发酵液制备成酶制剂，其酶活力为 723 U/mL，酶活力损失率为 8.9%。

三、降解黄曲霉毒素的重组酶

（一）基因工程技术在黄曲霉毒素生物降解中的应用

微生物降解酶的分离纯化过程复杂、酶活性不稳定、酶作用条件苛刻，较难用于实际生产。因此，可采用现代分子生物学的方法，从复合解毒酶中分离纯化出特定的蛋白质。利用基因工程手段将活性高的解毒酶基因进行基因克隆，实现降解酶基因在原核或真核工程菌种的异源高效表达，为酶制剂在降解霉菌毒素的实际生产应用奠定了理论基础。

另外，有些微生物菌株虽然降解黄曲霉毒素的活性较高，但由于其会分泌一些有害代谢产物，因此不能直接应用于食品或饲料中。有些可直接加入饲料中的微生物，有时产酶活性不高，因此也不能得到高效生产。而分离纯化微生物降解酶不但过程复杂，而且分离过程还可能会对酶的结构造成破坏，使得纯化后的生物降解酶的活性不稳定，较难应用于畜禽养殖生产中。结合现代分子生物学方法及基因工程手段，克隆活性高的黄曲霉毒素降解酶基因，通过载体将之导入安全菌株中，使之高效表达，是黄曲霉毒素生物降解发展的一个重要方向。

左振宇等（2007）对假蜜环菌的黄曲霉毒素解毒酶（ADTZ）基因进行克隆优化，并构建重组质粒 pNOA，将其导入毕赤酵母 GS115 中，实现了 rADTZ 组成型的分泌表达。胡熔等（2011）采用原核表达系统对 ADTZ 进行了高效可溶性表达和纯化，通过构建 pMAL-e2x 重组质粒，将其转化到大肠埃希氏菌 Rosetta 中诱导表达，结果诱导表达的 rADTZ 蛋白具有降解 AFB_1 的作用，酶活力为 136 U/mg，并且对酶的二级结构进行了分析。Alberts（2009）通过基因克隆，将外源白腐真菌（*T. versicolor*）的漆酶基因导入黑曲霉中，其在黑曲霉中表达的重组漆酶（118 U/L）对 AFB_1 的降解效率为 55%。

赵丽红等（2011）运用阴离子交换层析、分子筛层析等蛋白分离纯化技术对黏细菌

ANSM068 分泌的黄曲霉毒素降解酶（Myxobacteria aflatoxin degradation enzyme, MADE）进行了制备、分离和纯化，得到分子质量约为 32 ku 的活性蛋白。范彧等（2015）通过 Edman 降解法获得 MADE 蛋白 N 末端 20 个氨基酸序列，经 ESI-Q-TOF2 分析又获得该蛋白质任意 5 个特征肽段氨基酸序列。并根据以上获得的肽段氨基酸序列设计简并引物，采用简并 PCR 方法对 MADE 中间基因片段进行克隆，用 RACE 方法克隆 MADE 全长基因，实现了其在大肠埃希氏菌和毕赤酵母中的表达，1 L 重组大肠埃希氏菌 Rosetta 菌液能获得 350 mg rADTZ 蛋白，酶比活为 136 U/mg；1 L 重组毕赤酵母工程菌菌液能获得 2 000 mg rMADE 蛋白，降解 AFB_1 的总活性为 300 000 U，为原菌株降解酶总活性的 36.6 倍，rMADE 的酶比活为 150 U/mg。

贾如（2016）采用 2 次 DEAE-Sepharose GE 阴离子交换层析和疏水层析从乙醇沉淀粗蛋白质中分离纯化得到了枯草芽孢杆菌黄曲霉毒素降解酶（*Bacillus subtlis* aflatoxin degradation enzyme，BADE）纯酶。经聚丙烯酰胺凝胶电泳（sodium dodecyl sulfate polyacrylamide gel electrophoresis SDS－PAGE）分析知，BADE 的分子质量约为 32 ku。BADE 经多步分离纯化后，纯化倍数为 193，产率为 35.4%，酶比活为 75.25×10^3 U/mg。并扩增出了编码黄曲霉毒素降解酶的同源基因，其片段长度为 870 bp，编码 289 个氨基酸。通过加入 IPTG 诱导，重组蛋白得到了成功表达。1 L 重组大肠埃希氏菌工程菌发酵能获得 1 370 mg rBADE 蛋白，降解 AFB_1 的总活性为450 000 U，rBADE 的酶比活为 328.5 U/mg。

（二）酶蛋白的分离纯化

酶的分离纯化主要包括两个步骤：抽提和纯化。在分离纯化过程中都必须检测酶的活性，以确定酶的纯化程度和回收率。酶的分离方法主要有：硫酸铵沉淀法、有机溶剂提取法（甲醇、乙醇和异丙酮等）、聚合物絮凝剂沉淀法、金属离子和络合物沉淀法等。一般采用的是前 2 种方法。酶的纯化方法主要有：超滤、透析、亲和层析、凝胶层析、离子交换层析和高效液相色谱法等。为了达到良好的分离纯化效果，通常是几种方法结合使用。

目前，对于基因工程技术生产的重组蛋白的纯化方法有很多，按照大类可分为沉淀技术、层析技术、双液相萃取技术等。不管是哪一种方法，分离纯化的原理都是利用其物理和化学性质的差异。物理性质包括分子的大小、形状、溶解度；化学性质包括等电点、疏水性，以及与其他分子的亲和性等性质。根据目标蛋白物理或化学性质的不同，可以有针对性地采取不同的分离纯化方法（表 13－3）。

表 13－3　依据不同蛋白特性采用的分离纯化方法

蛋白质特性	分离纯化方法
电荷	离子交换层析
分子大小	凝胶过滤层析、超滤离心
疏水性	疏水层析、反相色谱
亲和性	亲和层析、金属螯合亲和层析
溶解度	盐沉淀、有机物沉淀、双液相萃取
等电点	等电点沉淀

从微生物代谢产物中分离纯化一种未知蛋白，是一个耗时的工作。由于每种微生物的生理特性不同，因此其代谢产物的产生规律也不同，必须针对特定的微生物研究特定的蛋白质纯化方案。研究者利用硫酸铵沉淀、Sephadex G－25 分子筛层析、离子交换层析和 Sephacryl S－200 分子筛层析等多种方法，从真菌的胞内物质中分离纯化出了黄曲霉毒素解毒酶，得到的活性物质在电泳上有 3 条条带，分子质量分别为 80 ku、66.2 ku和 52 ku。Liu 等（2001）用离子交换层析从真菌 *Armillariella tabescens* 的胞内提取物中分离出了能够降解 AFB_1 的活性物质，经 SDS－PAGE 电泳测定其分子质量为 51.8 ku。Motomura 等（2003）用离子交换层析和葡聚糖层析从食用真菌 *Pleurotus ostreatus* 中纯化出了能够降解 AFB_1 的蛋白质，经 SDS－PAGE 电泳测定其分子质量为 90 ku。赵晓飞等（2009）利用有机溶剂和硫酸铵沉淀，从一株海洋黏细菌的发酵上清液中分离出了抗真菌活性物质，通过 Sephadex G－75 凝胶层析和 SDS－PAGE 电泳纯化并确定活性蛋白的分子质量为 30～40 ku。

近年来，国内外研究学者报道了微生物能够产生降解黄曲霉毒素的酶。从微生物分泌的复合酶中分离纯化出具有特定降解活性的未知蛋白，需要我们对这株菌的生理特性和代谢产物的产生规律有一定的研究，因此必须针对特定的微生物研究特定酶的制备和蛋白纯化方法。目前已知的对黄曲霉毒素具有降解活性的真菌酶主要有漆酶和氧化酶。Motomura 等（2003）采用硫酸铵沉淀、透析 DEAE 琼脂糖凝胶和苯基琼脂糖凝胶层析，从食用菌糙皮侧耳的发酵上清液中分离纯化出了分子质量为 90 ku 的胞外酶，后被鉴定为漆酶。Yehia 等（2014）用硫酸铵沉淀后，采用 DEAE 琼脂糖凝胶层析和 Sephadex G－100 分子筛层析从糙皮侧耳中分离纯化出了分子质量约为 42 ku 的锰过氧化物酶，酶活为 81 U/mL，酶比活为78 U/mg。该酶（1.5 U/mL）与 AFB_1 反应 48 h 后，对 AFB_1 的降解率达到 90%。Guan 等（2010）从豚鹿粪中初步筛选出了一株高效降解黄曲霉毒素的橙红色黏球菌（*Myxococcus fulvus*）。Zhao 等（2013）研究发现，橙红色黏球菌的降解活性物质是一种胞外酶，依次采用乙醇沉淀、阴离子交换层析和分子筛层析后分离纯化出黄曲霉毒素 B_1 降解酶的纯酶，其分子质量约为 32 ku，酶活为 569.44×10^3 U/mg。100 U/mL纯酶 48 h 可高效降解黄曲霉毒素 B_1（85.1%）、黄曲霉毒素 G_1（96.96%）及黄曲霉毒素 M_1（95.80%），该酶最适 pH 为 5.0～7.0，最适温度为 30～45 ℃。

（三）酶基因的克隆及表达

关于重组酶生物降解黄曲霉毒素的研究非常少。Alberts 等（2009）通过基因克隆，将外源白腐真菌（*T. versicolor*）的漆酶基因导入黑曲霉中进行重组表达后（118 U/L），其对 AFB_1 的降解率为 55%。对细菌降解酶基因克隆仅见有假蜜环菌黄曲霉毒素降解酶的报道，试验中根据质谱分析得到的 N 末端氨基酸序列设计引物，以假蜜环菌总 RNA 为模板进行 RT－PCR 和 Smart RACE，得到黄曲霉毒素降解酶基因的序列长约 2.3 kb。进一步分析，该序列中含有完整的开放阅读框，3′端和 5′端的非翻译区，编码黄曲霉毒素降解酶成熟肽的全长 cDNA 含有 2 088 个核苷酸碱基，编码 695 个氨基酸，经 SDS－PAGE 电泳后发现其分子质量为 73～77 ku。然后，将包含上述基因的表达载体转化到真核及原核宿主细胞表达得到新的重组黄曲霉毒素降解酶。在原核表达系统中的运用，首先构建 pMAL-e2x 重组质粒，然后将该重组质粒转化至大肠埃希氏菌 Rosetta 中进行诱导表达，表达的 rADTZ 蛋白可降解黄曲霉毒素 B_1，酶比活为 136 U/mg，同时用圆二色光谱对酶蛋白的二级结构进行了分析。在真核表达系统中，将编码黄曲霉毒素降解酶成熟肽的基因从假蜜环菌中扩增出来，克隆到真核整合型分泌表达载体 pHIL-S1 上，将重组表达载体转化进入毕赤酵母 GS115 中，此表达载体以 AOX 为启动子，重组蛋白的表达量占培养基总蛋白的 25%以上。

国内外关于基因工程技术在霉菌毒素降解中的运用报道不多。目前，人们已经发现了一些专用的酶可以破坏霉菌毒素分子的功能基团，将霉菌毒素毒性降低或转化为无毒产物。例如，酯酶可以破坏玉米赤霉烯酮的内酯环，使玉米赤霉烯酮无法与雌激素受体竞争性结合，而成为无害的代谢物被排出体外。氯酶可以脱解单端孢霉烯类毒素分子中的环氯基团。环氧基酶可以切断所有镰刀菌属毒素，如 T-2 毒素、HT-2 毒素、呕吐毒素（DON）及草镰孢烯醇毒素（DAS）中 12、13 位碳原子上的环氧化物，使其毒性消失。微生物降解酶分离纯化过程复杂、酶活不稳定、酶作用条件苛刻，较难用于实际生产，故基因克隆及表达技术在解毒中的运用显得越来越重要。然而降解酶基因序列的寻找有一定的复杂性和多变性，因此准确获得降解酶基因的全长序列，直接影响该酶体外表达的酶活。随着生物技术和基因工程技术的发展，相信我们一定能分离纯化出高活性的降解酶基因，并将其进行高效表达，最终实现在同一个表达系统中表达一种或多种降解酶，从而生产出新型、高效、安全的霉菌毒素降解酶。

第三节　黄曲霉毒素生物降解技术的应用

目前，解决饲料中霉菌毒素的污染问题，大部分还是选择物理性的吸附剂。但吸附剂吸附营养素、影响饲料的适口性，并且会对动物的牙齿、骨骼等造成不利影响，而微生物降解黄曲霉毒素的优点弥补了该缺点。微生物降解黄曲霉毒素由于具有效率高、无残留、成本低廉和操作简便等优点，因此引起了研究人员的广泛关注，尤其是利用微生物或者其产生的酶将黄曲霉毒素降解为无毒的产物更成为目前研究和应用的热点。降解黄曲霉毒素饲料添加剂大部分是饲用微生物。目前，真菌毒素的防治中芽孢杆菌的利用途径大致为两个方面：一是将活菌体通过深加工制成活菌制剂使用，二是通过发酵利用其产生的抗菌活性物质，很少部分应用降解酶制剂。

尹逊慧等（2010）将从真菌 *Amillariella tabsccns* 中提取的具有降解 AFB_1 作用的氧化还原酶运用于岭南肉仔鸡的饲养试验中，研究该酶与解毒霉制剂降解 AFB_1 的效果。试验将 1 日龄健康岭南黄肉仔鸡 420 只，随机分为 7 个处理组，分别为基础饲粮组、基础饲粮+20 μg/kg AFB_1 组、基础饲粮+50 μg/kg AFB_1 组、基础饲粮+20 μg/kg AFB_1+0.1%解毒酶组、基础饲粮+20 μg/kg AFB_1+0.3%解毒酶组、基础饲粮+50 μg/kg AFB_1+0.1%解毒酶组、基础饲粮+50 μg/kg AFB_1+0.3%解毒酶组，试验为期 42 d。试验结果表明：①基础饲粮中加入 20 μg/kg 和 50 μg/kg AFB_1，肉鸡的平均出栏重、日采食量显著下降，料重比升高；血清中总蛋白、白蛋白含量显著下降，谷草转氨酶、谷丙转氨酶活性显著升高。②在 20 μg/kg 和 50 μg/kg AFB_1 饲粮中加入饲用黄曲霉毒素解毒酶制剂，能明显改善肉鸡的生长性能，降低血液和肝脏中 AFB_1 的残留量，使血生化指标基本恢复到正常水平。③饲粮中黄曲霉毒素的污染量为 20～50 μg/kg 时，饲用黄曲霉毒素解毒酶制剂在饲粮中的适宜添加量为 0.3%。由此可知，饲用黄曲霉毒素解毒酶制剂减轻或基本消除了 AFB_1 对肉鸡生长性能、组织器官的不良影响。

程伟等（2014）将益生菌和降解酶添加到含有 AFB_1 的饲粮中，通过测定肉鸡生产性能、血清和肝脏相关酶活性、抗氧化及相关基因表达量的变化等指标，研究益生菌和降解酶对肉鸡饲粮中 AFB_1 的解毒效果。试验将 1 日龄健康 AA 肉仔鸡 200 只，随机分为 5 个组，每组 5 个重复，每个重复 8 只鸡。A 组（对照组）饲喂基础饲粮，B 组（负对照组）、C 组、D 组和 E 组分别在基础饲粮中添加 100 μg/kg 的 AFB_1，并按照 0、0.05%、0.10%和 0.15%的比例分别添加益生菌和 AFB_1 降解酶，试验期 21 d。结果表明，与负对照组相比，添加益生菌和 AFB_1 降解酶可不同程度地提高肉鸡的平均日增重、营养物质代谢率及盲肠中乳酸菌的数量，显著降低肉鸡的死亡率、腹泻率及十二指肠中的大肠埃希氏菌数量。添加 0.15%益生菌和 AFB_1 降解酶可使血清中低密度脂蛋白含量降低，而间接胆红素含量、谷酰转肽酶活性和总抗氧化能力显著升高。由此可见，益生菌与 AFB_1 降解酶的组合，可降低采食高剂量 AFB_1 对肉仔鸡生长性能的不良影响，在一定程度上提高影响抗氧化机能基因的表达，抑制导致肝脏病变的相关基因的表达。

于会民等（2013）研究黄曲霉毒素解毒酶制剂（ADTZ）对饲喂含有 AFB_1 饲粮的断奶仔猪生长性能及肝脏生化指标的影响，探讨其应用效果。将日龄相差不超过 3 d、品种相同的断奶仔猪 108 头，按照遗传背景相同、体重相近、性别比例一致的原则随机分为 3 个组，分别为对照组（基础饲粮）、AFB_1 组（基础饲粮＋0.1 mg/kg AFB_1）、ADTZ 组（基础饲粮＋0.1 mg/kg AFB_1＋0.2% ADTZ），每组 6 个重复，每个重复 6 头仔猪，试验期 30 d。结果表明：①与对照组相比，AFB_1 组仔猪平均日增重、平均日采食量有下降趋势，料重比有上升趋势；肝脏中谷胱甘肽还原酶、过氧化氢酶、琥珀酸脱氢酶活性显著下降，超氧化物歧化酶、谷胱甘肽过氧化物酶与胆碱酯酶活性下降，但差异不显著，碱性磷酸酶活性和丙二醛含量有上升趋势。②与对照组相比，当添加 0.2%的 ADTZ 后，仔猪平均日增重、平均日采食量均有所改善，同时有降低料重比的趋势，以上相关生化指标均恢复到正常水平。因此，在基础饲粮中添加 AFB_1 可导致断奶仔猪生长性能下降，肝脏生理功能受损；添加 ADTZ 可有效消除 AFB_1 对断奶仔猪的危害，改善其生长性能，保护肝脏生理功能。

Gao 等（2011）从鱼肠道中分离出一株枯草芽孢杆菌 ANSB060，其发酵液在 72 h 内对 AFB_1、AFG_1 和 AFM_1 的降解率分别达到 81.5%、80.7%和 60.0%。该菌株降解黄曲霉毒素的活性物质是一种分泌于发酵上清液中的胞外酶，并且该菌株具有良好的抗菌性和抗逆性。赵丽红等（2011）研究了枯草芽孢杆菌 ANSB060 对饲喂含 AFB_1 霉变玉米蛋鸡生产性能、蛋品质、肝脏和血液生化指标的影响。试验将 60 周龄、产蛋率相近的"农大三号"蛋鸡 70 只，随机分为 7 个处理，每个处理 5 个重复，每个重复 2 只鸡。分别饲喂试验饲粮：基础饲粮、基础饲粮＋20%霉变玉米、基础饲粮＋20%霉变玉米＋ANSB060 发酵液、基础饲粮＋40%霉变玉米、基础饲粮＋40%霉变玉米＋

ANSB060 发酵液、基础饲粮＋60％霉变玉米、基础饲粮＋60％霉变玉米＋ANSB060 发酵液。其中，霉变玉米中 AFB_1 含量为 70 μg/kg，ANSB060 添加量按每千克霉变玉米添加 0.4 L 发酵液，试验期为 42 d。结果表明，蛋鸡采食被黄曲霉毒素污染的玉米后，其产蛋率、日均采食量和料蛋比均受到不利影响；蛋黄重、蛋壳强度、蛋黄色泽和蛋壳厚度显著变差。随着饲粮霉变玉米添加量的增加，蛋鸡肝脏抗氧化指标超氧化物歧化酶（SOD）、谷胱甘肽过氧化物酶（GSH-Px）活性显著降低，丙二醛（MDA）含量显著升高；蛋鸡血清中总蛋白（TP）、白蛋白（ALB）含量显著下降，谷草转氨酶（GOT）、谷丙转氨酶（GPT）活性显著升高。在霉变玉米饲粮中添加枯草芽孢杆菌 ANSB060，可改善蛋鸡的生产性能、蛋品质，使蛋鸡肝脏和血液各生化指标维持在正常值范围内。此试验还表明，枯草芽孢杆菌的添加可使蛋鸡结肠和盲肠食糜中 AFB_1 的残留量显著降低。

Jia 等（2016）研究了由枯草芽孢杆菌 ANSB060 和 ANSB01G 制成的霉毒素生物降解剂，对采食被 AF 和 ZEN 污染饲粮蛋鸡产蛋性能、蛋品质及鸡蛋中黄毒素残留量的影响。试验将 18 周龄的“京红 1 号”蛋鸡 336 只，随机分为 7 个处理，每个处理 8 个重复，每个重复 6 只鸡。试验分为两个阶段：第一阶段（18～23 周）为攻毒期，第二阶段为恢复期（24～29 周）。在攻毒期，将 18 周龄蛋鸡随机分为 7 个处理，分别饲喂 7 种不同的试验组饲粮，C 组（正对照组）为正常玉米-花生粕型基础饲粮；AF 组是用 21％的霉变花生粕等量替代 C 组饲粮中的正常花生粕；ZEN 组是 57.7％的霉变玉米等量替代 C 组饲粮中的正常玉米；AF＋ZEN 组是分别用 21％霉变花生粕和 57.7％霉变玉米等量替代 C 组饲粮中的正常花生粕和玉米；AF 1000、ZEN 1000 和 AF＋ZEN 1000 组分别在 AF、ZEN 和 AF＋ZEN 组中添加 1 000 g/t 的毒素降解剂。在恢复期，所有组都换成无毒的对照组饲粮。结果表明：①攻毒期，蛋鸡采食被 AF 或 AF＋ZEN 同时污染的自然霉变饲粮后，其产蛋率、采食量、饲料转化效率、蛋壳厚度显著低于对照组，鸡蛋中毒素的残留量显著高于对照组；添加降解剂改善了蛋鸡产蛋性能和蛋品质，降低了蛋中毒素的残留量，使其与正常对照组差异不显著。②AF 和 ZEN 具有协同毒害作用，可协同降低蛋鸡生产性能、蛋品质，增加蛋中毒素的残留量。③停止饲喂毒素饲粮 6 周后，AF 和 ZEN 同时污染组中蛋鸡的产蛋率和饲料转化效率仍显著低于对照组。

高欣等（2012）将 360 只体重接近的 1 日龄罗斯 308 肉公鸡随机分为 6 个处理，每个处理 6 个重复，每个重复 10 只鸡。C0 组（正对照组）为正常玉米-豆粕型基础饲粮；C1.0 组是在基础饲粮中添加了 1.0 kg/t 的黄曲霉毒素生物降解剂（霉立解）；M0 组（负对照组）是用 21％的霉变花生粕替代基础饲粮中等量的正常花生粕；M0.5 组、M1.0 组和 M2.0 组是在 M0 饲粮中分别添加了 0.5 kg/t、1.0kg/t 和 2.0 kg/t 的降解剂。试验期 5 周。负对照组即在饲粮中添加了被黄曲霉毒素污染的花生粕后，其肉鸡的料重比显著高于正对照组；在负对照组的基础上，在饲粮中添加 500 g/t、1 000 g/t 及 2 000 g/t 的霉立解后可显著降低肉鸡的料重比。对于血清中的谷草转氨酶（GOT）活性，负对照显著高于正对照，在发霉饲粮中添加霉立解有降低谷草转氨酶的趋势；尤其是在添加量为 1 000 g/t 及 2 000 g/t 时，其酶活与正对照相比差异不显著；且当添加 2 000 g/t 时，其谷草转氨酶的活性显著低于负对照组。

Fan 等（2013，2015）研究了由枯草芽孢杆菌 ANSB060 制成的黄曲霉毒素生物降解剂，对采食被黄曲霉毒素污染饲粮肉公鸡机体的抗氧化性能、组织器官形态，以及组织中黄曲霉毒素残留量的影响。试验将 360 只 1 日龄罗斯 308 肉公鸡，随机分为 6 个处理，每个处理 6 个重复，每个重复 10 只鸡。C0 组（正对照组）饲喂正常玉米-豆粕型日粮，C1.0 组在 C0 组的基础上添加 1.0 kg/t 的黄曲霉毒素生物降解剂（枯草芽孢杆菌 ANSB060 活菌数为 3×10^9 CFU/g），M0 组（负对照组）用 21%的霉变花生粕等量替代 C0 中的正常花生粕，M0.5 组、M1.0 组和 M2.0 组在 M0 的基础上分别添加 0.5 kg/t、1.0 kg/t 和 2.0 kg/t 的降解剂，试验期 42 d。结果表明，与对照组相比，黄曲霉毒素污染饲粮可导致肉公鸡血清中谷草转氨酶（AST）活性显著升高，谷胱甘肽过氧化物酶（GSH-Px）活性显著降低，血清和肝脏中丙二醛（MDA）含量显著升高；M0 组肉公鸡肝脏肿大、苍白，出现胆管增生、肝细胞空泡变性，以及肝细胞和汇管区淋巴细胞浸润现象。在霉变饲粮中添加霉菌毒素降解剂可显著改善摄入黄曲霉毒素肉公鸡的生长性能、肉品质、血清生化指标和抗氧化能力，减少十二指肠食糜和肝脏中黄曲霉毒素的残留量，缓解毒素对肝脏的损伤。

Zhang 等（2017）研究发现，将降解剂（霉立解）添加到被黄曲霉毒素污染的肉鸭饲料中，可缓解黄曲霉毒素对肉鸭生长性能、血液生化、抗氧化和免疫功能产生的抑制作用。被毒素污染的饲粮中添加降解剂后，动物的生长性能、免疫功能和肠道系统均得到了恢复。其原因是霉立解中能够降解黄曲霉毒素的芽孢杆菌孢子进入动物肠道后萌发，释放出的特异性降解酶降低了毒素的吸收量。有一些细菌也具有相似的作用，但其作用机理主要是菌细胞的吸附。而枯草芽孢杆菌 ANSB060 可通过微生物作用降解黄曲霉毒素，不会对环境造成污染，且已获得发明专利授权。经发酵干燥后制成的黄曲霉毒素生物降解剂可抵抗胃酸、胆盐和高温等不利环境，具有较高的存活率，可抑制大肠埃希氏菌、沙门氏菌和金黄色葡萄球菌的生长，抵抗动物肠道有害菌的不利影响而发挥正常的生理功能，因此可广泛应用于实际生产。

参考文献

陈仪本，蔡斯赞，黄伯爱，等，1998. 生物学法降解花生油中黄曲霉毒素的研究 [J]. 卫生研究，27 (S1)：81 - 85.

程伟，左瑞雨，常娟，等，2014. 益生菌和黄曲霉毒素 B_1 降解酶对肉仔鸡生长性能的影响及其作用机理 [J]. 动物营养学报，26 (6)：1608 - 1615.

戴军，2015. 黄曲霉毒素 B_1 降解酶产生菌的筛选及发酵制备酶制剂的研究 [D]. 武汉：湖北工业大学.

范彧，2015. 黄曲霉毒素降解酶基因克隆表达和降解剂在肉鸡中的应用研究 [D]. 北京：中国农业大学.

高欣，2012. 黄曲霉毒素降解菌的筛选及其在肉鸡霉变饲料中的应用 [D]. 北京：中国农业大学.

胡熔，刘大岭，谢春芳，等，2011. 黄曲霉毒素解毒酶在大肠杆菌中的可溶性表达、纯化及其圆二色谱分析 [J]. 中国生物工程杂志，31 (4)：71 - 76.

吉小凤，张巧艳，李文均，等，2012. 黄曲霉毒素 B_1 脱毒菌株 Lab - 10 的分离、鉴定及降解能力分析 [J]. 微生物学通报，39 (8)：1094 - 1101.

贾如，2016. 枯草芽孢杆菌黄曲霉毒素降解酶的分离纯化、基因克隆及表达［D］. 北京：中国农业大学.

李超波，李文明，杨文华，等，2012. 黄曲霉毒素 B_1 降解菌的分离鉴定及其降解特性［J］. 微生物学报，52（9）：1129－1136.

孙玲玉，李超，郝海玉，等，2014. 泰山枯草芽孢杆菌的分离鉴定及其对黄曲霉毒素 B_1 的降解研究［J］. 中国畜牧兽医，41（8）：246－250.

王会娟，刘阳，邢福国，2012. 高产漆酶平菇的筛选及其在降解黄曲霉毒素 B_1 中的应用［J］. 核农学报，26（7）：1025－1030.

徐进，计融，2001. 乳酸菌对霉菌生长及产毒的影响［J］. 国外医学卫生学，28（4）：237－239.

杨文华，2013. 施氏假单胞菌 F4 降解黄曲霉毒素 B_1 相关酶的分离、纯化及其特性研究［D］. 南昌：南昌大学.

尹逊慧，陈善林，曹红，等，2010. 日粮添加黄曲霉毒素解毒酶制剂对黄羽肉鸡生产性能、血清生化指标和毒素残留的影响［J］. 中国家禽，32（2）：29－33.

于会民，梁陈冲，陈宝江，等，2013. 黄曲霉毒素解毒酶制剂对饲喂黄曲霉毒素 B_1 饲粮的断奶仔猪生长性能及肝脏生化指标的影响［J］. 动物营养学报，25（4）：805－811.

赵丽红，2011. 粘细菌黄曲霉毒素降解酶的分离纯化及枯草芽孢杆菌对饲喂含 AFB_1 霉变玉米蛋鸡应用效果的研究［D］. 北京：中国农业大学.

赵晓飞，余蓉，刘冰花，等，2009. 黏细菌抗凝溶栓双功能蛋白 MF－1 的纯化及其酶学特性［J］. 生物工程加工过程，7（4）：51－55.

左瑞雨，2012. 黄曲霉毒素 B_1 的生物降解及其在肉鸡生产中的应用研究［D］. 郑州：河南农业大学.

左振宇，刘大岭，胡亚冬，等，2007. 密码子优化的重组黄曲霉毒素解毒酶（rADTZ）在毕氏酵母中组成型分泌表达的研究［J］. 中国农业科技导报，9（5）：87－94.

Alberts J F，Engelbrecht Y，Steyn P S，et al，2006. Biological degradation of aflatoxin B_1 by *Rhodococcus erythropolis* cultures［J］. International Journal of Food Microbiology，109（1/2）：121－126.

Alberts J F，Gelderblom W C A，Botha A，et al，2009. Degradation of aflatoxin B_1 by fungal laccase enzymes［J］. International Journal of Food Microbiology，135：47－52.

Ciegler A，Lillehoj E B，Peterson R E，et al，1966. Microbial detoxification aflatoxin［J］. Applied Microbiology，14（6）：934－942.

Cotty P J，Jaime－Garcia R，2007. Influences of climate on aflatoxin producing fungi and aflatoxin contamination［J］. International Journal of Food Microbiology，119（1/2）：109－115.

Detroy R W，Hesseltine C W，1969. Transformation of aflatoxin B_1 by steroid－hydroxylating fungi［J］. Canadian Journal of Microbiology，15（6）：495.

D'Souza D H，Brackett R E，2000. The influence of divalent cations and chelators on aflatoxin B_1 degradation by *Flavobacterium aurantiacum*［J］. Journal of Food Protection，63（1）：102－105.

Doyle M P，Marth E H，1978. Aflatoxin is degraded by heated and unheated mycelia，filtrates of homogenized mycelia and filtrates of broth cultures of *Aspergillus parasiticus*［J］. Mycopathologia，64（1）：59－62.

Fan Y，Zhao L，Ma Q，et al，2013. Effects of *Bacillus subtilis* ANSB060 on growth performance，meat quality and aflatoxin residues in broilers fed moldy peanut meal naturally contaminated with aflatoxins［J］. Food and Chemical Toxicology，59：748－753.

Fan Y, Zhao L, Ji C, et al, 2015. Protective effects of *Bacillus subtilis* ANSB060 on serum biochemistry, histopathological changes and antioxidant enzyme activities of broilers fed moldy peanut meal naturally contaminated with aflatoxins [J]. Toxins, 7 (8): 3330 - 3343.

Farzaneh M, Shi Z, Ghassempour A, et al, 2012. Aflatoxin B_1 degradation by *Bacillus subtilis* UTBSP1 isolated from pistachio nuts of Iran [J]. Food Control, 23 (1): 100 - 106.

Gao X, Ma Q G, Zhao L H, et al, 2011. Isolation of *Bacillus subtilis*: screening for aflatoxins B_1, M_1, and G_1 detoxification [J]. European Food Research and Technology, 232 (6): 957 - 962.

Guan S, Zhao L H, Ma Q G, et al, 2010. *In vitro* efficacy of *Myxococcus fulvus* ANSM068 to biotransform aflatoxin B_1 [J]. International Journal of Molecular Sciences, 11 (10): 4063 - 4079.

Hormisch D, Brost I, Kohring G W, et al, 2004. Mycobacterium *Fluoranthenivorans* sp nov., a fluoranthene and aflatoxin B_1 degrading bacterium from contaminated soil of a former coal gas plant [J]. Systematic and Applied Microbiology, 27 (6): 653 - 660.

Huynh V L, Gerdes R G, Lloyd A B, 1984. Synthesis and degradation of aflatoxins by *Aspergillus - parasiticus*. 2. Comparative toxicity and mutagenicity of aflatoxin B_1 and its autolytic breakdown products [J]. Austrlian Journal of Biological Sciences, 37 (3): 123 - 129.

Jia R, Ma Q G, Fan Y, et al, 2016. The toxic effects of combined aflatoxins and zearalenone in naturally contaminated diets on laying performance, egg quality and mycotoxins residues in eggs of layers and the protective effect of *Bacillus subtilis* biodegradation product [J]. Food and Chemical Toxicology, 90: 142 - 150.

Kong Q, Zhai C, Guan B, et al, 2012. Mathematic modeling for optimum conditions on aflatoxin B_1 degradation by the aerobic bacterium *Rhodococcus erythropolis* [J]. Toxins, 4 (11): 1181 - 1195.

Lee J T, Jessen K A, Beltran R, et al, 2012. Mycotoxin - contaminated diets and deactivating compound in laying hens: 1. Effects on performance characteristics and relative organ weight [J]. Poultry Science, 91: 2089 - 2095.

Lillehoj E B, Stubblef R D, Shannon G M, et al, 1971. Aflatoxin M_1 removal from aqueous solutions by *Flavobacterium aurantiacum* [J]. Mycopathologa et Mycologia Applicata, 45 (3/4): 259.

Line J E, Brackett R E, Wilkinson R E, 1994. Evidence for degradation of aflatoxin B_1 by *Flavobacterium aurantiacum* [J]. Journal of Food Protection, 57 (9): 788 - 791.

Liu D L, Yao D S, Liang R, et al, 1998. Detoxification of aflatoxin B_1 by enzymes isolated from *Armillariella tabescens* [J]. Food and Chemical Toxicology, 36: 563 - 574.

Liu D L, Yao D S, Liang Y Q, et al, 2001. Production, purification, and characterization of an intracellular aflatoxin - detoxifizyme from *Armillariella tabescens* (E - 20) [J]. Food and Chemical Toxicology, 39 (5): 461 - 466.

Mann R, Rehm H J, 1975. Degradation of aflatoxin B_1 by microorganisms [J]. Naturwissenschaften, 62 (11): 537 - 538.

Mann R, Rehm H J, 1976. Degradation products from aflatoxin B_1 by *Copynebacterium rubrum*, *Aspergillus niger*, *Trichoderma viride and Mucor ambiguus* [J]. European Journal of Applied Microbiology and Biotecnology, 2 (4): 297 - 306.

Motomura M, Toyomasu T, Mizuno K, et al, 2003. Purification and characterization of an aflatoxin degradation enzyme from *Pleurotus ostreatus* [J]. Microbiological Research, 158: 237 - 242.

Smiley R D, Deaughon F A, 2000. Preliminary evidence that degradation of aflatoxin B_1 by *Flavobacterium aurantiacum* is enzymatic [J]. Journal of Food Protection, 63 (3): 415 - 418.

Taylor M C, Jackson C J, Tattersall D B, et al, 2010. Identification and characterization of two families of F420H2 - dependent reductases from *Mycobacteria* that catalyse aflatoxin degradation [J]. Molecular Microbiology, 78 (3): 561 - 575.

Teniola O D, Addo P A, Brost I M, et al, 2005. Degradation of aflatoxin B_1 by cell - free extracts of *Rhodococcus erythropolis* and *Mycobacterium fluoranthenivorans* sp. nov. DSM44556T [J]. International Journal of Food Microbiology, 105: 111 - 117.

Wang J, Ogata M, Hirai H, et al, 2011. Detoxification of aflatoxin B_1 by manganese peroxidase from the white - rot fungus *Phanerochaete sordida* YK - 624 [J]. FEMS Microbiology Letters, 314 (2): 164 - 169.

Yehia R S, 2014. Aflatoxin detoxification by manganese peroxidase purified from *Pleurotus ostreatus* [J]. Brazilian Journal of Microbiology, 45 (1): 127 - 133.

Yunus A W, Razzazi - Fazeli E, Bohm J, 2011. Aflatoxin B_1 in affecting broiler's performance, immunity, and gastrointestinal tract: a review of history and contemporary issues [J]. Toxins, 3 (6): 566 - 590.

Zhang L Y, Ma Q G, Ma S S, et al, 2017. Ameliorating effects of *Bacillus subtilis* ANSB060 on growth performance, antioxidant functions, and aflatoxin residues in ducks fed diets contaminated with aflatoxins [J]. Toxins, 9: 1.

Zhang W, Xue B, Li M, et al, 2014. Screening a strain of *Aspergillus niger* and optimization of fermentation conditions for degradation of aflatoxin B_1 [J]. Toxins, 6 (11): 3157 - 3172.

Zhao L H, Guan S, Gao X, et al, 2011. Preparation, purification and characteristics of an aflatoxin degradation enzyme from *Myxococcus fulvus* ANSM068 [J]. Journal of Applied Microbiology, 110 (1): 147 - 155.

第十四章 玉米赤霉烯酮生物降解技术

第一节 玉米赤霉烯酮生物降解技术原理与方法

一、玉米赤霉烯酮生物降解技术原理

玉米赤霉烯酮（zearalenone，ZEN）的生物降解技术是指其分子的毒性基团被微生物产生的次级代谢产物或分泌的胞内外酶分解破坏，从而产生无毒或低毒降解产物的过程。

玉米赤霉烯酮的生物降解技术源于 20 世纪 60 年代。根据已报道的玉米赤霉烯酮降解产物的结构和毒性，可将微生物催化玉米赤霉烯酮的代谢过程分为转化或降解。如果代谢产物的毒性高于玉米赤霉烯酮，则称为微生物对玉米赤霉烯酮的转化；如果代谢产物的毒性低于玉米赤霉烯酮或者无毒，则称为微生物对玉米赤霉烯酮的降解。微生物代谢玉米赤霉烯酮的途径主要有以下 6 种：

（一）转化为 α-玉米赤霉烯醇

少数乳杆菌（*Lactobacilli* sp.）和明串珠菌（*Leuconostoc* sp.）可以将玉米赤霉烯酮转化为 α-玉米赤霉烯醇（α-zearalenol）。但动物试验结果证明，α-玉米赤霉烯醇的雌激素毒性更高，是玉米赤霉烯酮的 10～20 倍。根据霉菌毒素生物降解法的定义，霉菌毒素生物降解必须将霉菌毒素降解成为无毒或低毒性的降解产物。因此，将玉米赤霉烯酮转化成 α-玉米赤霉烯醇的这种方式不能作为一种有效的降解方法。

（二）降解为 β-玉米赤霉烯醇

匍枝根霉（*Rhizopus stolonifer*）等根霉属菌、部分丝状真菌及酵母菌，可以在一定条件下将玉米赤霉烯酮转化成 α-玉米赤霉烯醇和 β-玉米赤霉烯醇（β-zearalenol）。其中，由于 α-玉米赤霉烯醇的雌激素毒性远高于玉米赤霉烯酮，因此不能作为一种有效的解毒作用，但 β-玉米赤霉烯醇的雌激素活性比玉米赤霉烯酮要低许多。Utermark 和 Karlovsky（2007）认为，玉米赤霉烯酮转化成为 β-玉米赤霉烯醇衍生物可以看作是一种解毒作用途径。

（三）降解为硫酸盐

El-Sharkawy 等（1991）报道，少根根霉（*Rhizopus arrhizus*）和黑曲霉（*Aspergillus nigri*）能将玉米赤霉烯酮C－4位上的羟基氧化为硫酸根，从而将玉米赤霉烯酮转化为低毒的硫酸-玉米赤霉烯酮（图14－1）。

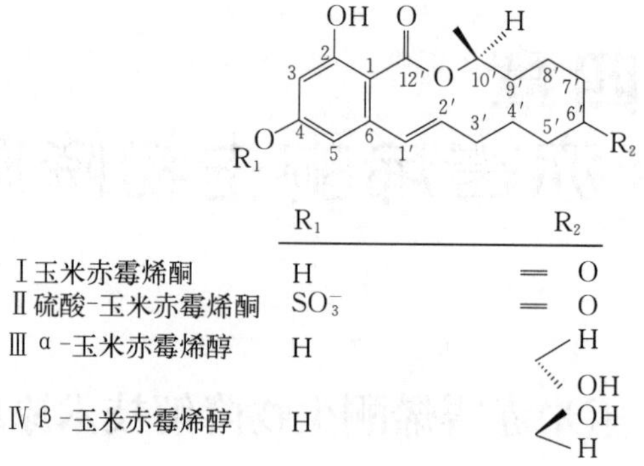

	R_1	R_2
Ⅰ玉米赤霉烯酮	H	＝O
Ⅱ硫酸-玉米赤霉烯酮	SO_3^-	＝O
Ⅲ α-玉米赤霉烯醇	H	H / OH
Ⅳ β-玉米赤霉烯醇	H	OH / H

图14－1 玉米赤霉烯酮及其代谢产物
（资料来源：El－Sharkawy等，1991）

（四）降解成1-(3,5-二羟苯基)-10′-羟基-1′反式-十一碳烯-6′-酮

Kakeya等（2002）分离筛选得到一株粉红螺旋聚孢霉（*Clonostachys rosea*）IFO7063菌株，其可将玉米赤霉烯酮转化为1-(3,5-二羟苯基)-10′-羟基-1′反式-十一碳烯-6′-酮。进一步试验表明，该降解产物无任何雌激素活性，具体降解步骤如图14－2所示。

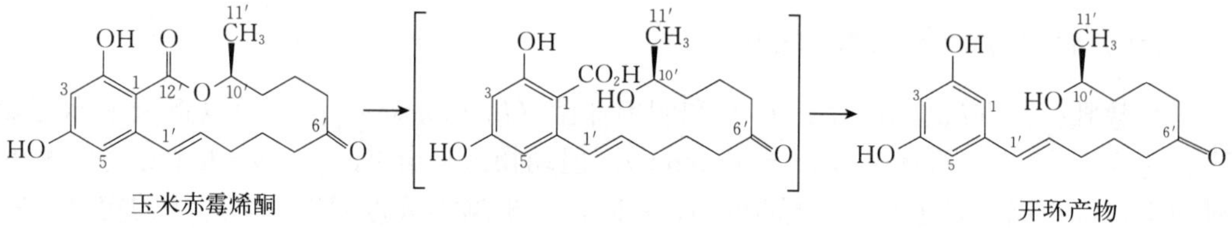

玉米赤霉烯酮　→　[中间体]　→　开环产物

图14－2 玉米赤霉烯酮生物转化成开环产物
（资料来源：Kakeya等，2002）

（五）降解成二氧化碳或无荧光、无紫外吸收的物质

Molnar等（2004）报道，毛孢子菌属解毒毛孢酵母（*Trichosporon mycotoxinivorans*）在24 h内可将1 mg/L玉米赤霉烯酮降解成二氧化碳，以及无荧光、无紫外吸收的代谢产物。对代谢物进行检测的结果表明，玉米赤霉烯酮能被完全降解，且没有被转化成为α-玉米赤霉烯醇和β-玉米赤霉烯醇。对降解产物进行细胞毒性试验的结果表明，该产物对人乳腺癌细胞（MCF－7）无雌激素毒性。Vekiru等（2010）使用液相色谱-串联质谱、液相色谱二极管阵列，以及核磁共振谱的方法对解毒毛孢酵母生物降解玉米赤霉烯酮的代谢产物进行了分析，结果发现玉米赤霉烯酮分子中的大环被打开，代谢生成了非雌激素化合物（图14－3）。

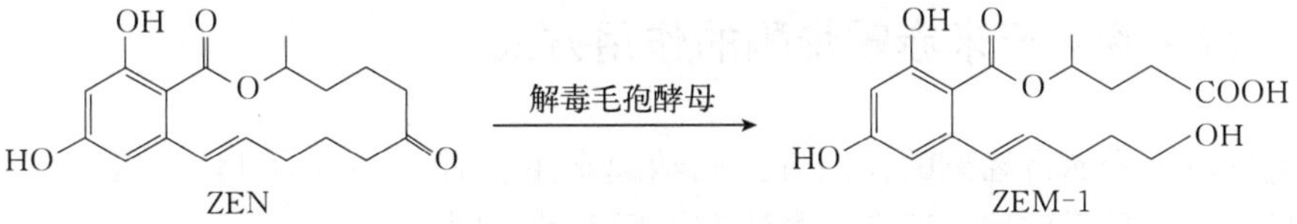

解毒毛孢酵母

图 14-3　玉米赤霉烯酮及解毒毛孢酵母降解玉米赤霉烯酮的产物

（资料来源：Vekiru 等，2010）

（六）与其他物质结合后降解成次级代谢产物

雷元培（2014）应用 HPLC-MS/MS 法检测枯草芽孢杆菌 ANSB01G 对玉米赤霉烯酮的降解代谢产物发现，在毒素降解的过程中产生了 2 个代谢产物：其中一个是初级代谢产物 M1，相对分子质量为 447.19；另一个是次级代谢产物 M2，相对分子质量为 405.22。根据 M2 的分子质量及二级质谱结果推测，M1 除经过内酯环水解、脱羧和羰基还原之外，还进一步反应脱掉了一分子的水。进一步推测枯草芽孢杆菌 ANSB01G 降解玉米赤霉烯酮的作用机制，首先是玉米赤霉烯酮的酚羟基与谷氨酸的 γ-羧基结合，形成一个初级代谢产物 M1；然后 M1 经内酯环水解、脱羧、还原羰基和脱水等过程代谢为 M2，这是一种全新的代谢途径。枯草芽孢杆菌 ANSB01G 降解玉米赤霉烯酮的代谢途径如图 14-4。

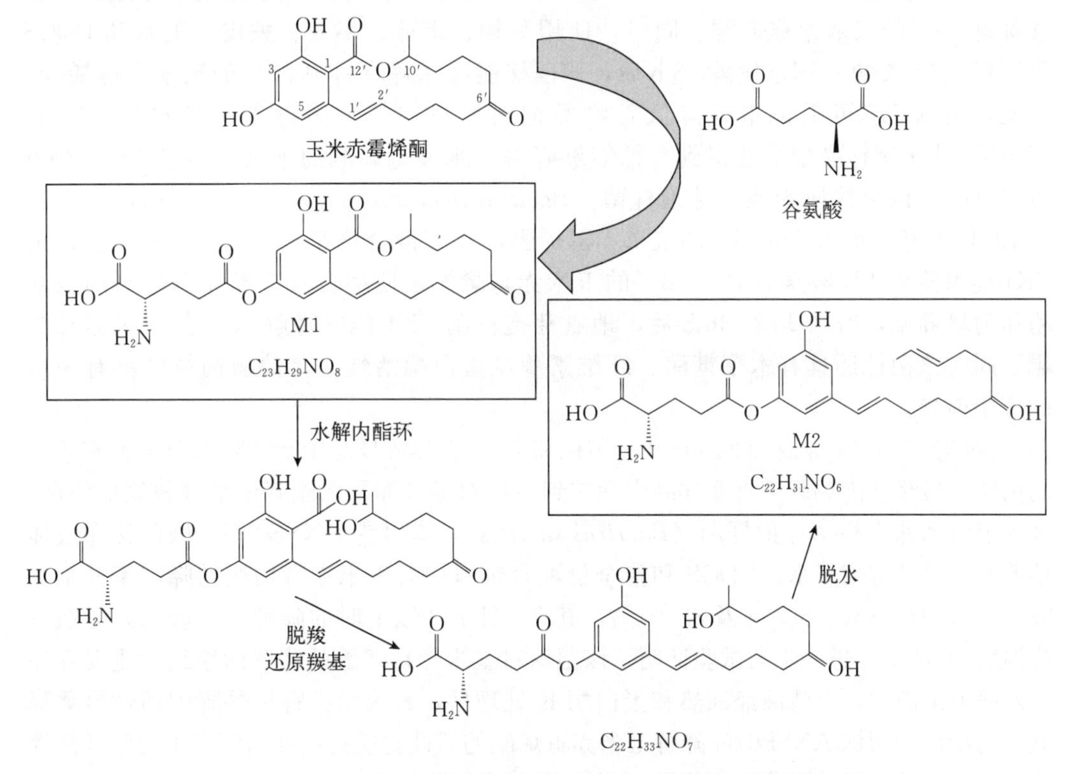

图 14-4　枯草芽孢杆菌 ANSB01G 降解玉米赤霉烯酮的代谢途径

（资料来源：雷元培，2014）

二、微生物对玉米赤霉烯酮的作用方式

微生物对玉米赤霉烯酮的作用方式归纳起来主要有 2 种（表 14-1）：一种是降解作用，另一种是吸附作用，这 2 种方法有本质上的区别。

（一）微生物对玉米赤霉烯酮的降解作用

微生物对玉米赤霉烯酮的降解作用主要是指微生物或其代谢产生的酶与玉米赤霉烯酮发生作用，破坏其分子结构中的有毒基团，生成无毒或低毒代谢产物的过程。由于微生物及其生物酶降解玉米赤霉烯酮的方法能够大大降低或去除玉米赤霉烯酮的毒性，同时该方法的专一性强、对饲料无污染、不影响饲料营养价值，因而在动物霉变饲料和饲料原料中具有广阔的应用前景。然而，被报道的大多数微生物，如粉红黏帚霉（*Gliocladium roseum*）、米根霉（*Rhizopusoryzae*）、葡枝根霉（*R. stolonifer*）、小孢根霉（*R. microsporus*）、假单胞菌（*Pseudomonas* sp.）和黏质塞氏杆菌（*Serratia marcescens*）等不能直接应用于饲料中。那些被列在饲料添加剂目录中且能够降解玉米赤霉烯酮的细菌或真菌则更具开发潜力和实用价值。

Cho 等（2010）使用营养琼脂培养基，最终从土壤样品中筛选到一株能够高效降解玉米赤霉烯酮的枯草芽孢杆菌（*Bacillus subtilis*）。试验进一步证实，在 LB 培养基中添加 1 mg/kg 的玉米赤霉烯酮，经过 37 ℃液态发酵 24 h 后，该株枯草芽孢杆菌能够降解 99％的玉米赤霉烯酮。同时，使用豆粕、米糠、小麦、麸皮、玉米和 DDGS 等原料在 37 ℃进行固态发酵 48 h 后，该菌株能够降解原料中 95％的玉米赤霉烯酮。因此，固体发酵可低成本地降低谷物类饲料原料中的霉菌毒素污染水平。Yi 等（2010）从土壤样品中筛选得到一株能够降解玉米赤霉烯酮的细菌，经过 16S rRNA 鉴定分析，该菌株属于地衣芽孢杆菌（*Bacillus licheniformis*），并编号命名为 CK1。在 LB 培养基中加入 2 mg/kg 的玉米赤霉烯酮，37 ℃混合培养 36 h 后，地衣芽孢杆菌 CK1 能够降解 LB 培养基中 95.8％的玉米赤霉烯酮。使用含有玉米赤霉烯酮的玉米粉作为培养基，37 ℃培养 36 h 后，地衣芽孢杆菌 CK1 能够降解 98％的玉米赤霉烯酮。同时该菌株还具有木聚糖酶、纤维素酶及蛋白酶活性，在动物饲料中具有一定的应用前景。

Lei 等（2014）从保藏的 1 099 个菌株和 79 个自然界样品中筛选降解玉米赤霉烯酮的菌株，最终从肉鸡肠道食糜样品中筛选到一株对玉米赤霉烯酮降解活性较高的细菌，经鉴定该菌株为枯草芽孢杆菌（*Bacillus subtilis*），编号为 ANSB01G。该菌株在液体培养基、自然霉变玉米、DDGS 和猪全价配合饲料中对玉米赤霉烯酮的降解率分别为 88.65％、84.58％、66.34 及 83.04％，其在 pH 7.0 以上时的降解活性较高，最适反应温度为 37 ℃。进一步的试验证明，该菌株对玉米赤霉烯酮的降解活性组分主要存在于发酵上清液中，上清液经加热和蛋白酶 K 处理后，其玉米赤霉烯酮降解活性显著降低，初步认为菌株 ANSB01G 降解玉米赤霉烯酮的活性物质是一种细菌产生的胞外活性物质。该菌株已经被保藏在中国普通微生物菌种保藏管理中心（China General Microbiological Culture Collection Center，CGMCC），保藏号为 CGMCC No. 4297。同时，

该菌株已获国家发明专利，专利号为 ZL 2010 10620651.2。由于枯草芽孢杆菌类的微生态制剂是经美国食品药品监督管理局（Food and Drug Administration，FDA）和美国饲料管理协会（American Association of Feed Control Official，AAFCO）认可的、可直接添加到动物饲料中的安全级（GRAS）微生物制品，因此该专利菌株已被转让，并进行了工业化发酵生产和规模化推广应用。

（二）微生物对玉米赤霉烯酮的吸附作用

一些微生物对玉米赤霉烯酮也存在吸附作用，如酵母细胞壁等微生物副产品。其吸附原理主要是细胞壁上的β-D-葡聚糖等多糖通过疏水作用对玉米赤霉烯酮进行吸附。虽然与传统物理化学方法相比，微生物吸附方法存在一定优势，但也存在去毒不彻底、去毒不稳定等缺点。

El-Nezami 等（2002）研究了玉米赤霉烯酮（2 μg/mL）及其衍生物 α-玉米赤霉烯醇（2 μg/mL）与 2 株食品级乳杆菌（*Lactobacillus rhamnosus*）GG 和 LC705 的相互作用。从细菌颗粒中回收到 38%～46%的毒素，且没有在培养基上清液和颗粒甲醇提取物的高效液相色谱中检测到降解产物。热处理和酸处理的细菌都能够去除毒素，这表明去除毒素的机制可能是吸附而非降解。乳杆菌 GG 和 LC705 可以快速降低玉米赤霉烯酮和 α-玉米赤霉烯醇含量，大约 55%的毒素与细菌混合后立即结合。这种结合受细菌浓度的影响，说明毒素在细菌表面可能存在相同的结合位点。

Mokoena 等（2005）探讨了乳酸菌（*Streptococcus lactis* 和 *Lactobacillus delbrueckii*）混合培养的发酵液对降低玉米粉中霉菌毒素浓度和毒性的潜力，并用 SNO 人食管癌细胞系研究添加了真菌毒素的发酵提取物的潜在细胞毒性。试验将烟曲霉毒素和玉米赤霉烯酮分别加入到玉米粉中发酵 4 d，2 种霉菌毒素的浓度显著降低，分别在第 3 天和第 4 天下降 56%～67%和 68%～75%。发酵后，添加霉菌毒素的含乳酸菌的玉米粉样品对 SNO 细胞的毒性比不含乳酸菌的样品要小，但毒性差异不显著。乳酸菌可以结合玉米中的霉菌毒素，但这种减少可能不会显著降低毒素的毒性作用，确切机制需进一步研究。

微生物对玉米赤霉烯酮的作用方式见表 14-1。

表 14-1　微生物对玉米赤霉烯酮的作用方式

方　法	作用菌种	优　点	缺　点	资料来源
微生物降解	枯草芽孢杆菌、地衣芽孢杆菌、粉红黏帚霉、植物乳杆菌等或其代谢产生的酶	去毒效果较彻底，降解效率高，无污染、无危害，条件温和，不影响饲料营养价值	降解机制研究匮乏，缺乏降解酶研究	Yi 等（2010）； Vekiru 等（2010）； Lei 等（2014）
微生物吸附	酵母菌、肠球菌属、链球菌属、德氏乳杆菌等的菌体细胞壁	有一定吸附能力，但效果不稳定	去毒周期长，同无机吸附一样，去除效果不彻底	El-Nezami 等（2002）； Yiannikouris 等（2002）； Jouany（2007）； Niderkorn 等（2007）

第二节　玉米赤霉烯酮生物降解技术研究进展

目前已报道的能降解玉米赤霉烯酮的细菌和真菌类微生物有很多，也有分离纯化出降解玉米赤霉烯酮生物酶及通过基因工程技术进行酶的外源表达的相关研究。

一、降解玉米赤霉烯酮的细菌

目前，关于细菌降解玉米赤霉烯酮的研究报道也有很多，不动杆菌属（*Acinetobacter* spp.）、红球菌属（*Rhodococcus* spp.）、芽孢杆菌属（*Bacillus* spp.）、假单胞菌属（*Pseudomonas* spp.）、乳酸杆菌属（*Lactobacillus* spp.）和黏质塞氏杆菌属（*Serratia marcescens*）等均能够对玉米赤霉烯酮进行生物降解。

（一）不动杆菌属

Yu等（2011）从农田土壤中分离得到一株可以将玉米赤霉烯酮作为唯一碳源和能量来源而快速生长的不动杆菌（*Acinetobacter* sp.）SM04，并通过高效液相色谱法、大气压化学电离质谱分析法和MTT细胞增殖法检测了该菌株在M1培养基和营养肉汤培养基中发酵后得到的细胞外提取物对玉米赤霉烯酮的降解能力。结果表明，不动杆菌在M1培养基中生长后，其胞外提取物（1 mL）与玉米赤霉烯酮（20 μg）反应12 h，可降解玉米赤霉烯酮，在体系中未检测出玉米赤霉烯酮及雌激素代谢产物，但相同条件下营养肉汤培养基中的毒素含量无明显降低。细胞外提取物中的蛋白质对毒素的降解是必不可少的，试验利用SDS-PAGE对细胞外提取液中的蛋白质进行分析，利用MALDI-TOF/TOF/MS质谱技术对2种提取液中强度不同的条带进行蛋白质鉴定，结果显示M1中有9种蛋白质与不动杆菌数据库有较好的吻合度。但由于公共数据库中缺乏完整注释的不动杆菌序列数据和蛋白质数据，因此一些已鉴定的蛋白质功能尚不清楚或未得到证实。然而，研究中已得到的数据有助于玉米赤霉烯酮降解酶相关基因的筛选。

（二）红球菌属

Cserháti等（2013）研究了32株来源于石油污染或天然土壤的红球菌属（*Rhodococcus* spp.）菌株对黄曲霉毒素B_1、玉米赤霉烯酮、呕吐毒素、烟曲霉毒素和赭曲霉毒素的脱毒能力，并检测了黄曲霉毒素B_1和玉米赤霉烯酮降解产物的安全性。该试验结果显示，红串红球菌（*R. erythropolis*）NI1、赤红球菌（*R. ruber*）N361、嗜吡啶红球菌（*R. pyridinivorans*）K402、嗜吡啶红球菌K404、嗜吡啶红球菌K408和嗜吡啶红球菌AK37均具有降解玉米赤霉烯酮的能力，其中嗜吡啶红球菌K404和嗜吡啶红球菌K408的降解率在80%以上。同时，红串红球菌NI1可高效降解黄曲霉毒素B_1和呕吐毒素（降解率分别为89.35%和92.12%），赤红球菌N361可降解呕吐毒素（降解率为67.34%），嗜吡啶红球菌AK37可降解黄曲霉毒素B_1（降解率为98.29%）。不仅如此，在多种毒素共同存在的培养基中，红串红球菌NI1和嗜吡啶红球菌K408对玉米赤霉烯酮的降解能力要大于单一毒素存在的情况。推测当多种毒素存在时，在降解过程中发挥作用的酶类可能相互促进和/或补充各自的降解途径。红球菌属具有较好的应用前景。

（三）芽孢杆菌属

葛婵婵等（2015）以贮藏的217株芽孢菌为材料，筛选得到了2株可以高效降解玉米赤霉烯酮的菌株，并鉴定为同温层芽孢杆菌（*Bacillus stratospthericus*）T-246和短小芽孢杆菌（*Bacillus pumilus*）T-420。2株芽孢杆菌的生长曲线较为一致，且当菌株在3～9 h进入对数期时，细胞代谢速度旺盛，酶系活力高，降解率也较高。在不同培养时间下玉米赤霉烯酮的清除率可以看出，同温层芽孢杆菌T-246（6 h）的降解能力要优于短小芽孢杆菌T-420（9 h）。将菌液分别作离心、洗涤菌体，无菌水重悬活细胞，以及高温高压灭活处理，结果试样仍具有一定的清除玉米赤霉烯酮的能力，且活细胞效果要略高于失活细胞。推测活细胞在无菌水中缺乏营养物质，代谢较弱，但仍产生了少量起降解效果的活性物质，而灭活后的细胞只有一定的吸附作用（T-420清除率为20.68%，T-246清除率为30.44%）。后续试验证明，这2株菌对玉米赤霉烯酮的降解作用源于其分泌的胞外酶。

Lee等（2017）对从发霉玉米中分离的148株细菌进行筛选，得到1株可以高效降解玉米赤霉烯酮的解淀粉芽孢杆菌（*Bacillus amyloliquefaciens*）LN，与模式菌株解淀粉芽孢杆菌ATCC 23350相似度为95%，且解淀粉芽孢杆菌LN的生长和脱毒能力更优。在3.5 mg/kg玉米赤霉烯酮存在的情况下，该菌株在LB培养基中8 h亦达到最大细胞密度OD_{600}=1.81，孵育24 h后可完全清除培养基中的毒素。将解淀粉芽孢杆菌LN的细胞添加到含有5 mg/kg玉米赤霉烯酮的PBS溶液中，立即测定毒素含量则显示有34.4%的毒素被吸附；随着孵育时间的延长，玉米赤霉烯酮的残留率进一步降低，说明该菌株具有降解毒素的能力。安全性评估结果表明，解淀粉芽孢杆菌LN并不携带蜡样芽孢杆菌肠毒素基因*hbl*（A、B、C、D）或*nhe*（A、B、C、D），既不会产生肠毒素蛋白亚基HblC或NheA，也不会在血琼脂板上引起溶血。进一步研究显示，该菌株对胃酸和胆盐具有一定的耐受性，可在胃和肠道环境中存活从而发挥作用；且对食源性病原体，如腊样芽孢杆菌和单增李斯特菌具有一定的抑菌活性，为有效降低饲料中玉米赤霉烯酮提供了理论依据。

（四）假单胞菌属

王国兵等（2016）采用富集培养法从沼气污泥中筛选分离得到一株可以高效降解玉米赤霉烯酮的香茅醇假单胞菌（*Pseudomonas citronelloli*）ASAG16，并用质谱分析，发现在该菌代谢玉米赤霉烯酮过程中产生了$[M+H]^+=319.155$和$[M+H]^+=325.070$的新物质，进一步证明假单胞菌属ASAG16对毒素的作用方式为降解。各取1 mL菌株发酵上清液和破碎后的上清液与玉米赤霉烯酮（10 μg）在37 ℃孵育12 h，降解率分别为12.06%和47.66%，而灭活处理后降解效果也随之消失。说明活性物质可能为一种菌体能够分泌到细胞外的酶蛋白。香茅醇假单胞菌ASAG16在MSM、LB、YPD、牛肉膏蛋白胨、R2A和营养肉汤培养基中都能对玉米赤霉烯酮表现出较好的降解效果，且在LB培养基中的效果最好，培养6 d后降解率可达91.59%。说明菌株在以玉米赤霉烯酮为唯一碳源的MSM培养基，以及多碳源培养基上都能高效地降解毒素。然而，由于碳源、氮源和营养条件等不同，菌体的密度和活性也不尽相同，导致降解效率也有所差别。

（五）乳酸杆菌属

Chen等（2018）根据酯酶活性，从蝙蝠排泄物及鸭回肠内容物中筛选得到了3株具有玉米赤霉烯酮解毒能力的植物乳杆菌（*Lactobacillus plantarum*）。3株菌的发酵液、发酵液上清液和发酵液沉淀分别与含有5 mg/L玉米赤霉烯酮的MRS培养基于39 ℃孵育24 h后，玉米赤霉烯酮的含量均有所降低。其中，以植物乳杆菌B2的脱毒效果最佳，3种成分对玉米赤霉烯酮的去除率分别为52.05%、45.17%和6.88%。菌株可能通过将玉米赤霉烯酮与细胞结合，进而引起酯酶介导的降解。在模拟肠道环境的耐受性试验中，这3株菌对胃酸和胆盐均显示出了很好的耐受性，说明其在饲粮消化过程中仍能去除玉米赤霉烯酮。

二、降解玉米赤霉烯酮的真菌

目前，已经发现的对玉米赤霉烯酮起降解作用的真菌主要有贝勒被毛霉（*Mucor bainieri*）、雅致枝霉（*Thamnidium elegans*）、根霉菌属（*Rhizopus* spp.）、链霉菌属（*Streptomyces* spp.）、酿酒酵母（*Saccharomyce scerevisiae*）、班尼小克银汉霉（*Cunninghamella bainieri*）、黑曲霉（*Aspergillus niger*）、粉红黏帚霉（*Clonostachys rosea*）和毛孢子菌（*Trichosporon mycotoxinivorans*）等。

（一）贝勒被毛霉和雅致枝霉

El-Sharkawy和Abul-Hajj（1987）对150株真菌进行小规模试验，发现了2株可以降解玉米赤霉烯酮的菌株贝勒被毛霉（*Mucor bainieri*）NRRL 1613和雅致枝霉（*Thamnidium elegans*）NRRL 2988，并通过大规模发酵雅致枝霉NRRL 2988得到足够量的代谢物用于结构鉴定。经红外光谱、核磁共振谱和质谱鉴定，代谢产物为玉米赤霉烯酮-4-O-β-葡萄糖苷。

（二）根霉菌属

Varga等（2005）研究55株根霉属菌属（*Rhizopus* spp.）和毛霉菌属（*Mucor* spp.）对液体培养基中黄曲霉毒素B_1（1 μg/mL）、玉米赤霉烯酮（3 μg/mL）、赭曲霉毒素A（7.5 μg/mL）及展青霉素（2.5 μg/mL）的降解效果，经过重复试验发现，其中的19株不同来源的匍枝根霉（*R. stolonifer*）、米根霉（*R. oryzae*）、小孢根霉（*R. microsporus*）和同合根霉（*R. homothallicus*）皆具有降解玉米赤霉烯酮的能力。同时，匍枝根霉和同合根霉可以降解赭曲霉毒素A，匍枝根霉和米根霉可以降解展青霉素。

（三）链霉菌属

许多链霉菌属（*Streptomyces* spp.）菌株由于具有较高的抗生素生产能力，因此被应用于生物技术或制药行业。Harkai 等（2016）检测了从土壤、腐烂的植物、泥炭藓和堆肥样品中分离出的 124 株链霉菌（其中 123 株属于不同菌种，龟裂链霉菌 *St. rimosus* 中有 2 株）对玉米赤霉烯酮（1 mg/L）和黄曲霉毒素 B_1（1 mg/L）的降解潜力，并采用酵母生物发光试验，包括人雌激素受体生物发光酵母雌激素系统（bioluminescent yeast estrogen system，BLYES），测定玉米赤霉烯酮的雌激素效果，利用 SOS 显色反应检测黄曲霉毒素 B_1 的基因毒性，筛选出降解潜力最大的微生物。试验结果表明，有效降解玉米赤霉烯酮和黄曲霉毒素 B_1 的菌株数量分别为 68 株和 27 株。其中，可可链霉菌阿苏亚种（*St. cacaoi* sub sp. *asoensis*）K234 可以降解 88.34%的黄曲霉毒素 B_1 和 87.85%的玉米赤霉烯酮，并且去除毒素基因毒性和雌激素活性；龟裂链霉菌（*St. rimosus*）K145 和 K189 几乎可完全降解玉米赤霉烯酮，且在降解产物中未检测出雌激素活性。

（四）酿酒酵母

Zhang 等（2016）从葡萄酒中分离筛选鉴定到一株可以高效降解玉米赤霉烯酮的酿酒酵母（*Saccharomyces cerevisiae*），其发酵液与玉米赤霉烯酮在 28 ℃、180 r/min 孵育 48 h 后，未检出玉米赤霉烯酮。加热后该酵母的降解活性丧失，可能是由于蛋白质发生了变性并产生了美拉德反应产物，使发酵上清液无法达到脱毒的效果。分别在未添加和 12 h 添加蛋白质及酶合成的抑制剂环己酰亚胺发现，未添加时环己酰亚胺抑制了相关酶的合成，使得玉米赤霉烯酮无法被降解；而 12 h 添加时，已生成的酶会起到脱毒的作用，但效率有所影响。蛋白质在不同环境条件下的表达为研究霉菌毒素代谢相关酶的合成和运输提供了理论依据。进一步的蛋白质组学研究结果显示，被鉴定的蛋白质大多与基础代谢相关，包括糖酵解、氨基酸合成、细胞呼吸和脂质代谢。酿酒酵母对玉米赤霉烯酮的降解机制可能是产生了相关的胞内酶和胞外酶，如烯醇化酶、NADH-细胞色素 B5 还原酶和 PRX1p 等抗氧化应激和细胞凋亡的酶类。然而，试验并没有确定酶类在降解过程中的特定功能及具体是哪一种酶发挥了主要作用。

三、降解玉米赤霉烯酮的酶及微生态制剂

微生物降解酶基因的克隆和高效表达对饲料及食品安全具有重要的意义，目前也有许多学者对其进行了研究。

Takahashi-Ando 等（2002）从粉红黏帚霉（*Clonostachys rosea*）IFO7063 中分离纯化到了能够生物降解玉米赤霉烯酮的内酯水解酶（lactonohydrolase）（zhd101），该酶能够将玉米赤霉烯酮转化成无毒的代谢物并将其排出体外。同时对编码降解玉米赤霉烯酮的基因 *zhd101* 进行优化和克隆，并将该基因成功转入到大肠埃希氏菌和酿酒酵母中进行外源表达，外源表达该片段基因的大肠埃希氏菌在 24 h 内可将培养基中的玉米赤霉烯酮、α-ZOL 和 β-ZOL 全部降解成无毒的代谢产物。此外，Tomoko 等（2007）将 *zhd101* 基因导入到玉米中得到转基因玉米，使用该转基因玉米可以在 48 h内将溶液中 90%的玉米赤霉烯酮去除，每克转基因玉米种子可以去除 16.9 μg 的玉米赤霉烯酮。

Yu 等（2011）从不动杆菌（*Acinetobacter* sp.）SM04 中克隆到一种过氧化物酶基因 *Prx*，其可催化 H_2O_2 将 ZEN 氧化降解成低雌激素作用的代谢产物，不动杆菌 SM04 可能存在多条 ZEN 降解途径。雷元培（2014）分别采用阴离子交换层析法、疏水层析法和分子筛层析法，从筛选到的降解玉米赤霉烯酮的菌株枯草芽孢杆菌（*Bacillus subtilis*）ANSB01G 发酵上清液中分离纯化活性蛋白，但最终未能获得单一的活性蛋白组分，仅确定大致分子质量为 32 ku，其单一蛋白活性组分及编码玉米赤霉烯酮降解酶的基因序列仍需进一步研究。

Wang 等（2018）将 zhd101 的氨基酸序列与 NCBI 数据库中的蛋白质进行比较，选择了一种同源性 65％的假定蛋白质在大肠埃希氏菌上表达，重组蛋白被命名为 zhd518，且在40 ℃、pH 8.0 时表现出最适宜的玉米赤霉烯酮降解活性，这也是首次报道的具有详细特征的中性玉米赤霉烯酮降解酶基因和降解酶。进一步研究 zhd518 对其他 4 种玉米赤霉烯酮衍生物的降解活性（ZEN＞α－ZAL＞β－ZAL＞β－ZOL＞α－ZOL），结果表明 zhd518 对 α－ZOL 的水解能力较低，但 α－ZOL 比 ZEN 毒性更强。为了提高 zhd518 对 α－ZOL 的降解活性，将其第 156 位 N 突变为 H，发现突变体 N156H 对 α－ZOL 的降解活性是 zhd518 的 3.3 倍。除对 β－ZOL 的降解能力略有降低外，对其他 3 种玉米赤霉烯酮衍生物均有所升高。作为一种新型中性玉米赤霉烯酮降解酶，N156H 具有广阔的应用前景，这也是通过改变单个氨基酸来增强酶活性的成功案例。随着基因组测序技术和基因数据库的发展，该研究也为克隆新的降解酶基因提供了简单、有效的依据。

第三节　玉米赤霉烯酮生物降解技术的应用

与传统物理和化学方法相比，生物降解法没有毒副作用，效率高，专一性强，从而受到了学术界的广泛关注。目前，已发现很多微生物可以降解玉米赤霉烯酮，这些微生物主要通过分泌的内酯水解酶、蛋白酶和过氧化物酶等对玉米赤霉烯酮进行降解。随着生物降解技术的发展，现在已有将玉米赤霉烯酮生物降解技术应用到动物养殖和农作物抗病育种实践中的成功案例。在动物养殖方面，以添加剂形式将降解玉米赤霉烯酮的微生物或酶添加到饲料中；在农作物抗病育种方面，将微生物中编码降解酶基因转录到农作物中，获得玉米赤霉烯酮的转基因抗性株。

Sun 等（2014）从发酵豆粕中筛选分离得到一株非致毒的、环境友好型的黑曲霉菌（*Aspergillus niger*）FS10，受污染的玉米浆中最初含有 29 μg/mL 玉米赤霉烯酮，其中 60.01％可通过黑曲霉菌 FS10 去除。在鼠上的体内试验证明，受污染的玉米浆会对鼠肝脏和肾组织造成严重损伤，该菌株可以通过去除玉米浆中的玉米赤霉烯酮而有效缓解毒素所造成的危害。

Zhao 等（2015）研究了枯草芽孢杆菌 ANSB01G 对采食玉米赤霉烯酮污染饲粮青年母猪的作用效果。试验将 18 头体重为（36.64±1.52）kg 青年母猪随机分为 3 个处理，每个处理 6 个重复，试验期为 24 d。对照组（C）饲喂正常玉米型饲粮（不含 ZEN），处理组 1（T1）饲喂霉变玉米型饲粮（ZEN，238.57 μg/kg），处理组 2（T2）

在T1的基础上添加2 kg/t霉菌毒素生物降解剂（枯草芽孢杆菌ANSB01G活菌数为1×10^9个CFU/g）。研究结果表明，与对照组相比，被238.57 μg/kg ZEN污染的T1组饲粮可导致青年母猪阴户红肿，阴户面积显著增加，繁殖器官指数显著增加；而T2组由于在霉变饲粮中添加了霉菌毒素生物降解剂，因此能缓解青年母猪阴户红肿和繁殖器官指数增加。T1组中青年母猪血清FSH、LH和E2水平没有显著影响，但是血清中PRL的水平显著升高，子宫体细胞出现明显的细胞肿大和脂肪变性，肝脏出现细胞肿胀、炎症反应和淋巴细胞浸润现象，卵巢出现卵泡萎缩退化和内部空化；而在霉变饲粮中添加霉菌毒素生物降解剂（T2组）后可使这些症状明显减轻。以上试验结果表明，枯草芽孢杆菌ANSB01G能够缓解玉米赤霉烯酮对动物引起的中毒作用，具有很好的推广应用价值。

Shi等（2018）研究霉菌毒素生物降解剂对采食污染有ZEN和DON饲粮青年母猪的影响。试验将40头平均体重为（61.42±1.18）kg的杜×长×大三元杂交青年母猪分为4个处理组，每个处理10个重复，每个重复1头猪，试验期28 d。处理组分别为正常饲粮组、正常饲粮＋霉菌毒素生物降解剂组、ZEN＋DON毒素饲粮组和ZEN＋DON毒素饲粮＋霉菌毒素生物降解剂组，霉菌毒素生物降解剂由枯草芽孢杆菌（*Bacillus subtilis* ANSB01G）和德沃斯氏菌（*Devosia* sp. ANSB714）经工业发酵、干燥生产制成。试验结果表明，霉菌毒素ZEN＋DON与霉菌毒素生物降解剂对青年母猪的ADG、ADFI、外阴面积、血清IL-8、血清PRL、卵巢Bcl-2和子宫caspase-3蛋白的表达水平相互作用显著。饲粮含ZEN＋DON（596.86＋796.33 μg/kg）降低了青年母猪的ADG、ADFI；增大了外阴面积；增加了血清IgA、IgG、IL-8、IL-10和PRL水平；升高了卵巢和子宫的caspase-3蛋白水平（$P<0.05$），bax和caspase-8蛋白表达，降低了bcl-2蛋白水平（$P<0.05$）。在污染毒素的饲粮中添加霉菌毒素生物降解剂缓解了上述指标的负面影响，并且阴户肿胀得到了明显改善，缓解了ZEN＋DON对子宫、卵巢和肝脏组织细胞的损伤，以及对子宫、卵巢的细胞毒性。

国内外对玉米赤霉烯酮生物降解的研究主要包括微生物降解法和生物酶降解法2种方式。微生物降解法是现在研究的热点，而生物酶降解法则是霉菌毒素降解的发展方向。随着微生物工程技术和基因工程技术的飞速发展，越来越多的玉米赤霉烯酮降解菌株和降解酶被人们所发现。同时，关于玉米赤霉烯酮导致动物中毒的作用机制、玉米赤霉烯酮降解菌，以及降解酶对毒素作用机制的研究也越来越深入和详细，玉米赤霉烯酮生物降解技术也将逐渐为人们所了解和掌握。

参考文献

葛婵婵，熊犍，赵晨，等，2015. 降解玉米赤霉烯酮的芽孢杆菌筛选[J]. 粮油食品科技，23(3)：90-94.

雷元培，2014. ANSB01G菌对玉米赤霉烯酮的降解机制及其动物试验效果研究[D]. 北京：中国农业大学.

王国兵，伍松陵，林爱军，等，2016. 玉米赤霉烯酮降解菌的分离及降解特性研究[J]. 中国粮油学报，31(1)：84-89.

Altalhi A D, 2007. Plasmid - mediated detoxification of mycotoxin zearalenone in *Pseudomonas* sp. ZEA - 1 [J]. American Journal of Biotechnology and Biochemistry, 3 (3): 150 - 158.

Chen S W, Hsu J T, Chou Y A, et al, 2018. The application of digestive tract lactic acid bacteria with high esterase activity for zearalenone detoxification [J]. Journal of the Science of Food and Agriculture, 98 (10): 3870 - 3879.

Cho K J, Kang J S, Cho W T, et al, 2010. *In vitro* degradation of zearalenone by *Bacillus subtilis* [J]. Biotechnology Letters, 32 (12): 1921 - 1924.

Cserhati M, Kriszt B, Krifaton C, et al, 2013. Mycotoxin - degradation profile of *Rhodococcus* strains [J]. International Journal of Food Microbiology, 166 (1): 176 - 185.

El - Nezami H, Polychronaki N, Salminen S, et al, 2002. Binding rather than metabolism may explain the interaction of two food - grade *Lactobacillus* strains with zearalenone and its derivative alpha - zearalenol [J]. Applied and Environmental Microbiology, 68 (7): 3545 - 3549.

Elsharkawy S H, Selim M I, Afifi M S, et al, 1991, Microbial transformation of zearalenone to a zearalenone sulfate [J]. Applied and Environmental Microbiology, 57 (2): 549 - 552.

Elsharkawy S H, Abulhajj Y, 1987. Microbial transformation of zearalenone, I. Formation of zearalenone - 4 - O - β - glucoside [J]. Journal of Natural Products, 50 (3): 520 - 521.

Harkai P, Szabo I, Cserhati M, et al, 2016. Biodegradation of aflatoxin - B_1 and zearalenone by *Streptomyces* sp. collection [J]. International Biodeterioration and Biodegradation, 108: 48 - 56.

Jouany J P, 2007. Methods for preventing, decontaminating and minimizing the toxicity of mycotoxins in feeds [J]. Animal Feed Science and Technology, 137 (3/4): 342 - 362.

Kakeya H, Takahashi - Ando N, Kimura M, et al, 2002. Biotransformation of the mycotoxin, zearalenone, to a non - estrogenic compound by a fungal strain of *Clonostachys* sp. [J]. Bioscience Biotechnology and Biochemistry, 66 (12): 2723 - 2726.

Lee A, Cheng K C, Liu J R, 2017. Isolation and characterization of a *Bacillus amyloliquefaciens* strain with zearalenone removal ability and its probiotic potential [J]. PloS ONE, 12 (8): 1 - 21.

Lei Y P, Zhao L H, Ma Q G, et al, 2014. Degradation of zearalenone in swine feed and feed ingredients by *Bacillus subtilis* ANSB01G [J]. World Mycotoxin Journal, 7 (2): 143 - 151.

Mokoena M P, Chelule P K, Gqaleni N, 2005. Reduction of fumonisin B_1 and zearalenone by *Lactic acid bacteria* in fermented maize meal [J]. Journal of Food Protection, 68 (10): 2095 - 2099.

Molnar O, Schatzmayr G, Fuchs E, et al, 2004. *Trichosporon mycotoxinivorans* sp. nov., a new yeast species useful in biological detoxification of various mycotoxins [J]. Systematic and Applied Microbiology, 27 (6): 661 - 671.

Naoko T A, Makoto K, Hideaki K, et al, 2002. A novel lactonohydrolase responsible for the detoxification of zearalenone' enzyme purification and gene cloning [J]. Biochemical Journal, 365 (1): 1 - 6.

Shi D H, Zhou J C, Zhao L H, et al, 2018. Alleviation of mycotoxin biodegradation agent on zearalenone and deoxynivalenol toxicosis in immature gilts [J]. Journal of Animal Science and Biotechnology, 9: 42.

Sun X L, He X X, Xue K S, et al, 2014. Biological detoxification of zearalenone by *Aspergillus niger* strain FS10 [J]. Food and Chemical Toxicology, 72: 76 - 82.

Tomoko I, Naoko T A, Noriyuki O, et al, 2007. Reduced contamination by the fusarium mycotoxin zearalenone in maize kernels through genetic modification with a detoxification gene [J]. Applied and Environmental Microbiology, 73 (2): 637 - 642.

Utermark J, Karlovsky P, 2007. Role of zearalenone lactonase in protection of *Gliocladium roseum* from fungitoxic effects of the mycotoxin zearalenone [J]. Applied and Environmental Microbiology, 73 (2): 637 - 642.

Varga J, Peteri Z, Tabori K, et al, 2005. Degradation of ochratoxin A and other mycotoxins by *Rhizopus* isolates [J]. International Journal of Food Microbiology, 99 (3): 321 - 328.

Vekiru E, Hametner C, Mitterbauer R, et al, 2010. Cleavage of zearalenone by *Trichosporon mycotoxinivorans* to a novel nonestrogenic metabolite [J]. Applied and Environmental Microbiology, 76 (7): 2353 - 2359.

Wang M X, Yin L F, Hu H Z, et al, 2018. Expression, functional analysis and mutation of a novel neutral zearalenone - degrading enzyme [J]. International Journal of Biological Macromolecules, 118: 1284 - 1292.

Yi P J, Pai C K, Liu J R, 2010. Isolation and characterization of a *Bacillus licheniformis* strain capable of degrading zearalenone [J]. World Journal of Microbiology and Biotechnology, 27 (5): 1 - 9.

Yiannikouris A, Jouany J P, 2002. Mycotoxins in feeds and their fate in animals: a review [J]. Animal Research, 51 (2): 81 - 99.

Yu Y S, Qiu L P, Wu H, et al, 2011a. Degradation of zearalenone by the extracellular extracts of *Acinetobacter* sp. SM04 liquid cultures [J]. Biodegradation, 22 (3): 613 - 622.

Yu Y S, Qiu L P, Wu H, et al, 2011b. Oxidation of zearalenone by extracellular enzymes from Acinetobacter sp. SM04 into smaller estrogenic products [J]. World Journal of Microbiology and Biotechnology, 27 (11): 2675 - 2681.

Yu Y S, Wu H, Tang Y Q, et al, 2012. Cloning, expression of a peroxiredoxin gene from *Acinetobacter* sp. SM04 and characterization of its recombinant protein for zearalenone detoxification [J]. Microbiological Research, 167 (3): 121 - 126.

Zhang H Y, Dong M J, Yang Q Y, et al, 2016. Biodegradation of zearalenone by *Saccharomyces cerevisiae*: Possible involvement of ZEN responsive proteins of the yeast [J]. Journal of Proteomics, 143: 416 - 423.

Zhao L H, Lei Y P, Bao Y H, et al, 2015. Ameliorative effects of *Bacillus subtilis* ANSB01G on zearalenone toxicosis in pre - pubertal female gilts [J]. Food Additives and Contaminants Part A - Chemistry Analysis Control Exposure and Risk Assessment, 32 (4): 617 - 625.

第十五章 单端孢霉烯族毒素生物降解技术

第一节 单端孢霉烯族毒素生物降解技术原理与方法

一、单端孢霉烯族毒素生物降解技术原理

应用微生物及其代谢产生的酶与单端孢霉烯族毒素作用，使其分子结构中的毒性基团被破坏而生成无毒或低毒降解产物的过程，称为单端孢霉烯族毒素的生物降解技术。

单端孢霉烯族毒素主要由禾谷镰刀菌、拟枝镰刀菌和梨孢镰刀菌等产生，包括脱氧雪腐镰刀菌烯醇（呕吐毒素，DON）、雪腐镰刀菌烯醇（NIV）、镰刀菌烯酮-X（FUS）、T-2毒素、HT-2毒素、镰刀菌酸（FA）、双乙酸基藨草烯醇（DAS），以及3-乙酰基或15-乙酰基衍生物等。单端孢霉烯族毒素的毒性取决于其分子结构（图15-1）中的毒性官能团。单端孢霉烯族毒素的分子结构不同，其毒性也各不相同。其毒性官能团包括：C-12，13环氧结构、C-9，10双键、乙酰基和羟基，羟基的位置和数量也与毒性有关。因此，这些官能团是脱毒作用的靶点。该类毒素的生物降解包括分子的去环氧化、C-3异构化、C-3糖苷化、乙酰化（去乙酰化）、羟基化和羰基化等，以生成低毒或者无毒的代谢产物，如3-酮-DON（3-keto-DON）、差向异构化DON（3-pei-DON）或者去环氧化物（DOM-1）等。

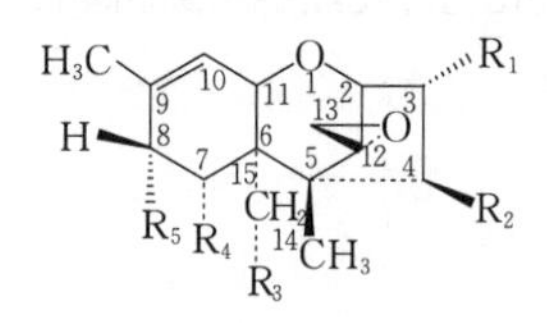

图15-1 单端孢霉烯族毒素分子的基本结构

注：R_1、R_2、R_3、R_4和R_5分别为—H、—OH、—OAC、$-COCH_2CH(CH_2)_2$和/或=O功能团。

（资料来源：邹忠义等，2012）

（一）去环氧基作用

在单端孢霉烯族毒素结构中，C-12，13环氧基团是其毒性的必需官能基团。该基团经过去环氧作用后，可生成无毒或低毒的去环氧化合物（DOM-1）（图15-2，以呕吐毒素为例）。

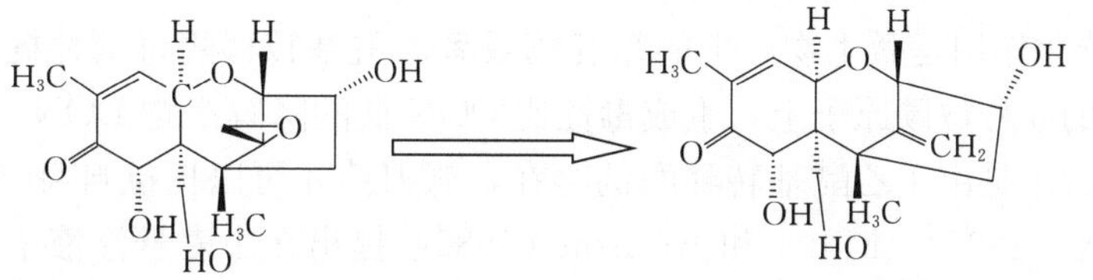

图 15-2　呕吐毒素分子发生去环氧化反应

（资料来源：Gong 等，2003）

Binder 等（1997）从牛瘤胃液中分离到具有去环氧化作用的厌氧优杆菌属细菌（*Eubacterium* sp.）BBSH797，该菌株可将呕吐毒素经去环氧化降解生成 DOM-1，其毒性是呕吐毒素的 1/54，去环氧雪腐镰刀菌烯醇的毒性是雪腐镰刀菌烯醇（NIV）的 1/55。Binder 等（1997）发现，真细菌属 DSM11798 细菌同样具有将呕吐毒素转化为 DOM-1 的能力；进一步试验证实，DSM11798 细菌可有效缓解呕吐毒素对家禽的毒性作用（Awad 等，2004）。Swanson 等（2006）通过去环氧 T-2 毒素刺激大鼠皮肤试验发现，其毒性是 T-2 毒素的 1/400。

（二）C-3 异构化作用

对 C-3 异构化研究主要集中在呕吐毒素的生物转化，C-3 异构化作用会使呕吐毒素形成 C-3 位差向异构体（3-epi-DON），3-epi-DON 被证明是无毒或者低毒的物质。Hassan 等（2017）和 Carere 等（2018）研究变形德沃斯氏菌（*Devosia mutans*）17-2-E-8 生物转化 DON 的过程，该菌产生的酶将 DON 先氧化成 3-酮-DON 中间产物，然后 3-酮-DON 再还原成 3-epi-DON（图 15-3）；进一步分离纯化出了 DON 差向异构化过程中的 2 种酶，即脱氢酶（DepA）（Carere 等，2017）和加氢酶（DepB）（Carere 等，2018）。He 等（2008）在分离出的菌株 Barpee 在有氧条件下，能将呕吐毒素（DON）异构化为 3-epi-DON。Ikunaga 等（2011）从小麦地里分离到一株具有呕吐毒素转化能力的诺卡氏细菌 WSN05-2，经质谱和核磁共振谱分析表明，呕吐毒素代谢转化的产物有 2 种：一种为 C3 位差向异构体 3-epi-DON，另一种未得到阐明。Wang 等（2017）从小麦地里分离和筛选到一株能够将 DON 异构化为 3-epi-DON 的菌株 *Paradevosia shaoguanensis* DDB001。

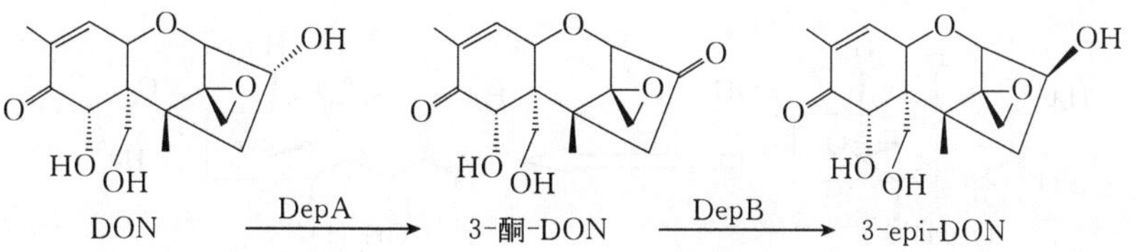

图 15-3　呕吐毒素被德沃斯氏菌 17-2-E-8 产生的两个酶降解发生 C-3 异构化反应

（资料来源：Carere 等，2018）

（三）C-3 糖苷化

C-3 糖苷化作用是微生物产生的糖苷酶或者乙酰基转移酶将葡萄糖基或者乙酰基转移到 DON 的 3 号位碳原子上，生成毒性比 DON 低的降解产物 DON-葡萄糖苷酸或者 3-ADON。正是由于乙酰基转移酶的存在，镰刀菌才可以抵抗自身产生的 DON 毒性（Kimura 等，1998）。Miller 和 Arnison（1986）提出在小麦悬浮液中存在呕吐毒素和葡萄糖结合态的产物。Sewald 等（1992）随后也提出在玉米悬浮液中也存在该产物，并命名结合态产物为 3-β-D-glucopyranosyl-4-呕吐毒素，降解产物的相对分子质量为 458。Berthiller 等（2009）首次报道了在镰刀菌侵染的小麦和玉米中自然存在的 DON-3-glucoside，表明了该产物在呕吐毒素污染的小麦和玉米中的比例为 46%。Poppenberger 等（2003）从阿拉伯芥中分离出的 UDP-葡萄糖基转移酶，可将葡萄糖基转移到 DON 的 3 号位碳原子上，得到 DON-葡萄糖苷酸。Ma 等（2010）从小麦（*Triticum aestivum* L.）变种中获得 UDP-葡萄糖基转移酶基因片段（TaUGT3），其在大肠埃希氏菌 DH10B 中能成功表达，并发现接种这种大肠埃希氏菌的拟南芥能提高对 DON 的抵抗能力。Khatibi 等（2011）将 2 种 3-O-乙酰基转移酶基因片段（FgTRI101 和 FfTRRI201）克隆到酵母菌中成功表达后，可有效地将燃料酒精发酵副产物中的高浓度 DON 转化为 3-ADON，这一研究有一定的商业推广应用价值。

（四）乙酰化或去乙酰化

单端孢霉烯族毒素分子中，不同数量和位置的乙酰基团发生乙酰化（图 15-4）或去乙酰化反应，可降低单端孢霉烯族毒素的毒性。Ueno 等（1983）从土壤中分离筛选出短小杆菌属菌株 114-2，该菌株在有氧条件下，可将 T-2 毒素转化为 HT-2 毒素，进一步转化成 T-2 三醇。T-2 三醇在菌株 BBSH797 的作用下，转化为 T-2 四醇，其毒性为：T-2>HT-2>T-2 三醇>T-2 四醇。Fuchs 等（2002）发现，反刍动物瘤胃液中具有脱乙酰作用的微生物，它们在厌氧条件下与瘤胃液一起反应，能将 DAS 和 T-2 分别转化为低毒性的 MAS 和 HT-2。Eriksen 等（2004）试验证明，15-乙酰呕吐毒素的毒性与呕吐毒素相似，但 3-乙酰呕吐毒素的毒性是呕吐毒素毒性的 1/10。HT-2 毒素（C-15 位上有一个乙酰基团）比 T-2 毒素（C-4 和 C-15 位上分别有一个乙酰基团）毒性弱，但是比 3-乙酰 T-2 毒素（有 3 个乙酰基团，分别位于 C-3、C-4 和 C-15）的毒性强。

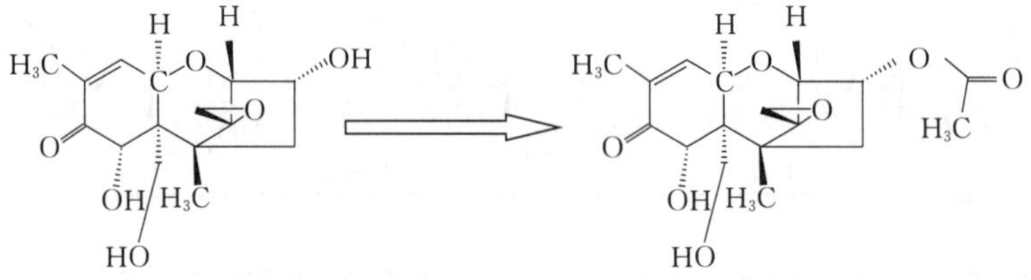

图 15-4　呕吐毒素分子发生乙酰化反应

（资料来源：Eriksen 等，2004）

（五）羟基化和羰基化

单端孢霉烯族毒素分子结构中，羟基的存在与否及位置也影响其单端孢霉烯族毒素的毒性。雪腐镰刀菌烯醇（NIV）和呕吐毒素（DON）分子结构的区别是 NIV 的 C-4 位上有羟基（图 15-5），NIV 毒性是呕吐毒素的 10 倍。C-3 位上羟基对单端孢霉烯族毒素的毒性影响不同，当 T-2、HT-2 及 T-2 三醇的 C-3 位上的羟基被乙酰基取代，形成 T-2 乙酸盐、T-2 毒素和 T-2 四醇四乙酸盐时毒性显著降低。酒神菊属（*Baccharis* spp.）能将 T-2 毒素通过羟基化作用氧化成 3-OH T-2 或 3-OH HT-2。Yoshizawa 等（1983）研究表明，呕吐毒素羟基氧化需要 NADP 的参与，主要发生在肝微粒体中。一些微生物能将 DON 生物转化成羰基化中间产物 3-酮-DON，但是这种中间产物不稳定，可继续被还原成羟基化合物或者其他代谢产物。图 15-6 为呕吐毒素分子发生的羰基化反应。

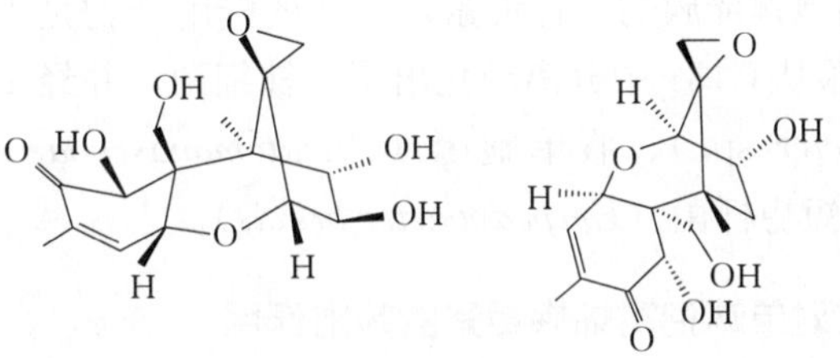

图 15-5　NIV（左）和 DON（右）分子结构区别

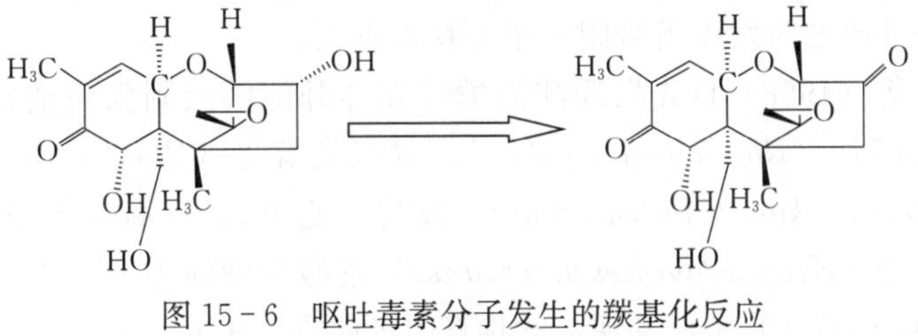

图 15-6　呕吐毒素分子发生的羰基化反应

二、微生物对单端孢霉烯族毒素的作用方式

（一）细菌对单端孢霉烯族毒素的生物降解

一些动物肠道微生物和土壤微生物能够降解单端孢霉烯族毒素，其作用方式主要包括去环氧化、C-3 异构化、C-3 糖苷化、乙酰化（去乙酰化），以及羟基化和羰基化。

Wang 等（2019）分离到一株能同时降解 DON、3-乙酰-DON 和 15-乙酰-DON 的隔离德沃斯氏菌（*Devosia insulae*）A16，在中性 pH、35 ℃条件下，该菌株和 DON（20 mg/L）培养 48 h 后能降解 88%的 DON，生成的降解产物为 3-酮-DON。该菌株降解 3-乙酰-DON 和 15-乙酰-DON 的机理是，在菌株的作用下，3-乙酰-DON 和 15-乙酰-DON 首先去乙酰化生成 DON 中间产物，然后 C-3 位上的羟基被氧化生成 3-酮-DON（图 15-7）。

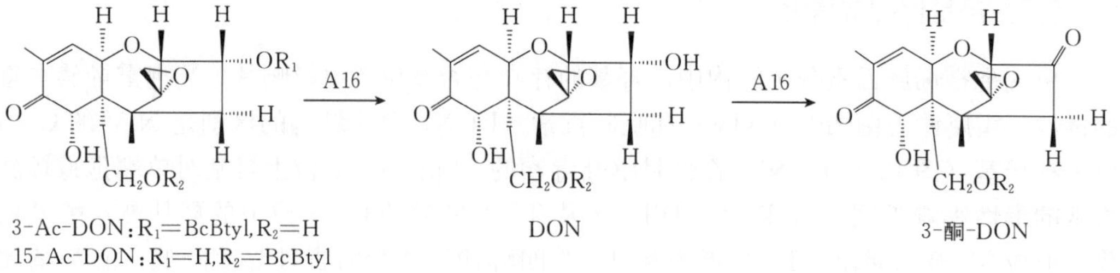

3-Ac-DON：R_1=BcBtyl,R_2=H
15-Ac-DON：R_1=H,R_2=BcBtyl
DON
3-酮-DON

图 15-7　德沃斯氏菌 A16 降解 3-乙酰-DON 和 15-乙酰-DON 的机理
（资料来源：Wang 等，2019）

Guan 等（2009）从褐色大头鲶肠道中分离得到混合物 C133，其在 15 ℃与呕吐毒素混合培养 96 h 后，能完全将毒素降解成去环氧化合物 DOM-1，微生物混合物 C133 在很宽的温度范围（4～25 ℃）和 pH 条件下（4.5～10.4）都具有很高的解毒活性。C133 能同时降解单端孢霉烯族的 6 种毒素，主要的降解产物是去环氧化合物和去乙酰基化合物。进一步试验从 C133 中分离纯化出了 4 株细菌，并经 16S rDNA 测序鉴定为不动菌属（*Acinetobacter* sp.）、假单胞菌（*Pseudomonas poae*）、白色杆菌（*Leucobacter aridicollis*）和短稳杆菌（*Empedobacter brevis*）。

（二）细菌及酵母对单端孢霉烯族毒素的吸附作用

酵母菌和乳酸菌对单端孢霉烯族毒素的作用方式主要是吸附作用。菌体细胞壁与毒素通过非共价方式结合后吸附毒素，从而减轻毒素的危害。该途径是可逆的反应，被吸附的毒素会在条件改变时发生解吸附，重新释放毒素。

Devegowda 等（1998）首先发现酿酒酵母在体外能够吸附大量的毒素。随后又有研究发现深红类酵母（*Rhodomrula rubra*）、胶红类酵母（*Rhodotorula glutinis*）、美极梅奇酵母（*Metschnikowia pulcherima*）、发酵地霉酵母（*Geotrichum fermentans*）、马克思克鲁维酵母（*Kluyveromyces marxianus*）能吸附液体中 44%～84.6%的呕吐毒素。Garda-Buffon 等（2010）发现，丝状真菌米曲霉（*Aspergillus oryzae*）和稻根霉（*Rhizopus oryzae*）在发酵的前 144 h 内能将呕吐毒素吸收到菌丝体上。

此外，Zou 等（2012）发现一株植物乳杆菌（*Lactobacillus plantarum*）102 可以体外吸附 DON 和 T-2 毒素。

第二节　单端孢霉烯族毒素生物降解技术研究进展

一、呕吐毒素生物降解技术研究进展

目前，国内外对呕吐毒素生物降解的研究主要包括微生物降解法和酶降解法 2 种方式。微生物降解是呕吐毒素生物降解的研究重点，此类微生物主要来源于动物肠道和土壤中的细菌。

（一）降解呕吐毒素的微生物混合物

最初人们只是发现动物肠道微生物能够降解呕吐毒素，且证明其作用机理是细菌可分解单端孢霉烯族毒素中的环氧结构，生成去环氧化物（Yoshizawa 等，1983，1985）。He 等（1992）从鸡肠道中分离筛选出了微生物混合物，它们能将 98%以上的呕吐毒素在 96 h 内转化为 DOM-1，但是并没有分离到降解毒素的单一菌株。

（二）优杆菌属

Binder 等（1997）首次从牛瘤胃中富集培养到一株可转化呕吐毒素和其他单端孢霉烯族毒素的厌氧优杆菌属（*Eubacterium* spp.）细菌 BBSH797。利用生物工程发酵和固化技术可将菌株 BBSH797 制成饲料添加剂，应用到禽和猪的饲粮中进行生物脱毒（Binder 等，1998）。菌株 BBSH797 降解呕吐毒素的作用机理是，将呕吐毒素的 C-12，13-环氧基酶解成去环氧化合物 DOM-1（Fuchs 等，2002）。

（三）芽孢杆菌属

从分离到第一株有去环氧化功能的菌株 BBSH797 开始，大约又经过 10 年时间，研究者又分离到新的降解单端孢霉烯族毒素的菌株。Yong 等（2007）从鸡肠道中分离出 2 株能够去环氧化单端孢霉烯族毒素的厌氧菌株 LS100 和 S33，当时并没有对这 2 株菌进行分类。后来进一步试验证明，菌株 LS100 属于芽孢杆菌（*Bacillus arbutinivorans*），是一种兼性厌氧的细菌，能够将 DON 去环氧化成 DOM-1（Yu 等，2010）。Li 等（2011）研究发现，LS100 杆菌具有将呕吐毒素转化为 DOM-1 的能力，菌株发酵 DON 产生的 DOM-1 不影响饲粮的营养价值，对猪没有产生不利影响。Yu 等（2010）采用 PCR-DGGE 方法从鸡肠道中分离出 10 株具有将呕吐毒素转化为 DOM-1 的菌株，有效地提高了筛选具有转化作用菌株的能力。

（四）德沃斯氏菌属

Ikunaga 等（2011）从来自于土壤和小麦叶的微生物中分离出 4 种革兰氏阴性德沃斯氏菌（*Devosia* sp.）和 9 种革兰氏阴性诺卡氏细菌（*Nocardioides* sp.），分析检测这 13 种微生物将 DON 转化成为 3-epi-DON 的能力。徐剑宏等（2010）筛选出一株德沃斯氏菌，将其命名为 DDS-1，该菌不但可以降解 DON 标准品，还可以降解饲粮中的 DON，并发现该菌首先把 DON 氧化成 3-AC-DON，然后进行下一步反应。随后，徐剑宏等（2013）发现，该德沃斯氏菌 DDS-1 在适宜的温度和稳定的 pH，以及在金属离子作为辅因子的条件下，氧化酶首先把 DON 氧化成 3-AC-DON，再生成 3-酮-DON，这一反应可使 DON 的毒性大大降低。He 等（2016）筛选到一株德沃斯氏菌（*Devosia mutans*）17-2-E-8，其在 25～30 ℃、中性 pH、有氧条件下能够将 DON 差向异构化为 3-epi-DON。

李笑樱（2015）从 74 个土壤、霉变饲料和动物肠道食糜样品中分离出 1 株高效降解呕吐毒素的细菌 ANSB714，其发酵液（活菌数 4.5×10^{9} CFU/mL）与初始浓度 100 mg/kg 的呕吐毒素反应 24 h，降解率为 97.34%。通过生理生化和 16 S rRNA 基因序列分析鉴定，该菌株为德沃斯氏菌（*Devosia* sp.）。在模拟胃肠液条件下，该菌株对霉变小麦和 DDGS 中呕吐毒素降解率分别为 86.19%和 84.34%。对德沃斯氏菌 ANSB714 的培养条件进行研究发现，在 LB、营养肉汤和玉米浆培养基，pH 为 6.2～9.1 的条件下，德沃斯氏菌 ANSB714 对呕吐毒素的降解率均大于 90%。进一步的毒理学试验和安全性评价表明，德沃斯氏菌 ANSB714 对动物安全、无毒，具有很好的应用前景。

（五）诺卡氏细菌属

Ikunaga 等（2011）从小麦地里分离到一株诺卡氏细菌（*Nocardioides* sp.）WSN05－2，其可将呕吐毒素转化为 3－epi－DON 和另一种结构还未阐明的降解产物。在含有 1 000 μg/mL 呕吐毒素的基础培养基中接种 WSN05－2 菌株反应 7 d 后，呕吐毒素的转化率可达 90%，10 d 后 2 种降解产物均未检测到，呕吐毒素的骨架结构完全被破坏。这表明 3－epi－DON 和另一种结构还未阐明的代谢产物并不是 WSN05－2 代谢呕吐毒素的终产物，而只是 2 种中间产物。

（六）土壤杆菌属

Shima 等（1997）通过富集培养方法从土壤中筛选得到一株土壤杆菌属（*Agrobacterium* spp.）细菌 E3－39，该菌胞外提取液在 30 ℃厌氧条件下，可完全降解培养基中 200 μg/mL 的呕吐毒素，代谢产物中 70%为 3－酮－DON。Völkl 等（2004）从 1 285 个农场土壤、谷物、昆虫等样品中分离出了能降解呕吐毒素的菌株，其中一个微生物混合培养物能将 DON 降解为 3－酮基－DON，该混合培养物在 20 ℃条件下保存 6 个月仍能对 DON 保持降解能力。

呕吐毒素污染范围广泛，危害程度严重，如何有效防控和降解饲粮和食品中的呕吐毒素始终是饲料工业、畜牧业和食品工业亟待解决的科学难题。细菌繁殖周期短，部分细菌自身兼有益生性、抗逆性或木聚糖酶、纤维素酶活性，因此较适用于实际生产。寻找和筛选能降解呕吐毒素的细菌并对其分泌的活性酶进行分离纯化、基因克隆和外源表达，是呕吐毒素生物降解研究领域的重要突破点和发展方向。

二、T－2 毒素生物降解技术研究进展

T－2 毒素生物降解技术具体有羟基化和羰基化氧化作用、去环氧作用、水解脱乙酰基作用、水合作用、葡萄糖苷化共轭作用。一些来源于动物肠道和土壤的细菌能降解 T－2 毒素。

（一）优杆菌属

降解 T－2 毒素的微生物多来源于动物胃肠道。羊瘤胃液中的微生物具有脱乙酰基作用，在厌氧条件下与瘤胃液一起孵化后，T－2 毒素可被转化成毒性相对较低的 HT－2 毒素。优杆菌属细菌（*Eubacterium* sp.）BBSH797 可进行脱乙酰作用，将 T－2 毒素转化成 HT－2 毒素。T－2 毒素在大鼠肠道微生物的作用下可被转化成 HT－2、T－2

三醇，进一步被转化成 T-2 四醇等物质（Yoshizawa 等，1983）。

（二）土壤微生物短小杆菌属

土壤微生物短小杆菌属菌株 114-2 可利用 T-2 毒素作为唯一碳源，在有氧条件下，将 T-2 毒素首先转化成 HT-2 毒素，然后进一步将 HT-2 毒素转化成 T-2 三醇。长时间培养后，T-2 毒素可被完全转化（Ueno 等，1983）。

三、单端孢霉烯族毒素生物降解技术发展趋势

（一）单端孢霉烯族毒素降解酶的研究

近年来，霉菌毒素污染对畜牧业生产的负面影响逐渐被人们认识。尤其是呕吐毒素在我国谷物及饲粮产品中的检出率和超标率居高不下，是我国北方粮食主产区的主要污染毒素。在我国，关于呕吐毒素的研究刚刚起步，筛选出能高效降解呕吐毒素酶的菌株，并通过酶工程、基因工程等手段获得高效表达的呕吐毒素降解酶，是单端孢霉烯族毒素生物降解技术未来的发展趋势。

由于微生物生物酶分离纯化过程复杂、酶活不稳定、酶作用条件苛刻，因此对霉菌毒素重组降解酶及其在实际生产应用中的研究很少。需要考虑应用现代分子生物学方法及基因工程手段，将活性高的解毒酶基因进行克隆和高效表达，实现规模化生产。然而降解酶基因序列的寻找有一定的复杂性和多变性，因此能否准确靶到降解酶基因序列直接影响酶的表达活性。除传统方法外，还可通过分子生物学转座子诱变方法对降解酶基因进行克隆。随着生物技术和基因工程技术的发展，我们相信一定能够靶到降解酶基因，并进行体外高效表达，生产出高效、安全的单端孢霉烯族毒素生物降解酶。

（二）同时降解多种单端孢霉烯族毒素菌株的筛选

自然条件下动物生长发育性能下降和某些不可预期的霉菌毒素中毒现象，可能是由于不同霉菌毒素间的相互作用造成的。饲料原料受镰刀菌污染较为常见，而镰刀菌产生的毒素以玉米赤霉烯酮和呕吐毒素同时出现的概率比较高，且这 2 种霉菌毒素间往往存在协同效应，尤其是小麦、黑麦和玉米最易受到玉米赤霉烯酮和呕吐毒素的同时污染。由于玉米赤霉烯酮和呕吐毒素均在谷物收获之前形成，而产品加工时又不易被去除，故对畜牧业的危害非常严重。目前对霉菌毒素生物降解的研究，主要是侧重于对降解单一毒素菌株的筛选。对于筛选出高活性、同时降解玉米赤霉烯酮和呕吐毒素等多种毒素的菌株研究甚少，成效甚微，这也是未来单端孢霉烯族毒素生物降解的发展方向。

（三）隐蔽型呕吐毒素生物降解的研究

呕吐毒素可以被真菌、植物、动物和细菌进一步衍生为几种不同的代谢物。这些呕吐毒素衍生物也被称为隐蔽型呕吐毒素。呕吐毒素衍生物主要有 3-乙酰-呕吐毒素、15-乙酰-呕吐毒素和 3-O-葡萄糖苷呕吐毒素，其含量可达到饲粮中呕吐毒素的 75%。Pinton 等（2012）通过对细胞增殖、胃肠道屏障功能和肠道形态结构观察发现，上述

呕吐毒素衍生物的毒性大小顺序为：15-乙酰-呕吐毒素＞呕吐毒素≥3-乙酰-呕吐毒素。15-乙酰-呕吐毒素因为能激活 MAPK 途径，所以具有更高的毒性。最新培育的小麦品种，是将呕吐毒素衍生为 3-O-葡萄糖苷呕吐毒素的天然“沃土”，对能够产生呕吐毒素的禾谷镰刀菌更有抗性，但其所含的 3-O-葡萄糖苷呕吐毒素量高达呕吐毒素的 10 倍。

目前“隐蔽型”霉菌毒素的检测技术有所改进和提高，但是对于“隐蔽型”霉菌毒素的完全解毒还有待于深入研究。呕吐毒素的糖基化衍生物呕吐毒素-3-glucoside（呕吐毒素 3Glc）被发现存在于谷物和啤酒中，在中性偏碱性条件下，呕吐毒素 3Glc 可以被水解生成呕吐毒素。因呕吐毒素 3Glc 可以抵抗酸性环境，因此在胃液的酸性环境中水解呕吐毒素 3Glc 非常困难。啤酒是受人欢迎的饮品，麦芽是其基本的原料之一，在酿造过程中特别容易受镰刀菌（*Fusarium*）毒素，如呕吐毒素、3-乙酰-呕吐毒素、3-O-葡萄糖苷呕吐毒素污染。Varga 等（2013）发现，啤酒所含 3-O-葡萄糖苷呕吐毒素和呕吐毒素平均质量浓度分别是 6.9 μg/L 和 8.4 μg/L。Berthiller 等（2011）发现，细胞质中的β-葡萄糖苷酶对 3-O-葡萄糖苷呕吐毒素（D3G）的水解效果较差，但是纤维素酶和纤维二糖酶对 D3G 的最大水解率分别为 13%和 73%。表明 D3G 被反刍动物吸收后，在瘤胃纤维素分解菌的作用下又被水解为呕吐毒素。同时还发现，胃肠道中的其他细菌，如青春双歧杆菌（*Bifidobacterium adolescentis*）、耐久肠球菌（*Enterococcus durans*）、蒙氏肠球菌（*Enterococcus mundtii*）和植物乳杆菌（*Lactobacillus plantarum*）也能水解 D3G，孵育 8 h 后它们对 D3G 的水解率分别为 17%～25%、14%～27%、38%和 62%。虽然植物将呕吐毒素解毒为 3-O-葡萄糖苷呕吐毒素，但是在动物肠道微生物的作用下 3-O-葡萄糖苷呕吐毒素又被水解为呕吐毒素。呕吐毒素虽然被转化和降解，但降解并不完全和彻底，其衍生物依然有弱毒性，仍能危害人类健康。因此“隐蔽型”霉菌毒素的检测技术、解毒机制和降解方法还需要进一步深入研究。

第三节　单端孢霉烯族毒素生物降解技术的应用

近年来，单端孢霉烯族毒素生物降解技术的应用形式主要有将降解呕吐毒素的微生物或其产生的酶以添加剂的形式添加到饲粮中，用于动物养殖过程中毒素的生物脱毒；或将微生物中编码具有降解活性的基因转移到作物中，进行作物抗病育种。

一、以饲料添加剂的形式应用到动物生产中

李笑樱（2015）从 74 个土壤、霉变饲料和动物肠道食糜样品中分离出 1 株能高效降解呕吐毒素的德沃斯氏菌（ANSB714），其发酵液（活菌数 4.5×10^{9} CFU/mL）与初始浓度 100 mg/kg 的呕吐毒素反应 24 h 后降解率为 97.34%。Zhao 等（2016）研究了德沃斯氏菌（ANSB714）对饲喂污染呕吐毒素（DON）饲粮小鼠的作用效果。他们将 80 只平均初始体重为（11±1）g 左右的雄性 3 周龄 BALB/c 小鼠随机设计分为 4 个

处理，每个处理5个重复，每4只小鼠一笼为一个重复。处理组饲粮组成分别为：正常饲粮组，正常饲粮+ANSB714组，呕吐毒素饲粮组（DON含量4.68 mg/kg），呕吐毒素饲粮（DON含量4.73 mg/kg)+ANSB714组。试验结果表明，小鼠采食DON饲粮显著降低了平均日增重和日采食量，显著升高了血清BUN、CRE、IgA、IL-2、IL-6和TNF-α水平。在饲喂DON饲粮基础上添加ANSB714菌显著缓解了由呕吐毒素引起的生长性能的降低，缓解了DON对免疫性能和抗氧化性能的负面影响。肾脏残留结果表明，小鼠采食此浓度的DON饲粮后，肾脏中的DON残留为20.17 μg/kg，饲喂ANSB714菌显著降低了DON在肾脏中的残留量。

Li等（2018）研究了德沃斯氏菌（ANSB714）对生长育肥猪饲喂被呕吐毒素污染饲粮的作用效果。试验将20头平均体重为（48.09±1.32）kg的杜×长×大三元杂交生长育肥猪分为4个处理组，每个处理5个重复，试验期18 d。处理组饲粮组成分别为：正常饲粮组、正常饲粮+ANSB714组、呕吐毒素饲粮组（DON含量2.85 mg/kg)，呕吐毒素饲粮（DON含量2.72 mg/kg)+ANSB714组。试验结果表明，饲喂DON饲粮显著降低了生长育肥猪平均日增重和血清ALB含量，显著升高了血清中的ALT、ALP活性，以及CRE、BUN、IgA、IL-2、IL-6和TNF-α水平；在饲喂DON饲粮的基础上添加ANSB714，缓解了DON对生长育肥猪生长性能、血清生化和免疫指标、抗氧化指标方面的负面效应，并显著减少了DON在血清、肝脏和肾脏中的残留量。

以上试验结果表明，德沃斯氏菌ANSB714可有效缓解呕吐毒素对动物的毒副作用，具有一定的推广应用价值。

奥地利维也纳大学科研人员筛选到了能降解呕吐毒素的厌氧优杆菌属细菌（*Eubacterium* sp.）BBSH797，且利用生物工程发酵和固化技术，将菌株BBSH797制成饲料添加剂，应用到禽和猪的饲粮中进行生物脱毒（Binder等，1997）。该饲料添加剂已在许多国家出售，用于饲料中呕吐毒素的生物脱毒。BBSH797对奶牛的作用体现在可以加强瘤胃纤毛虫的活性。这种生物降解剂可以有效抵御呕吐毒素对小肠糖转运造成的影响（Awad等，2004），同时减缓呕吐毒素对肉仔鸡肠道组织学的影响（Awad等，2006）。

Young等（2007）从鸡肠道里分离出了能将呕吐毒素去环氧化转变成衍生物DOM-1的菌株。将该菌株与霉变玉米发酵，验证该菌株对仔猪生长性能的影响。当猪采食DON浓度为5 mg/kg的霉变玉米饲粮后表现出显著的负效应，包括日采食量、日增重和饲料转化效率的下降；当猪采食发酵处理的饲粮后，与对照组（饲粮中无DON）的猪相比，生长性能没有显著性差异（Li等，2011）。

二、以转基因的形式应用到作物抗病育种中

禾谷镰刀菌产生的单端孢霉烯族毒素的污染不但导致粮食严重减产和籽粒品质下降，还可引起人兽中毒。而产生单端孢霉烯族毒素的镰刀菌为了自我保护，进化出了编码单端孢霉烯族毒素乙酰转移酶的*Tri101*基因，可通过给呕吐毒素的C-3位加乙酰基，使其转变为一种毒性较低的物质，从而避免了自身中毒反应。*Tri101*基因可在拟

南芥、大米、大麦和烟草中表达。

含有呕吐毒素降解活性的转基因作物也会减少霉菌毒素植物的污染，同时增强作物的抗病力。禾谷镰刀菌产生的单端孢霉烯族毒素，是一种致病因子。呕吐毒素对抗病力方面的影响已被许多研究证实，Kimura 等（1998）首先从禾谷镰刀菌（*F. graminearum*）中分离获得了能编码单端孢酶烯 3－O－乙酰转移酶的 *Tri101* 基因，并证实 *Tri101* 基因能使单端孢霉烯转化为类似单端孢霉烯 C－3 羟基变种的乙酰基衍生物，从而降低其毒性。呕吐毒素的 C－3－OH 乙酰化后对家兔红细胞的毒性降低。*Tri101* 基因能降低单端孢霉烯族毒素的毒性，Alexander（2008）将 *Tri101* 基因导入小麦和大麦中，结果显示导入该基因的转基因植物的病害程度降低了，从而证明通过导入一个毒素修饰基因，能够降低小粒谷类作物赤霉病和呕吐毒素的积累。Garvey 等（2008）对 3－O－乙酰转移酶的三维结构和动力学特性进行了研究；Khatibi 等（2011）表达纯化了镰刀菌中 7 个种的 3－O－乙酰转移酶，通过对比不同种的 3－O－乙酰转移酶的特性，获得了适合生物应用的最优的酶资源。同时，Yamaguchi 等（2000）已分离出编码 3－乙酰-单端孢霉烯族毒素的 *Tri101* 基因。

美国科学家从拟枝孢镰刀菌 *Tri101* 基因上一个不同的选择标记，构建出了转基因小麦。但研究表明，这种转基因小麦在抵抗禾谷镰刀菌的能力方面不是很强。程丽鸣（2013）构建 pCAMBIA3304－*Tri101* 植物表达载体，通过植物基因工程的方法将 *Tri101* 基因导入小麦中进行稳定遗传并特异性表达，从而降低了小麦赤霉病的发病率。此研究是在前人的基础上，利用改进的成熟胚转化方法。选择某一发育阶段的萌动胚进行微损伤后，利用表面活性剂 SilwetL－77 和真空渗透辅助农杆菌介导转化小麦成熟胚。

呕吐毒素的 C3－OH 基团的另一种转化方式为糖基化。Lemmens 等（2005）进一步定位了呕吐毒素到呕吐毒素-3－glucoside 的转化基因，并研究了其存在于小麦中小麦对小麦赤霉病（fusarium head blight，FHB）的抗性能力，证明呕吐毒素糖基化的形式是小麦抵抗 FHB 侵染的一个主要抗性因子。

综上所述，葡萄糖基转移酶的研究对于作物抗性育种将会是一个潜在的策略。

参考文献

程丽鸣，2013. 降解赤霉病毒素 *Tri101* 基因转化小麦成熟胚的研究［D］. 郑州：郑州大学.

李笑樱，2015. 降解呕吐毒素德沃斯氏菌的饲用安全性和有效性评价［D］. 北京：中国农业大学.

徐剑宏，祭芳，王宏杰，等，2010. 脱氧雪腐镰刀菌烯醇降解菌的分离和鉴定［J］. 中国农业科学，43（22）：4635－4641.

徐剑宏，潘艳梅，胡晓丹，等，2013. 降解菌 DDS－1 产 3－AC－DON 氧化酶的酶学特性［J］. 中国农业科学，46（11）：2240－2248.

邹忠义，贺稚非，李洪军，等，2012. 单端孢霉烯族毒素及其脱毒微生物国外研究进展［J］. 食品工业科技，33（8）：384－389.

Alexander N J，2008. The Tri101 story：engineering wheat and barley to resist fusarium head blight［J］. World Mycotoxin Journal，1（1）：31－37.

Awad W A, Böhm J, Razzazi - Fazeli E, et al, 2004. Effects of deoxynivalenol on general performance and electrophysiological properties of intestinal mucosa of broiler chickens [J]. Poultry Science, 83 (12): 1964 - 1972.

Awad W A, Böhm J, Razzazi - Fazeli E, et al, 2006. Effect of addition of a probiotic microorganism to broiler diets contaminated with deoxynivalenol on performance and histological alterations of intestinal villi of broiler chickens [J]. Poultry Science, 85 (6): 974 - 979.

Berthiller F, Dall' asta C, Corradini R, et al, 2009. Occurrence of deoxynivalenol and its 3 - beta - D - glucoside in wheat and maize [J]. Food Additives and Contaminants Part A - Chemistry Analysis Control Exposure and Risk Assessment, 26 (4): 507 - 511.

Berthiller F, Krska R, Domig K J, et al, 2011. Hydrolytic fate of deoxynivalenol - 3 - glucoside during digestion [J]. Toxicology Letters, 206 (3): 260 - 267.

Berthiller F, Schuhmacher R, Buttinger G, et al, 2005. Rapid simultaneous determination of major type A - and B - trichothecenes as well as zearalenone in maize by high performance liquid chromatography - tandem mass spectrometry [J]. Journal of Chromatography A, 1062 (2): 209 - 216.

Binder E M, Binder J, Ellend N, et al, 1998. Microbiological degradation of deoxynivalenol and 3 - acetyl - deoxynivalenol [C]. Mycotoxins and Phycotoxins - Developments in Chemistry Toxicology and Food Safety. Fort Collins: Alaken, Inc: 279 - 285.

Binder J, Horvath E M, Schatzmayr G, et al, 1997. Screening for deoxynivalenol - detoxifying anaerobic rumen microorganisms [J]. Cereal Research Communications, 25 (3): 343 - 346.

Carere J, Hassan Y I, Lepp D, et al, 2017. The enzymatic detoxification of the mycotoxin deoxynivalenol: identification of DepA from the DON epimerization pathway [J]. Microbial Biotechnology, 11 (6): 1106 - 1111.

Carere J, Hassan Y I, Lepp D, et al, 2018. The identification of DepB: an enzyme responsible for the final detoxification step in the deoxynivalenol epimerization pathway in *Devosia mutans* 17 - 2 - E - 8 [J]. Frontiers in Microbiology, 9: 1573.

Devegowda G, Raju M V L N, Afzali N, et al, 1998. Mycotoxin picture worldwide: novel solutions for their counteraction [J]. Feed Compounder, 18 (6): 22 - 27.

Eriksen G S, Pettersson H, Lundh T, 2004. Comparative cytotoxicity of deoxynivalenol, nivalenol, their acetylated derivatives and de - epoxy metabolites [J]. Food and Chemical Toxicology, 42 (4): 619 - 624.

Fuchs E, Binder E M, Heidler D, et al, 2002. Structural characterization of metabolites after the microbial degradation of type A trichothecenes by the bacterial strain BBSH 797 [J]. Food Additives and Contaminants, 19 (4): 379 - 386.

Garda - Buffon J, Badiale - Furlong E, 2010. Kinetics of deoxynivalenol degradation by *Aspergillus oryzae* and *Rhizopus oryzae* in submerged fermentation [J]. Journal of the Brazilian Chemical Society, 21 (4): 710 - 714.

Garvey G S, McCormick S P, Rayment I, 2008. Structural and functional characterization of the TRI101 trichothecene 3 - O - acetyltransferase from *Fusarium sporotrichioides* and *Fusarium graminearum*: kinetic insights to combating *Fusarium* head blight [J]. Journal Biological Chemistry, 283 (3): 1660 - 1669.

Gong J, Zhou T, Young J C, et al, 2003. Gut microbes and mycotoxin: can chicken gut microbes detoxify vomitoxin [C]. Proceeding of the 22nd Annual Centralia Swine Research Update. Kirkton Ontario: 30 - 31.

Guan S, He J W, Young J C, et al, 2009. Transformation of trichothecene mycotoxins by microorganisms from fish digesta [J]. Aquaculture, 290 (3/4): 290 - 295.

Hassan Y I, He J W, Perilla N, et al, 2017. The enzymatic epimerization of deoxynivalenol by *Devosia mutans* proceeds through the formation of 3 - keto - DON intermediate [J]. Scientific Reports, 7: 6929.

He J W, Hassan Y I, Perilla N, et al, 2016. Bacterial epimerization as a route for deoxynivalenol detoxification: the Influence of growth and environmental conditions [J]. Frontiers in Microbiology, 7.

He P, Young L G, Forsberg C, 1992. Microbial transformation of deoxynivalenol (vomitoxin) [J]. Applied Environmental Microbiology, 58 (12): 3857 - 3863.

Ikunaga Y, Sato I, Grond S, et al, 2011. *Nocardioides* sp. strain WSN05 - 2, isolated from a wheat field, degrades deoxynivalenol, producing the novel intermediate 3 - epi - deoxynivalenol [J]. Applied Microbiology and Biotechnology, 89 (2): 419 - 427.

Khatibi P A, Montanti J, Nghiem N P, et al, 2011. Conversion of deoxynivalenol to 3 - acetyldeoxynivalenol in barley - derived fuel ethanol co - products with yeast expressing trichothecene 3 - O - acetyltransferases [J]. Biotechnology for Biofuels, 4: 26.

Kimura M, Kaneko I, Komiyama M, et al, 1998. Trichothecene 3 - O - acetyltransferase protects both the producing organism and transformed yeast from related mycotoxins. Cloning and characterization of Tri101 [J]. Journal of Biological Chemistry, 273 (3): 1654 - 1661.

Lemmens M, Scholz U, Berthiller F, et al, 2005. The ability to detoxify the mycotoxin deoxynivalenol colocalizes with a major quantitative trait locus for Fusarium head blight resistance in wheat [J]. Molecular Plant - Microbe Interactions, 18 (12): 1318 - 1324.

Li X Y, Guo Y P, Zhao L H, et al, 2018. Protective effects of *Devosia* sp. ANSB714 on growth performance, immunity function, antioxidant capacity and tissue residues in growing - finishing pigs fed with deoxynivalenol contaminated diets [J]. Food and Chemical Toxicology, 12: 246 - 251.

Li X Z, Zhu C, Cornelis D L, et al, 2011. Efficacy of detoxification of deoxynivalenol - contaminated corn by *Bacillus* sp. LS100 in reducing the adverse effects of the mycotoxin on swine growth performance [J]. Food Additives and Contaminants Part A - Chemistry Analysis Control Exposure and Risk Assessment, 28 (7): 894 - 901.

Ma L L, Shang Y, Cao A Z, et al, 2010. Molecular cloning and characterization of an up - regulated UDP - glucosyltransferase gene induced by DON from *Triticum aestivum* L. cv. Wangshuibai [J]. Molecular Biology Reports, 37 (2): 785 - 795.

Miller J D, Arnison P G, 1986. Degradation of deoxynivalenol by suspension cultures of the Fusarium head blight resistant wheat cultivar Frontana [J]. Canadian Journal Plant Pathology, 8 (2): 147 - 150.

Pinton P, Tsybulskyy D, Lucioli J, et al, 2012. Toxicity of deoxynivalenol and its acetylated derivatives on the intestine: differential effects on morphology, barrier function, tight junction proteins, and mitogen - activated protein kinases [J]. Toxicological Sciences, 130 (1): 180 - 190.

Poppenberger B, Berthiller F, Lucyshyn D, et al, 2003. Detoxification of the Fusarium mycotoxin deoxynivalenol by a UDP - glucosyltransferase from *Arabidopsis thaliana* [J]. Journal of Biological Chemistry, 278 (48): 47905 - 47914.

Prathap K S H, Jespersen L, 2006. *Saccharomyces cerevisiae* and lactic acid bacteria as potential mycotoxin decontaminating agents [J]. Trends in Food Science and Technology, 17 (2): 48 - 55.

Richard J C, Richard h C, 1981. Handbook of toxic fungal metabolites [M]. New York: Academic Press.

Sato N, Ito T, Kumada H, et al, 1978. Toxicological approaches to the metabolites of Fusaria. XIII. Hematological changes in mice by a single and repeated administrations of trichothecenes [J]. Journal of Toxicological Sciences, 3 (4): 335 - 356.

Schatzmayr G, Zehner F, Taubel M, et al, 2006. Microbiologicals for deactivating mycotoxins [J]. Molecular Nutrition and Food Research, 50 (6): 543 - 551.

Sewald N, Vongleissenthall J L, Schuster M, et al, 1992. Structure elucidation of a plant metabolite of 4 - desoxynivalenol [J]. Tetrahedron - Asymmetry, 3 (7): 953 - 960.

Shima J, Takase S, Takahashi Y, 1997. Novel detoxification of the tricho the cene my cotoxin de oxynivalenol by a soil bacterium isolated by enrichement culure [J]. Applied Environmental Microbiology.

Swanson S P, Helaszek C, Buck W B, et al, 1988. The role of intestinal microflora in the metabolism of trichothecene mycotoxins [J]. Food and Chemical Toxicology, 26 (10): 823 - 829.

Ueno Y, Nakayama K, Ishii K, et al, 1983. Metabolism of T - 2 toxin in *Curtobacterium* sp. strain 114 - 2 [J]. Applied and Environmental Microbiology, 46 (1): 120 - 127.

Varga E, Malachova A, Schwartz H, et al, 2013. Survey of deoxynivalenol and its conjugates deoxynivalenol - 3 - glucoside and 3 - acetyl - deoxynivalenol in 374 beer samples [J]. Food Additives and Contaminants Part A - Chemistry Analysis Control Exposure and Risk Assessment, 30 (1): 137 - 146.

Voelkl A, Vogler, B, Schollenberger M, et al, 2004. Microbial detoxification of mycotoxin deoxynivalenol [J]. Journal of Basic Microbiology, 44 (2): 147 - 156.

Wang G, Wang Y X, Fang J, et al, 2019. Biodegradation of deoxynivalenol and its derivatives by deuosia insulae A16 [J]. Food Chemistry, 276: 436 - 442.

Wang Y, Zhang H H, Zhao C, et al, 2017. Isolation and characterization of a novel deoxynivalenol - transforming strain *Paradevosia shaoguanensis* DDB001 from wheat field soil [J]. Letters in Applied Microbiology, 65 (5): 414 - 422.

Yamaguchi I, Kimura M, Takatsuki A, et al, 2000. Trichothecene 3 - O - acetyltransferase gene [P]. Japanese Patent No. 200032985.

Yoshizawa T, Sakamoto T, Kuwamura K, 1985. Structures of deepoxytrichothecene metabolites, from 3'- hydroxy HT - 2 toxin and T - 2 tetraol in rats [J]. Applied Environmental Microbiology, 50 (3): 676 - 679.

Yoshizawa T, Takeda H, Ohi T, 1983. Structure of a novel metabolite from deoxynivalenol, a trichothecene mycotoxin, in animals [J]. Agricultural Biological Chemistry, 47 (9): 2133 - 2135.

Young J C, Zhou T, Yu H, et al, 2007. Degradation of trichothecene mycotoxins by chicken intestinal microbes [J]. Food and Chemical Toxicology, 45 (1): 136 - 143.

Yu H, Zhou T, Gong J H, et al, 2010. Isolation of deoxynivalenol - transforming bacteria from the chicken intestines using the approach of PCR - DGGE guided microbial selection [J]. BMC Microbiology, 10: 182.

Zhao L H, Li X Y, Ji C, et al, 2016. Protective effect of *Devosia* sp. ANSB714 on growth performance, serum chemistry, immunity function and residues in kidneys of mice exposed to deoxynivalenol [J]. Food and Chemical Toxicology, 92: 143 - 149.

Zou Z Y, He Z F, Li H J, et al, 2012. *In vitro* removal of deoxynivalenol and T - 2 toxin by *lactic acid bacteria* [J]. Food Science and Biotechnology, 21 (6): 1677 - 1683.

第十六章 赭曲霉毒素生物降解技术

第一节 赭曲霉毒素生物降解技术原理与方法

一、赭曲霉毒素生物降解技术原理

赭曲霉毒素生物降解技术，是指赭曲霉毒素分子的毒性基团被微生物产生的次级代谢产物或胞内酶及胞外酶分解破坏，产生无毒或低毒的降解产物的过程。

赭曲霉毒素（ochratoxins）主要包括A、B 2种类型，且以赭曲霉毒素A（ochratoxin A，OTA）的毒性最大，故而相关研究多集中于OTA。OTA的生物降解途径主要是通过断裂连接L-β-苯丙氨酸和7-羧-5-氯-8-羟-3，4-二氢-R-甲基异香豆素之间的酰胺键来实现，水解产生L-β-苯丙氨酸和赭曲霉毒素-α（ochratoxin α，OTα）（图16-1）（Karlovsky等，1999）。

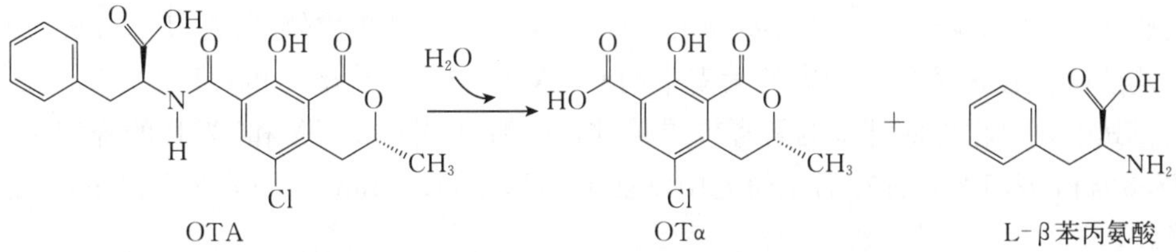

图16-1 OTA水解成OTα和L-β-苯丙氨酸

（资料来源：Karlovsky等，1999）

虽然OTα通常被认为基本无毒，但却保留着基因毒性。Follmann等（1995）发现，10 μmol/L的高浓度OTα处理会诱导猪泌尿道上皮细胞姐妹染色单体互换概率上升55%。除了被转化为OTα，一小部分被机体吸收的赭曲霉毒素A也可以被肝微粒转化为羟基赭曲霉毒素A。Camel等（2012）在含有浓度为100 μmol/L和2.5 μmol/L赭曲霉毒素A的培养基中培养人肠道微生物发现，OTA的平均降解率分别为47%和34%，且通过液质联用的方法检测到了OTα、赭曲霉毒素B（OTB）和OP-OTA（开环OTA）3种代谢产物（图16-2）。其中，OTα和OTB的毒性均小于OTA，而OP-OTA却表现出了更高的毒性。总之，OTA转化为OTα和OTB被认为是主要的降解途径。

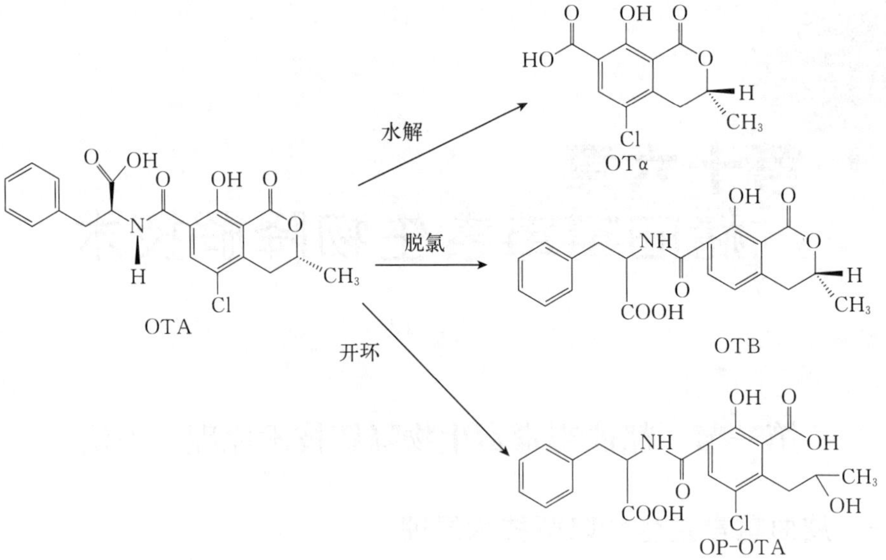

图 16-2 OTA 在人肠道微生物作用下的生物降解途径

（资料来源：Camel 等，2012）

二、微生物对赭曲霉毒素的作用方式

（一）微生物对 OTA 的降解作用

目前在细菌和真菌中都发现了对 OTA 起降解作用的菌株。Engelhardt 等（2002）研究表明，土壤真菌中的日本根霉（*Rhizopus japonicas*）ATCC 24794、白腐真菌中的黄孢原毛平革菌（*Phanerochaete chrysosporium*）ATCC 34541 和粗皮侧耳菌（*Pleurotus ostreatus*）均能降低被霉菌毒素污染的大麦中的 OTA（196.4 μg/kg）和 OTB（55.9 μg/kg）含量。其中，以粗皮侧耳菌的解毒效果最佳，孵育 4 周后 OTA 和 OTB 的降解率分别为 77.3%和 92.1%，并在后续研究中发现了 OTα（11.2 min）和 OTβ（8.2 min）的产物峰。

（二）微生物对 OTA 的吸附作用

师磊等（2013）以动物粪便为材料，发现了一株既能吸附又能降解 OTA 的菌株地衣芽孢杆菌（*Bacillus licheniformis*）Sl-1。在 3 mL、pH 7.4 的 PBS 溶液中加入 OTA（6 μg/mL），30 ℃孵育 24 h 后发现，活菌的吸附率为 60%，高温灭活菌（121 ℃、20 min）的吸附率为 80%。分别向 2 mL Sl-1 菌液上清液和胞内液中加入 OTA（6.2 μg/mL），30 ℃孵育 24 h 后发现，胞内液不能降解 OTA，上清液对 OTA 的降解率达 98%，但没有检测到 OTα 或其他降解产物。Gil-Serna 等（2011）经试验验证，汉氏德巴利酵母（*Debaryomyces hansenii*）CYC 1244（pH 3、5 min）对 OTA（7 μg/mL）的吸附率可达 98%。

Péteri（2007）发现，产虾青素的 3 株红发夫酵母，即 *P. rhodozyma* CBS 5905、

X. dendrorhous CBS 5908 和 X. dendrorhous CBS 6938 可以对赭曲霉毒素 A（OTA）起吸附和降解的作用。动力学研究表明，酵母细胞 CBS 5905 在液体培养基中，于 20 ℃下孵育 7 d，可降解 50%的 OTA（7.5 μg/mL），孵育 15 d OTA 的降解率高达 90%。研究同时发现，孵育 2 d 后菌体细胞中的 OTA 含量显著上升，说明前期被吸附的毒素又被释放了出来。研究温度对降解效果的影响时发现，红发夫酵母 CBS 5905 的最适生长温度大约在 20 ℃，且在更高的环境温度下无法生长；但其降解率却在 25～35 ℃时表现最佳，并一直到 60 ℃都存在降解酶活，温度继续升高时则体现为吸附效应。

（三）微生物对 OTA 合成的抑制作用

Gil-Serna 等（2011）通过研究汉氏德巴利酵母（*Debaryomyces hansenii*）CYC 1244 对 2 株曲霉菌（*Aspergillus westerdijkiae*）CECT 2948 和 AOPD 16-1 的影响时发现，该酵母会使曲霉菌中与 OTA 生物合成相关的聚酮合酶和细胞色素 p450 单氧化酶（cytochrome p450 monooxygenase，p450-B03）的基因表达水平显著降低，从而抑制 OTA 的合成。

第二节　赭曲霉毒素生物降解技术研究进展

一、降解赭曲霉毒素的真菌及酶

目前有关真菌降解 OTA 的报道有很多，这类真菌主要有酵母（*Saccharomyce*）、曲霉属（*Aspergillus* spp.）、根霉属（*Rhizopus* spp.）、分枝孢子霉属（*Cladosporium* spp.）和青霉属（*Penicillium* spp.）等。

（一）红发夫酵母和耶罗维亚酵母

Péteri（2007）研究发现，红发夫酵母 *Phaffia rhodozyma* CBS 5905、*Xanthophyllomyces dendrorhous* CBS 5908 和 *Xanthophyllomyces dendrorhous* CBS 6938 对 OTA 有一定的降解作用。通过薄层色谱法（thin layer chromatography，TLC）和高效液相色谱法（high performance liquid chromatography，HPLC）在发酵上清液中检测到了 OTα 的存在。后续研究发现，添加羧肽酶抑制因子乙二胺四乙酸（ethylenediamine tetraacetic acid，EDTA）或 1,10-邻菲罗啉（1,10-phenanthroline）均可使降解活性显著降低。EDTA 作为一种螯合剂，可以螯合多种金属离子，从而抑制含有金属离子活性中心的酶的活性，故而推测起降解作用的酶可能是一种类似于羧肽酶 A（carboxypeptidase A，CPA）的金属蛋白酶。

王峻峻（2014）从葡萄园的土样、枝叶及果实中筛选到了一株具有降解 OTA 的真菌菌株 Y-2，并通过 5.8S rDNA-ITS 序列扩增、测序及构建系统发育树，确定其为耶罗维亚酵母（*Yarrowia lipolytica*）。试验结果显示，将浓度为 1×10^8 CFU/mL 的耶罗维亚酵母菌株 Y-2 加入到 OTA 初始浓度为 1 μg/mL 的 50 mL PM 液体培养基中在 180 r/min 下培养，1 d 后 OTA 的降解率为 23%，2 d 后达到 83%。

（二）黑曲霉、碳黑曲霉和日本曲霉

Varga 等（2000）从 70 株曲霉属（*Aspergillus* spp.）菌株中发现，烟曲霉（*A. fumigatus*）和黑曲霉（*A. niger*）具有降解 OTA 的能力，并选取其中一株不产毒的黑曲霉菌（*A. niger*）CBS 120.49 进行后续研究。在含有 2.5 μg/mL OTA 的 2 mL 液体或 20 mL 固体培养基中添加 20 μL（1×10^7 CFU/mL）菌液，通过 TLC 和 HPLC 分析表明，毒素在固体培养基中的降解速率大于液体培养基，且固体培养基中的 OTA 含量 2 d 内下降到 20%以下，5 d 内完全转化为毒性较弱的 OTα，随后到 7 d 时 OTα 又被降解为一种未知的物质。

Bejaoui 等（2006）从法国葡萄中分离出 40 株碳黑曲霉（*A. carbonarius*）、黑曲霉（*A. niger*）和日本曲霉（*A. japonicus*）菌株，将其分别放在含 2 mg/L OTA 的察氏酵母提取物肉汤和合成葡萄汁培养基中进行毒素降解能力的研究。孵育 12 d 后发现，3 个菌种均可将 OTA 降解为 OTα，但降解率存在培养基和菌种上的差异。选取碳黑曲霉 SA332、黑曲霉 GX312 和日本曲霉 AX35 在合成葡萄汁培养基中进一步试验显示，在孵育的前 3 d，黑曲霉（20%）对 OTA（2 mg/L）的降解率低于碳黑曲霉（55%）和日本曲霉（80%）；8 d 之后降解率会达到 99%，而其余 2 株菌降解率只有 83%和 89%；在孵育 9 d 后，OTα 的含量会下降且生成一种未知化合物。

（三）匍枝根霉、小孢根霉、同合根霉和米根霉

Varga 等（2005）研究了丝状真菌属（*Filamentous fungi*）的 55 株根霉属菌（*Rhizopus* sp.）和毛霉菌（*Mucor*）对液体培养基中 OTA（7.5 μg/mL）、AFB_1（1 μg/mL）、ZEN（3 μg/mL）及展青霉素（3 μg/mL）的降解效果发现，匍枝根霉（*R. stolonifer*）、小孢根霉（*R. microsporus*）、同合根霉（*R. homothallicus*）、米根霉（*R. oryzae*）和 4 株未知的根霉属菌种皆具有降解 OTA 的能力。选取其中的匍枝根霉 TJM 8A8（Rh5）和小孢根霉 NRRL 2710（Rh31）20 μL（1×10^7 CFU/mL）在液体 YES 培养基中与 OTA（7.5 μg/mL）孵育 16 d，并与黑曲霉菌 CBS 120.49（N400）菌株作对比。结果显示，N400 可以在孵育 6 d 后使 OTA 的降解率达到 90%，而 Rh5 和 Rh31 则需要 12 d 左右（Varga 等，2000）。并且通过高效薄层色谱法在根霉发酵液中检测到了 OTα，表明 OTA 的降解可能与羧肽酶 A（CPA）相关。

（四）分枝孢子霉属和青霉属

Abrunhosa 等（2002）研究了从西班牙葡萄上分离出的 76 株丝状真菌，在 25 ℃黑暗环境下培养 6 d 发现，其中的 51 株都对 OTA（1 μg/mL）具有降解效果，它们分属于 3 个属、13 个种，即曲霉属（*Aspergillus* spp.）10 种、分枝孢子霉属（*Cladosporium* spp.）1 种和青霉属（*Penicillium* spp.）2 种。结果显示，黑曲霉（*A. niger*）、赭曲霉（*A. ochraceus*）、杂色曲霉（*A. versicolor*）和温特曲霉（*A. wentii*）可以显著降解 OTA（>95%），青霉菌和分枝孢子霉的降解率为 80%～95%；链格孢属（*Alternaria* spp.）和葡萄孢属（*Botrytis* spp.）也都具有一定的降解能力（50%～80%）。同时通过高效薄层色谱法（high performance thin layer chromatography，HPTLC）

检测发现，赭曲霉和温特曲霉的降解产物与黑曲霉不同，推测是由不同的降解酶和降解途径造成的。

二、降解赭曲霉毒素的细菌及酶

关于细菌降解 OTA 的研究主要在芽孢杆菌属（*Bacillus* spp.）、不动杆菌属（*Acinetobacter* spp.）、短杆菌属（*Brevibacterium* spp.）、根瘤菌属（*Rhizobium* spp.）、乳酸杆菌属（*Lactobacillus* spp.）和产碱杆菌属（*Alcaligenes* spp.）等类群中。

（一）芽孢杆菌属

近年来，越来越多的研究证明了芽孢杆菌对 OTA 的降解能力。Ptechkongkaew 等（2008）从泰国发酵豆粕中筛选出了一株地衣芽孢杆菌（*Bacillus licheniformis*）CM 21，该菌株既可以抑制产 OTA 的曲霉菌（*Aspergillus westerdijkiae* NRRL 3174）生长，又可以在 48 h 去除 92.5%的 OTA（5 mg/L），且降解 OTA 的同时也检测到了 OTα 的增加。

李之佳（2011）将从水稻田和油菜田的土壤中分离出的菌株制成菌液［$(1\times10^8\sim1\times10^{10})$ CFU/mL］后，与体系浓度为 2 μg/mL 的 OTA 反应，在 30 ℃、150 r/min 下孵育 24 h，并用 HPLC 测定剩余毒素含量。结果显示，2 株芽孢杆菌 *Bacillus* sp. YB 139 和 *Bacillus* sp. YB 140 对 OTA 的降解率分别为 30.6%和 25.3%。进行后续脱毒能力和降解机理的分析：①取 900 μL 菌液（3×10^9 CFU/mL）和 100 μL OTA（2 μg/mL）进行脱毒试验，在 30 ℃、150 r/min 条件下孵育 24 h 后，用 HPLC 法测定 OTA 含量，结果显示芽孢杆菌 YB 139 和 YB 140 的脱毒能力分别为 43.4%和 48.2%。②比较活菌和高温灭活菌（121 ℃，20 min）的脱毒能力发现，经高温灭活后菌液的脱毒能力完全丧失。结合前人研究的结果（Bejaouii 等，2004；Péteri 等，2007；Var 等，2009），即具有吸附真菌毒素能力的细胞壁在高温处理后能力会有所增强，因此芽孢杆菌 YB 139 和 YB 140 对 OTA 的作用方式应为生物降解而非物理吸附。③分别取培养的上清液和用超声破碎仪处理菌液后的破碎上清液与毒素反应，结果上清液完全不能降解 OTA，但菌体破碎液具有明显的降解能力，说明这 2 株菌的 OTA 降解酶均属于胞内酶。④在测定降解率的体系中分别添加金属离子螯合剂 EDTA（50 mmol/L）和从土豆中提取的羧肽酶抑制剂（100 μg/mL），结果 EDTA 体系中菌株的降解作用几乎完全被抑制，而羧肽酶抑制剂体系则较不添加抑制剂的对照组无明显差异。说明菌株中起降解作用的生物酶是一种金属酶，且可将 OTA 降解为 OTα 和苯丙氨酸，但不属于羧肽酶类，该发现也为 OTA 的生物降解提供了新的选择。

Lei 等（2013）从新鲜的麋鹿粪便中筛选到了一株枯草芽孢杆菌 CW 14，它可以抑制产生 OTA 的赭曲霉菌和碳黑曲霉生长，其发酵上清液也可以在 30 ℃、200 r/min 条件下孵育 24 h 后降解体系中 97.6%的 OTA（6 μg/mL），但没有检测到降解产物。

（二）不动杆菌属

Wegst 等（1983）对苯基不动杆菌（*Phenylobacterium immobile*）进行试验发现，

当 OTA（0.2 g/L）作为唯一碳源和能量来源时，菌株不能生长；添加 1 g/L L-苯丙氨酸（L-phenylalanine）和 0.02 g/L OTA 时，菌株可以正常生长；但添加 1 g/L 安替吡啉（antipyrine）和 0.02 g/L OTA 时，菌株不能生长。通过 TLC 和 HPLC 的方法检测到了 4 种代谢产物，且其降解途径的终产物为 OTα，表明毒素可以完全被降解。

Huang 等（1994）从细菌、酵母和霉菌中筛选出了一株可以显著降解 OTA 的乙酸钙不动杆菌（*Acinetobacter calcoaceticus*）NRRL B-551，与体系浓度为 10 μg/mL 的 OTA 25 ℃孵育 144 h 后 OTA 残留量为 1 μg/mL，30 ℃孵育 120 h 后未检出残留毒素。试验结果表明，该菌不能以 OTA 作为唯一碳源生长。平板鉴定的结果显示，OTA 的荧光并没有消失或者发生改变。根据 Galtier 等（1976）在报道中指出的，荧光的消失与 OTA 发生水解时异香豆素环上的内酯键被打开有关，结合 TLC 板上的荧光强度变化推测，OTA 的酰胺键断裂生成了 OTα。

梁晓翠（2010）筛选到了一株不动杆菌 BD 189，24 h 可降解 80%以上的 OTA（2 μg/mL），新出现的产物峰与 OTα 特征一致，且高温灭活菌（121 ℃，20 min）无脱毒能力，说明该过程为生物降解。但对其降解酶特性进行研究时发现，BD 189 菌株的降解酶是一种胞内酶，EDTA 可以抑制其活性，羧肽酶抑制剂却不能。说明这种金属酶可以将 OTA 降解为 OTα，但和羧肽酶的性质不同。同时，通过 HepG2 细胞体外微核试验，利用微核率的多少来评价染色体的损伤程度。结果显示，不动杆菌 BD 189 降解 OTA 产物细胞毒性降低，体系中 HepG2 细胞形成的微核数明显减少，说明没有产生新的毒性更强的物质，达到了脱毒的目的。

（三）短杆菌属

Rodiguez 等（2011）研究发现了一株可以 100%清除 OTA（体系浓度为 11.01 μg/L）的乳酪短杆菌（*B. casei*）RM 101。为验证这种降解能力是否属于短杆菌的特性，试验又选取了 7 株不同的短杆菌属菌种，包括乳酪短杆菌（*B. casei*）、亚麻短杆菌（*B. linens*，模式种）、碘短杆菌（*B. iodinum*）、表皮短杆菌（*B. epidermidis*），检测其对 40 μg/L OTA 的降解效果。结果显示，培养基中没有检测出 OTA 的残留，表明短杆菌株产生了一种极有可能是羧肽酶的物质，水解了 OTA 的酰胺键。

（四）根瘤菌属

李之佳等（2011）发现一株根瘤菌（*Rhizobium* sp.）GL 331 能够降解 OTA，24 h 对 2 μg/mL OTA 的降解率为 25.1%。探究不同因素对其脱毒能力的影响时发现，pH 可以显著影响降解效果，且 pH 为 5.5 时降解作用最强，降解率为 64%。

（五）乳酸杆菌属

Fuchs 等（2008）通过检测 30 株嗜酸乳杆菌（*Lactobacillus acidophilus*）的脱毒效果，发现了一株在 4 h 内可将 500 ng/mL 和 1 000 ng/mL 含量的 OTA 降解 95%以上的菌株 VM 20，且高温灭活后 OTA 的减少量只有 11%，但具体机理还未知。另外，这种脱毒效果会受毒素添加浓度、菌液浓度和 pH 的影响。

目前认为的乳酸菌脱毒机理主要包括：①抑制霉菌的生长或霉菌毒素的生成；②对毒素的吸附作用。而对于乳酸菌降解霉菌毒素机理方面的报道较少，尚处于不确定阶段。

（六）产碱杆菌属

Zhang 等（2017）从土壤样品中筛选到了一株可以降解 OTA 的粪产碱菌（*Alcaligenes faecalis*）ASAGF 0D－1（CGMCC No. 12100），48 h 降解率达 98%（OTA 终浓度为 5 μg/mL，30 ℃）。试验通过液质联用的方法找到了降解产物 OTα，但该菌株并不能将毒素作为唯一碳源利用。

郑瑞（2019）从驴肠道食糜中分离到了一株可以高效降解 OTA 的粪产碱菌，将其命名为 ANSA 176，24 h 内其对毒素的降解率达 99%（OTA 体系浓度为 1 μg/mL），通过液相色谱检测到了降解产物 OTα。菌体破碎液的上清液中蛋白质浓度为 60 μg/mL 时，12 h 对 OTA 的降解率可达 95%以上。同时，试验通过向菌液中添加不同剂量的土豆羧肽酶抑制剂发现，ANSA 176 菌株对 OTA 的降解作用会受到一定程度的抑制，其具体活性组分有待进一步的研究。

（七）降解赭曲霉毒素的瘤胃微生物

动物胃肠道中的微生物可以有效降解 OTA，尤其是反刍动物。对于单胃动物，如小鼠、猪或人来讲，微生物对 OTA 的降解部位主要在大肠。而 Kumagai 等（1982）在小鼠上的研究表明，OTA 被吸附的主要位点在空肠近端。与此不同的是，反刍动物饲料中的 OTA 在到达吸附的主要场所小肠之前，就已经经过了降解的主要场所前胃（Hult 等，1976）。

很多试验证据表明，OTA 的降解主要由瘤胃原虫完成。Kiessling 等（1984）研究了从绵羊和牛上取的完整瘤胃液、部分瘤胃原虫及细菌对 6 种毒素［AFB_1、OTA、ZEN、DON、T－2、蛇形菌素（diacetoxyscirpenol）］的降解效果。结果表明，原虫对 OTA（0.2 mg/L、4 h）的降解能力要显著高于瘤胃液和细菌。试验同时设置了在瘤胃液中添加与饲粮成分相同的磨碎饲料组，与只添加瘤胃液组相比，OTA（0.2 mg/L）的降解活性受到了 29%的抑制。取饲喂磨碎饲料后不同时间点的绵羊瘤胃液以检测 OTA 的降解活性发现，饲喂之前最高，饲喂 1 h 之后最低，随后活性会一直有所增加至下次饲喂，但不会恢复到最初水平。Hohler 等（1999）通过给绵羊饲喂 30%的干草和 70%的精饲料（精饲料中的 OTA 含量分别为 0 mg/kg、2 mg/kg、5 mg/kg 或 20 mg/kg）4 周后发现，即使是 2 mg/kg OTA 的剂量，也不能完全被瘤胃水解，并且可以在血清、粪便和尿液中检出其残留。这一结果与前人的研究结果不符（Hult 等，1976；Kiessling 等，1984），可能的原因之一是饲粮类型不同。Xiao 等（1989）通过给 4 只绵羊饲喂干草、4 只绵羊饲喂谷物，并单次腔内注射 5 mg/kg（以体重计）的 OTA 发现，饲喂干草组绵羊瘤胃中 OTA 的消失及相对应的 OTA 降解产物 OTα 的产生速度要高于饲喂谷物组；且干草组 OTA 和 OTα 的半衰期分别为 0.63 h 和 0.9 h，而谷物组的则为 2.7 h 和 1.9 h。

在小鼠、猪和人体上的研究表明，后肠细菌可以降解 OTA，瘤胃细菌也具有降解

OTA的能力（Kiessling等，1984；Schatzmayr等，2002）。Upadhaya等（2011）从分别饲喂100%粗饲料（F100）和50%粗饲料（F50）的山羊中提取瘤胃液，并测定其中的不同组分对OTA的降解率。结果显示，F100组全瘤胃液的降解率为100%，细胞的降解率为68%，灭菌之后OTA降至5.2%，离心后的上清液中只有2%的OTA；且F50组全瘤胃液和细胞的降解能力均小于F100组。说明细菌细胞可以显著降解OTA，且饲喂粗饲料后的降解效果更佳。为筛选出具有降解OTA能力的细菌，试验从瘤胃厌氧环境中分离出了200株细菌，并用ELISA法测定降解率，但并没有筛选出可以起显著降解效果的菌株。随后用基因扩增的方法发现，瘤胃液中羧肽酶A基因与地衣芽孢杆菌中羧肽酶基因的相似度达100%，说明从瘤胃中筛选出的具有羧肽酶A基因的芽孢杆菌在降解OTA的过程中发挥了重要作用。推测分离出的细菌降解能力很低可能是因为在实验室条件下难以培养，也可能是因为需要混合培养中不同细菌的协同作用。

目前，对瘤胃中真菌的研究尚不深入，但考虑到它们较高的水解蛋白质的能力（Wallace等，1985），以及纤维素能够提高瘤胃微生物赭曲霉毒素A降解效果的事实，瘤胃中也可能存在降解OTA的真菌（Müller等，1995）。

三、降解赭曲霉毒素的酶及其分类

（一）α-胰凝乳蛋白酶

α-胰凝乳蛋白酶（α-chymotrypsin），又称α-糜蛋白酶，是一种典型的丝氨酸蛋白酶，专门水解肽键。Pitout等（1969）从牛胰脏中提纯出了α-胰凝乳蛋白酶，并通过TLC和分光光度计验证了OTA能被α-胰凝乳蛋白酶降解为OTα和L-苯丙氨酸。但是，α-胰凝乳蛋白酶的作用位点应该是苯丙氨酸的羰基，而OTA中的肽键是由其氨基参与形成，故此发现出乎意料，研究结果有待进一步的证实。

（二）羧肽酶A

目前有关酶类降解OTA研究最多的是羧肽酶A（carboxypeptidase A，CPA），且其脱毒能力已经得到了广泛证实（Abrunhosa等，2007；Petchkongkaew等，2008）。羧肽酶A是一类含锌金属蛋白酶，常见于牛胰脏和猪胰脏中，在细胞内首先以酶原（ProCPA）的形式存在，经信号肽剪切和胰蛋白酶水解去除N端前肽后成为成熟酶体（CPA）。Pitout等（1969）从牛胰脏中得到了晶体羧肽酶A，并发现其对OTA的降解效果优于α-胰凝乳蛋白酶。试验还表明，由于羧肽酶A有立体化学结构特异性，因此其对OTA的水解证实了产物L-苯丙氨酸的构型。

羧肽酶A是目前研究最多也是降解效果最好的OTA降解酶，但是直接从牛胰脏中提取的羧肽酶A成本较高、价格昂贵，不适于大批量的工业脱毒使用，且在应用过程中存在酶活降低甚至丧失的风险。故而，应用现代生物学技术将此酶的基因转入合适载体并在体外成功表达，再对重组酶进行修饰成为研究的热点。基因克隆技术是获得大量羧肽酶A的方法之一，利用外源表达系统的高折叠性克隆ProCPA可能是一种较好的途径。师磊等（2015）以牛胰脏 *ProCPA* 基因（Accession No. NM _ 174750）和毕赤酵母（*P. pastoris*）GS 115 对密码子的偏好性构建重组质粒 pPIC9K/ProCPA，转入大肠埃希氏菌（*E. coli*）DH5α 中提取质粒并进行双酶切鉴定，线性化后电转导入毕赤酵母 GS 115 中，用抗生素 G 418 筛选以获得高拷贝转化子。28 ℃、225 r/min 条件下经甲醇诱导表达 5 d，上清液用 SDS - PAGE 检测分析，基质辅助激光解析电离-飞行时间质谱（MALDI - TOF）鉴定。浓缩纯化 rProCPA，用 TPCK 处理的胰蛋白酶使酶原酶解成为成熟酶体。向酶解蛋白 rCPA 中加入 OTA（4 μg/mL）25 ℃水浴 24 h，HPLC 测定降解率。结果显示，诱导表达 5 d 后 Bradford 法测得上清液中总蛋白含量为190 mg/L，超滤纯化得到 rProCPA150 mg/L，10 mg/mL 的 rProCPA 酶解后对 OTA 的降解率为 72.3%，且 HPLC 显示降解产物为 OTα。这是运用基因克隆技术首次获得具有降解活性的重组羧肽酶 A，为真菌毒素的生物脱毒及可持续发展提供了一个新的思路。

目前，牛胰脏羧肽酶 A 的结构、氨基酸序列都已经被研究透彻，但羧肽酶 A 在实际脱毒应用中易受到温度、pH 及原料中各种成分等因素的影响，这使得赭曲霉毒素 A 的降解效果并不理想。因此，对蛋白酶的化学研究修饰，以及如何提高其产物的表达量、稳定性、活性、纯度等方面都需要进一步探索和优化。

（三）其他降解酶

Stander 等（2000）利用 TLC 定量分析的方法，从 23 种商业水解酶中筛选到了 1 种可以水解 OTA 的粗脂肪酶。该酶由黑曲霉产生，HPLC 分析显示其可将 OTA 降解为 OTα 和苯丙氨酸，推测可能是其中的蛋白酶或酰胺酶起了作用。

由于之前发现黑曲霉可以降解 OTA（Abrunhosa 等，2002），因此 Abrunhosa 等（2006）选取了黑曲霉和其他一些菌种上的商业蛋白酶以检测其对 OTA 的降解能力。结果显示，作为一种从黑曲霉中分离纯化出的酸性蛋白酶，蛋白酶 A 在 pH 7.5 的体系下 37 ℃孵育 25 h，可以将 87.3%的 OTA（1.0 μg/mL）转化成 OTα；作为一类从猪胰腺中提取的混合酶，同等条件下胰酶对 OTA 的降解率为 43.4%；pH 3.0 时，只有 Prolyve PAC 体现出了降解活性，可以应用于果汁和葡萄酒等酸性环境下的食品加工工业。通过 EDTA 和苯甲基磺酰氟检验结果表明，蛋白酶 A 和胰酶是类似于羧肽酶 A 的金属蛋白酶，而 Prolyve PAC 可能是一种丝氨酸蛋白酶。

Dobritzsch 等（2014）报道了一种通过克隆黑曲霉 *UVK 143* 基因片段得到的能够显著降解 OTA 的酶，经基因序列比对发现其与黑曲霉 CBS 513.88 中的 *An14g02080* 基因完全一致，并将其命名为 OTA 降解酶（ochratoxinase，OTase）。试验显示，转化株 40 ℃孵育 35 min 可以显著降解体系浓度为 185 μg/kg 的 OTA 至检测限（1～2 μg/kg）以下，纯化的重组 OTase 在该试验中的降解活性是牛胰脏羧肽酶 A 的 600 倍左右。通过晶体结构鉴定 OTase 为酰胺水解酶（amidohydrolase），但羧肽酶 A 使用单一的锌离子，而 OTase 使用的是双金属催化中心，其特性仍需进一步的探索。OTase 经分离纯化后，可以制成新型的酶制剂用于农产品的脱毒，具有安全、高效、无副作用等优点。

第三节 赭曲霉毒素生物降解技术的应用

目前，生物降解 OTA 最具应用前景，也是研究的热点。微生物及生物酶解毒具有效率高、特异性强、对饲料和环境没有污染等特点和优势，但部分菌株存在降解周期较长、降解酶源于胞内提取物及应用的安全性评价等问题，因此具有实际高效脱毒能力的降解菌株仍是稀缺资源，对于饲料中 OTA 脱毒尚无具有实用价值的可靠方法。因此，发掘具有高效降解作用的微生物优良菌株、优化产酶条件、提高降解率、缩短降解周期、寻找降解酶基因等研究具有重要的应用意义。

Chang 等（2014）从仓储玉米中筛选得到一株可以高效降解 OTA 的解淀粉芽孢杆菌（*Bacillus amyloliquefaciens*）ASAG1，24 h 的降解率可达 98.5%（体系中 OTA 终浓度为 1 μg/mL），72 h 几乎检测不到毒素的存在。随后，克隆解淀粉芽孢杆菌 *FZB42* 基因组中的羧肽酶基因，序列分析表明解淀粉芽孢杆菌 ASAG1 的蛋白质序列与解淀粉芽孢杆菌 FZB42（CP000560.1）和 DSM7（FN597644.1）最接近，同源性分别为 99% 和 97%。将目的基因进行克隆、表达、纯化后，粗酶和纯化的蛋白质对 OTA 的降解率分别为 41%和 72%。同时，解淀粉芽孢杆菌 ASAG1 和在大肠埃希氏菌上表达并经过纯化了的羧肽酶蛋白均对黑曲霉菌的生长表现出强烈的抑制作用，推测解淀粉芽孢杆菌 ASAG1 产生的羧肽酶将 OTA 水解成了 OTα，但是否存在其他起降解效果的活性组分有待进一步的研究。

Liuzzi 等（2017）从被 OTA 污染的葡萄园土壤中分离到一株新的野生不动杆菌（*Acinetobacter* sp. *neg1*）ITEM 17016，其在 144 h 可将 70%以上的 OTA（1 μg/mL）降解为 OTα。为了定位降解酶基因，试验通过分析添加与不添加毒素时菌株基因表达的差异性，鉴定到了 6 种在 6 h 表达量上调的肽酶。进一步进行克隆目的基因和在大肠埃希氏菌上表达时发现，重组蛋白 PJ15 _ 1540（分子质量为 44.15 ku）可降解 33%的 OTA，降解产物为 OTα。利用 Gene Ontology 术语丰度分析毒素存在情况下 6 h 和 12 h 显著调节的通路，结果显示 OTA 的降解与肽酶活性相关，并揭示过度表达的途径与苯丙氨酸分解代谢相关。

熊科等（2017）通过优化从土壤中筛选出的一株 OTA 降解菌米曲霉（*Aspergillus oryzae*）M 30011 培养基成分和培养条件，使其降解率提高到了 94%，产酶周期缩短到了 3 d。试验内容分为：①单因素试验。分别检测碳源种类及其质量分数（葡萄糖、乳糖、蔗糖、麦芽糖、麦芽浸粉，2%、3%、4%、5%、6%）、氮源种类及其质量分数（胰蛋白胨、大豆蛋白胨、牛肉膏蛋白胨、酵母浸粉、酵母膏，0.2%、0.3%、0.4%、0.5%、0.6%）、初始 pH（5.0、5.5、6.0、6.5、7.0、7.5、8.0）、培养温度（25 ℃、30 ℃、35 ℃、40 ℃、45 ℃）、转速（120 r/min、150 r/min、180 r/min、210 r/min、240 r/min、270 r/min）、接种量（1×10^3 个、1×10^4 个、1×10^5 个、1×10^6 个、1×10^7 个、1×10^8 个孢子）对 OTA 降解率的影响。②响应面试验。将单因素试验的结果综合进行 SPSS 分析，并选择差异性显著的因素作为响应面分析的对象。根据结果设计培养基成分，其中碳源选择蔗糖且质量分数为 2%、氮源选择酵母膏且其质量分数为

0.6%、初始 pH 为 8、温度为 30 ℃、转速为 150 r/min、接种量为 1×10^3 个。在此条件下，培养结果显示，米曲霉 M 30011 对 OTA 的降解率由 75%提高到了 94%，降解周期由 8 d 缩短到了 3 d，为其进一步的研究提供了依据。

Kupski 等（2017）首先通过研究米根霉（*Rhizopus oryzae*）和里氏木霉（*Trichoderma reesei*）对 OTA 的降解作用发现，孵育 48 h 后米根霉可将毒素含量降低 63.5%，72 h 里氏木霉可将其毒素含量降低 57.7%，且降低 OTA 的效率与 OTα 的生成和羧肽酶 A 的活性显著相关，表明羧肽酶 A 类的酶与 OTA 的降解有很大联系。为研究类羧肽酶 A 对减轻 OTA 暴露影响的适用性，试验选取了动物、植物、微生物 3 种来源的羧肽酶 A，将其用于被 OTA 污染的小麦粉，通过模拟面包生产中的工艺，评估酶类对推荐安全限量（20 μg/kg）和更高剂量（200 μg/kg）OTA 的降解效果。结果显示，豆粕和胰液素中的羧肽酶 A 对 OTA 的降解效果较低，可能是由于豆粕中的羧肽酶 A 活性不如其他酶类。米根霉、里氏木霉和牛胰脏源的羧肽酶 A 对 OTA 的降解活性分别在 30.0%～71.0%、38.5%～61.0%和 36.4%～78.5%。值得一提的是，OTA 浓度升高时，牛胰脏羧肽酶 A 对其降解效果会有所降低，说明此时需要通过提高酶用量来提高降解水平。

霍学婷等（2019）对来源于枯草芽孢杆菌（*Bacillus subtilis*）168 上的 D-丙氨酰-D-丙氨酸羧肽酶 DacA 和 DacB 进行了基因克隆和大肠埃希氏菌异源表达，DacA 和 DacB 蛋白表达量分别为 10.26 mg/L 和 9.24 mg/L。并研究了其降解 OTA 的酶学特性，发现 DacA 水解 OTA 的最适 pH 为 7.0，最适反应温度为 37 ℃，Km 值为 2.74 μg/mL，水解 Vmax 值为 73.53 ng/(h · mg)；DacB 水解 OTA 的最适 pH 为 7.5，最适反应温度为 37 ℃，Km 值为 1.14 μg/mL，水解 Vmax 值为 42.74 ng/(h · mg)。随着反应时间的增加，OTA 的降解率增加，孵育 72 h 后 DacA 和 DacB 分别能够降解体系中 45%和 42%的 OTA。以 OTα 标准品为对照，根据高效液相色谱分析确认 OTA 的降解产物为 OTα，因此重组蛋白 DacA 和 DacB 降解 OTA 的方式为断裂 OTA 分子内的酰胺键。

郑瑞等（2019）从自然界中筛选到一株能够高效降解 OTA 的菌株，其在液体培养基中对 OTA 的降解率可达 95%以上。经细菌形态学、生理生化特性及 16S rRNA 基因序列鉴定，该菌株属于粪产碱菌（*Alcaligenes faecalis*），并将其命名为 ANSA176。该菌株的 OTA 降解酶属于胞内酶，胞内可溶物质与毒素孵育 12 h 对 OTA 的降解率即可达到 95%以上。将菌株破碎后，采用离子交换层析和分子筛层析的方法对所得的粗酶液进行分离纯化，并将所得样品作质谱鉴定分析，根据产物 OTα 的存在推测活性成分为羧肽酶、蛋白酶和水解酶等一种或其混合物。该酶解反应具有较宽的温度范围（17～42 ℃）和初始 pH 范围（6～10），最适反应温度为 37 ℃，最适反应 pH 为 7.0。高效液相色谱分析确认以上降解反应的产物为 OTα，推断降解途径是通过断裂连接 L-β-苯丙氨酸和 OTα 之间的酰胺键而实现的。

参考文献

李之佳，2011. 细菌对赭曲霉毒素 A 的脱毒研究［D］. 上海：上海交通大学.

梁晓翠，2010. 不动杆菌 BD189 对赭曲霉毒素 A 的脱毒研究［D］. 上海：上海交通大学.

师磊，梁志宏，徐诗涵，等，2013. 一株地衣芽孢杆菌 Sl-1 对赭曲霉毒素 A 的吸附和降解研究 [J]. 农业生物技术学报，21（12）：1420-1425.

师磊，许文涛，田晶晶，等，2015. 一种降解赭曲霉毒素 A 的羧肽酶酶原在毕赤酵母中的表达 [J]. 中国食品学报，15（6）：39-44.

王峻峻，2014. 降解赭曲霉毒素 A 微生物菌株的筛选及其降解机制的研究 [D]. 镇江：江苏大学.

熊科，熊苏玥，支慧伟，等，2017. 一株降解赭曲霉素 A 的新颖米曲霉菌株筛选鉴定及其产酶优化 [J]. 河南工业大学学报（自然科学版），38（2）：80-87.

郑瑞，2019. 粪产碱菌 ANSA176 筛选鉴定及其对赭曲霉毒素 A 降解机制 [D]. 北京：中国农业大学.

霍学婷，2019. 枯草芽孢杆菌 168 D-丙氨酰-D-丙氨酸羧肽酶克隆表达及降解赭曲霉毒素酶学特性研究 [D]. 北京：中国农业大学.

Abrunhosa L，Santos L，Venancio A，2006. Degradation ofochratoxin A by proteases and by a crude enzyme of *Aspergillus niger* [J]. Food Biotechnology，20：231-242.

Abrunhosa L，Serra R，Venoncio A，2002. Biodegradation of ochratoxin A by fungi isolated from grapes [J]. Journal of Agricultural and Food Chemistry，50（25）：7493-7496.

Abrunhosa L，Venancio A，2007. Isolation and purification ofan enzyme hydrolyzing ochratoxin A from *Aspergillus niger* [J]. Biotechnology Letters，29（12）：1909-1914.

Bejaouii H，Mathieu F，Taillandier P，et al，2004. Ochratoxin A removal in synthetic and natural grape juices by selected oenological *Saccharomyces* strains [J]. Journal of Applied Microbiology，97：1038-1044.

Bejaoui H，Mathieu F，Taillandier P，et al，2006. Biodegradation of ochratoxin A by *Aspergillus* section *nigri* species isolated from French grapes：a potential means of ochratoxin A decontamination in grape juices and musts [J]. FEMS Microbiology Letters，255（2）：203-208.

Camel V，Ouethrani M，Coudray C，et al，2012. Semi-automated solid phase extraction method for studying the biodegradation of ochratoxin A by human intestinal microbiota [J]. Journal of Chromatography B，(893/894)：63-68.

Chang X J，Wu Z D，Wu S L，et al，2015. Degradation of ochratoxin A by *Bacillus amyloliquefaciens* ASAG1 [J]. Food Additives and Contaminants（Part A），32（4）：564-571.

Dobritzsch D，Wang H M，Schneider G，et al，2014. Structural and functional characterization of ochratoxinase，a novel mycotoxin-degrading enzyme [J]. Biomolecules，462（3）：441-452.

Engelhardt G，2002. Degradation of ochratoxin A and B by the white rot fungus *Pleurotus ostreatus* [J]. Mycotoxin Research，18：37-43.

Follmann W，Hillebrand I E，Creppy E E，et al，1995. Sister chromatid exchange frequency in cultured isolated porcine urinary bladder epithelial cells（PUBEC）treated with ochratoxin A and α [J]. Archives of Toxicology，69：280-286.

Fuchs S，Sontag G，Stidl R，et al，2008. Detoxification of patulin and ochratoxin A，two abundant mycotoxins，by *Lactic acid bacteria* [J]. Food and Chemical Toxicology，46（4）：1398-1407.

Galtier P，Alvinerie M，1976. *In vitro* transformation ochratoxin A by animal microbial floras [J]. Annales de Recherches Vétérinaires，7（1）：91-98.

Gil-Serna J，2011. Mechanisms involved in reduction of ochratoxin A produced by *Aspergillus westerdijkiae* using *Debaryomyces hansenii* CYC1244 [J]. International Journal of Food Microbiology，151（1）：113-118.

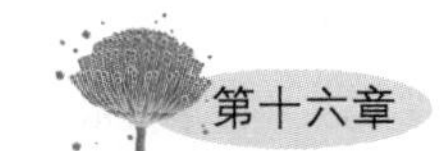

Hohler D, Sudekum K H, Wolffram S, et al, 1999. Metabolism and excretion ofochratoxin A fed to sheep [J]. Journal of Animal Science, 77: 1217 - 1223.

Huang C A, Draughon F A, 1994. Degradation of ochratoxin A by *Acinetobacter calcoaceticus* [J]. Journalof Food Protection, 57: 410 - 414.

Hult K, Telling A, Gatenbeck S, 1976. Degradation of ochratoxin A by a ruminant [J]. Applied and Environment Microbiology, 32 (3): 443 - 444.

Karlovsky P, 1999. Biological detoxification of fungal toxins and its use in plant breeding, feed and food production [J]. Natural Toxins, 7 (1): 1 - 23.

Kiessling K H, Petterssn H, Sandholm K, et al, 1984. Metabolism of aflatoxin, ochratoxin, zearalenone, and threetrichothecenes by intact rumen fluid, rumenprotozoa, and rumen bacteria [J]. Applied and Environment Microbiology, 47: 1070 - 1073.

Kumagai S, Aibara K, 1982. Intestinal absorption and secretion of ochratoxin A in the rat [J]. Toxicology and Applied Pharmacology, 64: 94 - 102.

Kupski L, Queiroz M I, Badiale - Furlong E, et al, 2017. Application of carboxypeptidase A to a baking process to mitigate contamination of wheat flour by ochratoxin A [J]. Process Biochemistry, 64: 248 - 254.

Lei S, Zhi H L, Jun X L, et al, 2013. Ochratoxin A biocontrol and biodegradationby *Bacillus subtilis* CW 14 [J]. Journal of the Science of Food and Agriculture, 94 (9): 1879 - 1885.

Liuzzi V C, Fanelli F, Tristezza M, et al, 2016. Transcriptional analysis of *Acinetobacter* sp. negl capable of degrading ochratoxin A [J]. Frontiers in Microbiology, 7: 2162.

Müller K, 1995. Influence of feeding and other factors on the turnover of ochratoxin A in rumen liguor *in vitro* and *vivo* [D]. Stuttgart, Germany: University of Hohenheim.

Péteri Z, Téren J, Vágvölgyi J, et al, 2007. Ochratoxin degradation and adsorption caused by astaxanthin - producing yeasts [J]. Food Microbiology, 24: 205 - 210.

Pitout M J, 1969. The hydrolysis of ochratoxin A by some proteolytic enzymes [J]. Biochemical Harmacology, 18 (2): 485 - 489.

Ptechkongkaew A, Taillandier P, Gasaluck P, et al, 2008. Isolation of *Bacillus* spp. from Thai fermented soybean (Thua - nao): screening for aflatoxin B_1 and ochratoxin adetoxification [J]. Journal of Applied Microbiology, 104: 1495 - 1502.

Rodriguez H, Reveron I, Doría F, et al, 2011. Degradation of ochratoxina by *Brevibacterium* species [J]. Journal of Agricultural and Food Chemistry, 59: 10755 - 10760.

Stander M A, Bornscheuer U T, Henke E, 2000. Screening of commercial hydrolases for the degradation of ochratoxin A [J]. Agriculturaland Food Chemistry, 48 (11): 5736 - 5739.

Upadhaya S D, Yang L, Seo J K, et al, 2011. Effect of feed types on ochratoxin A disappearance in goat rumen fluid [J]. Asian - Australasian Journal of Animal Science, 24 (2): 198 - 205.

Var I, Erginkaya Z, Kabak B, 2009. Reduction of ochratoxin A levels in white wine by yeast treatments [J]. Journal of the Institute of Brewing, 115 (1): 30 - 34.

Varga J, Péteri Z, Tábori K, et al, 2005. Degradation of ochratoxin A and other mycotoxins by *Rhizopus* isolates [J]. International Journal of Food Microbiology, 99 (3): 321 - 328.

Varga J, Rigó K, Téren J, 2000. Degradation of ochratoxin A by *Aspergillus* species [J]. International Journal of Food Microbiology, 59 (1/2): 1 - 7.

Wallace R J, Joblin K N, 1985. Proteolytic activity of a rumen anaerobic fungus [J]. FEMS Microbiology Letter, 29, 19 - 25.

Wegst W，Lingens F，1983. Bacterial degradation of ochratoxin A [J]. FEMS Microbiology Letters，17 (1/3)：341-344.

Xiao H，1989. Effect of a hay and a grain diet on the hydrolysis and bioavailability of ochratoxin A in sheep [D]. Winnipeg，Manitoba：University of Manitoba.

Zhang H H，Wang Y，Zhao C，et al，2017. Biodegradation of ochratoxin A by *Alcaligenes faecalis* isolated from soil [J]. Journal of Applied Microbiology，123 (3)：661-668.

第十七章 烟曲霉毒素生物降解技术

第一节 烟曲霉毒素生物降解技术原理与方法

一、烟曲霉毒素生物降解原理

烟曲霉毒素又称伏马毒素（fumonisins，FBs），是由层生镰刀菌（*Fusarium proliferatum*）、轮状镰刀菌（*Fusarium verticillioides*）等丝状真菌产生的水溶性代谢产物，严重危害动物及人的健康。到目前为止，已经发现 28 种烟曲霉毒素，其中有明显毒性且含量较高的是 FB_1、FB_2 和 FB_3，而 FB_1 则是危害最大和研究最广的烟曲霉毒素。近年来关于如何脱除粮油及其制成品中的 FB_1 已成为研究热点。常规的脱毒方法包括化学处理法、吸附法等，但这些方法并不能从根源上消除烟曲霉毒素的威胁，通过生物降解将烟曲霉毒素代谢为无毒或者低毒物质，才是最有效地控制和解决该类毒素对动物和人的危害、改善饲料和食品安全的有效方法。

烟曲霉毒素生物降解主要有以下 2 条途径：

途径一：在羧酸酯酶和氨基转移酶的分步酶解下，将 FB_1 分解成无毒产物，具体方式为 FB_1 通过羧酸酯酶（FumD）的酶解反应被降解成 HFB_1，HFB_1 在氨基转移酶（FumI）作用下被酶解成 2-酮基-HFB_1 类无毒产物（图 17-1）。这种作用方式是目前研究最为彻底、被广为接受且被认为是行之有效的方法。

途径二：FB_1 在烟曲霉毒素酯酶（fumonisin esterase）的催化下被降解成 HFB_1 和丙三羧酸（TCA），而 HFB_1 依然有极强的毒性，在有氧条件下通过多元醇胺酸酶的催化，可被进一步降解成无毒的 2-半缩酮（图 17-2）。

二、微生物对烟曲霉毒素的作用方式

（一）微生物对烟曲霉毒素的降解作用

微生物对烟曲霉毒素的降解作用主要是指微生物或其代谢产生的酶与烟曲霉毒素发生作用，并使烟曲霉毒素分子结构中有毒的基团被破坏，从而生成无毒代谢产物的过程。由于微生物及其生物酶降解烟曲霉毒素的方法能够彻底去除毒素，同时该方法的专

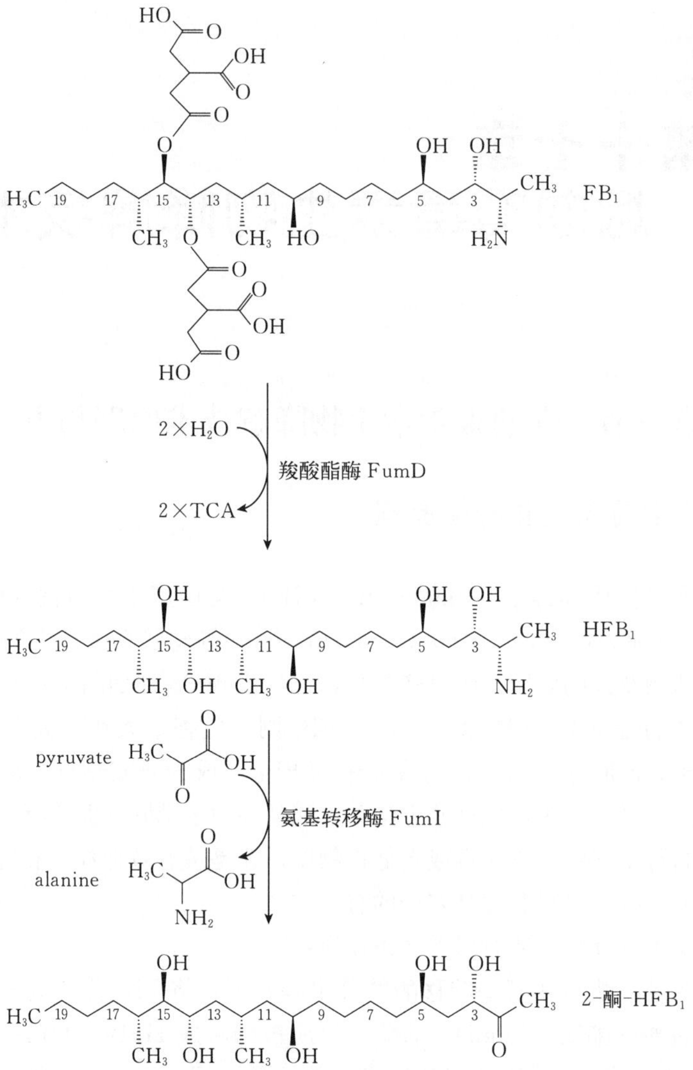

图 17-1　FB_1 被降解成 2-酮-HFB_1
（资料来源：Heinl 等，2010）

一性强、对饲料无污染，且不影响饲料营养价值，因此该方法在动物霉变饲料和饲料原料脱毒中具有广阔的发展应用前景。目前报道能降解 FB_1 的微生物包括：暗绿色喙枝孢霉（*Rhinocladiella atrovirens*）ATCC 74270、未知细菌（*Bacterium*）ATCC 55552、解聚乙二醇鞘氨醇盒菌（*Sphingopyxis macrogoltabida*）MTA 144、酿酒酵母（*Saccharomyces cerevisiae*）IS 1/1、酿酒酵母（*Saccharomyces cerevisiae*）SC 82、乳酸杆菌（*Lactobacillus brevis*）N 195、乳酸杆菌（*Lactobacillus brevis*）N 197 和克雷伯氏菌（*Klebsiella variicola*）VA 26。解聚乙二醇鞘氨醇盒菌（*S. macrogoltabida*）MTA 144 和细菌（*Bacterium*）ATCC 55552 编码的羧酸酯酶（FumD）和氨基转移酶（FumI）能够分步降解 FB_1。

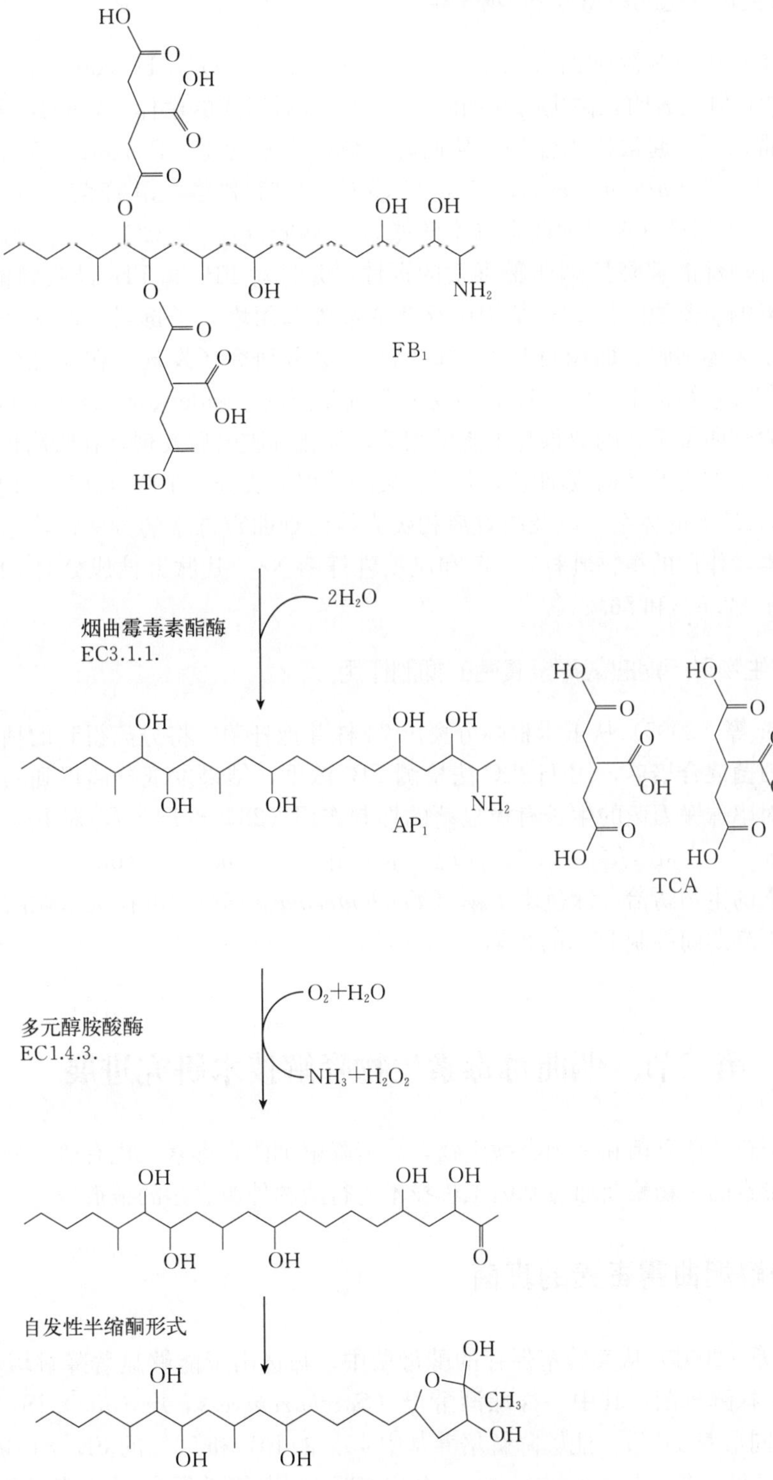

FB_1

$2H_2O$

烟曲霉毒素酯酶
EC3.1.1.

AP_1

TCA

O_2+H_2O

多元醇胺酸酶
EC1.4.3.

$NH_3+H_2O_2$

自发性半缩酮形式

图 17－2　FB_1 被降解成 2－半缩酮
（资料来源：Blackwell 等，1999）

（二）微生物对烟曲霉毒素的吸附作用

某些微生物可以吸附烟曲霉毒素。Kakaanpaa 等（2000）、Haskard 等（2000）和 Lee 等（2003）研究表明，微生物和烟曲霉毒素混合后形成的菌体-烟曲霉毒素复合体，较易与烟曲霉毒素一起被排出体外，从而降低体内毒素含量。Pizzolitto 等（2012）发现，酿酒酵母（*Saccharomyces cerevisiae*）CECT 1891 和嗜酸乳杆菌（*Lactobacillus acidophilus*）24 都具有吸附烟曲霉毒素的能力。Niderkorn 等（2009）通过试验发现，大多数的乳杆菌都能够降低烟曲霉毒素的毒性，并且对 FB_1 和 FB_2 的吸附能力不同，造成这种差异的主要原因是 FB_1 结构中存在的额外基团增大了毒素与菌体结合的空间位阻，阻碍了菌体细胞表面位点与 FB_1 的结合。此外研究还发现，在与乳杆菌结合的过程中烟曲霉毒素结构中的丙三羧酸链发挥着重要作用。Niderkorn 等（2006）研究表明，菌株吸附烟曲霉毒素的效果与细胞壁相关，纯化细胞壁后发现，在吸附烟曲霉毒素的过程中起主要作用的是构成细胞壁主要骨架的肽聚糖成分。王晓（2015）构建了烟曲霉毒素-菌体共培养的体系，以及高效液相荧光检测烟曲霉毒素的方法；筛选出了具有吸附烟曲霉毒素作用的植物乳杆菌 B7 和戊糖乳杆菌 X8，其肽聚糖成分对 FB_1 的吸附率分别达到了 82.6%和 86.2%。

（三）微生物对产烟曲霉毒素真菌的抑制作用

Cavaglier 等（2005）从玉米根际分离出 74 株芽孢杆菌，将分离得到的枯草芽孢杆菌与串珠镰刀菌混合培养，用 HPLC 法检测 FB_1 浓度，结果发现分离得到的所有枯草芽孢杆菌都对串珠镰刀菌的生长有极显著的抑制作用（28%～78%），对 FB_1 的抑制率高达 29%～50%。Yates 等（1999）发现，木霉菌（*Trichoderma* spp.）主要用于土壤中烟曲霉毒素的生物防治，绿色木霉菌（*Trichoderma viride*）可在玉米粒的贮藏期间或在未充分干燥期间抑制 FB_1 的积累。

第二节　烟曲霉毒素生物降解技术研究进展

目前已报道某些真菌和细菌类微生物，均能降解烟曲霉毒素，也有研究分离纯化出降解烟曲霉毒素的生物酶及通过基因工程技术进行酶的外源表达的报道。

一、降解烟曲霉毒素的真菌

Styriak 等（2001）从实验室保存的酵母菌中，筛选出了能够显著降解培养基中烟曲霉毒素的 2 株酵母菌，其中一株酿酒酵母（*Saccharomyces cerevisiae*）IS1/1 和 FB_1 在 32 ℃下共同培养 5 d 后，能够降解培养基中 45%的 FB_1 和 50%的 FB_1+FB_2 混合物；另一株酿酒酵母（*Saccharomyces cerevisiae*）SC 82 也能够降解培养基中的 FB_1 和 FB_1+FB_2 混合物，降解率分别为 22%和 25%。斯平尼弗外瓶柄霉（*Exophiala spinifera*）ATCC 74269 是一种从发霉的玉米中分离到的黑酵母真菌，能够在以 FB_1 为唯一碳源的培养基中生长，进一步研究表明该菌株产生的可溶性酯酶、胺氧化酶和其他酶可能参与 FB_1 的降解过程（Blackwell 等，1999）。Duvick 等（1998）将烟曲霉毒素 FB_1 混入培养基中选择耐烟曲霉毒素的微生物，利用这种方法分离出了暗绿色喙枝孢霉菌（*Rhinocladiella atrovirens*）ATCC 74270，该菌能有效降解 FB_1。

二、降解烟曲霉毒素的细菌

目前报道能够降解 FB_1 的细菌包括未知细菌（*Bacterium*）ATCC 55552、解聚乙二醇鞘氨醇盒菌（*Sphingopyxis macrogoltabida*）MTA 144 和克雷伯氏菌（*Klebsiellavariicola*）VA 26（Blackwell 等，1999；Heinl 等，2010）。Camilo 等（2000）从来自玉米和青贮饲料等 150 个微生物样品中筛选出了 3 株能够降解 FB_1 的芽孢杆菌（*Bacillus* spp.）S 9、S 10 和 S 69，其对 FB_1 的降解率分别为 43%、48%及 83%；并且随着毒素的降解，反应体系的 pH 呈上升趋势。

Tuppia 等（2016）在使用被 FB_1 污染的玉米制备青贮饲料发酵的过程中，观察到烟曲霉毒素含量下降；对青贮饲料中的微生物菌群进行分析，共筛选到 98 株细菌和酵母，用 FB_1 作为唯一碳源和氮源，进一步筛选到 9 株对烟曲霉毒素有生物转化效果的微生物，其中短乳杆菌 N 195 及 N 197 能够将 FB_1 转化为 HFB_1，在发酵 4 d 后其将 FB_1 降解为 HFB_1 的效率分别为 16%和 17%。Fodor 等（2007）对母猪盲肠的微生物菌群降解 FB_1 的研究发现，烟曲霉毒素的脱除率要高于其转化为 HFB_1 的效率，原因是盲肠的微生物菌群中含有乳酸菌，而乳酸菌本身具有吸附烟曲霉毒素的效果（姜富贵等，2018）。

Benedetti 等（2006）发现，土壤中的混合微生物能够降解 FB_1，对菌群进一步分离后筛选出的一株编号为 NCB 1492 的细菌，在 25 ℃条件下、反应 1 d 就可以降解 FB_1；对其进行菌种鉴定发现，该菌属于代尔夫特菌属/丛毛单胞菌属（*Delftia*/*Comamonas*）。以 FB_1 作为唯一的碳源及氮源培养 NCB 1429，经过气相色谱-串联质谱联仪（GC-MS）分析，溶液中共存在 4 种有机物，分别为 $C1_7H_{34}O$、$C_{19}H_{39}$、$C_{18}H_{34}O$ 和 $C_{20}H_{42}$。

以烟曲霉毒素 B_1 为唯一碳源，筛选得到一株烟曲霉毒素降解菌，通过菌种鉴定，确定此菌株为鞘氨醇盒菌（*Sphingopyxis* sp.）ASAG 22。该菌株在 30 ℃、220 r/min 条件下，反应 1 d 后能够将 10 μg 的 FB_1 完全降解，反应 5 d 后能够将 25 μg 的 FB_1 完全降解。

三、降解烟曲霉毒素的重组酶

目前研究表明，*S. macrogoltabida* MTA 144 和 *Bacterium* ATCC 55552 编码的羧酸酯酶（FumD）和氨基转移酶（FumI）能够分步降解 FB_1。具体方式为 FB_1 被羧酸酯酶降解成 HFB_1，HFB_1 在氨基转移酶作用下被酶解成 2-酮基-HFB_1 类无毒产物。基于以上过程，Benedetti 等（2006）将 *FumD* 基因克隆到毕赤酵母中，挑取单菌落接种于含玉米黄素的缓冲甘油复合培养基（BMGY）中，在 28 ℃、180 r/min 条件下培养，直至 OD_{600} 达 2～6。在 5 mL 缓冲复合介质中，将细胞稀释至 OD_{600} 为 1，用 0.5%甲醇诱导 72 h。离心后取上清液孵育 FB_1，结果发现 15 min 内 FB_1 都被降解成 HFB_1，且在 FB_1 降解过程中产生 HFB_{1a} 和 HFB_{1b} 2 种降解产物。

Heinl 等（2011）通过基因工程技术将烟曲霉毒素降解酶基因整合到大肠埃希氏菌上，在 25 ℃条件下培养大肠埃希氏菌 *E. coil* BL21（DE3）AT 55552，待 OD_{600} 达到 0.3 时加入 IPTG，使其终浓度为 1 mmol/L，进行诱导表达。阳性转化子与 HFB_1 共同孵育 15 h，能够将 HFB_1 完全降解（图 17－3A），而空质粒转化子不能降解 HFB_1（图 17－3B）。

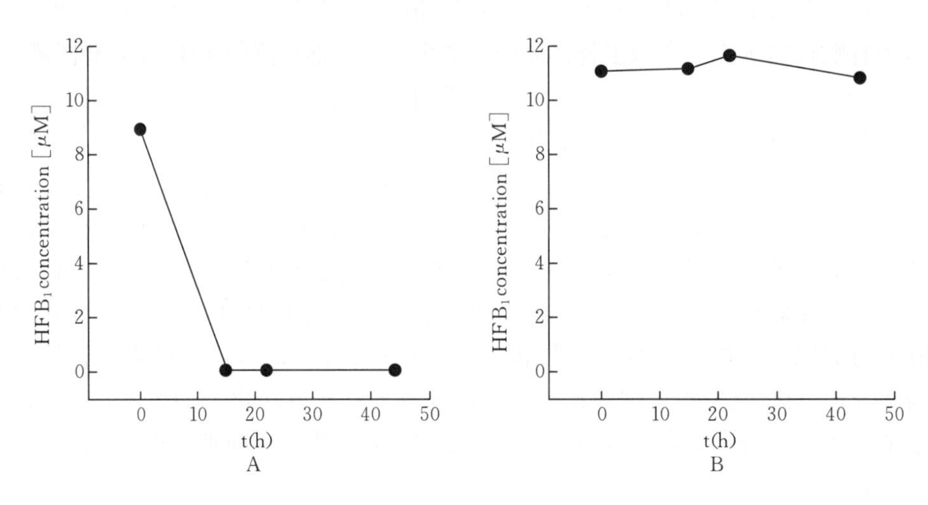

图 17－3　重组酶降解 HFB_1

A. 能表达基转移酶的 *E. coil* BL21（DE3）AT55552 的细胞裂解液对 HFB_1 的降解；B. 仅携带 PET－3 载体的阴性对照 *E. coli* BL21（DE3）PET－3 的细胞裂解液对 HFB_1 的降解

（资料来源：Heinl 等，2011）

杨朋飞（2016）以烟曲霉毒素降解酶基因为参考，设计 PCR 引物，以鞘氨醇盒菌基因组 DNA 为模板，分别克隆出 1 620 bp 和 1 266 bp 的烟曲霉毒素降解酶基因序列，将其导入大肠埃希氏菌的表达载体中，成功构建成基因工程菌 YD 和 YI，经诱导后其降解酶得到成功表达；经过 SDS－PAGE 和 Western blotting 分析，YD 酶和 YI 酶分子质量大小分别为 53 ku 和 48 ku。陈亭亭等（2018）从养殖场附近的土壤中筛选获得一株具有烟曲霉毒素降解活力的革兰氏阴性细菌，经摇瓶发酵、初步纯化制得降解 FB_1 粗酶，该酶具有较强的 pH 和温度适应性，最适反应 pH 为 8.0、最适反应温度为 30 ℃。在较低的酶浓度（1 U/L）下反应 1 d，有 36.91%FB_1 残留；在较高的酶浓度（100 U/L）下反应 3 h，FB_1 能被完全转化成 HFB_1。当 FB_1 浓度低于 50 μg/mL 时，降解速率随底物浓度的增加而增加，表现为一级反应；当 FB_1 浓度高于 50 μg/mL 时，降解速率基本保持不变，表现为零级反应。最大降解速率 v_{max} 为 0.148 μmol/(L・min)，米氏常数 Km 为 33.2 μmol/L。酶浓度对 FB_1 降解的影响见图 17－4。该酶能够将玉米粉中的 FB_1 降解，具有很好的开发应用前景。

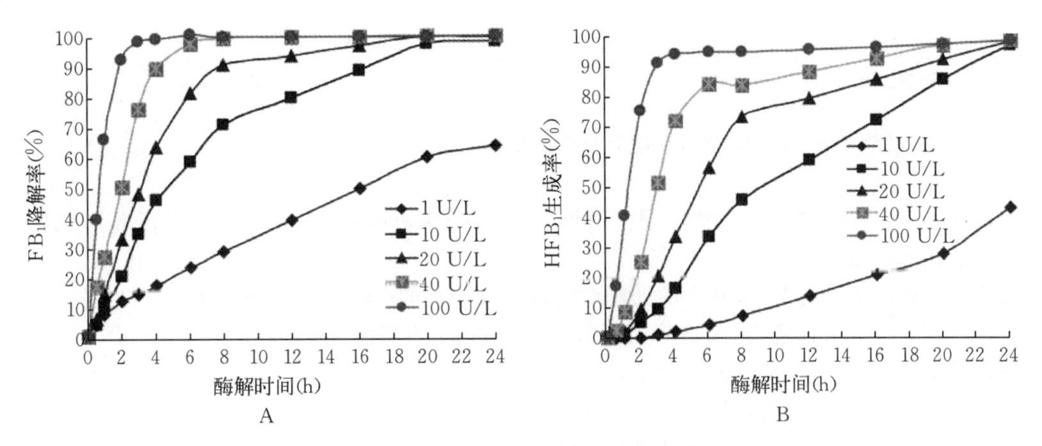

图 17-4　酶浓度对烟曲霉毒素 B_1 酶解的影响

A. FB_1 降解率；B. HFB_1 生成率

（资料来源：陈亭亭等，2018）

第三节　烟曲霉毒素生物降解技术的应用

目前，生物降解烟曲霉毒素是最具应用前景的方向之一，也是国内外研究的热点；相对于物理法和化学法，生物降解法具有效率高、特异性强和无二次污染等特点。但部分菌株并不能将烟曲霉毒素完全降解成无毒的产物，有些菌株或酶需要在特定条件下才能发挥降解作用，因此开发能完全降解烟曲霉毒素的微生物或酶制剂具有重要的意义。

Grenier 等（2017）分别设计 FB 组、FB＋FUMzyme® 进行肉鸡试验。与 FB 组相比，FB＋FUMzyme® 组肉鸡血清和肝脏中的二氢神经鞘氨醇与鞘氨醇（Sa/So）比值显著降低；同样，与 FB 组相比，FB＋FUMzyme® 组中肉鸡消化物和排泄物中的 FB 浓度显著降低。该试验证实，烟曲霉毒素羧酸酯酶（FUMzyme®）适用于鸡的 FB 解毒和维持肠道功能。

Sabine 等（2016）通过猪肠道体外模型试验评价 FumD 降解 FB_1 的效果时发现，FumD 能够在猪十二指肠和空肠肠道环境中将食糜中的 FB_1 完全降解成 HFB_1。火鸡在采食被 FB_1（15 mg/kg）污染的饲粮 14 d 后，其血清中 FB_1 中毒生物标记 Sa/So 是采食正常饲粮火鸡的 1.5 倍，在 FB_1 污染饲粮中添加 FumD 能够缓解火鸡的 FB_1 中毒，血清中 Sa/So 的值和采食正常饲粮的火鸡无显著差异。以猪为动物模型同样证实，饲粮中添加 FumD 能够有效缓解采食霉变饲料导致的 FB_1 中毒；仔猪在采食被 FB_1（2 mg/kg，以饲粮计）污染的饲粮 42 d 后，其血清中的 Sa/So 值是采食正常饲粮仔猪的 3 倍，但在被 FB_1 污染的饲粮中添加 FumD，仔猪血清中 Sa/So 的值下降到了正常水平。

在含有 FB_1（18.26 mg/kg）的玉米粉中按照料液 1∶1.5 的值加入 20 mmol/L Tris-盐酸缓冲液（pH 8.0，包含 20 U/L FB_1 降解酶和 0.1 mg/mL BSA），充分混合后在 pH 8.0、30 ℃下静止反应 1 d，FB_1 的降解率为 65%；静止反应 2 d，FB_1 可被完全转化成 HFB_1（陈亭亭等，2018）。

参考文献

陈亭亭，张巧艳，王坡，等，2018. 基于羧酸酯酶降解伏马毒素研究［J］. 饲料工业，39（8）：48－53.

姜富贵，韩红，陈雪梅，等，2018. 乳酸菌和纳豆芽孢杆菌对黄曲霉毒素 B_1 和伏马毒素 B_1 的吸附作用研究［J］. 山东农业科学，50（1）：127－130.

杨朋飞，2016. 烟曲霉毒素降解菌的机制解析及降解酶基因的克隆［D］. 郑州：河南工业大学.

王晓，2015. 利用乳杆菌脱除伏马毒素的研究［D］. 北京：北京林业大学.

Benedetti R，Nazzi F，Locci R，et al，2006. Degradation of fumonisin B_1 by a bacterial strain isolated from soil［J］. Biodegradation，17（1）：31－38.

Blackwell B A，Gilliam J T，Savard M E，et al，1999. Oxidative deamination of hydrolyzed fumonisin B_1（AP_1）by cultures of *Exophiala spinifera*［J］. Natural Toxins，7（1）：31－38.

Camilo S B，Ono C J，Ueno Y，et al，2000. Anti－fusarium moniliforme activity and fumonisin biodegradation by corn and silage microflora［J］. Brazilian Archives of Biology and Technology，43（2）：159－164.

Cavaglieri L，Orlando J，Rodríguez M I，et al，2005. Biocontrol of *Bacillus subtilis* against *Fusarium verticillioides in vitro* and at the maize root level［J］. Research in Microbiology，156（5）：748－754.

Duvick J，Rood T，Wang X，1998. Fumonisin detoxification enzymes［P］. U. S. Patent US 5716820. Washington，DC：U. S. Patent and Trademark Office.

Fodor J，Meyer K，Gottschalk C，et al，2007. *In vitro* microbial metabolism of fumonisin B_1［J］. Food Additives and Contaminants，24（4）：416－420.

Grenier B，Schwartz－Zimmermann H E，Gruber－Dorninger C，et al，2017. Enzymatic hydrolysis of fumonisins in the gastrointestinal tract of broiler chickens［J］. Poultry Science，96（12）：4342－4351.

Haskard C，Binnion C，Ahokas J，2000. Factors affecting the sequestration of aflatoxin by *Lactobacillus rhamnosus* strain GG［J］. Chemico－Biological Interactions，128（1）：39－49.

Heinl S，Hartinger D，Thamhesl M，G，et al，2010. Degradation of fumonisin B_1 by the consecutive action of two bacterial enzymes［J］. Journal of Biotechnology，145，120－129.

Heinl S，Hartinger D，Thamhesl M G，et al，2011. An aminotransferase from bacterium ATCC 55552 deaminates hydrolyzed fumonisin B_1［J］. Biodegradation，22（1）：25－30.

Kankaanpää P，Tuomola E，Elnezami H，et al，2000. Binding of aflatoxin B_1 alters the adhesion properties of *Lactobacillus rhamnosus* strain GG in a Caco－2 model［J］. Journal of Food Protection，63（3）：412－414.

Lee Y K，El－Nezami H，Haskard C A，et al，2003. Kinetics of adsorption and desorption of aflatoxin B_1 by viable and nonviable bacteria［J］. Journal of Food Protection，66（3）：426.

Niderkorn V，Boudra H，Morgavi D P，2006. Binding of fusarium mycotoxins by fermentative bacteria *in vitro*［J］. Journal of Applied Microbiology，101（4）：849－856.

Niderkorn V，Morgavi D P A B，Lemaire M，et al，2009. Cell wall component and mycotoxin moieties involved in the binding of fumonisin B_1 and B_2 by *Lactic acid bacteria*［J］. Journal of Applied Microbiology，106（3）：977－985.

Pizzolitto R P，Salvano M A，Dalcero A M，2012. Analysis of fumonisin B_1 removal by microorganisms in co‐occurrence with aflatoxin B_1 and the nature of the binding process [J]. International Journal of Food Microbiology，156 (3)：214‐221.

Sabine M，Karin N，Heidi‐Elisabeth S Z，et al，2016. Gastrointestinal degradation of fumonisin B_1 by carboxylesterase FumD prevents fumonisin induced alteration of sphingolipid metabolism in turkey and swine [J]. Toxins，8 (3)：84.

Styriak I，Kmec V，Razzazi E，2001. The use of yeast for microbial degradation of some selected mycotoxins [J]. Mycotoxin Research，17 (1)：24.

Tuppia C M，Atanasova‐Penichon V，Chéreau S，et al，2016. Yeast and bacteria from ensiled high moisture maize grains as potential mitigation agents of fumonisin B_1 [J]. Journal of the Science of Food and Agriculture，97 (8)：2443‐2452.

Yates I E，Meredith F，Smart W，et al，1999. Trichoderma viride suppresses fumonisin B_1 production by *Fusarium moniliforme* [J]. Food Protection，62：1326‐1332.

第十八章 其他霉菌毒素生物降解技术

第一节 展青霉素生物降解技术原理与方法

展青霉素（patulin，PAT）又称棒曲霉素，是一种世界范围内的水果污染物，主要存在于苹果和苹果制品、杏、桃、梨、葡萄等水果中，以及胡萝卜、甜椒等蔬菜中。展青霉素具有免疫毒性、基因毒性、神经毒性、致癌和致畸性，严重威胁动物和人的健康，因此防控水果和水果制品展青霉素污染对于提升水果产品品质具有重要意义。目前，生产中常见的控制水果及水果制品中展青毒素含量的方法包括使用杀菌剂来减少致病霉菌感染导致的水果腐烂；采用低温贮藏或气调贮藏方法来减少水果采后霉菌感染；采用具有良好吸附能力的物质，如活性炭、海藻酸钙、磁性粒子等将展青霉素从果汁饮料中吸附脱除；利用食品添加剂、臭氧及巯基类物质与食品中展青霉素发生化学反应，从而降低或去除其毒性。然而这些物理方法或化学方法存在破坏食品风味和营养价值、容易产生二次污染、成本高昂等缺点。展青霉素具有广谱抗菌作用，对超过 75 种革兰氏阳性和革兰氏阴性菌都有抑制作用。但近年来陆续发现多种具有良好抵抗和降解展青霉素能力的细菌和酵母菌，这为开发绿色安全和经济高效的展青霉素生物脱除技术奠定了坚实的基础。

一、降解展青霉素的微生物菌株筛选

（一）降解展青霉素的细菌的筛选

目前科研人员已经从自然界中筛选到多种能够有效降解展青霉素的细菌，如氧化葡萄糖酸杆菌、枯草芽孢杆菌和乳酸菌等。Ricelli 等（2007）从展青霉素污染的苹果中筛选到一株氧化葡萄糖酸杆菌（*Gluconobacter oxydans* M3），该菌在展青霉素浓度高达 800 μg/mL 的培养基中还能够生长，将该菌添加到展青霉素含量为 100 μg/mL 的苹果汁中培养 72 h 后，91%的展青霉素能够被降解。进一步采用液相色谱-串联质谱和核磁共振谱分析降解产物，结果表明 *G. oxydans* M3 能够将展青霉素降解成 E - ascladiol 和 Z - ascladiol。植物乳杆菌 B_1 和植物乳杆菌 S_1（Hawar 等，2013）能够抑制扩展青霉孢子的发芽和生长，并能下调展青霉素合成途径中的关键酶异环氧菌素脱氢酶的 mRNA 表达量；此外，菌体破碎物和除菌的发酵液上清液均能高效降解展青霉素，37 ℃孵育

4 h 能够完全降解体系中的展青霉素。

值得注意的是，同一株细菌对展青霉素的脱除可能同时存在两方面的作用：一方面细菌产生活性成分降解展青霉素，另一方面细菌胞膜和胞壁能物理性吸附展青毒素。龚雪（2015）从泡菜中筛选到一株高效去除展青霉素的植物乳杆菌 LB－11，比较不同致死方式对 LB－11 去除展青霉素效果的影响时发现，致死菌株对展青霉素也存在一定的脱毒能力，这可能与菌株细胞表面的吸附作用有关；有活性的完整菌体在 24 h 内对展青霉素的脱除率达到 98.34%，因此推测 LB－11 代谢产生的酶类对展青霉素的脱除发挥了主要作用。培养 48 h 后，尿肠球菌 EF031 和 M74 对展青霉素的去除率分别达到 45.3%和 41.6%，热处理灭活后去除率分别为 36.4%和 38.6%。因此推测，尿肠球菌 EF031 和 M74 对展青霉素的去除包括细胞壁物理吸附和胞内代谢转化两方面（Topcu 等，2010）。

（二）降解展青霉素的酵母的筛选

酵母菌遗传稳定，通常情况下不产生对人和动物有毒副作用的代谢产物，并能与其他化学和物理处理相容，在产毒素霉菌防控、霉菌毒素吸附脱除和霉菌毒素生物降解方面均有应用。早在 1973 年，Harwig 等就发现酿酒酵母（*Saccharomyces cerevisiae*）分泌的某种代谢产物能够降解苹果汁中添加的展青霉素，此后研究人员筛选到了一系列能够在体外降解展青霉素的酵母菌，包括奥默柯达酵母（*Kodamaea ohmeri*）、卡利比克毕赤酵母（*Pichia caribbica*）、高里假丝酵母（*Candida guilliermondii*）、海洋红酵母（*Rhodosporidium paludigenum*）及红冬孢酵母（*Rhodosporidium kratochvilovae*）等。Reddy 等（2011）发现，来源于苹果的 2 株美极梅奇酵母（*Metschnikowia pulcherrima*）MACH 1 和 GS 9 能够在液体培养基中高效降解展青霉素，用乙酸乙酯提取酵母细胞超声破碎产物，通过高效液相色谱法未能在其中检出展青霉素，表明美极梅奇酵母脱除展青霉素是一种生物转化过程，而不是细胞壁的物理吸附作用。董晓妍（2015）筛选到了一株海洋酵母（*Kodamaea ohmeri*）HYJM 34，其在 24 h 能完全降解培养基中的展青霉素，相比于陆生酵母，*K. ohmeri* HYJM 34 的耐性强、易培养，能够较好地适应复杂食品基质。

过去研究表明，当展青霉素浓度达到 200 μg/mL 时，酵母的生长会受到严重抑制，从而影响其对展青霉素的脱除效果。但近年来，研究人员筛选到了能够耐受高浓度展青霉素的酵母菌株。Chen 等（2017）研究发现，高里假丝酵母在正常 NYDB 培养基和添加 500 μg/mL 展青霉素的 NYDB 培养基中的生长趋势基本一致，展青霉素只在前 48 h 对高里假丝酵母有生长抑制作用，120 h 后展青霉素胁迫组酵母生物量高达 8×10^8 个/mL。将高里假丝酵母和展青霉素共孵育 48 h 后，体系中展青霉素的降解率高达 92%，而灭活细胞不能有效脱除体系中的毒素。说明高里假丝酵母对展青霉素的主要脱除方式不依赖细胞壁的物理吸附作用。为了确定高里假丝酵母中展青霉素生物转化活性物质的细胞定位，分别将展青霉素与细胞培养上清液和胞内蛋白提取物共孵育，结果发现细胞培养上清液不能降解展青霉素，而胞内蛋白提取物对展青霉素的降解率达到 50%。这进一步说明高里假丝酵母去除展青霉素过程是一种胞内活动。

二、展青霉素生物降解机制

（一）展青霉素降解产物

Moss 和 Long（2002）最早研究酿酒酵母在苹果汁酒精发酵过程中降解展青霉素的相关机制，高效液相色谱和薄层层析结果表明其中一种降解产物在 271 nm 紫外波长下有最大吸收峰，对应展青霉素合成前体物质 E-ascladiol，核磁共振谱结果表明另外一种物质为 Z-ascladiol。E-ascladiol 和 Z-ascladiol 依然保留内酯环，是一对旋光异构体，毒性是展青霉素的 1/4。Hawar 等（2013）研究发现，植物乳杆菌 B1 和植物乳杆菌 S1 在短时间内能够将展青霉素转化成 E-ascladiol 和 Z-ascladiol，降解体系经过滤除菌后在 4 ℃条件下放置 4 周，体系中的 E-ascladiol 和 Z-ascladiol 能够自发地转化成一种没有旋光异构体的代谢产物 hydroascladiol。采用^{13}C 标记展青霉素来追踪 *R. kratochvilovae* LS 11 在有氧条件下降解展青霉素的代谢产物，经高效液相色谱纯化和核磁共振谱分析表明降解产物是 desoxypatulinic acid（DPA）（Castoria 等，2011；图 18-1）。展青霉素能够与巯基共价结合，从而使得细胞中酶活位点含有游离巯基的酶类受到影响，酶活性减弱。展青霉素在 *R. kratochvilovae* LS11 的作用下转化成 DPA，内酯环被水解，同时失去了半缩醛结构，和巯基共价结合的能力下降，因此 DPA 对细胞内蛋白质功能的影响相对要小。体外试验结果表明，DPA 对人淋巴细胞的毒性远低于展青霉素，且不与谷胱甘肽 GSH 结合。另外，DPA 的亲水性要高于展青霉素，极性增加有利于 DPA 在机体内的排泄。

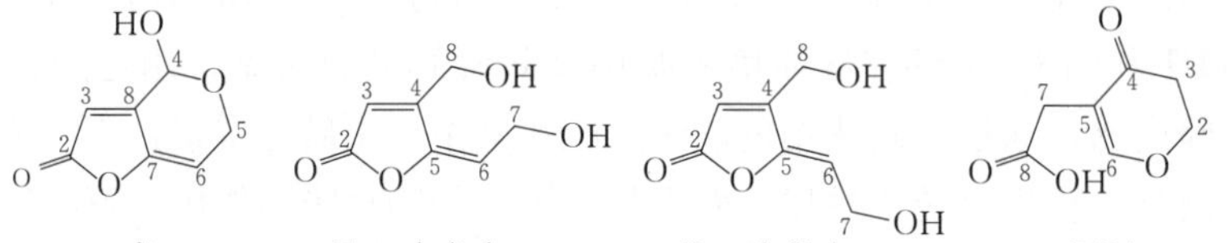

图 18-1　展青霉素及其降解产物 E-ascladiol、Z-ascladiol 和 DPA 化学结构

（资料来源：Castoria 等，2011；Hawar 等，2013）

ascladiol 和 DPA 分子式均为 $C_7H_8O_4$。ascladiol 是展青霉素吡喃环开环产物，DPA 是展青霉素呋喃环开环产物，因此展青霉素转化成 ascladiol 和 DPA 是 2 条不同的降解途径。到目前为止，ascladiol 则是一种在细菌和真菌中高度保守的降解途径，在酿酒酵母、海洋红酵母、高里假丝酵母，以及植物乳杆菌和氧化葡萄糖酸杆菌等展青霉素降解微生物中均有报道，而 DPA 途径只在红酵母中有报道。

（二）展青霉素降解相关基因

对细菌和酵母中展青霉素生物降解遗传基础的挖掘有利于进一步了解微生物降解展青霉素的作用机制，同时为用基因工程手段改良野生型展青霉素降解菌株和克隆展青霉素降解酶基因提供理论基础。为了定位 *Sporobolomyces* sp. IAM 13481 上参与降解展青霉素的基因，Ianiri 等（2013）从 3 000 株 *Sporobolomyces* sp. IAM 13481 的 T-DNA

插入突变株中筛选到了13株在展青霉素胁迫下生长受到严重抑制的基因缺失株，进一步研究发现这些缺失的基因包括YCK2、PAC2、DAL5和VPS8。通过RNAseq转录组学技术，Ianiri等（2013）还研究了*Sporobolomyces* sp. IAM 13481在降解展青霉素初始阶段耐受展青霉素细胞毒性的相关机制。在展青霉素胁迫下，活性氧ROS的生成量增加，从而激活*Sporobolomyces* sp. IAM 13481谷胱甘肽和硫氧还原蛋白系统，同时展青霉素抑制蛋白质合成与加工过程相关蛋白质的基因表达；另外还发现，*Sporobolomyces* sp. IAM 13481中参与离子转运、细胞分裂与细胞周期蛋白质的表达量也发生了下调。由此可知，*Sporobolomyces* sp. IAM 13481通过复杂的代谢途径来克服展青霉素的毒性作用（Ianiri等，2016）。通过iTRTQ比较蛋白质组学和荧光定量PCR技术，Chen等（2017）发现，展青霉素能够诱导高里假丝酵母中一种短链脱氢酶（NCBI登录号：gi｜190348612）表达量上调，当体系中展青霉素被高里假丝酵母降解后，该酶表达量下调，因此推测该酶可能直接参与展青霉素的生物降解过程。后续研究需要从高里假丝酵母中克隆该酶基因并进行外源表达，从而验证该酶是否具有降解展青霉素的生物活性。

三、生物降解技术在水果及水果制品展青霉素防控中的应用

在水果中，尤其是在苹果中，展青霉素的污染相当严重。中国预防医学科学院等单位对我国水果及水果制品中展青霉素的污染调查报告中指出，我国原汁、原酱等水果制品半成品中展青霉素的检出率高达76.9%，含量为18～953 μg/kg；水果制品成品中展青霉素的检出率达19.6%，含量为4～262 μg/kg。水果制品受展青霉素污染不仅降低产品品质，还会严重威胁消费者健康。欧盟对食品中展青霉素含量做出了严格规定，其中果汁及水果原汁中展青霉素的含量不得超过50.0 μg/L，苹果肉产品、苹果蜜饯及苹果泥等固态苹果制品中展青霉素的含量不得超过25.0 μg/kg。

展青霉素在食品基质中能够稳定存在，常规的物理处理方法和化学处理方法去毒不彻底，微生物降解被认为是一种安全、高效的脱除水果及其制品中展青霉素的方法，受到国内外食品微生物研究人员的广泛关注。Wang等（2016）研究了枯草芽孢杆菌CICC 10034、粪球红细菌（*Rhodobacter sphaeroides*）CGMCC 1.2182和根癌土壤杆菌（*Agrobacterium tumefaciens*）CGMCC 1.2554对产展青霉素植物病原菌扩展青霉的抑菌效果及其对展青霉素的脱除能力。用无菌注射器在苹果果实表皮制造伤口，在伤口处分别接种20 μL枯草芽孢杆菌、粪球红细菌和根癌土壤杆菌，室温孵育2 h后补接20 μL扩展青霉分生孢子悬液，7 d后测定伤口处的霉变直径和苹果中展青霉素的含量。相比于只接种扩展青霉的对照组，枯草芽孢杆菌、粪球红细菌和根癌土壤杆菌处理组的霉变直径减小了38%、23.67%和27.63%；扩展青霉对照组果实中展青霉素含量高达403 μg/kg，而枯草芽孢杆菌、粪球红细菌和根癌土壤杆菌处理组展青霉素含量为6.03 μg/kg、25.32 μg/kg和20.22 μg/kg。分别将这3株菌与展青霉素（1 000 μg/mL）共孵育24 h后，这3株菌均能够完全降解体系中的展青霉素。因此，这3株颉颃细菌在水果及其制品中展青霉素生物防控上有潜在应用前景。朱瑞瑜（2015）研究了*R. paludigenum*对果汁中展青霉素的降解作用，接种*R. paludigenum*后第4天，苹果汁和梨汁中展青霉素均被完全去除，展青霉素的初始含量和*R. paludigenum*的菌体浓

度对降解效果无显著影响，在 pH 6.0 和 30 ℃条件下，降解速率最佳。采用高效液相色谱-串联质谱鉴定 *R. paludigenum* 降解展青霉素的产物，结果显示该物质的相对分子质量为 156.042 3，与前人报道的展青霉素降解产物 DPA 一致，降解产物毒性评估证实 DPA 对大肠埃希氏菌和人体肝细胞 LO2 生长均无明显抑制作用。*R. paludigenum* 不仅能够降解果汁中的展青霉素，还能抑制水果青霉病的发生。在苹果果实表皮伤口处接种 *R. paludigenum* 菌悬液后再接种扩展青霉分生孢子悬液，置于 25 ℃恒温贮藏室培养 4 d 发现，经过 *R. paludigenum* 处理的苹果其青霉病发病率降低了 90.9%，感染青霉病的苹果病斑直径相比于对照组显著减小。另外，将 *R. paludigenum* 用于苹果和梨采后的青霉病防治时，不影响苹果和梨的果实品质。

第二节　麦角生物碱生物降解技术原理与方法

麦角生物碱（ergot alkaloilds，EA）简称麦角碱，是主要由以麦角菌（*Claviceps purpurea*）为代表的麦角菌属真菌产生的一类生物碱毒素。目前已经从麦角中分离提取到 40 多种生物碱，此外还不断有新的麦角生物碱被报道。麦角生物碱毒素的共同结构是麦角灵环，其和 5-羟色胺、多巴胺、去甲肾上腺素、肾上腺素具有一定的结构相似性，能够和这些激素受体结合。动物和人摄入一定的麦角毒素后，神经系统、循环系统、生殖系统和免疫系统会出现功能紊乱。由于麦角菌是高粱、小麦和黑麦等多种禾本科植物中常见的内生真菌，因此麦角生物碱广泛存在于麦类谷物和禾本科牧草中，给家畜的生产性能和健康状况带来严重影响。为了提高动物对麦角生物碱的耐受性，通常需要在饲粮里添加水合硅铝酸盐、高黏土等脱霉剂，但是这些脱霉剂会影响饲粮中微量元素和维生素的消化吸收。麦角生物碱在瘤胃发酵过程中能够被微生物降解，红串红球菌（*Rhodococcus erythropolis*）能够将麦角酰胺（lysergic acid amide）转化成低毒性的麦角酸（lysergic acid），这开启了麦角生物碱微生物脱毒方面的研究。

一、降解麦角生物碱的微生物菌株筛选

在温和条件下，特异性地高效降解麦角生物碱的微生物菌株早在 21 世纪初就有报道。Martinkova 等（2001）发现，来源于土壤的红串红球菌 A4 能够将麦角酰胺水解成麦角酸，同时还能将麦角酰胺 C-8 位手性异构体异麦角酰胺水解成异麦角酸，不过红串红球菌 A4 水解异麦角酰胺的效率很低，这可能是由于红串红球菌 A4 产生的酰胺酶具有立体选择性。Thamhesl 等（2015）从土壤中筛选到了一株能够将麦角肽碱（ergopeptines）转化成麦角酰胺，并进一步将麦角酰胺转化成麦角酸的红串红球菌 MTHt3。红串红球菌 MTHt3 能够降解包括麦角胺（ergotamine）、麦角缬氨酸（ergovaline）、麦角克碱（ergocristine）、麦角环肽（ergocryptine）、麦角柯宁碱（ergocornine）和麦角生碱（ergosine）在内的所有麦角提取物中的麦角肽碱，但不能降解结构上更为简单的麦角酸衍生物，如田麦角碱（agroclavine）、裸麦角碱（chanoclavine）和麦角新碱（ergometrine）。作为麦角灵环的前体，L-色氨酸是内生菌合成麦角碱所必需的

物质。Harlow 等（2017）研究发现，3 株源于瘤胃的色氨酸利用优势细菌 TU1、TU2 和 TU3 能够在体外降解麦角缬氨酸，48 h 的降解率分别为 54.5%、73.1%和 59.1%，而灭活菌体及不接种细菌的培养基均不能清除体系中的麦角缬氨酸；16S rRNA 测序分析表明，这 3 株色氨酸利用细菌均为梭状芽孢杆菌（*Clostridium sporogenes*）。此外他们还发现，瘤胃高效产氨细菌斯氏梭菌（*Clostridium sticklandii*）SR、嗜胺梭菌（*Clostridium aminophilum*）F 和厌氧消化链球菌（*Peptostreptococcus anaerobius*）BG1 也能降解麦角缬氨酸，48 h 的降解率分别为 63.6%、58.8%和 54.4%。

二、麦角生物碱生物降解机制

在目前已经发现的能够降解麦角生物碱的微生物菌株中，关于红串红球菌 MTHt3 降解麦角肽碱的代谢途径研究得最为清楚，MTHt3 产生的水解酶 ErgA 可以将麦角肽碱水解成麦角酰胺，麦角酰胺在酰胺酶 ErgB 的作用下能生成麦角酸（Hahn 等，2015；Thamhesl 等，2015；图 18－2）。将 MTHt3 麦角肽碱水解酶基因 *ergA* 在大肠埃希氏菌中表达，获得纯化的重组 ErgA 蛋白，检测 ErgA 蛋白对麦角柯宁碱、麦角克碱、麦角环肽、麦角生碱、麦角胺和麦角缬氨酸 6 种不同麦角肽碱的降解活性及降解产物。降解反应在 25 ℃避光条件下进行，不同时间点分别取样终止反应。ErgA 与麦角胺、麦角缬氨酸和麦角生碱作用 0.5 h 之后检测到相对分子质量为 355（分子式 $C_{19}H_{21}N_3O_4$）的中间降解产物，ErgA与麦角柯宁碱、麦角克碱和麦角环肽作用 0.5 h 后检测到相对分子质量为 383（分子式$C_{21}H_{25}N_3O_4$）的中间降解产物。此外，还生成不同的环状二肽。麦角缬氨酸和麦角柯宁碱对应 S－Pro－S－Leu（分子式 $C_{10}H_{16}N_2O_2$），麦角环肽和麦角生碱对应 S－Pro－S－Leu（分子式 $C_{11}H_{18}N_2O_2$），麦角胺和麦角克碱对应 S－Pro－S－Phe（分子式 $C_{14}H_{16}N_2O_2$）；相对分子质量为 355 的降解中间产物自发性地分解成丙酮酸（$C_3H_4O_3$）和麦角酰胺，相对分子质量为 383 的降解中间产物自发性地分解成二甲基丙酮酸（$C_5H_8O_3$）和麦角酰胺，MTHt3 菌体及其菌体裂解物中的酰胺酶 ErgB 能进一步将麦角酰胺转化成麦角酸。

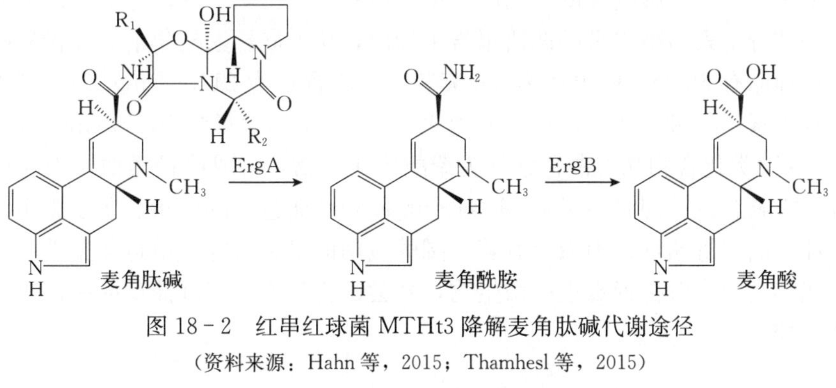

图 18－2 红串红球菌 MTHt3 降解麦角肽碱代谢途径
（资料来源：Hahn 等，2015；Thamhesl 等，2015）

三、生物降解技术在饲料麦角生物碱防控中的应用

建立有效的谷物清洁程序，可以保证谷物原料中的麦角菌核在加工成食品过程中被

有效去除，因此人麦角中毒的发病率很低。反刍动物在采食内生真菌感染的高羊茅和黑麦草后容易发生麦角中毒。麦角肽碱是苇状羊茅内生真菌（*Neotyphodium coenophialum*）和侵染麦类作物的麦角菌所产麦角毒素的主要类型，麦角肽碱能够强烈持续地收缩血管，减少外周血管系统血流量。哺乳动物麦角肽碱中毒症状表现为体温升高、呼吸频率增加、脂肪坏死、肢蹄和尾根坏疽。红串红球菌 MTHt3 降解麦角肽碱中间产物麦角酰胺收缩血管活性与麦角肽碱相当，降解终产物麦角酸的毒性低，收缩血管活性不足麦角缬氨酸的千分之一，不会在生物体内蓄积，因此通过 MTHt3 生物转化作用能够降低饲粮中麦角生物碱对动物的毒副作用。但红串红球菌 MTHt3 作为一种需氧细菌，无法在高度厌氧的瘤胃环境中稳定存活和降解麦角肽碱，另外红串红球菌的饲用安全性未知。基于 ErgA 和 ErgB 的重组麦角肽碱降解酶能够实现对饲粮中的麦角毒素高效脱毒，同时可以避免麦角肽碱降解中间产物在消化道蓄积，重组酶制剂的饲用效果还需进一步来证实。此外，醉马草毒性被认为与其含有麦角新碱和麦角酰胺有关，醉马草粗蛋白质含量高，营养价值丰富。将醉马草脱毒后用作饲草，通过微生物发酵酶解其中的麦角新碱和麦角酰胺从而降低醉马草毒性可能是开发和利用醉马草的新途径。

第三节　桔青霉素生物降解技术原理与方法

桔青霉素（citrinin）又称桔霉素，是红曲霉属（*Monascus* spp.）的次级代谢产物，具有肾毒性，能够导致动物肾脏肿大、肾小管扩张和上皮细胞变性坏死，和赭曲霉毒素 A 一起被认为是巴尔干肾病的潜在致病因子。红曲以大米为固态培养基，接种红曲霉发酵而来。在东南亚地区，红曲被广泛用作食品着色剂和调味剂，以及用于腐乳、香肠、蜜饯等的制作。红曲霉代谢产物 Monacolin K 可以通过抑制 HMG - CoA 还原酶活性，减少人体内胆固醇的合成，从而达到降血脂的效果。另外，红曲霉还能产生红曲色素、氨基丁酸和麦角固醇等功能性物质。遗憾的是，在红曲发酵过程中往往伴随桔青霉素的产生，桔青霉素污染严重影响红曲产品的食用价值和药用价值。李凤琴等（2005）对国产红曲制品中桔青霉素污染水平的调研报告中指出，从不同厂家搜集的 114 份样品中，桔青霉素阳性样品有 68 份，检出率为 59.65%，平均含量为 211.61 mg/kg；其中，红曲色素粉桔青霉素污染最为严重，检出率为 92.59%，平均含量为 508.40 mg/kg。红曲霉素、Monacolin 类化合物和红曲色素均为聚酮体化合物，合成途径类似，因此很难实现在减少红曲霉素合成的同时不影响 Monacolin K 和红曲色素的产量。鉴于微生物酶解方法在饲粮和食品中霉菌毒素消减上有着广阔的应用前景，研究人员近年来着力于从自然界中筛选能够高效降解桔青霉素的微生物，并尝试将其应用于红曲产品中以进行桔青霉素的生物防控。

一、降解桔青霉素的微生物菌株筛选

Devi 等（2006）从海藻中筛选到一株能够耐受己烷、乙酸乙酯和甲醇等有机溶剂的海洋细菌 *Moraxella* sp. MB1，其对桔青霉素不敏感，在普通肉汤培养基和添加 50%

乙酸乙酯的普通肉汤培养基中生长趋势一致。将 2 mL *Moraxella* sp. MB1 菌液和 4 mg 桔青霉素加入到含有 50%乙酸乙酯的普通肉汤培养基中于 27 ℃培养 30 h，溶于乙酸乙酯的桔青霉素能被完全降解。陈俊霖（2015）将从接种红曲粉溶液的 PDA 培养基中分离到的一种微生物作用于桔青霉素后，72 h 桔青霉素的降解率达 70%左右。Chen 等（2010）以桔青霉素为唯一碳源，从土壤样品中筛选到 10 株能够降解桔青霉素的微生物菌株，其中编号为 NPUST - B11 的分离株的降解活性最高，3 d 能够清除培养基中 99.41%的桔青霉素，16S rDNA 测序表明 NPUST - B11 是一株肺炎克雷伯菌（*Klebsiella pneumoniae*）。Kanpiengjai 等（2015）从泰国清迈地区采集的土壤和水体样本中筛选到了 2 株特异性降解桔青霉素但不影响添加在培养基中的 Monacolin K 含量的微生物菌株——阴沟肠杆菌（*Enterobacter cloacae*）PS21 和污泥根瘤菌（*Rhizobium borbori*）PS45。*E. cloacae* PS21 和 *R. borbori* PS45 120 h 对桔青霉素的降解率分别为 44%和 63%，降解产物对枯草芽孢杆菌的生长抑制作用减弱。

二、桔青霉素生物降解机制

采用硅胶柱层析方法分离纯化 *Moraxella* sp. MB1 降解桔青霉素的代谢产物，降解产物粗品用乙酸乙酯萃取、上样，经石油醚和乙酸乙酯梯度洗脱，极性较弱的物质不易被硅胶吸附，先洗脱下来；极性较大的物质易被硅胶吸附，后洗脱下来。纯化的降解产物经电喷雾电离质谱（ESI - MS/MS）分析表明，该化合物分子式为 $C_{12}H_{14}O_3$，相比于桔青霉素（$C_{13}H_{14}O_5$），降解产物分子质量减少了 44，且很有可能是桔青霉素脱除羧基后的产物；核磁共振谱分析证实该物质不含羧基，最终根据质谱检测到的降解产物碎片基团确定了桔青霉素脱羧产物 decarboxycitrinin 的化学结构（图 18 - 3）。降解产物 decarboxycitrinin 保留了桔青霉素的抑菌活性，但对试验小鼠无毒。Devi 等（2006）比较了 decarboxycitrinin 和桔青霉素对鼠伤寒沙门氏菌、大肠埃希氏菌、霍乱弧菌和酿脓葡萄球菌等致病菌的抑菌作用发现，二者无显著差异。分别将 *Moraxella* sp. MB1 的除菌发酵上清液和菌体裂解后上清液与桔青霉素在 27 ℃下共孵育 30 h，菌体裂解后的上清液能够催化桔青霉素脱羧，而发酵上清液不能降解桔青霉素，表明 *Moraxella* sp. MB1 中降解桔青霉素的脱羧酶是一种胞内蛋白。

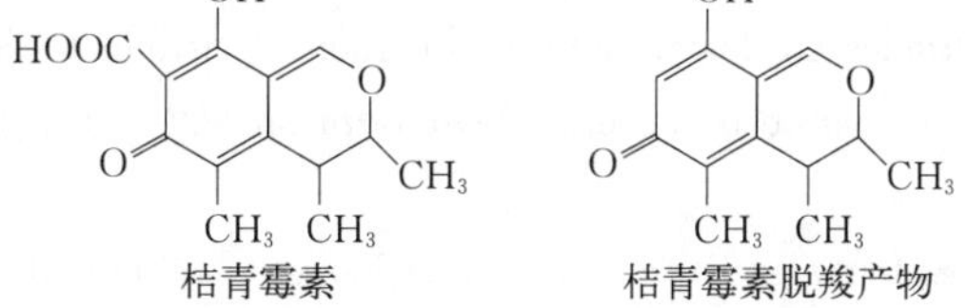

OH HOOC O O CH_3 CH_3 CH_3　　OH O O CH_3 CH_3 CH_3

桔青霉素　　桔青霉素脱羧产物

图 18 - 3　桔青霉素及其脱羧产物结构

（资料来源：Devi 等，2006）

三、生物降解技术在红曲产品桔青霉素防控中的应用

自从 1995 年法国学者 Blanc 等发现红曲霉菌能够产生桔青霉素以来，红曲产品的

安全性便受到世界各国的广泛关注。目前，桔青霉素超标已经成为限制我国红曲产品出口的最大瓶颈，迫切需要开发一种安全、有效的降低红曲产品中桔青霉素含量的新技术，通过微生物降解将有毒物质转化成无毒或低毒物质是当前应用微生物领域中的研究热点。除了从自然界中筛选到了可以降解霉菌毒素的微生物之外，研究人员还筛选到了一系列能够降解其他存在于食品和饲料中的有毒有害物质的微生物，如降解生氰糖苷的植物乳杆菌和降解棉酚的高里假丝酵母等。生物降解技术在食品加工和饲料工业中的应用需要满足两个大前提：一是所用的微生物菌株对人和动物健康不存在负面影响；二是微生物酶解产物毒性减弱或无毒。目前报道的能够降解桔青霉素的微生物菌株，如肺炎克雷伯菌、阴沟肠杆菌和污泥根瘤菌等均具有致病性或潜在致病性，不适用于红曲产品桔青霉素脱毒。因此在今后的研究中，一方面需要重新筛选能够降解桔青霉素的益生菌；另一方面需要分离纯化桔青霉素脱羧酶，通过基因工程技术开发成可以用于红曲产品加工的酶制剂。

参考文献

陈俊霖，2015. 食品中橘霉素的检测、降解及来源研究［D］. 杭州：浙江工商大学．

董晓妍，2015. 高效降解展青霉素海洋酵母的筛选、鉴定及降解特性研究［D］. 青岛：中国海洋大学．

龚雪，2015. 乳酸菌降低展青霉素毒害作用的研究［D］. 无锡：江南大学．

李凤琴，许赣荣，李玉伟，等，2005. 国产红曲制品中桔青霉素污染水平研究［J］. 卫生研究，(4)：451－454.

朱瑞瑜，2015. *Rhodosporidium paludigenum* 对青霉菌引起的果实采后病害的抑制及对棒曲霉素的降解作用研究［D］. 杭州：浙江大学．

Chen Y，Peng H M，Wang X，et al，2017. Biodegradation mechanisms of patulin in *Candida guilliermondii*：an iTRAQ－based proteomic analysis ［J］. Toxins，9.

Chen Y H，Sheu S C，Mau J L，et al，2010. Isolation and characterization of a strain of *Klebsiella pneumoniae* with citrinin－degrading activity ［J］. World Journal of Microbiology and Biotechnology，27：487－493.

Castoria R，Mannina L，Duran－Patron R，et al，2011. Conversion of the mycotoxin patulin to the less toxic desoxypatulinic acid by the biocontrol yeast *Rhodosporidium kratochvilovae* strain lS11 ［J］. Journal of Agricultural and Food Chemistry，59：11571－11578.

Devi P，Naik C G，Rodrigues C，2006. Biotransformation of citrinin to decarboxycitrinin using an organic solvent－tolerant marine bacterium，*Moraxella* sp. MB_1 ［J］. Marine Biotechnology，8：129－138.

Hahn I，Thamhesl M，Apfelthaler E，et al，2015. Characterisation and determination of metabolites formed by microbial and enzymatic degradation of ergot alkaloids ［J］. World Mycotoxin Journal，8：393－404.

Harlow B E，Goodman J P，Lynn B C，et al，2017. Ruminal tryptophan－utilizing bacteria degrade ergovaline from tall fescue seed extract ［J］. Journal of Animal Science，95：980－988.

Hawar S，Vevers W，Karieb S，et al，2013. Biotransformation of patulin to hydroascladiol by *Lactobacillus plantarum* ［J］. Food Control，34：502－508.

Harwig J, Scott P M, Kenneoly B P C, et al, 1973. Disappearance of potulin from apple juice fermented by *Saccharomyces* spp. [J]. Canadian Institute of Food Science and Technology, 6: 45-46.

Ianiri G, Idnurm A, Castoria R, 2016. Transcriptomic responses of the basidiomycete yeast *Sporobolomyces* sp. to the mycotoxin patulin [J]. BMC Genomics, 17, 210.

Ianiri G, Idnurm A, Wright S A, et al, 2013. Searching for genes responsible for patulin degradation in a biocontrol yeast provides insight into the basis for resistance to this mycotoxin [J]. Applied and Environmental Microbiology, 79: 3101-3115.

Kanpiengjai A, Mahawan R, Lumyong S, et al, 2015. A soil bacterium *Rhizobium borbori* and its potential for citrinin-degrading application [J]. Annals of Microbiology, 66: 807-816.

Martinkova L, Kren V, Cvak L, et al, 2001. I. Hydrolysis of lysergamide to lysergic acid by *Rhodococcus equi* A4 [J]. Journal of Biotechnology, 84: 63-66.

Moss M O, Long M T, 2002. Fate of patulin in the presence of the yeast *Saccharomyces cerevisiae* [J]. Food Additives and Contaminants, 19: 387-399.

Reddy K R, Spadaro D, Gullino M L, et al, 2011. Potential of two *Metschnikowia pulcherrima* (yeast) strains for *in vitro* biodegradation of patulin [J]. Journal of Food Protection, 74: 154-156.

Ricelli A, Baruzzi F, Solfrizzo M, et al, 2007. Biotransformation of patulin by *Gluconobacter oxydans* [J]. Applied and Environmental Microbiology, 73: 785-792.

Thamhesl M, Apfelthaler E, Schwartz-Zimmermann H E, et al, 2015. *Rhodococcus erythropolis* MTHt3 biotransforms ergopeptines to lysergic acid [J]. BMC Microbiology (15): 1.

Topcu A, Bulat T, Wishah R, et al, 2010. Detoxification of Aflatoxin B_1 and patulin by *Enterococcus faecium* strains [J]. International Journal of Food Microbiology, 139: 202-205.

Wang Y, Yuan Y, Liu B, et al, 2016. Biocontrol activity and patulin-removal effects of *Bacillus subtilis*, *Rhodobacter sphaeroides* and *Agrobacterium tumefaciens* against penicillium expansum [J]. Journal of Applied Microbiology, 121: 1384-1393.

第十九章 霉菌毒素降解菌的发酵生产

第一节　霉菌毒素降解菌的筛选及活性改进技术

一、霉菌毒素降解菌的筛选

对霉菌毒素污染的控制急切需要一种效率高、特异性强、对饲料和环境没有污染的技术。利用微生物或其代谢产物进行解毒具备以上优势，是饲料中霉菌毒素脱毒的发展方向。自从 1960 年起，越来越多的研究者开始利用微生物资源来转化和降解霉菌毒素。这些微生物来源广泛，包括动物肠道、土壤及植物组织等。Shima 等（1997）通过富集培养方法从土壤中筛选到一株土壤杆菌属的细菌 E3 - 39，其胞外提取液在 30 ℃厌氧条件下可降解培养基中的呕吐毒素。Völkl 等（2004）指出，许多霉菌毒素的化学结构很稳定，但同时这些毒素又没有在自然界中无限制地积累，说明自然界中普遍存在生物降解毒素的过程。Teniola 等（2005）从多环芳烃化合物污染的土壤中分离得到红球菌（*Rhodococcus erythropolis*），该菌具有降解黄曲霉毒素 B_1 的能力。仉磊（2006）从原油污染的水样中分离筛选出能够降解化合物菲的微生物，推测原因是：菲属于多环芳烃类物质，而原油中富含多种多环芳烃化合物，污染的水样由于外界环境作用于微生物的选择压力，从而形成具有降解活力的微生物菌群。雷元培（2014）从肉鸡肠道食糜中分离得到一株具有降解玉米赤霉烯酮活性的枯草芽孢杆菌。由于环境中的土壤、动物粪便、朽木等中聚集大量微生物，加之发霉的粮食和饲粮中含有霉菌毒素，长期与其接触的微生物可能具备耐受或者利用霉菌毒素的特性，因此可选取这些样品筛选菌株。

研究者从自然界基质中筛选出的能降解霉菌毒素的微生物主要包括乳酸菌、放线菌、酵母菌、霉菌和藻类等。目前降解菌的筛选方法主要有 2 种：一种是先利用合适的培养基培养微生物，取其发酵液与霉菌毒素按一定比例混合、孵育一定时间后，检测毒素含量；另一种是以霉菌毒素作为唯一碳源或氮源，与样品共培养，毒素含量减少说明有微生物能够利用毒素，则进行下一步分离筛选。但这 2 种方法都存在霉菌毒素用量大、成本高、耗时、费力等缺点。也可用霉菌毒素结构类似物代替毒素来筛选降解菌，从而降低试验人员霉菌毒素暴露风险和降低成本。Mann 和 Rehm（1976）以香豆素衍生物为碳源，筛选到 2 株黄曲霉毒素高效降解菌：红色棒状杆菌（*Corynebacterium rubrum*）和根霉菌（*Rhizopus* sp.）。Hormisch 等（2004）以荧蒽为唯一碳源，从煤田附近污染的土壤样品中分离到一株能够同时降解荧蒽和黄曲霉毒素 B_1 的分枝杆菌（*Mycobacterium fluoranthenivorans* sp.）。关舒（2009）根据香豆素与黄曲霉毒素分子结构中氧杂萘邻酮环结构上的相似性，建立了利用香豆素培养基分离筛选降解黄曲霉毒素微生物的方法（附录1）。以此方法从大量的自然界样品中，筛选出了8株对黄曲霉毒素 B_1 降解率达70%以上的细菌。该筛选方法安全、高效、成本低，目前发明专利申请已获国家授权。在筛菌操作过程中，一般使用三角瓶、试管或96孔深孔板进行菌株培养。

应用于饲料工业生产的霉菌毒素降解菌，需满足安全性、稳定性、有效性、生产实用性等要求。菌种不仅对人、动物、植物和环境不应造成危害，而且还不应有潜在的、慢性的、长期的危害，要充分评估其风险，严格防护。基因工程构建的菌种应用，尤其要遵守国内外规定的生物安全法规。菌种可耐受胃酸、有机酸和胆汁等，抗逆性强。筛选到的降解菌可通过仪器分析技术、细胞毒性测试、饲料发酵脱毒试验、靶动物功效试验等，进一步验证其脱毒效果。此外，为了更有利于实际生产，可定向筛选特定菌种。例如，芽孢杆菌在自然界中广泛存在，生长速度快、营养需求简单，具有较强的抗逆性，常作为较安全的益生菌用于人保健品和饲料添加剂中。因此，将芽孢杆菌作为筛选对象，可提高后续实际应用的可能性。青贮饲料中黄曲霉毒素的去除是反刍动物养殖者和科研机构重点关注的内容。张舒月等（2018）以防治结合为目标，筛选出了一株可颉颃黄曲霉且能降解黄曲霉毒素 B_1 的双功能菌株枯草芽孢杆菌 N-1a，该菌株在青贮过程中能起到良好的脱毒作用。

二、菌种活性改进技术

微生物降解霉菌毒素的活性受反应条件（如培养基成分、温度、反应体系 pH 等）的影响很大。适宜的外部环境不仅有利于菌体的生长，而且还可提高微生物对底物的利用能力，使代谢向着有利于目的产物合成的方向进行。不同来源的微生物降解反应所需要的最佳条件不同。一般来说，微生物对霉菌毒素降解所需要的反应条件和该微生物寄生的条件相似。培养基成分对微生物降解霉菌毒素的能力有很大影响。德沃斯氏菌 ANSB 714 在营养丰富的培养基（如营养肉汤培养基）中对呕吐毒素的降解效果较好，而在贫瘠培养基下呕吐毒素没有发生降解（李笑樱，2015）。但也存在相反情况，余元善（2011）发现，当菌株 SM 04 培养在营养比较丰富的培养基（如营养肉汤）中时，其液体培养物不具有降解玉米赤霉烯酮的能力；而培养在营养相对简单的培养基（如 M1 培养基）中时，其液体培养物具有高效降解玉米赤霉烯酮的能力。同一微生物在不同阶段的生理生化过程需要不同的温度，最适生长温度并不等于发酵速度最高时的培养温度或累积代谢产物量最高时的培养温度。生产上常根据微生物不同生理代谢过程温度的特点，采用分段式变温培养或发酵，使其向有利于代谢产物的方向进行。同一微生物在其不同生长阶段和生理生化过程中，要求的 pH 也不相同，因此研究微生物积累某些特定代谢产物所需的最佳 pH 至关重要。培养基的 pH 对微生物产酶和细胞膜各种成分的运输有着极大的影响，进而影响微生物活性物质对毒素的降解效果。某些金属离子是很多微生物代谢酶的抑制剂或激活剂，很多微生物活性代谢产物的发酵生产对金属离子非常敏感。朱新贵和林捷（2001）研究发现，在发酵培养基中添加钙、镁离子可以促进枯草杆菌对黄曲霉毒素 B_1 的去除作用。关舒（2009）发现，Mg^{2+} 是嗜麦芽窄食单胞菌 35－3 降解黄曲霉毒素的促进剂，而 Zn^{2+} 和 Fe^{2+} 则是其抑制剂。

此外，微生物菌种选育技术在现代生物技术中，特别是发酵产业中具有十分重要的地位。对微生物菌种选育可以有效提高其产品产量和质量。微生物育种技术包括自然选育、诱变育种、杂交育种、代谢控制育种和基因工程育种 5 种方法。新的育种技术的发展和应用可促进微生物降解霉菌毒素菌种性能的提高。

（一）自然选育

这是以基因自发突变为基础选育优良性状菌株的一种方法，微生物体内存在的光复活、切补修复、重组修复、SOS 修复等修复机制，以及 DNA 聚合酶的校正作用，使得自发突变概率极低，一般为 10^{-10}～10^{-6}。这样低的突变率导致自然选育的耗时长、工作量大，影响了菌种性能改变的工作效率。因此，在微生物降解霉菌毒素菌种性能的提高过程中，一般选用诱变技术。

（二）诱变育种

诱变育种是以诱变剂诱发微生物基因突变，通过筛选突变体，寻找正向突变菌株的一种诱变方法。诱变剂有物理诱变剂、化学诱变剂和生物诱变剂。物理诱变剂包括紫外线、X 射线、γ 射线、快中子等；化学诱变剂包括烷化剂、天然碱基类似物、脱氨剂（如亚硝酸）、移码诱变剂、羟化剂和金属盐类（如氯化锂及硫酸锰等）；生物诱变剂包括噬菌体等。物理诱变剂因其价格经济、操作方便，所以应用最为广泛；化学诱变剂多是致癌剂，对人及环境均有危害，使用时须谨慎；生物诱变剂应用面窄，其应用也受到限制。在提高霉菌毒素降解菌活性的诱变中，可以在培养基中加入一定浓度的霉菌毒素，将霉菌毒素作为诱导剂，经过几代培养后可得到降解活性更高的后代。

（三）杂交育种

微生物杂交育种最主要的目的在于把不同菌株的优良性状集中于重组体中，克服长期使用诱变剂出现的“疲劳效应”。杂交育种选用已知性状的供体菌和受体菌为亲本，在方向性比诱变育种前进了一大步。杂交育种包括常规杂交技术和原生质体融合技术，其中原生质体融合技术近年来发展较为活跃。原生质体融合技术由于可在种内、种间甚至属间进行，不受亲缘关系的影响，遗传信息传递量大，不需了解双亲详细的遗传背景，因而便于操作。在提高霉菌毒素降解菌的活性方面，可以将已知的具有高降解活性的菌株与生长性能强的菌株进行融合，也可将具有降解不同霉菌毒素的不同菌株进行融合。

（四）代谢控制育种

代谢控制育种兴起于 20 世纪 50 年代末，以 1957 年谷氨酸代谢控制发酵成功为标志，并促使发酵工业进入代谢控制发酵时期。代谢控制育种是指以生物化学和遗传学为基础，研究代谢产物的生物合成途径和代谢调节机制，选择巧妙的技术路线，通过遗传育种技术获得解除或绕过微生物正常代谢途径的突变株，从而人为地使有用产物选择性地大量合成和累积。代谢控制育种的调节体系主要包括诱导、分解阻遏、分解抑制、反馈阻遏、反馈抑制、细胞膜透性调节等。可以通过代谢控制使菌种产生的降解酶大量合成和累积，以期提高霉菌毒素降解菌的活性。

（五）基因工程育种

基因工程育种是指利用基因工程方法对生产菌株进行改造而获得高产工程菌，或者是通过微生物间的转基因而获得新菌种的育种方法。其是真正意义上的理性选育，按照人们事先设计和控制的方法进行育种，是当前最先进的育种技术。进行基因工程的前提是已经得到了降解霉菌毒素菌株的基因序列，可以通过定点突变、DNA 改组等技术提高菌株降解霉菌毒素的能力。

第二节　霉菌毒素降解菌的工业化发酵生产

一、霉菌毒素降解菌工业化发酵生产

霉菌毒素降解菌的工业发酵，就是利用降解菌的不同发酵特性，发酵生产具有降解霉菌毒素功能的发酵产品。微生物发酵是一个错综复杂的过程，尤其是大规模工业发酵要达到预期目标，更需要研究和开发各种各样的发酵技术。根据不同的分类原则，微生物工业发酵可分为若干类型（图 19－1）。虽然微生物工业化发酵的方式多种多样，但发酵过程很类似，其基本步骤如图 19－2 所示，有的发酵过程更繁多，有的则可省去某些步骤。动物微生态制剂的生产一般包括选种、培养、发酵、吸附、干燥、制剂等多个环节。

- 对氧需要或不需要
  - 好氧发酵
  - 厌氧发酵
- 培养基是液态或固态
  - 液态发酵
  - 固态发酵
- 发酵是在培养基表面或深层进行
  - 表面发酵
  - 深层发酵
- 发酵是间歇或连续进行
  - 分批发酵
  - 连续发酵
- 菌种是否被固定在载体上
  - 游离发酵
  - 固定化发酵
- 菌种是单一的还是混合
  - 单一纯种发酵
  - 混合发酵

图 19－1　微生物工业发酵的若干类型
（资料来源：沈萍和陈向东，2016）

由实验室小型设备到试验工厂小规模设备的试验发酵，再转为大规模设备的工业发酵生产，此过程称为发酵的逐级放大（沈萍和陈向东，2016）。通俗地将逐级放大称为小试（小型试验）、中试（中间试验）和大试（大规模生产性试验）3 个阶段。小试一般指采用实验室的小型设备进行的试验。该阶段要求对霉菌毒素降解菌的发酵条件（培养基的成分和配比、pH、培养温度、通气量的大小等）进行大量试验，获得众多数据资料，得出小试中霉菌毒素降解菌的最佳发酵条件。中试一般指采用试验工厂或车间的小规模设备，根据小试阶段获得的最佳发酵条件进行放大试验。该阶段要求对小试中的最佳发酵条件进行验证、改进，使最佳发酵条件更接近大规模生产，并初步核算生产成本，为大规模生产提供各种参数；另外，还要提供足够量的产物，进行正式的功能性、安全性、质量分析鉴定等试验，取得有关的具法律效力的新产品等文件。大试也可称为试验性生产或工程性试验研究，是指用大规模设备根据中试阶段获得的最佳发酵条件的

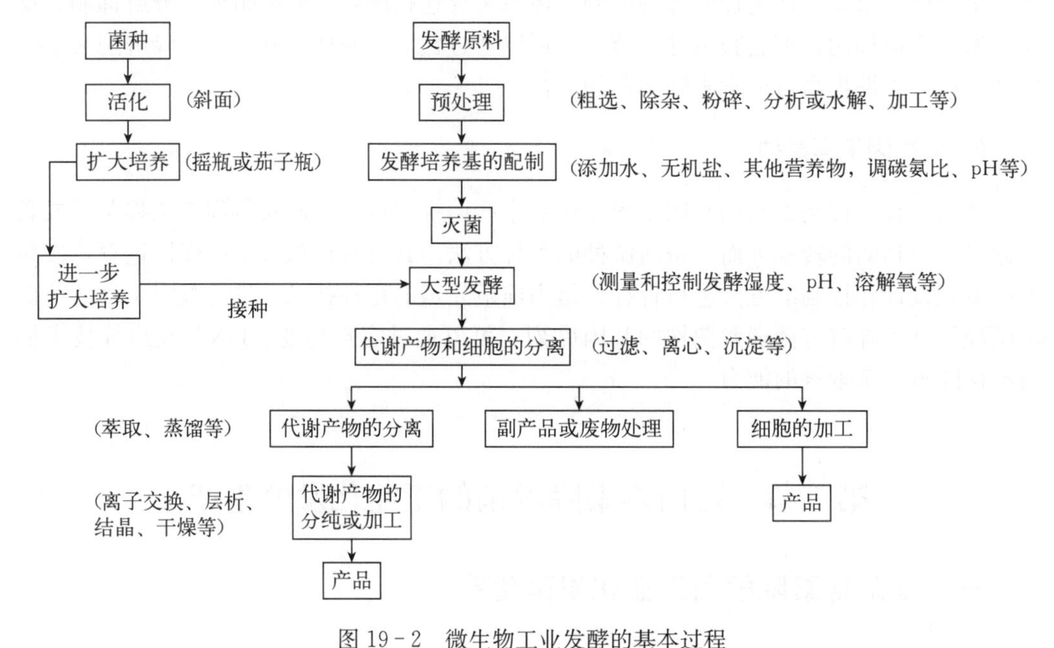

图 19-2　微生物工业发酵的基本过程

（资料来源：沈萍和陈向东，2016）

参数进行试验性生产。该阶段要求对中试中的最佳发酵条件进行验证、改进，生产出质量合格、具经济价值的商业性产品，并核算成本、制定生产规程等，取得具法律效力的生产许可证等有关证书。由于生物反应复杂，因此在从实验室到中试、从中试到大规模生产过程中会出现许多问题，这就是发酵工程工艺中的放大问题。发酵生产水平的高低除了取决于生产菌本身的性能外，还受到发酵条件和发酵工艺等的影响。深入了解生产菌种对环境条件的要求、在发酵过程中的代谢变化规律、代谢调控机制及可能的代谢途径，有效控制各种工艺条件和参数，可使生产菌种始终处于生长和产物合成的最佳环境中，从而最大限度地发挥生产菌种的生产能力，进而取得最大的经济效益。发酵过程的主要控制参数包括温度、pH、溶解氧浓度、空气流量、搅拌转速、料液流量、菌丝形态和菌体浓度等。

Gao 等（2011）筛选到一株能够降解黄曲霉毒素的枯草芽孢杆菌 ANSB 060；Lei 等（2014）筛选到一株能够降解玉米赤霉烯酮的枯草芽孢杆菌 ANSB 01G；李笑樱等（2013）筛选到一株能够降解呕吐毒素的枯草芽孢杆菌 ANSB 471。以上 3 株菌株均为枯草芽孢杆菌，其生产发酵工艺相似。

二、霉菌毒素降解菌工业化发酵效果验证

（一）菌量-吸光度标准曲线的建立

将 1 mL 已培养的菌液接入 50 mL 新的培养液中，于适宜条件下培养。先吸取 1 mL 菌液于 9 mL 无菌水中进行梯度稀释，然后将 0.1 mL 菌液均匀涂布于培养基平板上于适宜条件下培养，记录菌落数，将菌落换算成菌液浓度（CFU/mL）。同时，用分光光

度计测定不同浓度菌液的吸光度（OD_{600}），建立菌液浓度吸光度标准曲线，以空白培养液作为对照。

（二）霉菌毒素降解率检测

1. 降解反应体系　根据需要配制适宜浓度的霉菌毒素标准品。将 1 mL 霉菌毒素标准品加入到含有 18.8 mL 液体培养基的 50 mL 离心管中，然后加入 0.2 mL 的发酵菌液，使 20 mL 反应体系中黄曲霉毒素浓度含量为 50 ng/mL、玉米赤霉烯酮浓度含量为 500 ng/mL 或呕吐毒素浓度含量为 1 000 ng/mL。对照组中 0.2 mL 的发酵菌液替换为无菌液体培养基。每组 3 个平行。

2. 霉菌毒素含量测定　将反应体系置于适宜条件下进行反应，反应结束后测定对照组和试验组中霉菌毒素的含量。

3. 霉菌毒素降解率计算　（对照组－试验组）÷对照组×100%，3 个平行取平均值。

三、发酵产物后处理

发酵产物后处理，即下游工程（downstream processing），是大规模发酵后直到产品形成的整个工艺过程。发酵产物的产量主要取决于发酵工程的上游技术——菌种和发酵，而其质量、回收率和成本则决定于下游工程。一般说来，下游加工过程可分为 4 个阶段：培养液（发酵液）的预处理和固液分离、初步纯化（提取）、高度纯化（精制）、产品的最后加工。下游加工过程由各种化学工程的单元操作组成。由于生物产品品种多，性质各异，故用到的单元操作很多。其中，如蒸馏、萃取、结晶、吸附、蒸发和干燥等属传统的单元操作，理论比较成熟；而另一些则为新近发展起来的单元操作，如细胞破碎、膜过程和色层分离等；介于两者之间的有离子交换过程等。图 19－3 为下游加工一般工艺流程。

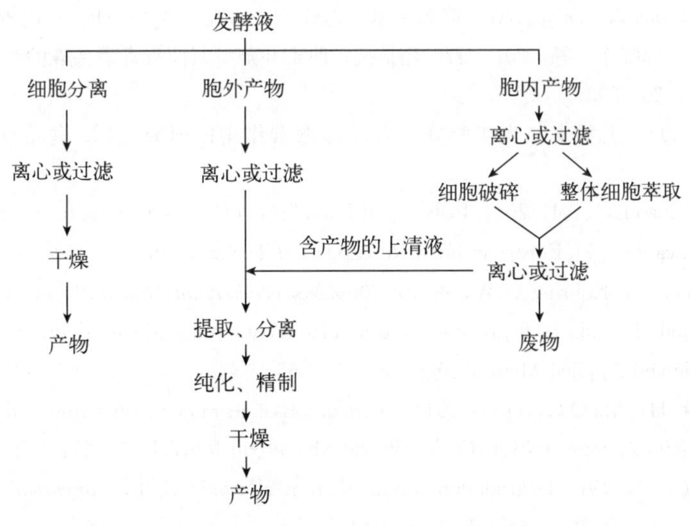

图 19－3　下游加工一般工艺流程

霉菌毒素降解菌枯草芽孢杆菌 ANSB 060、ANSB 01G 和 ANSB 471 生产发酵完成后，使用低温冷冻干燥及喷雾干燥方式进行干燥，对干燥后的样品进行活菌数检测和霉菌毒素降解率检测，结果显示低温冷冻干燥更利于芽孢的形成，但其操作复杂、成本高，不利于规模化工业生产；而喷雾干燥同样可产生高芽孢率，且成本相对低，更适合工业生产。综合考虑活菌数和霉菌毒素降解率，这 3 种霉菌毒素降解菌的干燥方式均是采用喷雾干燥。

四、产品混合及包装

根据不同动物对霉菌毒素的敏感性及不同浓度霉菌毒素对动物的危害，可设计霉菌毒素生物降解剂的配方，按照配方进行不同霉菌毒素降解菌的混合复配，然后进行打包。通过产品活菌数和霉菌毒素降解率检测，判断产品是否合格。

参考文献

关舒，2009. 降解黄曲霉毒素 B_1，单端孢霉烯族毒素菌株的筛选、鉴定和毒素降解机理的研究[D]. 北京：中国农业大学.

计成，马秋刚，赵丽红，等，2013. 一株高效降解呕吐毒素的枯草芽孢杆菌及其应用[P]. 中国农业大学. 专利号：ZL 201310169636.4.

仉磊，2006. 菲高效降解菌株 *Agrobacterium vitis* Phx1 的分离、鉴定及其代谢途径研究[D]. 北京：中国农业大学.

雷元培，2014. ANSB01G 菌对玉米赤霉烯酮的降解机制及其动物试验效果研究[D]. 北京：中国农业大学.

李笑樱，2015. 降解呕吐毒素德沃斯氏菌的饲用安全性和有效性评价[D]. 北京：中国农业大学.

沈萍，陈向东，2016. 微生物学[M]. 北京：高等教育出版社.

余元善，2011. *Acinetobacter* sp. SM04 降解玉米赤霉烯酮的研究[D]. 广州：华南理工大学.

张舒月，郑婧萱，郭晓军，等，2018. 青贮用拮抗黄曲霉并降解黄曲霉毒素菌株的筛选与鉴定[J]. 中国饲料（3）：26-29.

朱新贵，林捷，2001. 几种食品微生物降解黄曲霉毒素作用的研究[J]. 食品科学，22（10）：65-68.

Gao X，Ma Q，Zhao L，et al，2011. Isolation of *Bacillus subtilis*：screening for aflatoxins B_1，M_1，and G_1 detoxification [J]. European Food Research and Technology，232（6）：957-962.

Hormisch D，Brost I，Kohring G W，et al，2004. *Mycobacterium fluoranthenivorans* sp. nov.，a fluoranthene and aflatoxin B_1 degrading bacterium from contaminated soil of a former coal gas plant [J]. Systematic and Applied Microbiology，27（6）：653-660.

Lei Y P，Zhao L H，Ma Q G，et al，2014. Degradation of zearalenone in swine feed and feed ingredients by *Bacillus subtilis* ANSB01G [J]. World Mycotoxin Journal，7（2）：143-151.

Mann R，Rehm H J，1976. Degradation products from aflatoxin B_1 by *Corynebacterium rubrum*，*Aspergillus niger*，*Trichoderma viride* and *Mucor ambiguus* [J]. European Journal of Applied Microbiology，2（4）：297-306.

Shima J, Takase S, Takahashi Y, et al, 1997. Novel detoxification of the trichothecene mycotoxin deoxynivalenol by a soil bacterium isolated by enrichment culture [J]. Applied and Environmental Microbiology, 63 (10): 3825 - 3830.

Teniola O D, Addo P A, Brost I M, et al, 2005. Degradation of aflatoxin B_1 by cell - free extracts of *Rhodococcus erythropolis* and *Mycobacterium fluoranthenivorans* sp. nov. DSM44556 [J]. International Journal of Food Microbiology, 105 (2): 111 - 117.

Völkl A, Vogler B, Schollenberger M, et al, 2004. Microbial detoxification of mycotoxin deoxynivalenol [J]. Journal of Basic Microbiology, 44 (2): 147 - 156.

05

第五篇　饲料霉菌毒素检测技术

第二十章 样品采集与制备

第一节 精确采样程序的基本原理

科学、准确地采集具有代表性的样品是检测样品毒素含量的重要一环，可有效降低测定误差。待测成分在物料中的分布越是均匀一致，就越容易得到代表性样品。反之，待测成分分布越不均匀，代表性样品的采集和制备难度就越高。不幸的是，因为物料感染霉菌和产生毒素的过程受到诸多因素的调控，所以在感染与否、感染严重程度、毒素产生数量方面既具有一定规律但也存在很多偶然性。因此，无论是在田间还是在原料储仓，霉菌毒素的分布都是不均匀的。在原料储仓中存在若干热点区域，其霉菌毒素的含量远远高于周围的其他区域（EC 401/2006）。

大批量原料或饲料样品中霉菌毒素的含量通常通过测定从该批次内取的一份较小的有代表性的样品来确定，基于代表性样品中毒素的含量来估测大宗原料的质量。通常，对疑似污染霉菌毒素的产品首先进行严格的采样，然后再进行规范的毒素检测分析。即使在后续的毒素检测分析中用了规范合理的分析方法，但是如果采样程序不正确，也会得出没有意义的分析结果。因此，需要详细而认真地设计采样方案，以求采集到有代表性的样品。在管理过程中，精确测定原料或饲料中霉菌毒素的真实水平非常重要。但在毒素检测程序中存在大量的变异性或误差，包括采样误差、样品制备误差、分析步骤误差等。可见，想要精确评价大批量原料或饲料中霉菌毒素的含量是非常困难的。

我国制定的国家标准《饲料 采样》（GB/T 14699.1—2005），等同采用国际标准 *Animal feeding stuffs——Sampling*，IDT（ISO 6497：2002）。这一标准的颁布对于规范饲料采样程序起到了非常重要的作用，其中的基本原则和基本概念同样适用于霉菌毒素检测样品的采集和制备，现就其基本概念、基本原则做一个重点介绍。

一、基本概念

1. 交付物 指一次给予、发送或收到的某个特定量的饲料的总称，可能由一批或多批饲料组成。

2. 批次 指假定特性一致的某个确定量的交付物的总称，有时也简称为批。

3. 份样 指一次从一批产品的一个点所取的样品。一个份样仅是作为总体的交付物或者其特定批次的一个子集，一个总体中可以抽取出若干个不同的份样。单独的一个份样仅能反映其局部特征。

4. 总份样 通过合并和混合来自同一批次产品的所有份样得到的样品。按照严格的采样程序获得的总份样可以较好地反映总体中待测成分的均值。

5. 总样品集 如果计划研究待测成分的分布规律、混合均匀度等时，也可以对各个份样单独保存备用，不进行合并或混合，这些分别调查的、明显的和可辨认的份样集合称为总样品集。

6. 缩分样 总份样通过连续分样和缩减过程得到的数量或体积近似于试样的样品，具有代表总份样的特征。

7. 实验室样品 由缩分样分取的部分样品，用于分析和其他检测用，并且能够代表该批产品的质量和状况。所取每种样品，一般分 3 份或 4 份实验室样品，一份提交检验，至少一份保存用于复核。如果要求超过 4 份实验室样品，则需要增加缩分样，以满足最小实验室样品量的要求。

8. 抽样误差 它是用样本统计值去估计总体参数值时所出现的误差，这种误差是因为抽样本身的特点而引起的。由于无论采取什么样的抽样方式，所抽取的样本有多大，都无法涵盖总体，因此抽样误差是不可避免的。但是抽样误差的大小可以在样本设计中事先进行控制。

二、采样原则

采样的最理想目标是，批次实验室样品中的待测成分含量等于作为总体的交付物或者其特定批次中待测成分的真实含量。对于非均匀分布的霉菌毒素，不能套用适用于均匀分布样品的采样原则。通常需要增加总份样份数进行多点位和随机采样，取到有代表性的试验样品，尽可能减少采样误差。

1. 规范采样 采样前应该预先对采样人员进行培训，使其熟悉采样程序。采样程序的规范一致性可以减少采样过程中因随意性带来的随机误差，采样程序的科学性可以减少采样过程中程序错误带来的系统误差。如果采样程序不正确、不规范，即使在后续的毒素检测分析中用了规范合理的分析方法，得出的分析结果也没有意义。因此，需要详细而认真地设计采样方案，以求采集到有代表性的样品。

2. 机会均等 被检饲料和食品中的每个颗粒都有相同的被选择机会（随机采样）。如果由于采样方法不当或采样设备及程序出现偏差而减少了某些颗粒被选择的概率，那么所取得样本的代表性就会下降。

3. 代表性采样 代表性采样的目的是从一批产品中获得小部分样品，而测定这小部分样品的任何特性均可代表该批产品的平均值。对于不同批量的交付物总体，代表性采样原则总是成立的。代表性采样可以帮助从业人员了解本批次饲料原料或饲料产品对动物可能造成影响的平均程度。

4. 选择性采样 对于批量较大的交付物，其中的一个特殊局部生产的饲料数量可能会导致某些动物在较长时间内长期处于高浓度的霉菌毒素摄入量，这可能造成市场上某些养殖场（户）因为动物霉菌毒素中毒问题而进行投诉。因此，对于批量较大的交付物，如果被采样的同一批次样品的某个局部在霉变程度上明显不同于其他部分，则这部分产品应区别对待，单独作为一批产品进行采样，并在采样报告中加以说明。选择性采样可以帮助从业人员了解本批次饲料原料或饲料产品对动物可能造成毒害作用的最坏程度。对于批量较大、局部变异非常明显的样品，需要结合使用代表性采样和选择性采样。

第二节　采样和样品制备

采样是霉菌毒素检测程序的第一步，也是关乎分析结果准确性的最关键一步，它是评价检测方法的有效性、准确性，以及评估畜禽受霉菌毒素危害可能性的基础。采样程序需要解决 3 个主要问题，分别是：什么时候采样？怎么取？取多少？制定采样程序时需要考虑，怎么从批次内中采样？取多少份样品？每份样品取多少？对于颗粒状原料或饲料，样品制备包括样品的加工处理（即用粉碎机将颗粒样品研磨成粉末状），以及试验用于分析霉菌毒素部分样品的选择（即用于毒素检测分析用的份额）。

一、采样

在霉菌毒素检测的采样、制样和分析 3 个步骤中都不可避免地存在误差。其中，采样环节产生的误差最大，占总误差的 85%以上。因此，正确采样可有效降低测定误差。

采样过程中产生的误差主要包括：所用的采样器不能采集到较大粒度的颗粒、采样器不能到达储仓的任何部位、混合不均匀的粮仓中只用采样器取一次样。

如果批次内的饲料（全价饲料）已经被混合均匀，那么污染霉菌毒素的颗粒在整个仓内很可能是均匀分布的，因此只要进行随机采样就能获得所需的样品（William，1991）。然而，如果由于湿度增加引起粮仓内部出现高水分结块，就容易引起霉菌污染，这时受霉菌毒素污染的颗粒很容易集中存在粮仓内的特定部位。如果此时只从粮仓内单独一个位置采样，则很可能漏掉污染毒素的颗粒或者取到过量污染毒素的颗粒（图 20－1）。因此，对于毒素污染不均匀的批次内应该进行多点采样，将各个取自很多不同位置的小批次内进行混合后再使用。通常把从多点采样后混合在一起的样品称为总份样（Bauwin 和 Ryan，1982；Hurburgh 和 Bern，1983）。以黄曲霉毒素为例，FAO/WHO（2001）推荐每 200 kg 谷物或者饲料需要抽取一个 200 g 样品作为一份样。如果总份样量多于实验室分析所需样品量，那么总份样应该被混合均匀并缩分。如果不知道待测毒素在饲料产品中的分布是否均匀，也应该采用多采样点采样。

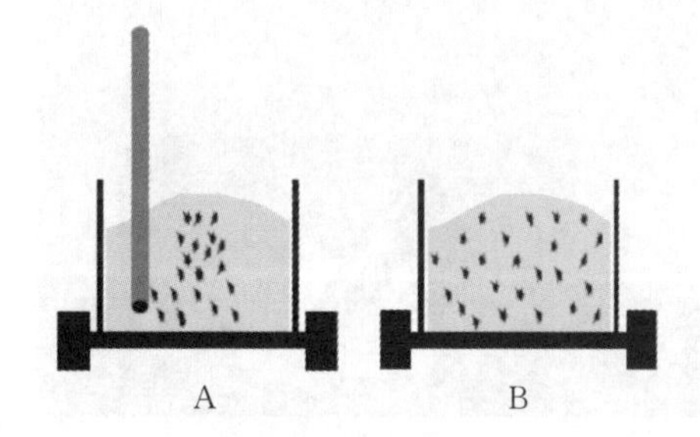

图 20－1　霉菌毒素污染不均匀性导致的采样误差
A. 不均匀性　B. 均匀性
（资料来源：Whitaker 等，2010）

（一）采样设备

应该根据饲料原料或饲料产品的性质，选择适合产品颗粒大小、采样量、容器大小、产品物理状态等特征的采样设备。从固体散装样品采样，通常可以采用普通铲子、手柄勺、柱状取样器（取样钎、管状取样器和套筒取样器）和圆锥取样器。取样钎可有一个或更多的分隔室。流速比较慢的流动产品的采样可以手工完成。袋装或其他包装饲料的采样可以采用手柄勺、麻袋取样钎或取样器、管状取样器、圆锥取样器和分割式取样器（图 20-2）。从流动的产品中周期性采样可以使用带有气力装置的半自动设备或自动设备（自动取样器原理见图 20-3）。从液体产品或半液体产品中采样可以采用适当大小的搅拌器、取样瓶、取样管、带状取样器和长柄勺。

采样设备应清洁、干燥，在采取每个份样前都应该对设备进行清理，避免交叉污染。当被取样的物料脂肪含量较高、水分含量很高、带有静电时，设备清理就显得尤为重要。

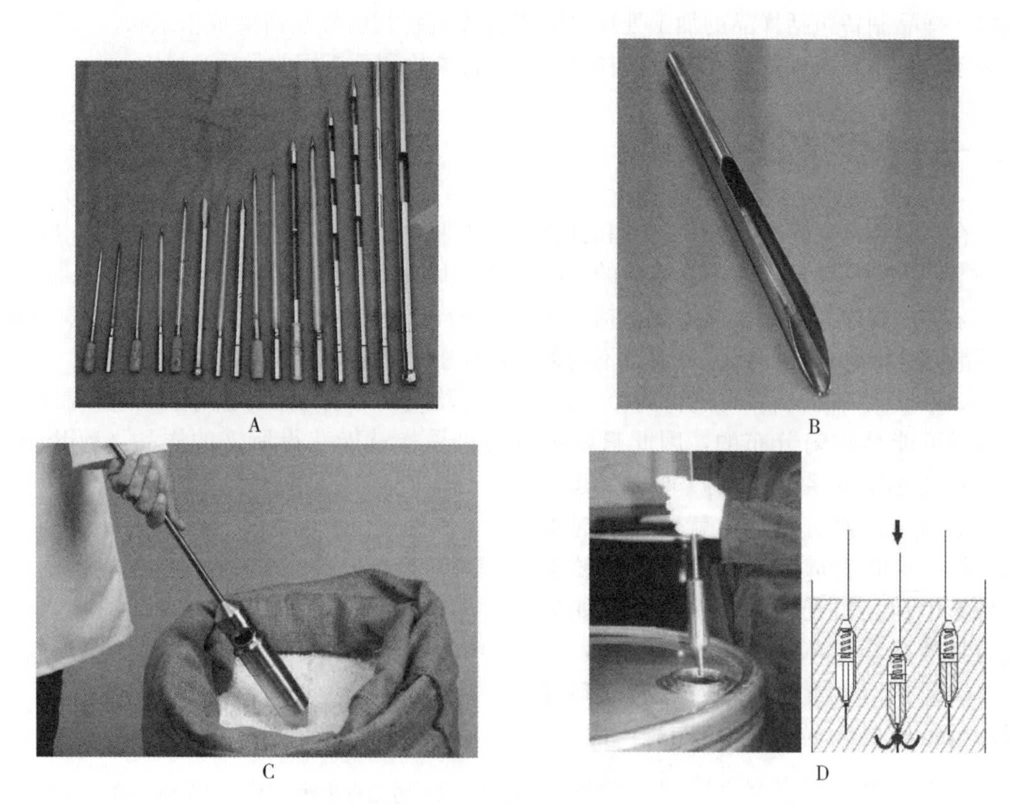

图 20-2　人工采样设备

A. 取样钎　B. 管状取样器　C. 套筒取样器　D. 液体取样器

（资料来源：供应商）

（二）静止样品采样

所谓静止样品是指物料被装在一个固定的大的容器内，如货车、卡车或者铁路运输集装箱里；或被装在一些小的容器中，如麻袋或盒子里。在采样时，原料是静止的

(FAO/WHO，2001)。当从大的集装箱中取份样时，应该用采样器从批次中的不同位置采样。图 20 - 4 展示了美国农业部推荐的从贮藏花生的粮仓中采取份样的多点采样模式（Parker 等，1982；Whitaker 和 Dowell，1995；Whitaker 等，2000，2010）。其中，五点采样模式的采样器插入位置标记为“×”的；八点采样模式在五点采样的基础上再增加 3 个采样位置，额外增加的 3 个采样位置标记为“o”。同时要求采样器应该足够长，尽可能达到容器的底部，确保能取到底部的样品，不能随意变动容器内样品的位置。

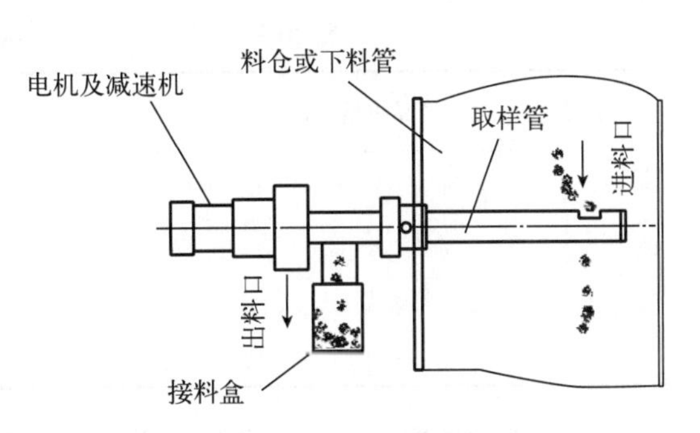

图 20 - 3　自动取样器原理

（资料来源：供应商）

1　前部

×	○	
		×
	×	○
○		×
×		

2　前部

	○	×
×		
○	×	
×		○
		×

3　前部

	×	
×	○	
		×
×		○
○	×	

4　前部

	×	
	○	×
×		
○		×
	×	○

5　前部

		×
○	×	
×		○
	×	
	○	×

6　前部

×		
	×	○
○		×
	×	
×	○	

7　前部

×		○
	×	
	○	×
×		
○	×	

8　前部

○		×
	×	
×	○	
		×
	×	○

9　前部

○		×
×		○
	×	
	○	×
×		

10　前部

×		○
○		×
	×	
×	○	
		×

11　前部

	×	
		×
×		
	×	
		×

12　前部

	×	
×		
		×
	×	
×		

图 20 - 4　USDA 从贮藏花生粮仓中采取份样的采样模式

（资料来源：Whitaker 等，2010）

我国国家标准《饲料　采样》（GB/T 14699.1—2005）附录 A 中规定了分析非均匀分布的霉菌毒素时，应从一批次产品中抽取的最小总份样份数。其中，对于袋装或其他容器包装的原料或产品，每一批次产品应抽取的最小总份样份数见表 20 - 1。对于散装的原料或产品，每一批次产品应抽取的最小总份样份数见表 20 - 2。

表 20 - 1　袋装或其他容器包装的产品的最小总份样份数

批次产品内袋数或独立包装数	最小总份样份数
1～16	1
17～200	2
201～800	3
>800	4

表 20-2　散装原料或产品的最小总份样份数

批次产品重量（t）	最小总份样份数
<1	1
1～10	2
10～40	3
>40	4

在有条件的情况下，进一步增加总份样份数，可以提高样品的代表性，减少测定结果误差。在对容器，如麻袋中的静止样品进行采样时，整个样品必须是取自麻袋中不同位置的份样的混合物。FAO/WHO（2001）建议，批次较少时所取麻袋数应为整批麻袋数的1/4，批次较大时为整批麻袋数的平方根。当不方便对贮存容器中的粮食进行采样时，最好在粮食放入或取出时进行采样。Whitaker 等（2010）强调，为了保证测定结果的准确性，在采样过程应该遵从推荐的采样率，每 200 kg 中取 200 g 份样。举例来说，如果某一批次的饲料原料总量为 20 t，那需要抽取 100 个份样，然后进一步缩分得到实验室分析所用样品。而在国家标准《饲料 采样》（GB/T 14699.1—2005）中最小份样份数仅为 3。按照 Whitaker 等（2010）的采样率，采取的工作量非常之大，在日常分析中为了提高工作效率难以实现。

（三）动态样品的采样

对流动的饲料和食品进行采样时，要求在规定的相等时间间隔内用采样器进行采样。大批饲料或粮食在库中从一处向另一处用传送带转移时，利用采样铲或自动采样器从运动的传送带上，在整个流程中固定的时间间隔内进行采样可以达到真正意义上的随机采样。最后将这些份样合成一个批量的总份样。自动采样设备，如横切采样器（图 20-5），是装有定时器的商业化器械，能够使自动分流盘在相同时间间隔通过传送带采样。当自动采样设备无法使用时，也可以通过手动方式将采样杯在固定的时间间隔通过传送带来收集份样。

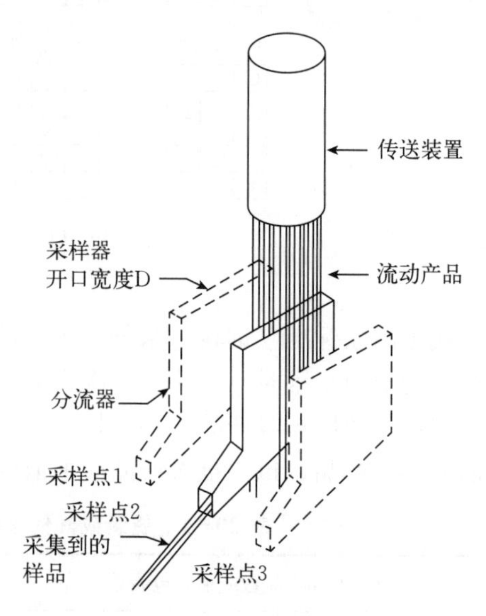

图 20-5　横切采样器
（资料来源：《霉菌毒素蓝皮书》，Duarte Diaz 主编，刘瑞娜等主译，2008）

Whitaker 等（2010）建议，横切采样器从动态批次内采集的份样量，用公式 $S=DL/TV$ 来计算。式中，S 是份样的大小，用 kg 表示；D 是采样杯打开时的宽度，用 cm 表示；L 是批次内大小，用 kg 表示；T 是采样杯通过传送带移动的间隔时间，用 s 表示；V 是采样杯移动的速度，用 cm/s 表示。

（四）份样混合为总份样，并缩分为实验室样品

从一个批次采集的多份份样，混合在一起形成总份样。一般情况下，总份样的量要大于用于分析测定的实验室样品量。因为从大量的试验样品中萃取霉菌毒素是不现实的，这时候需要采用四分法或者样品分配器进行缩分。目前有各种各样的样品分配器。手动分配器，如 Boerner 分配器或者 Riffle 分配器（Parker 等，1982），被认为是可以进行随机采样的分配器，在取试验样品前可以不用对集合样品进行混合。

如果用四分法采样或者用手工设备，比如采样杯或者采样铲，在取试验样品前需要对集合样品进行充分混合。对于需要粉碎的试验样品，用量应尽可能的大。因为试验样品量越小，与评价批次内中霉菌毒素真实含量相关的不确定因素就越多，误差也就越大。为了减少因采样带来的误差，采样量应尽可能多，将大量样品充分混合后按四分法对角连续多次分样缩减至 1～2 kg 再进行混合，最后取代表性的样品进行粉碎，对局部发霉变质的产品应单独采样检验。花生油或花生酱采样前应搅拌均匀。表 20－3 列出了美国食品药品监督管理局（FDA）推荐的农副产品试验样品采样量。

表 20－3　FDA 推荐的农副产品试验样品采样量

商　品	性状描述	包装类型	批　量	份样份数（个）	份样大小（kg）	试验样品量（kg）
花生酱	光滑的	消费者用散装		24	0.23	5.45
				12	0.45	5.45
花生	脆的黄油、生的、烤的等	消费者用散装		48	0.45	21.79
坚果	带壳的、去壳的、切片的、粉末的或糊状的	消费者用散装		10	0.45	4.54
				50	0.45	22.70
				12	0.45	5.45
巴西坚果	进口时带壳的	散装	<200 包	20	0.45	
			201～800 包	40	0.45	
			801～2 000 包	60	0.45	
开心果	进口时带壳的	散装	34 050 kg	计量单位的 20%		22.70
			<34 050 kg	计量单位的 20%		11.35
玉米	去皮的、膳食用的、玉米面、粗玉米粉	消费者用散装		10	0.45	4.54
棉籽		散装		15	1.82	27.24
油料种子粉	花生粕、棉籽粕	散装		20	0.45	9.08
可食种子	南瓜、香瓜、芝麻等	散装		50	0.45	22.70
牛奶	全脂的、低脂的、脱脂的	消费者用散装		10	0.45	4.54

（续）

商品	性状描述	包装类型	批量	份样份数（个）	份样大小（kg）	试验样品量（kg）
小粒谷物	高粱、小麦、大麦等	散装		10	0.45	4.54
干果	无花果	消费者用散装		50		22.70
配合料	颗粒较大的	消费者用散装		50		22.70
	颗粒较小的或粉末的	消费者用散装		10		4.54

资料来源：修改自 FDA。

二、样品制备

如果所检产品是颗粒状，比如整粒玉米，应该将缩分样在合适的粉碎机中进行粉碎，并进行充分混合，然后再选取试样进行霉菌毒素的萃取和检测分析（Dickens 和 Whitaker，1982；Campbell 等，1986）。试验样品的粉碎是非常重要的，粉碎机可以把粒度大的样品充分粉碎变成粒度小的颗粒或粉末，这样霉菌毒素会更均匀地分布在试验样品中，试样中霉菌毒素的含量才能确切反映缩分样中霉菌毒素的真实含量。例如，Romer 粉碎机（Malone，2000）和 USDA 花生粉碎机（Dickens 和 Satterwhite，1969）可在粉碎过程中对试验样品自动进行二次采样，粉碎过程结束后提供粉碎好的试样，可直接进行霉菌毒素的萃取和检测分析。如果所用的粉碎机没有二次采样功能，在试验样品粉碎后可用 Riffle 分配器采样获得试样。如果用手动采样设备，如采样铲，则在采样前必须对粉碎的试验样品进行充分混合，然后再选取试样。

如果样品是非颗粒状的，如液体的牛奶或者是糊状的花生酱，则通常没有与试验样品相关的样品制备过程。只需将所取的液体或糊状集合样品进行充分混合，然后从中选取一小份样品用于霉菌毒素的检测分析即可。试样量的大小依据粒度的大小而变化，取试样或分析样品为 20～1 000 g。粒度越小，取的试样份量越小，并且不会增加试验误差和不确定因素。对于大多数分析方法，推荐的试样量一般为 20～50 g。试样量低于 20 g，就会增加试验结果的不确定性。

第三节　采样误差估计

即使采用公认的采样方法、样品制备和分析程序，仍然会存在试验误差（Dickens 和 Satterwhite，1969；Nesheim 等，1979；Campbell 等，1986；Steyn 等，1991；Malone，2000）。试验误差用于表示试验的变异性（Whitaker 等，1972，1974，1976，1979；Dichens 等，1979）。由于存在这些误差，因此批次内真实的霉菌毒素含量不能百分之百地通过测定选取的代表性样品中霉菌毒素含量来确定。例如，6 个批次受污染的去壳花生，每个批次取 10 次样，每次采样 5.45 kg（原文为 12 ibs，为方便理解，已换算成国际法定单位)，检测 10 个样品中的黄曲霉毒素（Whitaker 等，1972）（表 20－4）。对于表 20－4 中的每一个测试结果，霉菌毒素测定程序为：①用 USDA 二次采样粉碎机粉碎（Dickens 和 Satterwhite，1969）5.45 kg 去壳花生试验样品；②从试验样品中抽取 280 g 试样；③按 AOAC 方法用溶剂萃取 280 g 试样中的黄曲霉毒素；④用 HPLC 方法定量试样中黄曲霉毒素的含量。每一个批次内的 10 个黄曲霉毒素含量检测结果从低到高列出，用来表示一些关于同一批次内重复测定的黄曲霉毒素含量值的重要特征。

表 20－4　来自 6 批去壳花生样品的 10 个重复试验样品（5.45 kg/个）的黄曲霉毒素测定值

批次内号	10 个试验样品测定结果 (ng/g)										平均值 (ng/g)	标准差 (ng/g)	变异系数 (%)
1	0	0	0	0	2	4	8	14	28	43	10	15	150
2	0	0	0	0	3	13	19	41	43	69	19	24	126
3	0	6	6	8	10	50	60	62	66	130	40	42	105
4	5	12	56	66	70	92	98	132	141	164	84	53	63
5	18	50	53	72	82	108	112	127	182	191	100	56	56
6	29	37	41	71	95	117	168	174	183	197	111	66	59

资料来源：Whitaker 等（1972）。

首先，同一批次内的 10 个试验样品的黄曲霉毒素测定值有较宽的变化范围，表明评价批次内的真实霉菌毒素含量有很大的变异性。表 20－4 中，变异性用标准差和变异系数两个指标表示。试验样品毒素的最大测定值是其平均值的 4～5 倍。其次，随着批次内黄曲霉毒素浓度的增加，试验样品测定值之间的标准差增加，但变异系数减小。最后，同一个批次内 10 个试验样品毒素含量的测定值并不是与其平均值对称分布的。试验样品检测结果的分布是非常不均匀的，表明多数试验样品毒素含量的检测结果低于批次内平均值。但是，随着批次内毒素浓度的增加，试验样品毒素含量检测结果的分布趋于均匀。如果从被污染的批次内中只取一个试验样品，那么试验样品毒素含量的检测结果有大于 50%的可能性低于批次内毒素含量真实值。Whitaker 等（1979）也报道，试验样本量越小，检测的误差越大；随着试验样本量的增加，检测结果的分布趋于均匀。

霉菌毒素检测结果的变异性来源于霉菌毒素检测程序的每一个步骤。采样、制备、毒素的检测分析，每一个步骤都会影响检测结果的总体变异性。因此，霉菌毒素检测程序总变异性（VT）是采样变异性（VS）、样品制备变异性（VSP）和分析变异性（VA）的总和（Whitaker 等，2000，2010），公式如下：

$$VT = VS + VSP + VA \tag{20-1}$$

下面讨论霉菌毒素测定过程中每个步骤导致整体变异性的原因。用测量玉米中的黄曲霉毒素含量作为实例，显示霉菌毒素测定过程中每个步骤对总变异性的贡献程度。

一、采样变异性

研究人员对农产品（花生、棉籽、玉米粒和开心果）中霉菌毒素污染的调研表明，尤其是在试验样本量较少时，采样步骤通常是与霉菌毒素测定过程相关最大的变异来源（Whitaker 等，1972）。即使用公认的采样设备和采样程序，由于在批次内污染颗粒分布不均匀，采样误差也是不可避免的。Shotwell 等（1974，1975）和 Cucullu 等（1986）从花生、玉米粒等农产品批次内中采样检测霉菌毒素的含量，结果表明很小一部分（0.1%）的籽粒受到霉菌毒素的污染，但是就单个籽粒来说，其霉菌毒素的含量是非常高的。Cucullu 等（1986）报道，单个花生仁的黄曲霉毒素浓度超过 1 000 μg/g，单个棉籽的黄曲霉毒素浓度超过 5 000 μg/g。Shotwell 等（1974）报道，在一颗玉米粒中发现了超过 400 μg/g 的黄曲霉毒素。

批次内，一些受污染的谷粒中黄曲霉毒素浓度出现极端值，变化范围很大，因此不同试验样品中黄曲霉毒素含量测试结果之间的差异很大。一般情况下，采样误差 VS 是根据经验估计的。

例如，与测试玉米粒相关的采样误差 *VS* 是根据经验估计的（Johansson 等，2000a，2000b），如公式 20－2 所示，适合任何样本量 *ns*。

$$VS=(12.95/ns)\ M^{0.98} \qquad (20-2)$$

式中，*M* 是黄曲霉毒素浓度，单位为每克玉米中的黄曲霉毒素总量（ng/g）；*ns* 是试验样品的质量，单位为 kg（每克玉米的粒数平均约为 3.0）。

从公式 20－2 可以看出，采样误差是黄曲霉毒素浓度 *M* 和样本量 *ns* 的函数。例如，从黄曲霉毒素浓度为 20 ng/g 的批量玉米中重复取 0.91 kg（原文为 2 ibs，为方便理解，已换算成国际法定单位）试验样品，其采样误差为 268.1，变异系数为 81.8%。

还有一些描述样品和霉菌毒素采样误差的公式，它们取决于所测的霉菌毒素的种类和所测定样品的种类。表明采样误差通常是浓度的函数，随着霉菌毒素浓度的增加而增加，并随着试验样本量的增加而减少。

二、样品制备变异性

从批次内取出试验样品后用于霉菌毒素的定量分析。首先要对样品进行粉碎，并从粉碎的试验样品中取出小部分（试样），用于萃取霉菌毒素。假设粉碎的试验样品中受污染颗粒间霉菌毒素的分布与粉碎前试验样品中受污染颗粒间霉菌毒素的分布相似。但是，从相同粉碎的试验样品中取出的重复试样之间也存在差异。试样取自粉碎的颗粒样品，样品制备变异不如采样变异大，但这种变异仍有可能是显著的。

例如，测定玉米中黄曲霉毒素含量，样品制备变异性 *VSP*，如公式 20－3 所示，适合任意量试样 *nss*（Whitaker 等，1974；Johansson 等，2000）。

$$VSP=(62.70/nss)\ M^{1.27} \qquad (20-3)$$

式中，*M* 是试验样品中黄曲霉毒素的浓度，单位为 ng/g；*nss* 是取自粉碎的试验样品试样中玉米的质量，单位为 g。

由公式 20－3 可以看出，样品制备变异是一个黄曲霉毒素浓度（*M*）和试样大小（*nss*）的函数。从试验样品中取出 50 g 试样，黄曲霉毒素浓度为 20 ng/g，则样品制备变异为 56.3，变异系数（*CV*）为 37.5%。

还有一些关于不同样品、粉碎类型和霉菌毒素种类的样品制备变异的公式，它们特定于霉菌毒素类型、粉碎类型（粒径），以及研究中使用的产品类型。粉碎机的类型影响粒度分布。如果平均粒径减小（单位质量颗粒数增加），则给定粒径的试样的样品制备变异减小。

三、分析变异性

试样霉菌毒素分析通常包括溶剂萃取、离心、干燥、稀释、定量等步骤。相同的试样提取物的重复分析之间可能存在相当大的差异。与检测试样中黄曲霉毒素浓度的高效液相色谱（HPLC）技术相关的分析变异（VAh）由公式 20－4（Johansson 等，2000a，2000b）给出，适用于对任何数量的等分试样。

$$VAh=(0.143/na)\ M^{1.16} \qquad (20-4)$$

式中，M 是试样黄曲霉毒素的浓度，单位为 ng/g；na 是通过 HPLC 方法定量的等分试样的数量。

应用该公式，用 HPLC 测定黄曲霉毒素浓度为 20 ng/g 的玉米试样的分析变异（VAh）和 CV 值分别为 4.6％和 10.7％。

与其他分析技术，如薄层层析色谱（TLC）与免疫分析方法（ELISA）相比，高效液相色谱有更小的变异性。用于测量玉米中黄曲霉毒素的 TLC（VAt）和 ELISA（VAe）方法相关的分析变异分别用公式 20－5 和 20－6 表示。

$$VAt=(0.316/na)\ M^{1.744} \qquad (20-5)$$

$$VAe=(0.631/na)\ M^{1.293} \qquad (20-6)$$

用 TLC 和 ELISA 法分别测定黄曲霉毒素浓度为 20 ng/g 的试样的分析变异和变异系数分别为 38.3 和 27.5％。用 HPLC 方法测定试样黄曲霉毒素的分析变异和变异系数（4.6，10.7％）低于 TLC 和 ELISA。

四、总变异性

如图 20－6 和公式 20－1 所示，与霉菌毒素测试程序相关的总变异性 VT（使用方差作为可变性的统计量）等于采样变异性（VS）、样品制备变异性（VSP）和分析变异性（VA）。与检测玉米中黄曲霉毒素浓度相关的总变异性，可用公式 20－7 表述，等于公式 20－2、20－3 和 20－6（采用免疫测定法）之和。

$$VT=(12.95/ns)\ M^{0.98}+(62.70/nss)\ M^{1.27}+(0.631/na)\ M^{1.293} \qquad (20-7)$$

例如，使用公式 20－7，可计算与测定玉米所含黄曲霉毒素浓度（M）过程有关的总变异性。当使用 0.91 kg 试验样品（ns），粉碎后取 50 g 试样（nss），通过免疫分析法定量的等分试样的数量（na）结果如图 20－6 所示。CV 与以上的每个步骤也都相关（图 20－7）。

图 20－6 检测黄曲霉毒素浓度各步骤的变异性随黄曲霉毒素浓度增加而增加；总变异性 VT 是采样变异（VS）、样品制备变异（VSP）和分析变异（VA）之和。

图 20－7 检测黄曲霉毒素浓度各步骤的变异系数随着黄曲霉毒素浓度的增加而降低；

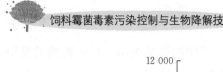

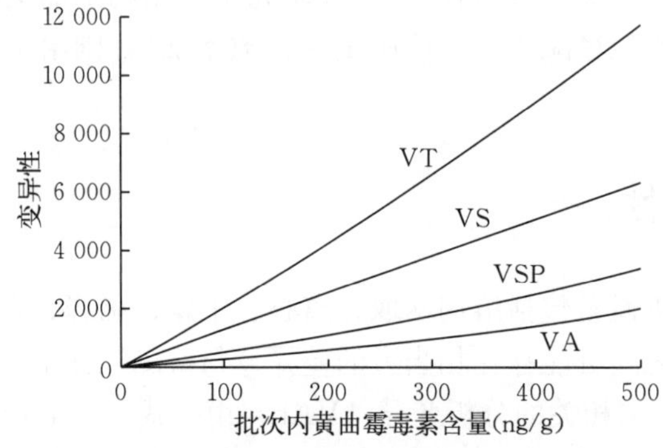

图 20-6　批次内黄曲霉毒素含量与测试变异性的关系

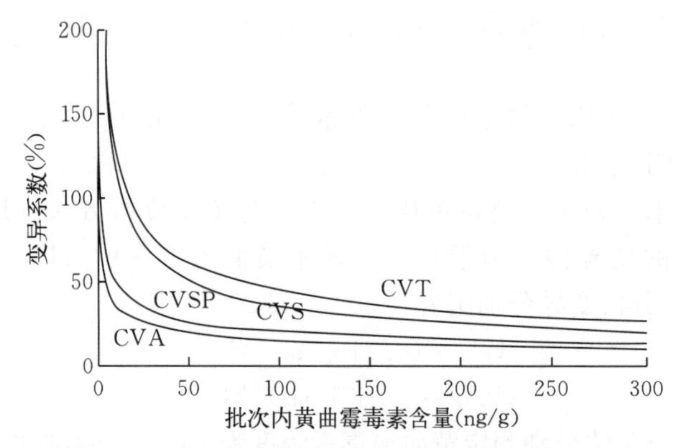

图 20-7　批次内黄曲霉毒素含量与测试变异系数的关系

总变异系数（CVT）不是采样变异系数（CVS）、样品制备变异系数（CVSP）和分析变异系数（CVA）的总和。

例如，当对散装的玉米进行抽样检测黄曲霉毒素（浓度大约在 20 ng/g）时，检测过程总变异性与每个步骤都相关（表 20-4），如公式 20-8 所示。

$$VT=268.1+56.3+30.4=354.8 \quad (20-8)$$

如表 20-5 所示，采样、样品制备和分析变异分别占霉菌毒素检测总变异的 75.5%、15.9%和 8.6%。

表 20-5　含 20 ng/g 黄曲霉毒素的玉米测试过程变异性分析

测试过程	变　异	变异比例*
采样：试验样品 0.91 kg	268.1	75.5
试样制备：Romer 研磨机，50 g	56.3	15.9
免疫分析法：ELISA，1 等分试样	30.4	8.6
总计	354.8	100.0

注：* 变异比例等于测试程序的每个步骤的方差除以总方差。

上述例子表明，在霉菌毒素检测分析步骤中，由于污染颗粒在批次内的分布不均匀，因此采样变异性占总变异性的比例最大。对于黄曲霉毒素含量在 20 ng/g 的玉米批次内来说，据估计每 10 000 个谷粒中仅有 6 颗谷粒被黄曲霉毒素污染（Johansson 等，2000）。由于在受霉菌毒素污染的批次内存在污染严重的、含有极端毒素含量的霉变颗粒，因此在采样过程中很容易漏掉这些霉变程度严重的颗粒，从而低估批次内真正的霉菌毒素含量值。另外，如果采样过程恰好取到了过多的霉变程度严重的颗粒，那么又会高估批次内霉菌毒素真实的含量。尽管在采样过程严格遵循正确的采样程序，但是由于批次内霉变程度不均，单一颗粒霉菌毒素含量就会出现极端值，因此试验样品霉菌毒素含量测定值的变异主要来源于采样变异。

实现对批次内霉菌毒素真实含量的精确评价的唯一方式，是降低霉菌毒素检测过程中的总体变异性。通过降低霉菌毒素检测过程中每一步骤的变异性可以降低总体变异性。例如，增加样品量可以降低采样变异性；通过增加检测时样本量或者减少粉碎粒度可以降低样品制备变异性；通过增加检测分析过程中的浓缩倍数或应用较精确的定量分析方法，可以降低分析变异性。

霉菌毒素检测结果的范围与试验样本量、检测试样的大小，以及批量样本霉菌毒素含量的分析值（*M*）有关，检测结果的范围可通过检测过程中样品总体变异数（*VT*），或者标准差（*SD*，总体变异数平方根）进行评估。例如，从批量样本中取一个较大的样本量（大于 20 个试验样品），大约 95%的试验样品毒素的检测结果落在最低值（$M-1.96\times SD$）和最高值（$M+1.96\times SD$）这个范围之间。

总之，在霉菌毒素测试过程中，降低每一步的变异性都需要增加额外的时间、人力、物力成本，人们需要在成本允许的条件下尝试最大限度地降低结果的变异性。在降低霉菌毒素检测结果的总变异性时，增加试验样本量通常是最经济可行的。

参考文献

中华人民共和国国家质量监督检验检疫总局，中国国家标准化管理委员会，2005.《饲料 采样》：GB/T 14699.1—2005 [S]. 北京：中国标准出版社 .

Duarte Diaz，刘瑞娜，汪静霞，等，2008. 霉菌毒素蓝皮书 [M]. 北京：中国农业科学技术出版社 .

Association of Official Analytical Chemists，1990. Official methods ofanalysis of the association of official analytical chemists，15th edn. Association of Official Analytical Chemists，Inc，Arlington，VA.

Bauwin G R，Ryan H L，1982. Sampling inspection and grading of grain. Christensen CM（ed）Storage of cereal grains and their products，vol 5. American Association of Cereal Chemistry，St. Paul，Minnesota.

Campbell A D，Whitaker T B，Pohland A E，et al，1986. Sampling，samplepre paration，and sampling plans for foodstuffs for mycotoxin analysis [J]. Pure and Applied Chemistry，58：305 - 314.

Commission regulation（EC）401/2006 of 23 February 2006 laying down the methods of samplingand analysis for the official control of the levels of mycotoxins in foodstuff. Official Journalof the European Union，L70/12，9. 3. 2006.

Cucullu A F，Lee L S，Mayne R Y，et al，1986. Determination of aflatoxin in individual peanuts and peanut sections [J]. Journal of the American Oil Chemists Society，43：89.

Dickens J W，Satterwhite J B，1969. Subsampling mill for peanut kernels [J]. Food Technology，23：90 - 92.

Dickens J W，Whitaker T B，1982. Sampling and sampling preparation [J] //Egan H，Stoloff L，Scott P，et al. Environmental carcinogens - selected methods ofanalysis：some mycotoxins，vol 5. ARC，France.

Dickens J W，Whitaker T B，Monroe R J，et al，1979. Accuracy of subsampling mill forgranular material [J]. Journal of the American Oil Chemists Society，56：842.

Food and Agriculture Organization，2001. CODEX STAN 209 - 1999，Rev. 1 - 2001，Maximumlevel and sampling plan for total aflatoxins in peanuts intended for further processing. Vialedella Terme di Caracalla，00100，Rome，Italy.

Food and Agriculture Organization/World Health Organization，2001. Proposed draft revised sampling plan for total aflatoxin in peanuts intended for further processing. FAO/WHO food standards program，CODEX alimentarus commission，24th session，Geneva，Switzerland.

Hurburgh C R，Bern C J，1983. Sampling corn and soybeans. Probing method [J]. Trans Am SocAgric Eng 26：930.

Johansson A S，Whitaker T B，Hagler W M Jr，et al，2000a. Testing shelled corn for aflatoxin，Part I：estimation of variance components [J]. J Assoc Off Anal Chem Int 83：1264 - 1269.

Johansson A S，Whitaker T B，Hagler W M Jr，et al，2000b. Testing shelled corn for aflatoxin，Part II：modeling the distribution of aflatoxin test results [J]. J Assoc Off Anal Chem Int 83：1270 - 1278.

Malone B，2000. Solution fluorometric method for deoxynivalenol in grains [J]// Trucksess M W，Pohland A E. Mycotoxin protocols. Humana，Totowa，NJ.

Nesheim S，1979. Methods of aflatoxin analysis. NBS Spec Publ (US) No. 519.

Parker P E，Bauwin G R，Ryan H L，1982. Sampling，inspection，and grading of grain [J]// Christensen C M. Storage of cereal grains and their products. American Association of Cereal Chemists，St. Paul，MN.

Shotwell O L，Goulden M L，Botast R J，et al，1975. Mycotoxins in hot spots in grains. I. Aflatoxin and zearalenone occurrence in stored corn [J]. Cereal Chemistry，52：687.

Shotwell O L，Goulden M L，Hessletine C W，1974. Aflatoxin：distribution in contaminated corn [J]. Cereal Chemistry，51：492.

Steyn P S，Thiel P S，Trinder D W，1991. Detection and quantification of mycotoxins by chemical analysis [M] //Smith J E，Henderson R S. Mycotoxins and animal foods. Boca Raton：CRC Press.

Whitaker T B，Dickens J W，Monroe R J，1972. Comparison of the observed distribution of aflatoxinin shelled peanuts to the negative binomial distribution [J]. Journal of the American Oil Chemists Society，49：590 - 593.

Whitaker T B，Dickens J W，Monroe R J，1974. Variability of aflatoxin test results [J]. Journal of the American Oil Chemists Society，51：214 - 218.

Whitaker T B，Dickens J W，Monroe R J，1979. Variability associated with testing corn for aflatoxin [J]. Journal of the American Oil Chemists Society，56：789 - 794.

Whitaker T B，Whitten M E，Monroe R J，1976. Variability associated with testing cottonseed for aflatoxin [J]. Journal of the American Oil Chemists Society，53：502 - 505.

Whitaker T B，Dowell F E，1995. Sampling methods to measure aflatoxin and grade factors of peanuts [J]//Pattee H E，Stalker H T. Advances in peanut science. Am Peanut Res Educ Soc，Stillwater.

Whitaker T B，Hagler W M Jr，Giesbrecht F G，et al，2000. Sampling，sample preparation，and analytical variability associated with testing wheat for deoxynivalenol [J]. J Assoc Off Anal Chem Int 83：1285 - 1292.

Whitaker T，Slate A，Doko M，et al，2010. Sampling procedures to detect mycotoxins in agricultural commodities [M]. Springer Netherlands.

William P C，1991. Storage of grains and seeds [M]//Smith J E，Henderson R S. Mycotoxinsand animal foods. Boca Raton：CRC Press.

第二十一章 黄曲霉毒素测定原理及方法

黄曲霉毒素作为黄曲霉菌和寄生曲霉的次级代谢产物，广泛存在于霉变的花生、玉米等粮食作物及其加工制品中。黄曲霉毒素是目前已知毒性最强的天然致癌物质，严重威胁人兽健康和畜牧业生产。近年来，黄曲霉毒素污染已经成为食品安全和饲料卫生领域的重点关注对象。为了更好地进行行业监督和管理，国家质检总局在 2017 年发布的《饲料卫生标准》（GB 13078—2017）中，规定了黄曲霉毒素 B_1 在饲料中的允许量。2017 年卫生部发布的《食品安全国家标准》(GB 2761—2017)，规定了人食品中黄曲霉毒素 B_1 的最大含量水平。对食品和饲料中的黄曲霉毒素进行定性检测和定量检测，有助于保障人兽健康。在科学研究、质量把控、监督抽查等行为中，测定样品中黄曲霉毒素含量的准确性和精确性，决定着能否对大批产品进行正确的判断。随着对黄曲霉毒素检测方法的研究逐渐深入，检测灵敏度不断提高，特异性强、经济成本适宜的检测方法逐渐被研发，以满足不同条件下的测定要求。

黄曲霉毒素的分析方法分为定性分析、半定量分析和全定量分析。这种类型的分析方法在复杂性、专业性要求、设备需求及劳动力上的花费等方面依次增加。根据测定黄曲霉毒素含量的目的不同，应选择不同的测定方法。如需要测定霉菌毒素在加工过程中的降解情况等试验，就要求选择精确的分析方法。而研究真菌与其产生毒素的关系，对于测定方法的选择要求就不是很严格，甚至特定情况下，仅需要确定毒素的种类而不需要确定其含量。寻求准确、快速、简便、经济的检测方法，高效率地对黄曲霉毒素进行定性定量分析，是黄曲霉毒素研究的一个重要内容。本章对黄曲霉毒素的测定方法及原理进行阐述。

第一节 定性方法

定性分析饲料中的黄曲霉毒素就是确定饲料是否受到黄曲霉毒素的污染。针对不含黄曲霉毒素或者含量很少的样品，进行定性分析成本较低，且能立刻得到分析结果，操作简便，节省劳动力。

一、紫外灯定性检测

黄曲霉菌在玉米颗粒生长时会产生曲酸，并可进一步将曲酸转化为过氧化物酶体形式化合物。在 365 nm 紫外光照射下，含有过氧化酶体的活细胞会发出黄绿色荧光（褚璇等，2015）。因此，用紫外光照射待检颗粒，以颗粒上是否发出荧光部分为依据可定性判定待检颗粒中是否含有黄曲霉毒素。

（一）测定原理

被黄曲霉毒素污染的发霉颗粒在波长 365 nm 紫外线照射下，呈亮黄绿色荧光，可根据荧光粒的多少来评估饲料受黄曲霉毒素的污染状况。

（二）测定方法

将样品粉碎过 20 目筛，用四分法取 20 g 平铺在纸上，于 365 nm 紫外灯下观察，查看有无亮黄绿色荧光，并记录荧光粒个数。若样品中无荧光粒，则饲料中黄曲霉毒素 B_1 的含量在 5 μg/kg 以下；若有 1～4 个荧光粒，则饲料疑似被黄曲霉毒素 B_1 污染；若样品中有 4 个以上荧光粒，可基本确定饲料中黄曲霉毒素 B_1 的含量在 5 μg/kg 以上（张丽英，2007）。

紫外灯定性检测方法，适用于在现场初步检测饲料是否受到黄曲霉毒素污染，且操作简单，不需要复杂的仪器和分析过程。但受到黄曲霉毒素污染的玉米，在氧化酶体不足时不会产生荧光，而其他真菌污染作物也会产生曲酸与氧化酶体，在紫外灯照射下也会发出荧光，对黄曲霉毒素的检测单一性较差，因此该法适用于感染黄曲霉毒素浓度较高样品的检测。

二、试纸条定性检测

该方法基本原理是免疫层析法，这是基于抗体与抗原或半抗原之间的选择性反应而建立起来的定性分析或半定量分析的一种快速检测技术。将特异性抗原或抗体固定于硝酸纤维膜等载体的某一区带上，当含有黄曲霉毒素的样品提取液和标记探针混合物通过层析作用，在硝酸纤维膜上移动流经该区带时，样品中相应的抗体或抗原立即与其对应的抗原或抗体发生特异性结合并富集，从而在该区带上显示出探针标记物质的颜色或荧光信号，进行定性分析或定量分析，以实现特异性检测（李鑫，2014）。

（一）测定原理

试样中黄曲霉毒素 B_1 在层析过程中与胶体金标记的特异性抗体结合，抑制了抗体和硝酸纤维素膜检测线上黄曲霉毒素 B_1 - BSE 偶联物的免疫反应，使检测线颜色变浅，因此通过检测颜色变化进行测定。

（二）测定方法

下述测定方法为《饲料中黄曲霉素 B_1 的测定　胶体金法》（NY/T 2550—2014）的简述。

1. 样品前处理　样品粉碎后过 20 目分样筛，准确称取 25 g 置于烧杯中，加入 100 mL 70％甲醇溶液；用均质机在 20 000 r/min 条件下提取 2 min，静置 1 min 后用滤纸过滤；取 2 mL 滤液过净化柱，收集净化液，稀释至黄曲霉毒素 B_1 胶体金试纸检测范围，混匀后备用。

2. 试纸条检测 将 2 mL 滤液过 100 μL 加入到试纸条免疫层析装置内，于恒温条件下反应 10 min。

3. 结果分析 黄曲霉毒素 B_1 胶体金试纸条中，检测线出现红色条带，表示样品中黄曲霉毒素 B_1 的含量小于其限量值，判定为阴性；未检测出红色条带，表示样品中黄曲霉毒素 B_1 的含量大于其限量值，判定为阳性。

许多材料都可以作为免疫层析技术的标记探针，但由于胶体金材料成本低、检测结果可视化、制作简单等优点，胶体金作为标记材料得到了广泛应用。不仅可以定性检测，而且通过制作标准曲线，利用试纸条法也可以对黄曲霉毒素 B_1 进行定量分析。利用试纸条进行黄曲霉毒素的检测，步骤简单、耗时短、检测成本低廉、重现性好，易被企业或基层人员所掌握和应用，为畜牧场或饲料厂对样品中黄曲霉毒素进行快速定性检测提供了便捷。但是目前市场上商业化的试纸条产品良莠不齐，使用劣质试纸条会影响检测结果的准确性。

第二节　半定量方法

与定量分析相比，半定量分析准确性稍差，但是操作相对简单、相对迅速、费用也较低，适用于以下情况：①只需要了解样品中黄曲霉毒素的大致含量，便于进一步确定合适的精确定量分析方法；②要求快速得到分析结果，对毒素准确含量结果要求不高；③样品太少，不足以准确地定量分析。

一、酶联免疫吸附法

ELISA 是 20 世纪 70 年代发展起来的检测技术，以免疫学和酶促反应为基础，利用抗原抗体反应的高特异性和酶促反应的高敏感性来实现对抗原或抗体的检测（马海华等，2016）。ELISA 方法的原理是：首先，将抗原或抗体与酶标记后，形成酶标抗原或酶标抗体，同时保持抗原或抗体的免疫活性和酶的活性；然后，将待测样品与酶标抗原或抗体按照程序与固相载体表面的抗体或抗原进行反应，洗涤去除未反应结合的物质；最后根据固相载体上酶的量与待测靶标物的对应比例关系，进行定量分析。ELISA 法是我国测定饲料中黄曲霉毒素 B_1 的国家标准方法之一（中华人民共和国国家质量监督检验检疫总局，2008）。

（一）测定原理

试样中黄曲霉毒素 B_1、酶标黄曲霉毒素 B_1 抗原与包被于微量反应板中的黄曲霉毒素 B_1 特异性抗体进行免疫竞争反应，加入酶底物后发生显色反应，试样中黄曲霉毒素 B_1 的含量与颜色成反比，通过酶标仪检测并与标准曲线进行比较计算试样中黄曲霉毒素 B_1 的含量。

（二）测定方法

下述测定方法为《饲料中黄曲霉毒素 B_1 的测定　酶联免疫吸附法》（GB/T

17480—2008）的简述。市场上不同 ELISA 试剂盒制造商的产品组成和操作会有细微差别，因此使用时应严格按照相应说明书要求进行规范操作。

1. 样品前处理　样品经粉碎后过孔径为 1.00 mm 的分样筛，准确称取 5 g 样品，精确至 0.01 g，置于 100 mL 具塞三角瓶中，加入 25 mL 甲醇溶液（甲醇：水＝1：1，V：V，下同），加塞振荡10 min，过滤，弃去 1/4 初滤液，再收集试样液待测。

2. 黄曲霉毒素 B_1 测定　ELISA 试剂盒室温下平衡 15 min，取出微量反应板，选一孔加入 50 μL 样品稀释液、50 μL 酶标黄曲霉毒素 B_1 抗原稀释液，作为空白孔；根据需要，在微量反应板上选取适量的孔，每孔依次加入 50 μL 黄曲霉毒素 B_1 标准溶液或试样液，再每孔加入 50 μL 酶标黄曲霉毒素 B_1 抗原溶液。在振荡器上混合均匀后，置于 37 ℃恒温培养箱中反应 30 min。反应结束后，取出反应板用力甩干，加入 250 μL 洗涤液洗板 4 次，每次间隔 2 min，甩掉洗涤液后在吸水纸上拍干。每孔各加入 50 μL 底物溶液 a 和底物溶液 b，摇匀后在 37 ℃恒温培养箱中反应 15 min，每孔加 50 μL 终止液，显色后 30 min 内上机检测。

3. 结果分析

（1）目测法　比较试样液孔与标准溶液孔的颜色，试样液孔中的颜色比标准液的浅，即为黄曲霉毒素 B_1 含量超标。

（2）仪器法　用酶标测定仪，在 450 nm 处用空白孔调零点，测定各孔的吸光度 A 值，若 $A_{试样液孔} < A_{标准溶液孔}$ 时为黄曲霉毒素 B_1 含量超标，若 $A_{试样液孔} \geqslant A_{标准溶液孔}$ 则为合格。

（3）若试样液中黄曲霉毒素 B_1 含量超标，则根据试样液的稀释倍数，可计算黄曲霉毒素 B_1 的含量。

通过上述步骤即可完成对黄曲霉毒素 B_1 的半定量分析，而通过将黄曲霉毒素 B_1 标准品稀释多个梯度，按照相应步骤进行反应，利用酶标仪测定吸光度值 A，即可绘制黄曲霉毒素 B_1 的标准曲线，在标准曲线上查得对应的黄曲霉毒素 B_1 的含量，从而进行定量分析。

ELISA 法利用了抗原抗体的亲和性反应，具有高特异性和高敏感性，样品的前处理过程较为简单，设备场所要求低，操作简便、快速，一般实验室仪器试剂均可以满足该法的要求，适用于一次性大批样品的黄曲霉毒素定性和半定量分析，目前作为阳性样品的初筛工具，已经在很多企业和检测机构中得到了推广和应用。但是由于酶的活性易受反应条件的干扰，且与黄曲霉毒素结构相似的化学物质可能带来假阳性结果，因此检测的准确度仍然有待提高。目前许多机构在优化 ELISA 试剂盒参数，以提高检测灵敏度、降低假阳性的概率。

二、薄层色谱法

薄层色谱法（thin layer chromatography，TLC）是早期应用最广泛的霉菌毒素分析方法，适用于粮食及其制品、调味品中黄曲霉毒素的半定量检测（高秀洁等，2008）。其主要原理是利用样品中的黄曲霉毒素与其他物质在固定相和流动相中的分配系数不同达到分离的目的，再用 365 nm 波长的紫外线激发黄曲霉毒素产生荧光，根据荧光的强弱与标准品比较测定其含量。下面结合《饲料中黄曲霉毒素 B_1 的测定　半定量薄层色谱法》(GB/T 8381—2008)，以及《饲料分析及饲料质量检测技术（第 3 版）》（张丽英，2007）对 TLC 法测定饲料中黄曲霉毒素 B_1 的步骤进行简述。

（一）测定原理

样品中黄曲霉毒素 B_1 经提取、过滤、硅胶柱纯化和浓缩后，在薄层板上进行试液层析分离，在 365 nm 波长紫外灯下产生蓝紫色荧光，根据其在薄层板上荧光的最低检出量来测定含量。

（二）测定方法

1. 样品前处理　取 20 g 粉碎后样品，置于磨口锥形瓶中，加硅藻土 10 g、水 10 mL 和三氯甲烷 100 mL，加塞后在振荡器上振荡 30 min，过滤后收集至少 50 mL 滤液。

2. 纯化　取 50 mL 滤液于烧杯中，加入 100 mL 正己烷混匀，将混合液以 8～12 mL/min 的流速通过制备好的层析柱，直至到达柱子硫酸钠层上表面；然后加入 100 mL 正己烷，使液体再流至硫酸钠层上表面，弃去通过层析柱的液体。用 150 mL 三氯甲烷-甲醇液洗脱层析柱，收集的洗脱液在 50 ℃以下减压蒸干，用苯-乙腈将残留物转移至具塞刻度试管中，定容至 2.0 mL。

3. 点样和展开　取活化后的薄层板，在距薄层板下端 3 cm 的基线上滴加样液。点距边缘和点距点约为 1 cm，点直径约为 3 mm。利用无水乙醚进行预展，丙酮-三氯甲烷（丙酮：三氯甲烷＝8：92）进行正展，展开 10～12 cm 后取出，在紫外灯下进行观察。

4. 观察判断　若样液点在与黄曲霉毒素 B_1 标准点的对应位置上，无蓝紫色荧光，则样品中黄曲霉毒素 B_1 含量在 5 μg/kg 以下，判定为阴性。若在相应位置上出现蓝紫色荧光点，则需要通过加滴三氟乙酸进行确证试验，来证实薄层板上样液的荧光确实是由黄曲霉毒素 B_1 产生的。

5. 稀释定量　若样液点的荧光强度与标准点的最低检出量的荧光强度一致，则样品中黄曲霉毒素 B_1 的含量即为 5 μg/kg。若样液点的荧光强度强于最低检出量点，则需根据其强度估计，对样品液进行稀释后再点样展开，直到样品液的荧光强度与最低检出量的荧光强度一致为止，通过稀释倍数来计算样品中黄曲霉毒素 B_1 的含量。

TLC 是经典的化学分析方法，其需要的设备简单、操作方便、分析成本低，适合对黄曲霉毒素的半定量检测；缺点是对检测的规范和熟练程度要求高，分析步骤烦琐，耗费大量试剂。同时，由于干扰因素复杂、灵敏度较低、荧光强度的目测精确性较差，因此 TLC 法仅能进行定性和半定量分析。另外，操作人员在操作过程中需要直接接触毒素和有潜在危害的有机溶剂，因此 TLC 不适用于大批量样品的快速检测。

第三节　定量方法

黄曲霉毒素的定量分析是通过借助灵敏度高的检测仪器设备来检测得到样品中黄曲

霉毒素准确含量的分析方法。相比定性分析与半定量分析，定量分析具有准确性高、检测灵敏度高和重现性好等优点，但其样品要经过萃取、纯化、浓缩、分离、检测、定量分析和确认等步骤，对操作人员专业技术的要求高，成本也较高。

一、免疫亲和荧光光度法

自20世纪90年代，免疫亲和柱层析技术（immunochromatography assay，ICA）就开始在定性分析与定量分析中得到广泛应用，已成为一种安全、快速的免疫学检测技术。ICA结合了单克隆抗体技术和亲和层析技术，利用抗体与其相应的抗原反应具有高度亲和性与高度专一性的特点，将抗原或抗体固定在层析柱上，通过层析柱实现从复杂的混合物中分离和纯化与抗原或抗体互补的特定免疫成分。免疫亲和柱（immunoaffinity column，IAC）是一种小型的填充惰性材料的流通管，通过固定在层析柱上的抗体能与黄曲霉毒素特异性结合。当含有黄曲霉毒素的溶液流经层析柱时，层析柱中的活性位点将识别黄曲霉毒素并将其结合，其他提取物通过并流出层析柱，然后用少量合适的溶剂，将黄曲霉毒素从层析柱上洗脱下来，这样就可以得到纯度较高的黄曲霉毒素溶液。荧光光度法利用了物质的分子/原子辐射跃迁的原理，其发出荧光的强度与物质的浓度相关，可实现定性、定量检测。

我国制定的《饲料中黄曲霉毒素 B_1 的测定　免疫亲和荧光光度法》（NY/T 2549—2014）中，就免疫亲和荧光光度法测定饲料中黄曲霉毒素 B_1 进行了介绍。

（一）测定原理

样品中黄曲霉毒素 B_1 与免疫亲和柱中固定相上的抗体进行特异性结合，而其他不与抗体发生免疫亲和反应的成分随流动相流出，利用甲醇洗脱与抗体结合的黄曲霉毒素 B_1，进行荧光定量检测。

（二）测定方法

1. 样品前处理　准确称取25 g研磨后样品于烧杯中，加入100 mL甲醇溶液（甲醇∶水=7∶3），以均质器20 000 r/min提取2 min后，静置1 min，中速定性滤纸过滤。取滤液10 mL，加入20 mL水稀释，旋涡混合器混匀后，经玻璃纤维滤纸过滤后备用。

2. 纯化　将免疫亲和柱与泵流操作架或固相萃取装置连接，加入10 mL纯水平衡柱，待柱中仅余少量液体时，加入10 mL稀释后的提取液，以1.5 mL/min流速通过纯水平衡柱；用10 mL水淋洗2次纯水平衡柱，待柱中的液体被抽干时停止抽滤，弃去全部流出液，将1 mL甲醇加入纯水平衡柱中，流速为1 mL/min，抽滤至纯水平衡柱中的液体全部流出，收集全部洗脱液于比色杯（光径为1 cm）中，加入1 mL纯水，混匀后待测。

3. 测定

（1）标准曲线的建立　利用配制好的黄曲霉毒素 B_1 的标准工作液，用黄曲霉毒素荧光速测仪或荧光光度计，在激发波长为360 nm、检测波长为440 nm条件下测量本底荧光值；再加入0.2 mL的荧光增强剂，再次测定；最后，将增强后的荧光值和本底荧光值的差值与黄曲霉毒素 B_1 标准溶液建立标准曲线。

(2) 黄曲霉毒素含量的测定　用黄曲霉毒素荧光速测仪或荧光光度计，在激发波长为 360 nm、检测波长为 440 nm 条件下测定待测液的荧光值，然后向比色杯中加入黄曲霉毒素 B_1 荧光增强剂 0.2 mL 混匀后，再次测定其荧光值，将增强后的荧光值和本底荧光值的差值代入标准曲线，计算得到待测液中黄曲霉毒素 B_1 含量。当样品中黄曲霉毒素 B_1 含量超过标准曲线的范围时，则需稀释后再次测量。

免疫亲和荧光光度法具有检测快速、灵敏，仪器设备轻便、易携带，自动化程度高，操作简单的优点，一个样品只需 10～15 min 即可读出测试结果。缺点是黄曲霉毒素 B_1 自身荧光很弱，直接采用荧光分光光度计检测很难达到较高的灵敏度（张敏，2012）。

二、免疫亲和柱层析净化-高效液相色谱法

高效液相色谱法（high performance liquid chromatography，HPLC）是 20 世纪 60 年代末在气象色谱的基础上发展起来的一种以液体为流动相的新型色谱技术，是当前国内最权威、应用最广泛的定量分析黄曲霉毒素的方法。

HPLC 是以液体为流动相，由高压输液泵提供动力，将不同极性的溶剂、缓冲液等流动相一同泵入装有固定相的色谱柱，混合物的各个成分被柱内各成分分离后，流动相带着分离出的检测物进入检测器进行检测，从而完成对样品中目标物的分离和分析。适合于霉菌毒素检测的检测器主要有紫外检测器、荧光检测器、二极管阵列检测器等。

IAC - HPLC 是以抗原和抗体的特异性结合为基础对样品提取液进行净化的，得到的净化液经 HPLC 分析，从而测定样品中黄曲霉毒素含量的一种方法。当样品提取液通过免疫亲和柱时，免疫亲和柱只能选择性地吸附样品中的黄曲霉毒素，而其他杂质则随着淋洗液通过免疫亲和柱，而后用甲醇等有机溶剂将吸附在免疫亲和柱上的黄曲霉毒素洗脱下来，得到的洗脱液通过 HPLC 上机检测，对黄曲霉毒素的含量进行测定（胡玲玲，2014；刘旭，2015）。在采用荧光检测器进行检测时，黄曲霉毒素 B_1 和黄曲霉毒素 G_1 的荧光强度较强，但在含水的溶剂中容易发生荧光淬灭。因此，在检测黄曲霉毒素过程中，常采用柱前或柱后衍生的方式来提高检测的灵敏度。黄曲霉毒素柱前衍生常采用三氟乙酸，其能将黄曲霉毒素 B_1 和黄曲霉毒素 G_1 的二呋喃环的双键羟基化，转变为衍生物黄曲霉毒素 B_{2a} 和黄曲霉毒素 G_{2a}。黄曲霉毒素柱后衍生法主要包括光化学柱后衍生法、电化学柱后衍生法和加热柱后衍生法（溴或碘柱后衍生法）。

我国 2014 年发布的《饲料中黄曲霉毒素 B_1、B_2、G_1、G_2 的测定　免疫亲和柱净化-高效液相色谱法》（GB/T 30955—2014）对饲料中的黄曲霉毒素测定做了具体介绍（中华人民共和国国家国家质量监督检验检疫总局，2014）。中国农业大学动物营养学国家重点实验室多年来致力于霉菌毒素与饲料安全的研究，通过大量的试验，以国家标准测定方法为基本依托，不断优化黄曲霉毒素测定方法，测定方法如下。

（一）测定原理

试样经过甲醇-水提取后进行过滤和稀释，得到的滤液经过含有黄曲霉毒素特异抗体的免疫亲和层析柱层析净化、高效液相色谱分离和柱后光化学衍生，用荧光检测器测

定黄曲霉毒素 B_1、黄曲霉毒素 B_2、黄曲霉毒素 G_1、黄曲霉毒素 G_2 的含量。

（二）测定方法

1. 样品的前处理　准确称取粉碎后试样 20 g 于 250 mL 三角瓶中，加入 5 g 氯化钠和 100 mL 甲醇溶液（甲醇：水＝7：3），于 200 r/min 摇床上避光提取 2 h，经槽纹滤纸过滤，准确移取 10 mL 滤液于 40 mL 双蒸水中稀释，过滤后得澄清液体备用。

2. 净化　将免疫亲和柱连接于 10 mL 玻璃注射器下，准确移取 10 mL 样品滤液注入玻璃注射器中，连接空气压力泵，调节压力使溶液以 2 mL/min（约 1 滴/s）流速缓慢通过免疫亲和柱，至空气进入亲和柱，加入 10 mL 双蒸水淋洗柱子 2 次，调节流速为 3 mL/min 左右，直至空气进入亲和柱中，弃去全部流出液。加入 1 mL 色谱级甲醇洗脱，每秒流速约为 1 滴，收集全部洗脱液于棕色小瓶中，密封用于 HPLC 分析。

3. 样品回收率的测定　在 20 g 空白饲料样品（不含 AFB_1）中，分别加入 3 个不同浓度水平（0.04 mg/kg、0.2 mg/kg 和 1 mg/kg）的 AFB_1 标准溶液 0.5 mL，使饲料中 AFB_1 最终含量分别为 1 μg/kg、5 μg/kg 和 25 μg/kg，暗处放置过夜后，提取测定其中黄曲霉毒素含量。

回收率＝加入 AFB_1 标准品的含量/测得 AFB_1 的含量×100%

4. 标准曲线的测定　以 AFB_1 标准工作液浓度为横坐标，以峰面积积分值为纵坐标，绘制 AFB_1 标准工作曲线，用该标准曲线对试样进行定量。

5. 液相色谱条件

色谱柱：C18 柱（柱长 150 mm、内径 4.6 mm、粒径 5 μm），或相当者；

流动相：甲醇溶液（甲醇：水＝45：55）；

流速：1 mL/min；

荧光检测器波长：λ_{ex}＝360 nm，λ_{em}＝440 nm；

进样量：20 μL；

黄曲霉毒素 B_1 的出峰时间：18～19 min。

6. 计算

样品中黄曲霉毒素含量＝通过标准曲线计算得到的 AFB_1 含量×稀释倍数÷回收率

本测定方法中稀释倍数为 2.5 倍。

HPLC 法具有检测时间较短、灵敏度高、测定结果准确可靠、特异性好的特点，对复杂样品的处理能力更强。但是需要大量的有机溶剂，依赖大型精密仪器，检测成本高，对操作人员的专业性要求高，不能满足现场快速筛查的需求，主要应用于专业实验室。

三、液相色谱-串联质谱法

质谱（mass spectrum，MS）是将试样中各组分电离产生不同荷质比的离子，在加速电场的作用下，形成离子束，进入质量分析器，再利用电场和磁场使发生相反的速度色散，将它们分别聚焦而得到质谱图，从而确定其质量。液相色谱-串联质谱技术，以液相色谱作为分离系统、质谱作为检测系统。样品在质谱部分和流动相分离被离子化后，经质谱的质量分析器将离子碎片按质量数分开，经检测器得到质谱图。

我国在2011年发布的《饲料中黄曲霉毒素、玉米赤霉烯酮和T-2毒素的测定液相色谱——串联质谱法》（NY/T 2071—2011）中，介绍了应用液质联用方法测定饲料中黄曲霉毒素的方法。

（一）测定原理

试样中的黄曲霉毒素、玉米赤霉烯酮和T-2毒素在经乙腈溶液提取、正己烷脱脂及霉菌毒素多功能净化柱净化后，用氮吹仪吹干、甲酸-乙腈溶液溶解，最后用液相色谱-串联质谱法测定。采用色谱保留时间和质谱碎片及其离子丰度比定性，外标法定量。

（二）测定方法

称取（5±0.02）g试样于50 mL离心管中，准确加入25 mL乙腈溶液（乙腈：水=84：16），涡旋混匀2 min，置于超声波清洗器中超声提取20 min，中间振荡2～3次。取出提取液，于8 000 r/min离心5 min；倾出上清液至分液漏斗中，加15 mL正己烷，充分振摇。待静止分层后，准确量取下层液5 mL，过多功能净化柱，控制流速为2 mL/min，收集流出液，在60 ℃下用氮吹仪吹干。用1.0 mL甲酸乙腈溶液溶解残渣，涡旋30 s，经0.22 μm滤膜过滤后，上机测定。由于受到检测器的制约，因此色谱分析的检测种类受到了限制，而质谱分析又要求目标化合物必须达到一定纯度。LC-MS弥补了2种方法单独使用时的不足，实现了优势互补，将色谱分离效果好与质谱灵敏度高、选择性好的优点相结合。实际生产中，农作物往往受到多种霉菌毒素的污染，对多种霉菌毒素的同步测定具有非常重要的现实意义。LC-MS在具备高效分离的同时，可实现多组分定性与定量检测；并提供相对分子质量和结构信息，适合于微量样品中的痕量组分分析，无需柱前衍生和柱后衍生步骤。该技术目前已广泛应用于生命科学、食品科学、环境科学、化学和医药卫生领域的微量检测。但由于该技术所用仪器价格昂贵，因此主要应用于专业实验室，市场上的普及率还不是很高。

参考文献

褚璇，王伟，Lawrence，等，2015. 基于颜色特征的含黄曲霉毒素玉米颗粒的检出方法［J］. 中国粮油学报，30（4）：112-118.

高秀洁，邓中平，焦红，等，2008. 黄曲霉毒素B_1快速检测方法的研究进展［J］. 热带医学杂志，8（12）：1297-1300.

胡玲玲，2014. 食品中黄曲霉毒素检测方法研究与评估［D］. 杭州：浙江工业大学.

李鑫，2014. 基于免疫分析的农产品真菌毒素混合污染同步检测技术研究［D］. 北京：中国农业科学院.

刘旭，2015. 粮食和食用油中黄曲霉毒素B_1高效低耗液相色谱检测方法的建立［D］. 杨凌：西北农林科技大学.

马海华，孙楫舟，甄彤，等，2016. 我国国家标准和行业标准中黄曲霉毒素测定方法综述［J］. 食品工业科技，37（6）：360-366.

张丽英，2007. 饲料分析及饲料质量检测技术［M］. 3 版．北京：中国农业大学出版社．
张敏，2012. 一种新型黄曲霉毒素 B_1 荧光增强剂的开发研究［D］. 重庆：西南大学．
中华人民共和国国家质量监督检验检疫总局，2008. 饲料中黄曲霉毒素 B_1 的测定　半定量薄层色谱法：GB/T 8381—2008［S］. 北京：中国标准出版社．
中华人民共和国国家质量监督检验检疫总局，2008. 饲料中黄曲霉毒素 B_1 的测定　酶联免疫吸附法：GB/T 17480—2008［S］. 北京：中国标准出版社．
中华人民共和国国家质量监督检验检疫总局，2014. 饲料中黄曲霉毒素 B_1、B_2、G_1、G_2 的测定　免疫亲和柱净化-高效液相色谱法：GB/T 30955—2014［S］. 北京：中国标准出版社．
中华人民共和国农业部，2011. 饲料中黄曲霉毒素、玉米赤霉烯酮和 T-2 毒素的测定　液相色谱-串联质谱法：NY/T 2071—2011［S］. 北京：中国农业出版社．
中华人民共和国农业部，2014. 饲料中黄曲霉毒素 B_1 的测定　免疫亲和荧光光度法：NY/T 2549—2014［S］. 北京：中国农业出版社．
中华人民共和国农业部，2014. 饲料中黄曲霉毒素 B_1 的测定　胶体金法：NY/T 2550—2014［S］. 北京：中国农业出版社．
中华人民共和国国家卫生和计划生育委员会，国家食品药品监督管理总局，2017. 食品安全国家标准 食品中真菌毒素限量：GB 2761—2017［S］. 北京：中国标准出版社．
中华人民共和国国家质量监督检验检疫总局，中国国家标准化管理委员会，2017. 饲料卫生标准：GB 13078—2017［S］. 北京：中国标准出版社．

第二十二章 玉米赤霉烯酮测定原理及方法

玉米赤霉烯酮最初是1962年从患有赤霉病的玉米中分离出来的，其主要由镰刀菌属（*Fusarium*），如禾谷镰刀菌（*F. graminearum*）、三线镰刀菌（*F. tricictum*）、串珠镰刀菌（*F. maniliborme*）等产生。玉米、小麦、大麦等作物极易受到玉米赤霉烯酮的污染。由于分子结构与动物体内的雌激素类似，因此玉米赤霉烯酮具有很强的雌激素功能，可影响动物机体雌性激素的分泌，严重影响动物的生殖生理。2017年颁布、2018年5月开始实施的《饲料卫生标准》（GB 13078—2017）对饲料中玉米赤霉烯酮的限量作了很大程度的调整，提高了对玉米赤霉烯酮限量的要求；2017年发布的《食品安全国家标准　食品中真菌毒素限量》（GB 2761—2017）也对食品中玉米赤霉烯酮限量进行了严格限定。食品和饲料中玉米赤霉烯酮含量的检测，是把控其质量最基本的手段，有助于实时监控玉米赤霉烯酮污染情况，保障动物和人的健康。随着科研水平的不断提高及检测设备的不断改良，玉米赤霉烯酮的检测精确度和灵敏度得到逐渐提高，检测方法也多样化，从而可以根据不同的检测目的选择不同的检测方法。

当前，玉米赤霉烯酮含量的测定方法主要有定性法、半定量法和定量法3种。其中，定性方法中常见的为免疫层析试纸条检测方法（immunochromatographic test strip），也称为试纸条法或胶体金法。该方法方便、快捷，所用的化学试剂较少，可以现场快速地检测出样品中是否含有玉米赤霉烯酮，但无法定量。半定量方法主要有薄层色谱法（TLC）与酶联免疫吸附法（ELISA），其检测准确度要大于定性方法，但小于定量方法。定量方法主要有免疫亲和柱层析净化-酶标仪法（IAC - ELISA）、免疫亲和柱层析净化-高效液相色谱法（IAC - HPLC）及液相色谱-质谱串联法（HPLC - MS），测定结果的准确度和精确度都很高。但是由于检测仪器昂贵、对化学试剂要求严格、检测时间长等，因此定量方法一般只用于科研单位研发。

第一节　定性方法

定性检测方法常用于大批量筛选样品，过程简单、方便，检测成本较低、耗时短。试纸条定性检测法是玉米赤霉烯酮最常用的定性检测方法，通常采用胶体金标记，其源头可以追溯到20世纪80年代发展起来的一种固相膜免疫技术。免疫层析试纸条的结构类似“三明治”，依次由样品垫、胶体金结合垫、硝酸纤维素膜、吸水垫组成。试纸条上通常包被2种特定的抗体：一种为与胶体金试纸共轭结合，作为检测线（T线）；另一种为将其固定于硝酸纤维素膜的特定检测区域，作为控制线（C线）（Zhou等，2009）。以硝酸纤维素膜为载体，利用微孔膜的毛细血管作用，使滴加在膜条一端的液体慢慢向另一端渗移，通过抗原抗体反应，并利用胶体金呈现颜色反应，实现特异性检测。根据《粮油检验　谷物中玉米赤霉烯酮测定　胶体金快速测试卡法》（LS/T 6109—2014），可进行样品中玉米赤霉烯酮的定性分析。

一、测定原理

试纸条定性检测法基于抗原抗体反应、免疫金标记技术及毛细管层析技术，以微孔膜为固相载体，将可特异性识别玉米赤霉烯酮的抗体标记为红色或紫红色的胶体金颗粒，检测卡上的2个色带分别固定玉米赤霉烯酮抗原，以及抗属源性抗体的二抗，根据颜色变化进行结果的判定。

二、测定方法

1. 样品　采取根据《粮食、油料检验 扦样、分样法》（GB/T 5491—1985）进行采样与粉样。

2. 样品前处理　将采集的样品充分粉碎，全部通过20目分析筛，并充分混合均匀。

3. 样品待测液的提取　准确称取上述样品2.00 g于离心管中，加入10 mL 70%甲醇或专用提取液，振荡提取3 min，以4 000 r/min离心1 min（或静置），以分离上清液。

4. 试纸条检测　用吸管缓慢滴加3滴上述分离的上清液至试纸条的加样孔中（若加入上清液后30 s内在试纸条窗口无液体移动，则补加1滴上清液），待测试窗口有液体移动时开始计时，5～10 min内观察测试结果。

5. 结果分析

（1）无效质控色带不明显，说明此测试卡无效，需重新检测。

（2）阴、阳性样品质控色带显色，且检测色带也显色时，则结果判为阴性；阴、阳性样品质控色带显色，且检测色带不显色或颜色非常模糊时，则结果判为阳性。

（3）需对试纸条定性法筛查出的阳性样品进行确认时，判定应根据《食品中真菌毒素限量》（GB 2761—2017）中规定的玉米赤霉烯酮限量标准，检测方法应参照《食品中真菌毒素限量》（GB 2761—2017）中规定的方法。

如有特殊的读数仪，采用试纸条法也可进行一定范围内的玉米赤霉烯酮定量分析。《粮油检验　粮食中玉米赤霉烯酮测定胶体金快速定量法》（LS/T 6112—2015）指出，当待检测样品中的玉米赤霉烯酮与试纸条中的胶体金微粒发生颜色反应时，颜色的深浅即与试样中的玉米赤霉烯酮含量相关，用特殊的读数仪测定试纸条上检测线和质控线颜色的深浅，根据颜色深浅和读数仪内置标准曲线，可自动计算出样品中玉米赤霉烯酮含量。

经过多年的发展，胶体金由于其特殊的性能、价格低廉等优点，现已广泛应用于免疫层析技术。用胶体金标记制备的免疫层析试纸条可以快速检测出试样中是否含有玉米赤霉烯酮，操作方便，不需要专门的仪器设备和操作人员，可以更好地应用于玉米赤霉烯酮的现场定性检测，为原料的验收提供一定的依据。

第二节　半定量方法

当玉米赤霉烯酮的含量在某一特定的范围内时，半定量检测方法可以确定玉米赤霉烯酮的具体含量，但其准确度相对较低。与定性方法相比，半定量方法操作比较复杂，需要有特定的检测设备，对检测人员的技术要求相对较高，检测成本也较高。

一、薄层色谱法

薄层色谱法（thin layer chromatography，TLC），又称薄层层析，是 20 世纪 60 年代建立起来的一种经典的霉菌毒素检测方法，其所用样品微量，检测步骤简单，因此应用较为广泛，于 1990 年被列为美国分析化学家协会（Association of Official Analytical Chemists，AOAC）标准方法。首先根据检测样品理化性质的不同，选用合适的溶剂（提取液）对样品中的玉米赤霉烯酮进行提取；然后经过洗脱、浓缩，在薄层板上分别进行标准品和待测试样的点样、分离；再将薄层板置于紫外灯下，于波长为 254 nm 处观察与标准点比移值（Rf 值）相同处试样的荧光点（蓝绿色）；最后用薄层色谱扫描仪对特征荧光点进行扫描，根据标准品浓度和峰面积值，定量检测出试样中玉米赤霉烯酮的含量。我国国家标准《饲料中玉米赤霉烯酮的测定》（GB/T 19540—2004）对薄层色谱法检测饲料中的玉米赤霉烯酮进行了详细的规定。

（一）测定原理

试样中的玉米赤霉烯酮采用三氯甲烷提取，提取液经液-液萃取、浓缩，然后进行薄层色谱分离，限量定值；或用薄层扫描仪测定荧光斑点的吸收值，外标法定量。

（二）测定方法

1. 样品前处理　称取 20 g 试样（精确至 0.01 g），置于具塞锥形瓶中，加入 8 mL 水和 100 mL 三氯甲烷，盖紧瓶塞，在振荡器上振荡 1 h；加入 10 g 无水硫酸钠，混匀、过滤，量取 50 mL 滤液于分液漏斗中，沿管壁慢慢加入氢氧化钠溶液（40 g/L）10 mL，并轻轻转动 1 min，弃去三氯甲烷相，将氢氧化钠层转移至第二个分液漏斗中；用氢氧化钠溶液（40 g/L）10 mL，重复提取 1 次，并轻轻转动 1 min，弃去三氯甲烷，将氢氧化钠层并入原分液漏斗中。用少量蒸馏水淋洗第二个分液漏斗，滤液倒入原分液漏斗中，再用 5 mL 三氯甲烷重复洗 2 次，弃去三氯甲烷层；向氢氧化钠溶液层中加入 6 mL 磷酸溶液（浓磷酸∶水＝1∶10），再用磷酸溶液（浓磷酸∶水＝1∶19）调节 pH 至 9.5 左右。于分液漏斗中加入 15 mL 三氯甲烷，振摇，将三氯甲烷层经盛有约 5 g 无水硫酸钠的慢速滤纸的漏斗中，滤于浓缩瓶中；再用 15 mL 三氯甲烷重复提取 2 次，三氯甲烷层一并滤于浓缩瓶中；最后用少量三氯甲烷淋洗滤器，滤液全部并于浓缩瓶中，真空浓缩至小体积，将其全部转移至具塞试管中，在氮气流下蒸发至干，用 2 mL 三氯甲烷溶解残渣，摇匀，供薄层色谱点样用。

2. 点样　在距薄层板下端 1.5～2.0 cm 的基线上，以 1 cm 的间距，用点样器依次点玉米赤霉烯酮标准工作溶液 2.5 μL、5 μL、10 μL、20 μL（相当于 50 ng、100 ng、200 ng、400 ng）和试验液 20 μL。

3. 展开　将薄层板放入有展开剂的展开槽中，展至离原点 13～15 cm 处，取出，吹干。

4. 观察判定　将展开后的薄层板置于波长 254 nm 紫外灯光下，观察与玉米赤霉烯酮（50 ng）标准点比移值相同处试样的蓝绿色荧光点。若相同位置上未出现荧光点，则用本测定方法检测的试样中的玉米赤霉烯酮最低检测量在 500 μg/kg 以下。如果相同位置上出现荧光点，则需滴加显色剂进行验证。

5. 薄层扫描仪定量　在与标准品相同位置上出现荧光点的情况下，用显色剂（20%氯化铝乙醇溶液）对准各荧光点进行喷雾，130 ℃加热 5 min，然后在 365 nm 紫外光灯下，观察荧光点由蓝绿色变为蓝紫色；荧光强度明显加强，可确证试样中含有玉米赤霉烯酮，于荧光点下方用铅笔标记，采用薄层扫描仪进行扫描，定量测定试样中的玉米赤霉烯酮含量。

采用薄层色谱法检测饲料中的玉米赤霉烯酮，操作步骤较为简单，在整个检测过程中固定相和流动相的选择面较广，展开速度快、显色灵敏，且检测成本较低。但是，由于薄层板的材料、展开液等不同，以及试验过程中温度、湿度等的影响，因此比移值在不同检测环境中的差异很大；且又由于在整个检测过程中所用试剂繁多、检测周期较长、提取液杂质较多、主观误差较大等，因此通常会因专一性不强而引起检测误差。此外，灵敏度不高，还需采用其他的方法来进行验证，这些因素又在一定程度上限制了薄层色谱法在霉菌毒素检测中的应用。

随着薄层色谱技术的不断发展，结合光密度法的高效薄层色谱法（HPTLC）、二维薄层色谱法，以及超压薄层色谱法（overpressured - layer chromatography，OPLC）应运而生。与常规薄层色谱法相比，这些新出现的方法不仅可以减少分析时间，且可以提高分析结果的准确度和精确度。例如，OPLC 结合了 HPTLC 和薄层色谱的优点；与 HPTLC 相比，OPLC 减少了流动相的使用量，且比常规的薄层色谱法测定的结果更加准确。

二、酶联免疫吸附法

酶联免疫吸附法，最早建立于 20 世纪 70 年代，最经典的为 1977 年建立的“双抗体夹心法”。酶联免疫分析法是基于抗原、抗体之间的相互作用力进行检测，而该作用力具有专一的特性。ELISA 试剂盒通常包含：①包被抗原或抗体的固相载体；②酶标抗原或酶标抗体；③待检样品稀释液；④参考标准品；⑤显色反应底物；⑥酶反应终止液。酶标抗原或酶标抗体是酶联免疫分析法中最为关键的物质，决定了反应的准确性和精确性。国家标准《饲料中玉米赤霉烯酮的测定》（GB/T 19540—2004）中的第二法即为酶联免疫吸附法，并对该方法作了详细的描述。

（一）测定原理

酶联免疫吸附法的检测依据是抗原抗体反应。将玉米赤霉烯酮抗体的羊抗体吸附在固相载体表面，加入玉米赤霉烯酮抗体、酶标玉米赤霉烯酮结合物、玉米赤霉烯酮标准或试样液，在玉米赤霉烯酮抗体与固相载体表面羊抗体结合的同时，游离的玉米赤霉烯酮、酶标玉米赤霉烯酮结合物与结合在固体表面的玉米赤霉烯酮抗体竞争，未结合的酶标玉米赤霉烯酮结合物被洗涤除去。加入酶底物，在结合酶的催化作用下，无色底物降解产生蓝色底物，加上终止剂后颜色转变为黄色，通过酶标仪，在 450 nm 波长处测定吸收值，吸光强度与试样中的玉米赤霉烯酮浓度成反比。

（二）测定方法

1. 样品前处理 称取 5 g 试样（精确至 0.01 g），置于 50 mL 具塞锥形瓶中，加入 25 mL 甲醇溶液（70%），封口，振荡器提取 10 min，提取液通过快速滤纸过滤。取 1 mL 滤液，加入 19.0 mL 蒸馏水稀释，摇匀，即为试样液。

2. 样品测定 分析前将所有试剂在室温下平衡，分析后立即将所有试剂放回 2～8 ℃冰箱。在所有培育中，均避光，盖上微孔盖板。取出适量的微孔，在每个微孔中依次加入 50 μL 标准溶液或试样液、50 μL 酶标结合物和 50 μL 玉米赤霉烯酮抗体。将酶标板轻轻摇晃，于室温培育反应 10 min。反应结束后，将微孔中的液体倒掉，在干净纸巾上轻拍，除去所有残余的液体、用移液器加蒸馏水（或试剂盒的特殊洗涤液）250 μL 到每个微孔中，轻轻晃动酶标板进行洗涤；然后将液体倒掉，在吸水纸上拍干微孔中的残余液体。重复上述洗涤步骤 3～4 次。最后一次拍干后，加入 100 μL 底物液，充分摇匀，于室温避光温育反应 5 min。加入 100 μL 终止液，摇匀。在 30 min 之内，将其置于酶标仪上，于 450 nm 处进行测定。

3. 结果分析

（1）限量法 若试样孔的吸收值小于标准品孔的吸收值，即 $A_{试样孔}<A_{标准孔}$，超过限量值，即样品玉米赤霉烯酮阳性。若试样孔的吸收值大于标准品孔的吸收值，即 $A_{试样孔}>A_{标准孔}$，则试样玉米赤霉烯酮的含量小于或等于所设限量值，判定试样玉米赤霉烯酮为阴性。

（2）定量法 由系列标准品的吸光度值计算各自的吸光度百分比（A%），与标准品浓度的对数做标准曲线。根据样品的吸光度值，计算吸光度百分比，通过标准曲线计算出样品的玉米赤霉烯酮具体含量（X），计算分别见公式 22－1 和公式 22－2。

$$A\%=A/A_0\times 100 \tag{22-1}$$

式中，$A\%$指吸光度百分比；A 指标准品或试样的吸光度；A_0 指空白的吸光度。

$$X=\frac{c\times V\times n}{m} \tag{22-2}$$

式中，c 为从标准曲线上查的对应试样提取液中玉米赤霉烯酮浓度；V 为试样提取液体积；n 为试样液稀释倍数；m 为试样质量。

酶联免疫吸附法检测饲料或饲料原料中的玉米赤霉烯酮含量时，通常不需要前期复杂的净化过程，操作过程较为简单，反应灵敏、快速；而且用酶标仪检测霉菌毒素，可以一次性检测大批量样品，检测成本较低。常见的酶联免疫检测试剂盒中的酶标板有48孔和96孔2种规格，其可一次性检测几十个样品。随着生物技术的不断发展，酶联免疫试剂盒中的抗玉米赤霉烯酮单克隆抗体的选择范围越来越广，研制出的ELISA试剂盒检测的精确度和灵敏度越来越高，稳定性也越来越好，可以更好地满足实际生产中玉米赤霉烯酮的检测要求。

酶联免疫吸附法是利用抗原抗体的特异性反应，对样品中的玉米赤霉烯酮进行的半定量检测。这种方法灵敏度比较高，适合于大批量样品的快速筛选，操作简便，不需要专业人员操作，因此是最常用的一种检测方法。但其检测结果容易出现假阳性现象，因此又在一定程度上会影响检测结果的准确性，不适合用于精确度和准确度都要求极高的科研工作中。其可以与高效液相色谱配合使用，避免假阳性现象的出现。

第三节　定量方法

定量方法，可以准确检测出试样中玉米赤霉烯酮的准确含量。其检测程序一般比较复杂，样品前处理不仅需要采用特殊的净化方式，而且试样净化后还需要特殊的仪器设备进行检测，一般可以进行定量的设备都比较昂贵，且整个检测过程对检测人员的要求比较高，检测过程耗时较长，检测费用相对较高。根据检测仪器的不同，定量分析法的检测精确度有所不同，因此在实际检测中，应根据检测目的选择适合的检测方法。下面参考刘涛（2007）的方法进行介绍。

一、免疫亲和柱层析净化-酶标仪法

免疫亲和柱层析净化-酶标仪法（IAC－ELISA法），是在酶联免疫吸附法的样品净化步骤后，添加了提取液免疫亲和柱层析净化这一步。与半定量检测方法酶联免疫吸附法相比，IAC－ELISA法中样品中的霉菌毒素是经过粗提之后再进行免疫亲和柱净化，其纯化原理为抗原抗体之间的特异性反应。这使得提取液的纯度大大提高，很大程度上减少了杂质对检测结果的影响，使检测结果更加准确，减少了假阳性的出现。

（一）测定原理

试样经乙腈溶液提取后，提取液先用磷酸盐缓冲溶液稀释，然后采用免疫亲和柱净化，净化后的提取液用酶标仪进行测定，测定方法同半定量方法中的酶联免疫吸附法。

（二）测定方法

1. 样品提取　称取试样25.0 g于250 mL具塞锥形瓶中，加入4 g氯化钠及100 mL乙腈溶液（乙腈：水＝8：2）；置于振荡器上振荡60 min，或于高速匀质器上匀质2 min，用定量滤纸过滤；准确移取10 mL滤液并加入40 mL PBS缓冲溶液，混合均匀，用玻璃纤维滤纸过滤1～2次，收集滤液，备用。

2. 净化　将免疫亲和柱连接于10 mL玻璃注射器下，准确移取10 mL上述样品提

取液于玻璃注射器中，将空气压力泵与玻璃注射器连接，调节压力使溶液以不大于 2 mL/min 的流速缓慢通过免疫亲和柱，并抽干免疫亲和柱中的液体。

3. 洗涤 分别以 10.0 mL 双蒸水淋洗免疫亲和柱 2 次，保持流速为 2～3 mL/min，并抽干免疫亲和柱中的洗涤液。

4. 洗脱 分 2 次准确加入 1 mL 色谱级甲醇，进行洗脱。洗脱液收集于棕色玻璃瓶中，4 ℃冰箱保存，用于 ELISA 检测。

5. 测定 准确吸取 50 μL 标准品与洗脱液依次加入酶标微孔中，然后在每个微孔中依次加入 50 μL 酶标结合物、50 μL 酶标抗体，并混合均匀，于室温中培育反应 10 min；将微孔内液体倒掉，拍干孔内残余的液体，然后用洗涤液洗涤微孔 4～5 次，拍干；加入 100 μL 反应底物，室温培育 5 min，加入 100 μL 终止液，于酶标仪上 450 nm 处测定吸光度。

6. 计算 根据标准曲线与空白样品的吸光度，计算洗脱液中玉米赤霉烯酮的含量，进而根据稀释倍数计算试样中的玉米赤霉烯酮含量。

酶标仪，即酶联免疫检测仪，实际上就是一台经过改良的、可以进行大批量检测的光电比色计或分光光度计。酶标仪中的光源灯发出的光波经过特定波长的滤光片或单色器变成一束单色光，单色光照射塑料微孔中的待测样品时，该单色光一部分被样品吸收；另一部分则透过样品照射到光电检测器上，光电检测器将待测样品不同强弱的光信号转换成相应的电信号，电信号经放大，最后由显示器显示最终检测结果。样品提取液经过免疫亲和柱净化、浓缩，然后结合酶标仪检测，不仅可以提高检测结果的准确性，减少假阳性结果的出现；同时，酶标仪可以进行大批量检测，相对节省了检测时间与成本，实用性更强。

二、免疫亲和柱净化-高效液相色谱法

高效液相色谱法是一种非常灵敏的检测方法，其检测原理为：高效液相色谱主要根据物质吸附能力的不同来进行分配，通过混合物中的不同成分与固定相和流动溶剂之间的吸附作用，对混合物进行分离，选用不同极性的液体作为高效液相色谱的流动相，增加控制和改进分离条件，从而达到对样品中的特殊成分进行分离及定量分析的目的。IAC－HPLC 是以抗原和抗体的特异性结合反应为基础的样品提取液进行净化，得到的净化液用 HPLC 分析。我国于 2012 年发布、2013 年开始实施的标准《饲料中玉米赤霉烯酮的测定　免疫亲和柱净化-高效液相色谱法》（GB/T 28716—2012）对该方法作了详细的描述，现将其概括如下。

（一）测定原理

试样经过乙腈溶液提取后，提取液经过磷酸盐缓冲溶液稀释，用免疫亲和柱净化。净化提取液用反相高效液相色谱荧光检测器进行测定，外标法定量。

（二）测定方法

1. 样品提取 称取试样 40.0 g（精确到 0.01 g）于 250 mL 具塞锥形瓶中，加入

4.0 g 氯化钠及 100.0 mL 乙腈溶液（乙腈∶水＝8∶2）；将其置于振荡器上振荡 60 min，或于高速匀质器上匀质 2 min，用定量滤纸过滤；准确移取 10.0 mL 滤液并加入40.0 mL PBS缓冲溶液，混合均匀，用玻璃纤维滤纸过滤 1～2 次，至滤液澄清，备用。

2. 净化　将免疫亲和柱连接于 10.0 mL 玻璃注射器下，准确移取 10.0 mL 上述样品提取液于玻璃注射器中，将空气压力泵与玻璃注射器连接，调节压力使溶液以不大于 2 mL/min 的流速缓慢通过免疫亲和柱，并抽干免疫亲和柱中的液体。

3. 洗涤　分别以 10.0 mL 双蒸水淋洗免疫亲和柱 2 次，保持流速为 2～3 mL/min，并抽干免疫亲和柱中的洗涤液。

4. 洗脱　准确加入 1.5 mL 色谱级甲醇进行洗脱，流速不大于 2 mL/min；收集洗脱液于55 ℃用氮吹仪吹干，用1 mL 流动相溶解残渣，旋涡混匀，过 0.45 μm 滤膜后将洗脱液收集于棕色玻璃瓶中。

5. 样品回收率的测定　在 20 g 空白饲料样品（不含 ZEN）中，分别加入 3 个不同浓度水平（2.00 mg/kg、10.00 mg/kg 和 20.00 mg/kg）的 ZEN 标准溶液 1 mL，使饲料中的 ZEN 最终含量分别为 0.1 mg/kg、0.5 mg/kg 和 1 mg/kg，于暗处放置过夜后提取测定其中的玉米赤霉烯酮含量。

回收率＝加入 ZEN 标准品含量/测得 ZEN 含量×100%　（22-3）

6. 标准曲线测定　以 ZEN 标准工作液浓度为横坐标，以峰面积积分值为纵坐标，绘制 ZEN 标准工作曲线，用该标准曲线对试样进行定量。

7. 液相色谱检测条件

（1）色谱柱　C18 柱（柱长 150 mm、内径 4.6 mm、粒径 5 μm），或相当者；

（2）流动相　乙腈∶水∶甲醇＝46∶46∶8；

（3）流速　0.8 mL/min；

（4）检测波长　激发波长（λ_{ex}）274 nm，发射波长（λ_{em}）440 nm；

（5）进样量　20 μL；

（6）柱温　30 ℃。

8. 试样峰面积的测定　分别取相同体积样液和标准溶液注入高效液相色谱仪中，在上述色谱条件下测定试样的峰面积，根据标准曲线计算出试样的玉米赤霉烯酮含量。

免疫亲和柱净化-高效液相色谱法，是科研机构常用来检测饲料或饲料原料中霉菌毒素含量的方法，通过变换波长和流动相，可以检测多种霉菌毒素。随着技术的不断发展，高效液相色谱在其原有的基础上不断改进，出现了超高液相色谱和高压液相色谱等分辨率更为精确的液相色谱法。《粮油检验　粮食中玉米赤霉烯酮的测定　超高液相色谱法》（LS/T 6129—2017）描述了超高液相色谱在玉米赤霉烯酮检测中的应用。超高液相色谱（ultra performance liquid chromatography，UPLC）法对霉菌毒素的分离更加精确，检测结果更加准确。超高液相色谱法的分离速度、灵敏度、分离度分别是传统高效液相色谱法的 9 倍、3 倍和 1.7 倍。

IAC-HPLC 法检测灵敏度高、测定结果准确可靠、特异性好，对复杂样品的分离能力更强。但是在检测过程中需要大量的有机溶剂，且用于检测的高效液相仪属于精密仪器，需要专业人员进行操作，因此该种方法适用于科研院所，而不适用于现场筛查样品。

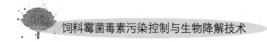

三、液相色谱-串联质谱法

质谱（mass spectrometry，MS）在各研究领域的应用极为广泛。质谱是与光谱并列的一种谱学方法，其在化学、物理、生物等各领域的应用极为普遍，具有高特异性、高灵敏度等优点。高效液相色谱-串联质谱法（LC－MS），是在高效液相色谱法和质谱法的基础上发展起来的，其结合了液相色谱仪可以有效分离热不稳定及高沸点化合物的分离特点与质谱仪强大的组分鉴定能力，是一种分离、分析复杂有机混合物的有效手段。

我国2011年发布的《饲料中黄曲霉毒素、玉米赤霉烯酮和T－2毒素的测定　液相色谱-串联质谱法》（NY/T 2071—2011），与2016年发布、2017年7月开始实施的《食品安全国家标准　食品中玉米赤霉烯酮的测定》（GB 5009.209—2016），都包含了应用液质联用技术测定饲料和食品中的玉米赤霉烯酮的方法。

（一）测定原理

试样中的玉米赤霉烯酮经乙腈溶液提取、正己烷脱脂剂及玉米赤霉烯酮净化柱净化后，经氮吹仪吹干、甲酸-乙腈溶液溶解、液相色谱-串联质谱法测定。采用色谱保留时间和质谱碎片及其离子丰度比定性，外标法定量。

（二）测定方法

1. 样品提取与净化　称取（5±0.02）g试样于50 mL离心管中，准确加入25 mL乙腈溶液（乙腈：水＝84：16），涡旋混匀2 min，置于超声波清洗器中超声提取20 min，中间振荡2～3次；取出，于8 000 r/min离心5 min，倾出上清液至分液漏斗中，加15 mL正己烷，充分振摇。待静止分层后，准确量取下层液5 mL，过多功能净化柱，控制流速为2 mL/min，收集流出液，在60 ℃下用氮吹仪吹干。用1.0 mL甲酸乙腈溶液溶解残渣，涡旋30 s，经0.22 μm滤膜过滤后上机测定。

2. 液相色谱条件

（1）色谱柱　C18柱（柱长150 mm、内径3.0 mm、粒径3.0 μm），或相当者；

（2）柱温　33 ℃；

（3）进样量　20 μL；

流动相、流速及梯度洗脱参考条件见表22－1。

表22－1　流动相、流速及梯度洗脱参考条件（ESI—监测模式）

时间（min）	流速（mL/min）	甲酸溶液（%）	甲醇：乙腈（1：1）	曲线
0	0.3	70	30	1
8.0	0.3	10	90	6

（续）

时间（min）	流速（mL/min）	甲酸溶液（%）	甲醇：乙腈（1：1）	曲线
13.0	0.3	10	90	6
13.1	0.3	70	90	6
20.0	0.3	70	90	6

3. 质谱条件

（1）离子源　电喷雾离子源；

（2）扫描方式　正离子扫描模式和负离子扫描模式；

（3）检测方式　多反应监测。

脱溶剂气、锥孔电压均为高纯氮气，碰撞气为高纯氩气，使用前应调节各气体流量以使质谱灵敏度达到检测要求；毛细管电压、锥孔电压、碰撞能量等电压值应优化至最佳灵敏度；定性离子对、定量离子对、保留时间及对应的锥孔电压和碰撞能量参考值见表 22－2。

表 22－2　玉米赤霉烯酮 LC－MS/MS 参数设置（ESI—监测模式）

名称	保留时间（min）	定性离子对（m/z）	定量离子对（m/z）	锥孔电压（V）	碰撞能量（eV）
玉米赤霉烯酮	13.4	317.0>175.1	317.0>175.1	40	26
		317.0>273.1			26

4. 测定　在仪器最佳工作状态下，混合标准溶液与试样交替进样，外标法定量。

质谱是用于鉴定化合物的一种有效手段，一次分析可得到非常丰富的结构信息。质谱是一种同时具有高灵敏度和高特异性的检测仪器，通常与具有分离功能的仪器联合使用。高效液相色谱-串联质谱联用便是其中的一种，同时结合了高效液相色谱和质谱的优点，不仅可以对组分进行很好的分离，而且可以检测出未知的化合物。将其应用于霉菌毒素的检测，不仅可以定量检测霉菌毒素含量，而且可以鉴定出作物污染霉菌毒素的种类及其在自身的代谢中所产生的代谢产物，对霉菌毒素的研究意义重大。但由于其设备昂贵，对检测人员的操作要求极高，因此很难在霉菌毒素检测领域得到普及。

参考文献

刘涛，2007. 谷物中玉米赤霉烯酮酶联免疫检测方法的研究［D］. 天津：天津科技大学.

中华人民共和国国家标准，1985. 粮食、油料检验 扦样、分样法：GB/T 5491—1985［S］. 北京：中国标准出版社.

中华人民共和国国家标准，2004. 饲料中玉米赤霉烯酮的测定：GB/T 19540—2004［S］. 北京：中国标准出版社.

中华人民共和国国家标准，2016. 食品安全国家标准 食品中玉米赤霉烯酮的测定：GB 5009.209—2016［S］. 北京：中国标准出版社.

中华人民共和国国家粮食局，2014. 粮油检验 谷物中玉米赤霉烯酮测定 胶体金快速测试卡法：LS/T 6109—2014［S］. 北京：中国标准出版社.

中华人民共和国国家粮食局，2015. 粮食检验 粮食中玉米赤霉烯酮测定 胶体金快速定量法：LS/T 6112—2015 [S]. 北京：中国标准出版社.

中华人民共和国国家粮食局，2017. 粮油检验 粮食中玉米赤霉烯酮的测定 超高效液相色谱法：LS/T 6129—2017 [S]. 北京：中国标准出版社.

中华人民共和国国家卫生和计划生育委员会，国家食品药品监督管理总局，2017. 食品安全国家标准 食品中真菌毒素限量：GB 2761—2017 [S]. 北京：中国标准出版社.

中华人民共和国国家质量监督检验检疫总局，2012. 饲料中玉米赤霉烯酮的测定 免疫亲和柱净化-高效液相色谱法：GB/T 28716—2012. 北京：中国标准出版社.

中华人民共和国国家质量监督检验检疫总局，中国国家标准化管理委员会，2017. 饲料卫生标准：GB 13078—2017 [S]. 北京：中国标准出版社.

中华人民共和国农业部，2011. 饲料中黄曲霉毒素、玉米赤霉烯酮和 T-2 毒素的测定 液相色谱-串联质谱法：NY/T 2071—2011 [S]. 北京：中国农业出版社.

Zhou Y，Pan F G，Li Y S，et al，2009. Colloidal gold probe-based immunochromatographic assay for the rapid detection of brevetoxins in fishery product samples [J]. Environmental Pollution，24 (8)：2744-2747.

第二十三章 脱氧雪腐镰刀菌烯醇测定原理及方法

脱氧雪腐镰刀菌烯醇又称呕吐毒素，是一种单端孢霉烯族毒素，主要是由禾谷镰刀菌和粉红镰刀菌产生的次级代谢产物。呕吐毒素广泛存在于小麦、大麦和燕麦等粮食中，是污染粮食的主要真菌毒素。我国传统饮食中粮谷所占比例大大高于西方，这使得呕吐毒素的危害更为突出。近年来，呕吐毒素的污染问题逐渐被人们重视，欧盟早年便规定了谷物及玉米中呕吐毒素的限量标准。国家质量监督检验检疫总局发布的《饲料卫生标准》（GB 13078—2017）中更新了脱氧雪腐镰刀菌烯醇在饲料原料及饲料中的允许量，国家食品药品监督管理总局发布的《食品安全国家标准 食品中真菌毒素限量》（GB 2761—2017）规定了谷物及其制品中脱氧雪腐镰刀菌烯醇的限量标准。因此，完善呕吐毒素的检测方法，实时监测呕吐毒素在粮谷中的存在情况，对保证饲料卫生及食品安全至关重要。

对饲料、饲料原料及食品中脱氧雪腐镰刀菌烯醇的检测方法大致可以分为 3 种：第一种是定性检测方法，即只能定性检测样品中的脱氧雪腐镰刀菌烯醇的含量是否超出固定值，并不能精确检测其中的含量，如胶体金试纸条法等；第二种是半定量检测方法，即可以简便、快速地检测出样品中的脱氧雪腐镰刀菌烯醇含量，但结果的精确度不够高，如薄层色谱法及酶联免疫吸附法；第三种是定量检测方法，即可以精确地检测出样品中脱氧雪腐镰刀菌烯醇的具体含量，如高效液相色谱法、气相色谱法及液质联用法等。

第一节 定性方法

脱氧雪腐镰刀菌烯醇的定性检测方法，可以确定样品中是否含有脱氧雪腐镰刀菌烯醇，或者其含量是否超出某一限定值，但不能检测出具体的数值。该方法操作简便、快捷、检测成本低，适合样品的筛查检测。

胶体金试纸条法又称胶体金免疫层析法，是 20 世纪 80 年代发展起来的一种将胶体金免疫技术和色谱层析技术相结合的固相膜免疫分析方法，常用来定性检测脱氧雪腐镰刀菌烯醇。此技术是利用金颗粒的高电子密度特性，而金颗粒本身呈现红色，因此当其大量聚集到一定密度时，可以出现肉眼可见的红色。由金颗粒形成的胶体金可以与蛋白质、葡萄球菌A蛋白、免疫球蛋白、毒素、酶、抗生素、激素等其他的大分子物质进行非共价结合，因此当胶体金遇到相应的抗原或抗体时，就会与之结合从而聚集在一起，当达到一定密度时就会出现肉眼可见的红色，从而可以通过这种颜色的变化，来定性分析样品中是否含有某成分。可根据《粮油检验　谷物中脱氧雪腐镰刀菌烯醇测定胶体金快速测试卡法》（LS/T 6110—2014）对谷物中的脱氧雪腐镰刀菌烯醇进行快速定性分析，以下为该法简述。

一、测定原理

此方法基于抗原抗体反应、免疫胶体金标记技术及毛细血管层析技术，以微孔膜为固相载体，将可特异性识别脱氧雪腐镰刀菌烯醇的抗体标记为红色或紫红色的胶体金颗粒，卡膜上的2个色带分别为脱氧雪腐镰刀菌烯醇抗原及抗鼠源性抗体的二抗，根据色带的颜色变化进行检测结果判定。

二、测定方法

1. 样品制备　将待测样品粉碎至全部通过20目筛，充分混合均匀，以保证脱氧雪腐镰刀菌烯醇分布均匀。准确称取粉碎混合样品2.00 g于离心管中，加入10 mL水或专用提取液，振荡提取3 min，4 000 r/min离心1 min（或静置），上清液为待测溶液。

2. 样品测定　用吸管缓慢滴加3滴待测溶液至测试卡加样孔中（若加入待测溶液后30 s内在测试窗口无液体移动，则补加1滴待测溶液），测试窗口有液体移动时开始计时，5～10 min内观察测试结果。

3. 结果判定　①无效。质控色带不显色，说明此测试卡无效，需重新检测。②阳性样品。质控色带显色，检测色带显色，判为阴性；质控色带显色，检测色带不显色或颜色非常模糊时，判定为阳性。使用胶体金快速检测试纸条时无需其他仪器设备，操作方便，并且前处理简单，短时间内即可用肉眼观察其检测结果，简便快速，适合大批量样品的现场筛查，具有良好的应用前景。

第二节　半定量方法

半定量检测方法操作简单、分析速度快，但相比定量分析方法准确性略差，适合样品的批量筛选工作，如饲料厂、养殖场等。常见的脱氧雪腐镰刀菌烯醇的半定量检测方法有薄层色谱法（TLC）、酶联免疫吸附法（ELISA）和胶体金免疫层析快速定量法等。

一、薄层色谱法

薄层色谱法属于液-固吸附色谱，将吸附剂均匀涂在玻璃板上，干燥后在涂层的一端点样，竖直放入盛有展开剂的容器中，展开剂接触涂层后向上移动，吸附剂与展开剂之间的作用将混合物中各组分分离成孤立的点，从而实现混合物的分离，再用吸收法或荧光法对被测样品与标准品进行扫描测定，这是我国测定饲料中霉菌毒素的仲裁方法之一。《配合饲料中脱氧雪腐镰刀菌烯醇的测定 薄层色谱法》（GB/T 8381.6—2005）规定了测定配合饲料中脱氧雪腐镰刀菌烯醇的薄层色谱方法，下面为该法操作步骤的简述。

（一）测定原理

配合饲料中的脱氧雪腐镰刀菌烯醇经提取、净化、浓缩和硅胶 G 薄层板展开后，加热薄层板。在制备薄层板时加入三氯化铝，使脱氧雪腐镰刀菌烯醇在 365 nm 紫外灯下显蓝色荧光，根据其在薄层板上显示荧光的最低检出量来测定含量。

（二）测定方法

1. 样品提取　准确称取 20 g 粉碎后的试样，置于 200 mL 具塞锥形瓶中，加 8 mL 水和 100 mL 三氯甲烷-无水乙醇，密塞。振荡 1 h 后定性滤纸过滤，取 25 mL 滤液于 100 mL 蒸发瓶中，45 ℃减压蒸干。

2. 样品净化

（1）液-液分配　先用 100 mL 石油醚分次溶解蒸发瓶中的残渣，再用 30 mL 甲醇溶液分次洗涤蒸发瓶，将洗涤液均匀转入 250 mL 分液漏斗中，振摇 1.5 min，静置 15 min 后分层，将下层的甲醇提取溶液过净化柱。

（2）净化　在层析柱下端塞约 0.1 g 脱脂棉，先装入 0.5 g 中性氧化铝，再加入 0.5 g 活性炭，敲紧。将甲醇提取溶液沿管壁加入净化柱，流速不超过 3 mL/min，而后加入 10 mL 甲醇溶液淋洗。

（3）试样溶液的制备　将过柱后的流出液转入 100 mL 蒸发瓶中，45 ℃减压蒸发至干，沸水浴完全干燥后加入 3 mL 乙酸乙酯，加热至沸腾，使残渣中的 DON 溶出，放冷至室温后转入浓缩瓶中。继续在蒸发瓶中加入 0.5 mL 甲醇-丙酮，超声破碎残渣，将蒸发瓶置水浴上挥干溶剂后加入 3 mL 乙酸乙酯，加热至沸腾后转入同一浓缩瓶中，再用 0.5 mL 甲醇-丙酮和 3 mL 乙酸乙酯同处理一次并入浓缩瓶。浓缩瓶于 95 ℃水浴蒸干，冷却后加入 0.2 mL 三氯甲烷-乙腈溶解残渣。

3. 测定　取事先制备好的含有氧化铝的薄层板，在其下端 2.5 cm 处为基线点样，在距板左边缘 0.8～1 cm 处滴加 1 μL 试样溶液，分别在距左边缘 2.0 cm 处、右边缘 1.2 cm处及距上端 1.5 cm 处滴加 1 μL、2 μL、2 μL（3 个）标准溶液。先以乙醚为横展剂展开一次，再用 10 mL 石油醚横展一次，最后以甲苯-乙酸乙酯-甲酸为纵展剂展开。于 130 ℃烘箱中加热 7～10 min，冷却后于紫外灯下观察。

4. 观察评定　若薄层板上与标准荧光点对应处未见试样中的被测物斑点，则重新点板，在滴加完试料溶液后再滴加 1 μL 标准溶液展开，显荧光；若此时试样溶液加 1 μL 标准溶液所显荧光强度与 1 μL 标准溶液相同，则呕吐毒素含量为阴性或 1 mg/kg 以下；若试样溶液所显荧光强度强于标准溶液荧光强度，为阳性。阳性样品可通过稀释试料溶液或调整点样量，直至所产斑点的荧光强度与 1 μL 标准溶液所显荧光强度进行定量。

薄层色谱法操作简单、展开时间短、设备简单，可以同时检测多个样品，但其比移值（Rf 值）与样品的溶剂相、固定相等有很大关系，因此不同的样品、不同的溶剂及固定相之间的 Rf 值会有偏差，并且其对杂质的分离效果略差，检测灵敏度相比定量方法较低。因此，由于其精确度低、分析结果的可重复性和可再现性差，目前已经不被广泛使用。

二、酶联免疫吸附法

ELISA 法是采用抗原抗体反应原理，把已知的抗原吸附在酶标板上，加入酶标记抗体和样品提取液然后混合均匀，充分反应后用去离子水洗去多余抗体，再加入酶的底物，在酶的催化作用下，与底物反应使其产生有色物质，最后加入终止液使反应终止，通过用酶标仪测定酶底物的降解量，参照标准曲线计算试样中的含量。《食品中脱氧雪腐镰刀菌烯醇及其乙酰化衍生物的测定》（GB 5009.111—2016）中第四法为酶联免疫吸附筛查法，此法适用于谷物及其制品中脱氧雪腐镰刀菌烯醇的测定。

（一）测定原理

试样中的脱氧雪腐镰刀菌烯醇经水提取、均质、涡旋、离心（或过滤）等前处理后获取上清液。被酶标记的脱氧雪腐镰刀菌烯醇酶连耦合物，与试样上清液或标准品中的脱氧雪腐镰刀菌烯醇竞争性地结合微孔中预包被的特异性抗体。在洗涤后加入相应显色剂显色，经无机酸终止反应，于 450 nm 或 630 nm 波长下检测。试样中的脱氧雪腐镰刀菌烯醇与吸光度在一定浓度范围内呈反比。

（二）测定方法

市场上不同的 ELISA 试剂盒其产品成分和组成略有不同，测定方法略有差异，使用 ELISA 检测时应严格按照说明书要求操作。下面根据《食品中脱氧雪腐镰刀菌烯醇及其乙酰化衍生物的测定》（GB 5009.111—2016）中第四法及市场上呕吐毒素 ELISA 试剂盒操作方法简述操作步骤。

1. 样品前处理 称取 5 g 粉碎后的样品于 100 mL 具塞三角瓶中，加入 50 mL 去离子水，于振荡器上剧烈振荡 10 min，将上清液于 4 000 r/min 离心 5 min，取上清液 1 mL加 4 mL 去离子水混匀。

2. 样品测定 将所需试剂从冷藏环境中取出，置于室温平衡 30 min 以上，取出所需数量的微孔板放好。按照顺序在对应的微孔板中依次加入 50 μL 不同浓度的呕吐毒素标准品和样品，再各加入 50 μL 呕吐毒素酶标物，最后各加入 50 μL 呕吐毒素抗体，轻轻振荡混匀，25 ℃避光反应 15 min。将孔内液体甩干，各加入 250 μL 洗涤工作液浸泡 10 s 后甩干，重复操作 4 次，用吸水纸拍干。每孔各加入 100 μL 底物液，室温避光反应 5 min。各加入 50 μL 终止液，混匀后于酶标仪 450 nm/630 nm 处测定 OD 值。

3. 结果判定 以标准品百分吸光率为纵坐标，以呕吐毒素标准品浓度（μg/L）的半对数为横坐标，绘制标准曲线。将样本的百分吸光率代入标准曲线中，从标准曲线上读出样本所对应的浓度，乘以对应的稀释倍数即为样本中呕吐毒素的实际量。

ELISA 检测方法是目前应用较为广泛的检测方法，其具有灵敏度高、特异性强、简单、快捷的特点，但是酶容易受环境条件的影响，可能会出现假阳性结果。此方法适用于实验室批量样品的快速筛选，准确性比较高，对于大批量的样品测定分析可有效节约成本、缩短分析时间。

三、胶体金快速定量法

胶体金试纸条法和 ELISA 试剂盒法操作方便、检测时间短，可同时检测多个样品，适合批量筛选工作。但是试纸条法只能定性，无法定量；ELISA 试剂盒法用到的酶标仪不方便携带，适合在实验室操作。因此粮食收购时，在量大、工作条件简单或检测条件差的养殖场时，就需要一种既方便携带又可以快速定量分析的检测方法。随着生物技术的不断发展，一种简便快捷、便于携带的定量检测真菌毒素的方法应运而生。

呕吐毒素定量快速检测条是以胶体金层析式免疫竞争为原理，以小分子化合物为检测对象，运用侧流技术发展起来的一种真菌毒素快速检测方法。胶体金免疫层析快速定量法是将胶体金免疫层析快速检测试纸条与酶联免疫定量检测技术相结合的检测方法，因此其前处理过程与免疫胶体金层析法的类似。《粮油检验 粮食中脱氧雪腐镰刀菌烯醇测定 胶体金快速定量法》（LS/T 6113—2015）中，规定了脱氧雪腐镰刀菌烯醇的胶体金快速定量检测方法的原理、试剂和材料、仪器设备、样品制备、样品测定与结果表述。

（一）测定原理

试样提取液中脱氧雪腐镰刀菌烯醇与检测条中胶体金微粒能发生呈色反应，其颜色深浅与试样中脱氧雪腐镰刀菌烯醇的含量相关，用读数仪测定检测条的颜色深浅后，可根据颜色深浅和读数仪内置曲线自动计算出试样中脱氧雪腐镰刀菌烯醇的含量。

（二）测定方法

不同厂家脱氧雪腐镰刀菌烯醇快速定量检测条所用的样品处理方法可能有所不同，所用到的孵育器和读数仪也有所不同，具体操作步骤应按照使用说明书规定操作。主要检测步骤如下。

1. 样品处理　准确称取 10 g 粉碎好的试样于 200 mL 具塞锥形瓶中，加 50 mL 提取液提取，静置后过滤或经离心机离心，取滤液或离心后的上清液 100 μL 于另一离心管中，加入 1 mL 稀释缓冲液，充分混匀待测。

2. 样品测定　准确吸取 300 μL 待测溶液加入检测条加样孔中，于孵育器中孵育 5 min，然后取出检测条观察 C 线和 T 线显色情况。

3. 结果表述　选择带读数仪的脱氧雪腐镰刀菌烯醇检测频道开始样品测定（在 2 min 内完成），读数仪可显示脱氧雪腐镰刀菌烯醇的含量。

胶体金免疫层析快速定量法用到的设备简单，易于携带，操作简便，检测时间短，15 min 内即可读出结果，因此近年来已广泛应用于脱氧雪腐镰刀菌烯醇的检测中。但是不同厂家的免疫胶体金检测条有差异，选择时注意检测条的重复性和稳定性。

第三节　定量方法

定量检测方法可以准确、可靠地检测出样品中的霉菌毒素含量，从而可以帮助我们准确分析不同饲料及原料中的霉菌毒素含量。因此，其不仅在控制样品中霉菌毒素的含量中发挥重大作用，而且是霉菌毒素相关研究工作中不可或缺的检测方法。一些权威检测机构、霉菌毒素研究中心等，经常需要对霉菌毒素进行定量检测。目前，常用的脱氧雪腐镰刀菌烯醇的定量检测方法主要有：高效液相色谱法（HPLC）、液相色谱-串联质谱法（LC-MS）、气相色谱法和气相色谱法-串联质谱法等。

一、高效液相色谱法

高效液相色谱法在20世纪60年代初期创立，与质谱联机使用可实现对毒素的定性、定量检测。高效液相色谱对样品的适用性广，不受分析对象挥发性和热稳定性的限制，因而弥补了气相色谱法的不足。该法检测时快速准确、纯化效果好，其在适用性、分离效率和灵敏度方面是其他方法无法替代的，是目前比较权威的检测方法，也是应用较广泛的定量检测方法。

高效液相色谱法其实是一种分离技术，即混合物中各组分在流动相和固定相的作用下不断分离的过程。其原理是以液体为流动相，采用高压输液系统，将具有不同极性的单一溶剂或不同比例的混合溶剂、缓冲液等流动相泵入到装有固定相的色谱柱中。由于混合物中不同组分的性质和结构不同，因此各组分与固定相产生的吸附、亲和、离子分配、排阻等作用的大小及强弱也不同。并且随着流动相的移动，混合物在两相间经过反复的分配平衡后，各组分在固定相中的停滞时间不同，从而由固定相中流出的次序不同，最后通过检测器与计算机之间的数据传输接口自动采集色谱数据。高效液相色谱法精确度高，可以满足国际上对粮谷中脱氧雪腐镰刀菌烯醇的限量要求。《进出口粮谷中呕吐毒素检验方法 液相色谱法》（SN/T 1571—2005）采用免疫亲和柱或固相萃取柱净化、液相色谱检测，《饲料中脱氧雪腐镰刀菌烯醇的测定 免疫亲和柱高效液相色谱法》（GB/T 30956—2014）、《食品中脱氧雪腐镰刀菌烯醇及其乙酰化衍生物的测定》（GB 5009.111—2016）中第二法均采用免疫亲和柱净化-高效液相色谱法分析样品中呕吐毒素的含量。

（一）测定原理

试样中的脱氧雪腐镰刀菌烯醇用提取液提取，经免疫亲和柱或固相萃取柱净化后，反相色谱柱分离，用高效液相色谱-紫外检测器测定，外标法定量。

（二）测定方法

不同商家液相设备及净化柱不同，其操作过程略有差异，具体操作步骤应按说明书规定操作，下面根据以上方法对操作步骤进行简述。

1. 样品前处理　准确称取 25 g 粉碎后的试样于 100 mL 具塞三角瓶中，加入 5 g 聚乙二醇加 100 mL 水混匀，置于超声波/涡旋振荡器或摇床中超声或振荡 20 min。以玻璃纤维滤纸过滤至滤液澄清，收集滤液。

2. 净化

（1）免疫亲和柱净化　将免疫亲和柱与 10 mL 注射器下端连接，准确移取 2 mL 滤液于注射器中，调节压力泵，使溶液以每秒 1 滴的速度缓慢通过免疫亲和柱，至空气进入亲和柱中。用 5 mL PBS 和 5 mL 水先后淋洗免疫亲和柱，流速每秒为 1～2 滴，准确加入 1 L 甲醇洗脱亲和柱，控制流速每秒 1 滴，收集全部洗脱液于样品瓶中，于 55 ℃下用氮吹仪吹干，加入 1.0 mL 初始流动相，涡旋 30 s 溶解残留物，0.45 μm 滤膜过滤，收集滤液于进样瓶中以备进样。

（2）固相萃取柱净化　25 g 样品加 100 mL 乙腈溶液提取后，取 8 mL 提取液于聚丙烯塑料管中，将净化柱橡胶法兰一端垂直缓缓推入聚丙烯塑料管中。从净化柱上部准确移取 2.0 mL 净化的提取液于 10 mL 离心管中，60 ℃下用氮吹仪吹干，200 μL 流动相复溶，过滤膜后进样。

3. 色谱参考条件

（1）液相色谱柱　C18 柱（柱长 150 mm、内径 4.6 mm、粒径 5 μm），或相当者；

（2）流动相　甲醇：水＝20：80；

（3）流速　0.8 mL/min；

（4）柱温　35 ℃；

（5）进样量　50 μL；

（6）检测波长　218 nm。

4. 标准曲线的制作　以脱氧雪腐镰刀菌烯醇标准工作液浓度为横坐标，以峰面积积分值为纵坐标，将系列标准溶液按低浓度到高浓度的顺序依次进样检测，得到标准曲线回归方程。

5. 空白　除不称取试样外，按以上操作步骤做空白试验，确认不含有干扰待测组分的物质。

6. 结果表述　根据标准曲线和空白试样计算样品中的脱氧雪腐镰刀菌烯醇含量，若超出检测范围则可适当增加稀释倍数重新检测，其最终结果为通过标准曲线计算出的含量乘以稀释倍数。

液相色谱法是近几年发展起来的检测霉菌毒素的方法，其灵敏度高、准确性好、回收率高、稳定性高，可以检测饲料、小麦、谷物等原料及食品中的脱氧雪腐镰刀菌烯醇含量，是目前应用广泛的检测方法。但其检测时间长，对检测人员水平要求高且检测成本较高，只适合阳性样本的定量分析。

二、液相色谱-串联质谱法

质谱分析是样品在高温作用下气化，在离子源受到一定能量冲击后产生离子，按离子的质荷比分离，然后测量各种离子谱峰的强度而实现分析目的的一种分析方法。液相质谱联用将液相的分离能力与质谱的定量功能结合起来，含有液相和质谱的共同特点，具有灵敏度高、选择性好、准确度高等优点，已被广泛应用于各种真菌毒素及农药残留的检测。就单端孢霉烯族毒素检测来说，由于较其他方法具有更低的检测限和更高的灵敏度和选择性，而且不需要衍生化处理，因此该法逐渐成为主要的分析手段。《出口食品中脱氧雪腐镰刀菌烯醇、3-乙酰脱氧雪腐镰刀菌烯醇、15-乙酰脱氧雪腐镰刀菌烯醇及其代谢物的测定　液相色谱-质谱/质谱法》(SN/T 3137—2012)，以及《食品安全国家标准　食品中脱氧雪腐镰刀菌烯醇及其乙酰化衍生物的测定》(GB 5009.111—2016) 中第一法均采用液相色谱-串联质谱法分析样品中的脱氧雪腐镰刀菌烯醇含量。以下简述其检测过程。

(一) 测定原理

试样中的脱氧雪腐镰刀菌烯醇、3-乙酰脱氧雪腐镰刀菌烯醇和15-乙酰脱氧雪腐镰刀菌烯醇用乙腈溶液提取，提取上清液经固相萃取柱或免疫亲和柱净化、浓缩、定容和过滤后，经超高压液相色谱分离、串联质谱检测、同位素内标法或外标法定量。

(二) 测定方法

1. 样品前处理　准确称取 2 g 试样于 50 mL 离心管中（内标法需加入 400 μL 混合同位素内标工作液，振荡混合后静置 30 min）。加入 20.0 mL 乙腈溶液（乙腈：水＝84：16)，置于超声波/涡旋振荡器或摇床中超声或振荡 20 min。10 000 r/min 离心 5 min，收集上清液。

2. 净化　可选择固相萃取柱或免疫亲和柱净化，以免疫亲和柱净化为例，准确移取 5 mL 上清液于 40～50 ℃下用氮吹仪吹干，加入 2 mL 水充分溶解残渣后过免疫亲和柱，其净化过程同 HPLC 法免疫亲和柱净化。不同厂家的免疫亲和柱，在样品上样、淋洗和洗脱的操作方面可能略有不同，应该按照说明书要求进行操作。

3. 液相色谱-串联质谱参考条件

(1) 离子源模式（ESI^{+}）　毛细管电压为 3.5 kV；锥孔电压为 30 V；脱溶剂气温度为 350 ℃；脱溶剂气流量为 900 L/h。

(2) 离子源模式（ESI^{-}）　毛细管电压为 2.5 kV；锥孔电压为 45 V；脱溶剂气温度为 500 ℃；脱溶剂气流量为 900 L/h

4. 结果计算　根据标准曲线及空白试验计算试样中的呕吐毒素含量，若待测物响应值超出标准曲线范围内，则应适当扩大稀释倍数重新检测。

液相色谱-串联质谱法不仅弥补了色谱与质谱单独使用时的不足，而且还实现了高效液相色谱与质谱的优势互补，将色谱分离效果好的优点与质谱灵敏度高、选择性好的优点结合起来，对于气相色谱-串联质谱法不能检测的难挥发、强极性及热稳定性差的化合物也可直接分析，具有准确度高、分离能力强、检测限低等优点，因此适用于低含量样品中呕吐毒素的检测，能够满足欧盟、日本等对于真菌毒素污染检测的限量要求。但此法检测速度较慢，主要用于定量检测与实验室研究。

三、气相色谱法

气相色谱法是以气体作为流动相的色谱法，其检测原理是混合物在气体的带动下流过色谱柱中的固定相，与固定相发生作用，并在两相之间分配。由于各组分在性质和结构上存在差异，因此其发生作用的大小、强弱也有差异。由于不同组分在固定相中停滞的时间有长有短，因此按先后次序从固定相中流出，从而达到分离各组分的目的，然后通过高灵敏的检测器进行系统的非电量检测和分析。因为气体的传递速度很快，所以混合物可以很快在两相之间达到平衡，即使是很复杂的混合物也能在较短时间内进行分离。气相色谱法是一种分离效率高、灵敏度高的检测方法，并且可用作固定相的物质和检测器比较多的情况。但尽管如此，目前却没有气相色谱法用于脱氧雪腐镰刀菌烯醇检测的国家标准。

气相色谱法分离效率高、灵敏度高、准确率高、选择性好且应用广泛，可以用于多种样品中脱氧雪腐镰刀菌烯醇含量的检测。但是其成本较高，检测过程比较复杂，需净化、氮气吹干及衍生化处理的过程，因此不适合批量样品的检测，多用于样品初筛后的复检，以及高校、研发机构、检测机构等精确含量的检测。

四、气相色谱-串联质谱法

气相色谱-串联质谱法是将气相色谱与质谱结合起来使用的一种检测方法，是利用气相色谱法对复杂化合物的高效分离能力，以及质谱对化合物的准确鉴定进行定性和定量分析的一种技术。20 世纪 70 年代气相色谱和气相色谱-串联质谱联用法开始用于霉菌毒素的检测。由于其具有灵敏度高、重现性好、稳定性强等优点，因此现已广泛应用于脱氧雪腐镰刀菌烯醇的检测，但目前没有固定的国家标准规定气相色谱-质谱法检测脱氧雪腐镰刀菌烯醇的方法。

脱氧雪腐镰刀菌烯醇的检测除了以上列举的方法之外，还有近红外光谱检测法等。每一种检测方法都有其独特的优点和缺点，我们应根据检测需要选择合适的检测方法，从而更好地控制脱氧雪腐镰刀菌烯醇的污染。

参考文献

国家认证认可监督管理委员会，2005. 进出口粮谷中呕吐毒素检验方法液相色谱法：SN/T 1571—2005 [S]. 北京：中国标准出版社.

国家认证认可监督管理委员会，2012. 出口食品中脱氧雪腐镰刀菌烯醇、3-乙酰脱氧雪腐镰刀菌烯醇、15-乙酰脱氧雪腐镰刀菌烯醇及其代谢物的测定 液相色谱-质谱/质谱法：SN/T 3137—2012 [S]. 北京：中国标准出版社.

全国饲料工业标准化技术委员会，2005. 配合饲料中脱氧雪腐镰刀菌烯醇的测定 薄层色谱法：GB/T 8381.6—2005 [S]. 北京：中国标准出版社.

全国粮油标准化技术委员会，2014. 粮油检验谷物中脱氧雪腐镰刀菌烯醇测定 胶体金快速测试卡法：LS/T 6110—2014 [S]. 北京：中国标准出版社.

全国饲料工业标准化技术委员会，2014. 饲料中脱氧雪腐镰刀菌烯醇的测定 免疫亲和柱高效液相色谱法：GB/T 30956—2014 [S]. 北京：中国标准出版社.

全国粮油标准化技术委员会，2015. 粮油检验 粮食中脱氧雪腐镰刀菌烯醇测定 胶体金快速定量法：

LS/T 6113—2015 [S]. 北京：中国标准出版社.

全国食品工业标准化技术委员会食品通用检测技术分技术委员会，2016. 食品安全国家标准 食品中脱氧雪腐镰刀菌烯醇及其乙酰化衍生物的测定：GB 5009.111—2016 [S]. 北京：中国标准出版社.

全国饲料工业标准化技术委员会，2017. 饲料卫生标准：GB 13078—2017 [S]. 北京：中国标准出版社.

全国食品工业标准化技术委员会食品通用检测技术分技术委员会，2017. 食品安全国家标准 食品中真菌毒素限量：GB 2761—2017 [S]. 北京：中国标准出版社.

第二十四章 T-2毒素测定原理及方法

T-2毒素是A类单端孢霉烯族真菌毒素中毒性最强的一种，在自然界中广泛存在，其产生菌为链孢菌属、木霉菌、胶枝霉菌和青霉菌等霉菌，主要污染小麦、大麦、玉米等谷物及其制品。T-2毒素在动物体内代谢的速度缓慢，主要危害造血组织和免疫器官，引起出血综合征，出现白细胞减少、贫血、肠胃功能受损等，对动物健康及畜牧业产生的危害很大。国家质量监督检验检疫总局发布的《饲料卫生标准》(GB 13078—2017）中新增了T-2毒素在植物性饲料原料中的限量标准，并降低了猪、禽配合饲料中的允许量，可见T-2毒素污染已经成为饲料卫生领域的关注对象。研究T-2毒素的定性和定量检测方法，能进一步监控T-2毒素的污染情况，以保障饲料卫生安全。

随着研究的深入，T-2毒素检测方法的特异性、稳定性、准确性及灵敏性得到不断改进，以满足不同条件下的测定需求。T-2毒素与呕吐毒素同属单端孢霉烯类毒素，其检测原理同呕吐毒素的相似，检测方法亦分为3种：定性检测方法、半定量检测方法和定量检测方法。此3种分析方法的灵敏度及准确度依次增加，但复杂性及专业性也依次增加，因此应根据T-2毒素测定条件及目的选择合适的检测方法。本章对T-2毒素的检测原理及方法进行阐述。

第一节 定性方法

定性分析样品中的T-2毒素，即可确定样品是否受到T-2毒素的污染。此方法方便快捷、经济实用，适合在样本量较少的情况下或急需知道样品中T-2毒素的含量时使用。T-2毒素的定性检测方法主要是胶体金免疫层析法，以下参考朱亮亮等（2013）和保小婧等（2013）方法对其进行简单介绍。

一、测定原理

该法采用抗原抗体竞争反应的原理。不同毒素的胶体金试纸条上包被的金标抗体及抗原不同，T-2毒素的胶体金试纸条上包被有T-2毒素-BSA偶联物，金标垫上包被有T-2毒素单克隆抗体。当试液由层析作用迁移至金标垫时，试样中的T-2毒素便与T-2毒素单克隆抗体结合，剩余的T-2毒素单克隆抗体在迁移至检测线时便于T-2毒素-BSA偶合物结合，从而根据不同的竞争作用显现的颜色深浅判定待测样品中的T-2毒素是否超出检测线。目前，虽没有T-2毒素胶体金免疫层析法的国家标准，但此法已经应用广泛。其测定原理是，试样中T-2毒素在层析过程中与胶体金标记的特异性抗体结合，抑制了抗体和硝酸纤维素膜检测线上T-2毒素-BSA偶联物的免疫反应，因此可通过颜色深浅进行判定。

二、测定方法

1. 样品前处理 样品粉碎后过20目分样筛，准确称取（2±0.02）g样品置于50 mL离心管中，加入10 mL70%甲醇提取液，涡旋振荡5 min或摇床提取8 min，4 000 r/min离心2 min，静置后取100 μL上清液加到1 mL样品稀释液中，混匀备用。

2. 试纸条检测 取100 μL加入到试纸条免疫层析装置内，恒温条件反应10 min。

3. 结果分析 若T-2试纸条检测线出现红色条带，则判定为阴性，即试样中的T-2毒素未超出检测限；若检测线未出现红色条带或条带颜色浅于对照线，则判定为阳性，即试样中T-2毒素超出检测限；若对照线未出现红色条带，说明操作不正确或者试纸条已经变质失效，则判定为无效，需重新检测。

胶体金免疫层析法是近年来发展迅速的一项免疫标记技术，具有特异性强、灵敏度高、操作简便、结果判断直观可靠等优点，已广泛应用于粮食、饲料原料等T-2毒素的筛选及样品中T-2毒素残留的判定。

第二节　半定量方法

T-2毒素的半定量检测方法不仅具有定性检测方法的灵敏度高、操作简便、检测时间短等优点，还可以定量分析出样品中T-2毒素的含量值。但相比定量检测方法的准确度略低，仅适用于需要快速得到样品中T-2毒素含量或者是样品量太少不足以进行定量分析时。T-2毒素的半定量常用检测方法主要有薄层色谱法（TLC）、酶联免疫吸附法和胶体金免疫层析快速定量法。

一、薄层色谱法

薄层色谱法是真菌毒素定量检测中最早使用的一种检测方法，也是国家标准中的检测方法之一，由于其操作过程复杂、检测时间长，因此已经逐渐被ELISA试剂盒、液相色谱、液相/质谱等方法取代。利用固-液分离原理，薄层色谱法可使试样中的各组分在薄层板上被反复吸附、解吸附、再吸附、再解吸附，从而达到分离各组分的目的。国家质量监督检验检疫总局发布的《配合饲料中T-2毒素的测定 薄层色谱法》（GB/T 8381.4—2005）规定了配合饲料中T-2毒素的薄层色谱法，其检出限为1 mg/kg。下面为其检测方法的简述。

（一）测定原理

配合饲料中的T－2毒素经提取、净化、浓缩和硅胶G薄层板展开后，用20%硫酸乙醇喷布，加热薄层板，可在365 nm紫外光灯下显蓝色荧光，根据其在薄层板上显示荧光的最低检出量可测定其含量。

（二）测定方法

1. 样品前处理　准确称取（20±0.01）g样品置于200 mL具塞锥形瓶中，加8 mL水和100 mL三氯甲烷和无水乙醇的混合液（8：2），密塞，振荡提取1 h后过滤，取25 mL滤液于100 mL蒸发瓶中，45 ℃下减压蒸发至干。

2. 净化

（1）液-液分配　用100 mL石油醚分次溶解蒸发瓶中的残渣，洗入250 mL分液漏斗中；再用30 mL甲醇溶液（甲醇：水＝4：1）分次洗涤蒸发瓶，转入同一分液漏斗中。振摇分液漏斗1.5 min，静置约15 min后，将下层甲醇提取液过净化柱。

（2）柱净化　在层析柱下端塞约0.1 g脱脂棉，先装入0.5 g中性氧化铝，再加入0.5 g活性炭，敲紧。将分液漏斗中的甲醇提取液小心地沿管壁加入柱内，控制流速不超过3 mL/min，提取液过柱快完毕时加入10 mL甲醇溶液淋洗层析柱，继续抽滤，直至不再有液体流出。

3. 试样溶液的准备　将过柱后的流出液于45 ℃减压蒸发至干，沸水浴上至完全干燥后加入3 mL乙酸乙酯，加热至沸腾，冷却至室温后转入浓缩瓶中。加约0.5 mL甲醇和丙酮溶液（1：2）于蒸发瓶中，超声破碎残渣，将蒸发瓶置水浴上待溶剂挥发后，加入3 mL乙酸乙酯，加热至沸，冷却至室温后转入同一浓缩瓶中，再用0.5 mL甲醇-丙酮和3 mL乙酸乙酯同样处理一次。将浓缩瓶置约95 ℃水浴中加热浓缩至干，冷却至室温后，准确加入0.2 mL丙酮溶解残渣留作薄层层析用。

4. 测定　在事先准备好的薄层板下端2.5 cm处为基线点样。在距板左边缘0.8～1 cm处滴加试料溶液2 μL、2 cm处滴加1 μL标准品溶液，在距右边缘1.2 cm处滴加2 μL标准品溶液。再在距板上端1.5 cm处滴加3个标准品溶液（各2 μL），使之与基线上3个点的位置相对应。

5. 展开　以苯乙醚溶液（苯：乙醚＝1：1）为横展剂展开后，再用10 mL石油醚横展一次，以甲苯-乙酸乙酯-甲酸溶液（甲苯：乙酸乙酯：甲酸＝6：3：1）为纵展剂。用硫酸乙醇溶液均匀喷布已展毕的薄层板使恰好润湿，置110 ℃烘箱中加热3～5 min，薄层板略着色后立即取出，冷却1～5 min后于紫外光灯下观察。

6. 观察与评定　若在薄层板上与标准荧光斑点对应处未见试料溶液中的被测物斑点，则需按上述方法重新点第二块板，只是在点完试料溶液后，在样点处再滴加1 μL标准品溶液，展开、显荧光。若第二块板上试料溶液加1 μL标准品溶液所显荧光强度与1 μL标准溶液相同，则试样中T－2毒素为阴性或含量在1 mg/kg以下。阳性试样可通过稀释试料溶液或调整点样量直至所产生斑点的荧光强度与1 μL标准品溶液所显荧光强度相同进行定量。

T－2毒素薄层色谱法所用设备简单、检测成本低，可以同时检测多个样品。但相比其他半定量检测方法，该法检测时间长，且操作复杂，不适合大量样品的快速筛选检测；相比其他定量检测方法，该法分离效果略差、灵敏度略低、精确度低，不适合样品中 T－2 毒素的定量检测。

二、酶联免疫吸附法

T－2 毒素酶联免疫吸附法基于抗原抗体竞争反应，抗原或抗体与酶标记抗体或抗原结合成酶标复合物，在酶的催化作用下，与底物快速反应生成有色物质，根据颜色的 OD 值计算样品中 T－2 毒素的含量。《食品中 T－2 毒素的测定》（GB 5009.118—2016）中第二法和第三法都规定了粮食及粮食制品中 T－2 毒素的酶联免疫吸附法，其中包含直接法和间接法。

（一）直接 ELISA 法

1. 测定原理 将已知抗原吸附在固相载体表面，洗除未吸附的抗原，加入一定量的酶标记抗体与待测试样（含有抗原）提取液的混合液，竞争温育后在固相载体表面形成抗原-抗体-酶复合物。洗除多余部分，加入酶的底物。在酶的催化作用下，底物发生降解反应，产生有色物质，通过酶标仪可测出酶底物的降解量，从而推知被测试样中的抗原量。

2. 测定方法

（1）样品前处理　同间接法。

（2）检测　在事先准备好的酶标板上依次加入 100 μL 不同浓度的标准品或试样提取液与抗体-酶结合溶液的混合液，37 ℃1.5 h；洗板 3 次后，每孔加入 100 μL 底物溶液，37 ℃ 30 min；每孔加入 50 μL 的 1 moL/L 硫酸溶液终止反应，于 450 nm 处测定吸光度值。

（3）结果表述　将样品吸光度值代入标准曲线计算试样中 T－2 毒素的含量，若试样中 T－2 毒素含量超出检测线，则应扩大样品的稀释倍数后重新检测。

ELISA 试剂盒检测法操作简单、方便快捷、灵敏度高、检测成本低，可同时检测多个样品。但相比定量检测方法，该法前处理简单，无净化过程，样品中杂质较多，影响检测结果；并且该法对检测时间要求较高，尤其是显色之后需要尽快读数。因此，ELISA 试剂盒法适合批量样品的筛选检测，也是目前应用较为广泛的检测方法。

（二）间接 ELISA 法

1. 测定原理 将已知抗原吸附在固相载体表面，洗除未吸附抗原，加入一定量抗体与待测试样（含有抗原）提取液的混合液，竞争温育后在固相载体表面形成抗原抗体复合物。洗除多余抗体成分，然后加入酶标记的抗球蛋白的第二抗体结合物。该抗体结合物与吸附在固体表面的抗原抗体复合物相结合，加入酶的底物。在酶的催化作用下，底物发生降解反应，产生有色产物，通过酶标仪可测出酶底物的降解量，从而推知被测试样中的抗原量。

2. 测定方法

（1）样品前处理　称取 20.0 g 粉碎并通过 20 目筛的试样，置 200 mL 具塞锥形烧瓶中，加 8 mL 水和 100 mL 三氯甲烷-无水乙醇（4∶1），振荡 1 h 后滤纸过滤；取 25 mL 滤液于蒸发皿中，置 90 ℃水浴上通风挥干。用 50 mL 石油醚分次溶解蒸发皿中残渣，洗入 250 mL 分液漏斗中，再用 20 mL 甲醇溶液（甲醇∶水＝4∶1）分次洗涤，转入同一分液漏斗中，振荡 1.5 min，静置约 15 min，收集下层甲醇-水提取液过层析柱净化。

将过柱后的洗脱液倒入蒸发皿中浓缩至干，加 3 mL 乙酸乙酯，加热至沸，再重复 2 次。冷至室温后转入浓缩瓶中，置 95 ℃水浴锅挥干冷却后，用含 20%甲醇的 PBS 定容，供 ELISA 检测。

（2）检测　在事先准备好的酶标板上依次加入 100 μL 不同浓度的标准品或试样提取液与抗体溶液的混合液；洗板 3 次后，每孔加入 100 μL 酶标二抗，37 ℃ 1.5 h；再次洗涤后，每孔加入 100 μL 底物溶液，37 ℃ 30 min；每孔加入 50 μL 的 1 moL/L 硫酸溶液终止反应，于 450 nm 处测定吸光度值。

（3）结果表述　将样品吸光度值代入标准曲线计算试样中 T-2 毒素的含量。若试样中 T-2 毒素含量超出检测线，则应扩大样品的稀释倍数后重新检测。

三、胶体金免疫层析快速定量法

T-2 毒素胶体金免疫层析快速定量法是将胶体金免疫层析技术和酶联免疫技术相结合的一种检测方法，具有灵敏度高、简单快捷、便于携带的优点。相比定性检测方法，此方法可以定量分析；相比于其他的半定量、定量检测方法，用该法检测时设备简单、检测时间短、易于大面积推广并且仪器便于携带。因此，胶体金免疫层析快速定量法是近几年来应用较为广泛的 T-2 毒素检测方法。2018 年江西省质量技术监督局发布的《饲料中 T-2 毒素的快速筛查 胶体金快速定量法》（DB 36/T 1022—2018）采用胶体金快速定量法分析饲料中的 T-2 毒素含量。不同厂家的试剂条及读数仪操作不同，具体步骤应按照说明书规定操作。

（一）测定原理

样品提取液中的 T-2 毒素与检测条中胶体金微粒发生呈色反应，颜色深浅与样品中 T-2 毒素的含量有关。用读数仪测定检测条的颜色深浅，根据颜色深浅和读数仪内置曲线可自动计算出样品中 T-2 毒素的含量。

（二）测定方法

1. 样品前处理　准确称取 10 g 粉碎后的样品于 100 mL 具塞锥形瓶中，加入 20 mL 试样提取液，振荡 1～2 min，静置后经滤纸过滤或离心机离心，取滤液或上清液 100 μL 于离心管中，加入 1 mL 稀释缓冲液，混匀待测。

2. 样品测定　孵育器提前预热后，准确吸取 300 μL 待测溶液加入到检测条加样孔中，孵育 5 min 后读数。

3. 结果 T-2毒素的含量以μg/kg计，由读数仪直接显示和读取。若检测结果超出检测线，则应扩大稀释倍数后重新检测计算。

胶体金快速定量检测法前处理简单、仪器便于携带、检测成本低，适合现场大批量样品的筛查检测。虽然此种检测方法只是一种半定量检测方法，但可作为一种快速筛查手段，有效弥补因设备和经费问题而无法开展食品中T-2毒素检测和监控的问题，具有重要的经济价值和社会价值。

第三节 定量方法

定量检测方法可以弥补定性检测方法和半定量检测方法准确度低的缺点，可以更好地帮助我们分析待测样品中的T-2毒素。T-2毒素常用的定量检测方法主要有：高效液相色谱法、液相色谱-串联质谱法、净化柱净化-酶标仪法、气相色谱法等。

一、高效液相色谱法

高效液相色谱法是利用混合物中不同组分与固定相作用力的大小不同，随着流动相的移动，混合物各组分在固定相中停滞的时间不同，从而由固定相中洗脱出来的顺序不同，通过检测器与计算机之间的传送接口采集色谱数据，外标法定量。T-2毒素高效液相色谱法的净化采用免疫亲和柱净化，它是以生物技术为基础采用单克隆免疫亲和技术研制的一系列免疫亲和柱，具有高选择性和抗干扰性，是目前国际上较为常用的检测真菌毒素样品的前处理方法之一。利用荧光检测器检测时，由于T-2毒素缺乏合适的生色团，因此必须经过衍生反应才能被有效检测，常用的T-2毒素衍生剂是1-蒽腈。《饲料中T-2毒素的测定 免疫亲和柱净化-高效液相色谱法》（GB/T 28718—2012），以及《食品中T-2毒素的测定》（GB 5009.118—2016）第一法均采用免疫亲和柱净化-液相色谱分析样品中的T-2毒素含量。现将其检测方法综合简述如下。

（一）测定原理

用甲醇溶液提取样品中的T-2毒素，经免疫亲和柱净化、1-蒽腈衍生化后，用高效液相色谱荧光检测器测定，外标法定量。

（二）测定方法

1. 样品前处理 准确称取25.0 g（精确到0.1 g）粉碎后试样于250 mL锥形瓶中，加入100 mL甲醇溶液（甲醇∶水=8∶2）提取液，混匀，振荡器提取10 min，定性滤纸过滤，取10 mL滤液加水定容至50 mL混匀，玻璃纤维滤纸过滤，免疫亲和柱净化。

2. 免疫亲和柱净化 准确移取10.0 mL滤液注入玻璃注射器中，调节空气泵压力使溶液以每秒1滴的流速缓慢通过免疫亲和柱，直至空气进入亲和柱中。用10 mL水淋洗亲和柱，流速为每秒1～2滴，直至空气进入亲和柱中，弃去全部流出液，抽干小柱。准确加入1.0 mL甲醇洗脱，流速约为每秒1滴，收集洗脱液。

3. 衍生　取不同浓度的标准工作液各 1 mL，在 50 ℃下用氮吹仪吹干；加入 50 μL 4－二甲基氨基吡啶溶液和 50 μL 1－蒽腈溶液，混匀 1 min，50 ℃反应 15 min，在冰水中冷却 10 min 后取出；50 ℃下用氮吹仪吹干，用 1.0 mL 流动相溶解，待 HPLC 测定，样品的洗脱液在 50 ℃下用氮吹仪吹干后按照标准溶液衍生步骤进行。

4. 色谱参考条件

（1）色谱柱　C18 柱（柱长 150 mm、内径 4.6 mm、粒径 5 μm），或相当者；

（2）流动相　乙腈溶液（乙腈：水＝75：25）；

（3）流速　1.0 mL/min；

（4）检测波长　激发波长 381 nm，发射波长 470 nm；

（5）进样量　20 μL；

（6）柱温　35 ℃。

5. 结果计算　以浓度为横坐标、峰面积为纵坐标绘制标准曲线，将样品峰面积值代入标准曲线，根据标准曲线及空白试验计算样品中 T－2 毒素的含量。若试样中 T－2 毒素含量超出检测限，则应扩大稀释倍数并重新检测，最终结果为代入标准曲线计算出的结果乘以稀释倍数。

T－2 毒素高效液相色谱法分辨率和灵敏度高、准确度高、分析速度快、重现性好，能满足目前国内对于饲料中 T－2 毒素含量的测定要求，是分析 T－2 毒素含量较权威的方法，适合求样品中的确切值，或科研单位及实验室使用。但该法的检测成本高、操作过程复杂、检测时间长，并且设备不能被带出实验室。因此，不能大量、快速地检测样品中 T－2 毒素的含量，不适合样品的批量筛选。

二、液相色谱-串联质谱法

质谱法是采用高速电子来撞击气态分子或原子，将电离后的正离子加速导入质量分析器中，然后按质荷比（m/z）的大小顺序进行收集和记录，即得到质谱图。色谱-串联质谱法将色谱的分离能力与质谱的定量分析功能结合起来，具有分离效果好、灵敏度高、选择性好、稳定性强等优点，能够满足国内外对 T－2 毒素污染检测的限量要求。《饲料中黄曲霉毒素、玉米赤霉烯酮和 T－2 毒素的测定 液相色谱-串联质谱法》（NY/T 2071—2011）及《出口花生、谷类及其制品中黄曲霉毒素、赭曲霉毒素、伏马毒素 B_1、脱氧雪腐镰刀菌烯醇、T－2 毒素、HT－2 毒素的测定》（SN/T 3136—2012）均采用液相色谱-串联质谱法分析样品中 T－2 毒素的含量。

（一）测定原理

样品中的 T－2 毒素经提取液提取、多功能净化柱或免疫亲和柱净化、氮气吹干后定容，经液相色谱-质谱/质谱法分析，外标法定量。

（二）测定方法

1. 样品提取及净化　准确称取 5.0 g（精确到 0.1 g）粉碎后试样于 50 mL 离心管中，加入 25 mL 提取液，混匀，超声波提取 20 min，过滤，收集滤液过多功能净化柱或免疫亲和柱。不同厂家净化柱操作不同，应按照说明书规定操作。

2. 样品复溶 将净化后的洗脱液在 50 ℃下用氮吹仪吹干，加入 0.5 mL 乙腈溶液（乙腈∶水=1∶1）复溶，过 0.22 μm 有机滤膜，上机待测。

3. 液相色谱-质谱参考条件

（1）色谱柱 C18 柱（柱长 100 mm、内径 2.1 mm、粒径 1.7 μm），或相当者；

（2）流动相 乙腈和 10 mmol/L 乙酸铵溶液梯度洗脱；

（3）流速 0.4 mL/min；

（4）进样量 5 μL；

（5）柱温 35 ℃；

（6）离子化模式 电喷雾电离正离子模式（ESI^+）和电喷雾电离负离子模式（ESI^-）；

（7）质谱扫描方式 多反应监测（MRM）。

4. 结果计算 根据提前做好的标准曲线和空白试验计算样品中的 T-2 毒素含量。

色谱-串联质谱法结合了液相色谱和质谱仪的优点，具有灵敏度高、分离效果好、稳定性好、准确度高等优点，是真菌毒素检测方法中的权威。但相比快速定性/定量检测方法，该法检测成本高、检测时间长、操作过程复杂、设备昂贵，不利于大量普及。因此，液相色谱-串联质谱法适合低剂量 T-2 毒素样品的检测及实验室科研工作。

三、净化柱净化-酶标仪法

净化柱净化-酶标仪法是将柱层析与酶联免疫结合起来的一种检测方法，其利用净化柱的净化原理和酶联免疫的定量检测原理，从而达到准确、快速定量样品中 T-2 毒素的目的。但不同的是，ELISA 试剂盒法直接利用试剂盒检测，不需要净化，检测时间短；而净化柱净化-酶标仪法是先用净化柱净化后，再利用酶联免疫吸附法检测，净化效果好、效率高、准确率高，因此其检测过程即净化柱净化前处理部分和酶标仪检测部分相结合。

T-2 毒素净化柱净化过程是选择性吸附、选择性洗脱的过程。常用的净化柱主要分两类：一类是 T-2 毒素特异性抗体与固定相结合填充而成，可以特异性地吸附试样中的 T-2 毒素，不吸附其他杂质，最后用特定溶剂将 T-2 毒素洗脱下来，如常用的免疫亲和柱；另一类是利用极性、非极性及离子交换等几类基团作为填充剂，可以吸附试样中的脂肪、蛋白质等杂质，不吸附 T-2 毒素，如常用的氧化铝-活性炭层析柱，操作简单、成本低，不需要洗脱过程。

净化柱净化-酶标仪法操作过程简单、净化效率高、检测时间短、准确率高，是定量检测方法中最为快速的检测方法，也是国家标准检测方法之一。但相比直接用 ELISA 试剂盒检测法，净化柱净化-酶标仪法前处理过程复杂、成本高，不适宜大量样品的筛选检测。

四、气相色谱法

T-2 毒素气相色谱法是将气体作为流动相、毛细血管色谱柱作为固定相，随着气体的流动，混合物中各组分由于与固定相作用力大小、强弱不同，从而依先后次序从固定相流出，达到分离的目的。然后由检测器将各组分转化成电信号，色谱数据采集器采集信号，色谱工作站记录并分析数据。

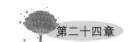

T－2 毒素自身并不具挥发性，因此使用 GC 检测时，一般需要以硅烷化或氟酰基化试剂进行衍生化处理。衍生化处理后的溶液用气相色谱仪分析，常用的气相色谱检测器有氢火焰离子化检测器、电子捕获检测器、质谱检测器等。用气相色谱检测配制好的不同浓度的 T－2 毒素标准工作液，根据色谱数据，以 T－2 毒素浓度为横坐标、峰面积为纵坐标绘制标准曲线，并根据样品中峰面积及标准曲线计算样品中的 T－2 毒素浓度。

气相色谱法选择性好、分离效率高、灵敏度高、准确率高；但其操作过程复杂、成本高，并且不及液相色谱常用，因此应用范围不及液相色谱广泛。

参考文献

国家认证认可监督管理委员会，2012. 出口花生、谷类及其制品中黄曲霉毒素、赭曲霉毒素、伏马毒素 B_1、脱氧雪腐镰刀菌烯醇、T－2 毒素、HT－2 毒素的测定：SN/T 3136—2012 [S]. 北京：中国标准出版社.

江西省农业厅，2018. 饲料中 T－2 毒素的快速筛查 胶体金快速定量法：DB 36/T 1022—2018 [S]. 江西：江西省质量技术监督局.

全国食品工业标准化技术委员会食品通用检测技术分技术委员会，2016. 食品安全国家标准 食品中 T－2 毒素的测定：GB 5009.118—2016 [S]. 北京：中国标准出版社.

全国饲料工业标准化技术委员会，2005. 配合饲料中 T－2 毒素的测定 薄层色谱法：GB/T 8381.4—2005 [S]. 北京：中国农业出版社.

全国饲料工业标准化技术委员会，2011. 饲料中黄曲霉毒素、玉米赤霉烯酮和 T－2 毒素的测定 液相色谱-串联质谱法：NY/T 2071—2011 [S]. 北京：中国农业出版社.

全国饲料工业标准化技术委员会，2012. 饲料中中 T－2 毒素的测定 免疫亲和柱净化-高效液相色谱法：GB/T 28718—2012 [S]. 北京：中国标准出版社.

全国饲料工业标准化技术委员会，2017. 饲料卫生标准：GB 13078—2017 [S]. 北京：中国标准出版社.

徐小婧，王俊平，王霄，等，2013. T－2 毒素胶体金免疫层析快速检测试纸条的研制 [J]. 食品研究与开发，17：96－99.

朱亮亮，冯才伟，崔廷婷，等，2013. 胶体金免疫层析法快速检测 T－2 毒素的研究 [J]. 中国酿造，7：114－116.

第二十五章 赭曲霉毒素测定原理及方法

赭曲霉毒素（OT）广泛存在于食品、饲料及其他农副产品范围中，包括7种有相似化学结构的化合物，其中赭曲霉毒素A（OTA）在自然界中分布范围最广、毒性最强，对人和动植物的影响最大。2017年发布的《饲料卫生标准》（GB 13078—2017）中，规定了OTA在饲料中的允许量。因此，为保障人的健康和饲料卫生，有必要开展饲料、原料、食品中OTA的卫生检测。按照检测方法的测定原理和准确度划分，检测OTA的常用方法可以分为3种：定性检测方法、半定量检测方法和定量检测方法。此3种分析方法的准确度逐渐增加，但复杂性和专业性也逐渐增加，不同的检测方法适合不同的检测条件；同年发布的《食品安全国家标准　食品中真菌毒素限量》（GB 2761—2017）也规定了食品中OTA的限量要求，建议根据测定目的和仪器设备条件选用。本章对OTA的测定原理及其方法进行阐述。

第一节　定性方法

OTA的定性分析方法可以简便、快速地检测出样品是否受到OTA的污染或样品中OTA是否超过标准值，但其不能准确检测出样品中OTA的具体含量，只适合大量样品的筛选工作。OTA的定性检测方法主要是胶体金免疫层析法，下面参照扶胜等（2016）和张变变等（2016）的方法作一简述，具体方法参见产品说明书。

胶体金免疫层析技术是出现于20世纪80年代初期的一种免疫分析方法，是单克隆抗体技术、胶体金免疫层析技术等结合起来的以膜为固相载体的快速检测技术。该法操作简单快捷、灵敏度高，特别适合大批量样品检测，且结果判断直观可靠，已经越来越被人们重视和应用。下面根据市场上OTA试剂条法对其检测方法进行简述，不同厂商的试剂条不同，具体步骤应按照说明书操作。

一、测定原理

试样中OTA在层析过程中与胶体金标记的特异性抗体结合，可使检测线颜色变浅，因此通过颜色深浅可对OTA含量进行判定。

二、测定方法

1. 样品前处理　准确称取 10 g 粉碎后的样品于 100 mL 具塞锥形瓶中，加入 20 mL 提取液（70%甲醇或检测条配套提取液），涡旋振荡 1～2 min，4 000 r/min 离心 2 min，静置后取 100 μL 上清液加到 1 mL 样品稀释液中，混匀备用。

2. 试纸条检测　取 100 μL 加入到试纸条免疫层析装置内，恒温条件下反应 10 min。

3. 结果分析　若 OTA 试纸条检测线出现红色条带，则判定为阴性，即试样中的 OTA 未超出检测限；若检测线未出现红色条带或条带颜色浅于对照线，则判定为阳性，即试样中 OTA 超出检测限；若对照线未出现红色条带，说明操作不正确或者试纸条已经变质失效，则判定为无效，需重新检测。

胶体金免疫层析法具有快速、灵敏度高、特异性强、稳定性好、操作简便、无需任何仪器设备、判断结果直观可靠及经济实用等优点，易被基层采用并大面积推广，适应我国当前社会经济技术水平，目前已在饲料卫生和食品安全领域发挥积极的作用。

第二节　半定量方法

半定量检测方法既保留了定性检测方法简便、快捷的优点，同时又能利用定量分析技术计算出样品中的 OTA 含量，操作简单、迅速、成本低，但相比定量分析方法的准确度略低，适合快速分析出样品中 OTA 的含量。OTA 的半定量检测方法有薄层色谱法、酶联免疫吸附法和胶体金免疫层析快速定量法。

一、薄层色谱法

薄层色谱法（TLC）是较早用于毒素检测的一种方法，其检测所用试剂简单、方便、快捷。目前，我国仍采用 TLC 法作为国家标准方法，用于检测小麦、玉米、大豆中 OTA 的含量。《饲料中赭曲霉毒素 A 的测定》（GB/T 19539—2004）第一法、《食品安全国家标准　食品中赭曲霉毒素 A 的测定》（GB 5009.96—2016）中第五法均采用 TLC 法分析样品中的 OTA 含量。下面对 TLC 法测定样品中 OTA 含量的步骤进行简述。

（一）测定原理

用 0.1 mol/L 三氯甲烷-磷酸或石油醚-甲醇-水提取试样中的 OTA，提取液经液-液分配后，根据其在 365 nm 紫外光灯下产生的黄绿色荧光，在薄层色谱板上与标准工作液比较测定 OTA 的含量。

（二）测定方法

1. 样品前处理　准确称取 20.0 g 粉碎后的试样于 200 mL 具塞锥形瓶中，加入 30 mL 石油醚和 100 mL 甲醇溶液（甲醇：水＝55：4），在振荡器上振荡提取 30 min

后，经定性滤纸过滤入分液漏斗中，待下层甲醇水层分清后，取出 20 mL 滤液置于 100 mL 分液漏斗中，调节 pH 为 5～6。

2. 试样溶液的准备 加入 25 mL 三氯甲烷，振摇 2 min，静置分层后，放出三氯甲烷于另一个分液漏斗中，再用 10 mL 三氯甲烷重复振摇提取甲醇水层，合并于同一分液漏斗中；加入 50～100 mL 氯化钠溶液，振摇，放置分层后，将三氯甲烷放出，经装有约 20 g 无水硫酸钠的玻璃漏斗流入蒸发皿中，将蒸发皿置蒸气浴上通风挥干。用约 8 mL 三氯甲烷分次将蒸发皿中的残渣溶解，将溶解液转入浓缩瓶中，置 60 ℃水浴减压浓缩至干；加入 2 mL 苯-冰乙酸溶解残渣，摇匀，供薄层色谱点样用。

3. 点样 在距薄层板下端 1.5～2 cm 处的基线上，以 1 cm 的间距，用点样器依次滴加标准工作溶液 2 μL、4 μL、7 μL、10 μL 和试样 20 μL。

4. 展开 以乙醚或乙醚-甲醇-水（乙醚：甲醇：水＝94：5：1）为横展剂，以甲苯-乙酸乙酯-甲酸-水（甲苯：乙酸乙酯：甲酸：水＝6：3：1.2：0.06），或甲苯-乙酸乙酯-甲酸（甲苯：乙酸乙酯：甲酸＝6：3：1.4），或苯-冰乙酸（苯：冰乙酸＝9：1）为纵展剂展开。将薄层板放入有展开剂的展开槽中，展至离原点 13～15 cm，取出，吹干。

5. 观察与评定 将展开后的薄层板置于波长 365 nm 紫外光灯下，观察与 OTA 标准点比移值相同处试样的蓝绿色荧光点。若相同位置上未出现荧光点，则试样中的 OTA 含量在本测定方法的最低检测量以下；如果相同位置上出现荧光点，则用显色剂对准各荧光点进行喷雾后吹干，观察荧光点由蓝绿色变为蓝紫色的强度，当荧光强度明显加强时可确证试样中含有 OTA，待扫描定量。

6. 定量计算 待薄层板扫描后，以 OTA 标准工作溶液质量（ng）为横坐标、以峰面积积分值为纵坐标绘制标准曲线。根据标准曲线计算样品中的 OTA 含量。

薄层层析法的优点是方法简单，使用的试剂价格便宜，但是存在灵敏度较差、所需试剂繁多、检测周期长、重现性不好和无法实现自动化等缺点，已不能满足现代检测的要求。

二、酶联免疫吸附法

酶联免疫吸附法（ELISA）法基本原理是在合适的载体上，酶标记抗体或抗原与相应的抗原或抗体形成酶标记的抗原抗体复合物，在酶底物参与下，复合物上的酶催化底物使其水解，氧化或还原成为另一种带色物质，利用紫外分光光度计检测吸光度值并计算结果。由于 ELISA 法快速、灵敏、准确、可定量、操作简便，无需贵重仪器设备，而且对样品纯度要求不高，因此特别适用于大批量样品的检测，发展非常迅速。下面结合《饲料中赭曲霉毒素 A 的测定》（GB/T 19539—2004）和《食品中赭曲霉毒素 A 的测定》（GB 5009.96—2016），对 ELISA 法测定样品中的 OTA 进行简述。目前有专门测定 OTA 的酶联免疫试剂盒，具体操作应按照说明书进行。

（一）测定原理

将 OTA 抗体的羊抗体吸附在固相载体表面，加入 OTA 抗体、酶标 OTA 结合物、OTA 标准品或试样液。在 OTA 抗体与固相载体表面羊抗体结合的同时，游离的 OTA 和酶标 OTA 结合物与结合在固体表面的 OTA 抗体竞争，将未结合的酶标 OTA 结合物洗涤除去。加入酶底物，在结合酶的催化作用下，无色底物降解产生蓝色物质，加入终止剂后颜色转变为黄色。通过酶标检测仪，在450 nm波长处测吸收值。吸光强度与试样中OTA的浓度成反比。

（二）测定方法

1. 样品前处理 准确称取粉碎后的试样5.0 g（精确至0.1 g），加入25 mL提取液（70%甲醇），涡旋振荡提取10 min或摇床提取40 min，过滤，移取200 μL滤液置1.5 mL离心管中，加入200 μL OTA稀释缓冲液后混匀，备用。

2. 样品测定 酶标板提前取出回温，分别吸取50 μL OTA系列标准工作液和提取试样加至相应的微孔中，然后各加入50 μL OTA酶标抗原，再加入50 μL OTA抗体溶液，加盖，室温反应40 min。弃去孔中液体，每孔加入250 μL洗涤液洗板4次，每次20 s，吸水纸上拍干。每孔加入150 μL显色底物溶液，室温避光温育15 min。每孔加入50 μL反应终止液，混匀置酶标仪中，振荡混匀，于450 nm处测定吸光度值，参比波长设为630 nm。

3. 结果分析 将标品吸光度值输入软件，绘制出标准曲线，将样品吸光度值代入标准曲线计算试样中OTA含量。若试样中OTA含量超出检测限，应扩大样品的稀释倍数后重新检测。

酶联免疫吸附法快速、灵敏、可定量、操作简便、无需贵重仪器设备，而且对样品纯度要求不高，因此特别适用于大批量样品的检测，在真菌毒素快速检测领域有着极高的应用价值，也是目前应用较为广泛的分析方法。

三、胶体金免疫层析快速定量法

OTA胶体金免疫层析快速定量法是将胶体金免疫层析技术和酶联免疫技术相结合的一种检测方法。因此，其不仅具有胶体金定性法快速、灵敏、操作简便的优点，又可以读出样品中OTA的含量，直观、可靠。国家粮食局发布的《粮油检验 粮食中赭曲霉毒素A测定 胶体金快速定量法》（LS/T 6114—2015），以及江西省质量监督局发布的《饲料中赭曲霉毒素A快速的筛查 胶体金快速定量法》（DB 36/T 1027—2018）均采用胶体金快速定量法分析样品中的OTA含量。不同厂商OTA胶体金快速定量法试剂条和读数仪不同，操作过程略有差异，具体步骤应按照说明书规定操作。下面结合2个标准方法对其检测过程进行简述。

（一）测定原理

试样提取液中的OTA与检测条中胶体金微粒发生呈色反应后，颜色深浅与样品中OTA的含量有关，用读数仪测定检测条的颜色深浅，根据颜色深浅和读数仪内置曲线自动可计算出样品中OTA的含量。

（二）测定方法

1. 样品前处理 准确称取10.0 g粉碎后的样品于100 mL具塞锥形瓶中，加入

20 mL 70%甲醇溶液，振荡 1～2 min；静置后经滤纸过滤或离心机离心，取滤液或上清液 100 μL 于离心管中，加入 1 mL 稀释缓冲液，混匀待测。

2. 样品测定 孵育器提前预热后，准确地将吸取的 300 μL 待测溶液加入到检测条加样孔中，孵育 5 min 后用读数仪读数。

3. 结果 OTA 含量以 μg/kg 计，由读数仪直接显示和读取。若检测结果超出检测线，则扩大稀释倍数后重新检测计算。

胶体金免疫层析快速定量法适用于快速定量检测粮食谷物（大米、玉米、小麦、大麦、高粱等）及其制品中 OTA 的残留浓度，具有样本前处理简单、检测时间短、便于携带、易于推广等优点，非常适合大量样品的筛查。

第三节 定量方法

定性检测方法和半定量检测方法检测时间短、方便快捷，但其准确度较定量检测方法低。样品 OTA 的含量一般比较低，而灵敏度高、准确度高的定量检测方法可以更好地帮助我们监控样品受 OTA 的污染情况。OTA 的定量检测方法主要有离子交换固相萃取柱净化-高效液相色谱法、免疫亲和柱净化-高效液相色谱法、高效液相色谱-串联质谱联法等。

一、离子交换固相萃取柱净化-高效液相色谱法

液相色谱法是一种分离技术，其原理是溶液随流动相流过固定相时，由于各组分与固定相作用力的大小不同，因而在固定相中停滞的时间不同，从固定相中流出的先后次序不同，从而能达到使混合物中各组分分离的目的。离子交换固相萃取柱净化-高效液相色谱法结合离子交换固相萃取柱的净化作用和液相色谱的定量分析技术，灵敏度高、准确度高。《食品中赭曲霉毒素 A 的测定》（GB 5009.96—2016）中第二法采用此法检测试样中的 OTA，下面为其检测过程简述。

（一）测定原理

用提取液提取试样中的 OTA，经离子交换固相萃取柱净化后，采用高效液相色谱仪结合荧光检测器测定 OTA 的含量，外标法定量。

（二）测定方法

1. 样品前处理 样品粉碎过 20 目筛后混匀，准确称取其中的 10.0 g 试样，加入 50 mL 提取液，经涡旋振荡提取 3～5 min；过滤后取 10 mL 滤液至 100 mL 平底烧瓶中，加入 20 mL 石油醚，涡旋振荡器振荡提取 3～5 min；静置分层后取下层溶液，用滤纸过滤，取 5 mL 滤液进行固相萃取净化。

2. 固相萃取柱净化 高分子聚合物基质阴离子交换固相萃取柱，规格为 3 mL，柱床重量 200 mg 或等效柱。分别用 5 mL 甲醇、3 mL 提取液活化固相萃取柱，然后将样

品提取液加入固相萃取柱中，调节流速以每秒1～2滴的速度通过柱；分别依次用3 mL淋洗液、3 mL水、3 mL甲醇淋洗柱，抽干；用5 mL洗脱液洗脱，收集洗脱液于玻璃试管中，于45 ℃下用氮吹仪吹干，用1 mL乙腈：2%乙酸溶液（50：50）溶解，过滤后液相色谱检测。

3. 液相色谱参考条件

（1）色谱柱　C18柱（柱长150 mm、内径4.6 mm、粒径5 μm），或相当者；

（2）柱温　30 ℃；

（3）进样量　10 μL；

（4）流速　1 mL/min；

（5）检测波长　激发波长为333 nm，发射波长为460 nm；

（6）流动相　A为冰乙酸溶液（冰乙酸：水＝2：100）；B为乙腈，梯度洗脱。

4. 结果计算　以标准溶液浓度为横坐标、峰面积为纵坐标绘制标准曲线，将样品峰面积代入标准曲线，根据标准曲线及空白试验计算样品中的OTA含量。若试样中的OTA含量超出检测限，则应扩大稀释倍数后重新检测，最终结果为代入标准曲线计算出的结果乘以稀释倍数。

离子交换固相萃取柱净化-高效液相色谱法准确度高、灵敏性好，但操作复杂、成本高、对操作人员要求高，适合样品的准确定量检测或实验室科研分析。

二、免疫亲和柱净化-高效液相色谱法

相比固相萃取柱，免疫亲和净化柱选择性高、特异性强、样品回收率较高、准确度高，已被国内外列为标准OTA检测净化技术。下面结合《饲料中赭曲霉毒素A的测定　免疫亲和柱净化-高效液相色谱法》（GB/T 30957—2014）、《食品中赭曲霉毒素A的测定》（GB 5009.96—2016）、《粮油检验 粮食中赭曲霉毒素A的测定 超高效液相色谱法》（LS/T 6126—2017），对免疫亲和柱净化-高效液相色谱法检测样品中OTA的操作过程进行简述。

（一）测定原理

用提取液提取试样中的OTA，经免疫亲和柱净化后，采用高效液相色谱结合荧光检测器测定OTA的含量，外标法定量。

（二）测定方法

1. 样品提取　称取25.0 g粉碎后的试样，加入5.0 g氯化钠和100 mL甲醇溶液（甲醇：水＝8：2）提取液，高速均质提取2 min或振荡60 min，定量滤纸过滤，移取10 mL滤液加入40 mL磷酸盐缓冲液（PBS）混合均匀，经玻璃纤维滤纸过滤。

2. 免疫亲和柱净化　将免疫亲和柱连接于10 mL玻璃注射器下，准确移取10 mL样品提取液于玻璃注射器中，调节空气泵压力，使溶液以约每秒1滴的流速通过免疫亲和柱，直至空气进入亲和柱中；依次用10 mL清洗缓冲液、10 mL水先后淋洗免疫亲和柱，流速为每秒1～2滴；弃去全部流出液，抽干小柱；准确加入1.5 mL甲醇或免疫

亲和柱厂家推荐使用的洗脱液进行洗脱，流速约为每秒1滴；收集全部洗脱液于干净的玻璃试管中，45 ℃下用氮吹仪吹干，用流动相溶解残渣并定容到500 μL后上机检测。

3. 液相色谱参考条件

（1）色谱柱　C18柱（柱长150 mm、内径4.6 mm、粒径5 μm），或相当者；

（2）流动相　乙腈-水-冰乙酸（乙腈∶水∶冰乙酸=96∶102∶2）；

（3）流速　1.0 mL/min；

（4）柱温　35 ℃；

（5）进样量　50 μL；

（6）检测波长　激发波长333 nm，发射波长460 nm。

4. 结果计算　以标准溶液浓度为横坐标、峰面积为纵坐标绘制标准曲线，将样品峰面积代入标准曲线，根据标准曲线及空白试验计算样品中OTA的含量。若试样中OTA的含量超出检测限，则应扩大稀释倍数后重新检测，最终结果为代入标准曲线计算出的结果乘以稀释倍数。

目前，免疫亲和柱净化-高效液相色谱法是国际上检测OTA最常用的方法，其检测结果准确、可靠、灵敏度高、重现性好。但其设备昂贵，对样品中毒素纯度的要求较高，从而导致检测成本高、周期长，并且还无法满足大批量样本快速筛查的需要。

三、高效液相色谱-串联质谱法

LC-MS是将液相色谱的分离能力与质谱的定量分析能力结合起来的一种技术，结合高速匀质提取、免疫亲和柱净化等前处理，可提高净化效率、降低检出限，具有灵敏度高、专属性强、分析速度快等优点，可满足国内外对粮食、饲料、食品等样品中OTA的测定。《出口花生、谷类及其制品中黄曲霉毒素、赭曲霉毒素、伏马毒素B_1、脱氧雪腐镰刀菌烯醇、T-2毒素、HT-2毒素的测定》（SN/T 3136—2012）、《出口葡萄酒中赭曲霉毒素A的测定 液相色谱-质谱/质谱法》（SN/T 4675.10—2016）、《食品安全国家标准　食品中赭曲霉毒素A的测定》（GB 5009.96—2016）中第三法均采用LC-MS分析样品中的OTA含量。下面结合这3种方法对其分析步骤进行简述。

（一）测定原理

样品提取液经稀释过滤、免疫亲和柱净化后，淋洗去除免疫亲和柱上的杂质，将洗脱液过柱，将目标物分离下来，用氮吹仪吹干后定容，以LC-MS测定，外标法定量。

（二）测定方法

1. 样品提取　将样品充分粉碎混匀，称取试样25.0 g样品，加入5 g氯化钠和100 mL提取液（80%甲醇）混匀，高速均质提取2 min。经定性滤纸过滤，移取10 mL滤液于50 mL容量瓶中，加水定容至刻度，混匀，经玻璃纤维滤纸过滤至滤液澄清，收集滤液。

2. 试样净化　准确移取10 mL滤液，注入玻璃注射器中，使溶液以约每秒1滴的流速通过免疫亲和柱；依次用10 mL PBS缓冲液、10 mL水淋洗免疫亲和柱，流速为每秒1～2滴，弃去全部流出液，抽干小柱。

3. 洗脱　以5 mL甲醇分2次洗脱，流速为2～3 mL/min，收集全部洗脱液于干净的玻璃试管中，于40 ℃下用氮吹仪吹干，以1 mL乙腈溶液（乙腈∶水＝35∶65）复溶，微孔滤膜过滤后供LC－MS测定。

4. 液相色谱-串联质谱参考条件　参考免疫亲和柱-高效液相色谱法。

（1）离子化方式　电喷雾电离；

（2）离子源喷雾电压　5 000 V；

（3）离子源温度　600 ℃；

雾化气、气帘气、碰撞气、辅助加热气均为高纯氮气，使用前应调节各气体流量以使质谱灵敏度达到检测要求；

（4）扫描方式　负离子扫描；

（5）检测方式　多反应监测。

5. 结果计算　根据标准曲线及空白试验计算试样中OTA的含量。若待测物响应值超出标准曲线范围内，则应适当扩大稀释倍数重复检测。

LC－MS灵敏度高、准确度高、稳定性好、检出限低，适合粮食、饲料及食品中OTA的残留检测。但由于其操作过程复杂、检测成本高，因此不适合批量样品的筛选检测。

除了以上列出的定性检测方法、半定量检测方法和定量检测方法之外，检测OTA的其他方法还有时间荧光分辨免疫荧光分析法、微柱法、荧光比色法，放射免疫法等。不同的检测方法各有其优缺点，因此根据检测需要及检测条件选择合适的检测方法，从而更好地把控粮食、饲料及食品等OTA的污染状况，以保障人和动物的健康。

参考文献

扶胜，冯才伟，杨梅，2016. 胶体金免疫层析法快速检测赭曲霉毒素A在谷物及饲料中的研究[J]. 食品安全导刊，12：120－122.

国家认证认可监督管理委员会，2012. 出口花生、谷类及其制品中黄曲霉毒素、赭曲霉毒素、伏马毒素B_1、脱氧雪腐镰刀菌烯醇、T－2毒素、HT－2毒素的测定：SN/T 3136—2012 [S]. 北京：中国标准出版社.

国家认证认可监督管理委员会，2016. 出口葡萄酒中赭曲霉毒素A的测定 液相色谱-质谱/质谱法：SN/T 4675.10—2016 [S]. 北京：中国标准出版社.

江西省农业厅，2018. 饲料中赭曲霉毒素A快速的筛查　胶体金快速定量法：DB 36/T 1027—2018 [S]. 江西：江西省质量技术监督局.

全国粮油标准化技术委员会，2015. 粮油检验 粮食中赭曲霉毒素A测定 胶体金快速定量法：LS/T 6114—2015 [S]. 北京：中国标准出版社.

全国粮油标准化技术委员会，2017. 粮油检验 粮食中赭曲霉毒素A的测定 超高效液相色谱法：LS/T 6126—2017 [S]. 北京：中国标准出版社.

全国食品工业标准化技术委员会食品通用检测技术分技术委员会，2016. 食品安全国家标准　食品中赭曲霉毒素A的测定：GB 5009.96—2016 [S]. 北京：中国标准出版社.

全国饲料工业标准化技术委员会，2004. 饲料中赭曲霉毒素 A 的测定：GB/T 19539—2004［S］. 北京：中国标准出版社.

全国饲料工业标准化技术委员会，2014. 饲料中中赭曲霉毒素 A 的测定 免疫亲和柱净化-高效液相色谱法：GB/T 30957—2014［S］. 北京：中国标准出版社.

全国饲料工业标准化技术委员会，2017. 饲料卫生标准：GB 13078—2017［S］. 北京：中国标准出版社.

张变变，2016. 赭曲霉毒素 A 快速检测试纸条的研制及其在谷物类制品中的应用［D］. 厦门：集美大学.

中华人民共和国国家卫生和计划生育委员会，国家食品药品监督管理总局，2017. 食品安全国家标准 食品中真菌毒素限量：GB 2761—2017［S］. 北京：中国标准出版社.

第二十六章 烟曲霉毒素测定原理及方法

近年来，烟曲霉毒素（音译名：伏马毒素）污染已经成为饲料卫生和食品安全领域的重点关注对象。为了更好地进行行业监督和管理，2017 年发布的《饲料卫生标准》（GB 13078—2017）中，规定了烟曲霉毒素（FB_1+FB_2）在饲料中的允许量。饲料中对烟曲霉毒素进行定性检测和定量检测，有助于保障人畜健康。在科学研究、质量把控、行政管理等方面，测定样品中烟曲霉毒素含量的准确性和精确性，决定着能否对大批产品进行正确的判断。

烟曲霉毒素的分析方法分为定性分析、半定量分析和定量分析。这 3 种分析方法在复杂性要求、专业性要求、设备需求及劳动力上的花费方面依次增加。根据测定烟曲霉毒素含量的目的不同，应选择不同的测定方法。如要研究某个技术标准的稳定性，或是需要进行反应速率的试验，或需要测定霉菌毒素在加工过程中的降解情况等试验时，就要求选择精确的分析方法。而研究真菌与其产生毒素的关系、真菌的新陈代谢和遗传变异的研究，或者是霉菌毒素的毒理学研究，对于测定方法的选择要求就不是很严格，甚至特定情况下，仅需要确定毒素的种类而不需要确定其含量。因此，可根据不同的需要寻求准确、快速、简便、经济的检测方法。本章将对烟曲霉毒素的测定方法及原理进行阐述。

第一节　定性方法

定性方法只能通过试验结果检测样品中是否含有某种毒素或毒素含量的相对多少或毒素含量范围，不能具体测出所含毒素的量；定性方法快速简便，适用范围广，是经典的常规检测方法。烟曲霉毒素 B_1 常见的定性方法主要有酶标试纸条检测方法、胶体金试纸卡定性方法等。

一、酶标试纸条检测方法

酶标试纸条是以膜为载体开发的一种直接竞争酶标试纸条（权英等，2011），用于快速检测谷物类样品中的 FB_1 并对试纸条的检测参数进行优化的方法。该浸蘸式酶标试纸条对 FB_1 的最低检测限为 10 μg/L。其检测过程简单，所需时间短，大约 20 min 即可完成。结果通过目视可直接辨别，可以在 1 000 μg/kg 毒素水平上给出“是”或“否”的回答。HPLC 验证结果表明，酶标记试纸条可以用于谷物中 FB_1 的快速定性检测。

（一）测定原理

开发的快速检测试纸条是以带正电的尼龙膜为固相载体，采用 ELISA 原理检测 FB_1，不需借助复杂的仪器设备，结果可以通过目测直接辨别。

（二）测定方法

1. 样品前处理 样品于 50 ℃下干燥 72 h，取 25 g 充分粉碎后过 20 目分样筛；准确称取 5 g 置于烧杯中，加入 20 mL 甲醇溶液（甲醇：水=3：1），振荡萃取 15 min，静置 10～20 min；取部分上清液用滤纸过滤，取 2 mL滤液过净化柱，收集净化液，将其适当稀释至 FB_1 试纸检测范围，混匀后备用。

2. 试纸条检测 采用直接竞争 ELISA 法，将 FB_1 标样或稀释后的样品萃取液和酶标半抗原进行混合，取出已经被包被好的试纸条插入混合溶液中竞争反应 10 min。取出试纸条用 PBST（含 0.05% 吐温-20）进行充分冲洗，并甩干多余的水分，然后将试纸条插入底物液（1.25 mmol/L TMB 和 1.6 mmol/L 过氧化氢脲）中显色 2 min。用自来水冲洗试纸条，终止显色反应。试纸条的颜色越深，代表 FB_1 的量越少。取 100 μL 试液加入到试纸条免疫层析装置内，恒温条件反应 10 min。

3. 结果分析 FB_1 试纸条中，试纸条的颜色越深，代表 FB_1 的量越少（图 26-1）。为浸蘸式试纸条 Dipstick 的检测结果，对 FB_1 的最低检测限为 10 μg/L，最大可见检测限浓度（使试纸条无颜色出现的最小毒素浓度）为 100 μg/L。

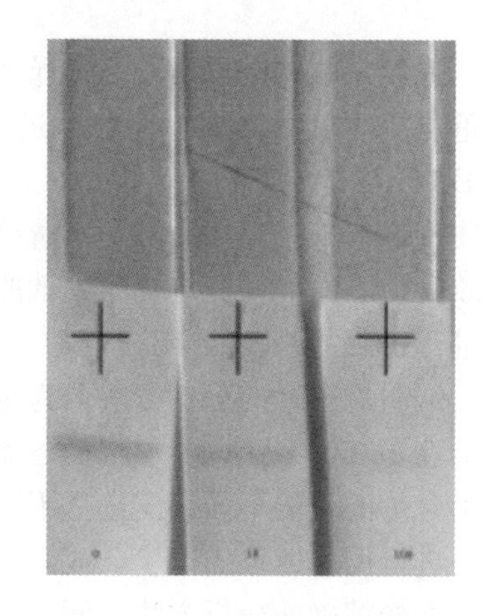

图 26-1 酶标记试纸条对 FB_1 的检测结果

注：FB_1 的浓度从左至右为 0、10 μg/L 和 100 μg/L。

（资料来源：权英等，2011）

二、胶体金试纸卡定性方法

胶体金免疫层析快速定量法是 20 世纪 80 年代发展起来的一种将胶体金免疫技术和色谱层析技术相结合的固相膜免疫分析方法（邓省亮等，2007）。目前，万宇平等（2013）发明了一种新型检测烟曲霉毒素 B_1 残留的胶体金试纸卡，包括底板、附着在底板上依次紧密相连的样品吸收垫、结合物释放垫、反应膜和吸水垫，结合物释放垫的部分域覆盖于样品吸收垫之下。

（一）测定原理

胶体金试纸卡快速诊断技术检测原理是反应膜上具有包被了 FB_1 半抗原-载体蛋白

偶联物构成的检测线印迹和包被羊抗鼠抗体构成的质控线印迹，所述的结合物释放垫喷涂有 FB_1 单克隆抗体-胶体金结合物。

（二）测定方法

1. 样品提取　将样品粉碎过 0.85 mm 筛，混匀，准确称取（4.0±0.05）g 试样于 50 mL 聚苯乙烯离心管中，加入 3 g 氯化钠、5 mL 甲醇和 5 mL 去离子水，用涡旋振荡器振荡 3 min，于室温下 3 000 r/min 离心 5 min，移取 100 μL 上清液与 200 μL 样本复溶液（0.02 mol/L 的磷酸盐缓冲液）充分混匀后待检。

2. 试纸卡检测　用吸管吸取稀释后的待检样品溶液滴加 2～3 滴，入试纸卡加样孔内，7～10 min 观察结果。

3. 检测结果分析　当 FB_1 在样本中的含量高于或等于试纸卡对其的最低检测限时，FB_1 单克隆抗体-胶体金标记物与 FB_1 结合，金标抗体上的抗原结合位点被封闭，从而在检测区内因为竞争反应，不会与 FB_1 半抗原-载体蛋白偶联物结合而不出现红色条带。阴性样本在检测过程中缺少抗原抗体竞争反应，会在检测线和质控线上出现红色条带。

当质控线显示一条红色条带，检测线同时也显示出一条红色条带，判为阴性（图 26－2A）；当质控线显示一条红色条带，检测线不显色，判为阳性（图 26－2B）；当质控线不显示红色条带，而无论检测线是否显示出红色条带，则该试纸卡均被判为无效（图 26－2C）。

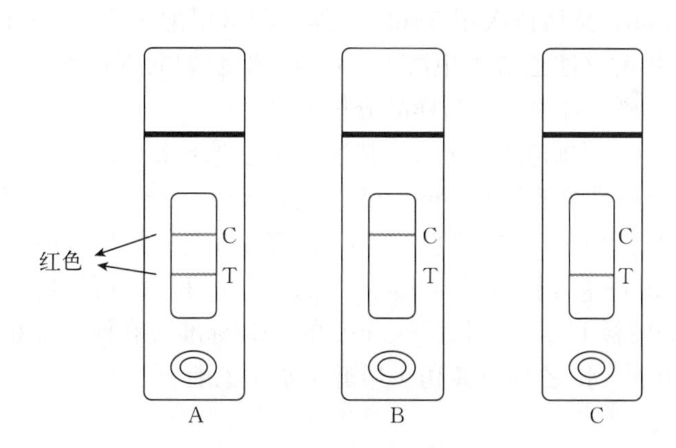

图 26－2　胶体金试纸卡

A. 阴性　B. 阳性　C. 无效

（资料来源：万宇平等，2013）

第二节　半定量方法

相比定量分析，半定量分析的准确性稍差，但是操作简单、迅速、费用低。适用于以下几种情况：①只需要了解样品中烟曲霉毒素的大致含量，便于进一步确定合适的精确定量分析方法；②希望能快速得到分析结果，对毒素准确含量要求不高；③样品太少，不适用于准确的定量分析。

一、薄层层析法

薄层层析法是最早建立的一种检测方法，将固定相（如硅胶）薄薄地均匀涂敷在底板（或棒）上，试样点在薄层一端于展开罐内展开。由于各组分在薄层上的移动距离不同，而且形成互相分离的斑点，故测定各斑点的位置及其密度就可以完成对试样的定性、定量分析。

（一）测定原理

样品中 FB_1 经提取、过滤，硅胶柱纯化、浓缩后，在薄层板上进行试液层析分离，在紫外灯下能产生黄绿色荧光，根据其在薄层板上显示荧光的最低检出量可测定 FB_1 的含量。

（二）测定方法

1. 样品溶液制作 取 50 g 粉碎过 120 目筛的样品，置于 250 mL 具塞锥形瓶中，加入 100 mL 甲醇溶液（甲醇：水＝3：1）。盖严防漏，振荡 30 min 后，用离心机（3 000 r/min）离心 10 min；取上清液 50 mL，于 40～60 ℃水浴蒸发近干，用甲醇溶解，定容至 5 mL；再用离心机（3 000 r/min）离心 10 min，过滤得上清液，依次用 5 mL 甲醇、5 mL 的甲醇溶液（甲醇：水＝3：1，v/v）活化 SAX 柱；取 3 mL 滤液过柱，流速≤2 mL/min，然后依次用 5 mL 甲醇溶液（甲醇：水＝3：1）、3 mL 甲醇洗柱，3 mL 冰乙酸-甲醇（冰乙酸：甲醇＝1：99）洗脱烟曲霉毒素，流速≤1 mL/min；洗脱液收集于 5 mL 离心管中，作为样品分析液。

2. 制作标准溶液 准确吸取 2 mL 乙腈溶液（乙腈：水＝1：1）加入 1 mg FB_1 标准品中，使之溶解，该标准溶液为 0.5 mg/mL；准确吸取 0.2 mL 标准液于 1 mL 离心管中，加乙腈溶液（乙腈：水＝1：1）至刻度，混匀，此溶液每毫升相当于 100 μg 烟曲霉毒素 B_1；按此方法依次配制成每毫升相当于 50 μg、25 μg、5 μg 和 1 μg 的烟曲霉毒素。

3. 测试 在硅胶板 F254 上用 25 μg/mL 的 FB_1 标准液和样品分析液点样，点样量为 5 μL，用氯仿-甲醇-水-乙酸（氯仿：甲醇：水：乙酸＝55：36：8：1）混合液展开，喷以香草醛溶液显色。

4. 结果判断 与标准斑点同一 Rf 值处，出现淡灰色斑点时，即鉴定其为 FB_1。

TLC 是经典的化学分析方法，其设备简单、操作方便、分析成本低，适合对 FB_1 的定性检测；缺点是对检测的规范和熟练程度要求高、分析步骤烦琐、耗费大量试剂，干扰因素复杂、分析时间长、灵敏度较低、荧光强度的目测精确性较差。因此，TLC 法仅能进行半定量分析，并且操作人员需要直接接触毒素和有潜在危害的有机溶剂，不适用于大批量样品的快速检测。

二、酶联免疫吸附法

ELISA 是 20 世纪 70 年代发展起来的检测技术，以免疫学和酶促反应为基础，利用抗原抗体反应的高特异性和酶促反应的高敏感性，来实现对抗原或抗体的检测。

ELISA 方法的原理是将抗原或抗体与酶标记后，形成酶标抗原或酶标抗体；同时保持了抗原或抗体的免疫活性和酶的活性，将待测样品与酶标抗原或抗体按照程序与固相载体表面的抗体或抗原进行反应，洗涤去除未反应结合的物质，最后根据固相载体上酶的量与待测靶标物的对应比例关系，进行定量分析。该法是我国测定食品中 FB_1 的国家标准方法之一（中华人民共和国国家质量监督检验检疫总局，2007）。

（一）测定原理

试样中 FB_1、酶标 FB_1 抗原与包被于微量反应板中的 FB_1 特异性抗体进行免疫竞争反应，加入酶底物后发生显色反应，试样中 FB_1 的含量与颜色成反比，因此通过酶标仪检测并与标准曲线进行比较计算试样中 FB_1 的含量。

（二）测定方法

下述测定方法为《进出口食品中伏马毒素 B_1 残留量检测方法酶联免疫吸附法》（SN/T 1958—2007）的简述。市场上不同 ELISA 试剂盒制造商间的产品组成和操作会有细微的差别，使用其测定时应严格按照相应说明书要求进行规范操作。

1. 样品前处理　样品粉碎后过孔径 1.00 mm 的分样筛，准确称取 5 g 样品，精确至 0.01 g，置于 100 mL 具塞三角瓶中，加入 20 mL 甲醇溶液（甲醇：水＝3：1），加塞振荡 15 min，过滤，取部分上清液用掩蔽剂稀释 15 倍后待测。

2. 样品测定　在酶标板中分别加入 100 μL 不同浓度的 FB_1 标准溶液和样品待测液，在空白孔和对照孔中分别加入 100 μL 的水。每个标准溶液、样品待测液、空白孔和对照孔均做平行。空白孔中加入 100 μL 磷酸盐缓冲液。除空白孔外，在每个孔中加入 100 μL 的酶标记物稀释液。轻拍混匀，用黏胶纸封住微孔以防溶液挥发，室温孵育 60 min。弃掉酶标板中的液体，用洗涤液洗板 3 次。加入混合好的底物液 150 μL，轻轻混匀，于 37 ℃恒温培养箱中反应 30 min 后，每孔各加入 50 μL 的终止液，轻轻晃动酶标板，10 min 内在酶标仪上读取每孔 450 nm 吸光值。

3. 计算抑制率值　根据公式 26－1，计算不同浓度 FB_1 对抗原抗体结合反应的抑制率

$$IC=\left[1-\frac{A_{样品}-A_{空白}}{A_{对照}-A_{空白}}\right]\times 100\% \qquad (26-1)$$

式中，IC 为 FB_1 对抗原抗体结合反应的抑制率（%）；A 对照为不加入 FB_1 标准液，仅加入酶标记稀释物和磷酸盐缓冲液，在 450 nm 下测得的平均吸光度值；A 样品为 FB_1 标准液或样液在 450 nm 下的平均吸光度值；A 空白为不加入酶标记稀释物及 FB_1 标准液，仅加入水和磷酸盐缓冲液，在 450 nm 下的平均吸光度值。

4. 绘制标准曲线　以抑制率为纵坐标、FB_1 浓度为横坐标绘制标准曲线，每次试验均应重新绘制标准曲线。

5. 结果计算　从标准曲线上读取样液抑制率所对应的 FB_1 浓度，试样中 FB_1 残留量（μg/kg）＝根据样品孔的抑制率查得试样中 FB_1 浓度（μg/L）×60（样品换算系数）。

ELISA 利用抗原抗体的亲和性反应，具有高特异性和高敏感性，样品的前处理过程较为简单，对设备场所的要求低，操作简便快速，一般实验室均可以满足该法对仪器试剂的要求，适用于一次性大批样品的烟曲霉毒素的定性分析和定量分析，具有很好的

发展前景。但是由于酶的活性易受反应条件的干扰，而且与烟曲霉毒素结构相似的化学物质可能带来假阳性的结果，故ELISA检测的精确度仍然有待提高。许多机构一直在开展优化ELISA试剂盒参数、提高检测灵敏度、降低假阳性率方面的工作。在当今市场上，ELISA测定法由于其简便、快捷、可批量检测等优点，故已经作为阳性样品的初筛工具，在很多企业和检测机构中被推广使用。

第三节　定量方法

全定量分析具有准确性高、检测灵敏度高、重现性好等优点。烟曲霉毒素的定量分析，是通过借助灵敏度高的检测仪器设备来进行的，对操作人员的专业技术要求高，相比定性与半定量分析的成本较高，样品经过萃取、纯化、浓缩、分离、检测、定量分析和确认后，可得到准确性高的烟曲霉毒素含量。

一、免疫亲和层析净化-荧光光度法

自20世纪90年代以来，免疫亲和层析技术（immunochromatography assay，ICA）在定性与定量分析中得到了广泛应用，成为一种安全、快速的免疫学检测技术。ICA结合了单克隆抗体技术和亲和层析技术，利用抗体与其相应的抗原反应具有高度亲和性与高度专一性的特点，将抗原或抗体固定在层析柱上，通过层析柱实现从复杂的混合物中分离和纯化与抗原或抗体互补的特定免疫成分。免疫亲和柱（immunoaffinity columns，IAC）是一种小型的填充惰性材料的流通管，通过固定在层析柱上的抗体能与烟曲霉毒素特异性结合。当含有烟曲霉毒素的溶液流经层析柱时，层析柱中的活性位点识别烟曲霉毒素后并将其结合，其他提取物通过并流出层析柱，然后用少量合适的溶剂，将烟曲霉毒素从层析柱上洗脱下来，这样就可以得到纯度较高的烟曲霉毒素溶液。荧光光度法利用了物质的分子/原子辐射跃迁的原理，其发出荧光的强度与物质的浓度相关，可实现定性、定量检测。

我国《粮油检验　玉米及其制品中伏马毒素含量测定　免疫亲和柱净化高效液相色谱法和荧光光度法》（GB/T 25228—2010）中就免疫亲和柱层析净化-荧光光度法进行了介绍（中华人民共和国国家质量监督检验检疫总局，2010）。

（一）测定原理

样品萃取后滤液通过免疫亲和柱反应净化样品，样品净化后经邻苯二甲醛衍生化，用荧光光度计分析测定其中烟曲霉毒素含量。

（二）测定方法

1. 样品前处理　准确称取50 g（精确到0.1 g）研磨后样品于均质杯中，加入5 g氯化钠及甲醇溶液（甲醇：水=8：2）至100 mL，盖上均质杯的盖子，以均质器高速均质1 min。取下盖子，将提取物倒入折叠式滤纸上，滤液收集于干净的容器中。准确

移取 10 mL 滤液置于 50 mL 容量瓶，用清洗缓冲液稀释并定容至刻度。稀释液通过 1.0 μm 微纤维滤纸过滤，备用。

称取 25 g 聚乙二醇，加入 1 mL 吐温-20 溶液，用磷酸盐缓冲液（将 8.0 g NaCl、1.2 g Na_2HPO_4、0.2 g KH_2PO_4、0.2 g KCl 溶于 990 mL 水中，用 2 mol/L 盐酸溶液调节 pH 为 7.0）最后定容为 1 L，即得清洗所用的缓冲液。

2. 免疫亲和柱净化　将免疫亲和柱连接于 20.0 mL 玻璃注射器下。准确移取 10 mL 上述过滤、稀释的提取液注入玻璃注射器中，将空气压力泵与玻璃注射器相连，调节压力使溶液以每秒 1～2 滴的流速缓慢通过免疫亲和柱，直至 2～3 mL 空气通过柱体。以 10 mL PBS 缓冲液淋洗柱子 2 次，弃去全部流出液。准确加入 1.5 mL 色谱级甲醇将亲和柱中烟曲霉毒素洗脱，流速为每秒 1 滴，收集全部洗脱液与玻璃试管中，在 60 ℃下用氮吹仪吹干，残留物置于 4 ℃下存放，备用。测定前用乙腈溶液（乙腈∶水=1∶1）400 μL 溶解残留物，此为供高效液相色谱测定用样品净化液。

3. 荧光光度计标定　校准荧光光度计，在激发波长 335 nm、发射波长 440 nm 条件下，以 0.05 mol/L 硫酸溶液为空白，调节荧光光度计的读数值为 0.0；用荧光光度计标定溶液调节荧光光度计的读数值为相当的烟曲霉毒素浓度，即为 6 μg/mg 和 12 μg/mg。

4. 衍生与测定　于装有 1 mL 净化液的玻璃试管中加入 1 mL 邻苯二甲醛（OPA）衍生液混匀。将测试管置于已经标定好的荧光光度计中，240 s 后读数，此数值即为试样中的烟曲霉毒素浓度。如超出荧光光度计读数 12 μg/mg 太多，则需要将净化液稀释 f 倍后重新测定。

5. 邻苯二甲醛溶液的配制　将 50 mg 邻苯二甲醛溶解在 1 mL 甲醇中，用 49 mL 0.12 mol/L 四硼酸钠稀释，加入 2-硫基乙醇 200 μL，混匀装于密封的棕色瓶中，在室温避光处可以贮存 1 星期。

6. 空白试验　除不加试样外，其余相同处理。

7. 结果计算　样品中烟曲霉毒素的含量计算方法见公式 26-2：

$$X=\frac{(c-c1)\times V\times 50\times f}{m} \tag{26-2}$$

式中，X 为样品中烟曲霉毒素的含量（mg/kg）；c 为试样中烟曲霉毒素的浓度（μg/mL）；$c1$ 为空白试验中的烟曲霉毒素浓度（μg/mL）；V 为净化液体积（1 mL）；50 为样品量与净化液对应样品量的倍数；m 为试样的质量（g）；f 为样品净化溶液的稀释倍数。

荧光光度法检测的最大优点是不需要使用烟曲霉毒素标准品，克服了 TLC 法和 HPLC 法在操作过程中使用剧毒的烟曲霉毒素作为标准物，以及在样品预处理过程中使用多种有毒、有异味的有机溶剂缺点，避免对操作人员造成身体伤害，检测快速、灵敏（灵敏度可达 100 μg/kg，回收率在 80%以上），仪器价格也较低，自动化程度高，一个样品只需 10～15 min 即可读出测试结果。缺点是该法只能测定烟曲霉毒素的总量，且免疫亲和柱成本较高，检测中药中烟曲霉毒素的含量时会出现假阳性结果。

二、免疫亲和层析净化-柱后衍生高效液相色谱法

以抗原抗体中的一方作为配基亲和吸附另一方的分离系统称为免疫亲和层析。IAC

也是色谱技术的一种，可称为免疫色谱技术，是一种利用抗原抗体特异性可逆结合特性的 SPE 技术，根据抗原抗体的高选择性，从复杂的待测样品中提取目标化合物。主要原理是将抗体与惰性微珠共价结合，然后装柱，将抗原溶液过免疫亲和柱，而非目标化合物则沿柱流下，最后用洗脱缓冲液洗脱抗原，从而得到纯化的抗原，用适当的缓冲液和合适的保存方法，柱可以再生备用。

HPLC 具有“三高一广一快”的特点。“三高”指高压、高效、高灵敏度。高压，指当流动相为液体流经色谱柱时，受到的阻力较大，为了能迅速通过色谱柱，必须对流动性加高压；高效，指分离效率高；高灵敏度，指检测可达到纳克级，进样量在微升数量级。“广”指应用范围广，70%以上的有机化合物均可使用 HPLC 分析。“快”指分析速度快，通常分析一个样品在 15～30 min，有些样品甚至 5 min 内即可完成。与此同时，其色谱柱能够反复使用，样品具有不被破坏、易回收等特点。

我国《食品中伏马毒素的测定》（GB 5009.240—2016）、《粮油检验　玉米及其制品中伏马毒素含量的测定　免疫亲和柱净化高效液相色谱法和荧光光度法》（GB/T 25228—2010）、《粮油检验　粮食中伏马毒素 B_1、伏马毒素 B_2 的测定-超高效液相色谱法》（LS/T 6130—2017）中就对免疫亲和层析和高效液相色谱法联用，并结合柱后衍生等技术进行了说明。该方法在粮油中的检出限为 0.05 mg/kg，定量限为 0.25 mg/kg。

（一）检测原理

样品用乙腈溶液提取，经稀释后过免疫亲和柱净化，去除脂肪、蛋白质、色素及碳水化合物等干扰物质，经高效液相色谱分离后用邻苯二甲醛衍生，荧光检测，外标法定量。

（二）检测方法

1. 样品制备　将固体样品按四分法缩分至 1 kg，全部用谷物粉碎机磨碎并细至粒度小于 1 mm，混匀分成 2 份作为试样，分别装入洁净容器内，密封，标识后置于 4 ℃下避光保存。若为玉米油样品，则直接取 2 份作为试样，密封，标识后置于 4 ℃下避光保存。

2. 试样提取　准确称取固体样品 5 g（精确至 0.01 g）于 50 mL 离心管中，加入 20 mL 乙腈溶液（乙腈∶水＝1∶1），涡旋或振荡提取 20 min 后在 4 000 r/min 下离心 5 min，将上清液转移至另一个离心管中；玉米油样品操作同固体样品，提取液在下层。

3. 试样净化　取 2 mL 提取液，加入 47 mL 吐温- 20/PBS 溶液，混合均匀后过免疫亲和柱，流速控制在 1～3 mL/min；用 10 mL PBS 缓冲液淋洗免疫亲和柱，分别用 1 mL 甲醇-乙酸溶液（甲醇∶乙酸＝98∶2）洗脱免疫亲和柱 3 次，收集洗脱液，55 ℃下用氮吹仪吹干；加入 1 mL 乙腈溶液（乙腈∶水＝1∶1）溶解残渣，涡旋 30 s，过 0.45 μm 微孔滤膜后，收集于进样瓶中，待测。

4. 标准曲线测定　将烟曲霉毒素标准工作液按浓度从低到高注入高效液相色谱仪检测，待仪器稳定后以目标物质浓度为横坐标、目标物质峰面积积分值为纵坐标，绘制烟曲霉毒素线性标准工作曲线，用该标准曲线对试样进行定量。

5. 高效液相色谱仪条件

（1）色谱柱　C18色谱柱（柱长250 mm、内径4.6 mm、粒径5 μm），或相当者；

（2）检测波长　激发波长335 nm，发射波长440 nm；

（3）流动相　A为甲酸溶液（0.1%），B为甲醇，梯度洗脱（洗脱程序见表26－1）；

（4）流动相流速　0.8 mL/min；

（5）衍生液流速　0.4 mL/min；

（6）柱温　40 ℃；

（7）反应器温度　40 ℃；

（8）进样量　50 μL。

表26－1　流动相洗脱程序

时间（min）	流动相A（%）	流动相B（%）
0.00	45.0	55.0
2.00	45.0	55.0
9.00	30.0	70.0
14.00	10.0	90.0
14.50	10.0	90.0
15.00	45.0	55.0
22.00	45.0	55.0

6. 空白试验　不称取试样，按检测方法做空白试验，应确认不含有干扰待测组分的物质。

7. 结果计算　样品中烟曲霉毒素的含量计算方法见公式26－3：

$$X=\frac{c\times V\times f}{m} \qquad (26-3)$$

式中，X为待测样品中烟曲霉毒素的含量（μg/kg）；c为待测进样液中烟曲霉毒素的浓度（ng/mL）；f为试液的稀释倍数；m为样品的称样量（g）。

免疫亲和柱方法具有快速、准确的特性，是利用真菌毒素特异性抗体制成的一种净化柱。当样品提取液通过免疫亲和柱时，固相抗体特异性地与真菌毒素结合，先用水或缓冲溶液PBS洗脱，之后用甲醇、乙腈洗柱，收集含真菌毒素的洗脱液。较传统提取方法，免疫亲和柱有6个优点：第一，采用单克隆免疫技术，可以特效地将霉菌毒素分离出来，分离效率和回收效率高、正确性和可靠性强；第二，试验稳定好、重复性强；第三，纯化过程简单快速，可以大批量提取样品；第四，试验设备轻便，自动化程度高，操作简单；第五，有毒有机溶剂需要量大大降低，试验过程安全；第六，应用范围广，可处理多种复杂样品。

HPLC方法表现出了良好的准确性、可重复性、快速性及敏感性，成为目前国际上普遍采用的最基本的烟曲霉毒素定性、定量检测方法；此外，HPLC的权威性也较高，被广泛用于烟曲霉毒素的检测。不过HPLC方法所需仪器昂贵，需专业人员进行操作；且烟曲霉毒素结构相对简单，无紫外吸收基团，无荧光特性，因此在检测前必须选用合适的衍生剂进行处理，这增加了样品处理步骤；另外，又由于衍生引起保留时间的改变和共流出物的干扰，因此可能导致假阳性或假阴性结果的产生。

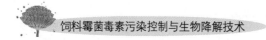

三、免疫亲和层析净化-柱前衍生高效液相色谱法

本方法与免疫亲和层析净化-柱后衍生高效液相色谱法基本相同，区别在于本方法在进入高效液相色谱前将烟曲霉毒素衍生。

（一）检测原理

样品用乙腈溶液提取，经稀释后过免疫亲和柱净化，去除脂肪、蛋白质、色素及碳水化合物等干扰物质。净化液中的烟曲霉毒素经过邻苯二甲醛衍生后进高效液相色谱分离，荧光检测，外标法定量。

（二）检测方法

1. 样品制备 同免疫亲和层析净化-柱后衍生高效液相色谱法。

2. 试样提取 同免疫亲和层析净化-柱后衍生高效液相色谱法。

3. 试样净化 取 2 mL 提取液，加入 47 mL 吐温-20/PBS 溶液，混合均匀后过免疫亲和柱，流速控制在 1～3 mL/min；用 10 mL PBS 缓冲液淋洗免疫亲和柱，分别用 1 mL 甲醇-乙酸溶液（甲醇：乙酸＝98：2）洗脱免疫亲和柱 3 次，收集洗脱液，55 ℃下用氮吹仪吹干；加入 0.5 mL 乙腈溶液（乙腈：水＝1：1）溶解残渣，涡旋 30 s，过 0.45 μm 微孔滤膜后，收集于进样瓶中，待测。

4. 衍生 取 100 μL 标准溶液或样品溶液于进样瓶中，加入 100 μL 衍生溶液，涡旋混合 30 s，在 2 min 内进样分析。

衍生溶液的配制：准确称取 40 mg 邻苯二甲醛，溶于 1 mL 甲醇中，用 0.1 mol/L 硼砂溶液 5 mL 稀释，加入 2-巯基乙醇 50 μL，混合均匀，装入棕色瓶中即得衍生溶液（现用现配）。

5. 高效液相色谱仪器参考条件

（1）色谱柱　C18 柱（柱长 150 mm、内径 4.6 mm、粒径 5 μm），或相当者；

（2）检测波长　激发波长 335 nm，发射波长 440 nm；

（3）流动相　A 为甲酸铵-甲酸水溶液（0.1 mol/L，pH 3.3），B 为甲醇，梯度洗脱（洗脱程序见表 26-2）；

表 26-2　流动相洗脱程序

时间（min）	流动相 A（%）	流动相 B（%）
0.00	30.0	70.0
5.00	28.0	72.0
6.00	25.0	75.0
11.00	22.0	78.0
11.10	30.0	70.0
16.00	30.0	70.0

（4）流动相流速　1.0 mL/min；

（5）柱温　40 ℃；

（6）进样量　50 μL。

6. 标准曲线测定　同免疫亲和层析净化-柱后衍生高效液相色谱法。

7. 空白试验　同免疫亲和层析净化-柱后衍生高效液相色谱法。

8. 分析结果计算　同免疫亲和层析净化-柱后衍生高效液相色谱法。

四、高效液相色谱-串联质谱法

液相色谱-串联质谱法是近些年来兴起的新技术，与其他方法相比，该法具有更高的选择性及灵敏度。采用 LC－MS/MS 检测烟曲霉毒素时，无需进行衍生即可检测。采用质谱检测器减少了液相其他方法中的衍生步骤，既提高了检测效率，又避免了因柱后衍生带来的峰扩散现象。下面根据《饲料中伏马毒素测定》（NY/T 1970—2010）作一简述。

（一）检测原理

样品加入同位素内标，用乙腈溶液提取，经稀释后过免疫亲和柱或强阴离子交换固相萃取柱净化，去除脂肪、蛋白质、色素及碳水化合物等干扰物质。净化液中的烟曲霉毒素经过高效液相色谱分离，串联质谱检测，同位素内标法定量。

（二）检测方法

1. 样品制备　将固体样品按四分法缩分至 1 kg，全部用谷物粉碎机磨碎并细至粒度小于 1 mm，混匀分成 2 份作为试样，分别装入洁净容器内，密封，标识后置于 4 ℃下避光保存。若为玉米油样品，则直接取 2 份作为试样，密封，标识后置于 4 ℃下避光保存。

2. 试样提取　准确称取 5 g（精确至 0.01 g）样品于 50 mL 离心管中，加入混合同位素标准工作溶液 400 μL，加入 20 mL 乙腈溶液（乙腈∶水＝1∶1），涡旋或振荡提取 20 min，取出后，在 4 000 r/min 下离心 5 min，将上清液转移至另一个离心管中。玉米油样品操作同固体样品，提取液在下层。

3. 试样免疫亲和柱净化　取 2 mL 提取液，加入 47 mL 吐温- 20/PBS 溶液，混合均匀后过免疫亲和柱，流速控制在 1～3 mL/min；用 10 mL PBS 缓冲液淋洗免疫亲和柱，分别用 1 mL 甲醇-乙酸溶液（甲醇∶乙酸＝98∶2）洗脱免疫亲和柱 3 次，收集洗脱液，55 ℃下用氮吹仪吹干；加入 1 mL 乙腈溶液（乙腈∶水＝1∶1）溶解残渣，涡旋 30 s，过 0.22 μm 微孔滤膜后，收集于进样瓶中，待测。

4. 强阴离子交换固相萃取柱净化　取 3 mL 提取液，加入 8 mL 甲醇溶液（甲醇∶水＝3∶1），混合均匀后过强阴离子交换固相萃取柱（使用前按要求活化），分别用 8 mL 甲醇溶液（甲醇∶水＝3∶1）和 3 mL 甲醇淋洗，用 10 mL 甲醇-乙酸溶液洗脱（甲醇∶乙酸＝99∶1），55 ℃下用氮吹仪吹干，加入 1 mL 乙腈溶液（乙腈∶水＝2∶8）溶解残渣，涡旋 30 s，过 0.22 μm 微孔滤膜后，收集于进样瓶中，待测。

5. 液相色谱条件

（1）色谱柱　C18 柱（柱长 100 mm、内径 2.1 mm、粒径 1.7 μm），或相当者；

（2）流动相　A 为甲酸水溶液（0.1%）；B 为乙腈-甲醇溶液（乙腈：甲醇＝50：50），梯度洗脱（梯度洗脱模式见表 26－3）；

（3）流速　0.35 mL/min；

（4）柱温　30 ℃；

（5）进样量　10 μL。

表 26－3　流动相梯度洗脱模式

时间（min）	流动相 A（%）	流动相 B（%）
0.00	70.0	30.0
2.30	30.0	70.0
4.00	30.0	70.0
4.20	0	100
4.80	0	100
5.00	70.0	30.0

6. 质谱参数

（1）离子化模式　电喷雾电离正离子模式（ESI^+）；

（2）质谱扫描方式　多反应检测（MRM）。

监测离子对信息见表 26－4。

表 26－4　质谱参数

毒素名称	母离子	定量子离子	碰撞能量（eV）	定性子离子	碰撞能量（eV）
FB_1	722	352	25	334	35
FB_2	706	336	35	354	30
FB_3	706	336	35	354	30
$^{13}C_{34}$-FB_1	756	374	35	356	40
$^{13}C_{34}$-FB_2	740	358	35	376	30
$^{13}C_{34}$-FB_3	740	358	35	376	30

7. 定性判定　用高效液相色谱-串联质谱法对样品进行定性判定，在相同试验条件下，样品中应呈现定量离子对和定性离子对的色谱峰，被测物质的质量色谱峰保留时间与标准溶液中对应物质的质量色谱峰保留时间一致，样品色谱图中所选择的监测离子对的相对丰度比与相当浓度标准溶液的离子相对丰度比的偏差不超过表 26－5 的规定范围，则可判断样品中存在对应的目标物质。

表 26－5　定性确证时相对离子丰度的最大允许偏差

相对离子丰度（k）	$k≥50\%$	$50\%>k≥20\%$	$20>k≥10\%$	$k≤10\%$
允许的最大偏差	±20%	±25%	±30%	±50%

8. 标准曲线　将烟曲霉毒素混合标准溶液按浓度从低到高依次注入高效液相色谱-串联质谱仪，待仪器条件稳定后，以目标物质和内标的浓度比为横坐标、目标物质和内标的峰面积比为纵坐标，得到标准曲线。

9. 空白试验　不称取试样，按以上步骤做空白试验，应确认不含干扰待测组分的物质。

10. 分析结果　本方法采用内标法定量，计算方法见公式 26－4：

$$X=\frac{c\times c_i\times A\times A_{si}\times V}{c_{si}\times A_i\times A_s\times m} \quad (26-4)$$

式中，X 为样品中待测组分的含量（μg/kg）；c 为标准溶液中待测组分的浓度（ng/mL）；c_i 为测定液中待测组分的浓度（ng/mL）；A 为测定液中待测组分的峰面积；A_{si} 为标准溶液中内标物质的峰面积；V 为定容体积（mL）；c_{si} 为标准溶液中内标物质的浓度（ng/mL）；A_i 为测定液中内标物质的峰面积；A_s 为标准溶液中待测组分的峰面积；m 为样品称样量（g）。

随着科技的进步，质谱技术得到了迅猛的发展。液相色谱-串联质谱技术具有简单、快速、检测样品量大等优点，同时避免了衍生化和反应不完全等问题。利用其特异性二级质谱进行定性、定量分析，可有效防止假阳性对整个暴露评估的影响，是近年来国外采用较多的一种先进的检测技术。尽管这些技术在精确性及敏感性方面都十分具有优势，然而对于样品的要求及仪器的复杂性都使得该技术只能在实验室中使用；而且耗时较长，不利于快速进行现场检测。

参考文献

邓省亮，赖卫华，许杨，2007. 胶体金免疫层析法快速检测黄曲霉毒素 B_1 的研究［J］. 食品科学，28（2）：232－236.

权英，詹月华，张根华，等，2011. 伏马毒素 B_1 酶标试纸条检测方法［J］. 食品研究与开发，32（6）：97－100.

万宇平，冯才茂，扶胜，等，2014. 检测伏马毒素 B_1 残留的胶体金试纸卡［P］. 中国．CN203535052 U.

中华人民共和国国家标准，2007. 进出口食品中伏马毒素 B_1 残留量检测方法 酶联免疫吸附法：SN/T 1958—2007［S］. 北京：中国标准出版社．

中华人民共和国国家标准，2016. 食品安全国家标准 食品中伏马毒素的测定：GB 5009. 240—2016［S］. 北京：中国标准出版社．

中华人民共和国国家标准，2017. 饲料卫生标准：GB 13078—2017. 北京：中国标准出版社．

中华人民共和国国家粮食局，2017. 粮油检验 粮食中伏马毒素 B_1、B_2 的测定 超高效液相色谱法：LS/T 6130—2017［S］. 北京：中国标准出版社．

中华人民共和国国家质量监督检验检疫总局，2010. 粮油检验 玉米及其制品中伏马毒素含量测定 免疫亲和柱净化高效液相色谱法和荧光光度法：GB/T 25228—2010［S］. 北京：中国标准出版社．

中华人民共和国农业部，2010. 饲料中伏马毒素的测定：NY/T 1970—2010［S］. 北京：中国农业出版社．

第二十七章 其他毒素测定原理及方法

饲料及饲料原料中霉菌毒素的种类很多，除含量较高的黄曲霉毒素、玉米赤霉烯酮、单端孢霉烯族毒素、赭曲霉毒素、烟曲霉毒素外，还有一些含量较低的霉菌毒素，如展青霉素、麦角生物碱、震颤毒素、桔青霉素等。这些含量较低的毒素对畜禽健康也有极大危害，因此精准测定其在饲料及饲料原料中的含量也非常重要。

震颤毒素主要是由青霉菌、曲霉菌、麦角菌属等产生的次级代谢产物，主要有震颤毒素A、震颤毒素B和震颤毒素C，这些毒素会导致牛蹒跚病。目前，震颤毒素的检测方法主要有薄层色谱法、高效液相色谱法、近红外光谱法、液质联用法等。

麦角生物碱是由麦角菌属产生的真菌毒素，是麦角酸衍生物、异麦角酸衍生物和棒麦角碱系生物碱的合称。检测麦角生物碱的方法很多，如由定性的比色法发展为半定量的薄层层析法，到现在使用广泛的可以准确定量的液相色谱和气相色谱等方法，其准确度和灵敏度越来越高，并且更加简便、快捷。目前，检测麦角生物碱的方法主要有比色法、薄层色谱法、高效液相色谱法、近红外光谱法、液质联用法等。

桔青霉素是青霉属、曲霉属和红曲霉属等的丝状霉菌代谢产生的一种真菌毒素，是一种肾毒性毒素，可引起动物肾变。目前，检测桔青霉素的主要方法有比色法、胶体金法、薄层色谱法、酶联免疫法、高效液相色谱法和高效毛细管电泳法等。

环匹阿尼酸是由甲羟戊酸、色氨酸和二醋酸酯生物合成的吲哚四胺酸，是由曲霉菌和青霉菌代谢产生的有毒副产物，能够引起器官退化性变化及坏死，对畜禽健康产生极大危害。目前，测定环匹阿尼酸的方法主要有酶联免疫法、高效液相色谱法、液质联用法、毛细管电泳法等。

展青霉素主要是由青霉和曲霉产生的一种次级代谢产物，具有致畸性和致癌性。目前，检测展青霉素的方法主要有酶联免疫法、高效液相色谱法、液质联用法和高效毛细管电泳法等。

黄绿青霉素主要是由黄绿青霉菌产生的具有生物活性的代谢产物，具有心脏血管毒性、神经毒性、遗传毒性，可导致瘫痪、麻痹、呕吐和呼吸衰竭。目前，检测黄绿青霉素的方法主要有薄层色谱法、酶联免疫法、高效液相色谱法、液质联用法和高效毛细管电泳法等。

胶霉毒素是烟曲霉产生的真菌毒素之一，对哺乳动物细胞具有免疫抑制及促凋亡作用。目前，检测胶霉毒素的方法主要有薄层色谱法、酶联免疫吸附法、液相色谱法、液相色谱-串联质谱法、毛细管电泳法等。

牛毛草碱是牛毛草上寄生的一种植物内生真菌产生的生物碱，会引起动物中毒，出现组织坏死。目前，检测牛毛草碱的方法主要有薄层层析法、液相色谱法、液质联用法等。

甘薯醇是甘薯上产生的一种毒素，会引起动物中毒，使其出现呼吸困难、组织水肿、器官坏死等。检测甘薯醇的方法主要有酶联免疫法、高效液相色谱法、液质联用法等。

根霉菌胺是根霉菌、大豆黑痣菌等产生的有毒物质，具有神经毒性，可引发流涎综合征，造成腹泻、流泪、拒食、呼吸衰竭等。目前，根霉菌胺的检测方法主要有薄层层析法、液相色谱法、液质联用法、毛细管电泳法等。

葚孢菌毒素是某些草中的纸皮思霉产生的有毒代谢产物，对能量的吸收能力很强，在外周血液循环中吸收了太阳光能量后，会引发一种被称为“面部湿疹”的光敏性疾病，在血液中堆积会造成胆管表皮细胞破坏。目前，葚孢霉毒素的检测方法主要有液相色谱法、液相色谱-串联质谱法等。

红青霉毒素是由红色青霉和产紫青霉产生的有毒物质，主要分为红青霉素 A 和红青霉素 B，常见于禾本科、豆科作物或植物，如玉米、麦类（小麦、大麦、燕麦等）、豆类及牧草等，对动物具有肝脏毒性，有致畸性和致癌性，导致中毒性肝炎和泛发性出血，极大地危害动物健康。目前，红青霉素的检测方法主要有薄层层析法、酶联免疫法、液相色谱法、液质联用法等。

拟茎点霉毒素是植物广谱内生菌拟茎点霉产生的霉菌毒素，是一种变性多肽，主要宿主是羽扇豆（鲁冰花），发挥主要毒性作用的是拟茎点霉毒素 A，对动物肝脏损伤较大，可诱发肝癌病变。目前，拟茎点霉毒素的检测方法主要有薄层层析法、液相色谱法、液质联用法等。

第一节　定性方法

定性方法只能通过试验结果检测样品中是否含有某种毒素或毒素含量的相对大小或含量范围，不能具体测出所含毒素的量。定性方法快速、简便、适用范围广，是经典的常规检测方法。常见的定性方法主要是比色法。

一、比色法测定原理

以有色化合物的显色反应为基础，通过比较（目视比色法）或测量（光电比色法）有色物质溶液颜色深度来确定待测组分含量的方法。

二、测定方法

以王垠辉等（2012）比色法检测麦角生物碱为例进行介绍。

1. 样品前处理　样品粉碎后过 20 目分样筛，准确称取 25 g 置于烧杯中。

2. 萃取样品 用二氯甲烷、乙酸乙酯、甲醇、质量分数28%氨水溶液按体积比为50∶25∶5∶1的混合后提取样品，过滤浓缩后用乙醚或乙醚、甲醇按体积比为35∶5的混合后再溶解，用0.5 mol/L盐酸溶液萃取、用正己烷洗涤、用质量分数28%氨水调节pH，最后用二氯甲烷反萃取，收集麦角总碱。

3. 测定 取1 mL待检样品溶液，滴加1 mL质量分数2%的琥珀酸水溶液和2 mL改良的van Urk's试剂（200 mg对二甲氨基苯甲醛，0.15～0.2 mL浓度为0.1 g/mL三氯化铁水溶液，1 000 mL体积分数为65%的硫酸水溶液），若呈蓝色，则证明样品中有麦角生物碱存在。

比色法是检测麦角生物碱的一种常规方法，主要是基于麦角碱与其他试剂结合物的颜色深浅实现对麦角碱的检测。这种方法只能测定样品中总碱的含量，不能区分麦角生物碱的差向异构体，是一种简单、快速的检测方法。

第二节 半定量方法

半定量方法是准确性比定量方法稍差的分析方法，能得到毒素的大致含量。优点是分析速度快、操作简单、花费少。半定量方法主要是薄层层析法。

薄层色谱法（TLC）是应用较广泛的分离技术，具有定性和定量分析的功能。薄层色谱，又称薄层层析（thin - layer chromatography），是以涂布于支持板上的支持物作为固定相、以合适的溶剂为流动相，对混合样品进行分离、鉴定和定量的一种层析分离技术，是一种快速分离，如脂肪酸、类固醇、氨基酸、核苷酸、生物碱及其他多种物质的特别有效的层析方法，是一种定性或半定量检测技术。

一、测定原理

特定的条件下，薄层色谱板上的被检物质会与显色剂发生化学反应，生成有色斑点，通过测量光密度完成定量分析。样品经过提取、柱层析、洗脱、浓缩、薄层分离后，在紫外光下产生荧光，根据其在薄层上显示的最低检出量来确定其含量。

二、测定方法

以徐馨等（2013）测定苦参生物碱的方法为例进行介绍。

1. 样品前处理 样品粉碎后过20目分样筛，准确称取5 g置于烧杯中，用氯仿、甲醇、氢氧化铵依次蒸发提取，残渣用乙醚复溶。

2. 点样 用毛细管点样于薄层板上，同时点标准样，点样基线距底边1.0～1.5 cm，样品点直径不大于2 mm并适当保持点间距离，点样后用吹风机吹干。

3. 展开 将点好样的薄层板放入展开缸的展开剂中，展开剂为乙酸乙酯∶乙醇∶氨水=5.2∶0.7∶0.7，展开至距硅胶G板上边缘1 cm处取出，迅速吹干。

4. 显色 把硅胶G板迅速浸没在碘化铋钾显色剂后，迅速取出并快速吹干显色剂。

5. 计算　计算 Rf 值，并比较。

薄层层析将支持物均匀涂布于支持板上形成薄层，然后用相应的溶剂进行展开，在此薄板上进行层析分离。根据支持物的不同薄层层析的固定相可分为薄层吸附层析（吸附剂）、薄层分配层析（纤维素）、薄层离子交换层析（离子交换剂）、薄层凝胶层析（分子筛凝胶）等，检测中应用较多的是以吸附剂为固定相的薄层吸附层析。吸附是表面的一个重要性质，任何两个相都可以形成表面，吸附就是其中一个相的物质或溶解于其中的溶质在此表面上的密集现象。物质分子之所以能在固体表面停留，是因为固体表面的分子（离子或原子）和固体内部分子所受的吸引力不相等。在固体内部，分子之间相互作用的力是对称的，其力场互相抵消。而处于固体表面的分子所受的力是不对称的，向内的一面受到固体内部分子的作用力大，而表面层所受的作用力小，因而气体或溶质分子在运动中遇到固体表面时受到这种剩余力的影响，就会被吸引而停留下来。

吸附过程是可逆的，被吸附物在一定条件下可以被解吸出来。在单位时间内被吸附于吸附剂的某一表面积上的分子和同一单位时间内离开此表面的分子之间可以建立动态平衡，称为吸附平衡。吸附层析过程就是不断地产生平衡与不平衡、吸附与解吸的动态平衡过程。将样品溶液用毛细管点在薄层板的一端，置密闭槽中，加入适宜溶剂为流动相。根据毛细管原理，溶剂被吸上，沿板移动并带动样品中各组分向前移动，这个过程称为展开。由于各组分性质不同，因此移动距离不同，展开一定距离后即得互相分离的组分斑点。可用适当方法使各组分在板上显示其位置，如组分本身有颜色，即可直接观察，否则可喷显色试剂或在紫外灯下观察荧光等办法确定。将展开的薄层板凡在光密度计内，以一定波长的光照射，同时使斑点移过光路，由于斑点能吸收光，因此可绘出峰形曲线，由峰面积与标准样品的吸收相比较而求出含量。

薄层层析法设备简单，操作简便、快速，成本较低，不仅能够应用于生物碱的测定，而且适用于多种生物毒素的检测，该法对黄曲霉毒素和赭曲霉毒素的敏感度较高。

第三节　定量方法

定量方法通过测定分析可以得到某一物质的具体含量，其结果可以用具体数值表示出来，准确度高，但是操作比定性方法和半定量方法复杂，是现代生物检测中应用广泛的检测分析方法。常用的定量检测方法有酶联免疫法、近红外光谱法、高效液相色谱法、液相色谱-串联质谱法、高效毛细管电泳法等。

一、酶联免疫法

酶联免疫法是利用抗原抗体间的特异性免疫反应实现对特定化合物定性和定量检测的手段，是毒素检测中常用的方法之一，具有操作简单、所需仪器设备简单、检测结果准确、灵敏、快速、经济等优点，适用于大批量样品的检测。用于测定毒素的酶联免疫吸附法主要分为双抗体夹心法测抗原、竞争法测抗原、免疫抑制法测抗原、间接法测抗体 4 种。

（一）测定原理

ELISA 的基础是抗原或抗体的固相化和抗原或抗体的酶标记。结合在固相载体表面的抗原或抗体仍保持其免疫学活性，酶标记的抗原或抗体既保留其免疫学活性，又保留酶的活性。测定时，样品中的受检物质（抗原或抗体）与固相载体上的抗体或抗原发生反应而结合，通过洗涤除去其他非结合物，加入酶标记的抗原或抗体，也通过免疫反应结合在固定载体上，此时固相上酶的量与受检样品中待检物质的量呈一定比例；再加入与酶反应的底物后，底物与酶反应生成有色产物，根据颜色深浅可以定性判断样品中待检物质的含量，与酶标仪结合使用可以通过不同浓度待检物质标准品在特定吸收波长下 OD 值的大小制成标准曲线，之后通过样品的 OD 值计算样品中该物质的含量，从而实现定量检测。由于酶的催化效率很高，间接放大了免疫反应的结果，因此 ELISA 能使检测方法达到很高的灵敏度。

（二）测定方法

以 Molloy 等（2003）检测麦角生物碱中的双氢麦角碱为例进行介绍。

1. 样品前处理 样品粉碎后过 20 目分样筛，称取 4 g 试样（准确至 0.01 g）于 50 mL 离心管中，加入 70%甲醇溶液 40 mL，振荡萃取 30 min 后取上清液备用。

2. 样品测定 在微量反应板上涂 100 μL 用 0.1 mol/L 碳酸钠与卵清蛋白-牛血清蛋白配成 Molloy 0.4 μg/mL 的缓冲溶液（pH=9.6），4 ℃孵化过夜，每孔加入 200 μL 含有 2%低脂脱脂奶粉和 0.1%吐温- 20 的 PBST 溶液中。反应板在室温下孵化 1 h 后用 PBST 溶液冲洗，然后加入 25 μL 的 PBST 溶液，25 μL 样品提取液［或牛血清蛋白标准品（标准），或 70%甲醇（空白）］，再加入 50 μL 单克隆抗体。反应板于室温孵育 30 min 后加入 100 μL 山羊血清抗体，室温孵育 30 min，冲洗，加入 100 μL 过氧化物酶底物。当浓度为 0 ng/mL 牛血清蛋白标准孔的吸光度为 1～2 时，反应即停止，并读取各孔吸光度。

二、近红外光谱法

近红外光谱（near - infrared spectroscopy，NIR）法前处理简单，只需将样品进行粉碎处理即可，鉴别能力强，可作为有效的定性分析方法。但其分析准确度差，一般难以进行微量分析。

（一）测定原理

近红外光谱区为 256～780 nm 的区域，与有机分子中含氢基团（C—H、N—H、O—H 和 S—H）振动的合频和各级倍频的吸收区一致。当一束具有连续波长的红外光通过物质，物质分子中某个基团的振动频率或转动频率和近红外光的频率一样时，分子就吸收能量由原来的基态振（转）动能级跃迁到能量较高的激发态振（转）动能级，分子吸收近红外辐射后发生振动和转动能级跃迁，该处波长的光就被物质吸收。因此，近红外光谱法实质上是一种根据分子内部原子间的相对振动和分子转动等信息来确定物质分子结构和鉴别化合物的分析方法。某一物质产生的谐波的组合构成了其在近红外光谱带内的特征吸收谱，相同的近红外谱图一定是从相同的物质得到的，这就是近红外光谱的基础原理。

（二）测定方法

1. 样品前处理　样品粉碎后过 20 目分样筛。

2. 样品测定　用已经建立好的数据模型检测样品。

早期用近红外光谱法检测虽然操作简便，但是由于近红外谱区光谱的严重重叠性和不连续性，因此物质近红外光谱中与成分含量相关的信息很难被直接提取出来并给予合理的光谱解析。现代科技利用光机技术、电子技术和计算机技术进行处理，化学计量学的发展使多组分分析中多元信息处理理论和技术日益成熟，解决了近红外光谱区重叠的问题，通过关联技术可以实现近红外光谱的快速分析。为了方便检测，通常需要先用标样利用统计学理论建立被测物数据库或相应的校正模型。在建立校正曲线或数据库之前，近红外仪器的使用者把日常的测试样品先作近红外扫描，然后再用传统分析法（如气相色谱、高效液相色谱、免疫分析方法、折光仪）准确测定出样品的数值，具有不同指标的样品在近红外光谱中将产生不同强度的吸收图谱（不是某一吸收峰），利用专用软件处理，便可得到校正曲线或数据库，分析人员可利用该校正曲线或数据库方便、快速地通过测定未知样品的近红外谱图得知其被测指标的数据。近红外光谱法具有简便、快速、重现性好、对样品无损伤等优点，但其灵敏度低，一般要求被测组分的含量应大于 0.1%。

三、高效液相色谱法

高效液相色谱系统是由储液器、泵、进样器、色谱柱、检测器、记录仪等部分组成，分辨率好、灵敏度高、速度快、重复性好，是良好的检测方法。高效液相色谱法常用的是非极性固定相，即反相色谱法，其最常用的是 C18（十八烷基硅烷）、C8（辛烷基）和苯基键合相的填料；流动相洗脱强度顺序由低到高是：水、甲醇、乙腈、乙醇、四氢呋喃、丙醇、二氯甲烷，测定毒素是一般采用甲醇和/或乙腈溶液作为流动相来分离极性化合物。我国 2016 年发布的《食品安全国家标准　食品中展青霉素的测定》（GB 5009.185—2016），以及《食品安全国家标准　食品中桔青霉素的测定》（GB 5009.222—2016），均包含了应用高效液相色谱方法测定食品中的霉素的方法。

（一）测定原理

样品溶液随着储液器中的流动相被泵入系统，进而载入作为固定相的色谱柱中，样品溶液中的不同组分在两相的相对运动中经过反复的吸附-解吸附过程后，其在移动速度上的差别被逐渐放大，从而被分离成单个组分一次从色谱柱内流出通过检测器，样品浓度转化成电信号传送到记录仪，以大小不同的色谱峰面积的图谱形式呈现。

（二）测定方法

高效液相色谱法要求样品以液体形式进行检测，因此首先要将样品中的毒素提取出来，制成液体后上样。下面以食品中展青霉素的测定方法为例进行介绍。

1. 样品前处理 样品粉碎后过 20 目分样筛，称取 1 g 试样（准确至 0.01 g）于 50 mL 离心管中，加入 10 mL 水与 75 μL 果胶酶混匀，室温下避光放置过夜；加入 10.0 mL 乙酸乙酯，涡旋混合 5 min，在6 000 r/min 下离心 5 min，移取乙酸乙酯层至 100 mL 梨形烧瓶；再用 10.0 mL 乙酸乙酯提取一次，合并 2 次乙酸乙酯的提取液，在 40 ℃水浴中用旋转蒸发仪浓缩至干，以 5.0 mL 乙酸溶液溶解残留物，待净化处理。

2. 净化 将待净化液转移至预先活化好的混合型阴离子交换柱中，控制样液以约 3 mL/min 的速度稳定过柱。上样完毕后，依次加入 3 mL 的乙酸铵溶液、3 mL 水淋洗。抽干混合型阴离子交换柱，加入 4 mL 甲醇洗脱，控制流速约 3 mL/min，收集洗脱液。在洗脱液中加入 20 μL 乙酸，置 40 ℃下用氮吹仪缓缓吹至近干，用乙酸溶液定容至 1.0 mL，涡旋 30 s 溶解残留物，0.22 μm 滤膜过滤，收集滤液于进样瓶中以备进样。

3. 液相色谱条件

（1）液相色谱柱 T3 柱（柱长 150 mm、内径 4.6 mm、粒径 3.0 μm），或相当者；

（2）流动相 A 相为水，B 相为乙腈；

（3）梯度洗脱条件 5% B(0～13 min)、100% B(13～15 min) 和 5% B(15～20 min)；

（4）流速 0.8 mL/min；

（5）色谱柱柱温 40 ℃；

（6）进样量 100 μL；

（7）紫外检测器条件 检测波长为 276 nm。

四、液相色谱-串联质谱法

液相色谱-串联质谱法是将液相色谱作为质谱仪的进样系统，质谱仪作为液相色谱仪的检测器，样品进入质谱后与流动相分离并被离子化，质谱中的质量分析器将离子碎片按质量分数分开，经检测器得到质谱图。该方法是将色谱仪的高分离能力与质谱仪的高选择、高灵敏度结合起来，进而发挥最大准确性和灵敏性的检测方法。液相色谱-串联质谱法具有分析范围广、分离能力强、结果可靠、检测限量低、灵敏度高、分析速度快等优点，目前已经成为检测样品中多种组分的常用分析方法。

质谱仪主要包括进样系统、离子源、质量分析器、检测接收器和数据处理系统 5 个部分，其中离子源、质量分析器、检测接收器必须在高真空状态下工作，以减少本底的干扰，避免发生不必要的离子-分子反应。离子只有在足够高的真空环境下能从离子源到达接收器，真空度不足则灵敏度降低。

关于饲料或饲料原料中含量极少的其他霉菌毒素的相关检测方法较少。我国 2016 年发布的《食品安全国家标准 食品中展青霉素的测定》（GB 5009.185—2016）中，包含了应用液质联用方法测定食品中展青霉素的方法，在该方法中涉及 $^{13}C_7$ -展青霉素同位素内标的标记。

（一）测定原理

质谱分析是离子源先将试样中的各组分离子化，生成不同荷质比的带电荷离子，带电荷离子经加速电场作用后形成离子束进入质量分析器；在质量分析中，再利用电场和磁场发生相反的速度色散，将它们分别聚焦得到质谱图，测量各种离子谱峰的强度确定其质量而对毒素进行分析。

（二）测定方法

食品中展青霉素的测定使用同位素稀释-液相色谱-串联质谱法。

1. 样品前处理　样品粉碎后过 20 目分样筛，称取 1 g 试样（准确至 0.01 g）于 50 mL 离心管中，加入 50 μL 同位素内标工作液；静置片刻后再加入 10 mL 水与 75 μL 果胶酶混匀，室温下避光放置过夜；加入 10.0 mL 乙酸乙酯，涡旋混合 5 min，在 6 000 r/min 下离心 5 min，移取乙酸乙酯层至 100 mL 梨形烧瓶；用 10.0 mL 乙酸乙酯再提取一次，合并两次乙酸乙酯提取液，在 40 ℃水浴中用旋转蒸发仪浓缩至干，以 5.0 mL 乙酸溶液溶解残留物，待净化处理。

2. 净化　将待净化液转移至预先活化好的混合型阴离子交换柱中，控制样液以约 3 mL/min 的速度稳定过柱。上样完毕后，依次加入 3 mL 的乙酸铵溶液、3 mL 水淋洗。抽干混合型阴离子交换柱，加入 4 mL 甲醇洗脱，控制流速约 3 mL/min，收集洗脱液。在洗脱液中加入 20 μL 乙酸，置 40 ℃下用氮吹仪缓缓吹至近干，用乙酸溶液定容至 1.0 mL，涡旋 30 s 溶解残留物，0.22 μm 滤膜过滤，收集滤液于进样瓶中以备进样。

3. 色谱参考条件

（1）色谱柱　T3 柱（柱长 100 mm、内径 2.1 mm、粒径 1.8 μm），或相当者；

（2）流动相　A 相为水，B 相为乙腈；

（3）梯度洗脱条件　5% B（0～7 min）、100% B（7.2～9 min）和 5% B（9.2～13 min）；

（4）流速　0.3 mL/min；

（5）色谱柱柱温　30 ℃；

（6）进样量　10 μL。

4. 质谱扫描方式　检测方式，多反应监测（MRM）。

液相色谱-串联质谱法虽然选择性和灵敏性高，但是样品前处理复杂、耗时长、成本高，不适合用于大批量样品的检测。同时，多种毒素没有商品化的谱库可以进行对比查询，只能自己建库或自己解析谱图，这也增加了操作难度。

五、高效毛细管电泳法

高效毛细管电泳（high performance capillary electrophoresis，HPCE）法包含了电泳、色谱及其交叉内容，是以弹性石英毛细管为分离通道、以高压直流电场为驱动力、以样品中各组分之间淌度和分配行为的差异而实现分离的电泳分离分析方法。高效毛细管电泳分析包括高压直流电源、进样装置、毛细管、电极槽、检测器和数据采集处理系统等部分组成。

（一）测定原理

高效毛细管电泳法是指以高压电场为驱动力、以毛细管为分离管道，依据样品之间高度和分配行为上的差异而实现分离的一类液相分离技术。样品溶液中溶质的带电组分在电场作用下根据各自的荷质比向检测系统方向定向迁移，电解缓冲液 pH＞3。所用的石英毛细管柱在 pH＞3 时，管内表面的硅羟基（—SiOH）便部分解离成硅羟基负离子（$-SiO^-$），使管壁带负电荷。在静电引力作用下，$-SiO^-$ 把电解缓冲液中的阳离子吸引到管壁附近，并在一定距离内形成阳离子相对过剩的扩散双电层。在外电场作用下，上述阳离子会向阴极方向移动。由于这些阳离子实际上是溶剂化的（水化的），因此它们将带着毛细管中的液体一起向阴极移动，这就是电渗流。电渗流的强度很高，所有进入毛细管中的样品都会随着液体向阴极移动。同时，电解缓冲溶液中带电粒子在电场作用下以各自不同的速度向其所带电荷极性相反的方向移动，形成电泳。带电粒子在毛细管电解缓冲液中的迁移速度等于电泳和电渗流的矢量和。各种粒子由于所带电荷数量、质量、体积及形状不同，因此其迁移速度不同，从而能实现分离。因待测样品中正离子的电泳方向与电渗流方向一致，故最先到达毛细管的阴极端；中性粒子的电泳速度为 0，迁移速度与电渗流速度相当；而负离子的电泳方向与电渗流方向相反，故负离子也将在中性粒子之后到达毛细管的阴极端。

（二）测定方法

以 Frach 和 Blaschke（1998）麦角生物碱的测定为例进行介绍。

1. 样品前处理 样品粉碎后过 20 目分样筛，称取 100 mg 试样（准确至 0.000 1 g）于 50 mL 离心管中，加入 0.9 mL 二氯甲烷-乙酸乙酯-甲醇- 25％氢氧化铵（二氯甲烷：乙酸乙酯：甲醇：25％氢氧化钠＝25：2.5：2.5：0.5）和 0.1 mL 溶液（0.4 mg 麦角乙脲先溶于 1 mL 甲醇后，再与10.00 mmol/L 盐酸按 1：1 混合），然后于室温下 3 500 r/min 振荡提取 10 min，取上清液。重复该提取步骤 2 次，将得到的 2 次上清液混合后用氮吹仪吹干。残渣用 1 mL 甲醇与10.00 mmol/L 盐酸按 1：1 混合溶液复溶，用 0.2 μm 尼龙滤膜进行过滤，滤液用于毛细管电泳测定。

2. 高效毛细管电泳测定 样品在 3.45 kPa 下缓慢注入 2 s。紫外检测器的激发波长为 325 nm，发射波长为 436 nm。

毛细管电泳和高效液相色谱同是液相分离技术，但是毛细管电泳检测速度更快、成本更低、操作简便、分辨率高、灵敏度高，常用的紫外检测器的检测限可达 10^{-15}～10^{-13}mol，激光诱导荧光检测的检测限达 10^{-21}～10^{-19}mol，具有一定优势。

随着分子生物学、生物传感器、生物芯片技术的发展，更加快速、准确、高效的霉菌毒素检测技术将会是新的发展趋势。生物传感器是以生物活性单元（酶、微生物、核酸、抗原、抗体等）作为生物敏感基元，对被测目标具有高度选择性的一类特殊化学传感器。它由生物识别元件和信号转换器组成，能将化学信号转变成电信号，进而检测出待测物质的含量。生物传感器是快速检测霉菌毒素的有效技术手段，生物学组件作为主要功能性元件，包括利用酶的特性的催化型生物传感器和利用分子间特异的亲和型生物传感器。

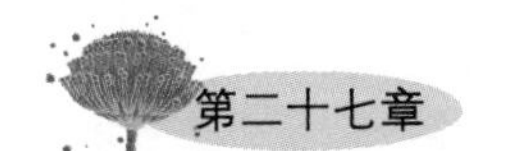

参考文献

王艰辉，张峥，马红梅，等，2012. 农产品中麦角生物碱分析方法的研究进展 [J]. 食品科学(19)：353-357.

徐馨，周庆民，冯万宇，等，2013. 二次回归正交旋转组合设计优化苦参生物碱薄层层析条件研究 [J]. 黑龙江畜牧兽医 (5)：141-142.

中华人民共和国国家标准，2016. 食品安全国家标准食品中展青霉素的测定：GB 5009.185—2016 [S]. 北京：中国标准出版社.

中华人民共和国国家标准，2016. 食品安全国家标准食品中桔青霉素的测定：GB 5009.222—2016. [S]. 北京：中国标准出版社.

Frach K，Blaschke G，1998. Separation of ergot alkaloids and their epimers and determination in sclerotia by capillary electrophoresis [J]. Journal of Chromatography A，808：247-252.

Molloy J B，Moore C J，Bruyeres A G，et al，2003. Determination of dihydroergosine in Sorghum Ergot using an immunoassay [J]. Journal of Agricultural and Food Chemistry，51：3916-3919.

06

第六篇 霉菌毒素脱毒剂效果评价方法

第二十八章 吸附剂对霉菌毒素和营养物质吸附的评价方法

第一节 相关概念

一、吸附与吸附率

吸附，是指物体表面（一般为固体或液体）吸住周围介质中的其他物质，如各种无机离子、有机极性分子、气体分子等的一种作用。一般可分为物理吸附、化学吸附和生物吸附。物理吸附通常不具有选择性，对任何物质都可能产生，吸附过程中吸附剂与被吸附的物质（吸附质）都没有发生化学性质的变化，如电子的转移、化学键的生成及原子的重排等。在吸附过程中，物理吸附同时存在解吸附作用，且其速率都很快，一般不受温度的影响。化学吸附，是指吸附剂与吸附质之间发生了化学反应，生成了某种化学键而引起的吸附。化学吸附通常具有选择性，一种吸附剂只针对某类物质产生吸附作用且其吸附率较高，这类吸附不易发生解吸附现象。生物吸附，一般是指生物体自身或者生物体产生的某种物质，如酶对周围介质中的分子、离子等通过静电、共价、分子间作用力等产生的吸附。霉菌毒素的吸附，即某些物质对一种或几种霉菌毒素产生或物理、或化学、或生物吸附作用，使吸附介质中霉菌毒素含量降低的一种现象，是畜牧行业最早应用于去除饲料中霉菌毒素的一种有效方法。

吸附率，为吸附剂吸附的吸附质占总吸附质的比例，反应吸附剂吸附能力的强弱，通常与温度、压力、吸附剂的表面活性孔径和数量、吸附质的极性等因素有关。吸附剂对霉菌毒素的体外吸附率越高，通常认为其对霉菌毒素的去除效果越好。但是，随着人们对霉菌毒素吸附剂研究的不断深入，发现霉菌毒素的去除效果与很多因素有关，如解吸附作用、动物体内环境等，因此不能单纯地采用吸附率指标来评价吸附剂吸附效果的优劣。

二、解吸附与解吸附率

解吸附，即吸附的逆过程，是指吸附剂吸附吸附质的过程中或吸附完之后，被吸附的吸附质在某种环境下或者某种作用力下，从吸附剂上解离下来的过程。解吸附为放热过程，所以温度升高可提高物质之间的解吸附作用。

解吸附率，为从吸附剂上解离下来的吸附质占总吸附质的比例，通常温度、压力、解吸附的环境等因素会对解吸附率产生影响。因此，评价一种吸附剂吸附能力的大小，通常需要将其解吸附率考虑在内。在用吸附剂去除霉菌毒素的过程中，外界环境的变化及动物体内消化道的不断蠕动，使得吸附剂对霉菌毒素的吸附作用和解吸附作用同时发生。如果吸附率大于解吸附率，则认为该吸附剂对霉菌毒素具有一定的去除效果；如果吸附率等于解吸附率，则认为该吸附剂不仅对霉菌毒素没有去除效果，而且还有可能吸附饲料中的其他小分子营养物质，破坏营养平衡，影响动物健康。

三、净吸附率

净吸附率，是指吸附剂吸附的吸附质除去解吸附部分之后，占总吸附质的比例，即净吸附率＝吸附率－解吸附率。净吸附率可以真实反映吸附剂的吸附能力，净吸附率越大，代表该吸附剂的吸附能力越强。某些霉菌毒素吸附剂生产厂家，为了夸大产品的吸附能力，将净吸附率简单地表示为吸附率，这样在一定程度上导致了真实净吸附率偏高。吸附剂在酸性环境中的吸附率较高，而在碱性环境中的解吸附率较高。当吸附剂随饲料被动物采食进入体内通过胃时，由于胃中的 pH 较低，酸性较大，因此吸附剂对霉菌毒素的吸附效果较好。随着食糜的流动，吸附剂进入了动物的肠道，肠道中 pH 相对较大，呈现弱碱性，则吸附剂的解吸附作用较强。此时，则应考虑吸附剂的净吸附率，净吸附率越大，对霉菌毒素的吸附效果越好。因此，在选择吸附剂时，净吸附率是一个非常重要的参考指标。

第二节　吸附效果评价程序

市场上霉菌毒素吸附剂种类繁多，对霉菌毒素的吸附效果也千差万别。如何在众多吸附剂中选择可以有效吸附霉菌毒素，但不吸附饲料中其他小分子物质的吸附剂，是选择吸附剂时需要考虑的一个重要问题。现在，研究较多的霉菌毒素吸附剂评价方法有体外评价法和体内评价法。体外评价法包括体外直接评价法、体外人工模拟消化法和消化液体外模拟法。

一、体外评价法

（一）体外直接评价法

体外直接评价法是评价吸附剂吸附效果最简单、最常见、最直接的评价方法。一般情况下，如果一种吸附剂在体外试验中对霉菌毒素没有吸附作用，那么通常认为其在动物体内也不会对霉菌毒素产生吸附作用，吸附剂对营养物质的吸附效果同理。体外评价法常用作第一步验证试验，用来筛选多种霉菌毒素吸附剂。

由于吸附剂在进行吸附作用的同时，还会进行一定的解吸附作用，因此体外评价吸附剂的吸附效果时，一般包括吸附试验和解吸附试验两部分。

1. 吸附试验基本步骤

（1）配制已知浓度的系列霉菌毒素标准溶液；

（2）将配制好的标准溶液与一定量的吸附剂混合，加入液体介质中；

（3）调节整个反应体系的 pH 和温度，在振荡器上振荡数小时；

（4）离心，取上清液，用高效液相色谱法或酶联免疫法检测其中的霉菌毒素含量或营养物质的含量；

（5）通常需要同时做空白试验（不添加吸附剂和霉菌毒素），以消除霉菌毒素的非特异性吸附，减少误差的产生。

根据吸附前后霉菌毒素或营养物质的浓度差，即可计算出吸附剂的吸附率。

2. 解吸附试验基本步骤

（1）吸附反应结束后，取离心后的沉淀，加入与吸附试验相同的液体介质；

（2）调节 pH 和温度，在振荡器上振荡一定时间（根据情况而定）；

（3）离心，取上清液，检测其中霉菌毒素或营养物质的含量，即可计算出该吸附剂的解吸附率；

（4）用吸附率减去解吸附率，即计算出吸附剂的净吸附率。

选择吸附剂时，需同时参考霉菌毒素或营养物质的净吸附率。如果一种吸附剂对霉菌毒素的净吸附率很低，或者为 0，则可认为该吸附剂对霉菌毒素没有吸附效果。如果该吸附剂不仅对霉菌毒素的净吸附率较高，而且对小分子的营养物质（如维生素、微量元素、药物等）的净吸附率也较高，则说明该吸附剂可能在体内对霉菌毒素和小分子营养物质都具有吸附作用，需要进行进一步的试验验证。

体外直接评价法案例：

案例 1： 市场上几种常见的霉菌毒素吸附剂对 AFB_1 吸附效果的体外评价。研究吸附剂在 5 个不同反应时间（0.5 h、1 h、2 h、3 h 和 4 h）、4 个不同反应温度（20 ℃、40 ℃、60 ℃和 80 ℃）、2 个不同 pH（2.03、9.7），以及 4 个不同 AFB_1 初始反应浓度（0.4 μg/mL、0.8 μg/mL、1.6 μg/mL 和 3.2 μg/mL）条件下，吸附剂对 AFB_1 的吸附效果。反应结束后，对反应后的溶液进行氯仿萃取，并过无水硫酸钠，在365 nm 下用紫外分光光度计测定吸光度，计算 AFB_1 反应前后的浓度变化，计算出各种吸附剂的吸附率（桑勇，2006）。

由于体外试验条件与动物体内的实际情况差别很大，并不能真实地反映吸附剂在动物体内的吸附效果，因此还需结合动物试验进行验证，以进一步评价吸附剂对霉菌毒素和小分子营养物质的吸附作用，以及对动物生产性能和健康状况是否有影响。

案例 2： 吸附剂对玉米赤霉烯酮、呕吐毒素、脱氧镰刀菌醇等毒素吸附效果的体外评价。将玉米赤霉烯酮、呕吐毒素和脱氧镰刀菌醇标准品溶于不同 pH 的磷酸盐缓冲溶液（PBS，pH 分别为 3、7、8）中，取 1 mL 含有毒素标准品的 PBS，加入 1 mg 霉菌毒素吸附剂，混合均匀，于室温振荡 1 h，10 000 r/min 离心 10 min，取上清液检测其中玉米赤霉烯酮、呕吐毒素和脱氧镰刀菌醇的浓度，同时做不添加吸附剂的空白试验，计算反应前后霉菌毒素含量的变化，即可算出吸附剂的吸附率（Avantaggiato 等，

2004)。

案例 3：霉菌毒素吸附剂对饲料小分子营养物质，如维生素 B_2、铜、铁、锌、锰吸附效果的体外评价。取 10 mL 浓度为 2 mg/mL 的维生素 B_2 溶液，加入霉菌毒素吸附剂 500 mg，同时设一个不添加吸附剂的对照组，于 37 ℃、170 r/min 振荡器中振荡 2 h，振荡后的液体以 3 000 r/min 离心 10 min，取上清液，采用高效液相色谱法检测其中维生素 B_2 的含量，根据反应前后维生素 B_2 浓度差，计算霉菌毒素吸附剂对维生素 B_2 的吸附率。分别取 10 mL 浓度为 3.5 mg/mL 的氯化铜溶液、30 mg/mL 的硫酸锌溶液、30 mg/mL 硫酸亚铁溶液、7 mg/mL 硫酸锰溶液，再分别加入 500 mg 霉菌毒素吸附剂，于 37 ℃、170 r/min 振荡器中振荡 2 h，振荡后的液体以 3 000 r/min 离心 10 min，检测上清液中的铜、锌、铁、锰元素含量，计算吸附剂的吸附率（朱金林和齐德生，2013）。

采用体外直接评价法评价吸附剂对霉菌毒素或营养物质的吸附效果是实际生产中经常用到的方法，其操作程序简便、快捷、耗时较短，在评价吸附剂对霉菌毒素或营养物质是否存在吸附作用上具有很大的应用价值。但该方法只能用作前期大批量吸附剂的筛选工作，还需结合其他的评价方法进一步验证吸附剂对霉菌毒素或营养物质是否具有吸附作用。

（二）体外人工模拟消化法

随着对动物消化生理研究的不断深入及科学技术手段的逐渐创新，动物体外模拟技术得到了广泛的发展。Sheffner 等科学家于 1956 年首次采用胃蛋白酶进行体外一步消化技术。自此，体外仿生消化法得到不断发展与完善，出现了体外两步消化法、酶制剂＋微生物消化法等更加接近动物体内环境的消化方式，对体外评定吸附剂的吸附作用与饲料营养价值上有巨大的贡献。

体外人工模拟消化法，通常也称为仿生消化法。一般通过在体外调节反应环境的 pH、温度及加入与动物体内类似的消化酶等，使外部反应环境尽可能地接近动物体内的消化环境，以此来模拟动物体内的消化过程。体外人工模拟消化法一般分为 3 部分，分别为口腔消化模拟、胃消化模拟和肠道消化模拟，具体步骤为：

1. 口腔消化模拟 准确称取饲料 2 g，放入 100 mL 锥形瓶中，加入 25 mL PBS（0.1 mol/L pH 6.0），调节 pH 为 6.8，混匀。加入 1 mL 配制好的淀粉酶溶液，39 ℃、150 r/min 消化 2 h。

2. 胃消化模拟 口腔消化完之后，加 10 mL 0.2 mol/L 盐酸，用 1 mol/L 盐酸或 1 mol/L氢氧化钠溶液调节 pH 至 2.0；加入 1 mL 新鲜配制的酸性外源酶混悬液，混匀，用封口膜封口，于 39 ℃恒温摇床培养 6 h（150 r/min）。酸性外源酶混悬液主要指酸性蛋白酶，现用现配，用前需摇匀。

3. 肠道消化模拟 胃消化结束后，再加入 5 mL 0.6 mol/L 氢氧化钠溶液，用 1 mol/L 盐酸或 1 mol/L 氢氧化钠将调节 pH 至 6.8；加入新鲜配制的肠道外源酶混悬液，用封口膜封口，于 39 ℃恒温摇床分别培养 18 h（150 r/min）。肠道外源酶混悬液包括中性蛋白酶、淀粉酶、果胶酶、纤维素酶、甘露聚糖酶、木聚糖酶、脂肪酶等，现用现配，用前需摇匀。

整个消化过程，需要同时做不添加吸附剂和不添加霉菌毒素的空白对照试验，以消除霉菌毒素的非特异性吸附，减少误差的产生。消化完成后离心，取上清液，检测其中的霉菌毒素含量，计算吸附剂的吸附率。由于营养物质在体内的消化路径跟霉菌毒素的相同，因此检测营养物质吸附率的方法同霉菌毒素。

案例：Sabater-Vilar 等（2007）用体外人工模拟法研究了几种常见的霉菌毒素吸附剂（分别为矿物黏土、腐殖质、酵母细胞壁提取物和几种市场上常见的霉菌毒素吸附剂）对呕吐毒素和玉米赤霉烯酮的体外吸附效果。将吸附剂加入 PBS 中，使其终浓度分别为 1 mg/mL、2.5 mg/mL 和 5 mg/mL，然后在反应体系中加入呕吐毒素和玉米赤霉烯酮标准品，使得毒素终浓度均为 1 mg/L。同时做空白对照试验，分别为 PBS 中只添加霉菌毒素和 PBS 中只加吸附剂。用 1 mol/L 的盐酸调节反应体系中的 pH 至 2.5，37 ℃反应 1 h，模拟动物胃中的消化过程。反应完成之后，用 1 mol/L 氢氧化钠溶液调节反应体系中的 pH 至 8.0，于 37 ℃反应 3 h，模拟单胃动物肠道消化。反应完成之后，立即过滤，用 HPLC 分别检测 pH 为 2.5 和 pH 为 8 时滤液中的呕吐毒素和玉米赤霉烯酮含量，分别计算吸附剂在酸性环境下和碱性环境下对霉菌毒素的吸附率。

（三）消化液体外模拟法

一般的体外模拟消化法，是在体外人工添加一些酶制剂、酸、碱等来模拟动物胃肠道内的消化液组成，但并不能完全反应动物肠道内的复杂环境，所得结果与吸附剂在体内的作用效果有差异。因此，有研究学者直接从动物的消化道中采集消化液（如胃液、肠液、胰液等）进行体外模拟。这种模拟方式的体外反应环境更加接近动物体内真实的消化环境，大大减小了外部模拟环境与动物体内环境的差别，试验结果比较接近体内的真实情况，试验所得结果更能真实地反应吸附剂对霉菌毒素和营养物质的吸附能力，对霉菌毒素吸附剂的选择也更加准确。

案例：杨新岗（2010）对霉菌毒素吸附剂进行了消化液体外模拟研究，其体外模拟反应介质为从健康猪只中采集的胃液和小肠食糜上清液。

具体操作方法：

（1）吸取 200 μL 吸附液（其配制方法是：0.1 g 吸附剂于 50 mL 容量瓶中，加胃液或者肠液定容）于 1.5 mL 的离心管中。

（2）加入浓度为 40 μg/mL 的 AFB_1、玉米赤霉烯酮各 100 μL。此时溶液中 AFB_1 浓度为 10 μg/mL、玉米赤霉烯酮浓度为 10 μg/mL、吸附剂浓度为 2 mg/mL、乙腈浓度为 10%。

（3）37 ℃培养 8 h，模拟食糜在胃和小肠中的消化过程。

（4）培养结束后，10 000 r/min 离心 10 min，取上清液，检测其中 AFB_1 和玉米赤霉烯酮的含量。

（5）根据反应前后毒素浓度，计算吸附剂的吸附率。

该方法虽然使用了动物的胃液和肠液作为反应介质，相比于人工模拟添加酶制剂更为接近动物体内的消化环境，但是由于动物种类不同，其体内环境相差很大，而且动物消化道的运动方式多样，因此在体外也不能完全模拟。此外，动物体内 pH 并不是恒定的，而是在不断地变化，因此该方法也只是粗略地模拟，并不能真实反应吸附剂在动物体内的吸附情况。

与体外评价法相比，体外模拟法由于整个反应体系比较接近动物体内消化环境，因此在评价吸附剂对霉菌毒素和营养物质的吸附效果上更为准确，但也存在诸多的缺陷。随着对动物消化生理研究的不断深入，体外模拟法得到不断完善，会更加接近动物体内环境，评价准确性也会越来越高。

二、体内评价法

体内评价通常是在体外评价之后进行。体外评价法选择出体外对霉菌毒素具有吸附作用的吸附剂，然后通过体内评价法（动物试验）进行进一步验证。体内评价法，一般通过饲喂动物同时含有霉菌毒素和吸附剂的饲料，一段时间后测定实验动物相关性能指标，或用生物标记物等间接指标来评价吸附剂的吸附效果。相比于体外评价法和体外模拟法，体内评价评价法可以更直接地反应吸附剂对动物的影响。体内评价法评价吸附剂吸附效果时，由于吸附剂进入动物体内后发生了一系列复杂的变化，或吸收、或代谢、或转化、或吸附、或解吸附，从而无法简单地用消化前后霉菌毒素和营养物质的浓度来计算吸附剂的吸附率，因此这是体外模拟法无法达到体内评价法效果的主要原因。

采用体内法，即动物试验来评价吸附剂的效果时，通常会选取一些相关指标，间接反映吸附剂的效果。动物生长及生产性能是养殖企业最为关注的方面，所以也是体内评价法最基本、最常用的检测指标。由于不同霉菌毒素对动物的危害程度不同，侵害的靶器官不同，因此评价吸附剂对霉菌毒素的吸附效果时，应选择具有代表性的指标进行检测。例如，黄曲霉毒素主要表现为肝毒性，可以检测肝脏的相关指标；玉米赤霉烯酮主要表现为生殖毒性，可以检测与动物生殖生理相关的指标；呕吐毒素主要表现为消化道毒性，可以检测与动物消化道相关的指标。而血液是营养物质的主要运输介质，肝脏是体内最主要的解毒器官和代谢器官，所以血液生理生化指标和肝脏生理生化指标也常作为检测吸附剂在体内吸附霉菌毒素的指标。此外，由于霉菌毒素吸附剂通常会对小分子的营养物质，如维生素、矿物质元素、药物等产生吸附作用，因此如果想准确评价一种吸附剂的实际应用价值，则应检测与以上小分子营养物质毒素功能相关的指标。需检测组织器官见表 28 - 1。

表 28 - 1　检测营养物质吸附情况需测定的组织器官

缺乏营养物质	测定组织器官
维生素 A	食道
维生素 D、钙、磷	胫骨
维生素 E	脑
维生素 K	骨骼肌与腹腔
烟酸、维生素 B、锰	腿
G 抗原	肠黏膜
生物素	皮肤和羽毛

资料来源：杨新岗（2010）。

体内评价法评价霉菌毒素吸附剂作用效果案例如下：

案例 1：研究 3 种霉菌毒素吸附剂对肉鸡采食赭曲霉毒素的作用效果。首先，采用常规的体外评价法测定霉菌毒素吸附剂对赭曲霉毒素的吸附效果；然后进行体外模拟法，进一步验证吸附剂的吸附效果；最后，采用体内评价法对霉菌毒素吸附剂进行作用效果评价。饲喂肉鸡赭曲霉毒素含量为 2 mg/kg 的饲粮 21 d，其中饲粮中霉菌毒素吸附剂的含量为 2 g/kg。试验结束后屠宰取样，测定肉鸡肝脏中赭曲霉毒素的含量。结果显示，用体外评价法和体外模拟法评价赭曲霉毒素吸附剂对霉菌毒素吸附效果得到的结论与体内试验所得结论基本一致，说明体外评价霉菌毒素吸附剂具有一定的可行性（Trailović等，2013）。

案例 2：体内评价法（肉鸡试验）评价酯化葡甘露聚糖对霉菌毒素的吸附作用。试验采用自然霉变的玉米配制饲料，霉变玉米添加量分别为 0、50%、100%，分别添加 0、0.05%、0.1%的酯化葡甘露聚糖，试验期为 42 d。试验结束后屠宰取样，检测肉鸡的血液病理学（鸡新城疫和禽法氏囊传染病）、血浆生理生化、生长性能（平均日增重、平均日采食量、饲料转化效率）、免疫指标（抗体滴度），以及肝脏酶活等与霉菌毒素吸收代谢有关的指标，综合评价酯化葡甘露聚糖对霉菌毒素的吸附作用（Mohaghegh 等，2016）。

霉菌毒素吸附剂吸附效果评价也可在反刍动物、水产动物等动物体内进行，根据霉菌毒素对不同动物的危害选择相应的检测指标。

与体外评价法和体外模拟法相比，体内评价法的评价结果最为准确，可以真实反映吸附剂在动物体内对霉菌毒素和营养物质的吸附能力，结合生产性能等指标综合评价霉菌毒素吸附剂的应用价值。但是，体内评价法耗时较长、评价成本较高，结果依然受到很多因素的影响。

第三节　评价方法的误差分析

一、可重复性

评价试验结果的可重复性，对于一个评价方法来说至关重要，是科学研究中最重要的一个原则之一。一个试验得出的结论，必须可以被其他人重复才能证明该试验方法和结论是正确的、真实有效的，不是偶然出现的结果。评价结果的可重复性意味着该评价方法是否可以在相关领域进行大范围应用。重复通常有两层含义：第一，指试验的样本数足够大，在相同的试验条件下有足够的重复次数，避免试验结果的偶然性，突出其必然规律。第二，指试验结果的可靠性，经得起独立试验的重复验证，重复试验是检验试验方法和试验结果可靠性的唯一方法。总体来说，可重复性既指试验结果的可重复性，又指试验方法的可重复性。

在以上 3 种霉菌毒素吸附剂评价方法中，体外评价法简单、可重复性强，在体外将霉菌毒素吸附剂＋液体介质＋霉菌毒素或小分子营养物质进行简单混匀，在振荡器上振荡培养，计算吸附率。该评价方法具有较强的可重复性，如果保持试验条件一致，即可保证试验数据的可重复性，组间差异较小。与体外评价法相比，体外模拟法增加了口腔、胃、肠道模拟消化过程，通过添加酶制剂和调节 pH、温度等来评价霉菌毒素吸附剂对霉菌毒素和营养物质的吸附作用，可重复操作性较强。但是，由于试验过程中受外界环境的影响比较大，如温度、湿度、pH 等，因此试验结果的可重复性相对较差。体内评价法是评价吸附剂吸附效果最理想的一种方法，可以直接评价吸附剂对动物的影响。但是由于试验过程较长、选用的动物存在个体差异，同时受饲养环境及自然环境等因素影响，因此该法的可重复性相对较差，独立检验试验可能得到不同的试验结果，但是结果趋于一致性。

二、回收率

回收率，是评价一种方法检测准确度的重要指标之一，分为绝对回收率和相对回收率。绝对回收率考察的是经过试验处理后，能用于分析的物质的比例。因为无论是什么物质，经过处理之后都会有一定的损失，所以作为一种评价方法的绝对回收率，要求大于 50%。绝对回收率是在空白基质中定量加入某种待检物质，处理后与标准品对比得出的比值。严格来讲，相对回收率的测定方法可分为回收试验法和加样回收试验法。前者是在空白基质中加入标准品，标准曲线操作方式也同此，这种方法在实际试验操作中较为常见。另一种为在已知浓度的试样中加入标准品，来和标准曲线相比。相对回收率主要反映的是评价方法的准确度，相对回收率越高，表明该种评价方法的准确度越高，越接近真实值。

体外直接评价法或体外模拟评价法中，可以在体系中加入一定量的霉菌毒素或营养物质，而不添加任何吸附剂，经过处理之后测定其中的霉菌毒素或营养物质的含量，与标准品相比较，即可得到该评价方法的回收率。由于体外直接评价法操作步骤简单，时间较短，没有添加特殊物质，因此其回收率测定方法简单，回收率相对较高。在操作过程中，体外模拟评价法反应体系会有 pH、温度的变化，且在培养过程中会加入一些酶制剂或胃液、肠液等，因此对标准品的影响较大，回收率较低。杨新岗（2010）对体外模拟法进行了回收率测定，结果显示当在小肠液和胃液中添加霉菌毒素 20～10 000 ng/mL 时，回收率均在 85%以上，最大可达到 110.3%、最小为 89.1%。体内评价法评价霉菌毒素吸附剂效果时，由于动物体内的消化环境非常复杂，霉菌毒素和营养物质进入动物体内后，经过体内酶、微生物的作用，pH、温度的变化，消化、吸收、代谢等一系列复杂的反应，部分霉菌毒素和营养物质发生了质的变化，因此对其进行回收率试验比较困难。

虽然 2 种体外评价方法相对于自身的评价程序回收率较高，但是由于与动物体内的环境相差很大，因此并不能准确地表示吸附剂在体内的吸附效果。相反，体内评价法可以更好地评价吸附剂的效果，真实地反应吸附剂对动物的影响。

三、精密度

精密度，是指在相同的试验条件下，采用特定的分析程序，重复测定某一试样所得结果之间的一致性程度。各重复结果数值越接近，即组内误差越小，表明该方法的精密度越好。一般用标准偏差（SD）或相对标准偏差（RSD）表示。精密度反映的是试验操作过程中的偶然误差，表示检测结果的重现性，一般分为日内精密度和日间精密度。日内精密度，即同一天进行的测评之间的SD或RSD，而日间误差一般是指连续3 d进行的测评之间的SD或RSD。精密度与精确度不同，回收率反映的是评价方法的精确度，是与真值之间的差值。而精密度反映的是重复测量结果之间的差值，精密度高，并不代表准确度高；精密度低，一般也就无法得到高的准确度。

体外直接评价法操作简单，培养时间短，没有使用特殊试剂，受外界环境影响小，所以各重复之间差异较小，精密度较高。但是由于其与动物体内环境差异较大，因此结论无法准确评价吸附剂的应用效果。体外模拟评价法，是通过模拟动物体内的消化环境对霉菌毒素吸附剂进行评价，期间加入了酶制剂或胃液、肠液。相比体外直接评价法，影响体外模拟评价法的因素较多，所以精密度偏小。杨新岗（2010）对体外模拟胃肠道评价吸附剂的吸附效果也作了精密度的研究，分别选择了1 d之内的5个时间点测定日内精密度，结果显示 AFB_1 的日内RSD为2.37%、玉米赤霉烯酮的为4.5%。日间精密度测定时，连续进行了7 d测定，结果显示 AFB_1 的日间RSD为2.74%、玉米赤霉烯酮的为8.84%。玉米赤霉烯酮的RSD普遍高于 AFB_1，说明其精密度差。造成该结果的原因可能为：大部分吸附剂对黄曲霉毒素具有很好的吸附作用，且比较稳定，而对玉米赤霉烯酮和呕吐毒素的吸附效果却不理想。吸附剂在吸附霉菌毒素的同时也存在着解吸附作用。由于对玉米赤霉烯酮的吸附效果不稳定，因此其RSD较大，精密度较低。体内评价法是优先推荐评价霉菌毒素吸附效果的一种方法，但是其所受影响因素较多，内部环境、外部环境、饲料因素、饲养管理因素等都可以对其造成影响，因此体内评价法的精密度较差。3种评价方法各具优缺点，详见表28-2。

表28-2　霉菌毒素吸附剂评价方法比较

评价方法	优　点	缺　点
体外直接评价法	耗时短、所用化学试剂少、操作程序简单、成本低	无法直接确定吸附剂的吸附效果，无法代表动物体内的实际环境
体外模拟评价法	耗时相对较少、消化环境接近动物体内环境，结果可信度高、成本较低	操作程序复杂，结果不准确，无法代表动物体内的实际环境
体内评价法	直接反应吸附剂的应用价值，直观	试验周期长、成本高、程序复杂

评价一种霉菌毒素吸附剂的应用价值，应该从多方面考虑。保证吸附剂在动物体内吸附霉菌毒素的同时，尽量对营养物质不产生吸附作用，且对动物生产性能无不良影响。

参考文献

桑勇，2006. 几种有机吸附剂对黄曲霉毒素吸附的比较研究［D］. 武汉：华中农业大学.
杨新岗，2010. 模拟胃肠道环境评价霉菌毒素吸附剂吸附效果的方法研究［D］. 南京：南京农业大学.
朱金林，齐德生，2013. 不同霉菌毒素吸附剂对维生素 B_2 及Cu、Fe、Mn和Zn的吸附影响［J］. 饲料研究（12）：31-32.

Avantaggiato G, Havenaar R, Visconti A, 2004. Evaluation of the intestinal absorption of deoxynivalenol and nivalenol by an *in vitro* gastrointestinal model, and the binding efficacy of activated carbon and other adsorbent materials [J]. Food and Chemical Toxicology, 42 (5): 817.

Mohaghegh A, Chamani M, Shivazad M, et al, 2016. Effect of esterified glucomannan on broilers exposed to natural mycotoxin - contaminated diets [J]. Journal of Applied Animal Research, 45 (1): 1-7.

Sabater - Vilar M, Malekinejad H, Selman M H J, et al, 2007. *In vitro*, assessment of adsorbent-saiming to prevent deoxynivalenol and zearalenone mycotoxicoses [J]. Mycopathologia, 163 (2): 81-90.

Trailović J N, Stefanović S, Trailović S M, 2013. *In vitro* and *in vivo* protective effects of three mycotoxin adsorbents against ochratoxin A in broiler chickens [J]. British Poultry Science, 54 (4): 515.

第二十九章 降解菌及降解酶对霉菌毒素降解效果的评价方法

第一节 相关概念

一、生物降解

生物降解是指霉菌毒素分子的毒性基团被微生物产生的次级代谢产物或分泌的胞内酶、胞外酶分解破坏，同时产生无毒或低毒的降解产物的过程。毒素生物降解是一种化学反应的过程，而不是物理性吸附作用。由于是次级代谢产物或酶的作用，因此霉菌毒素生物降解效率更高、特异性更强，降解产物无毒副作用。

二、降解率

霉菌毒素只有被微生物或酶生物转化，才涉及降解率的概念。霉菌毒素降解率是指毒素被微生物或酶生物转化后，与原始浓度相比减少的比例。降解率测定所依据的技术原理是将菌液或蛋白酶液与毒素标准品混合后的处理组，空白培养液或缓冲液与毒素标准品混合后的空白组，分别同时培养一定时间后，测定其毒素含量，处理组毒素量减少的百分比就是降解率。

微生物或酶对霉菌毒素是否进行了生物转化及转化了多少，需要进行体内外评价。体外评价方法有 3 种，即体外直接评价法、体外人工模拟消化法和消化液体外模拟法。体外直接评价法是模拟消化法的第一步，测定微生物或酶对霉菌毒素是否有降解作用，首先要通过体外降解霉菌毒素的方法测定；如果有降解效果，再用模拟消化法进行后续的验证。

第二节 降解效果评价程序

同吸附剂吸附效果评价方法一样，霉菌毒素生物降解效果评价方法分为体外评价法和体内评价法。体外评价法包括3种，即体外直接评价法、体外人工模拟消化法和消化液体外模拟法。体外评价法测定简单，易于操作，可用于筛选具有降解霉菌毒素的微生物或酶，但是只能反映微生物或酶在体外条件下对霉菌毒素的降解效果。在实际生产中，微生物或酶主要以添加剂的形式应用于饲料生产中，因此体外人工模拟消化法比体外直接评价法更能真实反映微生物或酶在动物体内对霉菌毒素的降解效果。

一、体外评价法

（一）体外直接评价法

1. 霉菌毒素降解率测定的培养孵化阶段 霉菌毒素降解率体外测定，具体分为微生物对霉菌毒素降解率的测定和酶对霉菌毒素降解率的测定2种。

（1）微生物对霉菌毒素降解率的测定 先将具有降解霉菌毒素作用的种子菌液用适当的培养液进行2次活化，确保菌液的活性在较高水平。2次活化后，取出一部分菌液于4℃、3 000 r/min离心10 min后吸取上层清液得到发酵上清液，下层菌体细胞沉淀用磷酸盐缓冲液（PBS）冲洗2遍后再用PBS复溶；另取一部分PBS复溶的菌体细胞沉淀，用超声波细胞粉碎仪破碎2次，于4℃、3 000 r/min离心10 min后吸取上清液得到胞内活性物质。上述3种溶液各取900 μL分别与100 μL的毒素标准品（某一特定浓度）混合，作为处理组，以900 μL不含菌液的培养基与100 μL相同浓度的毒素标准品的混合溶液作为对照组。处理组和对照组均设3个平行，同时在适宜温度下振荡、避光培养一定时间，检测各组中毒素的含量，计算毒素是否有降解或其具体的降解率。此法不仅可以测得菌株是否具有降解霉菌毒素作用，同时还能判断解毒活性组分的来源。

（2）酶对霉菌毒素降解率的测定 首先将酶制成特定浓度的溶液，取900 μL酶溶液与100 μL毒素标准品（某一特定浓度）混合后作为处理组，将900 μL相同pH的PBS与100 μL相同浓度的毒素标准品混合后作为对照组。处理组和对照组均设3个平行，在适宜温度条件下振荡、避光培养一定时间，检测各组中毒素的含量，计算毒素是否有降解或其具体的降解率。

2. 霉菌毒素降解率测定培养孵化后的处理阶段 孵化后的处理组和对照组溶液的处理方法主要有3种，即直接结束反应法、蒸干处理法和免疫亲和柱法。

（1）直接结束反应法 将取出的处理组和对照组溶液分别加入4 mL色谱级甲醇溶液终止菌液、上清液或酶与毒素的反应，振荡均匀后于3 000 r/min离心10 min，将上清液通过0.22 μm的滤膜后转移到灭菌的棕色小瓶中，滤液作为分析用样品。

（2）蒸干处理法 将取出的处理组和对照组溶液用与反应体系等体积的氯仿萃取3次，取氯仿层在室温下用氮吹仪吹干后，再用50%的甲醇溶液（甲醇：水=1：1）溶解残留物，摇晃均匀后作为分析用样品。

（3）免疫亲和柱法 将取出的处理组和对照组溶液分别加入4 mL色谱级甲醇溶液终止菌液、上清液或酶与毒素的反应，振荡均匀后通过免疫亲和柱吸附在柱中，然后用1 mL甲醇溶液将吸附的毒素洗脱下来，洗脱液转移到灭菌的棕色小瓶中作为分析备用样品。

将用上述方法处理好的样品通过高效液相色谱法测定处理组和对照组滤液中的毒素

含量，以峰面积大小表示毒素含量的多少。反应某一时间后，菌液、上清液或酶对该毒素的降解率见如下公式：

毒素降解率=(1－处理组峰面积/对照组峰面积)×100%

(二) 体外人工模拟消化法

体外人工模拟消化法也称仿生消化法，指在体外模拟动物胃肠道环境，调整和设置与动物胃肠道近似的温度、pH、电解质浓度、消化酶的种类和含量等条件，测定微生物或酶在人工模拟的动物胃肠道环境中对毒素的降解效果。

体外人工模拟消化方法主要包括口腔消化模拟方法、胃消化模拟方法和肠道消化模拟方法。

(1) 口腔消化模拟方法　在锥形瓶中加入液体介质（PBS)、待检样品（菌液或酶液）及一定量的霉菌毒素，调节 pH 至 6.8，最后加入淀粉酶溶液，混匀、封口后，在 37 ℃、150 r/min 的振荡器中培养 2 h。同时设置 1 个不添加霉菌毒素和 1 个不添加微生物或酶的空白对照组，以消除系统误差。

(2) 胃消化模拟方法　在口腔消化结束后的锥形瓶中加入 10 mL 盐酸，调节 pH 为 2，加入新配制的酸性蛋白酶溶液，混匀、封口后，于 37 ℃、150 r/min 的恒温振荡器上培养 4 h。

(3) 肠道消化模拟方法　在胃消化结束后的锥形瓶中加入氢氧化钠溶液，调节 pH 至 6.8，加入新配制的淀粉酶溶液、脂肪酶溶液、纤维素酶溶液、中性蛋白酶溶液，混匀、封口后，于 37 ℃、150 r/min 的恒温振荡器上培养 18 h。

肠道消化模拟结束后将锥形瓶中的液体离心取上清液，其他处理步骤同体外直接评价法，用高效液相色谱法检测霉菌毒素含量变化，计算方法同上。

(三) 消化液体外模拟法

有学者直接使用从动物消化道收集的消化液（胃液、肠液、胰液等）进行体外模拟试验，测定微生物或酶对霉菌毒素的降解率；同时，设置一个不加微生物或酶的空白对照组和一个不加霉菌毒素的空白对照组，以降低系统误差。具体操作步骤为：先向胃液中加入菌（或酶）及毒素，于 37 ℃、150 r/min 的恒温振荡器上培养 4 h；再向体系中加入肠液和胰液，混匀、封口后，于 37 ℃、150 r/min 的恒温振荡器上再培养 18 h。培养结束后的处理方法和计算方法同上。

具体操作方法（以 AFB_1 为例)：

(1) 吸取 200 μL 酶液（酶液的配制：0.01 g 酶于 50 mL 容量瓶中，加胃液或者肠液定容于 1.5 mL 的离心管中)；

(2) 加入浓度为 40 μg/mL 的 AFB_1 100 μL，此时溶液中的 AFB_1 浓度为 10 μg/mL、酶浓度为 0.2 mg/mL、乙腈浓度为 10%；

(3) 37 ℃培养 8 h，模拟食糜在胃和小肠中的消化过程；

(4) 培养结束后，于 10 000 r/min 离心 10 min，取上清液，检测其中的 AFB_1 含量；

(5) 根据反应前后毒素的浓度差计算降解率。

这种方法更接近动物消化道实际环境，更能准确反映微生物或酶在动物体内对霉菌毒素的降解效果，具有直观性和结果可靠性的优点。

体内评价法通常是在体外评价法之后进行。体外评价法选择出体外对霉菌毒素具有降解作用的微生物或酶，然后通过体内评价法（动物试验）进行进一步验证。体外评价霉菌毒素降解率的方法，反映在体外条件下微生物或酶对霉菌毒素的降解作用，与微生物或酶在动物体内对霉菌毒素的降解效果仍有差异。因此，在实际应用中，还要将体外评价法与动物体内试验结合起来，检验微生物或酶对霉菌毒素的降解效果。

二、体内评价法

体内评价法，一般通过饲喂动物同时含有霉菌毒素和微生物制剂或酶制剂的饲料一段时间后，测定实验动物相关性能指标，或用生物标记物等间接指标来评价降解效果。相比于体外直接评价法和体外模拟法，体内评价法可以更直接地反应微生物或酶对动物的影响。但是，饲料、环境、饲养方式等因素都会对动物的生长产生影响，因此体内评价法无法单纯地评价微生物或酶的作用效果，这使得评价结果不稳定。

体内评价法评价霉菌毒素降解剂效果案例如下：

案例 1：研究枯草芽孢杆菌 ANSB060 制成的（AF）生物降解剂，对采食 AF 污染饲粮肉公鸡机体抗氧化性能、组织器官形态及组织中 AF 残留量的影响。试验将 360 只 1 日龄罗斯 308 肉公鸡，随机分为 6 个处理，每个处理 6 个重复，每个重复 10 只鸡。C0 组（正对照组）饲喂正常玉米-豆粕型饲粮，C 1.0 组是在 C0 的基础上添加 1.0 kg/t 的AF 生物降解剂（枯草芽孢杆菌 ANSB060 活菌数为 3×10^9 CFU/g），M0 组（负对照组）是用 21%的霉变花生粕等量替代 C0 中的正常花生粕，M 0.5、M 1.0 和 M 2.0 组是在 M0 的基础上分别添加 0.5 kg/t、1.0 kg/t 和 2.0 kg/t 的降解剂，试验期 42 d。结果表明，与对照组相比，AF 污染饲粮可导致肉公鸡血清中谷草转氨酶（AST）活性显著升高，谷胱甘肽过氧化物酶（GSH - Px）活性显著降低，血清和肝脏中丙二醛（MDA）含量显著升高（$P<0.05$）；M0 组肉公鸡肝脏肿大、苍白，出现胆管增生、肝细胞空泡变性，以及肝细胞和汇管区淋巴细胞浸润现象。在霉变饲粮中添加降解剂后上述症状明显减轻，以添加剂量为 2.0 kg/t 时效果最明显。另外结果还表明，降解剂的添加可使肉公鸡十二指肠和肝脏中 AF 的残留量显著降低（范彧，2015）。

案例 2：研究枯草芽孢杆菌 ANSB01G 工业发酵干燥产品——霉立解（MLJ）对采食玉米赤霉烯酮（ZEA）污染饲粮青年母猪的影响。试验将 18 头体重为（36.64±1.52）kg 的青年母猪随机分为 3 个处理，每个处理 6 个重复，试验期 24 d。对照组（C）饲喂正常玉米型饲粮（不含 ZEA），处理组 1（T1）饲喂霉变玉米型饲粮（ZEA，238.57 μg/kg），处理组 2（T2）在 T1 的基础上添加 2 kg/t 的 MLJ（活菌数为 1×10^9 CFU/g）。研究结果表明，与对照组相比，被 238.57 μg/kg ZEA 污染的 T1 组饲粮可导致青年母猪阴户红肿，阴户面积显著增加，繁殖器官指数显著增加（$P<0.05$），而 T2 组在霉变饲粮中添加 MLJ 能缓解青年母猪阴户红肿和繁殖器官指数增加；T1 组中青年母猪血清促卵泡素、促黄体素和雌二醇水平没有显著影响，但是血清中催乳素的水平显著升高（$P<0.05$）；T1 组青年母猪子宫体细胞出现明显的细胞肿大和脂肪变性，肝脏

出现细胞肿胀、炎症反应和淋巴细胞浸润现象，卵巢出现卵泡萎缩退化和内部空化，而在霉变饲粮中添加霉立解（T2组）可使这些症状明显减轻（雷元培，2014）。

第三节　评价方法的误差分析

评价霉菌毒素降解率的方法各有其优缺点。其中，体外直接评价法能直接反映微生物或酶在体外条件下对霉菌毒素的降解率，操作简单、快捷，为评价其降解作用提供了良好的数据参考。但是该法所采用的试验环境与动物实际消化系统环境相差较大，不能很好地模拟出微生物或酶在动物体内的实际效果，因而具有一定的局限性。体外人工模拟消化法以尽量与动物消化系统相一致的原则，测定在体外模拟条件下微生物或酶对霉菌毒素的降解作用。尽管该方法相比体外直接评价法更能反映微生物或酶的实际效果，但是仍与动物实际的消化系统并不完全一致，因而并不能完全替代动物体内试验。消化液体外模拟法比较接近真实消化系统，其检测结果具有较高的参考价值。但无论是上述哪种评价方法都会产生误差，进而对霉菌毒素降解率的测定结果都会产生影响。

一、体外评价方法的误差分析

（一）体外直接评价法的误差分析

在霉菌毒素降解率测定的培养孵化阶段，毒素标准品和菌液或酶液混合孵育时，一般情况下毒素标准品溶解在有机溶剂中，有机溶剂对菌液中的蛋白质或酶有一定的沉淀作用。因此，此阶段一定要注意反应体系中有机溶剂的含量不能超过10%，否则会大大降低微生物或酶的活性。另外，在此过程中还要注意毒素和微生物或酶的混合液尽量避光孵育，因为一些霉菌毒素在自然光照下也会被部分分解。

反应完后测定霉菌毒素含量时，需要对毒素进行免疫亲和柱净化。由于不同生产厂家生产的不同型号的免疫亲和柱对毒素的吸附率和回收率均不同，因此为避免由此造成检测误差，在选择新型号的免疫亲和柱时，一般情况下需要对柱子进行回收率测定。在使用高效液相色谱进行测定时，不同生产厂家生产的仪器精确度和灵敏度也不同，其检测条件，如流动相的组成和比例、检测器的型号、数据处理系统的准确度等也会产生误差。因此，在同批次试验中应选择相同的检测条件，以增加检测结果的重复性和精确性。

（二）体外人工模拟消化法的误差分析

在体外人工模拟消化法的操作过程中，要添加不同来源和种类的消化酶。但由于同一种消化酶的来源、加工方式、酶活大小等参数不同，其效果也不尽相同，因此在试验过程中，尽量选择来源一致、生产批次一致的消化酶，以避免产生系统误差。试验操作过程中对各重复进行处理时应保持试验方法和操作步骤一致，以减少偶然误差，提高重复结果的一致性。体外人工模拟消化后的样品处理过程中，存在的误差与体外直接评价法的误差分析相同。

（三）消化液体外模拟法的误差分析

消化液体外模拟法的误差主要来源于操作误差，应尽量避免由于操作误差带来的试验结果差异。在体外培养时，要注意保持温度、湿度及重复间环境的一致性，减少偶然误差。消化液体外模拟法样品处理过程中，存在的误差同体外人工模拟消化法的误差分析。

二、体内评价方法的误差分析

在进行动物体内评价试验时，主要的误差来源包括动物因素、饲粮因素、给药方式等。其中，动物因素包括动物的品种、年龄、健康状况等；饲粮因素包括霉变原料混合均匀度、饲粮加工工艺、贮存方式等；给药方式意指毒素是混合到饲粮中还是肌内注射给动物。自然霉变饲粮中毒素的种类很多，一般情况下只检测常见的几种毒素。一些毒素之间存在显著的加和效应，动物采食霉变饲粮后机体会加和常见霉菌毒素的毒性。目前大部分动物试验在配制饲粮时并不考虑所含的隐蔽型霉菌毒素。隐蔽型霉菌毒素在动物肠道中的释放同样会增加常见霉菌毒素的毒性。

三、不同评价方法的比较

检测方法的误差主要有随机误差和系统误差，其中随机误差主要是存在于批内、批间、总精密度等的误差，用重复性试验可减少随机误差。系统误差又包括比例系统误差、恒定系统误差和二者并存的误差。比例系统误差可用于回收试验的评价，恒定系统误差可用于干扰试验的评价，两者并存的误差可用方法对比试验进行评价。

（一）随机误差

任何一种试验方法都存在随机误差，并且这种误差无法被消除，只能通过重复性试验来减少。在科学试验中，一次试验的方法或结果没有说服力，必须可重复，且重复性好才能说明试验方法或结果的可靠性。重复性试验包括 2 种：一种是一个人为了说明检测方法或结果的可重复性，同时进行多个平行试验，且平行试验的方法或结果一致，说明结果不是偶然发生的，而是有其必然规律存在；另一种是重复进行相同的试验后得出同样的结论，说明试验的方法或结果经得起多次重复检验，具有代表性、可靠性和可重复性。

以上 3 种体外测定霉菌毒素降解率的方法中，体外直接评价法操作简单，出现随机误差的步骤少，只要保证试验条件一致，控制人为误差，其随机误差较小，重复性较好。体外人工模拟消化法通过人工添加消化酶，调节温度和 pH 等条件，更容易受外界影响，造成试验结果重复性较差，随机误差较大。体外消化液模拟法直接采用动物消化液进行检测，对外界变化不敏感，如果注意控制试验条件，重复性也较好。对于体内评价法，在设计试验时，一般一个处理设计 6 个以上的重复，因此试验结果可信度高，可重复性也较好。当然，由于体内试验受影响因素较多，故组内和组间也必然存在误差。

（二）精密度

精密度是准确度的一个重要组成部分，是在规定的条件下，独立测量结果间的一致程度。精密度的度量是重复性和再现性，重复性是指在完全相同的条件下测定结果的一致性，再现性测定的是在完全不同的条件下测定结果的最大差异，二者是精密度的两个极端值，试验中一般选用重复性来度量精密度。精密度通常以平均差、极差、标准差或方差来度量，主要是试验结果在某一特定结果范围变化时的接近程度，接近度越高，精密度越高。

精密度与重复性密切相关，试验方法或结果重复性越好，说明结果的可变范围越小，越接近实际值，因而精密度的误差分析与重复性试验误差分析一致。

（三）系统误差

回收率是评价检测准确度的重要指标，是经过处理后能用于测定分析的样品占标准品的比例，反映样品在操作过程中的损失大小。回收试验主要是在空白基质中加入定量的待检物质，经过系列处理后与标准品对比，其比值就是回收率。某些试验步骤在检测中无可避免，由于这些步骤造成的样品损失亦不能消除，因此在试验方法的选择和试验程序制定中，要尽可能挑选适宜的设备、器械、方法、程序等，以提高回收率和减小系统误差。

以上几种测定霉菌毒素降解率的方法中，容易出现系统误差的步骤是免疫亲和柱的净化过程。该过程需要将培养孵化后的溶液经过免疫亲和柱的吸附和净化，容易产生毒素洗脱不完全等现象，因而影响毒素的回收。

参考文献

范彧，2015. 黄曲霉毒素降解酶基因克隆表达和降解剂在肉鸡中的应用研究［D］. 北京：中国农业大学.

计成，马秋刚，高欣，等，2010. 用于降解黄曲霉毒素的枯草芽孢杆菌［P］. 专利号：200910242938.3.

计成，马秋刚，雷元培，等，2012. 同时降解玉米赤霉烯酮和纤维素的枯草芽孢杆菌及其应用［P］. 专利号：201010620651.2.

计成，马秋刚，赵丽红，等，2015. 一种高效降解呕吐毒素的枯草芽孢杆菌及其应用［P］. 专利号：201310169636.4.

雷元培，2014. ANSB01G 菌对玉米赤霉烯酮的降解机制及其动物试验效果研究［D］. 北京：中国农业大学.

马秋刚，雷元培，计成，等，2012. 用于降解黄曲霉毒素的枯草芽孢杆菌及其分泌的活性蛋白［P］. 专利号：ZL201010539983.8.

赵丽红，计成，马秋刚，李笑樱. 单端孢霉烯族毒素生物降解剂及其制备方法［P］. 专利号：ZL201410419237.3.

Shi D S, Zhou J C, Zhao L H. 2018. Alleviation of mycotoxin biodegradation agent on zearalenone and deoxynivalenol toxicosis in immature gilts［J］. Journal of Animal Science and Biotechnology, 9: 42.

Gao X，Ma Q G，Zhao L H. 2011. Isolation of *Bacillus subtilis*：screening for aflatoxins B_1，M_1，and G_1 detoxification [J]. European Food Research and Technology（232）：957-962.

Zhao L H，Li X Y，Ji C，2016. Protective effect of Devosia sp. ANSB714 on growth performance，serum chemistry，immunity function and residues in kidneys of mice exposed to deoxynivalenol [J]. Food and Chemical Toxicology，92：143-149.

Zhang L Y，Ma Q G，Ma S S，2017. Ameliorating effects of *bacillus subtilis* ANSB060 on growth performance，antioxidant Functions，and Aflatoxin residuesin ducks fed diets contaminated with Aflatoxins [J]. Toxins，9：1.

Ma Q G，Gao X，Zhou T，2012. Protective effect of *Bacillus subtilis* ANSB060 on egg quality，biochemical and histopathological changes in layers exposed to aflatoxin B_1 [J]. Poultry Science，91：2852-2857.

Jia R，Ma Q G，Fan Y，2016. The toxic effects of combined aflatoxins and zearalenonein naturally contaminated diets on laying performance，egg quality and mycotoxins residues in eggs of layers and the protective effect of Bacillussubtilis biodegradation product [J]. Food and Chemical Toxicology，90：142-150.

Li X Y，Guo Y P，Zhao L H，2018. Protective effects of Devosia sp. ANSB714 on growth performance，immunity function，antioxidant capacity and tissue residues in growing-finishing pigs fed with deoxynivalenol contaminated diets [J]. Food and Chemical Toxicology，121：246-251.

Fan Y，Liu L T，Zhao L H，2018. Influence of Bacillus subtilis ANSB060 on growth，digestive enzyme and aflatoxin residue in Yellow River carp fed diets contaminated with aflatoxin B_1 [J]. Food and Chemical Toxicology，113：108-114.

Fan Y，Zhao L H，Ji C，2015. Protective Effects of Bacillus subtilis ANSB060 on Serum Biochemistry，Histopathological Changes and Antioxidant Enzyme Activities of Broilers Fed Moldy Peanut Meal Naturally Contaminated with Aflatoxins [J]. Toxins，7：3330-3343.

07

第七篇　饲料霉菌毒素毒性效应的评估

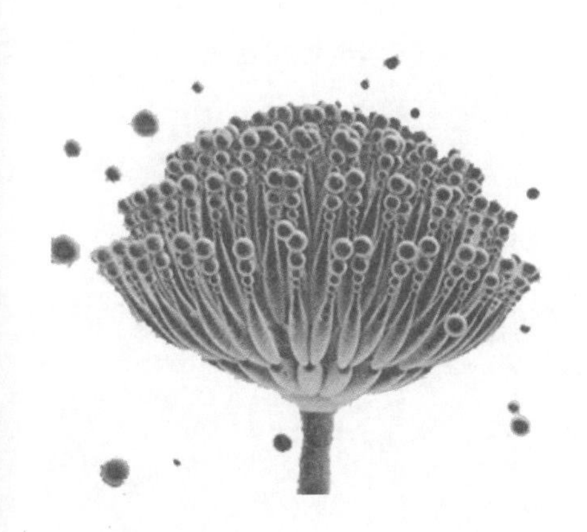

第三十章 影响霉菌毒素毒性效应的因素

当霉菌毒素被动物采食，进入动物体内后，会引起动物体内细胞、组织、器官及系统的损伤，引起特定的病理变化，这些现象被称为霉菌毒素毒性效应。霉菌毒素对动物的毒性效应受多种因素的影响，主要包括动物因素（品种、基因型、性别、年龄或生产阶段、生理因素、病理因素及养殖模式等）、霉菌毒素的互作效应、营养因素、功能性饲料添加剂因素等。

第一节　动物因素对霉菌毒素毒性效应的影响

一、动物品种

不同品种的动物对霉菌毒素的敏感性不同。例如，畜禽对黄曲霉毒素的敏感性有较大差异，其中禽类最为敏感，其次是仔猪和母猪，反刍动物由于其瘤胃微生物的缓冲作用而对黄曲霉毒素有一定的抵抗力。然而，由于黄曲霉毒素的高毒性会对瘤胃一些微生物产生影响，因此在高剂量或者长期暴露在黄曲霉毒素环境下，反刍动物的生长、繁殖、产肉量和产奶量也会下降。表 30－1 比较了不同动物对黄曲霉毒素的半数致死量。

表 30－1　不同动物口服黄曲霉毒素 LD_{50} 值

霉菌毒素	动　物	年龄/大小	LD_{50}（mg/kg）
AFB_1	鸭		0.37
AFB_2	鸭		1.69
AFG_1	鸭		0.79
AFG_2	鸭		2.5
AFB_1	兔		0.3～0.5
	猫		0.55
	猪		0.62
	火鸡		0.5～1.0

（续）

霉菌毒素	动　物	年龄/大小	LD_{50}（mg/kg）
AFB_1	狗	幼犬（<1周岁）	0.5～1.0
	牛	犊牛	0.5～1.0
	豚鼠		1.4～2.0
	马		2.0
	绵羊		2.0
	猴		2.0
	鸡		6.5～16.5
	小白鼠		9.0
	仓鼠		10.2
	大鼠（雄）	21 d	5.5
	大鼠（雌）	21 d	7.4
	雄性大鼠	100 g	17.9

资料来源：Agag（2004）。

动物对玉米赤霉烯酮的敏感程度依次是：猪＞大鼠＞牛＞禽。青年母猪对玉米赤霉烯酮的敏感性最强，饲粮中含0.1～0.15 mg/kg的玉米赤霉烯酮，即可引起阴门红肿、子宫体积和重量增加。

由于呕吐毒素在不同动物体内的吸收、代谢方式不同，因此不同动物对其毒性的耐受性存在很大差异，其毒性效应大小顺序为：猪＞小鼠＞大鼠＞家禽和反刍动物。低剂量的呕吐毒素能引起动物体内免疫和神经内分泌功能紊乱，造成食欲减退和生长缓慢，相同剂量情况下猪的厌食症状较家禽和反刍动物严重。家禽对单端孢霉烯族毒素的耐受性较高，蛋鸡呕吐毒素中毒后出现的神经化学病变不明显。

兔对静脉注射麦角生物碱的LD_{50}值为0.9～3.2 mg/kg（以体重计），而静脉注射麦角生物碱后小鼠或大鼠的LD_{50}值为30～275 mg/kg（以体重计）（Griffith等，1978；Tfelthansen等，2000）。

二、动物基因型

基因型的差异是影响霉菌毒素易感性的重要因素之一。早在1970年，人们就发现不同肉鸡品系对黄曲霉毒素敏感性的差异高达2倍之多。1979年的一项研究还发现，日本鹌鹑对黄曲霉毒素的敏感性受少数几个基因调控，经过几个世代品种选育才得到对黄曲霉毒素高度耐受的鹌鹑品种。对耐受黄曲霉毒素肉鸡品种的选育研究也在1987年取得了成功。饲料中存在霉菌毒素时，某个基因的存在或缺失可以对动物的采食行为，以及霉菌毒素代谢和排泄途径产生一系列复杂的影响。在一定区域内，不同动物品种对环境毒素（如麦角生物碱）的敏感性不同。比如，当反刍动物采食被内生真菌感染的高羊茅时，英国本土牛比婆罗门牛品种更为敏感（Burke等，2010）。

三、动物性别

相同动物品种，性别不同对霉菌毒素的易感性也不同。雌性动物对黄曲霉毒素比雄性动物具有更强的耐受性。有学者统计了 1968—2010 年发表的关于生长猪霉菌毒素的 85 篇文献，分析这些文献涉及的 1 012 个试验及 13 196 个动物样本后发现，霉菌毒素对生长期育肥公猪的影响更大，育肥母猪日增重降低 15%，而育肥公猪日增重则降低 19%（Andretta 等，2012）。雄性动物和雌性动物对玉米赤霉烯酮的敏感性也有不同的表现，青年母猪对玉米赤霉烯酮的敏感性显著高于同年龄阶段的公猪。玉米赤霉烯酮严重中毒的母猪出现直肠和阴道脱垂现象，子宫内膜与肌层增生和水肿等。另有研究发现，红色青霉毒素造成小鼠血清谷丙转氨酶（ALT）水平升高、血清中葡萄糖浓度降低等中毒症状，该毒性效应对雄性小鼠的影响比对雌性小鼠更为严重（Iwashita 等，2005）。

四、动物年龄（日龄）或生产阶段

相同品种和性别，不同日龄动物对霉菌毒素的敏感性不相同。一般情况下，年龄越小的动物对霉菌毒素的敏感性越大，受霉菌毒素的危害就越严重（Andretta 等，2012）。例如，黄曲霉毒素对各年龄阶段的家畜都有影响，幼畜对黄曲霉毒素的敏感性高于成年家畜，怀孕母畜对黄曲霉毒素比未怀孕母畜更敏感。

不同日龄家禽霉菌毒素中毒表现也不相同。总体而言，鸡群对霉菌毒素的敏感程度与日龄成反比，日龄越大的鸡其耐受力越强，而仔鸡对霉菌毒素的耐受力低且后继影响更大。家禽霉菌毒素中毒症经常与所患疾病相混淆，如新生雏鸡 1 日龄有明显呼吸道症状，仅 10%有肺霉斑变化，易误诊为支原体病；发病于 4 日龄后的雏鸡，往往生长不良、采食少、体重轻，会被认为是弱雏。另外，霉菌毒素中毒还会使 15 日龄雏公鸡出现打鸣，鸡冠发育过度，主要是由过量玉米赤霉烯酮引起，可能被误认为雏鸡过早发育。

五、生理因素

动物所处生理状态不同，也会影响其对霉菌毒素的易感性。例如，动物长期处于应激、营养不良等亚健康状态时，会大幅度增加其对霉菌毒素的易感性。通过改善养殖环境、应用营养性添加剂等措施改善动物的生理状态，可以降低动物应激的发生，改善动物健康状况，降低动物对霉菌毒素的易感性。除此之外，霉菌毒素在动物体内的转化也同动物所处的生理状态有较大关系。一般认为，黄曲霉毒素 B_1 向黄曲霉毒素 M_1 转化的比例很高，但转化程度受多种营养和生理因素影响。对于奶牛而言，肝脏黄曲霉毒素 B_1 向黄曲霉毒素 M_1 的转化受奶牛饲养模式、日粮摄入量、消化率、机体健康状况、肝脏生物转化能力、产奶量等因素的影响。因此，黄曲霉毒素的吸收率及黄曲霉毒素 M_1 向乳中的分泌量，在不同个体间、不同时期、不同挤奶时间都存在差异。

六、病理因素

一些霉菌毒素具有抑制免疫功能或产生免疫抑制的毒理效应，因此动物在病理状态下对霉菌毒素会更加敏感，毒素效应会加重，动物疾病的病程随之延长，感染其他疾病的风险也会加重。动物霉菌毒素中毒通常是由于摄入了含有被霉菌毒素污染的饲粮而引起的，动物霉菌毒素中毒还容易引起动物产生多种不同的临床和病理症状，而且大多数情况下与传染性疾病有关。例如，黄曲霉毒素、赭曲霉毒素和单端孢霉烯族毒素能抑制蛋白质的合成，造成淋巴组织发育不全，影响血液系统或造血系统（骨髓）的正常功能，进而降低动物对疾病的抵抗力。张勤文（2005）通过镜检发现，临床发病的仔猪（同时采食了霉变日粮）脑实质血管扩张、充血、出血，小胶质细胞增生；肠黏膜上皮变性、脱落，固有层及黏膜下层有较多的淋巴细胞；肝淤血，肝小叶周边细胞空泡变性；肾小球肿大，肾小囊内有出血，肾小管上皮细胞肿胀变性，管腔狭窄。以上证实，霉菌毒素的存在加重了动物的病理症状。

七、养殖模式

在某一特定条件下，使养殖生产达到一定产量而采用的经济与技术相结合的规范化养殖方式即为养殖模式。不同的养殖模式影响动物对霉菌毒素的易感性。因此，应从饲料厂产品库内堆积、运输到养殖场的装载环节、养殖场的场内存放、畜舍饲喂系统的再污染等因素全面考虑霉菌毒素的污染问题。相对于设施简单、管理落后的散养模式，集约化的养殖模式中，通常设施优良、管理完善、动物所处环境良好，所以动物健康水平较高，动物在集约化养殖模式下对霉菌毒素的易感性相对较低。在饲养管理相对较差的猪舍，料槽中残留的饲料没有得到及时处理而导致霉菌毒素二次污染和富集，严重影响猪群的健康状况，因此需要引起足够的重视。

第二节　霉菌毒素的互作效应

田间农作物在收获和贮存期间会受到多种霉菌的感染，且一些霉菌，如曲霉菌、青霉菌和镰孢霉菌能同时产生多种霉菌毒素，因此在饲料或食物中可能普遍存在几种霉菌毒素混合污染的现象。另外，多种原料进出口贸易量的增加也加剧了配合饲料受不同种霉菌毒素同时污染的风险。即便某些农产品原料只含有一种霉菌毒素，然而多种不同的原料混合复配成全价饲料时，就可能同时含有几种不同的霉菌毒素。因此，摄入混合霉菌毒素是否比摄入其中某单一霉菌毒素对动物机体的损害风险大，以及霉菌毒素之间产生的互作协同效应需要引起足够重视。当霉菌毒素具有相似的化学结构、来自相同的物种或相同的家族时，其毒素作用方式或毒性特征会非常相似，表明相关的一些霉菌毒素发生混合感染时可能会产生累加效应。

近年来，一些养殖实践也表明，多种霉菌毒素协同作用对动物健康的毒副作用比单一霉菌毒素产生的更大。饲喂含有呕吐毒素自然污染饲粮对动物产生的毒副作用比同浓度纯化的呕吐毒素产生的毒副作用更为严重。

在风险评估方面，霉菌毒素毒性可以通过建立每日可容忍摄入量或临时耐受性每周摄入量来评估（Speijers 和 Speijers，2004）。在临床诊断方面，霉菌毒素间的相互作用可以改变中毒的临床症状，导致诊断特征不同于单独作用的症状之和，而且一些诊断工具尚未健全，也使得确定霉菌毒素间具体互作效应类型较为困难，不容易根据动物症状作出快速、准确的诊断。

一、霉菌毒素互作效应的分类

霉菌毒素互作效应指 2 种或 2 种以上霉菌毒素同时存在于饲料中时，这些霉菌毒素之间对动物毒性反应所表现出来的相互关系（图 30-1）。给动物饲喂含有多种霉菌毒素污染的饲粮时，其组合产生的互作效应可以分为加性效应、亚加性效应、协同效应、增效效应和颉颃效应等几种类型。

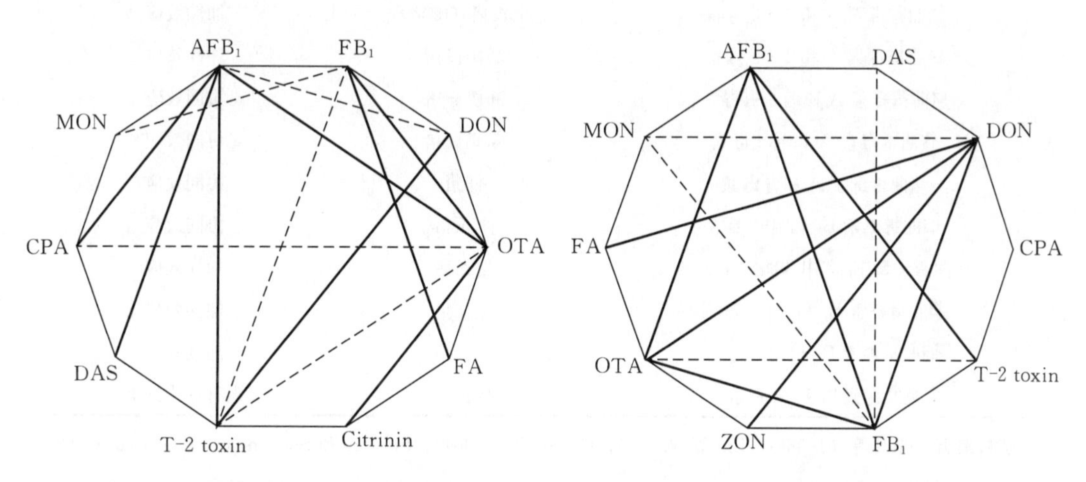

图 30-1 不同霉菌毒素之间对家禽（左）和猪（右）的相互作用

注：实线表示协同作用，虚线表示相加作用；AFB_1，黄曲霉毒素 B_1；OTA，赭曲霉毒素 A；DAS，二乙酰镳草镰刀菌烯醇（蛇形菌素）；FB_1，烟曲霉毒素 B_1；ZON，玉米赤霉烯酮；CPA，环匹阿尼酸；DON，脱氧雪腐镰刀菌烯醇（呕吐毒素）；FA，镰孢菌素；MON，串珠镰刀菌素；citrinin，桔青霉素；T-2 toxin，T-2 毒素。

（资料来源：Pedrosa 和 Borutova，2011）

加性效应，指几种霉菌毒素同时存在的组合毒性效应与这几种霉菌毒素单独存在时的毒性效应累加之和相等。协同效应，指几种霉菌毒素同时存在的组合毒性效应大于这几种霉菌毒素单独存在时的毒性效应总和。多种霉菌毒素在饲粮中同时存在而导致的毒理学协同效应，增加了霉菌毒素中毒的严重性。上述 2 种互作效应在镰刀菌属产生的霉菌毒素之间较为常见。亚加性效应，指几种霉菌毒素同时存在的组合毒性效应小于这几种霉菌毒素单独存在时的毒性效应总和。增效效应，是指一种霉菌毒素对某组织或器官不产生毒性作用，但摄入另一种霉菌毒素后，前者使后者的毒性增强。例如，萎蔫酸就是一种最常见的镰刀菌毒素，它可以增强呕吐毒素的毒性；但在没有其他霉菌毒素存在的情况下，萎蔫酸的毒性非常弱，以致其在饲料中的含量很难被检测到。颉颃效应，是指一种霉菌毒素会干扰其他一种或几种霉菌毒素的毒性效应，但这种情况较少见。加性效应和协同效应在霉菌毒素之间比较常见。表 30-2 和表 30-3 分别总结了饲料中一些常见霉菌毒素对猪和禽的毒性互作效应。

表 30-2 霉菌毒素对猪的毒性互作效应

霉菌毒素	动物种类	互作类型
黄曲霉毒素和 T-2 毒素	生长猪	加性效应
黄曲霉毒素和呕吐毒素	生长猪	亚加性效应
黄曲霉毒素和蛇形毒素	生长猪	加性效应和协同效应
黄曲霉毒素和烟曲霉毒素 B_1	生长猪	协同效应
黄曲霉毒素和赭曲霉毒素 A	生长猪	协同效应
黄曲霉毒素和烟曲霉毒素	生长猪	协同效应
赭曲霉毒素 A 和 T-2 毒素	生长猪	亚加性效应
赭曲霉毒素 A 和 T-2 毒素	生长猪（阉猪）	加性效应
赭曲霉毒素 A 和 T-2 毒素	断奶仔猪	加性效应
赭曲霉毒素 A 和烟曲霉毒素	断奶仔猪	协同效应
赭曲霉毒素 A 和呕吐毒素	断奶仔猪	协同效应
赭曲霉毒素 A 和青霉酸	仔猪	协同效应
烟曲霉毒素 B_1 和呕吐毒素	生长猪	协同效应
烟曲霉毒素 B_1 和串珠镰刀菌毒素	生长猪	加性效应
烟曲霉毒素 B_1 和 T-2 毒素	生长猪	加性效应
烟曲霉毒素 B_1 和蛇形毒素	生长猪	加性效应
呕吐毒素和 T-2 毒素	生长猪	没有互作证据

资料来源：Huff 等（1988c）；Liu 等（2002）；Creppy 等（2004）；Speijers 和 Speijers（2004）；Diaz（2005）；Schwarzer（2009）。

表 30-3 霉菌毒素对禽的毒性互作效应

霉菌毒素	动物种类	互作效应
黄曲霉毒素和赭曲霉毒素 A	鸡	协同效应和亚加性效应
黄曲霉毒素和 T-2 毒素	鸡	协同效应
黄曲霉毒素和蛇形毒素	鸡	协同效应
黄曲霉毒素和呕吐毒素	鸡	加性效应
黄曲霉毒素和烟曲霉毒素 B_1	雏火鸡	加性效应，仅黄曲霉毒素受影响
黄曲霉毒素和环匹阿尼酸	鸡	亚加性效应
黄曲霉毒素和酒曲酸	鸡	加性效应
黄曲霉毒素和串珠镰刀菌毒素	鸡	亚加性效应

（续）

霉菌毒素	动物种类	互作效应
赭曲霉毒素 A 和 T-2 毒素	鸡	加性效应
烟曲霉毒素 B_1 和呕吐毒素	鸡	仅黄曲霉毒素受影响
呕吐毒素和串珠镰刀菌毒素	鸡	亚加性效应
呕吐毒素和串珠镰刀菌毒素	雏火鸡	仅串珠镰刀菌毒素受影响
呕吐毒素和 T-2 毒素	鸡	加性效应
烟曲霉毒素 B_1 和串珠镰刀菌毒素	蛋鸡	仅黄曲霉毒素受影响
烟曲霉毒素 B_1 和串珠镰刀菌毒素	雏火鸡	仅串珠镰刀菌毒素受影响
烟曲霉毒素 B_1 和 T-2 毒素	雏火鸡	加性效应
烟曲霉毒素 B_1 和 T-2 毒素	鸡	亚加性效应
烟曲霉毒素 B_1 和蛇形毒素	雏火鸡	加性效应
烟曲霉毒素 B_1 和赭曲霉毒素 A	雏火鸡	加性效应
赭曲霉毒素 A 和青霉酸	鸡	仅赭曲霉毒素 A 受影响
赭曲霉毒素 A 和桔霉毒素	鸡	颉颃效应
赭曲霉毒素 A 和呕吐毒素	鸡	加性效应
赭曲霉毒素 A 和蛇形毒素	鸡	亚加性效应
环匹阿尼酸和 T-2 毒素	鸡	亚加性效应

资料来源：Diaz（2005）。

二、黄曲霉毒素和其他毒素之间的互作效应

肉鸡饲粮中同时存在 2.5 μg/g 黄曲霉毒素 B_1 和 4.0 μg/g T-2 毒素时，二者对体重、组织器官发育、血液指标的作用表现为协同效应（Huff 等，1988a）。对肉仔鸡同时饲喂黄曲霉毒素和蛇形毒素，从体增重、平均红细胞体积、平均红细胞血红蛋白含量、血清甘油三酯、血清钙等指标分析，二者的毒性效应表现为协同效应。单独或联合饲喂大鼠 FB_1（50 μg/kg 或 100 μg/kg，以体重计）和烟曲霉毒素 B_1（100 μg/kg，以体重计）30 d，二者对大鼠生产性能和组织器官发育指标的影响表现为协同作用（孙桂菊等，2005）。

总体来说，2 种毒素同时存在时比单一种毒素污染产生的毒副作用更强，一般表现出协同效应或加性效应。不过 2 种毒素产生互作效应的机制不尽相同，如黄曲霉毒素 B_1 和烟曲霉毒素 B_1 均对仔猪泡状巨噬细胞产生免疫毒性，但是它们产生的毒性机制不同（Liu 等，2002）。

三、呕吐毒素和其他毒素之间的互作效应

饲粮中添加呕吐毒素和萎蔫酸在降低肉鸡生产性能方面具有协同作用（Smith 等，1997）。1 mg/kg 呕吐毒素（以饲粮计）和 25 μg/kg 玉米赤霉烯酮（以饲粮计）单独饲喂猪时，猪并没有表现出中毒现象，而两者同时存在时则导致猪发生严重的生理病变

（Chen 等，2008）。体外试验也发现，呕吐毒素与玉米赤霉烯酮对骨髓（造血前体细胞体外培养）的毒性表现为加性效应（Ficheux 等，2012）。饲粮中同时添加呕吐毒素和赭曲霉毒素可显著抑制猪体内自由基的形成，以及显著抑制机体体液免疫功能（Müller 等，1999）。饲粮含有单一的脱氧雪腐镰刀菌烯醇，或与接骨木镰菌醇（sambucinol）、15－乙酰去氧雪腐镰菌醇（15－acetyldeoxynivalenol）、3－乙酰去氧雪腐镰菌醇（3－acetyldeoxynivalenol）和大镰刀菌素（culmorin）同时存在时，未发现这些霉菌毒素对生长猪有明显的毒理学相互作用。

四、赭曲霉毒素和其他毒素之间的互作效应

体外试验研究发现，赭曲霉毒素 A 和烟曲霉毒素 B_1 同时作用时，对 C6 神经胶质瘤细胞、Caco－2 细胞、Vero 细胞的毒性具有协同效应。体内试验同样也发现，赭曲霉毒素 A 和烟曲霉毒素 B_1 对育肥猪的毒性具有协同效应（Creppy 等，2004）。在赭曲霉毒素 A 和 T－2 毒素对生长阉猪毒性效应试验中发现，赭曲霉毒素 A 和 T－2 毒素无论单独存在还是共同存在，对猪的生长性能、血清生化指标、血清学指标、免疫机能和组织器官发育均有影响，二者的相互作用表现为累加效应（Harvey 等，1994）。赭曲霉毒素 A 和桔青霉素均属于肾毒性化合物，共同存在时对肾脏的损伤具有协同作用（Speijers 和 Speijers，2004）。

五、烟曲霉毒素和其他毒素之间的互作效应

综合分析烟曲霉毒素 B_1 和呕吐毒素对生长猪试验的生长性能、血清生化指标、免疫反应和组织病理学反应等指标时发现，二者之间存在加性效应，而其他指标测定结果表现出来的互作效应则为协同效应（Kubena 等，1997）。烟曲霉毒素 B_1 和呕吐毒素之间的协同效应在仔猪试验中更加明显。烟曲霉毒素 B_1 和呕吐毒素单独存在时，对仔猪生产性能无显著影响，对血液代谢影响较小；但其同时存在时，可引起仔猪肝脏和肾脏发生病变，同时产生免疫抑制作用，表现出协同效应（Grenier 等，2011）。

六、多种毒素之间的互作效应

研究者研究了 3 种或 3 种以上霉菌毒素之间的互作关系。单独或混合饲喂肉鸡含黄曲霉毒素 300 μg/kg、赭曲霉毒素 2 mg/kg 和 T－2 毒素 3 mg/kg 的饲粮，通过测定胸腺和法氏囊重量及抗新城疫抗体滴度发现，这 3 种毒素之间对某一指标来说具有加性或颉颃效应（Mvln 和 Devegowda，2002）。同时饲喂断奶仔猪含有赭曲霉毒素、呕吐毒素、T－2 毒素和烟曲霉毒素 4 种毒素的饲粮发现，多种毒素组合产生的免疫抑制的毒素效应并没有高于单一毒素效应，表明这 4 种霉菌毒素对免疫抑制方面不存在协同作用（Müller 等，1999）。

综上所述，不同霉菌毒素的相互组合会产生不同的相互效应，但是以加性效应和协同效应居多。多种霉菌毒素同时存在产生的相互效应的相关研究报道较少，毒素之间的

相互效应的研究还有待加强。必须正视饲料和饲料原料中霉菌毒素混合污染的普遍性，而不能只针对某一种毒素来设计和制定片面的预防和治疗措施。此外，还需要综合考虑多种因素。比如，一些霉菌毒素混合添加后体内和体外试验要充分结合，应选择具有代表性、综合性的指标作为评定项目，综合考虑血液学、组织学及免疫学，建立一套完整、系统的评价多种霉菌毒素毒性效应的体系。

第三节　营养因素对霉菌毒素毒性效应的影响

饲料中的能量、蛋白质、氨基酸和维生素等营养素不足时，可能造成动物对霉菌毒素的敏感性增强，即营养因素也会对霉菌毒素的毒性效应产生影响。霉菌在饲料或原料中生长时能直接利用其中的营养物质，造成发霉的饲料中某些或某种营养物质的含量低于正常水平。实际上，动物发生霉菌毒素中毒时，几乎所有营养物质的吸收、分配和利用均会受到影响。因此，在饲粮营养成分缺乏的情况下，饲粮中的霉菌毒素对动物的危害会更严重。饲粮霉变也是畜禽生产中的一种应激源。当应激长期存在时，可导致营养和能量代谢过程的重新分配，比如饲粮中的霉菌毒素可引起脂肪异常沉积，进而发生氧化反应与炎性反应。动物发生应激反应，导致生产性能下降、饲料转化效率降低、蛋鸡产蛋率下降等。因此，饲料霉变同样会引起动物生产性能的降低。

发生黄曲霉毒素中毒后，肉鸡机体内的一些营养物质发生了相应的变化，血浆、胆汁和肝脏中B族维生素和氨基酸浓度降低（Voigt 等，1980），血液循环中脂类成分降低，表明黄曲霉毒素干扰了B族维生素、氨基酸和脂类的合成代谢。兔发生黄曲霉毒素中毒时，血浆中的B族维生素、氨基酸及胆汁中的B族维生素浓度同样降低（Viogt 等，1981），表明霉菌毒素与一些营养物质对动物机体产生了互作效应。因此，通过采取营养调控手段提高动物对饲料或粮食中霉菌毒素的抵抗力，或者降低动物采食霉菌毒素污染饲粮的不良反应，理论上是可行的。

一、脂肪对霉菌毒素毒性效应的影响

饲粮脂肪能在一定程度上缓解霉菌毒素的毒性效应。Hamilton 等（1972）研究发现，火鸡饲粮中添加脂肪降低了黄曲霉毒素引起的死亡率。Denli 等（2004）研究发现，饲粮中添加亚油酸能缓解黄曲霉毒素对肉鸡饲料利用率的负面影响，亚油酸同样能缓解黄曲霉毒素 B_1 对肝脏组织的损伤。

二、粗蛋白质对霉菌毒素毒性效应的影响

霉菌毒素代谢物可以影响蛋白质和氨基酸的代谢，人们试图通过增加蛋白质水平来缓解霉菌毒素的毒性。研究表明，给肉鸡饲喂含 5 mg/kg 黄曲霉毒素 B_1 污染的饲粮时，将饲粮蛋白质水平从 20%提高到 30%可减轻黄曲霉毒素 B_1 引起的生长抑制（Smith 等，1971）。蛋白质对霉菌毒素的这种效应在育肥猪上也得到了验证，降低日粮蛋白质

含量加重了10周龄育肥猪黄曲霉毒素中毒后的症状（Sisk和Carlton，1972）。虽然提高日粮蛋白质水平在一定程度上缓解了霉菌毒素的毒素效应，但饲粮蛋白质水平的提高会使日粮配方成本增加，在生产中应综合考虑实际情况。

三、氨基酸对霉菌毒素毒性效应的影响

饲粮中氨基酸含量和平衡性显著影响动物的生产性能。饲料在未被摄入动物机体之前，因霉变产生的霉菌毒素会破坏饲料中的某些氨基酸（如蛋氨酸和赖氨酸）。这些饲料即便在没有霉菌毒素污染的情况下也会对动物生产性能产生不利影响，而氨基酸破坏和霉菌毒素同时存在时产生的互作效应对动物造成的损伤会更大；同时，多种霉菌毒素会抑制动物蛋白质的合成。当发生霉菌毒素中毒时，氨基酸营养对于蛋白质合成更加重要；同时，与提高饲粮蛋白质水平相比，添加特定种类限制性氨基酸（如蛋氨酸）性价比更为理想。因此，氨基酸营养是影响霉菌毒素效应的重要因素之一。

饲粮中总含硫氨基酸低于NRC标准时，动物发生黄曲霉毒素中毒的症状更加严重，因为霉菌毒素解毒时会消耗大量蛋氨酸。同时，饲粮蛋氨酸缺乏也会导致动物生长缓慢和饲料利用率降低等，尤其是对鸡、鸭等禽类动物（蛋氨酸为第一限制性氨基酸）。饲粮中添加超过NRC推荐量34%的蛋氨酸，可以保护肉鸡避免黄曲霉毒素对其生长性能造成的损害。NRC中营养物质的推荐量是相对于正常健康动物的添加量；而在动物摄入霉菌毒素污染饲粮发生应激情况下，若想达到最佳生产性能，动物本身对营养物质的需求就会有所改变。例如，在肉鸡饲粮中额外添加蛋氨酸，可缓解黄曲霉毒素中毒后的症状，也许主要是通过增加谷胱甘肽含量而抑制了黄曲霉毒素的中毒效应。

在育肥猪霉菌毒素污染饲粮中添加1%精氨酸，能增强机体抗氧化能力，减轻霉菌毒素产生的氧化损伤，提高肠道黏膜屏障功能，增强肠道抵抗病原菌定植的能力，改善肠道形态结构，从而促进氨基酸的转运，增加营养物质的沉积效率（Yin等，2014）。这表明，精氨酸可以发挥肠道保护和修复作用，缓解霉菌毒素对育肥猪的毒害损伤。另外，精氨酸和谷氨酰胺同时添加可以缓解呕吐毒素对育肥猪生产性能、氧化反应和炎症反应的影响。苯丙氨基酸虽然没有改善赭曲霉毒素对肉鸡生产性能的影响，但其降低了肉鸡死亡率和提高了肉鸡健康状况（Gibson等，1990）。

四、维生素对霉菌毒素的毒性效应的影响

维生素是饲粮中不可或缺的营养物质，正确使用可提高动物机体的免疫力。应激（霉变日粮也属于应激源）会影响体内一些维生素的合成，增加外源需要量。许多霉菌毒素具有免疫抑制的毒性效应，维生素的应用可在一定程度上减轻霉菌毒素的负面作用。抗硫胺（维生素B_1）因子是镰刀菌毒素发挥毒性作用最重要的毒性因子，而增加维生素B_1含量可以部分抵消镰刀菌毒素的毒性效应（Nagaraj等，1994）。添加具有抗氧化作用的维生素A、维生素C、维生素E能够缓解霉菌毒素的毒性效应，这方面内容可参见本章第四节“抗氧化剂对霉菌毒素毒性效应的影响”。

第四节 功能性饲料添加剂对霉菌毒素毒性效应的影响

不同饲料添加剂与霉菌毒素产生的相互作用是不一样的。通常情况下，饲料中霉菌毒素的污染很难避免。为了缓解动物采食霉菌毒素污染饲粮对机体产生的毒性效应，可在饲粮中添加一些营养性、功能性饲料添加剂，如抗牛素、抗氧化剂、中草药添加剂、霉菌毒素吸附剂和霉菌毒素降解剂等。

一、抗生素对霉菌毒素毒性效应的影响

金霉素可缓解黄曲霉毒素引起的负面影响，但不能完全消除。动物霉菌毒素中毒时使用抗生素对症治疗，可在一定程度上缓解霉菌毒素中毒的症状，但是抗生素也会加重霉菌毒素的毒性效应（尤其是在免疫方面）。慢性 T-2 毒素中毒能够促进猪口服氯四环素的吸收和生物学利用率，导致抗生素在组织中残留（Goossens 等，2013），影响停药期，表明霉菌毒素和抗生素可以产生互作效应。

二、抗氧化剂对霉菌毒素毒性效应的影响

由于脂质过氧化在很大程度上会加重霉菌毒素的毒性作用，因此抗氧化剂有可能缓解霉菌毒素的毒性效应。比如，一些抗氧化酶可以由机体自身产生；还有一些非酶抗氧化剂，如维生素 A、维生素 C、维生素 E 等属于外源性抗氧化剂。

维生素对霉菌毒素毒性效应的缓解效果受饲粮中霉菌毒素的含量、动物种类、维生素类型等因素影响。研究发现，维生素 E 并不能减轻呕吐毒素（4 mg/kg，以饲粮计）对猪生产性能和氧化状态产生的不利影响（Frankič等，2008），水溶性维生素可预防鹌鹑黄曲霉毒素中毒（Wilson 等，1978）。

Burguera 等（1983）报道，硒具有黄曲霉毒素解毒的功能，可以使大鼠抵抗黄曲霉毒素 B_1 对肝脏的损伤（Burguera 等，1983）。除了维生素和硒等营养性抗氧化剂外，还有许多抗氧化剂可以缓解黄曲霉中毒，如姜黄素、白藜芦醇、槲皮素、水飞蓟素等。其作用是提高机体或者细胞的抗氧化能力，降低脂质过氧化，缓解霉菌毒素中毒症状。

食品级非营养性抗氧化剂丁基羟基甲苯在一些哺乳动物和家禽模型研究中已被证明可以缓解动物黄曲霉毒素中毒症状。丁基羟基甲苯能够通过激活Ⅱ相酶活性（如 GST）或者抑制Ⅰ相酶活性（如 P450 s），降低 AFB_1 向 AFBO 的生物学转化，减少啮齿目动物癌症的发生（Singletary，1990）。

Rizzo 等（1994）报道，给雄性大鼠饲喂缺乏维生素 C（<1 mg/kg，以饲粮计）、维生素 E（<1 mg/kg，以饲粮计）和微量元素硒（<0.01 mg/kg，以饲粮计）的半纯合饲粮时，28 mg/kg（以体重计）的呕吐毒素口服攻毒导致肝脏内的超氧化物歧化酶（SOD）活性及谷胱甘肽含量显著降低，同时 100%表现为腹泻症状、80%表现为口鼻周围有出血样渗出物、60%出现皮毛凌乱、50%出现精神沉郁等中毒症状；而饲喂富含

抗氧化剂的处理日粮（维生素 C 50 mg/kg、维生素 E 60 mg/kg、硒 2 mg/kg，以饲粮计）情况下，用同样剂量的呕吐毒素攻毒后雄性大鼠的中毒症状有所减轻，虽然腹泻率仍然高达 100%，但其口鼻周围出血样渗出物的发生率降低到 60%、皮毛凌乱发生率下降到 40%、精神沉郁发生率下降到 30%，这可能是通过其对肝脏中谷胱甘肽含量的提升作用实现的。在饲喂富含抗氧化剂的处理饲粮情况下，如果在呕吐毒素攻毒前 16 h 再给每头雄性大鼠经胃灌服 0.15 mg 微量元素硒，或者 0.15 mg 微量元素硒、15 mg 维生素 C、6 mg 维生素 E，则进一步改善了小鼠机体的抗氧化状况，进而减轻中毒症状，腹泻率分别降低到 10%和 0，且未观察到其他中毒症状。

Rizzo 等（1994）同时报道了在相似情况下，抗氧化剂对 T-2 毒素攻毒的保护效果。在以上缺乏维生素 C、维生素 E 和微量元素硒的半纯合饲粮情况下，用 3.6 mg/kg 的 T-2 毒素（以体重计）口服攻毒，导致雄性大鼠机体内的抗氧化酶谷胱甘肽过氧化物酶（GSH-Px）、细胞色素 450（CYP450）、过氧化氢酶（CAT）、超氧化物歧化酶（SOD）活性和谷胱甘肽含量显著降低；同时，大鼠死亡率高达 40%，且腹泻、口鼻周围出血样渗出物、皮毛凌乱和精神沉郁等中毒症状发生率均为 100%。而饲喂富含抗氧化剂的处理饲粮对 T-2 毒素的保护效果不明显，用同样剂量的呕吐毒素攻毒后，雄性大鼠中只有死亡率降低到 30%，其他中毒症状未见明显好转；在饲喂富含抗氧化剂的处理日粮情况下，如果在呕吐毒素攻毒前 16 h 再给每头雄性大鼠经胃灌服 0.15 mg 微量元素硒，或者 0.15 mg 微量元素硒、15 mg 维生素 C、6 mg 维生素 E，则中毒症状明显好转，死亡率分别降到 10%和 0、腹泻率分别降到 90%和 90%、口鼻周围出血样渗出物的发生率分别降到 40%和 10%、皮毛凌乱发生率分别降到 70%和 0、精神沉郁发生率分别降到 55%和 0，这些症状的缓解同样可以归因于机体抗氧化状况的改善。

但是动物生产中所用日粮维生素 E、维生素 C 和微量元素硒等抗氧化剂的用量均显著低于能够起到缓解毒素中毒症状的剂量，甚至超高剂量的微量元素硒添加或灌服可能有引起硒中毒的风险。因此，实际生产中通过添加抗氧化剂来缓解动物毒素霉菌中毒症状的应用价值不大。

三、中草药添加剂对霉菌毒素毒性效应的影响

有研究发现，从桂皮、山胡椒和丁香等植物中提取到的挥发性油脂成分，能够有效抑制曲霉、青霉、木霉等霉菌的生长。将这些挥发性抗菌成分与药材放在一起，可有效防止中药材在贮藏过程中霉变（张文娟，1994；谢小梅，2000）。

一些具有保护肝脏或抗肿瘤功效的中草药也能有效缓解或消除黄曲霉毒素 B_1 对动物肝脏结构和功能的损伤，有效抑制其作为肝癌诱导剂的诱变效应。银杏叶提取物可以通过调控 *IGF-II* 基因和蛋白质表达、抑制 AFB_1-赖氨酸加合物的生成，来减少 8-羟基脱氧鸟苷（8-OH dG）蛋白质的表达和缓解 DNA 氧化损伤（Yan 等，2012），从而阻止黄曲霉毒素 B_1 诱导肝癌的发生。

中草药可以通过抑制霉菌生长和降低霉菌毒素含量对机体的损伤来调控霉菌毒素毒性效应，因此可根据药物和霉菌的互作效应，研究针对不同毒素的中药复合配方或与其他添加剂相组合的配方。

四、吸附剂对霉菌毒素毒性效应的影响

霉菌毒素吸附剂种类繁多，主要分为：无机吸附剂，包括沸石、膨润土、黏土类、硅藻土等铝硅酸盐类吸附剂；有机吸附剂，包括酵母细胞壁、酯化葡甘露糖等；复合型吸附剂，由多种成分复合而成的吸附剂；其他类型吸附剂，包括活性炭、PVPP（一种树脂）、益生菌等。吸附剂作用原理，是霉菌毒素在体外或者动物体内，通过吸附与霉菌毒素结合减少霉菌毒素游离的含量，降低机体对霉菌毒素的吸收率与利用率，从而降低霉菌毒素对机体的损伤。其吸附效果取决于吸附剂和霉菌毒素的化学结构和化学特性。

吸附剂在一定条件下能够吸附霉菌毒素，缓解动物霉菌毒素中毒。多数吸附剂对黄曲霉毒素的吸附效果明显。Döll 等（2005）报道，沸石、水合铝硅酸钠钙等吸附剂对黄曲霉毒素有很好的吸附效果，而对镰刀菌毒素的吸附效果（如玉米赤霉烯酮、伏马毒素和单端孢霉烯族毒素类）则很差，几乎是零吸附，该结果在体内试验中也已经得到了证实。

不同霉菌毒素吸附剂对不同种类霉菌毒素的吸附效果存在很大差异。不同厂家生产的霉菌毒素吸附剂的吸附特性和加工特性差异，导致其对不同霉菌毒素的吸附作用具有较大差异。目前各种霉菌毒素吸附剂产品质量良莠不齐，且同质化严重。大部分吸附剂只对某一种霉菌毒素的吸附效果好，而对其他霉菌毒素则不起作用。因此，应该根据吸附剂和霉菌毒素特性，有针对性地选择相应类型的吸附剂或对吸附剂进行适当配比，确保使用效果达到最佳。

需要着重指出的是，吸附剂对霉菌毒素的吸附作用不能被体外试验完全模拟和评价。因为吸附剂加入到饲料中，某些小分子营养成分也可能被吸附，而这些营养成分在基质中的浓度远高于所含的毒素浓度，导致吸附剂大量吸附营养成分后饱和，从而不能有效吸附毒素。在模拟胃液时发现，活性炭虽然对黄曲霉毒素的吸附力很强，但是对生物素的吸附率更高，可达99%（Vekiru 等，2007）。一般情况下，先通过体外试验筛选出对霉菌毒素具有高亲和力的吸附剂，再通过体内试验验证其吸附效果和对动物的安全性。另外，试验过程中还应该考虑动物品种、年龄、性别、身体状况及环境因素、日粮成分等对吸附剂吸附霉菌毒素效果的影响。

五、霉菌毒素降解剂对霉菌毒素毒性效应的影响

采用传统的物理方法和化学方法虽然能部分去除饲料中的霉菌毒素，但在实际应用中却不尽如人意，问题诸多，如添加费用高、吸附效率低、营养成分损失大、影响饲料适口性、容易产生有毒物质等。霉菌毒素生物降解法，是利用微生物产生的无毒代谢产物或低毒代谢产物或微生物自身生长代谢过程中的一些特性来降解霉菌毒素的一类方法。近年来霉菌毒素生物降解方法逐渐受到人们的重视。目前，降解剂对霉菌毒素毒性效应影响的研究可分为两大类：一类是体外试验法证实真菌、细菌及其代谢产生的酶对某种霉菌毒素具有良好的生物降解效率；另一类是体内试验法证实某些有益微生物能够

在动物消化道内很好地发挥降解霉菌毒素的功效，缓解毒素对动物的毒害作用。

参考文献

孙桂菊，王少康，王加生，2005. 伏马毒素 B_1 和黄曲霉毒素 B_1 对大鼠的联合毒性 [J]. 毒理学杂志，19 (3)：186.

张勤文，2005. 仔猪霉玉米中毒的诊断 [J]. 中国兽医杂志，41 (7)：48-48.

Agag B，2004. Mycotoxins in foods and feeds：1-aflatoxins [J]. Assiut University Bulletin for Environmental Researches，7：173-205.

Andretta I，Kipper M，Lehnen C R，et al，2012. Meta-analytical study of productive and nutritional interactions of mycotoxins in growing pigs [J]. Animal，6 (9)：1476-1482.

Burguera J A，Edds G T，Osuna O，1983. Influence of selenium on aflatoxin B_1 or crotalaria toxicity in turkey poults [J]. American Journal of Veterinary Research，44：1714-1717.

Burke J M，Coleman S W，Chase C C，et al，2010. Interaction of breed-type and endophyte-infected tall fescue on milk production and quality in beef cattle [J]. Journal of Animal Science，88：2802-2811.

Chen F，Ma Y，Xue C，et al，2008. The combination of deoxynivalenol and zearalenone at permitted feed concentrations causes serious physiological effects in young pigs [J]. Journal of Veterinary Science，9：39-44.

Creppy E E，Chiarappa P，Baudrimont I，et al，2004. Synergistic effects of fumonisin B_1 and ochratoxin A：Are *in vitro* cytotoxicity data predictive of *in vivo* acute toxicity [J]. Toxicology，201：115-123.

Denli M，Okan F，Doran F，2004. Effect of conjugated linoleic acid (CLA) on the performance and serum variables of broiler chickens intoxicated with aflatoxin B_1 [J]. South African Journal of Animal Science，34：97-103.

Diaz D E，2005. The mycotoxin blue book [M]. Nottingham：Nottingham University Press.

Döll S，Gericke S，Dänicke S，et al，2005. The efficacy of a modified aluminosilicate as a detoxifying agent in fusarium toxin contaminated maize containing diets for piglets [J]. Journal of Animal Physiology and Animal Nutrition，89：342-358.

Ficheux A S，Sibiril Y，Parent-Massin D，2012. Co-exposure of *Fusarium mycotoxins*：*in vitro* myelotoxicity assessment on human hematopoietic progenitors [J]. Toxicon，60：1171-1179.

Frankič T，Salobir J，Rezar V，2008. The effect of vitamin E supplementation on reduction of lymphocyte DNA damage induced by T-2 toxin and deoxynivalenol in weaned Pigs [J]. Animal Feed Science and Technology，141：274-286.

Gibson R M，Bailey C A，Kubena L F，et al，1990. Impact of l-phenylalanine supplementation on the performance of three-week-old broilers fed diets containing ochratoxin A. effects on body weight，feed conversion，relative organ weight，and mortality [J]. Poultry Science，69：414-419.

Goossens J，Devreese M，Pasmans F，et al，2013. Chronic exposure to the mycotoxin T-2 promotes oral absorption of chlortetracycline in pigs [J]. Journal of Veterinary Pharmacology and Therapeutics，36：621-624.

Grenier B, Loureiro - Bracarense A P, Lucioli J, et al, 2011. Individual and combined effects of subclinical doses of deoxynivalenol and fumonisins in piglets [J]. Molecular Nutrition and Food Research, 55: 761 - 771.

Griffith R W, Grauwiler J, Hodel Ch, et al, 1978. Toxicologic considerations ergot alkaloids and related compounds [M]. Berlin: Springer Verlag.

Hamilton P B, Tung H T, Harris J R, et al, 1972. The effect of dietary fat on aflatoxicosis in turkeys [J]. Poultry Science, 51 (1): 165 - 170.

Harvey R B, Kubena L F, Elissalde M H, et al, 1994. Administration of ochratoxin A and T - 2 toxin to growing swine [J]. American Journal of Veterinary Research, 55: 1757 - 1761.

Huff W E, Harvey R B, Kubena L F, et al, 1988a. Toxic synergism between aflatoxin and T - 2 toxin in broiler chickens [J]. Poultry Science, 67: 1418 - 1423.

Huff W E, Kubena L F, Harvey R B, et al, 1988c. Mycotoxin interactions in poultry and swine [J]. Journal of Animal Science, 66: 2351 - 2355.

Iwashita K, Nagashima H, 2005. Effects of genetics, sex, and age on the toxicity of rubratoxin B in mice [J]. Mycotoxins, 55 (55): 35 - 42.

Kubena L F, 1997. Effects of dietary fumonisin B_1 - containing culture material, deoxynivalenol - contaminated wheat, or their combination on growing barrows [J]. American Journal of Veterinary Research, 57: 1790 - 1794.

Liu B H, Yu F Y, Chan M H, et al, 2002. The effects of mycotoxins, fumonisin B_1 and aflatoxin B_1, on primary swine alveolar macrophages [J]. Toxicology and Applied Pharmacology, 180: 197 - 204.

Müller G, Kielstein P, Rosner H, et al, 1999. Studies on the influence of combined administration of ochratoxin A, fumonisin B_1, deoxynivalenol and T - 2 toxin on immune and defence reactions in weaner pigs [J]. Mycoses, 42: 485 - 493.

Mvln R, Devegowda G, 2002. Esterified - glucomannan in broiler chicken diets - contaminated with aflatoxin, ochratoxin and T - 2 toxin: evaluation of its binding ability (*in vitro*) and efficacy as immunomodulator [J]. Asian Australasian Journal of Animal Sciences, 15: 1051 - 1056.

Nagaraj R Y, Wu W D, Vesonder R F, 1994. Toxicity of corn culture material of fusarium proliferatum M - 7176 and nutritional intervention in chicks [J]. Poultry Science, 73: 617 - 626.

Pedrosa K, Borutova R, 2011. Synergistic effects between mycotoxins [J]. Biomin Newsletter, 9: 94.

Rizzo A F, 1994. Protective effect of antioxidants against free radical - mediated lipid peroxidation induced by DON or T - 2 toxin [J]. Journal of Veterinary Medicine Series A: Physiology, Pathology, Clinical Medicine, 41: 81 - 90.

Schwarzer K, 2009. Harmful effects of mycotoxins on animal physiology [C]. 17th Annual ASAIM SEA Feed Technology and Nutrition Workshop. Vietnam: 15 - 19.

Singletary K, 1990. Effect of dietary butylated hydroxytoluene on the *in vivo* distribution, metabolism and DNA - binding of 7, 12 - dimethylbenz [a] Anthracene [J]. Cancer Letters, 49: 187 - 193.

Sisk D B, Carlton W W, 1972. Effect of dietary protein concentration on response of miniature swine to aflatoxins [J]. American Journal of Veterinary Research, 33: 107 - 114.

Smith J W, Hill C H, Hamilton P B, 1971. The effect of dietary modifications on aflatoxicosis in the broiler chicken [J]. Poulty Science, 50: 768 - 774.

Smith T K，Mcmillan E G，Castillo J B，1997. Effect of feeding blends of Fusarium mycotoxin - contaminated grains containing deoxynivalenol and fusaric acid on growth and feed consumption of immature swine [J]. Journal of Animal Science，75 (8)：2184 - 2191.

Speijers G J，Speijers M H，2004. Combined toxic effects of mycotoxins [J]. Toxicology Letters，153：91 - 98.

Tfelthansen P，Saxena P R，Dahlöf C，et al，2000. Ergotamine in the acute treatment of migraine：a review and European consensus [J]. Brain，123 (Pt 1)：9.

Vekiru E，Fruhauf S，Sahin M，et al，2007. Investigation of various adsorbents for their ability to bind aflatoxin B_1 [J]. Mycotoxin Research，23：27 - 33.

Viogt M N，Clarke J D，Jain A V，et al，1981. Abnormal concentrations of B vitamins and amino acids in plasma and B vitamins in bile of rabbits with aflatoxicosis [J]. Applied and Environmental Microbiology，41：919 - 923.

Voigt M N，Wyatt R D，Ayres J C，et al，1980. Abnormal concentrations of B vitamins and amino acids in plasma，bile，and liver of chicks with aflatoxicosis [J]. Applied and Environmental Microbiology，40：870 - 874.

Wilson H，Manley J G，Harms R，et al，1978. The response of bobwhite quail chicks to dietary ammonium and an antibiotic - vitamin supplement when fed B_1 aflatoxin [J]. Poultry Science，57：403 - 407.

Yan R H，Jian J S，Chao O，et al，2012. Effects of ginkgo biloba extract on expression of biomarkers during aflatoxin B_1 - induced hepatocarcinogenesis in wistar rats [J]. The Chinese - German Journal of Clinical Oncology，11：261 - 265.

Yin J，Ren W，Duan J，et al，2014. Dietary arginine supplementation enhances intestinal expression of SLC7A7 and SLC7A1 and ameliorates growth depression in mycotoxin - challenged pigs [J]. Amino Acids，46：883 - 892.

第三十一章 霉菌毒素的风险评估与控制法规

风险分析是食品安全管理的基础，其中风险评估是对食品安全中的危害程度进行科学评估。地理条件和气候条件的差异，使得产品受霉菌毒素的污染程度无法预估，随着地理位置的差异，产品在收获、贮藏和加工过程中对霉菌毒素的易感性会发生变化。2011 年，我国发生牛奶中黄曲霉毒素 M_1 超标事件，引起了政府、学者和消费者对牛奶中霉菌毒素污染的关注。发达国家已经根据本国实际情况相应制定了牛奶中霉菌毒素的限量标准，并对奶中的霉菌毒素进行风险监测，预警霉菌毒素的污染风险，并制定相应的法规、政策，保障国民健康。完全消除食品中的霉菌毒素几乎不可能，但经过科学研究分析后，可对饲料和食品中的霉菌毒素含量设定一个可接受的限量标准，来统一国际上霉菌毒素的控制方法和法规，以此促进国际粮食贸易的发展。

第一节　风险评估及其注意事项

一、风险评估的基本原则

霉菌毒素的危害是指在特定条件下，霉菌毒素对健康机体产生不利影响的内在特性。同等条件下，一种霉菌毒素对健康造成的危害是特定的。霉菌毒素危害的风险是指对健康造成负面影响的可能性及严重程度。在畜牧业生产中，饲料中常见且危害较大的霉菌毒素包括黄曲霉毒素、玉米赤霉烯酮、赭曲霉毒素、呕吐毒素、T-2毒素及烟曲霉毒素。这些毒素均会导致动物生长发育迟缓、繁殖性能下降、器官受损、免疫抑制及诱发癌症等，严重损害动物的健康并降低生产性能，且霉菌毒素在畜产品中的残留会间接影响人的健康。风险评估是危险性评估和污染程度评估的综合产物，理论上应包括：①基于动物流行病学的危险性评估；②基于商品中毒素实际浓度的污染程度评估；③由动物的研究数据外推人中毒的危险性；④将危险性评估和污染程度评估的结果与可接受的风险进行比较。不过在控制霉菌毒素的实际过程中，可能需要在得到所有这些信息之前就应采取行动并加以控制。在进行霉菌毒素风险评估时，以下几个方面也需要注意。

（一）动物的敏感性

不同品种、不同生产阶段的动物对霉菌毒素的敏感性有显著差异。例如，家禽对霉菌毒素最敏感，其次是仔猪和母猪，牛、羊等反刍动物对霉菌毒素有一定耐受性；怀孕母畜对霉菌毒素比未怀孕母畜更敏感，营养状况越差的动物对霉菌毒素越敏感。动物对霉菌毒素越敏感，在风险评估时就越应引起注意。例如，雏鸭是对黄曲霉毒素最敏感的动物，青年母猪对玉米赤霉烯酮最敏感，猪对呕吐毒素最敏感，马属动物对烟曲霉毒素最敏感，因此应尤为注意霉菌毒素在饲粮中的含量。

（二）霉菌毒素的剂量效应

饲粮中不同剂量的霉菌毒素对动物造成的影响也不尽相同。黄曲霉毒素在 4 μg/kg 剂量时对大鼠肝脏产生较显著的短期损伤和肾毒害作用，在 4～50 μg/kg 范围内对肝脏、肾脏的损害程度与给毒剂量呈现一定的正相关性（周育等，2012）。生长育肥猪饲粮中，含有 1 mg/kg 呕吐毒素对猪采食量的影响较小，达到 5～10 mg/kg 时猪临床表现为采食量降低 25%～50%，当呕吐毒素含量达到 20 mg/kg 时猪完全拒食。

（三）霉菌毒素的蓄积效应

黄曲霉毒素、烟曲霉毒素等都存在多种相同的毒性代谢产物，在风险评估和标准制定时需考虑累积暴露时间问题。长时间低剂量摄入霉菌毒素，会使霉菌毒素在体内不断蓄积，当蓄积到一定量时动物就会表现出相应的中毒症状。长期食用 20～25 μg/kg 黄曲霉毒素污染水平的农副产品，依然可能对人畜产生严重的毒害作用。

（四）靶器官

霉菌毒素进入动物体内后，随着血液循环分布到全身各个组织器官，但其直接发挥作用的部位往往只限于一个或几个组织器官，即靶器官，也叫目标器官。黄曲霉毒素主要作用的靶器官是肝脏，玉米赤霉烯酮主要作用于生殖系统，赭曲霉毒素主要作用的靶器官为肾脏。各种霉菌毒素均可导致畜禽免疫器官损伤，引起免疫抑制，使动物对疫病的敏感性增强、抗病性降低，导致疫苗免疫效果削弱或无效，药物治疗无效，死亡率提高。

（五）敏感指标

动物采食发霉的饲粮后，通过具有特征性的临床症状，可以鉴定霉菌毒素的种类，指导霉菌毒素中毒的诊断与治疗。对于一些症状独特可能由特定霉菌毒素导致的中毒，根据其作用机制的简易生化指标有助于确诊是哪种霉菌毒素中毒。例如，黄曲霉毒素是一种肝毒素，会造成肝脏脂肪化，肝细胞变性、坏死和肝细胞功能改变，常见临床症状是黄疸。尿液和血液中黄曲霉毒素络合物的含量，可以作为判断畜禽是否为黄曲霉毒素中毒的一项生化指标。表 31 - 1 列出了动物霉菌毒素中毒的敏感指标（Diaz，2008）。

表 31-1　动物霉菌毒素中毒的敏感指标

霉菌毒素	检测指标
黄曲霉毒素	尿液和血液中黄曲霉毒素络合物
呕吐毒素	尿液中的β-葡萄糖苷酸
烟曲霉毒素	血清和组织中游离神经鞘氨类基团
赭曲霉毒素	血清中赭曲霉毒素蛋白质结合物 鸡：总血清蛋白和清蛋白； 猪：肾脏中磷酸烯醇式丙酮酸羧化酶
玉米赤霉烯酮	尿液、肝脏中葡萄糖苷共轭结合物

二、风险评估的一般程序（针对人体健康风险评估）

人体健康风险评估，主要是通过有害因子对人体不良影响发生概率的估算，评价暴露该因子的个体健康受到的影响。霉菌毒素的风险评估，即指霉菌毒素暴露对人体健康影响的健康风险评价。

20 世纪 70 年代，随着致癌物被公众越来越重视，健康风险评价逐渐被广泛用于评价致癌物的风险。1976 年，美国国家环保局发布了可疑致癌物风险评价准则。1983 年，美国国家科学院编制了健康风险评估方法报告，提出了健康风险评价程序。1992 年，联合国“环境与发展”大会提议，要求加强对化学品安全的评估。因此，1999 年 WHO 出版了《暴露化学品对人体健康的风险评估方法及原理》，提供了一套详细的风险评估方法及步骤（IPCS，1999），其中包括以下 4 个程序。

（一）危害鉴定

危害鉴定（hazard identification），即对霉菌毒素引起不良健康效应的潜力进行定性评价的过程。其目的在于确定人体摄入霉菌毒素的不良反应，并对这种影响进行分类和分级。

该阶段应首先收集这种霉菌毒素的有关资料，包括霉菌毒素的产生菌种、理化性质、人群暴露途径与方式、构效关系、毒物代谢动力学特性、毒理学作用、短期生物学试验、长期动物致癌试验及人群流行病学调查等方面的资料。对材料进行分析、整理和综合，对毒性证据的权重进行评价。霉菌毒素对人体健康潜在的危害性，是通过实验动物对暴露一定剂量霉菌毒素会产生何等反应来评价的。通过急性毒性试验和慢性毒性试验，测定死亡率，或对动物器官（肝脏、肾脏、脾脏等）和组织的影响，以及对成年动物生长发育、繁殖性能等的潜在影响（黄伯俊等，2004）。在对资料进行分析、审核、评价后，就霉菌毒素对人的毒性作出判别，其实质上是按毒性证据的有无及确凿程度给化学物质划分等级的过程。

（二）剂量-反应评估

剂量-反应评估（dose - response assessment），是对霉菌毒素暴露水平与暴露人群中不良健康效应发生率之间的关系进行定量估算的过程，这是进行风险评定的定量依据。

该程序的核心是剂量-反应关系评估，即确定暴露环境化学性、生物性与物理性因子的大小（剂量）和与之相关的不良健康作用（反应）的严重程度和/或频率的关系。一般来说，剂量-反应评估最终应提供霉菌毒素引起人不良健康效应的最低剂量，以及暴露于该剂量水平的霉菌毒素引起的超额风险。

多数情况下，当霉菌毒素达到某一特定剂量时，才可能出现某种毒理学效应，该效应被称为“阈效应”（threshold effect）。对于阈效应而言，剂量-反应评估需要确定每日允许摄入量（allowable daily intake，ADI）。ADI的国际公认计算方法是，将测定的无毒副作用剂量水平（no observed adverse effect level，NOAEL）除以2个安全系数，即代表从实验动物推导到人群的种间安全系数10，以及代表人群之间敏感程度差异的种内安全系数10。一般情况下，$ADI=NOAEL/100$。特殊情况下，可以根据实际需要降低或提高安全系数。与阈效应相反的是，某种毒理学效应在最低给药剂量下就可能出现，称为“非阈效应”（non-threshold effect），癌症就是一种非阈效应。

（三）暴露评估

暴露评估（exposure assessment），是明确在人日常膳食消费过程中，食物中的霉菌毒素含量和食物摄入数量，评估通过膳食摄入的暴露量（袁玉伟等，2011）。

霉菌毒素在食物中的残留是人对霉菌毒素暴露的主要来源。人体对某一种霉菌毒素总的膳食摄入量等于各种摄入食物中所含该霉菌毒素的总和。膳食暴露包括慢性暴露和急性暴露。慢性暴露需要持续很长时间，因此用平均摄入食物量和平均残留量来计算。相反，急性暴露是大量的短期或一次性暴露，用个人最大摄入食物量来计算，通过最大残留限量或用统计学方法来获得可能出现的最大残留量。定期进行食谱调查对于评估膳食暴露非常重要，可以此来提高膳食暴露评估的准确性（吴雪原，2007）。

（四）风险描述

风险描述（risk characterization），是通过对危害鉴定、剂量-反应评估、暴露评估3个阶段信息的综合分析，形成霉菌毒素对暴露人群健康风险的定性或定量评定，并考虑评估过程中的不确定性、概率分配，以及潜在身体危害的影响程度，综合起来作为提出风险管理的依据。

风险是毒性和暴露的函数（Hertel，1996）。当进行风险描述时，目标之一就是确定一个代表可接受风险水平的暴露量。对于阈效应而言，当暴露量低于或等于ADI时，就认为是可以接受的暴露水平。一般以暴露量占ADI的百分比来表示风险的大小。

$$ADI=总暴露量/ADI\times100\%$$

式中，总暴露量单位为mg/(kg·d)。

对于非阈效应，风险值表示人群中产生这种毒性效应的可能性。例如，1×10^{-6}致癌风险，即表示100万个人中有1个人可能因为暴露霉菌毒素而产生癌症。

风险描述的另一目标，是对风险评估过程中各种不确定因素进行分析，对评估结果的不确定水平进行客观评价，这些信息可以使评估结果的使用者对该程序的了解更为全面。

在处理具体问题时，健康风险评估的一般程序和方法存在一定的灵活性。尽管健康风险评估的使用已经相当普遍，但其技术方法的建立才几十年，一些方面仍不成熟。风险评估技术自 20 世纪 80 年代末被引入我国，在金融、医药等领域已有所应用；而健康风险评估才刚刚起步，在食品安全领域对霉菌毒素残留风险评估仍未系统展开，评估中尚缺乏相应的准则。

第二节　主要霉菌毒素的风险评估

一、黄曲霉毒素的风险评估

黄曲霉毒素的毒性随着其种类或结构不同，存在着较大的差异，其毒性大小的顺序为 $AFB_1 > AFM_1 > AFG_1 > AFB_2 > AFG_2 > AFM_2$。$AFB_1$ 有极强的致癌性，并且分布范围很广，花生粉、玉米、高粱和棉籽等均易感染黄曲霉毒素。

（一）对动物健康的影响

1. 诱发肿瘤　动物采食被黄曲霉毒素污染的饲料后，极易导致肝脏中毒，症状包括肝细胞坏死和出血、弥漫性肝纤维化、胆管增生等。急性中毒症状有黄疸、出血、腹泻及生产性能下降。AFB_1 进入机体后，在肝脏中可将正常的肝细胞转化为癌细胞。

2. 引发出血症　黄曲霉毒素作为较强的凝血因子抑制剂，在中毒的情况下，动物受伤或打针后表现为伤口处或针孔长时间流血不止。家禽采食发霉饲料引起出血性贫血，重要器官和肌肉组织出现大量出血性损伤。猪发生黄曲霉毒素中毒后会引发全身性出血，并出现以低凝血酶原血为特征的凝血疾病。

3. 免疫抑制　黄曲霉毒素极易降低动物对细菌性、真菌性和寄生虫性传染病的抗病力，从而引起家畜传染病的暴发。当猪饲粮受到黄曲霉毒素污染时，猪免疫系统的正常功能受到干扰，抗体滴度降低，疫苗不能正常发挥作用，猪对疾病的易感性升高。

（二）对动物生产经济效益的影响

黄曲霉毒素会引起家禽生产受阻、饲料转化效率降低。雏鸭是对黄曲霉毒素最敏感的动物，当用含有 20～40 μg/kg AFB_1 的饲粮饲喂 1 日龄樱桃谷肉鸭 6 周，出栏时肉鸭生长性能显著降低（Han 等，2008）。蛋鸡饲粮被黄曲霉毒素污染时，可引起种蛋受精率和孵化率降低，胚胎死亡率升高（Manafi 等，2012），饲粮中含有 15～45 μg/kg 的 AFB_1 会引起蛋鸡产蛋率和日均采食量下降（赵丽红等，2012）。饲粮中 AFB_1 含量达到200～400 μg/kg 时，会降低猪的生长速度和饲料转化效率。奶牛和肉牛发生 AFB_1 慢性中毒时，会出现饲料转化效率降低、繁殖力下降。动物采食被黄曲霉毒素污染的饲粮，引起生产性能下降时，会直接影响其经济效益。

（三）对动物产品品质的影响

蛋鸡饲粮中含有黄曲霉毒素时，对蛋黄重量、蛋黄色泽、蛋壳厚度和蛋壳强度均有不利影响，另外黄曲霉毒素还会引起肉鸡的肉品质下降（Fan 等，2013）。反刍动物由于其瘤胃微生物的脱毒作用，因此对黄曲霉毒素的耐受性高于单胃动物，在乳中检测到的黄曲霉毒素仅为从饲料中摄入含量的 1%～2%（van Egmond，1983）。奶牛摄入被 AFB_1 污染的饲料后，少部分 AFB_1 被瘤胃微生物代谢。AFB_1 浓度为 1～10 μg/mL 时，瘤胃微生物代谢 AFB_1 的量不到 10%，这是由于瘤胃微生物的生长和活性受到了影响（Yiannikouris 等，2002）。饲料中 AFB_1 向牛奶中 AFM_1 的转化率为 1%～2%（Valenta 等，1996），高产奶牛的转化率可达到 6.2%（Veldman 等，1992）。AFM_1 在原料乳和加工以后的乳制品中基本都是稳定的，不会受到巴氏消毒法，以及乳酪、奶油和黄油等加工过程的影响。

（四）对动物产品质量安全的影响

饲料中含有 100 μg/kg 的 AFB_1 会在鸡蛋中出现痕量残留，饲料中 AFB_1 向鸡蛋的转化率约为 48 000∶1。因此，人从鸡蛋摄入的 AFB_1 微乎其微，可忽略不计。牛奶是黄曲霉毒素残留从可食用动物组织转移到人的食物中最重要的途径，尽管 AFM_1 的致癌作用是 AFB_1 的 1/10，但由于人（尤其是婴幼儿）大量食用奶和奶制品，因此奶中 AFM_1 的污染必须给予重视。

二、玉米赤霉烯酮的风险评估

玉米赤霉烯酮被认为是真菌污染物中最常见的一种毒素，玉米赤霉烯酮及其衍生物具有类雌激素活性，进入人和动物体内会产生雌激素效应综合征。

（一）对动物健康的影响

1. 生殖毒性 玉米赤霉烯酮及其代谢产物作为雌激素类似物，能够引起多种雌性动物的雌激素过多症和生殖障碍。青年母猪对玉米赤霉烯酮的敏感性极强。高剂量（50～100 mg/kg）的玉米赤霉烯酮会显著影响母猪排卵、受孕、胚胎定植、胎儿发育和新生仔猪活力，并伴有明显的外阴阴道炎、阴道和直肠脱垂。青年母猪发生轻微中毒时会出现阴户和乳头红肿、子宫和阴道肿大。玉米赤霉烯酮及其代谢产物会通过影响雄性动物睾酮的分泌，对成年雄性动物精子的发生、成熟和性功能造成负面影响。

2. 免疫毒性 高剂量的玉米赤霉烯酮会导致小鼠胸腺细胞和脾淋巴细胞的细胞周期阻滞，脾脏发生病变，胸腺萎缩，使小鼠的免疫系统出现损伤（梁梓森等，2010）。用含有玉米赤霉烯酮 1.3 mg/kg 的饲粮饲喂断奶仔猪，其血液中的血红蛋白含量和血小板数量显著降低（Jiang 等，2011）。

3. 致肿瘤毒性 玉米赤霉烯酮对动物具有潜在的致癌性，会增加雄性小鼠发生肝细胞腺瘤及垂体腺瘤的概率。大鼠摄入玉米赤霉烯酮污染饲粮后，出现乳腺纤维瘤、子宫纤维瘤、睾丸间质肿瘤和垂体腺癌等病变。

（二）对动物生产经济效益的影响

猪玉米赤霉烯酮中毒后会表现为采食量降低、生长迟缓、免疫抑制和繁殖障碍，给养殖场带来巨大的经济损失。玉米赤霉烯酮会诱发青年母猪的雌激素过多症，引起青年母猪不孕、流产和假发情等繁殖障碍，降低仔猪出生率，严重影响猪场经济效益。

（三）对动物产品品质的影响

动物组织中玉米赤霉烯酮的残留量主要取决于动物采食饲料中的毒素浓度、与毒素的接触方式和时间、毒素在动物体内的存留时间和摄入毒素的动物种类。猪连续采食 4 周含有玉米赤霉烯酮 40 mg/kg 的日粮，玉米赤霉烯酮在其肝脏中的残留量为 78～128 μg/kg（James 等，1982）。给雏鸡连续饲喂 8 d 含有玉米赤霉烯酮 10 mg/kg 的饲粮，玉米赤霉烯酮在其肝脏和肌肉中的残留量较高。由于玉米赤霉烯酮不易转化到牛奶和鸡蛋中，因此严格控制动物饲粮中玉米赤霉烯酮的含量，就可以控制牛奶和鸡蛋等产品出现玉米赤霉烯酮及其代谢产物残留。

（四）对动物产品质量安全的影响

玉米赤霉烯酮在蛋、奶中的残留量很少，在肉和其他组织中有少量残留。人类摄入被玉米赤霉烯酮污染的谷物和玉米赤霉烯酮残留的动物源性食品后会发生中毒，引起无力、头晕、头痛、呕吐、腹泻和中枢神经系统的严重紊乱。作为雌激素类似物，玉米赤霉烯酮被儿童摄入后会使其过早进入青春期。在使用玉米赤霉烯醇作为牛、羊的合成饲用添加剂的国家，儿童出现雌激素过多症的现象，表现为乳房过早发育、阴毛早现，男童在青春期前出现乳房增大、女童出现性早熟（Szuets 等，1997）。受到镰刀菌严重污染的作物被食用后，当地人出现乳房肿大、疼痛，女性病人发生月经紊乱（张永红等，1995）。

三、呕吐毒素的风险评估

呕吐毒素的化学结构非常稳定，可以污染生产的任何环节，尤其是在贮存和农作物加工过程中，甚至在生产过程中会随空气传播造成动物中毒。

（一）对动物健康的影响

呕吐毒素会引起雏鸭、猪、猫、狗、鸽子等动物的呕吐反应，严重的可造成死亡。呕吐毒素会刺激消化道黏膜，引发炎症、坏死和溃疡，导致动物食欲下降甚至废绝。猪最敏感，1～2 mg/kg 的呕吐毒素就能使其产生呕吐（黄凯等，2013）。呕吐毒素会引起动物消化道问题，如动物的呕吐、拒食、腹泻、食管穿孔及营养吸收不良，另外还会导致皮肤、黏膜损伤或坏死（Rotter，1996；Awad 等，2007）。呕吐毒素有很强的细胞毒性、免疫毒性和神经毒性。小鼠摄入呕吐毒素后，其肠道内可产生大量免疫球蛋白，IgA 在肾脏中蓄积，最终导致肾小球性肾炎（肾脏衰竭）。呕吐毒素会通过影响肉鸡体内蛋白质和脂质的代谢，减少免疫细胞数量，从而降低免疫反应（Ghareeb 等，2012）。

（二）对动物生产经济效益的影响

动物长期采食含有呕吐毒素的饲粮时，会引起拒食、呕吐，严重时会导致虚脱、休克，甚至死亡。高浓度地摄入呕吐毒素，会导致生长猪体增重、采食量和饲料效率降低，严重时甚至导致猪只死亡，对养猪场造成巨大的经济损失。

（三）对动物产品品质的影响

反刍动物对呕吐毒素的耐受性较强。反刍动物通过饲粮摄入高浓度的呕吐毒素后，在牛奶中很难检测到呕吐毒素及其代谢产物。在重庆地区随机采样抽查新鲜猪肉、猪肝、猪肾、冷冻鸡肉及其肉制品，检测其中呕吐毒素的含量，仅在部分样品中检测到了呕吐毒素的痕量残留（邹忠义等，2013）。

（四）对动物产品质量安全的影响

呕吐毒素在动物产品中的残留量微乎其微，对消费者几乎不会造成负面影响。

四、T-2 毒素的风险评估

T-2 毒素是毒性最强的单端孢霉烯族毒素，其化学性质稳定，对热和紫外线不敏感，在食品和饲料加工过程中很难被破坏。T-2 毒素主要作用于细胞分裂旺盛的组织器官，如胸腺、骨髓、肝、脾、淋巴结、生殖腺和胃肠黏膜等，抑制细胞蛋白质和DNA 合成。

（一）对动物健康的影响

动物发生 T-2 毒素中毒后的临床表现为厌食、呕吐、腹泻、生长停滞、消瘦、繁殖和神经系统障碍、抵抗力下降。在体内主要损害部位是肝脏，降低肝脏对有毒物质的代谢作用，出现脂肪肝、肝坏死，降低抗体效价，潜在加速胸腺、脾脏的细胞凋亡，影响造血干细胞的造血功能。给动物饲喂含有 T-2 毒素的饲料可引起低血钙症。家禽T-2 毒素中毒后引起口腔溃疡，在喙缘、上腭黏膜和嘴角处发生局部增生性黄色乳酪样的结痂，另外还能导致肉鸡胫骨软骨发育障碍及肉种鸡繁殖机能下降（贺绍君，2011）。

（二）对动物生产经济效益的影响

T-2 毒素中毒时，会显著降低动物的生产性能。发病早期的家畜表现为采食量下降，体重增长速度迟缓，生长阻滞，死淘率升高；蛋鸡的产蛋率和孵化率降低，严重影响经济效益。

（三）对动物产品品质的影响

给蛋鸡饲喂含有 T-2 毒素的饲粮，可使蛋壳变薄、变轻；凡纳滨对虾急性暴露

T-2毒素，可导致肌纤维间隙面积比增大，降低肉品质（代喆，2013；王雅玲等，2015）。

五、赭曲霉毒素的风险评估

（一）对动物健康的影响

赭曲霉毒素A具有很高的毒性，是对肾脏毒害最为严重的毒素。动物发生急性中毒后，会造成严重的肾衰竭，从而导致死亡。赭曲霉毒素会引起淋巴细胞退化、减少，影响家禽的细胞免疫水平。猪采食含有赭曲霉毒素A 0.5 mg/kg的饲粮后，可发生高蛋白血症和氮血症，说明赭曲霉毒素A会导致肾脏功能受损。

（二）对动物生产经济效益的影响

用赭曲霉毒素污染的饲粮饲喂家禽，会显著抑制家禽的采食、生长性能及羽毛生长，导致产蛋量和饲料转化效率下降。严重的赭曲霉毒素中毒表现为家禽关节炎和腹腔尿酸盐沉积。母鸡采食被赭曲霉毒素污染的饲粮后，会造成孵化率和胚胎成活率下降，即使孵出了雏鸡，雏鸡的生产性能也低于平均水平，性成熟推迟。火鸡采食含有高水平赭曲霉毒素A的饲粮后，会导致死亡，造成严重的经济损失。

（三）对动物产品品质的影响

高剂量的赭曲霉毒素A可导致蛋壳质量变差，蛋壳出现血斑的比例增加。

（四）对动物产品质量安全的影响

人类主要从植物源性食品接触到赭曲霉毒素A，只有少部分来自动物源性食品，赭曲霉毒素A在猪体内的残留浓度依次为血清＞肾＞肝＞肌肉和脂肪。由于猪肉是人类接触赭曲霉毒素A的一个主要来源，因此对猪肉相关产品的赭曲霉毒素含量监控很有必要。鸡蛋中赭曲霉毒素的含量仅为饲粮中的0.11%，牛奶中也可以检测到低含量的赭曲霉毒素A。

六、烟曲霉毒素的风险评估

烟曲霉毒素被认为是能够减弱动物免疫功能、损伤肾脏和肝脏、降低动物生产性能甚至引起动物死亡的一种霉菌毒素。

（一）对动物健康的影响

烟曲霉毒素中毒性最强的是烟曲霉毒素 B_1，是导致马脑白质软化症的主要病原，马发病症状为步态不稳、昏迷、跛行、癫痫（脑坏死）甚至死亡。家禽中毒后，发生瘫痪、颈部和四肢外展、步态不稳、呼吸急促、增重下降，引起尖峰死亡综合征或食物中毒综合征。猪摄入烟曲霉毒素后，出现采食量下降、呼吸困难、虚弱、皮肤和黏膜发绀等症状，剖检肺组织间隙出现水肿和胸腔积水。

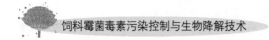

（二）对动物生产经济效益的影响

马属动物摄入烟曲霉毒素后，会引起脑神经性疾病。一旦出现临床症状，绝大部分的患马会死亡，存活下来的马匹会有不同程度的永久性精神紊乱，对于马场会造成重大经济损失。猪摄入烟曲霉毒素后，会导致肺水肿，严重影响猪体健康，降低生产性能，造成经济损失。

（三）对动物产品质量安全的影响

牛奶和鸡蛋中烟曲霉毒素残留微乎其微（5～15 μg/kg），烟曲霉毒素进入人体后被吸收的部分很少，且会被迅速代谢后而排出体外，因此烟曲霉毒素不是影响人类公共安全的主要霉菌毒素。

第三节　饲料和食品中霉菌毒素的控制法规和限量标准

霉菌毒素污染对动物生产和人类食品安全造成的影响已成为全球性问题，不同国家的地理位置和气候条件不同，受到霉菌毒素污染的情况也不尽相同。为了减轻霉菌毒素的毒害作用，霉菌毒素的限量标准应以本国实际污染情况为基础，在一定的风险评估基础上制定。各个国家和地区重点关注和监控的霉菌毒素主要有黄曲霉毒素、玉米赤霉烯酮、赭曲霉毒素、烟曲霉毒素、呕吐毒素和 T-2 毒素等。

一、世界卫生组织和世界粮农组织对饲料和食品中霉菌毒素的控制法规和限量标准

世界卫生组织和世界粮农组织所属的食品法典委员会推荐，食品、饲料中含有黄曲霉毒素最大允许量为黄曲霉毒素总量（$AFB_1+AFB_2+AFG_1+AFG_2$）小于 15 μg/kg。2001 年，世界卫生组织规定了谷类和谷类产品中赭曲霉毒素 A 的最高限量为 5 μg/kg，此后许多国家也采纳这个标准作为食品和饲料中赭曲霉毒素 A 的最高限量。

二、我国对饲料和食品中霉菌毒素的控制法规和限量标准

《饲料卫生标准》作为我国饲料工业标准体系的基石，是各级饲料管理部门进行行业监督的重要手段和依据，是衡量和控制产品质量安全水平的重要标尺。国家质量监督检验检疫总局 2017 年发布的《饲料卫生标准》（GB/T 13078—2017），规定了饲料中黄曲霉毒素 B_1、赭曲霉毒素 A、玉米赤霉烯酮、呕吐毒素（脱氧雪腐镰刀菌烯醇）、T-2 毒素和烟曲霉毒素 B_1 和烟曲霉毒素 B_2 的允许量（表 31-2）。

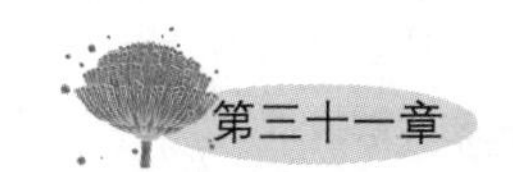

表 31-2　饲料中霉菌毒素的限量标准

项　目	饲　料	产品名称	限量标准
黄曲霉毒素 B_1（μg/kg）	饲料原料	玉米加工产品、花生饼（粕）	≤50
		植物油脂（玉米油、花生油除外）	≤10
		玉米油、花生油	≤20
		其他植物性饲料原料	≤30
	饲料产品	仔猪、雏禽浓缩饲料	≤10
		肉用仔鸭后期、生长鸭、产蛋鸭浓缩饲料	≤15
		其他浓缩饲料	≤20
		犊牛、羔羊精饲料补充料	≤20
		泌乳期精饲料补充料	≤10
		其他精饲料补充料	≤30
		仔猪、雏禽配合饲料	≤10
		肉用仔鸭后期、生长鸭、产蛋鸭配合饲料	≤15
		其他配合饲料	≤20
赭曲霉毒素 A（μg/kg）	饲料原料	谷物及其加工产品	≤100
	饲料产品	配合饲料	≤100
玉米赤霉烯酮（mg/kg）	饲料原料	玉米及其加工产品（玉米皮、喷浆玉米皮、玉米浆干粉除外）	≤0.5
		玉米皮、喷浆玉米皮、玉米浆干粉、玉米酒糟类产品	≤1.5
		其他植物性饲料原料	≤1
	饲料产品	犊牛、羔羊、泌乳期精饲料补充料	≤0.5
		仔猪配合饲料	≤0.15
		青年母猪配合饲料	≤0.1
		其他猪配合饲料	≤0.25
		其他配合饲料	≤0.5
呕吐毒素（脱氧雪腐镰刀菌烯醇，mg/kg）	饲料原料	植物性饲料原料	≤5
	饲料产品	犊牛、羔羊、泌乳期精饲料补充料	≤1
		其他精饲料补充料	≤3
		猪配合饲料	≤1
		其他配合饲料	≤3
T-2 毒素（mg/kg）	饲料原料	植物性饲料原料	≤0.5
	饲料毒素	猪、禽配合饲料	≤0.5
伏马毒素/烟曲霉毒素（FB_1+FB_2）（mg/kg）	饲料原料	玉米及其加工产品、玉米酒糟类产品、玉米青贮饲料和玉米秸秆	≤60
	饲料产品	犊牛、羔羊精饲料补充料	≤20
		马、兔精饲料补充料	≤5
		其他反刍动物精饲料补充料	≤50
		猪浓缩饲料	≤5
		家禽浓缩饲料	≤20
		猪、兔、马配合饲料	≤5
		家禽配合饲料	≤20
		鱼配合饲料	≤10

资料来源：国家质量监督检验检疫总局（2017）。

卫生部于2011年4月20日发布了《食品安全国家标准食品中真菌毒素限量》(GB 2761—2011)(表31-3),代替了2005年发布的《食品中真菌毒素限量》(GB 2761—2005),以及《粮食卫生标准》(GB 2715—2005)中的真菌毒素限量标准,规定了黄曲霉毒素 B_1、黄曲霉毒素 M_1、呕吐毒素(脱氧雪腐镰刀菌烯醇)、展青霉素、赭曲霉毒素A及玉米赤霉烯酮在食品原料和(或)食品成品可食用部分中的最大含量标准。

表31-3 食品中黄曲霉毒素 B_1 的限量标准

食品类别(名称)	限量(μg/kg)
谷物及其制品	
玉米、玉米面(渣、片)及玉米制品	20
稻谷、糙米、大米	10
小麦、大麦、其他谷物	5.0
小麦粉、麦片、其他去壳谷物	5.0
豆类及其制品	
发酵豆制品	5.0
坚果及籽类	
花生及其制品	20
其他熟制坚果及籽类	5.0
油脂及其制品	
植物油脂(花生油、玉米油除外)	10
花生油、玉米油	20
调味品	
酱油、醋、酿造酱(以粮食为主要原料)	5.0
特殊膳食用食品	
婴幼儿配方食品	
婴儿配方食品	0.5(以粉状产品计)
较大婴儿和幼儿配方食品	0.5(以粉状产品计)
特殊医学用途婴儿配方食品	0.5(以粉状产品计)
婴幼儿辅助食品	
婴幼儿谷类辅助食品	0.5

资料来源:卫生部(2011)。

GB 2761—2011中还规定,乳及乳制品、婴幼儿特殊膳食食用食品中黄曲霉毒素 M_1 的限量为0.5 μg/kg;谷物及其制品,包括玉米、玉米面、大麦、小麦、麦片、小麦粉中呕吐毒素(脱氧雪腐镰刀菌烯醇)的限量指标为1 000 μg/kg;以苹果、山楂为原料的水果及其制品、饮料、酒类中,展青霉素含量不得超过50 μg/kg;谷物及其制品中的赭曲霉毒素 A 和玉米赤霉烯酮限量指标分别为 5.0 μg/kg 和 60 μg/kg。

三、美国对饲料和食品中霉菌毒素的控制法规和限量标准

FDA 主要关注 5 种霉菌毒素：黄曲霉毒素、烟曲霉毒素、呕吐毒素、玉米赤霉烯酮和赭曲霉毒素 A。FDA（1994）对饲料及原料中黄曲霉毒素的执行限量进行了制定（表 31-4）；对烟曲霉毒素和呕吐毒素分别提出了指南限量（FDA，2001；表 31-5）和建议容忍限量（FDA，2010；表 31-6）。对于饲料中玉米赤霉烯酮和赭曲霉毒素 A 的含量，FDA 未作法律规定，也未作建议与指导。

表 31-4　FDA 对饲料中黄曲霉毒素总量（$AFB_1+AFB_2+AFG_1+AFG_2$）**的限量规定**（法规限量）

动物种类	饲料种类	最高限量（μg/kg）
育肥肉牛	玉米和花生制品	300
猪、肉牛和家禽	棉籽粉	300
大猪（≥45.5 kg）	玉米和花生制品	200
种猪、种牛和成年家禽	玉米和花生制品	100
未成年动物	玉米、花生制品，其他饲料和饲料组分（棉籽粉除外）	20
奶用动物，其他上述未列出的动物种类或未明用途的动物	玉米、花生制品、棉籽粉、其他饲料和饲料组分	20

表 31-5　FDA 对饲料中烟曲霉毒素总量（$FB_1+FB_2+FB_3$）**的限量规定**（指南限量）

动物种类	饲料组分及比例	玉米及玉米副产品中限量（μg/kg）	饲料终产品中限量（μg/kg）
马和兔	日粮中玉米和玉米副产品含量低于 20%	5 000	1 000
猪和鲶鱼	日粮中玉米和玉米副产品含量低于 50%	20 000	10 000
种用反刍动物、种禽，种用水貂、奶牛和蛋鸡	日粮中玉米和玉米副产品含量低于 50%	30 000	15 000
肉用反刍动物（≥3 月龄）和毛皮用水貂	日粮中玉米和玉米副产品含量低于 50%	60 000	30 000
食用家禽	日粮中玉米和玉米副产品含量低于 50%	100 000	50 000
其他种类动物和宠物	日粮中玉米和玉米副产品含量低于 50%	10 000	5 000

表 31-6 FDA 对饲料中呕吐毒素的限量规定（建议容忍量）

动物种类	饲料组分及在饲粮中的比例	谷物及谷物副产品中限量（μg/kg）	饲料终产品中限量（μg/kg）
肉牛、育肥牛及奶牛（>4 月龄）	日粮中谷物和谷物副产品（88%干重）低于 50%	10 000	肉牛、育肥牛：10 000 奶牛：5 000
	日粮中谷物的酒粕、啤酒粕、麸质饲料和麸质粉类（88%干重）低于 50%	30 000	肉牛、育肥牛：10 000 奶牛：5 000
鸡	日粮中谷物和谷物副产品含量低于 50%	10 000	5 000
猪	日粮中谷物和谷物副产品含量低于 20%	5 000	1 000
所有其他动物	日粮中谷物和谷物副产品含量低于 40%	5 000	2 000

FDA 规定，牛奶中黄曲霉毒素 M_1 的限量为 0.5 μg/kg，牛奶以外的人的食物中黄曲霉毒素总量限量为 20 μg/kg，人食用玉米中烟曲霉毒素的最高限量为 2 mg/kg，食品中呕吐毒素安全标准是 1 mg/kg。

四、欧盟对饲料和食品中霉菌毒素的控制法规和限量标准

欧盟委员会指令 2002/32/EC 规定了饲料中黄曲霉毒素 B_1 的最高限量，欧盟委员会建议 2006/576/EC 中发布了饲用农产品和饲料中呕吐毒素、玉米赤霉烯酮、赭曲霉毒素 A 和烟曲霉毒素（伏马毒素）的指南限量，并要求加强对 T-2 毒素和 HT-2 毒素的危害信息收集、研究和检测方法开发（表 31-7）。

表 31-7 欧盟对饲料中霉菌毒素的限量规定

毒素种类	饲料种类	最高限量（μg/kg）
黄曲霉毒素（AFB_1）（法规限量）	所有饲料原料	20
	牛、绵羊和山羊配合饲料	20
	奶用动物配合饲料	5
	小牛和小羊配合饲料	10
	猪和禽配合饲料（幼龄动物除外）	20
	其他配合饲料	10
	猪和禽补充饲料（幼龄动物除外）	20
	其他补充饲料	5
呕吐毒素（DON）（指南限量）	饲料原料谷物及其产品（玉米副产品除外）	8 000
	玉米副产品	12 000
	猪补充饲料和配合饲料	900

（续）

毒素种类	饲料种类	最高限量（μg/kg）
玉米赤霉烯酮（ZEN）（指南限量）	饲料原料谷物及其产品（玉米副产品除外）	2 000
	玉米副产品	3 000
	小猪补充饲料和配合饲料	100
	母猪和育肥猪补充饲料和配合饲料	250
赭曲霉毒素（OTA）（指南限量）	饲料原料及谷物及产品	250
	猪补充饲料和配合饲料	50
	禽补充饲料和配合饲料	100
烟曲霉毒素（FB_1+FB_2）（指南限量）	饲料原料，玉米及其产品	60 000
	猪、马、兔和宠物补充饲料和配合饲料	5 000
	禽、小牛（<4 月龄）、小羊	20 000

欧盟规定，人生活消费品中黄曲霉毒素总量的最大允许含量是 4 μg/kg，黄曲霉毒素 B_1 的最大允许量是 2 μg/kg，婴幼儿食品中黄曲霉毒素 B_1 的最大允许量为 0.1 μg/kg。对未加工的谷物中呕吐毒素的限量标准为 1 250 μg/kg，T－2 毒素和 HT－2 毒素的暂行耐受量为 0.06 μg/kg。

五、加拿大对饲料中霉菌毒素的控制法规和限量标准

加拿大食品检验署（2000）发布的 RG－8 法规规定了饲料中黄曲霉毒素的最高允许限量，对其他真菌毒素提出了指南限量或建议容忍限量（表 31－8）。

表 31－8 加拿大食品检验署对饲料中真菌毒素的限量规定

毒素种类	饲料种类	限量（μg/kg）
黄曲霉毒素总量（$AFB_1+AFB_2+AFG_1+AFG_2$）（法定最高允许限量）	所有饲料	20
呕吐毒素（DON）（指南限量）	牛和禽饲料	5 000
	猪、小牛和奶用动物饲料	1 000
HT－2 毒素（指南限量）	牛和家禽饲料	100
	奶用动物饲料	25
赭曲霉毒素 A（OTA）（建议容忍限量）	猪饲料	200～2 000
	家禽饲料	2 000
玉米赤霉烯酮（ZEN）（建议容忍限量）	小母猪饲料	<1 000～3 000
	母牛饲料	10 000 15 000（若其他毒素同时存在）
	羊和猪饲料	250～5 000
T－2 毒素（建议容忍限量）	猪和家禽饲料	1 000

（续）

毒素种类	饲料种类	限量（μg/kg）
麦角生物碱（建议容忍限量）	猪饲料	4 000～6 000
	牛、羊和马饲料	2 000～3 000
	小鸡饲料	6 000～9 000
蛇形毒素（DAS）（建议容忍限量）	猪饲料	<2 000
	家禽饲料	<1 000

六、日本对饲料和食品中霉菌毒素的控制法规和限量标准

日本规定，黄曲霉毒素在小鸡饲料中的限量为 10 μg/kg，在大鸡饲料中的限量为 20 μg/kg。《含有黄曲霉毒素食品的管理方法》（《食品安全法》0331 第 5 号）中规定，食品中检出黄曲霉毒素总量（$AFB_1+AFB_2+AFG_1+AFG_2$）10 μg/kg，定为违反《食品安全法》。而日本“药事、食品卫生审议会”审议及结合食品安全委员会的健康影响评估结果，参考国际形势，在 2015 年 7 月 23 日发布了《乳中所含黄曲霉毒素管理方法》（《食品安全法》0723 第 1 号），对乳中的黄曲霉毒素 M_1 制定了限量标准为 0.5 μg/kg，其中的乳包括生奶、牛奶及其相关制品及加工乳。

七、其他国家和地区对饲料和食品中霉菌毒素的控制法规和限量标准

苏联规定粮食中 T-2 毒素的允许标准为 100 μg/kg，以色列规定谷物饲料中 T-2 毒素的含量不得超过 100 μg/kg。在丹麦，如果猪肝脏或者肾脏中检出的赭曲霉毒素 A 含量超过 15 μg/g，则相应的肉组织不允许被食用；如果肝脏或者肾脏中检出的赭曲霉毒素 A 含量超过 25 μg/g，则整个胴体不允许被食用。澳大利亚规定，谷物中的玉米赤霉烯酮含量不能超过 50 μg/kg；意大利规定，谷物和谷类产品中玉米赤霉烯酮的含量不能超过 100 μg/kg；法国规定，植物油和谷类中玉米赤霉烯酮的含量必须低于 200 μg/kg；俄罗斯规定，硬质小麦、面粉、小麦胚芽中玉米赤霉烯酮允许量为 1 000 μg/kg；瑞典规定，人类食物中烟曲霉毒素的限量为 1 mg/kg。可见，各国政府已经逐步意识到玉米赤霉烯酮给动物带来的危害，但未达成一致的限量标准。

参考文献

陈茹，2013. 国内外饲料真菌毒素限量规定及评析 [J]. 中国饲料（17）：38-42.

代喆，2013. T-2 毒素诱导凡纳滨对虾肌肉品质典型性状的变化规律 [D]. 湛江：广东海洋大学.

贺绍君，2011. T-2 毒素对鸡胫骨生长板软骨细胞的毒害及其机理研究 [D]. 南京：南京农业大学.

黄伯俊，黄毓麟，2004. 农药毒理学 [M]. 北京：人民军医出版社.

黄凯，黄明明，朱祖贤，等，2013. 呕吐毒素毒性研究进展 [J]. 饲料博览（12）：8-11.

梁梓森，马勇江，刘长永，等，2010. 玉米赤霉烯酮对小鼠免疫器官的毒性作用［J］. 中国兽医科学，40（3）：279－283.

苏福荣，王松雪，孙辉，等，2007. 国内外粮食中真菌毒素限量标准制定的现状与分析［J］. 粮油食品科技（6）：57－59.

王雅玲，代喆，孙力军，等，2015. T－2毒素对凡纳滨对虾的经口急性毒性效应研究［J］. 现代食品科技（1）：43－47.

吴雪原，2007. 茶叶中农药的最大残留限量及风险评估研究［D］. 合肥：安徽农业大学.

袁玉伟，王强，朱加虹，等，2011. 食品中农药残留的风险评估研究进展［J］. 浙江农业学报，23（2）：394－399.

张永红，朱少兵，佟伟军，等，1995. "地方性乳房肿大症"病区荞麦中镰刀菌的分离和毒素测定［J］. 中华预防医学杂志，5：273－275.

赵丽红，高欣，马秋刚，等，2012. 黄曲霉毒素降解菌对饲喂含 AFB_1 霉变玉米日粮蛋鸡生产性能和蛋品质的影响［J］. 中国畜牧杂志，48（11）：31－35.

中华人民共和国国家质量监督检验检疫总局，2017. 饲料卫生标准：GB 13078—2017［S］. 北京：中国标准出版社.

中华人民共和国卫生部，2011. 食品安全国家标准 食品中真菌毒素限量：GB 2761—2017［S］. 北京：中国标准出版社.

周育，张巧艳，郑晓亮，等，2012. 连续低剂量黄曲霉毒素 B_1 对大鼠肝肾损伤作用［J］. 中国兽医学报，37（7）：27.

邹忠义，贺稚非，李洪军，等，2013. 畜禽产品中脱氧雪腐镰刀菌烯醇和T－2毒素残留分析［J］. 食品科学，34（14）：208－211.

Diaz D E，2008. 霉菌毒素蓝皮书［M］. 北京：中国农业科学技术出版社.

Awad W A，Aschenbach J R，Setyabudi F，et al，2007. *In vitro* effects of deoxynivalenol on small intestinal D－glucose uptake and absorption of deoxynivalenol across the isolated jejunal epithelium of laying hens［J］. Poultry Science，86（1）：15－20.

European Commission，2006. Commission recommendation 2006/576/EC on the presence of deoxynivalenol，zearalenone，ochratoxin A，T－2 and HT－2 and fumonisins in products intended for animal feeding. 2006－08－17.

European Commission，2010. Directive 2002/32/EC on undesirable substances in animal feed（consolidated version 2010－03－02）. 2010－03－02.

Fan Y，Zhao L H，Ma Q G，et al，2013. Effects of bacillus subtilis ANSB060 on growth performance，meat quality and aflatoxin residues in broilers fed moldy peanut meal naturally contaminated with aflatoxins［J］. Food and Chemical Toxicology，59：748－753.

FDA，1994. Sec. 683. 100 Action levels for alfatoxins in animal feeds（compliance policy guide 7126. 33）. 1994－08－28.

FDA，2001. Guidance for industry：Fumonisin levels in human foods and animal feeds；final guidance. 2001－11－09.

FDA，2010. Guidance for industry and FDA：Advisory levels for deoxynivalenol（DON）in finished wheat products for human consumption and grains and grain by－products used for animal feed. 2010－06－29.

Ghareeb K，Awad W A，Böhm J，2012. Ameliorative effect of a microbial feed additive on infectious bronchitis virus antibody titer and stress index in broiler chicks fed deoxynivalenol［J］. Poultry Science，91（4）：800－807.

Han X Y, Huang Q C, Li W F, et al, 2008. Changes in growth performance, digestive enzyme activities and nutrient digestibility of cherry valley ducks in response to aflatoxin B_1 levels [J]. Livestock Science, 119 (1): 216 - 220.

Hertel R F, 1996. Outline on risk assessment programme of existing substances in the European Union [J]. Environmental Toxicology and Pharmacology, 2 (2/3): 93 - 96.

Isail A, Goncalves B L, de Neeff D V, et al, 2018. Aflatoxin in foodstuffs: occurrence and recent advances in decontamination [J]. Food Research International, 113: 74 - 85.

James L J, Smith T K, 1982. Effect of dietary alfalfa on zearalenone toxicity and metabolism in rats and swine [J]. Journal of Animimal Science, 55 (1): 110 - 118.

Jiang S Z, Yang Z B, Yang W R, et al, 2011. Effects of purified zearalenone on growth performance, organ Size, serum metabolites, and oxidative stress in postweaning gilts [J]. Journal of Animimal Science, 89 (10): 3008 - 3015.

Manafi M, Murthy H N, Mohan K, et al, 2012. Evaluation of different mycotoxin binders on broiler breeders induced with aflatoxin B_1: effects on fertility, hatchability, embryonic mortality, residues in egg and semen quality [J]. Global Veterinaria, 8 (6): 642 - 648.

Rotter B A, 1996. Invited review: toxicology of deoxynivalenol (vomitoxin) [J]. Journal of Toxicology and Environmental Health Part A, 48 (1): 1 - 34.

Szuets P, Mesterhazy A, Falkay G Y, et al, 1997. Early telarche symptoms in children and their relations to zearalenon contamination in foodstuffs [J]. Cereal Research Communications, 25 (3): 429 - 436.

Valenta H, Goll M, 1996. Determination of ochratoxin A in regional samples of cow' s milk from Germany [J]. Food Additives and Contaminants, 13 (6): 669 - 676.

van Egmond H P, 1983. Mycotoxins in dairy products [J]. Food Chemistry, 11 (4): 289 - 307.

Veldman A, Meijs J, Borggreve G J, et al, 1992. Carry - over of aflatoxin from cows' food to milk [J]. Animal Production, 55 (2): 163 - 168.

Yiannikouris A, Jouany J, 2002. Mycotoxins in feeds and their fate in animals: a review [J]. Animal Research, 51 (2): 81 - 99.

图书在版编目（CIP）数据

图书在版编目（CIP）数据

饲料霉菌毒素污染控制与生物降解技术 / 马秋刚，计成，赵丽红主编 .—北京：中国农业出版社，2019.12

当代动物营养与饲料科学精品专著

ISBN 978 - 7 - 109 - 26283 - 6

Ⅰ. ①饲… Ⅱ. ①马… ②计… ③赵… Ⅲ. ①饲料-霉菌毒素-污染控制-研究②饲料-霉菌毒素-生物降解-研究 Ⅳ. ①S816.3

中国版本图书馆 CIP 数据核字（2019）第 282640 号

中国农业出版社出版

地址：北京市朝阳区麦子店街 18 号楼

邮编：100125

策划编辑：周晓艳

责任编辑：周晓艳　王森鹤

版式设计：王　晨　　责任校对：刘丽香

印刷：北京通州皇家印刷厂

版次：2019 年 12 月第 1 版

印次：2019 年 12 月北京第 1 次印刷

发行：新华书店北京发行所

开本：787mm×1092mm　1/16

印张：31.75　　插页：6

字数：770 千字

定价：268.00 元